# 高等数学辅导

（第二版）

主　编　杨宏晨
副主编　王彩侠　逄世友　王萃琦
　　　　吴宗翔　张祥之　张兴永

中国矿业大学出版社

## 内容简介

本书是根据高等数学课程教学大纲基本要求编写的学习辅导书，全书有十二章内容，每一章由内容提要、基本问题解答、典型例题解析以及练习题与解答组成，对精选的基本问题、典型例题都作了详尽的分析和解答。

本书可作为学生学习高等数学和备考研究生的参考书，也可作为教师的教学参考书。

**图书在版编目(CIP)数据**

高等数学辅导/杨宏晨主编. —2版. —徐州：中国矿业大学出版社，2019.8

ISBN 978-7-5646-1294-8

Ⅰ. ①高… Ⅱ. ①杨… Ⅲ. ①高等数学—高等学校—教学参考资料 Ⅳ. ①O13

中国版本图书馆CIP数据核字(2019)第189632号

**书　　名** 高等数学辅导(第二版)
**主　　编** 杨宏晨
**责任编辑** 潘俊成　孙建波
**出版发行** 中国矿业大学出版社有限责任公司
(江苏省徐州市解放南路　邮编221008)
**营销热线** (0516)83885307　83884995
**出版服务** (0516)83995789　83884920
**网　　址** http://www.cumtp.com　**E-mail**: cumtpvip@cumtp.com
**印　　刷** 徐州中矿大印发科技有限公司
**开　　本** 787 mm×1092 mm　1/16　**印张** 24.25　**字数** 621千字
**版次印次** 2019年8月第2版　2019年8月第1次印刷
**定　　价** 37.80元
(图书出现印装质量问题，本社负责调换)

# 前　言

高等数学是高等工科院校开设的重要的基础理论课程，也是研究生入学考试必考的主要基础课程之一。为了提高高等数学的教学质量与水平，我们根据高等数学课程教学质量标准的基本要求，总结多年的教学经验及长期搜集和积累的教学资料，编写了《高等数学辅导（第二版）》。其目的在于能及时解惑答疑，同步辅导，全面提高大学生的数学素养。

本书共十二章内容，每章包括以下四个方面：

1. **内容提要**：简明扼要地对本章内容作了归纳总结，对教材内容作了进一步剖析、讲解，并作了适当的深化和扩充。

2. **基本问题解答**：针对读者在学习过程中不易理解和难掌握的一些概念、方法，我们选编了若干问题予以分析、解答，以帮助读者释疑解难，并加深对教学内容的理解。

3. **典型例题解析**：每一章列举了大量的典型例题，并予以分析解答。例题紧扣本章内容，由浅入深，并归纳总结解题方法，开拓解题思路。

4. **练习题与解答**：每一章最后给出了一些习题及解答，包括选择题、填空题、证明题和计算题，学生通过解答这些练习题可以对本章内容掌握得更加牢固，并且通过手机扫码可以获得练习题的详细解答。

书中最后还精选了8套高等数学模拟试题，读者通过这些试题的演练，进一步掌握高等数学的基本内容、重点和难点。读者随时可通过手机扫码获得每套模拟试题的详细解答。

本书第一、八章由吴宗翔执笔编写，第二、九章由王彩侠执笔编写，第三、十章由张兴永执笔编写，第四、十二章由杨宏晨执笔编写，第五、十一章由逄世友执笔编写，第六、七章由王萃琦执笔编写，最后精选的8套模拟试题由张祥之执笔编写。在编写过程中，编者集体讨论修改多次，最后全书由杨宏晨统稿定稿。

本书编写过程中，中国矿业大学数学学院高等数学教学中心的广大教师提出了许多宝贵意见，特别是得到了担任高等数学课程教学的教师的积极支持，他们还提出了不少改进建议，在此我们表示衷心的感谢。

由于编者水平所限，难免存在不妥之处，恳请读者批评指正。

编　者

2019年8月

# 目　录

# 第一章　函数与极限

## 一、内 容 提 要

**1. 函数**

$y$ 是 $x$ 的函数，记为 $y=f(x)$，$x\in D$，$x$ 称为自变量，$y$ 称为因变量，$D$ 为定义域，$f$ 为对应法则，相应 $y$ 的取值范围称为函数的值域.

这里要注意：函数的定义域 $D$ 和对应法则 $f$ 是构成函数的两要素.

**2. 函数的几种特性**

(1) 函数的有界性；(2) 函数的单调性；(3) 函数的奇偶性；(4) 函数的周期性.

**3. 反函数**

已知 $y$ 是 $x$ 的函数，$y=f(x)$，若将 $y$ 当作自变量而将 $x$ 当作因变量，由此确定的函数 $x=\varphi(y)$ 称为原函数 $y=f(x)$ 的反函数，相应地把原来的函数 $y=f(x)$ 称为直接函数，函数 $y=f(x)$ 的反函数也可记作 $y=\varphi(x)$.

**4. 复合函数**

设函数 $y=f(u)$ 的定义域为 $D_1$，函数 $u=g(x)$ 的定义域为 $D_2$ 及值域为 $W_2$，且 $W_2\subset D_1$，则对任一 $x\in D_2$ 有确定 $y$ 与之对应，称函数 $y=f(g(x))$ 为函数 $y=f(u)$ 及 $u=g(x)$ 的复合函数，$u$ 称为中间变量.

**5. 初等函数**

由常数和基本初等函数（幂函数、指数函数、对数函数、三角函数和反三角函数）经过有限次四则运算和有限次的函数复合步骤所构成并可用一个式子表示的函数，称为初等函数.

**6. 非初等函数**

分段函数（符号函数，取整函数等）.

**7. 数列的极限（ε-$N$ 语言）**

$\lim\limits_{n\to\infty} x_n=a \Longleftrightarrow \forall \varepsilon>0$，$\exists N\in N+$，当 $n>N$ 时，恒有 $|x_n-a|<\varepsilon$，称常数 $a$ 是数列 $\{x_n\}$ 的极限，或称数列 $\{x_n\}$ 收敛于 $a$，记为 $x_n\to a(n\to\infty)$. 如果数列没有极限，就说数列是发散的.

**8. 数列子列的收敛性**

若 $\{x_n\}$ 收敛于 $a$，则它的任一子列 $\{x_{nk}\}$ 都收敛于 $a$.

**9. 函数的极限(ε-语言)**

| 表达式(记号) | 任意给定 | 存在 | 当……时 | 恒有 |
|---|---|---|---|---|
| ε-δ 语言 $\lim\limits_{x\to x_0} f(x)=A$ | $\varepsilon>0$ | $\delta>0$ | $\lvert x-x_0\rvert<\delta$ | $\lvert f(x)-A\rvert<\varepsilon$ |
| ε-X 语言 $\lim\limits_{x\to\infty} f(x)=A$ | $\varepsilon>0$ | $X>0$ | $\lvert x\rvert>X$ | $\lvert f(x)-A\rvert<\varepsilon$ |

**10. 函数极限的性质**

(1) 函数极限的唯一性；

(2) 函数极限的局部有界性；

(3) 函数极限的局部保号性；

(4) 函数极限与数列极限的关系：

如果$\lim\limits_{x\to x_0} f(x)=A$ 存在，对于任意数列$\{x_n\}$，$x_n\neq x_0$，$\lim\limits_{n\to\infty} x_n=x_0$，则

$$\lim_{n\to\infty} f(x_n)=\lim_{x\to x_0} f(x)=A.$$

**11. 无穷小与无穷大的关系**

无穷小与无穷大互为倒数，即

若$\lim f(x)=0$，则$\lim\dfrac{1}{f(x)}=\infty(f(x)\neq 0)$；若$\lim g(x)=\infty$，则$\lim\dfrac{1}{g(x)}=0$.

**12. 无穷小的性质(在同一变化过程中)**

(1) 有限个无穷小的和仍是无穷小；

(2) 有界函数与无穷小的乘积是无穷小；

(3) 有极限的变量与无穷小的乘积是无穷小；

(4) 常数与无穷小的乘积是无穷小；

(5) 有限个无穷小的乘积也是无穷小；

(6) 函数、极限和无穷小三者的关系

$$\lim f(x)=A \Longleftrightarrow f(x)=A+\alpha(x),$$

其中，$\lim \alpha(x)=0$.

**13. 极限的运算法则**

**定理 1** (极限的四则运算法则)设$\lim f(x)=A$，$\lim g(x)=B$，则

(1) $\lim[f(x)\pm g(x)]=\lim f(x)\pm\lim g(x)=A\pm B$；

(2) $\lim f(x)\cdot g(x)=\lim f(x)\cdot\lim g(x)=A\cdot B$；

(3) $\lim\dfrac{f(x)}{g(x)}=\dfrac{\lim f(x)}{\lim g(x)}=\dfrac{A}{B}\quad(B\neq 0)$.

**推论 1** 如果 $\lim f(x)$存在，而 $C$ 为常数，则 $\lim[Cf(x)]=C\lim f(x)$.

**推论 2** 如果 $\lim f(x)$存在，而 $n$ 是正整数，则 $\lim[f(x)]^n=[\lim f(x)]^n$.

**推论 3** 设 $f(x)\geqslant g(x)$，且$\lim\limits_{x\to x_0} f(x)=A$，$\lim\limits_{x\to x_0} g(x)=B$，则 $A\geqslant B$.

**定理 2** (复合函数的极限法则)设 $y=f[\varphi(x)]$是由函数 $y=f(u)$与函数$u=\varphi(x)$复合而成，$f[\varphi(x)]$在点 $x_0$ 的某去心邻域内有定义，若$\lim\limits_{x\to x_0}\varphi(x)=a$，$\lim\limits_{u\to a} f(u)=A$，且存在

$\delta_1>0$,当 $x\in\mathring{U}(x_0,\delta_1)$时,有 $\varphi(x)\neq a$,则

$$\lim_{x\to x_0}f[\varphi(x)]=\lim_{u\to a}f(u)=A.$$

**14. 极限存在准则**

准则Ⅰ(夹逼准则)　如果数列$\{x_n\}$,$\{y_n\}$,$\{z_n\}$满足下列条件:

(1) $y_n\leqslant x_n\leqslant z_n$;

(2) $\lim\limits_{n\to\infty}y_n=a$,$\lim\limits_{n\to\infty}z_n=a$;

那么数列$\{x_n\}$的极限存在,且$\lim\limits_{n\to\infty}x_n=a$.

准则Ⅰ′　设 $g(x)$,$f(x)$,$h(x)$满足条件

(1) $g(x)\leqslant f(x)\leqslant h(x)$;

(2) $\lim g(x)=a$,$\lim h(x)=a$;

则$\lim f(x)$存在,且$\lim f(x)=a$.

准则Ⅱ(单调有界极限存在准则)　单调有界数列必有极限.

**15. 两个重要极限**

(1) $\lim\limits_{x\to0}\dfrac{\sin x}{x}=1$;一般地 $\lim\limits_{u(x)\to0}\dfrac{\sin u(x)}{u(x)}=1$.

(2) $\lim\limits_{n\to\infty}\left(1+\dfrac{1}{n}\right)^n=\mathrm{e}$,$\lim\limits_{x\to0}(1+x)^{\frac{1}{x}}=\mathrm{e}$;一般地 $\lim\limits_{u(x)\to0}(1+u(x))^{\frac{1}{u(x)}}=\mathrm{e}$.

**16. 无穷小的比较**

设 $\alpha$,$\beta$ 是同一过程中的两个无穷小,且 $\alpha\neq0$.

$$\lim\frac{\beta}{\alpha}=\begin{cases}0 & \text{称 }\beta\text{ 是比 }\alpha\text{ 高阶的无穷小,记作 }\beta=o(\alpha);\\ \infty & \text{称 }\beta\text{ 是比 }\alpha\text{ 低阶的无穷小;}\\ C(C\neq0) & \text{就说 }\beta\text{ 与 }\alpha\text{ 是同阶的无穷小;}\\ 1 & \text{称 }\beta\text{ 与 }\alpha\text{ 是等价的无穷小,记作 }\beta\sim\alpha.\end{cases}$$

**定理1**　(等价无穷小的替代定理)

设 $\alpha\sim\alpha'$,$\beta\sim\beta'$,且$\lim\dfrac{\beta'}{\alpha'}$存在,则$\lim\dfrac{\beta}{\alpha}=\lim\dfrac{\beta'}{\alpha'}$.

常用等价无穷小(当 $x\to0$ 时):

$$\sin x\sim x,\qquad \arcsin x\sim x,$$
$$\tan x\sim x,\qquad \arctan x\sim x,$$
$$\ln(1+x)\sim x,\qquad \mathrm{e}^x-1\sim x,$$
$$a^x-1\sim x\ln a,\qquad 1-\cos x\sim\frac{x^2}{2},$$
$$(1+x)^\alpha-1\sim\alpha x,\qquad \sqrt{1+x}-1\sim\frac{x}{2}.$$

利用等价无穷小的替代定理是求极限的重要方法,因此不但要记住以上各组等价无穷小,而且要记住它们的一般形式.

如

$$\ln[1+f(x)]\sim f(x)\quad(f(x)\to0).$$

这里要注意,在用无穷小等价代替中,一般情况下,整个分子、整个分母或分子、分母乘

积的因子可以用等价无穷小代替,不要对加、减中的某一项用等价无穷小代替.

**17. 函数的连续性**

设函数 $y=f(x)$在点 $x_0$ 的某一邻域内有定义,如果$\lim\limits_{x\to x_0}f(x)=f(x_0)$,则称 $f(x)$在点 $x_0$ 处连续.即有

$$\lim_{x\to x_0}f(x)=f(x_0)$$
$$\Longleftrightarrow \lim_{\Delta x\to 0}\Delta y=\lim_{\Delta x\to 0}[f(x_0+\Delta x)-f(x_0)]=0$$
$$\Longleftrightarrow \forall \varepsilon>0,\exists \delta>0,\text{当}|x-x_0|<\delta\text{时,就有}|f(x)-f(x_0)|<\varepsilon$$
$$\Longleftrightarrow f(x_0^-)=f(x_0)=f(x_0^+)(\text{左、右连续}).$$

**注** 函数 $y=f(x)$在点 $x_0$ 处连续的充分必要条件是 $f(x)$在点 $x_0$ 处既左连续又右连续.

**18. 连续函数的运算及其初等函数的连续性**

**定理 1** (连续函数的四则运算) 若函数 $f(x)$、$g(x)$在点 $x_0$ 处连续,则

$$f(x)\pm g(x),f(x)\cdot g(x),\frac{f(x)}{g(x)}(g(x_0)\neq 0)$$

在点 $x_0$ 处也连续.

**定理 2** 单调的连续函数必有单调的连续反函数.

**定理 3** (连续函数的复合极限运算)若$\lim\limits_{x\to x_0}\varphi(x)=a$,函数 $f(u)$在点 $a$ 连续,则有

$$\lim_{x\to x_0}f[\varphi(x)]=f(a)=f[\lim_{x\to x_0}\varphi(x)].$$

**定理 4** (连续函数的复合函数的连续性)

设函数 $u=\varphi(x)$在点 $x=x_0$ 连续,且 $\varphi(x_0)=u_0$,而函数 $y=f(u)$在点 $u=u_0$ 连续,则复合函数 $y=f[\varphi(x)]$在点 $x=x_0$ 也连续.

**定理 5** 基本初等函数在定义域内是连续的.

**定理 6** 一切初等函数在其定义区间内都是连续的.

**19. 函数的间断点及其分类**

间断点 $\begin{cases}\text{第一类间断点(可去间断点和跳跃间断点)}\\ \text{第二类间断点(无穷间断点和振荡间断点等)}\end{cases}$

**20. 闭区间上连续函数的性质**

(1) **最大值和最小值定理** 在闭区间上连续的函数一定有最大值和最小值.

(2) **有界性定理** 在闭区间上连续的函数一定在该区间上有界.

(3) **零点定理** 设函数 $f(x)$在闭区间 $[a,b]$上连续,且 $f(a)$与 $f(b)$异号(即 $f(a)\cdot f(b)<0$),那么在开区间$(a,b)$内至少有函数 $f(x)$的一个零点,即至少有一点 $\xi(a<\xi<b)$,使 $f(\xi)=0$,也就是方程 $f(x)=0$ 在$(a,b)$内至少存在一个实根.

(4) **介值定理** 设函数 $f(x)$在闭区间$[a,b]$上连续,且在这区间的端点取不同的函数值

$$f(a)=A\text{ 及 }f(b)=B,$$

那么,对于 $A$ 与 $B$ 之间的任意一个数 $C$,在开区间$(a,b)$内至少有一点 $\xi$,使得

$$f(\xi)=C(a<\xi<b).$$

**推论** 设函数 $f(x)$在闭区间$[a,b]$上连续,那么介于 $f(x)$在闭区间$[a,b]$上最大值

$M$ 和最小值 $m$ 之间的任意数 $C$，在开区间 $(a,b)$ 内至少存在一点 $\xi$，使 $f(\xi)=C$.

## 二、基本问题解答

**【问题 1.1】** 数列极限 $\lim\limits_{n\to\infty}x_n=a$ 定义中的 $N=N(\varepsilon)$ 是不是 $\varepsilon$ 的函数？

**答** 这里 $N=N(\varepsilon)$ 仅表示 $N$ 与 $\varepsilon$ 有关，并不表示 $N$ 是 $\varepsilon$ 的函数.因为对于给定的 $\varepsilon$，如果存在一个满足条件的 $N$，就必然有无数多个满足条件的 $N$，不存在 $N$ 与 $\varepsilon$ 之间的对应规律，$N=N(\varepsilon)$ 不是 $\varepsilon$ 的函数.

**【问题 1.2】** 如果 $\lim\limits_{n\to\infty}x_n=a$，则 $\lim\limits_{n\to\infty}\dfrac{x_{n+1}}{x_n}=1$ 对吗？

**答** 不一定.如果 $\lim\limits_{n\to\infty}x_n=a$，则有 $\lim\limits_{n\to\infty}x_{n+1}=a$.

当 $a\neq 0$ 时，$\lim\limits_{n\to\infty}\dfrac{x_{n+1}}{x_n}=\dfrac{\lim\limits_{n\to\infty}x_{n+1}}{\lim\limits_{n\to\infty}x_n}=\dfrac{a}{a}=1$，结论成立；

当 $a=0$ 时，结论 $\lim\limits_{n\to\infty}\dfrac{x_{n+1}}{x_n}=1$ 不一定成立.

例如，数列 $x_n=\dfrac{2+(-1)^n}{n}$，$\lim\limits_{n\to\infty}x_n=0$，则

$$\lim_{n\to\infty}\frac{x_{n+1}}{x_n}=\lim_{n\to\infty}\frac{n[2+(-1)^{n+1}]}{(n+1)[2+(-1)^n]}$$

不存在；

又如，数列 $x_n=\dfrac{1}{a^n}(a>1)$，$\lim\limits_{n\to\infty}x_n=0$，则

$$\lim_{n\to\infty}\frac{x_{n+1}}{x_n}=\lim_{n\to\infty}\frac{1}{a}=\frac{1}{a}\neq 1.$$

**注** 以上各例表明，当 $\lim\limits_{n\to\infty}x_n=0$ 时，$\lim\limits_{n\to\infty}\dfrac{x_{n+1}}{x_n}$ 不一定存在；即使存在，也未必都等于 1.

**【问题 1.3】** 设 $x_1=1$，$x_{n+1}=1+2x_n(n=1,2,\cdots)$，求极限 $\lim\limits_{n\to\infty}x_n$.有人求解如下：设 $\lim\limits_{n\to\infty}x_n=a$，对等式 $x_{n+1}=1+2x_n$ 两边求极限，得 $a=1+2a$，于是 $a=-1$，则 $\lim\limits_{n\to\infty}x_n=-1$，对吗？

**答** 不对.

因为 $x_1=1,x_2=1+2\times1=3,x_3=1+2\times3=7,x_4=1+2\times7=15,\cdots$，易知数列 $\{x_n\}$ 单调增加，且 $x_{n+1}>x_n>1$，显然不可能有 $\lim\limits_{n\to\infty}x_n=-1$.

利用递推公式表达的数列求极限，其步骤为：

① 确定数列 $\{x_n\}$ 收敛；

② 假设数列 $\{x_n\}$ 以 $a$ 为极限.

事实上：
$$\begin{aligned}x_n&=1+2x_{n-1}=1+2(1+2x_{n-2})=1+2+2^2x_{n-2}\\&=1+2+2^2(1+2x_{n-3})\\&=1+2+2^2+2^3x_{n-3}\end{aligned}$$

$=1+2+2^2+2^3+\cdots+2^{n-1}$

易知$\{x_n\}$无界,故$\{x_n\}$发散,$\lim\limits_{n\to\infty}x_n=\infty$,把发散数列当做收敛数列,结果自然会发生错误.

**【问题 1.4】** 数列$\{x_n\}$与数列$\{|x_n|\}$的收敛性是否相同?

**答** 不一定.

当数列$\{x_n\}$收敛时,则数列$\{|x_n|\}$收敛,而且当$\lim\limits_{n\to\infty}x_n=a$时,有$\lim\limits_{n\to\infty}|x_n|=|a|$;

事实上:$\forall\varepsilon>0,\exists N>0$,当$n>N$时,有$|x_n-a|<\varepsilon$,必然有$||x_n|-|a||\leqslant|x_n-a|<\varepsilon$.

而数列$\{|x_n|\}$收敛时,数列$\{x_n\}$可能收敛,也可能发散.

例如,$x_n=(-1)^n$,数列$\{|x_n|\}$收敛,而数列$\{x_n\}$发散.

**【问题 1.5】** 证明数列发散有何方法?

**答** 证明数列发散的常用方法有两种:

(1) 找出数列$\{x_n\}$的一个发散的子列;

(2) 找出数列$\{x_n\}$的两个具有不同极限的子列,即

$$\lim_{k\to\infty}x_{pk}=a,\lim_{k\to\infty}x_{qk}=b,\text{且 }a\neq b.$$

例如,讨论数列$x_n=\sin\dfrac{n\pi}{4}$的收敛性.

**解** 因为$x_{4k}=\sin\dfrac{4k\pi}{4}=0,\lim\limits_{k\to\infty}x_{4k}=0$,而

$$x_{8k+2}=\sin\frac{(8k+2)\pi}{4}=1,\lim_{k\to\infty}x_{8k+2}=1,$$

且有$\lim\limits_{k\to\infty}x_{4k}\neq\lim\limits_{k\to\infty}x_{8k+2}$,所以数列$x_n=\sin\dfrac{n\pi}{4}$发散.

又如,讨论数列

$$x_n=\begin{cases}\sin\dfrac{1}{n}, & \text{当 } n \text{ 为奇数时}\\ n, & \text{当 } n \text{ 为偶数时}\end{cases}$$

的收敛性.

因为$x_{2k}=2k\to\infty\ (k\to\infty)$,所以数列发散.

**【问题 1.6】** 数列极限与函数极限之间有何关系?

**答** 可考虑两种情形:

① $\lim\limits_{x\to+\infty}f(x)$与$\lim\limits_{n\to\infty}f(n)$之间的关系;

② $\lim\limits_{x\to x_0}f(x)$与$\lim\limits_{n\to\infty}f(x_n)$之间的关系,其中$\lim\limits_{n\to\infty}x_n=x_0$.

**定理** $\lim\limits_{x\to x_0}f(x)=A(\infty)$的充分必要条件是:对任何以$x_0$为极限的数列$\{x_n\}$,有

$$\lim_{n\to\infty}f(x_n)=A(\infty).$$

(证明略)

**注** 此定理的必要条件为判别$\lim\limits_{x\to x_0}f(x)$不存在(或不是$\infty$)提供了一种有效方法.

例如,极限$\lim\limits_{x\to0}f(x)=\lim\limits_{x\to0}\sin\dfrac{1}{x}$不存在,因为

取$x'_n=\dfrac{1}{2n\pi}\to0(n\to\infty)$时,$\lim\limits_{n\to\infty}f(x'_n)=\lim\limits_{n\to\infty}\sin2n\pi=0$,

而取 $x''_n=\dfrac{1}{\dfrac{\pi}{2}+2n\pi}\to 0\ (n\to\infty)$ 时，$\lim\limits_{n\to\infty}f(x''_n)=\lim\limits_{n\to\infty}\sin\left(\dfrac{\pi}{2}+2n\pi\right)=1$，

所以极限 $\lim\limits_{x\to 0}f(x)=\lim\limits_{x\to 0}\sin\dfrac{1}{x}$ 不存在.

又如，极限 $\lim\limits_{x\to+\infty}f(x)=\lim\limits_{x\to+\infty}\cos x$ 不存在，因为

取 $x'_n=2n\pi\to\infty(n\to\infty)$ 时，$\lim\limits_{n\to\infty}f(x'_n)=\lim\limits_{n\to\infty}\cos 2n\pi=1$，

而取 $x''_n=\dfrac{\pi}{2}+2n\pi\to\infty(n\to\infty)$ 时，$\lim\limits_{n\to\infty}f(x''_n)=\lim\limits_{n\to\infty}\cos\left(\dfrac{\pi}{2}+2n\pi\right)=0$，

所以极限 $\lim\limits_{x\to+\infty}f(x)=\lim\limits_{x\to+\infty}\cos x$ 不存在.

**【问题 1.7】** 无穷大与无界有何区别？

**答**　对于数列$\{x_n\}$而言，若数列$\{x_n\}$为无穷大，则其任何子列都是无穷大；若数列$\{x_n\}$无界，则存在一个子列是无穷大.因此**"无穷大必无界，无界未必是无穷大"**.

对于函数 $y=f(x)$，$\lim\limits_{x\to x_0}f(x)=\infty$ 是指 $\forall M>0$，$\exists\delta>0$；$\forall x\in U(x_0,\delta)$，必有 $|f(x)|>M$；而函数 $f(x)$ 无界是指：$\forall M>0$，总有一个（并非所有的）点 $x^*\in U(x_0,\delta)$，使

$$|f(x^*)|>M.$$

例如，$f(x)=\dfrac{1}{x}\sin\dfrac{1}{x}$ 在 $(0,1]$ 无界，但当 $x\to 0^+$ 时，$f(x)$ 不是无穷大.

取 $x_n=\dfrac{1}{\dfrac{\pi}{2}+2n\pi}\in(0,1]$，$f(x_n)=\dfrac{\pi}{2}+2n\pi\to\infty\quad(n\to\infty)$，

但是取 $x_n=\dfrac{1}{2n\pi}\to 0(n\to\infty)$ 时，$\lim\limits_{n\to\infty}f(x_n)=\lim\limits_{n\to\infty}2n\pi\sin 2n\pi=0$，

所以函数 $f(x)=\dfrac{1}{x}\sin\dfrac{1}{x}$ 在 $(0,1]$ 上无界.当 $x\to 0^+$ 时，$f(x)$ 不是无穷大.

**【问题 1.8】** (1) 当数列$\{a_n\}$收敛，数列$\{b_n\}$发散时，数列$\{a_nb_n\}$收敛性如何？

(2) 当数列$\{a_n\}$和数列$\{b_n\}$都发散时，数列$\{a_nb_n\}$收敛性如何？

**答**　(1) 数列$\{a_nb_n\}$收敛性不肯定.

例如，$a_n=\dfrac{1}{n}$，$b_n=n$，$a_nb_n=1$，则数列$\{a_nb_n\}$收敛；

又如，$a_n=\dfrac{1}{n}$，$b_n=(-1)^n n$，$a_nb_n=(-1)^n$，则数列$\{a_nb_n\}$发散.

(2) 数列$\{a_nb_n\}$收敛性不肯定.

例如，$a_n=b_n=(-1)^n$，而 $a_nb_n=1$，则数列$\{a_nb_n\}$收敛；

又如，$a_n=(-1)^n$，$b_n=1+(-1)^n$，而 $a_nb_n=(-1)^n+1$，则数列$\{a_nb_n\}$发散.

**【问题 1.9】** 为什么不说初等函数在其定义域内连续，而说初等函数在其定义区间内连续？

**答**　例如，$f(x)=\sqrt{\sin x-1}$ 为初等函数，但仅在孤立点 $x=\dfrac{\pi}{2}+2k\pi(k=0,\pm1,\pm2,\cdots)$ 有定义，不存在定义区间，根本就不讨论函数 $f(x)$ 的连续性问题.所以不能说初等函数在其定

义域内连续，而说初等函数在其定义区间内连续.

又如，$f(x)=\sqrt{x^2-1}+\sqrt{1-x^2}$ 也为初等函数，但仅在孤立点 $x=1,-1$ 有定义，不存在讨论函数 $f(x)$ 的连续性问题.

**【问题 1.10】** 怎样求幂指函数 $y=[u(x)]^{v(x)}$ 的极限？

**答** 一般地可利用恒等式

$[u(x)]^{v(x)}=\mathrm{e}^{v(x)\ln u(x)}$，则有 $\lim[u(x)]^{v(x)}=\mathrm{e}^{\lim v(x)\ln u(x)}$.

如果 $\lim u(x)=A>0,\lim v(x)=B$，则有

$$\lim[u(x)]^{v(x)}=\lim u(x)^{\lim v(x)}=A^B.$$

特别，当 $\lim u(x)=1,\lim v(x)=\infty$，则 $\lim[u(x)]^{v(x)}$ 为 $1^\infty$ 型的未定式.此时可化为

$$\begin{aligned}\lim[u(x)]^{v(x)}&=\lim[1+(u(x)-1)]^{v(x)}\\&=\lim \mathrm{e}^{v(x)\ln[1+(u(x)-1)]}=\mathrm{e}^{\lim v(x)\cdot[u(x)-1]}\end{aligned}$$

（利用 $\ln u(x)=\ln[1+(u(x)-1)]\sim u(x)-1$）.

**【问题 1.11】** 有人说：如果 $\lim\limits_{u\to u_0}f(u)=A$，又 $\lim\limits_{x\to x_0}\varphi(x)=u_0$，那么

$$\lim_{x\to x_0}f[\varphi(x)]=\lim_{u\to u_0}f(u)=A$$

对吗？

**答** 这样的结论是不一定成立的.例如

设 $$f(u)=\begin{cases}2, & \text{当 } u\neq 0,\\ 0, & \text{当 } u=0,\end{cases}\quad \varphi(x)=\begin{cases}0, & \text{当 } x\neq 0,\\ 1, & \text{当 } x=0.\end{cases}$$

则 $$f[\varphi(x)]=\begin{cases}0, & \text{当 } x\neq 0,\\ 2, & \text{当 } x=0.\end{cases}$$

因 $\lim\limits_{x\to 0}\varphi(x)=0=u_0$，而 $\lim\limits_{u\to 0}f(u)=2$，但 $\lim\limits_{x\to 0}f[\varphi(x)]=0$，故

$$\lim_{x\to 0}f[\varphi(x)]\neq\lim_{u\to 0}f(u).$$

本问题不满足复合函数极限运算定理的条件.

## 三、典型例题解析

### 1. 关于复合函数运算

**【例 1.1】** 设 $f(x)$ 满足 $af(x)+bf\left(\frac{1}{x}\right)=\frac{c}{x}$，其中 $a,b,c$ 均为常数且 $|a|\neq|b|$.试证：$f(x)$ 是奇函数.

**解** 令 $t=\frac{1}{x}$，则 $af(t)+bf\left(\frac{1}{t}\right)=\frac{c}{t}$.因为

$$\begin{cases}af(x)+bf\left(\dfrac{1}{x}\right)=\dfrac{c}{x},\\ af\left(\dfrac{1}{x}\right)+bf(x)=cx.\end{cases}$$

消去 $f\left(\frac{1}{x}\right)$ 解得

$$f(x)=\frac{1}{a^2-b^2}\left(\frac{ac}{x}-bcx\right).$$

所以 $f(-x)=-f(x)$，即 $f(x)$ 是奇函数.

**【例 1.2】** 假设 $f(2x+1)=\frac{1}{1-x}$，求：

(1) $f[f(x)]$，　　　　(2) $f\left[\frac{1}{f(x)}\right]$.

**解** 先求 $f(x)$ 的表达式

**方法一** 令 $t=2x+1$，则 $x=\frac{t-1}{2}$，代入原式得到

$$f(t)=\frac{1}{1-\frac{t-1}{2}}=\frac{2}{3-t}，即\ f(x)=\frac{2}{3-x}\quad(x\neq 3).$$

**方法二** 将函数表示成为中间变量的表达方式，有

$$f(2x+1)=\frac{1}{1-x}=\frac{1}{1-\frac{2x+1}{2}+\frac{1}{2}}=\frac{1}{\frac{3}{2}-\frac{2x+1}{2}}=\frac{2}{3-(2x+1)},$$

由此可得

$$f(x)=\frac{2}{3-x}\quad(x\neq 3).$$

(1) $f[f(x)]=\frac{2}{3-f(x)}=\frac{2}{3-\frac{2}{3-x}}=\frac{2(3-x)}{7-3x}\quad\left(x\neq\frac{7}{3}\right).$

(2) $f\left[\frac{1}{f(x)}\right]=\frac{2}{3-\frac{1}{f(x)}}=\frac{2}{3-\frac{3-x}{2}}=\frac{4}{3+x}\quad(x\neq\pm 3).$

**【例 1.3】** 设 $f(x)=\begin{cases}1-x,x\leqslant 0,\\x+2,x>0,\end{cases}$ $g(x)=\begin{cases}x^2,x<0,\\-x,x\geqslant 0.\end{cases}$ 求 $f[g(x)]$，$g[f(x)]$.

**解** $f[g(x)]=\begin{cases}1-g(x),g(x)\leqslant 0,\\g(x)+2,g(x)>0.\end{cases}$

而当 $x\geqslant 0$ 时，$g(x)=-x\leqslant 0$；当 $x<0$ 时，$g(x)=x^2>0$，所以

$$f[g(x)]=\begin{cases}1+x,x\geqslant 0,\\x^2+2,x<0.\end{cases}$$

又
$$g[f(x)]=\begin{cases}f^2(x),f(x)<0,\\-f(x),f(x)\geqslant 0.\end{cases}$$

而当 $x\leqslant 0$ 时，$f(x)=1-x>0$，当 $x>0$ 时，$f(x)=x+2>0$.

所以 $f(x)>0$，故

$$g[f(x)]=-f(x)=\begin{cases}x-1,x\leqslant 0,\\-x-2,x>0.\end{cases}$$

**2. 用定义证明极限**

**【例 1.4】** 证明 $\lim\limits_{n\to\infty}\frac{n^2+n}{2n^2+n+9}=\frac{1}{2}.$

**证明** $\forall \varepsilon>0$,要使$\left|\dfrac{n^2+n}{2n^2+n+9}-\dfrac{1}{2}\right|<\varepsilon$,因为

$$\left|\frac{n^2+n}{2n^2+n+9}-\frac{1}{2}\right|=\left|\frac{n-9}{2(2n^2+n+9)}\right|$$

$$\leqslant\frac{|n+9|}{2(2n^2+n+9)}<\frac{2n}{4n^2}<\frac{1}{n}\quad(n>9),$$

只要 $n>\dfrac{1}{\varepsilon}$,因此 $\forall \varepsilon>0$, $\exists N=\max\left\{\left[\dfrac{1}{\varepsilon}\right],9\right\}$,当 $n>N$ 时,恒有

$$\left|\frac{n^2+n}{2n^2+n+9}-\frac{1}{2}\right|<\varepsilon,$$

所以

$$\lim_{n\to\infty}\frac{n^2+n}{2n^2+n+9}=\frac{1}{2}.$$

**【例 1.5】** 证明 $\lim\limits_{x\to2}\dfrac{x^3-2x^2}{x^2-4}=1.$

**证明** $\forall \varepsilon>0$,要使$\left|\dfrac{x^3-2x^2}{x^2-4}-1\right|<\varepsilon$,因为

$$\left|\frac{x^3-2x^2}{x^2-4}-1\right|=\left|\frac{x^2(x-2)}{(x+2)(x-2)}-1\right|$$

$$=\left|\frac{x^2-x-2}{x+2}\right|=\frac{|x+1|}{|x+2|}|x-2|.$$

由于 $x\to2$,不妨设$|x-2|<1$,即 $1<x<3$,从而$|x+1|<4$, $|x+2|>3$,则

$$\left|\frac{x^3-2x^2}{x^2-4}-1\right|=\frac{|x+1|}{|x+2|}|x-2|<\frac{4}{3}|x-2|,$$

因此只要$\dfrac{4}{3}|x-2|<\varepsilon$ 即可,

即有$|x-2|<\dfrac{3\varepsilon}{4}$,取 $\delta=\min\left\{1,\dfrac{3\varepsilon}{4}\right\}$,所以当 $0<|x-2|<\delta$ 时,有

$$\left|\frac{x^3-2x^2}{x^2-4}-1\right|<\varepsilon,$$

即

$$\lim_{x\to2}\frac{x^3-2x^2}{x^2-4}=1.$$

**3. 求极限方法**

(1) 利用极限的运算法则求极限

**【例 1.6】** 求$\lim\limits_{n\to\infty}\dfrac{1+a+a^2+\cdots+a^{n-1}}{1+b+b^2+\cdots+b^{2n-1}}$,其中$|a|<1$, $|b|<1$.

**解** $$\lim_{n\to\infty}\frac{1+a+a^2+\cdots+a^{n-1}}{1+b+b^2+\cdots+b^{2n-1}}=\lim_{n\to\infty}\frac{\dfrac{1-a^n}{1-a}}{\dfrac{1-b^{2n}}{1-b}}=\frac{\lim\limits_{n\to\infty}\dfrac{1-a^n}{1-a}}{\lim\limits_{n\to\infty}\dfrac{1-b^{2n}}{1-b}}=\frac{1-b}{1-a}.$$

【例 1.7】 求极限$\lim\limits_{x\to\infty}(\sqrt{x^2+1}-\sqrt{x^2-1})$.

解 
$$\lim_{n\to\infty}(\sqrt{x^2+1}-\sqrt{x^2-1})$$
$$=\lim_{x\to\infty}\frac{(\sqrt{x^2+1}-\sqrt{x^2-1})(\sqrt{x^2+1}+\sqrt{x^2-1})}{\sqrt{x^2+1}+\sqrt{x^2-1}}$$
$$=\lim_{x\to\infty}\frac{2}{\sqrt{x^2+1}+\sqrt{x^2-1}}=0.$$

【例 1.8】 求极限$\lim\limits_{n\to\infty}\left(1-\frac{1}{2^2}\right)\left(1-\frac{1}{3^2}\right)\cdots\left(1-\frac{1}{n^2}\right)$.

解 因为
$$\left(1-\frac{1}{k^2}\right)=\frac{k^2-1}{k^2}=\frac{(k-1)(k+1)}{k^2},$$
所以
$$\left(1-\frac{1}{2^2}\right)\left(1-\frac{1}{3^2}\right)\cdots\left(1-\frac{1}{n^2}\right)$$
$$=\frac{1}{2}\cdot\frac{3}{2}\cdot\frac{2}{3}\cdot\frac{4}{3}\cdot\frac{3}{4}\cdot\frac{5}{4}\cdots\frac{n-1}{n}\cdot\frac{n+1}{n}=\frac{1}{2}\cdot\frac{n+1}{n},$$
故
$$\lim_{n\to\infty}\left(1-\frac{1}{2^2}\right)\left(1-\frac{1}{3^2}\right)\cdots\left(1-\frac{1}{n^2}\right)=\lim_{n\to\infty}\frac{1}{2}\cdot\frac{n+1}{n}=\frac{1}{2}.$$

【例 1.9】 求极限$\lim\limits_{x\to+\infty}(\sin\sqrt{x+1}-\sin\sqrt{x})$.

解 
$$\lim_{x\to+\infty}(\sin\sqrt{x+1}-\sin\sqrt{x})$$
$$=\lim_{x\to+\infty}2\cos\frac{\sqrt{x+1}+\sqrt{x}}{2}\sin\frac{\sqrt{x+1}-\sqrt{x}}{2}$$
$$=\lim_{x\to+\infty}2\cos\frac{\sqrt{x+1}+\sqrt{x}}{2}\sin\frac{1}{2(\sqrt{x+1}+\sqrt{x})}$$
$=0$.(无穷小与有界函数之积为无穷小)

【例 1.10】 设$\lim\limits_{x\to0}\frac{a\tan x+b(1-\cos x)}{c\ln(1-2x)+d(1-\mathrm{e}^{-x^2})}=2$,其中$a^2+c^2\neq0$,则必有__________.

A. $b=4d$； B. $b=-4d$； C. $a=4c$； D. $a=-4c$.

解 由
$$\lim_{x\to0}\frac{a\tan x+b(1-\cos x)}{c\ln(1-2x)+d(1-\mathrm{e}^{-x^2})}=\lim_{x\to0}\frac{\frac{a\tan x}{x}+\frac{b(1-\cos x)}{x}}{\frac{c\ln(1-2x)}{x}+\frac{d(1-\mathrm{e}^{-x^2})}{x}},$$
又
$$\lim_{x\to0}\frac{\tan x}{x}=1,\lim_{x\to0}\frac{1-\cos x}{x}=\lim_{x\to0}\frac{\frac{1}{2}x^2}{x}=0,$$
$$\lim_{x\to0}\frac{\ln(1-2x)}{x}=\lim_{x\to0}\frac{-2x}{x}=-2,\lim_{x\to0}\frac{1-\mathrm{e}^{-x^2}}{x}=\lim_{x\to0}\frac{x^2}{x}=0,$$
则
$$\lim_{x\to0}\frac{a\tan x+b(1-\cos x)}{c\ln(1-2x)+d(1-\mathrm{e}^{-x^2})}=\frac{a}{-2c}=2,$$

从而 $a=-4c$，应选 D.

**注** 本题主要考查极限的四则运算法则，本题的关键是确定分子和分母中最低阶无穷小的阶数，由于 $x\to 0$ 时，有

$$\tan x\sim x,\ln(1-2x)\sim -2x,$$
$$1-\cos x\sim\frac{1}{2}x^2,1-e^{-x^2}\sim x^2,$$

则分子和分母的最低阶无穷小项分别是 $a\tan x$ 和 $c\ln(1-2x)$，它们都是 $x$ 的一阶无穷小，则分子分母同除以 $x$ 后，问题很快得到解决.

**【例 1.11】** 设 $x_1=1,x_2=2$，且

$$x_{n+2}=\sqrt{x_{n+1}\cdot x_n}\quad(n=1,2,\cdots)$$

求 $\lim\limits_{n\to\infty}x_n$.

**解** 令 $y_n=\ln x_n$，则由 $x_{n+2}=\sqrt{x_{n+i}\cdot x_n}$ 得

$$y_{n+2}=\frac{1}{2}(y_{n+1}+y_n)$$

故

$$\begin{aligned}y_{n+2}-y_{n+1}&=-\frac{1}{2}(y_{n+1}-y_n)=\left(-\frac{1}{2}\right)^2(y_n-y_{n-1})\\&=\cdots=\left(-\frac{1}{2}\right)^n(y_2-y_1)=\left(-\frac{1}{2}\right)^n\ln 2\end{aligned}$$

移项得

$$\begin{aligned}y_{n+2}&=y_{n+1}+\left(-\frac{1}{2}\right)^n\ln 2\\&=y_n+\left(-\frac{1}{2}\right)^{n-1}\ln 2+\left(-\frac{1}{2}\right)^n\ln 2\\&=\cdots=y_1+\left[\left(-\frac{1}{2}\right)^o\ln 2+\left(-\frac{1}{2}\right)\ln 2+\cdots+\left(-\frac{1}{2}\right)^n\ln 2\right]\\&=\ln 2\left[1+\left(-\frac{1}{2}\right)+\left(-\frac{1}{2}\right)^2+\cdots+\left(-\frac{1}{2}\right)^n\right]\\&=\ln 2\cdot\frac{1-\left(-\frac{1}{2}\right)^{n+1}}{1+\frac{1}{2}}=\frac{2}{3}\left[1-\left(-\frac{1}{2}\right)^{n+1}\right]\ln 2\end{aligned}$$

故

$$\lim_{n\to\infty}y_{n+2}=\frac{2}{3}\ln 2$$

于是

$$\lim_{n\to\infty}x_n=\lim_{n\to\infty}x_{n+2}=\lim_{n\to\infty}e^{y_{n+2}}=2^{\frac{2}{3}}.$$

**【例 1.12】** 设 $\lim\limits_{x\to+\infty}\left[\sqrt{ax^2+2bx+c}-\alpha x-\beta\right]=0$，其中 $a>0$，求 $\alpha$ 和 $\beta$，并证明：$\lim\limits_{x\to+\infty}\left[\sqrt{ax^2+2bx+c}-\alpha x-\beta\right]=\dfrac{ac-b^2}{2a^{3/2}}$.

**解**　不妨设 $a,b,c\neq 0$，且 $a>0$，由于 $\lim\limits_{x\to+\infty}\left[\sqrt{ax^2+2bx+c}-\alpha x-\beta\right]=0$，

即

$$\lim_{x\to+\infty}x\left[\sqrt{a+\frac{2b}{x}+\frac{c}{x^2}}-\alpha-\frac{\beta}{x}\right]=0.$$

必须 $\lim\limits_{x\to+\infty}\left[\sqrt{a+\frac{2b}{x}+\frac{c}{x^2}}-\alpha-\frac{\beta}{x}\right]=0$，得 $\alpha=\sqrt{a}$.

又因为

$$\begin{aligned}&\lim_{x\to+\infty}x\left[\sqrt{a+\frac{2b}{x}+\frac{c}{x^2}}-\alpha-\frac{\beta}{x}\right]\\&=\lim_{t\to0^+}\frac{\sqrt{a+2bt+ct^2}-\alpha-\beta t}{t}=\frac{b}{\sqrt{a}}-\beta=0,\end{aligned}$$

得

$$\beta=\frac{b}{\sqrt{a}}.$$

以下再证明第二部分：(由前面结果)

$$\begin{aligned}\text{左}&=\lim_{x\to+\infty}x\cdot\left[\sqrt{ax^2+2bx+c}-\alpha x-\beta\right]\\&=\lim_{x\to+\infty}x\cdot\left[\sqrt{ax^2+2bx+c}-\sqrt{a}\,x-\frac{b}{\sqrt{a}}\right]\\&=\lim_{x\to+\infty}x\cdot\frac{(ax^2+2bx+c)-\left(\sqrt{a}\,x+\frac{b}{\sqrt{a}}\right)^2}{\sqrt{ax^2+2bx+c}+\sqrt{a}\,x+\frac{b}{\sqrt{a}}}\\&=\lim_{x\to+\infty}x\cdot\frac{c-\frac{b^2}{a}}{\sqrt{ax^2+2bx+c}+\sqrt{a}\,x+\frac{b}{\sqrt{a}}}\\&=\lim_{x\to+\infty}\frac{x\left(c-\frac{b^2}{a}\right)}{x\left[\sqrt{a+\frac{2b}{x}+\frac{c}{x^2}}+\sqrt{a}+\frac{b}{\sqrt{a}\,x}\right]}=\frac{c-\frac{b^2}{a}}{2\sqrt{a}}=\frac{ac-b^2}{2a^{3/2}}.\end{aligned}$$

(2) 利用函数连续性求极限

**【例 1.13】**　求极限 $\lim\limits_{x\to2}\cos\left(\frac{x^2+3x+2}{x+1}\cdot\frac{\pi}{4}\right)$.

**解**　因为 $\cos u$ 在 $(-\infty,+\infty)$ 内连续，所以

$$\begin{aligned}\lim_{x\to2}\cos\left(\frac{x^2+3x+2}{x+1}\cdot\frac{\pi}{4}\right)&=\cos\left(\lim_{x\to2}\frac{x^2+3x+2}{x+1}\cdot\frac{\pi}{4}\right)\\&=\cos\pi=-1.\end{aligned}$$

**【例 1.14】**　求极限 $\lim\limits_{x\to\infty}\arctan\left(\sin\frac{x^2+2x-4}{2x^2-2}\pi\right)$.

解　因为 $\arctan u$ 在$(-\infty,+\infty)$内连续，$\sin v$ 在$(-\infty,+\infty)$内连续，所以

$$\lim_{x\to\infty}\arctan\left(\sin\frac{x^2+2x-4}{2x^2-2}\pi\right)=\arctan\left(\lim_{x\to\infty}\sin\frac{x^2+2x-4}{2x^2-2}\pi\right)$$

$$=\arctan\left(\sin\lim_{x\to\infty}\frac{x^2+2x-4}{2x^2-2}\pi\right)=\arctan\left(\sin\frac{\pi}{2}\right)=\arctan 1=\frac{\pi}{4}.$$

（3）利用重要极限求极限

**【例 1.15】**　求极限$\lim\limits_{n\to\infty}\left(\dfrac{n^2-1}{n^2+1}\right)^{n^2}$.

解　$$\lim_{n\to\infty}\left(\frac{n^2-1}{n^2+1}\right)^{n^2}=\lim_{n\to\infty}\left(\frac{1-\frac{1}{n^2}}{1+\frac{1}{n^2}}\right)^{n^2}=\frac{\lim\limits_{n\to\infty}\left(1-\frac{1}{n^2}\right)^{n^2}}{\lim\limits_{n\to\infty}\left(1+\frac{1}{n^2}\right)^{n^2}}=\frac{e^{-1}}{e}=e^{-2}.$$

**【例 1.16】**　求极限 $\lim\limits_{x\to+\infty}\left(\dfrac{x-1}{x}\right)^{\sqrt{x}}$.

解　$$\lim_{x\to+\infty}\left(\frac{x-1}{x}\right)^{\sqrt{x}}=\lim_{x\to+\infty}\left[\frac{(\sqrt{x}+1)(\sqrt{x}-1)}{\sqrt{x}\sqrt{x}}\right]^{\sqrt{x}}$$

$$=\lim_{x\to+\infty}\left(\frac{\sqrt{x}+1}{\sqrt{x}}\right)^{\sqrt{x}}\cdot\lim_{x\to+\infty}\left(\frac{\sqrt{x}-1}{\sqrt{x}}\right)^{\sqrt{x}}$$

$$=\lim_{x\to+\infty}\left(1+\frac{1}{\sqrt{x}}\right)^{\sqrt{x}}\cdot\lim_{x\to+\infty}\left(1-\frac{1}{\sqrt{x}}\right)^{\sqrt{x}}=e\cdot e^{-1}=1.$$

**【例 1.17】**　求极限$\lim\limits_{x\to0}(\cos x)^{\frac{1}{\sin^2 x}}$.

解法一　原式$=\lim\limits_{x\to0}(\cos^2 x)^{\frac{1}{2}\cdot\frac{1}{\sin^2 x}}=\lim\limits_{x\to0}(1-\sin^2 x)^{-\frac{1}{\sin^2 x}\cdot\left(-\frac{1}{2}\right)}=e^{-\frac{1}{2}}$.

解法二　原式$=\lim\limits_{x\to0}e^{\frac{\ln\cos x}{\sin^2 x}}=e^{\lim\limits_{x\to0}\frac{\ln(1+\cos x-1)}{\sin^2 x}}=e^{\lim\limits_{x\to0}\frac{\cos x-1}{x^2}}=e^{-\frac{1}{2}}$.

**【例 1.18】**　求下列极限：

① $\lim\limits_{x\to\infty}\left(\dfrac{2x+3}{2x+1}\right)^{x+1}$；

② $\lim\limits_{x\to0}\left(\dfrac{a^x+b^x+c^x}{3}\right)^{\frac{1}{x}}$，$(a>0,b>0,c>0)$；

③ $\lim\limits_{x\to\frac{\pi}{2}}(\sin x)^{\tan x}$.

解　① 原式$=\lim\limits_{x\to\infty}\left(1+\dfrac{2}{2x+1}\right)^{x+1}=\lim\limits_{x\to\infty}\left[1+\dfrac{1}{x+\frac{1}{2}}\right]^{x+1}$

$$=\lim_{x\to\infty}\left[1+\frac{1}{x+\frac{1}{2}}\right]^{x+\frac{1}{2}+\frac{1}{2}}$$

$$=\lim_{x\to\infty}\left[1+\frac{1}{x+\frac{1}{2}}\right]^{x+\frac{1}{2}}\cdot\lim_{x\to\infty}\left[1+\frac{1}{x+\frac{1}{2}}\right]^{\frac{1}{2}}=e\cdot1=e.$$

② 原式$=\lim\limits_{x\to 0}\left(1+\dfrac{a^x+b^x+c^x-3}{3}\right)^{\frac{1}{x}}=\lim\limits_{x\to 0}\mathrm{e}^{\frac{1}{x}\ln\left(1+\frac{ax+bx+cx-3}{3}\right)}$

$$=\mathrm{e}^{\lim\limits_{x\to 0}\frac{1}{x}\ln\left(1+\frac{ax+bx+cx-3}{3}\right)}=\mathrm{e}^{\lim\limits_{x\to 0}\frac{1}{x}\frac{ax-1+bx-1+cx-1}{3}},$$

而
$$\lim_{x\to 0}\frac{a^x-1+b^x-1+c^x-1}{x}$$

$$=\lim_{x\to 0}\frac{a^x-1}{x}+\lim_{x\to 0}\frac{b^x-1}{x}+\lim_{x\to 0}\frac{c^x-1}{x}$$

$$=\lim_{x\to 0}\frac{x\ln a}{x}+\lim_{x\to 0}\frac{x\ln b}{x}+\lim_{x\to 0}\frac{x\ln c}{x}=\ln abc.$$

所以
$$\text{原式}=\mathrm{e}^{\frac{1}{3}\ln abc}=\sqrt[3]{abc}.$$

③ 原式$=\lim\limits_{x\to\frac{\pi}{2}}(\sin x)^{\frac{\sin x}{\cos x}}$

$$=\lim_{x\to\frac{\pi}{2}}\mathrm{e}^{\frac{\sin x}{\cos x}\ln(1+\sin x-1)}=\mathrm{e}^{\lim\limits_{x\to\frac{\pi}{2}}\frac{\sin x}{\cos x}(\sin x-1)}=\mathrm{e}^{\lim\limits_{x\to\frac{\pi}{2}}\frac{\sin x-1}{\cos x}},$$

又
$$\lim_{x\to\frac{\pi}{2}}\frac{\sin x-1}{\cos x}=\lim_{x\to\frac{\pi}{2}}\frac{(\sin x-1)(\sin x+1)}{\cos x(\sin x+1)}$$

$$=\lim_{x\to\frac{\pi}{2}}\frac{-\cos x}{\sin x+1}=0,$$

所以
$$\lim_{x\to\frac{\pi}{2}}(\sin x)^{\tan x}=\mathrm{e}^0=1.$$

(4) 利用等价无穷小求极限

**【例 1.19】** 求极限 $\lim\limits_{x\to 0}\dfrac{(1-\cos x^2)(2^x-1)}{\ln(1+x^2)\cdot\sin x^3}$.

**解** $\lim\limits_{x\to 0}\dfrac{(1-\cos x^2)(2^x-1)}{\ln(1+x^2)\cdot\sin x^3}=\lim\limits_{x\to 0}\dfrac{\frac{x^4}{2}\cdot x\ln 2}{x^2\cdot x^3}=\dfrac{\ln 2}{2}$.

**【例 1.20】** 求极限 $\lim\limits_{x\to 1}\dfrac{(\sqrt{x}-1)(\sqrt[3]{x}-1)\cdots(\sqrt[n]{x}-1)}{(x-1)^{n-1}}$.

**解** 令 $x=1+t$,则

$$\lim_{x\to 1}\frac{(\sqrt{x}-1)(\sqrt[3]{x}-1)\cdots(\sqrt[n]{x}-1)}{(x-1)^{n-1}}$$

$$=\lim_{t\to 0}\frac{(\sqrt{1+t}-1)(\sqrt[3]{1+t}-1)\cdots(\sqrt[n]{1+t}-1)}{t^{n-1}}$$

$$=\lim_{t\to 0}\frac{\frac{t}{2}\cdot\frac{t}{3}\cdot\cdots\cdot\frac{t}{n}}{t^{n-1}}=\frac{1}{n!}.$$

(5) 利用夹逼准则求极限

**【例 1.21】** 求$\lim\limits_{n\to\infty}\left(\dfrac{1^2}{n^3+1^2}+\dfrac{2^2}{n^3+2^2}+\cdots+\dfrac{n^2}{n^3+n^2}\right)$.

**解** 利用夹逼准则,令 $x_n=\frac{1^2}{n^3+1^2}+\frac{2^2}{n^3+2^2}+\cdots+\frac{n^2}{n^3+n^2}$.

由于
$$\frac{1^2+2^2+\cdots+n^2}{n^3+n^2}\leqslant x_n\leqslant\frac{1^2+2^2+\cdots+n^2}{n^3+1},$$

又
$$\lim_{n\to\infty}\frac{1^2+2^2+\cdots+n^2}{n^3+1}=\lim_{n\to\infty}\frac{\frac{1}{6}n(n+1)(2n+1)}{n^3+1}=\frac{1}{3},$$
$$\lim_{n\to\infty}\frac{1^2+2^2+\cdots+n^2}{n^3+n^2}=\lim_{n\to\infty}\frac{\frac{1}{6}n(n+1)(2n+1)}{n^3+n^2}=\frac{1}{3},$$

所以
$$\lim_{n\to\infty}x_n=\frac{1}{3}.$$

**【例 1.22】** 求极限 $\lim\limits_{n\to\infty}\sqrt[n]{1+2^n+3^n}$.

**解** 因为 $\sqrt[n]{3^n}<\sqrt[n]{1+2^n+3^n}<\sqrt[n]{3\cdot3^n}$,

且
$$\lim_{n\to\infty}\sqrt[n]{3^n}=3,\lim_{n\to\infty}\sqrt[n]{3\cdot3^n}=3\lim_{n\to\infty}\sqrt[n]{3}=3,$$

由夹逼准则知
$$\lim_{n\to\infty}\sqrt[n]{1+2^n+3^n}=3.$$

**【例 1.23】** 求 $\lim\limits_{n\to\infty}\frac{1!+2!\ \cdots+n!}{n!}$.

**解** 原式 $=1+\lim\limits_{n\to\infty}\frac{1!+2!+\cdots+(n-1)!}{n!}$.

由于
$$0<\frac{1!+2!+\cdots+(n-1)!}{n!}=\frac{1!+2!+\cdots+(n-2)!+(n-1)!}{n!}$$
$$<\frac{(n-2)(n-2)!+(n-1)!}{n!}<\frac{2(n-1)!}{n!}=\frac{2}{n}.$$

因为 $\frac{2}{n}\to0$,由夹逼准则得 $\lim\limits_{n\to\infty}\frac{1!+2!+\cdots+(n-1)!}{n!}=0$.

故原式 $=1+0=1$.

(6) 利用单调有界准则求极限

**【例 1.24】** 设 $x_1=1,x_2=1+\frac{x_1}{1+x_1},\cdots,x_n=1+\frac{x_{n-1}}{1+x_{n-1}}$,求极限 $\lim\limits_{n\to\infty}x_n$.

**分析** 这种由递推关系定义的数列极限问题一般先用单调有界准则证明极限存在,然后等式两边取极限来决定其极限值.

**解** 因为 $x_1=1,x_2=1+\frac{x_1}{1+x_1}>1,\cdots,x_n=1+\frac{x_{n-1}}{1+x_{n-1}}>1$,

$$x_2-x_1=\frac{x_1}{1+x_1}>0,\text{设 }x_n>x_{n-1},$$

而
$$x_{n+1}-x_n=1+\frac{x_n}{1+x_n}-x_n$$
$$=1+\frac{x_n}{1+x_n}-\left(1+\frac{x_{n-1}}{1+x_{n-1}}\right)$$

$$=\frac{x_n-x_{n-1}}{(1+x_n)(1+x_{n-1})}>0.$$

由数学归纳法知，数列 $x_n$ 单调增加，又因为 $x_n=1+\frac{x_n}{1+x_n}<2$，
所以数列 $x_n$ 单调增加且有上界，极限 $\lim\limits_{n\to\infty}x_n$ 存在，设 $\lim\limits_{n\to\infty}x_n=a$.

由 $x_n=1+\frac{x_{n-1}}{1+x_{n-1}}$ 两边求极限得 $a=1+\frac{a}{1+a}$，

由此解出
$$a_{1,2}=\frac{1\pm\sqrt{5}}{2},$$

因 $x_n>1$，$\lim\limits_{n\to\infty}x_n\geqslant1$，故舍去负值，取 $a=\frac{1+\sqrt{5}}{2}$，

所以
$$\lim_{n\to\infty}x_n=\frac{1+\sqrt{5}}{2}.$$

**【例 1.25】** 设 $x_{n+1}=\frac{1}{2}(x_n+\frac{a}{x_n})\quad(n=1,2,3,\cdots)$，$x_1>0$，$a>0$，求 $\lim\limits_{n\to\infty}x_n$.

**解** $x_{n+1}=\frac{1}{2}(x_n+\frac{a}{x_n})\geqslant\sqrt{x_n\cdot\frac{a}{x_n}}=\sqrt{a}$，

$\frac{x_{n+1}}{x_n}=\frac{1}{2}(1+\frac{a}{x_n^2})\leqslant\frac{1}{2}(1+\frac{a}{a})=1$，

即 $x_{n+1}\leqslant x_n$，所以 $\lim\limits_{n\to\infty}x_n$ 存在.

设 $\lim\limits_{n\to\infty}x_n=A$，由 $A=\frac{1}{2}(A+\frac{a}{A})\Rightarrow A=\pm\sqrt{a}$.

所以 $\lim\limits_{n\to\infty}x_n=\sqrt{a}$.

**4. 关于函数的连续性与间断点**

**【例 1.26】** 求函数 $f(x)=\frac{1}{1-\mathrm{e}^{\frac{x}{1-x}}}$ 的间断点，并判别其类型.

**解** 因为 $x=1$ 时，$\frac{x}{1-x}$ 无意义，$x=0$ 时，$f(x)$ 也无意义，所以 $x=1$，$x=0$ 是函数 $f(x)$ 的间断点，且

$$\lim_{x\to1^+}f(x)=\lim_{x\to1^+}\frac{1}{1-\mathrm{e}^{\frac{x}{1-x}}}=1,\lim_{x\to1^-}f(x)=\lim_{x\to1^-}\frac{1}{1-\mathrm{e}^{\frac{x}{1-x}}}=0,$$

所以 $x=1$ 是函数 $f(x)$ 的第一类间断点（跳跃间断点）.

而
$$\lim_{x\to0}f(x)=\lim_{x\to0}\frac{1}{1-\mathrm{e}^{\frac{x}{1-x}}}=\infty,$$

所以 $x=0$ 是函数 $f(x)$ 的第二类间断点.

**【例 1.27】** 讨论函数 $f(x)=\lim\limits_{n\to\infty}\frac{x^{n+2}}{\sqrt{2^{2n}+x^{2n}}}(x\geqslant0)$ 的连续性.

**解** 因为 $\frac{x^{n+2}}{\sqrt{2^{2n}+x^{2n}}}=x^2\frac{\left(\frac{x}{2}\right)^n}{\sqrt{1+\left(\frac{x}{2}\right)^{2n}}}$，

当 $0\leqslant x<2$ 时，
$$f(x)=\lim_{n\to\infty}\frac{x^{n+2}}{\sqrt{2^{2n}+x^{2n}}}=0,$$

当 $x=2$ 时，
$$f(2)=\lim_{n\to\infty}\frac{2^{n+2}}{\sqrt{2^{2n}+2^{2n}}}=2\sqrt{2},$$

当 $x>2$ 时，
$$f(x)=\lim_{n\to\infty}\frac{x^{n+2}}{\sqrt{2^{2n}+x^{2n}}}=x^2\lim_{n\to\infty}\frac{x^n}{\sqrt{2^{2n}+x^{2n}}}=x^2,$$

故
$$f(x)=\begin{cases}0, & 0\leqslant x<2,\\ 2\sqrt{2}, & x=2,\\ x^2, & x>2.\end{cases}$$

易知 $f(x)$ 在 $x\geqslant 0$ 时除 $x=2$ 外均连续.

**5. 闭区间上连续函数的性质**

闭区间上连续函数具有几个重要的性质，即最值定理、有界性定理、零点定理和介值定理。

**【例 1.28】** 设函数 $f(x)$ 在 $[a,b]$ 上连续，且 $a<c<d<b$，证明：对任意 $\alpha,\beta\in R^+$，至少存在一点 $\xi\in(a,b)$，使得
$$(\alpha+\beta)f(\xi)=\alpha f(c)+\beta f(d).$$

**证明** 欲证结论，只要证
$$f(\xi)=\frac{\alpha f(c)+\beta f(d)}{\alpha+\beta}.$$

因为函数 $f(x)$ 在 $[a,b]$ 上连续，从而 $f(x)$ 在 $[c,d]$ 上连续，故必有最大值 $M$ 与最小值 $m$，即 $\forall x\in[c,d]$，都有
$$m\leqslant f(x)\leqslant M,$$
$$(\alpha+\beta)m\leqslant\alpha f(c)+\beta f(d)\leqslant(\alpha+\beta)M,$$
$$m\leqslant\frac{\alpha f(c)+\beta f(d)}{\alpha+\beta}\leqslant M.$$

由连续函数的介值定理知，至少存在一点 $\xi\in[c,d]\subset(a,b)$，使得
$$f(\xi)=\frac{\alpha f(c)+\beta f(d)}{\alpha+\beta},$$

即得
$$(\alpha+\beta)f(\xi)=\alpha f(c)+\beta f(d).$$

**【例 1.29】** 证明：方程 $x\tan x+4x^2=\pi$ 在 $\left(-\frac{\pi}{2},\frac{\pi}{2}\right)$ 内至少存在一实根.

**证明** 设 $f(x)=x\tan x+4x^2-\pi$，显然 $f(x)$ 在 $\left(-\frac{\pi}{2},\frac{\pi}{2}\right)$ 内连续，且
$$f(0)=-\pi<0,f\left(\frac{\pi}{4}\right)=\frac{\pi}{4}+\frac{\pi^2}{4}-\pi=\frac{\pi(\pi-3)}{4}>0,$$

由零点定理知，至少存在一点
$$\xi\in\left(0,\frac{\pi}{4}\right)\subset\left(-\frac{\pi}{2},\frac{\pi}{2}\right),$$

使得 $f(\xi)=0$，即方程 $x\tan x+4x^2=\pi$ 在 $\left(-\frac{\pi}{2},\frac{\pi}{2}\right)$ 内至少存在一实根.

**【例 1.30】** 证明方程 $x=a\sin x+b$，其中 $a>0,b>0$，至少有一个正根，并且它不超过 $a+b$.

**证明** 令 $f(x)=x-a\sin x-b$，$f(x)$为一连续函数，且

$$f(0)=-b<0,$$
$$f(a+b)=a-a\sin(a+b)$$
$$=a[1-\sin(a+b)]\geqslant 0.$$

当 $f(a+b)>0$ 时，由零点定理知，至少有一个 $\xi\in(0,a+b)$，使 $f(\xi)=0$，$x=\xi$ 就是方程 $x=a\sin x+b$ 的一个正根.

而当 $f(a+b)=0$ 时，$x=a+b$ 恰好是方程 $x=a\sin x+b$ 的一个正根，因此，方程至少有一个正根，并且它不超过 $a+b$.

**【例 1.31】** 设 $f(x)$在$(a,b)$内连续，$x_i\in(a,b)$，$t_i>0$，$(i=1,2,\cdots,n)$，且 $\sum\limits_{i=1}^{n}t_i=1$，试证至少存在一点 $\xi\in(a,b)$使 $f(\xi)=t_1f(x_1)+t_2f(x_2)+\cdots+t_n(x_n)$.

**证明** 记 $x'=\min\limits_{1\leqslant k\leqslant n}\{x_k\}$，$x''=\max\limits_{1\leqslant k\leqslant n}\{x_k\}$，

因为 $f(x)$在$(a,b)$内连续，$f(x)$在$[x',x'']$上连续，

所以存在 $M,m$ 使 $\forall x\in[x',x'']$有 $m\leqslant f(x)\leqslant M$，

由于$x_i\in[x',x'']$，$t_i>0$　$(i=1,2,\cdots,n)$，

$m\leqslant f(x_i)\leqslant M,(i=1,2,\cdots,n)$，

$t_im\leqslant t_if(x_i)\leqslant t_iM,(i=1,2,\cdots,n)$，

所以
$$m=\sum_{i=1}^{n}mt_i\leqslant\sum_{i=1}^{n}t_if(x_i)\leqslant\sum_{i=1}^{n}Mt_i=M,$$

从而，至少存在一点 $\xi\in[x',x'']\subset(a,b)$，使 $f(\xi)=t_1f(x_1)+t_2f(x_2)+\cdots+t_nf(x_n)$.

**【例 1.32】** 设 $f(x)$在$[a,b]$上连续且非负，证明

$$\lim_{n\to\infty}\sqrt[n]{\int_a^b[f(x)]^n\mathrm{d}x}=\max_{x\in[a,b]}f(x).$$

**证明** 设 $\max\limits_{x\in[a,b]}f(x)=f(c)=M$，显然

$$\sqrt[n]{\int_a^b[f(x)]^n\mathrm{d}x}\leqslant\sqrt[n]{\int_a^bM^n\mathrm{d}x}=M\sqrt[n]{b-a},$$

当 $c\neq b$ 时，只要 $n$ 充分大，就有$[c,c+\frac{1}{n}]\subset[a,b]$，

所以
$$\sqrt[n]{\int_a^b[f(x)]^n\mathrm{d}x}\geqslant\sqrt[n]{\int_c^{c+\frac{1}{n}}[f(x)]^n\mathrm{d}x}=\sqrt[n]{f^n(\xi_n)\frac{1}{n}},$$

$$f(\xi_n)\sqrt[n]{1/n}\leqslant\sqrt[n]{\int_a^b[f(x)]^n\mathrm{d}x}\leqslant M\sqrt[n]{b-a}.$$

因为
$$\lim_{n\to\infty}f(\xi_n)\sqrt[n]{1/n}=f(c)=M,$$
$$\lim_{n\to\infty}M\sqrt[n]{b-a}=M,$$

所以
$$\lim_{n\to\infty}\sqrt[n]{\int_a^b[f(x)]^n\mathrm{d}x}=M=\max_{x\in[a,b]}f(x).$$

当 $c=b$ 时,用 $\left[b-\frac{1}{n},b\right]$ 代替 $\left[c,c+\frac{1}{n}\right]$ 同理可证.

## 四、练习题与解答

1. 选择题

(1) 设 $f(x)$ 的定义域为 $[0,4]$,则 $g(x)=f(x+1)+f(x-1)$ 的定义域为(　　).

A. $[1,3]$;　B. $[-1,3]$;　C. $[1,5]$;　D. $[2,4]$.

(2) 函数 $f(x)=\frac{1-x}{1+x}(x\neq-1)$ 的反函数 $g(x)=$(　　).

A. $f(x)$;　B. $f[f(x)]$;　C. $\frac{1}{f(x)}$;　D. $-f(x)$.

(3) 函数 $f(x)=\sin x^2(-\infty<x<+\infty)$ 是(　　).

A. 奇函数;　B. 单调函数;

C. 周期函数;　D. 非周期函数.

(4) 下列变量在给定的变化过程中是无穷小的有(　　).

A. $2^{-x}-x(x\to 0)$;　B. $\frac{\sin x}{x}(x\to 0)$;

C. $\frac{x^2}{\sqrt{x^3+x+2}}(x\to\infty)$;　D. $\frac{x^3\left(2+\cos\frac{1}{x}\right)}{1+x^2}(x\to 0)$.

(5) 如果 $\lim\limits_{x\to 0}\frac{x^\alpha\sin\frac{1}{x}}{\sin x}$ 存在,则 $\alpha$ 可取值为(　　).

A. $\alpha\geqslant 0$;　B. $\alpha\leqslant 0$;　C. $\alpha>1$;　D. $\alpha\leqslant 1$.

(6) 数列 $\{x_n\}$ 有界是数列 $\{x_n\}$ 有极限的(　　)条件.

A. 充分;　B. 必要;　C. 充要;　D. 既非充分也非必要.

(7) 设给定 $\varepsilon>0$,总存在 $X>0$,使得对于一切 $x<-X$,都有 $|f(x)-a|<\varepsilon$,以上表示(　　).

A. 当 $x\to-\infty$ 时,$f(x)$ 是无穷小;

B. 当 $x\to\infty$ 时,$f(x)$ 的极限是 $a$;

C. 当 $x\to-\infty$ 时,$f(x)$ 的极限是 $a$;

D. 当 $x\to+\infty$ 时,$f(x)$ 的极限是 $a$.

(8) $\lim\limits_{n\to\infty}(\sqrt{n+1}-\sqrt{n})=0$,其解过程正确的是(　　).

A. $\lim\limits_{n\to\infty}(\sqrt{n+1}-\sqrt{n})=\lim\limits_{n\to\infty}\sqrt{n+1}-\lim\limits_{n\to\infty}\sqrt{n}=\infty-\infty=0$;

B. $\lim\limits_{n\to\infty}(\sqrt{n+1}-\sqrt{n})=\lim\limits_{n\to\infty}\sqrt{n}\left(\sqrt{1+\frac{1}{n}}-1\right)$

$$=\lim_{n\to\infty}\sqrt{n}\cdot\lim_{n\to\infty}\left(\sqrt{1+\frac{1}{n}}-1\right)=\lim_{n\to\infty}\sqrt{n}\cdot 0=0;$$

C. 因为 $0<\sqrt{n+1}-\sqrt{n}<\sqrt{n+1}-\sqrt{n+1}=0$，

所以 $$\lim_{n\to\infty}(\sqrt{n+1}-\sqrt{n})=0;$$

D. $$\lim_{n\to\infty}(\sqrt{n+1}-\sqrt{n})=\lim_{n\to\infty}\frac{1}{\sqrt{n+1}+\sqrt{n}}=\lim_{n\to\infty}\frac{1}{\sqrt{n}\left(\sqrt{1+\frac{1}{n}}+1\right)}$$

$$=\lim_{n\to\infty}\frac{1}{\sqrt{n}}\cdot\lim_{n\to\infty}\frac{1}{\sqrt{1+\frac{1}{n}}+1}=0.$$

(9) 如果 $\lim\limits_{x\to a}|f(x)|=|A|$，那么 $\lim\limits_{x\to a}f(x)=($　　$)$.

A. 不存在；　B. 不一定存在；　C. 等于 $A$；　D. 等于 $A$ 或等于 $-A$.

(10) 设 $f(x)=\begin{cases}(\cos x)^{\frac{1}{x^2}}, & x\neq 0\\ a, & x=0\end{cases}$ 在 $x=0$ 处连续，则 $a=($　　$)$.

A. e；　　B. 1；　　C. $e^2$；　　D. $e^{-\frac{1}{2}}$.

2. 填空题

(1) 若 $f(x)=\dfrac{1}{1-x}$，则 $f[f(x)]=$__________.

(2) 设 $F(x)=f(x)+f(-x)$，$G(x)=f(x)-f(-x)$，则 $F(x)$，$G(x)$ 的奇偶性分别为__________.

(3) 设 $f(x)=x+x^2$，则

$\dfrac{1}{2}[f(x)+f(-x)]=$______；$\dfrac{1}{2}[f(x)-f(-x)]=$__________.

(4) 函数 $f(x)=\ln(\cos x)$ 的定义域为______.

(5) 如果 $x_k$，$y_k$ 都是来自数列 $\{a_n\}$ 中的子数列，且 $\lim\limits_{k\to\infty}x_k=a$，$\lim\limits_{k\to\infty}y_k=a$，则数列 $\{a_n\}$ 的极限__________存在.

(6) $\lim\limits_{n\to\infty}n\sin\dfrac{1}{n^2+1}=$________；$\lim\limits_{n\to\infty}n^2\sin\dfrac{1}{n^2+1}=$________.

(7) 如果 $\lim\limits_{x\to a}(x-a)\varphi(x)=A$，则极限 $\lim\limits_{x\to a}\varphi(x)$__________存在.

(8) 设 $f(x)=\left(\dfrac{2+x}{3+x}\right)^x$，那么 $\lim\limits_{x\to 0}f(x)=$______；$\lim\limits_{x\to\infty}f(x)=$________.

(9) 当 $x\to 0$ 时，$1-\cos 2x$ 是 $2x^2$ 的________无穷小；又 $1-e^{x^2}$ 是 $x^2$ 的______无穷小.

(10) 设 $f(x)=\lim\limits_{n\to\infty}\dfrac{x+x^2e^{nx}}{1+e^{nx}}$，则 $f(x)=$________.

3. 用极限定义证明下列极限

(1) $\lim\limits_{n\to\infty}\dfrac{n+(-1)^n}{n}=1$；

(2) $\lim\limits_{x\to a}f(x)=\infty$，$\lim\limits_{x\to a}g(x)=A(A\neq 0)$，证明：

$$\lim_{x\to a}f(x)\cdot g(x)=\infty.$$

4. 求极限$\lim\limits_{n\to\infty}\left(\frac{1}{\sqrt[k]{n^k+1}}+\frac{1}{\sqrt[k]{n^k+2}}+\cdots+\frac{1}{\sqrt[k]{n^k+3n}}\right)\quad(k>1)$.

5. 求下列极限

(1) $\lim\limits_{n\to\infty}\frac{2^{n+1}+3^{n+1}}{2^n+3^n}$；　　(2) $\lim\limits_{n\to\infty}\left(\frac{\sqrt[n]{a}+\sqrt[n]{b}}{2}\right)^n$ （其中 $a>0,b>0$）；

(3) $\lim\limits_{x\to0}\frac{\sqrt{1+x\sin x}-\cos x}{x}$；　　(4) $\lim\limits_{x\to0}\left[\tan\left(\frac{\pi}{4}+x\right)\right]^{\cot 2x}$；

(5) $\lim\limits_{x\to+\infty}\frac{4e^{2x}-3e^{-3x}}{2e^{2x}+e^{-x}}$；　　(6) $\lim\limits_{x\to0}\frac{\sqrt{x+4}-2}{\sin 2x}$；

(7) $\lim\limits_{x\to\frac{\pi}{4}}\frac{\sin x-\cos x}{\cos 2x}$；　　(8) $\lim\limits_{x\to0}(\cos x)^{\frac{1}{\sin x^2}}$；

(9) $\lim\limits_{x\to0}\frac{\sqrt[3]{1+x^2}-1-x^2}{1-\cos x}$；　　(10) $\lim\limits_{x\to-\infty}x\cdot(\sqrt{x^2+100}+x)$.

6. 求$\lim\limits_{n\to\infty}\left(\frac{1}{2}+\frac{3}{2^2}+\frac{5}{2^3}+\cdots+\frac{2n-1}{2^n}\right)$.

7. 设$\lim\limits_{n\to\infty}(\sqrt[3]{1+x^2+x^3}-ax-b)=0$，求 $a$ 与 $b$ 的值.

8. 试确定常数 $a,b$，使函数

$$f(x)=\begin{cases}\frac{(a+b)x+b}{\sqrt{1+3x}-\sqrt{3+x}}, & x\neq1,\\ 4, & x=1,\end{cases}$$

在 $x=1$ 处连续.

9. 讨论函数 $f(x)=\lim\limits_{n\to\infty}\frac{1}{1+\cos^{2n}x}$的连续性.

10. 试证方程 $ax^3+bx^2+cx+d=0$ （$a\neq0,b,c,d$ 为常数）必有一个实根.

11. 设 $f(x)$在$[a,b]$上连续，且 $f(a)<a$，$f(b)>b$，试证在$(a,b)$内至少存在一点 $\xi$ 使得 $f(\xi)=\xi$.

12. 设 $f(x)$在$[0,n]$上连续，且 $f(0)=f(n)$，证明：在$[0,n)$内至少存在一个点 $\xi$，使

$$f(\xi+1)=f(\xi).$$

13. 证明方程 $x^n+x^{n+1}+\cdots+x^2+x=1(n=2,3,4\cdots)$，在$(0,1)$上必有唯一实根 $x_n$，并求$\lim\limits_{n\to\infty}x_n$.

**练习题解答**

# 第二章　导数与微分

## 一、内 容 提 要

**1. 导数的定义**

导数研究的是函数的变化率问题.

函数 $y=f(x)$在 $x_0$ 处的导数,定义为在 $x_0$ 处增量比的极限,即

$$\lim_{\Delta x\to 0}\frac{\Delta y}{\Delta x}=\lim_{\Delta x\to 0}\frac{f(x_0+\Delta x)-f(x_0)}{\Delta x}.$$

若极限存在,则称函数 $y=f(x)$在 $x_0$ 处可导,其在 $x_0$ 处的导数记为 $f'(x_0)$或 $y'|_{x=x_0}$ 或$\frac{\mathrm{d}f}{\mathrm{d}x}|_{x=x_0}$或$\frac{\mathrm{d}y}{\mathrm{d}x}|_{x=x_0}$.若极限不存在,则称 $f(x)$在 $x_0$ 处不可导.

导数定义的几种等价形式

$$f'(x_0)=\lim_{x\to x_0}\frac{f(x)-f(x_0)}{x-x_0};$$

$$f'(x_0)=\lim_{h\to 0}\frac{f(x_0+h)-f(x_0)}{h}.$$

其中,$h$ 也可换成函数 $h(x)$,即 $f'(x_0)=\lim\limits_{h(x)\to 0}\frac{f[x_0+h(x)]-f(x_0)}{h(x)}$.

若函数 $f(x)$在开区间 $I$ 内的每一点都可导,则称函数 $f(x)$在开区间 $I$ 内可导,所得的函数称为 $f(x)$的导函数,记为 $f'(x)$或 $y'$或$\frac{\mathrm{d}f(x)}{\mathrm{d}x}$或$\frac{\mathrm{d}y}{\mathrm{d}x}$.

由定义易知 $f'(x_0)=f'(x)|_{x=x_0}$,但 $f'(x_0)\neq[f(x_0)]'$.

**2. 左、右导数**

左导数 $f'_-(x_0)=\lim\limits_{\Delta x\to 0^-}\frac{f(x_0+\Delta x)-f(x_0)}{\Delta x}$,

右导数 $f'_+(x_0)=\lim\limits_{\Delta x\to 0^+}\frac{f(x_0+\Delta x)-f(x_0)}{\Delta x}$.

由单侧极限与双侧极限的关系可得下面的结论

函数 $y=f(x)$在 $x_0$ 处可导$\Longleftrightarrow f'_-(x_0)=f'_+(x_0)$.

函数 $f(x)$在$[a,b]$上可导,是指函数 $f(x)$在$(a,b)$内可导且$f'_-(b)$、$f'_+(a)$都存在.

**3. 微分的定义**

微分研究的是当自变量有微小改变时函数的变化情况.

设函数 $y=f(x)$在 $U(x_0)$有定义,$x_0+\Delta x\in U(x_0)$,若函数值增量

$$\Delta y=f(x_0+\Delta x)-f(x_0)$$

可表示为

$$\Delta y=A\Delta x+o(\Delta x),$$

其中,$A$ 为不依赖于 $\Delta x$ 的常数,则称函数 $y=f(x)$在 $x_0$ 可微,其中 $A\Delta x$ 称为函数 $y=f(x)$在 $x_0$ 相应于 $\Delta x$ 的微分,记作 $\mathrm{d}y$,即 $\mathrm{d}y=A\Delta x$.

**4. 可导、可微与连续的关系**

若函数 $y=f(x)$在点 $x_0$ 处可导或可微,则函数 $y=f(x)$在点 $x_0$ 处连续,但反之不一定成立.

函数 $y=f(x)$在点 $x_0$ 处可导当且仅当在该点处可微,且 $\mathrm{d}y=f'(x_0)\Delta x$,记 $\Delta x=\mathrm{d}x$,称之为自变量的微分,于是

$$\mathrm{d}y=f'(x_0)\mathrm{d}x,\text{即 } f'(x_0)=\frac{\mathrm{d}y}{\mathrm{d}x}.$$

所以导数也称为“微商”.

**5. 导数、微分的几何意义**

函数 $y=f(x)$在点 $x_0$ 处导数 $f'(x_0)$在几何上表示曲线 $y=f(x)$在点$(x_0,f(x_0))$处的切线的斜率,即 $f'(x_0)=\tan\alpha$,如图 2-1(a)所示.

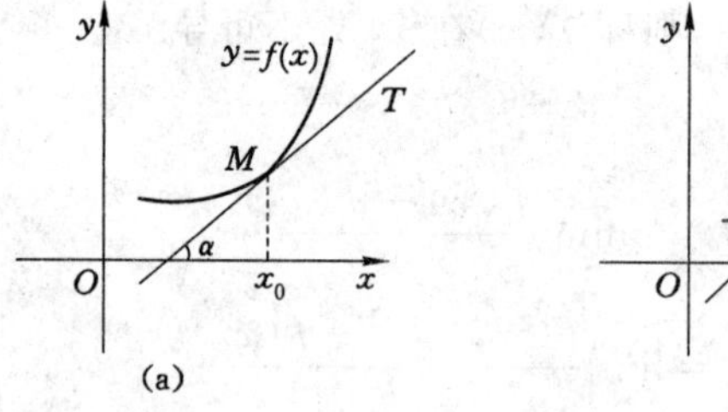


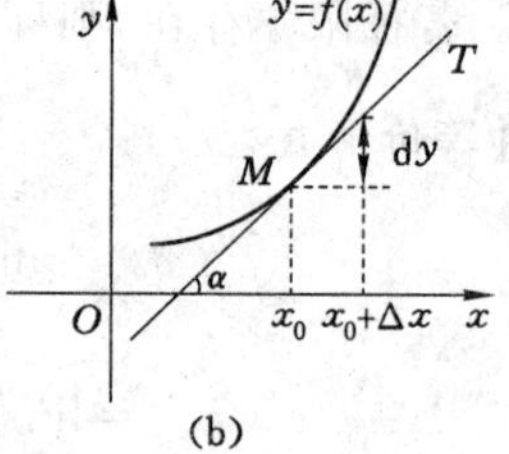


图 2-1

函数 $y=f(x)$在 $x_0$ 处微分 $\mathrm{d}y$ 在几何上表示曲线 $y=f(x)$在点$(x_0,f(x_0))$处的切线上纵坐标的增量,如图 2-1(b)所示.

**6. 导数和微分的运算法则**

(1) 四则运算法则

设 $u=u(x)$,$v=v(x)$可导,有如下求导法则:

| 求导的四则运算法则 | 求微分的四则运算法则 |
| --- | --- |
| $(u\pm v)'=u'\pm v'$ | $\mathrm{d}(u\pm v)=\mathrm{d}u\pm\mathrm{d}v$ |
| $(Cu)'=Cu'$ | $\mathrm{d}(Cu)=C\mathrm{d}u$ |
| $(uv)'=u'v+uv'$ | $\mathrm{d}(uv)=v\mathrm{d}u+u\mathrm{d}v$ |
| $(\frac{u}{v})'=\frac{u'v-uv'}{v^2}(v\neq0)$ | $\mathrm{d}(\frac{u}{v})=\frac{v\mathrm{d}u-u\mathrm{d}v}{v^2}(v\neq0)$ |

(2) 反函数的求导、求微分法则

设函数 $x=f(y)$ 在区间 $I_y$ 内单调、可导且 $f'(y)\neq 0$，则它的反函数 $y=f^{-1}(x)$ 在 $I_x=f(I_y)$ 内也可导，且

$$\frac{dy}{dx}=\frac{1}{\frac{dx}{dy}} \text{ 或}[f^{-1}(x)]'=\frac{1}{f'(y)},$$

$$dy=\frac{1}{\frac{dx}{dy}}dx \text{ 或 } dy=\frac{1}{f'(y)}dx.$$

(3) 复合函数的求导和求微分法则

设函数 $u=g(x)$ 在 $x$ 可导，$y=f(u)$ 在相应点处也可导，则复合函数 $y=f[g(x)]$ 在 $x$ 处可导，且

$$\frac{dy}{dx}=\frac{dy}{du}\cdot\frac{du}{dx} \quad \text{或} \quad y'(x)=f'(u)\cdot g'(x),$$

$$dy=f'(u)\cdot g'(x)dx \quad \text{或} \quad dy=f'(u)du.$$

——后者称之为“一阶微分形式不变性”

**7. 基本初等函数的求导和求微分公式**

| 导数公式 | 微分公式 |
|---|---|
| $(x^\mu)'=\mu x^{\mu-1}$ | $d(x^\mu)=\mu x^{\mu-1}dx$ |
| $(\sin x)'=\cos x$ | $d(\sin x)=\cos x dx$ |
| $(\cos x)'=-\sin x$ | $d(\cos x)=-\sin x dx$ |
| $(\tan x)'=\sec^2 x$ | $d(\tan x)=\sec^2 x dx$ |
| $(\cot x)'=-\csc^2 x$ | $d(\cot x)=-\csc^2 x dx$ |
| $(\sec x)'=\sec x\tan x$ | $d(\sec x)=\sec x\tan x dx$ |
| $(\csc x)'=-\csc x\cot x$ | $d(\csc x)=-\csc x\cot x dx$ |
| $(a^x)'=a^x\ln a$ | $d(a^x)=a^x\ln a dx$ |
| $(e^x)'=e^x$ | $d(e^x)=e^x dx$ |
| $(\log_a x)'=\frac{1}{x\ln a}$ | $d(\log_a x)=\frac{1}{x\ln a}dx$ |
| $(\ln x)'=\frac{1}{x}$ | $d(\ln x)=\frac{1}{x}dx$ |
| $(\arcsin x)'=\frac{1}{\sqrt{1-x^2}}$ | $d(\arcsin x)=\frac{1}{\sqrt{1-x^2}}dx$ |
| $(\arccos x)'=-\frac{1}{\sqrt{1-x^2}}$ | $d(\arccos x)=-\frac{1}{\sqrt{1-x^2}}dx$ |
| $(\arctan x)'=\frac{1}{1+x^2}$ | $d(\arctan x)=\frac{1}{1+x^2}dx$ |
| $(\text{arccot}\, x)'=-\frac{1}{1+x^2}$ | $d(\text{arccot}\, x)=-\frac{1}{1+x^2}dx$ |

**8. 高阶导数及运算法则**

(1) 函数 $y=f(x)$ 在 $x$ 处的二阶及二阶以上的导数，称为函数 $y=f(x)$ 在 $x$ 的高阶导

数.一般地，$\frac{d^ny}{dx^n}=\frac{d}{dx}(\frac{d^{n-1}y}{dx^{n-1}})$ 或 $y^{(n)}(x)=[y^{(n-1)}(x)]'\quad(n\geqslant 2)$.

可见，求高阶导数的一般方法是逐阶求导法.

(2) 运算法则

设 $u=u(x)$，$v=v(x)$ 在 $x$ 处有 $n$ 阶导数，则

$$(u\pm v)^{(n)}=u^{(n)}\pm v^{(n)};$$

$$(Cu)^{(n)}=Cu^{(n)};$$

$$(uv)^{(n)}=\sum_{k=0}^{n}C_n^k u^{(n-k)}v^{(k)}\quad(\text{其中 } v^{(0)}=v, u^{(0)}=u.)$$

—— 莱布尼茨公式

(3) 常用的高阶导数公式

$(x^{\mu})^{(n)}=\mu(\mu-1)\cdots(\mu-n+1)x^{\mu-n}$；

$(a^x)^{(n)}=a^x\ln^n a\quad(a>0,\text{且 } a\neq 1)$，$\quad(e^x)^{(n)}=e^x$；

$(\sin ax)^{(n)}=a^n\sin(ax+\frac{n\pi}{2})\quad(a\neq 0)$；

$(\cos ax)^{(n)}=a^n\cos(ax+\frac{n\pi}{2})\quad(a\neq 0)$；

$(\ln x)^{(n)}=(-1)^{n-1}\frac{(n-1)!}{x^n}\quad(0!=1)$；

$[f(ax+b)]^{(n)}=a^nf^{(n)}(ax+b)$ [其中 $f(x)$ $n$ 阶可导且 $a\neq 0$].

**9. 隐函数的求导法则**

求由方程 $F(x,y)=0$ 所表示的隐函数 $y=y(x)$ 的导数，其方法如下：

**方法 1** 视方程中 $y$ 为 $x$ 的函数，根据复合函数求导法则，方程两边同时对 $x$ 求导，得一含有 $y'$ 的等式，解出即可；

**方法 2** 利用一阶微分形式不变形，方程两边同时求微分，然后解出 $\frac{dy}{dx}$.

**10. 参数方程求导法则**

设函数 $x=x(t)$，$y=y(t)$ 均可导且 $x'(t)\neq 0$，则由参数方程 $\begin{cases}x=x(t)\\y=y(t)\end{cases}$ 表示的函数 $y=y(x)$ 的导数为

$$\frac{dy}{dx}=\frac{y'(t)}{x'(t)}.$$

值得注意的是，这里 $y$ 对 $x$ 的导函数仍然是一个由参数方程表达的函数

$$\begin{cases}x=x(t)\\ \frac{dy}{dx}=\frac{y'(t)}{x'(t)},\end{cases}$$

如
$$\frac{d^2y}{dx^2}=\frac{\left(\frac{y'(t)}{x'(t)}\right)'}{x'(t)}=\frac{x'(t)y''(t)-x''(t)y'(t)}{x'^3(t)}.$$

注意到这一点，求高阶导数时才不会出错！

## 二、基本问题解答

**【问题 2.1】** 设 $n$ 为自然数

$$f(x)=\begin{cases} x^n\sin\dfrac{1}{x}, & x\neq 0, \\ 0, & x=0. \end{cases}$$

问:(1) $n$ 为何值时,$f(x)$在点 $x=0$ 可导;

(2) $n$ 为何值时,$f'(x)$在点 $x=0$ 连续.

**解** (1) 当 $x\neq0$ 时,$\dfrac{f(x)-f(0)}{x-0}=x^{n-1}\sin\dfrac{1}{x}$.

当 $x\to0$ 时,$\sin\dfrac{1}{x}$有界但无极限,因此 $f'(0)$存在当且仅当 $x^{n-1}\to0(x\to0)$,于是 $n\geqslant2$ 时 $f'(0)=0$.

(2) 当 $x\neq0$ 时,有

$$f'(x)=nx^{n-1}\sin\frac{1}{x}-x^{n-2}\cos\frac{1}{x}=x^{n-2}\left(nx\sin\frac{1}{x}-\cos\frac{1}{x}\right).$$

当 $x\to0$ 时,$nx\sin\dfrac{1}{x}-\cos\dfrac{1}{x}$有界但无极限,因此,$f'(x)$在点 $x=0$ 处连续即$\lim\limits_{x\to0}f'(x)=0$,当且仅当 $x^{n-2}\to0(x\to0)$,于是 $n\geqslant3$.

**【问题 2.2】** 设函数 $y=f(x)$在点 $x_0$ 的某邻域内有定义,$\Delta x$ 是自变量 $x$ 在 $x_0$ 处的增量,请问下列两式

(1) $$\lim_{\Delta x\to0}\frac{f(x_0+\Delta x)-f(x_0-\Delta x)}{2\Delta x},$$

(2) $$\lim_{\Delta x\to0}\frac{f(x_0)-f(x_0-\Delta x)}{\Delta x},$$

是否与 $y=f(x)$在 $x_0$ 处的导数定义

$$\lim_{\Delta x\to0}\frac{f(x_0+\Delta x)-f(x_0)}{\Delta x}$$

等价?

**答** 情况(1) 不等价.

若 $\lim\limits_{\Delta x\to0}\dfrac{f(x_0+\Delta x)-f(x_0)}{\Delta x}$存在,则

$$\begin{aligned}&\lim_{\Delta x\to0}\frac{f(x_0+\Delta x)-f(x_0-\Delta x)}{2\Delta x}\\&=\lim_{\Delta x\to0}\frac{[f(x_0+\Delta x)-f(x_0)]-[f(x_0-\Delta x)-f(x_0)]}{2\Delta x}\\&=\frac{1}{2}\lim_{\Delta x\to0}\frac{f(x_0+\Delta x)-f(x_0)}{\Delta x}+\frac{1}{2}\lim_{\Delta x\to0}\frac{f(x_0-\Delta x)-f(x_0)}{-\Delta x}\\&=f'(x_0).\end{aligned}$$

即$\lim\limits_{\Delta x\to 0}\dfrac{f(x_0+\Delta x)-f(x_0-\Delta x)}{2\Delta x}$存在，且等于$f'(x_0)$.但反之不一定成立，例如

$$f(x)=\begin{cases}\cos\dfrac{1}{x}, & x\neq 0,\\ 0, & x=0.\end{cases}$$

在$x=0$处有$\lim\limits_{\Delta x\to 0}\dfrac{f(x_0+\Delta x)-f(x_0-\Delta x)}{2\Delta x}=\lim\limits_{\Delta x\to 0}\dfrac{f(0+\Delta x)-f(0-\Delta x)}{2\Delta x}$

$$=\lim_{\Delta x\to 0}\frac{\cos\dfrac{1}{\Delta x}-\cos\dfrac{1}{\Delta x}}{2\Delta x}=0.$$

但是我们知道$\lim\limits_{\Delta x\to 0}\dfrac{f(0+\Delta x)-f(0)}{\Delta x}=\lim\limits_{\Delta x\to 0}\dfrac{\cos\dfrac{1}{\Delta x}}{\Delta x}$不存在.

情况(2)等价.

因为导数定义中$\Delta x\to 0$包含$\Delta x\to 0^+$与$\Delta x\to 0^-$两种过程，所以定义中的$\Delta x$换成$-\Delta x$是等价的，即

若
$$\lim_{\Delta x\to 0}\frac{f(x_0)-f(x_0-\Delta x)}{\Delta x}=\lim_{\Delta x\to 0}\frac{f(x_0-\Delta x)-f(x_0)}{-\Delta x}$$

存在，则此极限就是$f'(x_0)$.即

$$f'(x_0)=\lim_{\Delta x\to 0}\frac{f(x_0+\Delta x)-f(x_0)}{\Delta x}\xlongequal{\Delta x=-h}\lim_{h\to 0}\frac{f(x_0-h)-f(x_0)}{-h}$$
$$=\lim_{h\to 0}\frac{f(x_0)-f(x_0-h)}{h}.$$

**【问题 2.3】** 设$f(x)=\begin{cases}x^2\sin\dfrac{1}{x}, & x\neq 0,\\ 0, & x=0,\end{cases}$当$x\neq 0$时，$f'(x)=2x\sin\dfrac{1}{x}-\cos\dfrac{1}{x}$，问下面三种分析对吗？

(1) 因为在$x=0$处$f'(x)$无意义，所以$f(x)$在$x=0$处不可导；

(2) 因为$\lim\limits_{x\to 0}f'(x)$不存在，所以$f(x)$在$x=0$处不可导；

(3) 若某函数$f(x)$满足$\lim\limits_{x\to x_0}f'(x)$存在，则$f(x)$在$x_0$处一定可导.

**答** 都不对.

(1) 的错误在于$f'(x)=2x\sin\dfrac{1}{x}-\cos\dfrac{1}{x}$是仅在$x\neq 0$时求得的，因此，不能用$f'(x)$在$x=0$处无意义去判定$f(x)$在$x=0$处不可导.

(2) 易知$\lim\limits_{x\to 0}f'(x)$不存在，事实上

$$\lim_{x\to 0}\frac{f(x)-f(0)}{x}=\lim_{x\to 0}\frac{x^2\sin\dfrac{1}{x}-0}{x}=\lim_{x\to 0}x\sin\frac{1}{x}=0,$$

即$f(x)$在$x=0$处可导，且$f'(0)=0$.

(3) 例如 $f(x)=\begin{cases}\operatorname{arccot}\dfrac{1}{x}, & x\neq 0,\\ 0, & x=0.\end{cases}$

则　$f'(x)=\dfrac{1}{1+x^2}(x\neq 0)$，而$\lim\limits_{x\to 0}\dfrac{1}{1+x^2}=1$，但不能说 $f(x)$在 $x=0$ 处可导，且 $f'(0)=1$，因为 $f(x)$在 $x=0$ 处不连续，所以在该点不可导.

**【问题 2.4】**　设 $f(x)=(x^2-a^2)g(x)$，其中 $g(x)$在 $x=a$ 处连续，求$f'(a)$，并问下列做法是否正确？

因为 $f'(x)=2xg(x)+(x^2-a^2)g'(x)$，所以 $f'(a)=2ag(a)$.

**答**　以上做法错误.

因为 $g(x)$在 $x=a$ 处连续但不一定可导，故不能求 $g'(x)$.本题应该用定义求 $f'(a)$

$$f'(a)=\lim_{x\to a}\frac{f(x)-f(a)}{x-a}=\lim_{x\to a}\frac{(x^2-a^2)g(x)-0}{x-a}=\lim_{x\to a}(x+a)g(x)=2ag(a).$$

**【问题 2.5】**　回答下列问题：

(1) 设 $f(x)$在点 $x_0$ 处可导，问 $f(x)$在点 $x_0$ 的某个邻域内也可导吗？

(2) 设 $f(x)$在点 $x_0$ 处连续，问 $f(x)$在点 $x_0$ 的某个领域内也连续吗？

**答**　两个问题的答案都是不一定，如

$$f(x)=\begin{cases}x^2, x\text{ 为无理数},\\ 0, x\text{ 为有理数},\end{cases}$$

$$f'(0)=\lim_{x\to 0}\frac{f(x)-f(0)}{x-0}=\begin{cases}\lim\limits_{x\to 0}\dfrac{x^2-0}{x-0}=0, x\text{ 为无理数},\\ \lim\limits_{x\to 0}\dfrac{0-0}{x-0}=0, x\text{ 为有理数}.\end{cases}$$

这表明 $f(x)$在 $x=0$ 处可导，当然也连续，但当 $x\neq 0$ 时 $f(x)$不连续，当然也不可导.

**注**　给定函数在一点处的连续或可导条件，绝不要与该函数在一个区间内连续或可导条件相混淆.

**【问题 2.6】**　试回答下列问题：

(1) 当 $f(a)\neq 0$ 时，$f(x)$在点 $x=a$ 处可微，问$|f(x)|$在 $x=a$ 处是否可微？

(2) 当 $f(a)=0$ 时，$f(x)$在点 $x=a$ 处可微，问$|f(x)|$在 $x=a$ 处是否可微？

**答**　(1) 可微.

因为，当 $f(a)\neq 0$ 时，$f(x)$在 $x=a$ 处可微，且$|f(x)|=\sqrt{f^2(x)}$由复合函数求导知

$$(|f(x)|)'=(\sqrt{f^2(x)})'=\frac{1}{2\sqrt{f^2(x)}}\cdot 2f(x)\cdot f'(x)$$

$$=\frac{1}{|f(x)|}\cdot f(x)\cdot f'(x)=\operatorname{sgn} f(x)\cdot f'(x).$$

因此$(|f(x)|)'|_{x=a}=\operatorname{sgn} f(a)\cdot f'(a)$.

(2) 不一定.

因为，令 $f_1(x)=x-a$，则 $f_1(x)$在 $x=a$ 处可微，由定义，易证$|f_1(x)|=|x-a|$在 $x=a$处不可微，令

$$f_2(x)=(x-a)^2,$$

则 $f_2(x)$在 $x=a$ 处可微，$|f_2(x)|=(x-a)^2$ 亦在 $x=a$ 处可微.

综上可知，若 $f(a)=0$，且 $f(x)$在点 $x=a$ 处可微，则$|f(x)|$在点 $x=a$ 处可能可微，也可能不可微.

**【问题 2.7】** 设 $\varphi(x)$在 $x=a$ 处连续，$f(x)=|x-a|\varphi(x)$，

(1) 试证 $f(x)$在点 $x=a$ 处可导的充要条件是 $\varphi(a)=0$.

(2) 若 $f(x)$在点 $x=a$ 处可导，必有 $f'(a)=0$ 吗？

**答** (1) 必要性：分别计算 $f(x)$在点 $x=a$ 处的左、右导数，即

$$f'_-(a)=\lim_{x\to a^-}\frac{f(x)-f(a)}{x-a}=\lim_{x\to a^-}\frac{|x-a|\varphi(x)}{x-a}$$

$$=\lim_{x\to a^-}\frac{-(x-a)\varphi(x)}{x-a}=-\varphi(a).$$

同理，$f'_+(a)=\varphi(a)$，因 $f(x)$在 $x=a$ 可导，所以

$$f'_-(a)=f'_+(a)\Rightarrow-\varphi(a)=\varphi(a)\Rightarrow\varphi(a)=0.$$

充分性：假设 $f(x)$在 $x=a$ 不可导，则由必要性推导可知

$$f'_-(a)\neq f'_+(a)\Rightarrow-\varphi(a)\neq\varphi(a)\Rightarrow\varphi(a)\neq 0,$$

与题设 $\varphi(a)=0$ 矛盾.

(2) 此时 $f'(a)$一定为 0，因为 $f'_-(a)=f'_+(a)=\varphi(a)=0$.即 $f'(a)=0$.

**【问题 2.8】** 问 $f'(x_0)$，$f'[g(x)]$与$\{f[g(x)]\}'$各表示什么意义？

**答** $f'(x_0)$表示导函数 $f'(x)$在点 $x_0$ 处的值或 $f(x)$在 $x_0$ 处的导数.

$f'[g(x)]$表示导函数 $f'(x)$在 $g(x)$处的值，即 $f[g(x)]$对 $g(x)$求导，而不是对 $x$ 求导.

而$\{f[g(x)]\}'$表示复合函数 $f[g(x)]$关于 $x$ 的导数，依复合函数的求导法则 $\{f[g(x)]\}'=f'[g(x)]\cdot g'(x)$.

**【问题 2.9】** 问

$$\frac{\mathrm{d}\left(\frac{\sin x}{x}\right)}{\mathrm{d}x},\frac{\mathrm{d}^2\left(\frac{\sin x}{x}\right)}{\mathrm{d}x^2},\mathrm{d}\,\frac{\sin x}{x},\frac{\mathrm{d}\left(\frac{\sin x}{x}\right)}{\mathrm{d}x^2},\frac{\mathrm{d}\left(\frac{\sin x}{x}\right)^2}{\mathrm{d}x}$$

各表示什么？

**答** $$\frac{\mathrm{d}\,\frac{\sin x}{x}}{\mathrm{d}x}=\left(\frac{\sin x}{x}\right)'=\frac{x\cos x-\sin x}{x^2}\ (\text{一阶导数}).$$

$$\frac{\mathrm{d}^2\left(\frac{\sin x}{x}\right)}{\mathrm{d}x^2}=\left(\frac{\sin x}{x}\right)''=\left(\frac{x\cos x-\sin x}{x^2}\right)'$$

$$=\frac{2\sin x-2x\cos x-x^2\sin x}{x^3}\ (\text{二阶导数}).$$

$$\mathrm{d}\,\frac{\sin x}{x}=\left(\frac{\sin x}{x}\right)'\mathrm{d}x=\frac{x\cos x-\sin x}{x^2}\mathrm{d}x\ (\text{微分}).$$

$$\frac{\mathrm{d}\left(\frac{\sin x}{x}\right)}{\mathrm{d}x^2}=\frac{\left(\frac{\sin x}{x}\right)'\mathrm{d}x}{2x\,\mathrm{d}x}=\frac{x\cos x-\sin x}{2x^3}(\text{微分商的运算}).$$

$$\frac{\mathrm{d}\left(\frac{\sin x}{x}\right)^2}{\mathrm{d}x}=\frac{2\left(\frac{\sin x}{x}\right)\left(\frac{\sin x}{x}\right)'\mathrm{d}x}{\mathrm{d}x}$$

$$=\frac{2\sin x(x\cos x-\sin x)}{x^3}\text{（微分商的运算）}.$$

**【问题 2.10】**（1）可导的周期函数的导函数还是周期函数吗？（2）非周期函数的导函数一定不是周期函数吗？

**答**（1）的回答是肯定的.

因为若 $f(x)$ 为可导的周期函数，则 $f(x)=f(x+T)$，而

$$\frac{f(x+\Delta x)-f(x)}{\Delta x}=\frac{f(x+T+\Delta x)-f(x+T)}{\Delta x},$$

令 $\Delta x\to 0$，则 $f(x)$ 可导，得

$$f'(x)=f'(x+T).$$

（2）不一定，即非周期函数的导函数也可以是周期函数.

例如，非周期函数 $f(x)=\sin x+x$ 的导函数 $f'(x)=\cos x+1$ 却是以 $2\pi$ 为周期的周期函数.

**【问题 2.11】** 试判定下列运算是否正确？

设 $f(x)=\begin{cases}x^2+1, x\leqslant 1\\ 2x+b, x>1\end{cases}$，试判定 $f(x)$ 在点 $x=1$ 处是否可导？

**解** 由于当 $x<1$ 时，$f'(x)=2x$，因而 $f'_-(1)=\lim\limits_{x\to 1^-}f'(x)=\lim\limits_{x\to 1^-}(2x)=2$；当 $x>1$ 时，$f'(x)=2$，因而 $f'_+(1)=\lim\limits_{x\to 1^+}f'(x)=\lim\limits_{x\to 1^+}2=2$.

由于 $f'_-(1)=f'_+(1)=2$，故对任意 $b$，$f(x)$ 在 $x=1$ 处可导，且 $f'(1)=2$.

**答** 上述的运算中用到 $f'_-(1)=\lim\limits_{x\to 1^-}f'(x)$，$f'_+(1)=\lim\limits_{x\to 1^+}f'(x)$. 事实上，上述结论不正确. 一般地，可以证明（高数中不作要求），导数极限定理：

若 $f(x)$ 满足（1）在 $x_0$ 的某邻域 $U(x_0)$ 内连续；（2）在 $\mathring{U}(x_0)$ 内可导；（3）$\lim\limits_{x\to x_0^-}f'(x)$ 存在，$\lim\limits_{x\to x_0^+}f'(x)$ 存在，则必有

$$f'_-(x_0)=\lim_{x\to x_0^-}f'(x),\ f'_+(x_0)=\lim_{x\to x_0^+}f'(x),$$

且当 $f'_-(x_0)=f'_+(x_0)$ 时，$f'(x_0)=f'_-(x_0)=f'_+(x_0)$.

但在本例中如果 $b\neq 0$，易知 $f(x)$ 在点 $x=1$ 处不连续，因此 $f(x)$ 在 $x=1$ 处不可导，这表明不能利用上述结论.

**注** 对于分段函数判定其在分段点处的可导性问题，读者应利用定义判定，特别是 $f(x)$ 在 $x_0$ 点两侧表达式不一致时，应该利用左导数与右导数的定义来判定. 当且仅当左导数与右导数相等时，$f(x)$ 在点 $x_0$ 处可导.

本例正确的做法是：

$$\lim_{\Delta x\to 0^-}\frac{\Delta y}{\Delta x}=\lim_{\Delta x\to 0^-}\frac{f(1+\Delta x)-f(1)}{\Delta x}$$

$$=\lim_{\Delta x\to 0^-}\frac{[(1+\Delta x)^2+1]-[1^2+1]}{\Delta x}=\lim_{\Delta x\to 0^-}(2+\Delta x)=2.$$

$$\lim_{\Delta x\to 0+}\frac{\Delta y}{\Delta x}=\lim_{\Delta x\to 0-}\frac{f(1+\Delta x)-f(1)}{\Delta x}$$

$$=\lim_{\Delta x\to 0+}\frac{[2(1+\Delta x)+b]-[1^2+1]}{\Delta x}=\lim_{\Delta x\to 0+}\left(2+\frac{b}{\Delta x}\right).$$

可知当 $b=0$ 时，$\lim\limits_{\Delta x\to 0+}\frac{\Delta y}{\Delta x}=2$，当 $b\neq 0$ 时，$\lim\limits_{\Delta x\to 0+}\frac{\Delta y}{\Delta x}=\infty$，因此，只有 $b=0$ 时 $f(x)$才在 $x=1$ 处可导，且此时 $f'(1)=2$.

值得强调的是，即使分段函数在分段点两侧的表达式相同，有时也需要用左、右导数的定义来讨论函数在分段点处的可导性，例如

$$f(x)=\begin{cases}\dfrac{x}{1+e^{\frac{1}{x}}}, & x\neq 0,\\ 0, & x=0.\end{cases}$$

**解** $f'_-(0)=\lim\limits_{\Delta x\to 0-}\dfrac{f(0+\Delta x)-f(0)}{\Delta x}=\lim\limits_{\Delta x\to 0-}\dfrac{\frac{\Delta x}{1+e^{\frac{1}{\Delta x}}}}{\Delta x}=1.$

$$f'_+(0)=\lim_{\Delta x\to 0+}\frac{f(0+\Delta x)-f(0)}{\Delta x}=\lim_{\Delta x\to 0+}\frac{\frac{\Delta x}{1+e^{\frac{1}{\Delta x}}}}{\Delta x}=0.$$

因为 $f'_+(0)\neq f'_-(0)$，所以 $f'(0)$不存在.

**【问题 2.12】** 容易证明，可导的偶(奇)函数的导数是奇(偶)函数，问非奇、非偶函数的导数一定是非奇、非偶函数吗?

**答** 不一定.

例如，若 $y=f(x)$是奇函数，而 $y=f(x)+a\ (a\neq 0)$就是非奇、非偶函数了，但 $y=f(x)$ 与 $y=f(x)+a$ 的导数却是一样的.

又如，非奇、非偶函数 $y=\sin x+1$ 的导函数 $y'=\cos x$ 是偶函数.再如，$y=\cos x+x$ 的导函数 $y'=-\sin x+1$ 是非奇非偶函数.

**【问题 2.13】** 设 $f(x)$是偶函数，$x\in(-\infty,+\infty)$，如果在区间$(-\infty,0)$内有 $f'(x)<0$，$f''(x)>0$，问在$(0,+\infty)$内 $f'(x)$，$f''(x)$的正负如何?

**答** 已知 $f'(x)<0, f''(x)>0, x\in(-\infty,0)$，任取 $x\in(0,+\infty)$，则$-x\in(-\infty,0)$，因为 $f(x)=f(-x)$，所以

$$f'(x)=f'(-x)(-x)'=-f'(-x)>0,$$
$$f''(x)=[-f'(-x)]'=f''(-x)>0,$$

故 $\forall x\in(0,+\infty)$有 $f'(x)>0, f''(x)>0$.

**【问题 2.14】** 求由参数方程$\begin{cases}x=t-\ln(1+t)\\ y=t^3+t^2\end{cases}$所确定函数的导数$\dfrac{dy}{dx}$，$\dfrac{d^2y}{dx^2}$时，问下列解法对吗?

$$y'=\frac{\frac{dy}{dt}}{\frac{dx}{dt}}=\frac{(t^3+t^2)'}{[t-\ln(1+t)]'}=(1+t)(3t+2),$$

故　　　　$y''=(y')'=[(1+t)(3t+2)]'=6t+5$.

**答**　$y'$的解法正确，而$y''$的解法是错误的.

因为$y''=\dfrac{d^2y}{dx^2}$是$y'=\dfrac{dy}{dx}$再对$x$求导，而不是$y'=\dfrac{dy}{dx}$对$t$求导，正确解法如下：

$$\begin{aligned}\frac{d^2y}{dx^2}&=\frac{d}{dx}\left(\frac{dy}{dx}\right)=\frac{d}{dt}\left(\frac{dy}{dx}\right)\frac{dt}{dx}=\frac{d}{dt}\left(\frac{dy}{dx}\right)\cdot\frac{1}{\frac{dt}{dx}}\\&=\frac{d[(1+t)(3t+2)]}{dt}\Big/\frac{d}{dt}[t-\ln(1+t)]\\&=\frac{(t+1)(6t+5)}{t}.\end{aligned}$$

## 三、典型例题解析

**1. 利用导数的定义求导**

**【例 2.1】**　设$f(x)=(e^x-1)(e^{2x}-2)\cdots(e^{2017x}-2017)$，求$f'(0)$.

**解**　由导数的定义知

$$\begin{aligned}f'(0)&=\lim_{x\to0}\frac{f(x)-f(0)}{x-0}=\lim_{x\to0}\frac{(e^x-1)(e^{2x}-2)\cdots(e^{2017x}-2017)-0}{x}\\&=\lim_{x\to0}(e^{2x}-2)\cdots(e^{2017x}-2017)\\&=2016!.\end{aligned}$$

**【例 2.2】**　设$f(x)=\varphi(1+\theta x)-\varphi(1-\theta x)$，其中$\varphi(x)$在$x=1$处可导，在$(-\infty,+\infty)$内连续，求$f'(0)$.

**解**　由导数的定义知

$$\begin{aligned}f'(0)&=\lim_{x\to0}\frac{f(x)-f(0)}{x-0}=\lim_{x\to0}\frac{\varphi(1+\theta x)-\varphi(1-\theta x)-0}{x}\\&=\lim_{x\to0}\frac{\varphi(1+\theta x)-\varphi(1)}{\theta x}\cdot\theta-\lim_{x\to0}\frac{\varphi(1-\theta x)-\varphi(1)}{-\theta x}\cdot(-\theta)\\&=2\theta\varphi'(1).\end{aligned}$$

**注**　本题不能用先求$f(x)$的导函数，再代值，即$f'(x)\big|_{x=0}$，因为$f'(x)$在$(-\infty,+\infty)$内不一定存在.

**【例 2.3】**　设在邻域$U(0,\delta)$内函数$f(x)$，$g(x)$满足$|f(x)|\leqslant|g(x)|$，若$g(0)=g'(0)=0$，求$f'(0)$.

**解**　由已知条件$|f(0)|\leqslant|g(0)|=0$，即$f(0)=0$，于是当$x\in U(0,\delta)$时，有

$$0\leqslant\left|\frac{f(x)-f(0)}{x-0}\right|=\left|\frac{f(x)}{x}\right|\leqslant\left|\frac{g(x)-g(0)}{x-0}\right|.$$

上式中令$x\to0$，由于$g'(0)=0=\lim\limits_{x\to0}\dfrac{g(x)-g(0)}{x-0}$，由夹逼准则知，$f'(0)=\lim\limits_{x\to0}\dfrac{f(x)}{x}$存在，并且有

$$0\leqslant|f'(0)|\leqslant|g'(0)|=0,$$

即 $f'(0)=0$.

**【例 2.4】** 设函数 $f(x)$在$(0+\infty)$上有定义,而且对$\forall x,y\in(0,+\infty)$都有$f(xy)=f(x)+f(y)$.若 $f'(1)$存在,求 $f'(x),x\in(0,+\infty)$.

**解** 在等式 $f(xy)=f(x)+f(y)$中,令 $x=1,y=1$,得 $f(1)=0$.直接用定义得到,$\forall x\in(0,+\infty)$

$$f'(x)=\lim_{\Delta x\to 0}\frac{f(x+\Delta x)-f(x)}{\Delta x}=\lim_{\Delta x\to 0}\frac{f[x(1+\frac{\Delta x}{x})]-f(x)}{\Delta x}$$

$$=\lim_{\Delta x\to 0}\frac{f(x)+f(1+\frac{\Delta x}{x})-f(x)}{\Delta x}$$

$$=\lim_{\Delta x\to 0}\frac{f(1+\frac{\Delta x}{x})-f(1)}{\frac{\Delta x}{x}}\cdot\frac{1}{x}=\frac{1}{x}f'(1).$$

**【例 2.5】** 设 $f(x)$在点 $x_0$ 处可导,求

$$\lim_{n\to\infty}n\left[f\left(\frac{nx_0+a}{n}\right)-f\left(\frac{nx_0-b}{n}\right)\right](n\text{ 为正整数},a、b\text{ 为非零常数}).$$

**解** 先考虑下列极限,即

$$\lim_{t\to 0+}\frac{f(x_0+at)-f(x_0-bt)}{t}$$

$$=\lim_{t\to 0+}\frac{a[f(x_0+at)-f(x_0)]}{at}-\lim_{t\to 0+}\frac{-b[f(x_0-bt)-f(x_0)]}{-bt}$$

$$=(a+b)f'(x_0).$$

取 $t=\frac{1}{n}$,即得原式$=(a+b)f'(x_0)$.

**2. 利用导数的四则运算法则及复合函数的求导法则求导**

**【例 2.6】** 设 $y=\sqrt{x}\cos x\cdot\ln x+\sin 5$,求 $y'$.

**解**
$$y'=\frac{1}{2\sqrt{x}}\cos x\cdot\ln x+\sqrt{x}\cdot(-\sin x)\cdot\ln x+\sqrt{x}\cos x\cdot\frac{1}{x}+0$$

$$=\frac{\cos x\cdot\ln x}{2\sqrt{x}}-\sqrt{x}\sin x\cdot\ln x+\frac{\cos x}{\sqrt{x}}.$$

**【例 2.7】** 设 $y=\frac{1+\tan x}{1+\cot x}$,求 $y'$.

**解** 因为 $y=\dfrac{1+\dfrac{\sin x}{\cos x}}{1+\dfrac{\cos x}{\sin x}}=\tan x$,所以 $y'=(\tan x)'=\sec^2 x$.

**【例 2.8】** 设 $y=a^{a^x}+a^{x^a}+x^{a^a}\ (a>0)$,求 $y'$.

**解** $y'=[a^{(a^x)}]'+[a^{(x^a)}]'+[x^{(a^a)}]'$

$$=a^{a^x}\ln a(a^x)'+a^{x^a}\ln a(x^a)'+a^a x^{a^a-1}$$
$$=a^{a^x+x}\ln^2 a+ax^{a-1}a^{x^a}\ln a+a^a x^{a^a-1}.$$

**【例 2.9】** 设 $y=\cos x^2\sin^2\frac{1}{x}$,求 $\mathrm{d}y$.

**解** $\frac{\mathrm{d}y}{\mathrm{d}x}=-2x\sin x^2\sin^2\frac{1}{x}+\cos x^2\cdot 2\sin\frac{1}{x}\cos\frac{1}{x}\cdot\left(-\frac{1}{x^2}\right)$,

$\mathrm{d}y=\left[-2x\sin x^2\sin^2\frac{1}{x}-\frac{2}{x^2}\cos x^2\sin\frac{1}{x}\cos\frac{1}{x}\right]\mathrm{d}x$.

**注** 也可直接利用微分运算法则计算.

求复合函数的导数时,记住"搞清函数的复合关系,由外向内逐层求导",再看几例.

**【例 2.10】** 设 $y=\ln[\ln(\ln x)]$,求 $\mathrm{d}y$.

**解** 由一阶微分形式不变性,得

$$\mathrm{d}y=\mathrm{d}\{\ln[\ln(\ln x)]\}=\frac{1}{\ln(\ln x)}\mathrm{d}[\ln(\ln x)]$$
$$=\frac{1}{\ln(\ln x)}\cdot\frac{1}{\ln x}\mathrm{d}(\ln x)=\frac{1}{\ln(\ln x)}\cdot\frac{1}{\ln x}\cdot\frac{1}{x}\mathrm{d}x$$

即
$$\mathrm{d}y=\frac{1}{x\ln x\cdot\ln(\ln x)}\mathrm{d}x.$$

**【例 2.11】** 设 $y=\tan^3(1+3x^3)$,求 $\mathrm{d}y$.

**解** 因为 $y'=3\tan^2(1+3x^3)\cdot\sec^2(1+3x^3)\cdot 9x^2$,

所以 $\mathrm{d}y=y'\mathrm{d}x=27x^2\tan^2(1+3x^3)\cdot\sec^2(1+3x^3)$.

**【例 2.12】** 已知 $y=\left[\arcsin\left(\sin^2\frac{1}{x}\right)\right]^{\frac{3}{2}}$,求$\frac{\mathrm{d}y}{\mathrm{d}x}$.

**解法一** 由复合函数求导法有

$$\frac{\mathrm{d}y}{\mathrm{d}x}=\frac{3}{2}\left[\arcsin\left(\sin^2\frac{1}{x}\right)\right]^{\frac{1}{2}}\cdot\frac{1}{\sqrt{1-\sin^4\left(\frac{1}{x}\right)}}\cdot 2\sin\frac{1}{x}\cdot\cos\frac{1}{x}\cdot\left(-\frac{1}{x^2}\right).$$

**解法二** 由一阶微分形式不变性,有

$$\mathrm{d}y=\mathrm{d}\left[\arcsin\left(\sin^2\frac{1}{x}\right)\right]^{\frac{3}{2}}$$
$$=\frac{3}{2}\left[\arcsin\left(\sin^2\frac{1}{x}\right)\right]^{\frac{1}{2}}\mathrm{d}\arcsin\left(\sin^2\frac{1}{x}\right)$$
$$=\frac{3}{2}\left[\arcsin\left(\sin^2\frac{1}{x}\right)\right]^{\frac{1}{2}}\frac{1}{\sqrt{1-\sin^4\left(\frac{1}{x}\right)}}\mathrm{d}\left(\sin^2\frac{1}{x}\right)$$
$$=\frac{3}{2}\left[\arcsin\left(\sin^2\frac{1}{x}\right)\right]^{\frac{1}{2}}\frac{1}{\sqrt{1-\sin^4\frac{1}{x}}}2\sin\frac{1}{x}\mathrm{d}\left(\sin\frac{1}{x}\right)$$
$$=\frac{3}{2}\left[\arcsin\left(\sin^2\frac{1}{x}\right)\right]^{\frac{1}{2}}\frac{1}{\sqrt{1-\sin^4\frac{1}{x}}}2\sin\frac{1}{x}\cos\frac{1}{x}\mathrm{d}\frac{1}{x}$$

$$=\frac{3}{2}\left[\arcsin\left(\sin^2\frac{1}{x}\right)\right]^{\frac{1}{2}}\frac{1}{\sqrt{1-\sin^4\frac{1}{x}}}2\sin\frac{1}{x}\cos\frac{1}{x}\left(-\frac{1}{x^2}\right)\mathrm{d}x,$$

故 $$\frac{\mathrm{d}y}{\mathrm{d}x}=-\frac{3}{2x^2}\left[\arcsin\left(\sin^2\frac{1}{x}\right)\right]^{\frac{1}{2}}\frac{1}{\sqrt{1-\sin^4\frac{1}{x}}}\sin\frac{2}{x}.$$

**【例 2.13】** 设 $y=\frac{1}{2}\arctan\sqrt{1+x^2}+\frac{1}{4}\ln\frac{\sqrt{1+x^2}+1}{\sqrt{1+x^2}-1}$，求 $y'$.

**解** 设 $u=\sqrt{1+x^2}$，则 $y=\frac{1}{2}\arctan u+\frac{1}{4}\ln\frac{u+1}{u-1}$.

$$y'_u=\frac{1}{2(1+u^2)}+\frac{1}{4}\left(\frac{1}{u+1}-\frac{1}{u-1}\right)=\frac{1}{1-u^4}=\frac{1}{-2x^2-x^4},$$

因为

$$u'_x=(\sqrt{1+x^2})'=\frac{x}{\sqrt{1+x^2}},$$

故 $$y'=y'_u\cdot u'_x=-\frac{1}{(2x+x^3)\sqrt{1+x^2}}.$$

**3. 利用对数求导法求导**

**【例 2.14】** 设 $y=\frac{\sqrt{x+2}(3-x)^4}{(x+1)^5}$，求 $y'$.

**解** 两边取对数得

$$\ln y=\frac{1}{2}\ln(x+2)+4\ln(3-x)-5\ln(x+1),$$

$$y'=y\left(\frac{1}{2}\frac{1}{x+2}+\frac{4}{x-3}-\frac{5}{x+1}\right)$$

$$=\frac{\sqrt{x+2}(3-x)^4}{(x+1)^5}\left[\frac{1}{2(x+2)}+\frac{4}{x-3}-\frac{5}{x+1}\right].$$

**【例 2.15】** 设 $y=\sqrt{x\sin x\sqrt{1-\mathrm{e}^x}}$，求 $y'$.

**解** 两边取对数得

$$\ln y=\frac{1}{2}\left(\ln x+\ln\sin x+\frac{1}{2}\ln(1-\mathrm{e}^x)\right)$$

$$y'=y\cdot\frac{1}{2}\left(\frac{1}{x}+\frac{\cos x}{\sin x}+\frac{1}{2}\cdot\frac{-\mathrm{e}^x}{1-\mathrm{e}^x}\right)$$

$$=\frac{1}{2}\sqrt{x\sin x\sqrt{1-\mathrm{e}^x}}\left[\frac{1}{x}+\cot x-\frac{\mathrm{e}^x}{2(1-\mathrm{e}^x)}\right].$$

**【例 2.16】** 设 $y=(\arctan^2 x)^{3^x}$，求 $y'$.

**解** 两边取对数得

$$\ln y=3^x\cdot 2\ln\arctan x,$$

$$y'=y\cdot\left(3^x\cdot\ln 3\cdot 2\ln\arctan x+3^x\cdot 2\cdot\frac{1}{\arctan x}\cdot\frac{1}{1+x^2}\right)$$

$$=(\arctan^2 x)^{3^x}\cdot 2\cdot 3^x\left(\ln 3\cdot\ln\arctan x+\frac{1}{(x^2+1)\arctan x}\right).$$

**4. 含有抽象函数的函数求导**

**【例 2.17】** 设 $y=f(\ln x)e^{f(x)}$，其中 $f(x)$ 可微，求 $\frac{dy}{dx}$.

**解** $\frac{dy}{dx}=f'(\ln x)\frac{1}{x}e^{f(x)}+f(\ln x)e^{f(x)}f'(x)$

$$=e^{f(x)}\left[\frac{1}{x}f'(\ln x)+f'(x)f(\ln x)\right].$$

**【例 2.18】** 设 $y=f(\sin^2 x)+f(\cos^2 x)$，其中 $f(x)$ 可导，求 $\frac{dy}{dx}$.

**解** $y'=[f(\sin^2 x)]'+[f(\cos^2 x)]'$

$=2\sin x\cos xf'(\sin^2 x)-2\cos x\sin xf'(\cos^2 x)$

$=\sin 2x[f'(\sin^2 x)-f'(\cos^2 x)]$.

**【例 2.19】** 若 $f''(x)$ 存在，求 $y=f(x^2)$ 的二阶导数.

**解** $y'=f'(x^2)\cdot 2x$，　$y''=2f'(x^2)+4x^2f''(x^2)$.

**【例 2.20】** 设 $f(x)$ 为二阶可导函数，$y=f\{f[f(x)]\}$，求 $y''(x)$.

**解** 由复合函数求导的链式法则，有

$$y'(x)=f'\{f[f(x)]\}\cdot f'[f(x)]\cdot f'(x),$$

$$\begin{aligned}y''(x)=&f''\{f[f(x)]\}\cdot\{f'[f(x)]\cdot f'(x)\}^2+\\&f'\{f[f(x)]\}\cdot f''[f(x)]\cdot[f'(x)]^2+\\&f'\{f[f(x)]\}\cdot f'[f(x)]\cdot f''(x).\end{aligned}$$

要注意符号 $f'[\varphi(x)]$ 与 $\{f[\varphi(x)]\}'$ 的不同含义，前者表示 $f$ 对 $\varphi(x)$ 求导，而后者表示 $f$ 对 $x$ 求导；$f''[\varphi(x)]$、$f'[\varphi(x)]$ 与 $f[\varphi(x)]$ 具有相同的复合关系.

**5. 隐函数、参数方程求导**

**【例 2.21】** 设 $f(x)$ 是可微函数，且 $y^2f(x)+xf(y)=x^2$，求 $\frac{dy}{dx}$.

**解** 两边对 $x$ 求导得

$$2yy'f(x)+y^2f'(x)+f(y)+xf'(y)y'=2x,$$

解得

$$\frac{dy}{dx}=\frac{2x-y^2f'(x)-f(y)}{2yf(x)+xf'(y)}.$$

**【例 2.22】** 设 $ye^y=e^{x+1}$ 确定的隐函数 $y=y(x)$，求 $\left.\frac{dy}{dx}\right|_{y=1}$.

**解** 将 $y=1$ 代入方程 $ye^y=e^{x+1}$，得 $x=0$，方程两边对 $x$ 求导得

$$y'e^y+ye^y\cdot y'=e^{x+1}.$$

将 $x=0$，$y=1$ 代入得

$$\left.\frac{dy}{dx}\right|_{y=1}=\frac{1}{2}.$$

**【例 2.23】** 设 $y=f(x)$ 由方程 $x^3+y^3-\sin 3x+6y=0$ 确定，求 $dy|_{x=0}$.

**解** 方程两边同时微分，得

$$d(x^3+y^3-\sin 3x+6y)=0,$$
$$3x^2dx+3y^2dy-3\cos 3x dx+6dy=0,$$

故 $dy=\dfrac{\cos 3x-x^2}{y^2+2}dx$，且 $y|_{x=0}=0$，

所以 $dy|_{x=0}=\dfrac{1}{2}dx.$

**【例 2.24】** 设 $y=x+\ln x(x>0)$，当 $x=1$ 时，求 $x'(y)$ 及 $x''(y)$ 的值.

**解法一** （隐函数求导）

易知 $x=1$ 时，$y=1$，方程两边对 $y$ 求导得

$$1=x'+\frac{1}{x}x',$$

所以 $$x'(1)=\frac{1}{2}.$$

上式两边再对 $y$ 求导得

$$0=x''+\frac{1}{x}x''-\frac{1}{x^2}x'\cdot x',$$

所以 $$x''(1)=\frac{1}{8}.$$

**解法二** （反函数求导）

由于 $x'=\dfrac{1}{y'},\quad x''=\dfrac{d}{dy}\left(\dfrac{1}{y'}\right)=\dfrac{d}{dx}\left(\dfrac{1}{y'}\right)\left(\dfrac{dx}{dy}\right)=-\dfrac{y''}{y'^3},$

而 $y'(1)=2,\qquad y''(1)=-1,$

故 $x'(1)=\dfrac{1}{2},\qquad x''(1)=\dfrac{1}{8}.$

**【例 2.25】** 设 $x=e^{\sin t}$，$y=\sin e^t$，$z=t^2$，求 $\dfrac{dx}{dz},\dfrac{dy}{dz}$.

**解法一** $$\frac{dx}{dz}=\frac{dx}{dt}\Big/\frac{dz}{dt}=\frac{e^{\sin t}\cos t}{2t},$$

$$\frac{dy}{dz}=\frac{dy}{dt}\Big/\frac{dz}{dt}=\frac{e^t\cos e^t}{2t}.$$

**解法二** $dx=e^{\sin t}\cos t dt$，$dy=e^t\cos e^t dt$，$dz=2t dt$，

所以 $$\frac{dx}{dz}=\frac{e^{\sin t}\cos t}{2t},\qquad \frac{dy}{dz}=\frac{e^t\cos e^t}{2t}.$$

**【例 2.26】** 设 $\begin{cases}x=1-e^{at},\\ y=at-e^{-at},\end{cases}$ 求 $\dfrac{d^3y}{dx^3}$.

**解** $$\frac{dy}{dx}=\frac{a+ae^{-at}}{-ae^{at}}=-(e^{-at}+1)e^{-at},$$

$$\frac{d^2y}{dx^2}=\frac{d}{dt}\left(\frac{dy}{dx}\right)\Big/\frac{dx}{dt}=\frac{-2ae^{-2at}+ae^{-at}}{-ae^{at}}=2e^{-3at}-e^{-2at},$$

$$\frac{d^3y}{dx^3}=\frac{d}{dt}\left(\frac{d^2y}{dx^2}\right)\Big/\frac{dx}{dt}=\frac{-6ae^{3at}+2ae^{-2at}}{-ae^{at}}=6e^{-4at}-2e^{-3at}.$$

**【例 2.27】** 设 $x=f'(t), y=tf'(t)-f(t)$ 且 $f''(t)\neq 0$，求 $\frac{d^2y}{dx^2}$.

**解**

$$\frac{dy}{dx}=\frac{[tf'(t)-f(t)]'}{f''(t)}=t,$$

$$\frac{d^2y}{dx^2}=\frac{d}{dt}\left(\frac{dy}{dx}\right)\Big/\frac{dx}{dt}=\frac{1}{f''(t)}.$$

**注** $\frac{d^2y}{dx^2}\neq(t)'=1$.

**【例 2.28】** 设 $y=y(x)$ 是由方程组 $\begin{cases}x=3t^2+2t+3\\ e^y\sin t-y+1=0\end{cases}$ 所确定的隐函数，求 $\left.\frac{d^2y}{dx^2}\right|_{t=0}$.

**解法一** 由 $x=3t^2+2t+3$ 得 $\frac{dx}{dt}=6t+2$，

由 $e^y\sin t-y+1=0$ 得 $\frac{dy}{dt}=\frac{e^y\cos t}{1-e^y\sin t}=\frac{e^y\cos t}{2-y}$，$\frac{dy}{dx}=\frac{e^y\cos t}{(2-y)(6t+2)}$，

由 $t=0$ 得 $x=3, y=1, \left.\frac{dy}{dt}\right|_{t=0}=e$，

故 $\frac{d^2y}{dx^2}=\frac{d}{dt}\left(\frac{dy}{dx}\right)\Big/\frac{dx}{dt}$

$$=\frac{\left(\frac{dy}{dt}e^y\cos t-e^y\sin t\right)(2-y)(6t+2)}{(2-y)^2(6t+2)^3}-\frac{e^y\cos t\left[6(2-y)-\frac{dy}{dt}(6t+2)\right]}{(2-y)^2(6t+2)^3},$$

所以

$$\left.\frac{d^2y}{dx^2}\right|_{t=0}=\frac{2e^2-3e}{4}.$$

**解法二** 公式法

$$\frac{d^2y}{dx^2}=\frac{y''(t)x'(t)-y'(t)x''(t)}{x'(t)^3},$$

其中

$$x'(t)|_{t=0}=(6t+2)|_{t=0}=2,$$

$$x''(t)=6.$$

第二个方程两边对 $t$ 求导，得

$$y'(t)e^y\sin t-y'(t)+e^y\cos t=0.$$

令 $t=0$ 得 $y'(0)=e$，再对 $t$ 求导得

$$y''(t)e^y\sin t+y'^2(t)e^y\sin t+2y'e^y\cos t-y''(t)-e^y\sin t=0.$$

令 $t=0, y'(0)=e, y=1$ 得 $y''(0)=2e^2$，所以

$$\left.\frac{d^2y}{dx^2}\right|_{t=0}=\frac{e}{4}(2e-3).$$

**注** (1) 参数方程求二阶导数时，注意其一阶导数仍是参数方程，即 $\begin{cases}x=x(t)\\ \frac{dy}{dx}=\frac{y'(t)}{x'(t)}\end{cases}$，类似地，我们用逐阶求导法求更高阶导数.

(2) 求隐函数在一点的导数时，方程两边求导后，宜先代值再解导数值，若先解导函数再代值则较繁.

**6. 导数的几何应用**

**【例 2.29】** 求对数螺线 $\rho(\theta)=e^{\theta}$ 在点$(\rho,\theta)=(e^{\frac{\pi}{2}},\frac{\pi}{2})$处的切线的直角坐标方程.

**解** 参数方程$\begin{cases}x=e^{\theta}\cos\theta\\ y=e^{\theta}\sin\theta\end{cases}$在$\theta=\frac{\pi}{2}$处对应点$(0,e^{\frac{\pi}{2}})$的切线斜率为

$$\left.\frac{dy}{dx}\right|_{\theta=\frac{\pi}{2}}=\left.\frac{e^{\theta}(\sin\theta+\cos\theta)}{e^{\theta}(\cos\theta-\sin\theta)}\right|_{\theta=\frac{\pi}{2}}=-1,$$

所以切线方程为 $y-e^{\frac{\pi}{2}}=-1\cdot(x-0)$,即 $x+y=e^{\frac{\pi}{2}}$.

**注** 若直接转化为直角坐标方程,即$\sqrt{x^2+y^2}=e^{\arctan\frac{y}{x}}$,再求$\frac{dy}{dx}$,则十分繁琐.此类题的通常做法是将曲线的极坐标方程转化为参数方程.

**【例 2.30】** 求曲线$\begin{cases}x=\cos t+\cos^2 t\\ y=1+\sin t\end{cases}$在对应于$t=\frac{\pi}{4}$点处的法线方程.

**解** 先求切线斜率.在 $t=\frac{\pi}{4}$处对应点为$\left(\frac{\sqrt{2}+1}{2},\frac{\sqrt{2}+2}{2}\right)$,则

$$\left.\frac{dy}{dx}\right|_{t=\frac{\pi}{4}}=\left.\frac{\cos t}{-\sin t-\sin 2t}\right|_{t=\frac{\pi}{4}}=1-\sqrt{2},$$

所以法线方程为 $y-\frac{\sqrt{2}+2}{2}=\frac{1}{\sqrt{2}-1}(x-\frac{\sqrt{2}+1}{2})$.

**注** 本题考查了参数方程求导,导数的几何意义及切线与法线的关系.

**【例 2.31】** 设 $f(x)$是周期为 2 的连续函数,在 $x=0$ 的某邻域内满足

$$f(1+\sin x)-3f(1-\sin x)=8x+o(x)$$

且 $f(x)$在 $x=1$ 处可导,求曲线 $y=f(x)$在点$(3,f(3))$处的切线方程和法线方程.

**解** 在已知等式中,令 $x=0$,得 $f(1)=0$,再将已知等式两边同除以 $x$ 并取 $x\to 0$ 的极限得

$$\begin{aligned}8&=\lim_{x\to 0}\frac{f(1+\sin x)-3f(1-\sin x)}{x}\\&=\lim_{x\to 0}\left[\frac{f(1+\sin x)-f(1)}{x}-3\cdot\frac{f(1-\sin x)-f(1)}{x}\right]\\&=\lim_{x\to 0}\left[\frac{f(1+\sin x)-f(1)}{\sin x}\cdot\frac{\sin x}{x}-3\cdot\frac{f(1-\sin x)-f(1)}{-\sin x}\cdot\frac{-\sin x}{x}\right]\\&=4f'(1).\end{aligned}$$

即 $f'(1)=2$.

又因为
$$\begin{aligned}f'(3)&=\lim_{\Delta x\to 0}\frac{f(3+\Delta x)-f(3)}{\Delta x}\\&=\lim_{\Delta x\to 0}\frac{f(1+\Delta x)-f(1)}{\Delta x}=f'(1)=2,\\f(3)&=f(1)=0.\end{aligned}$$

所以过点$(3,f(3))$即$(3,0)$点的切线方程为 $y=2(x-3)$,法线方程为 $y=-\frac{1}{2}(x-3)$.

**7. 应用高阶导数的求导法则、公式解题**

**【例 2.32】** 设 $y=x^3e^{2x}$，求 $y^{(10)}(x)$.

**解** 由于当 $i\geqslant 4$ 时，$(x^3)^{(i)}=0$，于是由莱布尼茨公式得

$$\begin{aligned}y^{(10)}(x)&=\sum_{i=0}^{10}C_{10}^i(x^3)^{(i)}(e^{2x})^{(10-i)}\\&=x^3\cdot 2^{10}\cdot e^{2x}+10\cdot 3x^2\cdot 2^9\cdot e^{2x}+\\&\quad 45\cdot 6x\cdot 2^8\cdot e^{2x}+120\cdot 6\cdot 2^7\cdot e^{2x}\\&=512e^{2x}(2x^3+30x^2+135x+180).\end{aligned}$$

**【例 2.33】** 设 $y=e^x\sin x$，求 $y^{(n)}$.

**解** $y'=e^x(\sin x+\cos x)=\sqrt{2}e^x\sin\left(x+\frac{\pi}{4}\right)$，

$$y''=\sqrt{2}e^x\left[\sin\left(x+\frac{\pi}{4}\right)+\cos\left(x+\frac{\pi}{4}\right)\right]=(\sqrt{2})^2e^x\sin\left(x+2\cdot\frac{\pi}{4}\right),$$

逐阶求导可得 $y^{(n)}=(\sqrt{2})^ne^x\sin\left(x+n\cdot\frac{\pi}{4}\right)$.

**【例 2.34】** 设 $y=\dfrac{4x^2-1}{x^2-1}$，求 $y^{(n)}$.

**解** $y=\dfrac{4x^2-1}{x^2-1}=\dfrac{4x^2-4+3}{x^2-1}=4+\dfrac{3}{2}\left(\dfrac{1}{x-1}-\dfrac{1}{x+1}\right)$.

因为

$$\left(\frac{1}{x-1}\right)^{(n)}=\frac{(-1)^nn!}{(x-1)^{n+1}},\quad\left(\frac{1}{x+1}\right)^{(n)}=\frac{(-1)^nn!}{(x+1)^{n+1}},$$

故

$$y^{(n)}=\frac{3}{2}(-1)^nn!\left[\frac{1}{(x-1)^{n+1}}-\frac{1}{(x+1)^{n+1}}\right].$$

**【例 2.35】** 设 $y=\arctan x$，求 $y^{(n)}(0)$.

**解**(用莱布尼茨公式)

由 $y'=\dfrac{1}{1+x^2}$ 得 $(1+x^2)y'=1$，两边求 $n$ 阶导数得

$$[(1+x^2)y']^{(n)}=0.$$

注意到

$$(1+x^2)'=2x,(1+x^2)''=2,(1+x^2)'''=0,$$

故由莱布尼茨公式得

$$(y')^{(n)}(1+x^2)+n(y')^{(n-1)}(1+x^2)'+\frac{n(n-1)}{2!}(y')^{(n-2)}(1+x^2)''=0,$$

即

$$(1+x^2)y^{(n+1)}+2nxy^{(n)}+n(n-1)y^{(n-1)}=0.$$

将 $x=0$ 代入得

$$y^{(n+1)}(0)=n(1-n)y^{(n-1)}(0).$$

又 $y(0)=0,y'(0)=1$，于是

$y''(0)=0,y^{(4)}(0)=0,\cdots,y^{(2m)}(0)=0,$

$y'''(0)=-2!,y^{(5)}(0)=4!,\cdots,y^{(2m+1)}(0)=(-1)^m(2m)!,$

即

$$y^{(n)}(0)=\begin{cases}0, & n=2m\\(-1)^m(2m)!, & n=2m+1\end{cases}\quad(m=0,1,2,\cdots).$$

**8. 分段函数的求导问题**

【例 2.36】 设 $f(x)=\begin{cases}e^{2x}+b, & x\leqslant 0,\\ \sin ax, & x>0.\end{cases}$ 问：

(1) $a,b$ 为何值时，$f(x)$在点 $x=0$ 处可导；

(2) 若另有 $F(x)$在点 $x=0$ 处可导，证明 $F[f(x)]$在点 $x=0$ 处可导.

**解** (1) 由可导必连续，因为 $f(0-0)=\lim\limits_{x\to 0^-}(e^{2x}+b)=1+b$，$f(0+0)=\lim\limits_{x\to 0^+}\sin ax=0$，故 $b+1=0$，即 $b=-1$ 时，$f(x)$在 $x=0$ 连续，又因

$$f'_-(0)=\lim_{x\to 0^-}\frac{f(x)-f(0)}{x}=\lim_{x\to 0^-}\frac{e^{2x}-1-0}{x}=\lim_{x\to 0^-}\frac{e^{2x}-1}{x}=2,$$

$$f'_+(0)=\lim_{x\to 0^+}\frac{f(x)-f(0)}{x}=\lim_{x\to 0^+}\frac{\sin ax}{x}=a,$$

所以当 $a=2,b=-1$ 时，$f(x)$在点 $x=0$ 处可导，且 $f'(0)=2$.

(2)
$$\begin{aligned}&\lim_{x\to 0}\frac{F[f(x)]-F[f(0)]}{x}\\ &=\lim_{x\to 0}\frac{F[f(x)]-F[f(0)]}{f(x)-f(0)}\cdot\frac{f(x)-f(0)}{x-0}\\ &=\lim_{y\to 0}\frac{F(y)-F(0)}{y-0}\cdot\lim_{x\to 0}\frac{f(x)-f(0)}{x-0}\\ &=F'(0)\cdot f'(0),\end{aligned}$$

而 $F'(0)$与 $f'(0)$均存在，故 $F[f(x)]$在点 $x=0$ 处可导.

【例 2.37】 设 $f(x)=\begin{cases}x^3, & x\leqslant 1,\\ a(x-1)^2+b(x-1)+c, & x>1,\end{cases}$

求 $a$、$b$、$c$ 使 $f(x)$在 $x=1$ 处二阶可导.

**解** 因为 $f(x)$在点 $x=1$ 处二阶可导，所以 $f(x)$在 $x=0$ 处连续，故

$$f(1)=\lim_{x\to 1^+}f(x)=c,$$

又 $f(1)=1$，故 $c=1$.

又因为 $f(x)$在 $x=1$ 处可导，得 $f'_+(1)=f'_-(1)$，

而
$$\lim_{x\to 1^+}\frac{a(x-1)^2+b(x-1)+c-1}{x-1}=b,\ \lim_{x\to 1^-}\frac{x^3-1}{x-1}=3,$$

所以 $b=3$，$f'(1)=3$.

又 $f(x)$在 $x=1$ 处二阶可导，且

$$f'(x)=\begin{cases}3x^2, & x\leqslant 1,\\ 2a(x-1)+3, & x>1.\end{cases}$$

易知 $f''_+(1)=\lim\limits_{x\to 1^+}\dfrac{f'(x)-f'(1)}{x-1}=2a$，$f''_-(1)=\lim\limits_{x\to 1^-}\dfrac{f'(x)-f'(1)}{x-1}=6$，

所以 $a=3$.

综上可知：当 $a=3,b=3,c=1$ 时，$f(x)$在 $x=1$ 处二阶可导.

注意应用“可导必连续”这一隐含条件，通常“先用连续再用可导”的条件.

【例 2.38】 设函数 $f(x)=\begin{cases}\cos\dfrac{\pi}{2}x, & |x|\leqslant 1,\\ |x-1|, & |x|>1,\end{cases}$ 求 $f'(x)$.

**解**　先去掉绝对值符号

$$f(x)=\begin{cases}-x+1, & x<-1,\\ \cos\dfrac{\pi}{2}x, & -1\leqslant x\leqslant 1,\\ x-1, & x>1.\end{cases}$$

且当 $x\neq\pm1$ 时

$$f'(x)=\begin{cases}-1, & x<-1,\\ -\dfrac{\pi}{2}\sin\dfrac{\pi}{2}x, & -1<x<1,\\ 1, & x>1.\end{cases}$$

然后考虑分界点 $x=\pm1$ 时的导数，当 $x=1$ 时，易知 $f(x)$在 $x=1$ 连续，下面用左、右导数讨论：

$$f'_+(1)=\lim_{x\to1^+}\frac{f(x)-f(1)}{x-1}=\lim_{x\to1^+}\frac{x-1-\cos\dfrac{\pi}{2}}{x-1}=1,$$

$$f'_-(1)=\lim_{x\to1^-}\frac{f(x)-f(1)}{x-1}=\lim_{x\to1^-}\frac{\cos\dfrac{\pi}{2}x-\cos\dfrac{\pi}{2}}{x-1}=-\frac{\pi}{2}.$$

因为 $f'_+(1)\neq f'_-(1)$，故 $f(x)$在 $x=1$ 处不可导.

当 $x=-1$ 时，

$$f(-1)=\cos\left(-\frac{\pi}{2}\right)=0,\ f(-1-0)=\lim_{x\to1^-}(1-x)=2,$$

故 $f(x)$在 $x=-1$ 处不连续，从而不可导.

综上可知： $$f'(x)=\begin{cases}-1, & x<-1,\\ -\dfrac{\pi}{2}\sin\dfrac{\pi}{2}x, & -1<x<1,\\ 1, & x>1.\end{cases}$$

**注**　解决此类问题的方法步骤是：① 先去掉绝对值符号；② 求在可导点（一般除分段点外）处的导数；③ 判定分段点处函数的可导性（先看是否连续，若不连续则不可导；若连续，再用左、右导数判定可导性）.

**【例 2.39】**　设$\begin{cases}x=2t+|t|,\\ y=5t^2+4t|t|.\end{cases}$求$\left.\dfrac{\mathrm{d}y}{\mathrm{d}x}\right|_{t=0}$.

**解**　当 $t=0$ 时，$\dfrac{\mathrm{d}x}{\mathrm{d}t}$，$\dfrac{\mathrm{d}y}{\mathrm{d}t}$不存在，不能用公式求导.由定义

$$\lim_{\Delta x\to0}\frac{\Delta y}{\Delta x}=\lim_{\Delta t\to0}\frac{5(\Delta t)^2+4\Delta t|\Delta t|}{2\Delta t+|\Delta t|}=\lim_{\Delta t\to0}\frac{\Delta t\left[5+4\cdot\dfrac{|\Delta t|}{\Delta t}\right]}{2+\dfrac{|\Delta t|}{\Delta t}}=0,$$

故$\left.\dfrac{\mathrm{d}y}{\mathrm{d}x}\right|_{t=0}=0$.

**【例 2.40】**　设函数 $f(x)=\lim\limits_{n\to\infty}\dfrac{x^2\mathrm{e}^{n(x-1)}+ax+b}{\mathrm{e}^{n(x-1)}+1}$，试确定 $a,b$ 使 $f(x)$处处可导，并

求$f'(x)$.

**解** 先求 $f(x)$的具体表达式,即计算极限得下面分段函数

$$f(x)=\begin{cases} ax+b, & x<1, \\ \frac{1}{2}(a+b+1), & x=1, \\ x^2, & x>1. \end{cases}$$

当 $x\neq 1$ 时,$f'(x)=\begin{cases} a, & x<1, \\ 2x, & x>1. \end{cases}$

当 $x=1$ 时,由可导必连续,得下列关系式

$$\begin{cases} f(1^-)=f(1^+)=f(1), \\ f'_-(1)=f'_+(1). \end{cases}$$

于是得

$$\begin{cases} a+b=1=\frac{1}{2}(a+b+1), \\ a=2. \end{cases}$$

即 $a=2,b=-1$,此时 $f'(1)=2$,故当 $a=2,b=-1$ 时,$f(x)$在$(-\infty,+\infty)$内处处可导,且

$$f'(x)=\begin{cases} 2, & x\leqslant 1, \\ 2x, & x>1. \end{cases}$$

**【例 2.41】** 设 $f(x)=\lim\limits_{t\to+\infty}\frac{x}{2+x^2-\mathrm{e}^{tx}}$,讨论 $f(x)$的可导性,并求 $f'(x)$.

**解** 先求出极限,得到 $f(x)$的表达式

$$f(x)=\begin{cases} 0, & x\geqslant 0, \\ \frac{x}{2+x^2}, & x<0. \end{cases}$$

$$f'_+(0)=0,f'_-(0)=\lim_{x\to 0^-}\frac{\frac{x}{2+x^2}}{x}=\frac{1}{2},$$

因为 $f'_+(0)\neq f'_-(0)$,所以 $f(x)$在 $x=0$ 处不可导,则有

$$f'(x)=\begin{cases} 0, & x>0, \\ \frac{2-x^2}{(2+x^2)^2}, & x<0. \end{cases}$$

**【例 2.42】** 设 $F(x)=\min\{f_1(x),f_2(x)\}$,定义域为$(0,2)$,其中 $f_1(x)=x,f_2(x)=\frac{1}{x}$,在定义域内求 $F'(x)$.

**解** 由题意知 $F(x)$可表示为下面的分段函数

$$F(x)=\begin{cases} x, & 0<x\leqslant 1, \\ \frac{1}{x}, & 1<x<2. \end{cases}$$

在 $x\neq 1$ 时

$$F'(x)=\begin{cases} 1, & 0<x<1, \\ -\frac{1}{x^2}, & 1<x<2, \end{cases}$$

为了求 $F(x)$ 在分段点 $x=1$ 处的导数，用导数定义

$$F'_{-}(1)=\lim_{\Delta x\to 0^-}\frac{F(1+\Delta x)-F(1)}{\Delta x}=\lim_{\Delta x\to 0^-}\frac{1+\Delta x-1}{\Delta x}=1,$$

$$F'_{+}(1)=\lim_{\Delta x\to 0^+}\frac{F(1+\Delta x)-F(1)}{\Delta x}=\lim_{\Delta x\to 0^+}\frac{\frac{1}{1+\Delta x}-1}{\Delta x}$$

$$=\lim_{\Delta x\to 0^+}\frac{1-(1+\Delta x)}{\Delta x(1+\Delta x)}=-1,$$

因此 $F'(1)$ 不存在.

**9. 有关的证明题及其他**

**【例 2.43】** 设 $f(x)$ 在包含 $x=0$ 的某个区间 $I$ 内有定义，$x,y$ 为 $I$ 内任意两点，且 $f(x)$ 满足条件：

(1) $f(x+y)=f(x)+f(y)+1$,

(2) $f'(0)=1$.

证明：在上述区间内 $f'(x)=1$.

**证明**　因为对 $\forall x,y\in I$ 均有

$$f(x+y)=f(x)+f(y)+1.$$

特别取 $x=0,y=0$，得 $f(0)=-1$，所以对 $\forall x\in I$ 及 $x+\Delta x\in I$，有

$$f'(x)=\lim_{\Delta x\to 0}\frac{f(x+\Delta x)-f(x)}{\Delta x}=\lim_{\Delta x\to 0}\frac{f(x)+f(\Delta x)+1-f(x)}{\Delta x}$$

$$=\lim_{\Delta x\to 0}\frac{f(\Delta x)-f(0)}{\Delta x}=f'(0)=1.$$

即　对 $\forall x\in I$ 有 $f'(x)=1$.

**【例 2.44】** 设 $f(x)$ 连续，$f'(0)$ 存在，且对任何 $x,y\in U(0,\delta)$，都有

$$f(x+y)=\frac{f(x)+f(y)}{1-4f(x)f(y)}.$$

证明：对一切 $x\in U(0,\delta)$，$f(x)$ 可微.

**解**　取 $x=y=0$，由等式得 $f(0)=\dfrac{2f(0)}{1-4f^2(0)}$，解得 $f(0)=0$.

由导数定义，得

$$f'(x)=\lim_{\Delta x\to 0}\frac{f(x+\Delta x)-f(x)}{\Delta x}$$

$$=\lim_{\Delta x\to 0}\frac{[f(x)+f(\Delta x)]/[1-4f(x)f(\Delta x)]-f(x)}{\Delta x}$$

$$=\lim_{\Delta x\to 0}\frac{f(\Delta x)[1+4f^2(x)]}{\Delta x[1-4f(x)f(\Delta x)]}$$

$$=\lim_{\Delta x\to 0}\frac{f(\Delta x)-f(0)}{\Delta x}\cdot\lim_{\Delta x\to 0}\frac{1+4f^2(x)}{1-4f(x)f(\Delta x)}.$$

因为 $f'(0)$ 存在，$f(x)$ 在 $x=0$ 连续，且 $f(0)=0$，故

$$f'(x)=f'(0)\frac{1+4f^2(x)}{1-4f(x)f(0)}=f'(0)[1+4f^2(x)],$$

从而 $f(x)$ 可微.

**【例 2.45】** 设 $f(x)$ 在 $[a,b]$ 上连续，且 $f(a)=f(b)=0$，$f'(a)\cdot f'(b)>0$，试证存在 $\xi\in(a,b)$，使得 $f(\xi)=0$.

**解** 不妨设 $f'(a)>0$ 且 $f'(b)>0$，由

$$f'(a)=\lim_{x\to a}\frac{f(x)-f(a)}{x-a}>0,$$

结合极限的保号性知 $\exists\delta_1>0$，使当 $x\in(a,a+\delta_1)\subset\left(a,\frac{a+b}{2}\right)$ 时，有 $f(x)-f(a)>0$，

即
$$f(x)>f(a)=0.$$

同理，由 $f'(b)=\lim\limits_{x\to b}\dfrac{f(x)-f(b)}{x-b}>0$ 知 $\exists\delta_2>0$ 使当 $x\in(b-\delta_2,b)\subset\left(\frac{a+b}{2},b\right)$ 时，有 $\dfrac{f(x)-f(b)}{x-b}<0$，

即
$$f(x)<f(b)=0.$$

分别取 $x_1\in(a,a+\delta_1)$，$x_2\in(b-\delta_2,b)$，有 $f(x_1)>0$，$f(x_2)<0$，又 $f(x)$ 在 $[x_1,x_2]$ 上连续，所以由零点定理知，$\exists\xi\in(x_1,x_2)\subset(a,b)$ 使 $f(\xi)=0$.

同理可证 $f'(a)<0$ 且 $f'(b)<0$ 的情形.

**【例 2.46】** 设 $f(x)$ 可导，$F(x)=f(x)(1+\sin|x|)$，则 $f(0)=0$ 当且仅当 $F(x)$ 在 $x=0$ 处可导.

**证明** 充分性：设 $F(x)$ 在 $x=0$ 处可导，由于

$$F(x)=\begin{cases}f(x)(1+\sin x), & x\geqslant 0,\\ f(x)(1-\sin x), & x<0.\end{cases}$$

$$\begin{aligned}\lim_{x\to0^+}\frac{F(x)-F(0)}{x}&=\lim_{x\to0^+}\frac{[f(x)(1+\sin x)]-[f(0)(1+\sin 0)]}{x}\\&=\lim_{x\to0^+}\frac{f(x)-f(0)}{x}+\lim_{x\to0^+}f(x)\frac{\sin x}{x}=f'(0)+f(0),\end{aligned}$$

$$\begin{aligned}\lim_{x\to0^-}\frac{F(x)-F(0)}{x}&=\lim_{x\to0^-}\frac{[f(x)(1-\sin x)]-[f(0)(1+\sin 0)]}{x}\\&=\lim_{x\to0^-}\frac{f(x)-f(0)}{x}-\lim_{x\to0^-}f(x)\frac{\sin x}{x}=f'(0)-f(0),\end{aligned}$$

因此有 $f'(0)+f(0)=f'(0)-f(0)$，于是 $f(0)=0$.

必要性：设 $f(0)=0$，由充分性的推导可知

$$\lim_{x\to0^+}\frac{F(x)-F(0)}{x}=\lim_{x\to0^-}\frac{F(x)-F(0)}{x}=f'(0),$$

于是 $F'(0)=\lim\limits_{x\to0}\dfrac{F(x)-F(0)}{x}=f'(0)$ 存在，即 $F(x)$ 在 $x=0$ 处可导.

**【例 2.47】** 利用变换 $t=\sqrt{x}$ 将方程 $4x\dfrac{\mathrm{d}^2y}{\mathrm{d}x^2}+2(1-\sqrt{x})\dfrac{\mathrm{d}y}{\mathrm{d}x}-6y=\mathrm{e}^{3\sqrt{x}}$ 化为以 $t$ 为自变

量的方程.

**解**

$$\frac{dy}{dx}=\frac{dy}{dt}\cdot\frac{dt}{dx}=\frac{1}{2\sqrt{x}}\frac{dy}{dt}=\frac{1}{2t}\frac{dy}{dt},$$

$$\frac{d^2y}{dx^2}=\frac{d}{dt}\left(\frac{1}{2t}\frac{dy}{dt}\right)\cdot\frac{dt}{dx}=\left(-\frac{1}{2t^2}\frac{dy}{dt}+\frac{1}{2t}\frac{d^2y}{dt^2}\right)\cdot\frac{1}{2t}$$

$$=-\frac{1}{4t^3}\frac{dy}{dt}+\frac{1}{4t^2}\frac{d^2y}{dt^2},$$

代入方程中得

$$4t^2\left(-\frac{1}{4t^3}\frac{dy}{dt}+\frac{1}{4t^2}\frac{d^2y}{dt^2}\right)+2(1-t)\frac{1}{2t}\frac{dy}{dt}-6y=e^{3t},$$

整理得

$$\frac{d^2y}{dt^2}-\frac{dy}{dt}-6y=e^{3t}.$$

**【例 2.48】** 设函数 $y=y(x)$ 在 $(-\infty,+\infty)$ 内具有二阶导数,且 $y'\neq 0$,$x=x(y)$ 是 $y=y(x)$ 的反函数.试将 $x=x(y)$ 所满足的微分方程

$$\frac{d^2x}{dy^2}+(y+\sin x)\left(\frac{dx}{dy}\right)^3=0$$

变换为 $y=y(x)$ 满足的微分方程.

**解** 由反函数求导公式知 $\frac{dx}{dy}=\frac{1}{y'(x)}$ 即 $y'\frac{dx}{dy}=1$,

上式两端关于 $x$ 求导得

$$y''\frac{dx}{dy}+y'\frac{d}{dy}\left(\frac{dx}{dy}\right)\cdot\frac{dy}{dx}=0,$$

即

$$y''\frac{dx}{dy}+\frac{d^2x}{dy^2}(y')^2=0,$$

所以

$$\frac{d^2x}{dy^2}=-\frac{\frac{dx}{dy}y''}{(y')^2}=-\frac{y''}{(y')^3},$$

代入原方程得

$$\frac{d^2y}{dx^2}-y=\sin x.$$

## 四、练习题与解答

1. 选择题

(1) 若 $f(x)$ 在 $x_0$ 处连续,则 $f(x)$ 在 $x_0$ 处(　　).

(A) 不一定可导;　　(B) 一定可导;

(C) 一定不可导;　　(D) 无极限.

(2) 若 $f'(x_0)=3$,则 $\lim\limits_{h\to 0}\frac{f(x_0+h)-f(x_0-3h)}{h}=($　　$)$.

(A) $-3$;　　(B) $-6$;　　(C) $-9$;　　(D) 12.

(3) 设函数 $f(x)$ 在 $x=0$ 处满足 $f(0)=0$,$f'(0)=1$,则

$$\lim_{x\to 0}\frac{x^2f(x)-3f(x^3)}{x^3}=(\quad).$$

(A) 0；　(B) 1；　(C) 2；　(D) $-2$.

(4) 设 $f(x)=\begin{cases}\dfrac{\sqrt{1+x}-1}{x}, & x\neq 0\\ 1, & x=0\end{cases}$ 在 $x=0$ 处(　　).

(A) 不连续；　(B) 连续不可导；

(C) 连续且仅有一阶导数；　(D) 有二阶导数.

(5) 设 $f(x)=\begin{cases}\dfrac{x^2}{3}, x\leqslant 1\\ x^2, x>1\end{cases}$，则 $f(x)$ 在 $x=1$ 处(　　).

(A) 左导数存在，但右导数不存在；　(B) 左右导数都存在；

(C) 左右导数都不存在；　(D) 左导数不存在，但右导数存在.

(6) 设 $f(x)=(x-a)\varphi(x)$，而 $\varphi(x)$ 在 $x=a$ 连续但不可导，则 $f(x)$ 在 $x=a$ 处(　　).

(A) 连续但不可导；　(B) 可能可导，也可能不可导；

(C) 仅有一阶导数；　(D) 可能有二阶导数.

(7) 若抛物线 $y=ax^2$ 与 $y=\ln x$ 相切，则 $a=$(　　).

(A)1；　(B) $\dfrac{1}{2}$；　(C) $\dfrac{1}{2\mathrm{e}}$；　(D) 2e.

(8) 设 $\begin{cases}x=a\cos t,\\ y=b\sin t,\end{cases}$ 则 $\dfrac{\mathrm{d}^2y}{\mathrm{d}x^2}=$(　　).

(A) $-\dfrac{b}{a}\csc^2 t$；　(B) $\dfrac{b}{a}\csc^2 t$；　(C) $-\dfrac{b}{a^2}\csc^3 t$；　(D) $\dfrac{a^2}{b}\csc^3 t$.

(9) 若 $f(x)=\ln\dfrac{1}{1-x}$，则 $f^{(n)}(0)=$(　　).

(A) $(-1)^n(n-1)!$；　(B) $(n-1)!$；　(C) $-(n-1)!$；　(D) $(n-2)!$.

(10) 设 $y=x\mathrm{e}^x$，则 $y^{(n)}=$(　　).

(A) $x\mathrm{e}^x+n\mathrm{e}^x$；　(B) $x\mathrm{e}^x+\mathrm{e}^x$；　(C) $x\mathrm{e}^x+(n-1)\mathrm{e}^x$；　(D) $x\mathrm{e}^x+\mathrm{e}^{nx}$.

(11) 设 $y=5^{\ln\tan x}$，则 $\mathrm{d}y=$(　　).

(A) $-\dfrac{5\ln 5}{\sin 2x}5^{\ln\tan x}\mathrm{d}x$；　(B) $\dfrac{5\ln 5}{\sin 2x}\mathrm{d}x$；

(C) $\dfrac{2\ln 5}{\cos 2x}5^{\ln\tan x}\mathrm{d}x$；　(D) $\dfrac{2\ln 5}{\sin 2x}5^{\ln\tan x}\mathrm{d}x$.

(12) 设 $f'(x)=\mathrm{e}^{\sin x}$，$g(x)=\begin{cases}x^2\left(\sin\dfrac{1}{x^2}\right)^{\frac{1}{3}}, & x\neq 0\\ 0, & x=0\end{cases}$，则 $\dfrac{\mathrm{d}}{\mathrm{d}x}[f(g(x))]_{x=0}=$(　　).

(A) 0；　(B) 1；　(C) 2；　(D) 3.

(13) 设函数 $y=y(x)$ 是由参数方程 $\begin{cases}x=t^2+2t\\ y=\ln(1+t)\end{cases}$ 确定，则曲线 $y=y(x)$ 在 $t=1$ 对应

点处的法线与 $x$ 轴交点的横坐标是(　　).

(A) $-\frac{\ln 2}{8}+3$；　(B) $-8\ln 2+3$；　(C) $8\ln 2+3$；　(D) $\frac{\ln 2}{8}+3$.

(14) $d(\arctan e^{-x})=(\quad)de^{-x}$.

(A) $\frac{1}{1+e^{-2x}}$；　(B) $\frac{1}{1+e^{-x}}$；　(C) $\frac{-e^{-x}}{1+e^{-2x}}$；　(D) $\frac{e^{-x}}{1+e^{-2x}}$.

(15) 设 $f'(x_0)$存在,则$\lim\limits_{\Delta x\to 0}\frac{f[x_0+\Delta x+(\Delta x)^2]-f(x_0)}{\Delta x}=(\quad)$.

(A) $-f'(x_0)$；　(B) $f'(x_0)$；　(C) $2f'(x_0)$；　(D) 不存在.

(16) 若 $f(1)=0$,且 $f'(1)$存在,则$\lim\limits_{x\to 0}\frac{f(\sin^2 x+\cos x)}{(e^x-1)\tan x}=(\quad)$.

(A) $f'(1)$；　(B) $-\frac{1}{2}f'(1)$；　(C) $2f'(1)$；　(D) $\frac{1}{2}f'(1)$.

2. 填空题

(1) 设 $f(x)=(x-1)(x-2)^2(x-3)^3(x-4)^4$,则 $y'(1)=$______；$y'(3)=$______.

(2) 设 $f(x)$是可导函数,且$\lim\limits_{x\to 0}\frac{f(1)-f(1-x)}{2x}=-1$,则曲线 $y=f(x)$在点$(1,f(1))$处的切线斜率是______.

(3) 设 $f(x)=\begin{cases}x^2, x\leqslant 1\\ ax+b, x>1\end{cases}$在 $x=1$ 处可导,则 $a=$______；$b=$______.

(4) 设 $e^x-e^y=\sin(xy)$,则 $y'|_{x=0}=$______.

(5) 设 $y=4^{\sin^2(\frac{1}{x})}$,则$\frac{dy}{dx}=$______.

(6) 设 $y=(\sec^2 x+\csc^2 x)$,则 $y'=$______.

(7) 设 $y=(1+\sin x)^x$,,则 $dy|_{x=\pi}=$______.

(8) 设 $x^4-xy+y^4=1$,则$\left.\frac{d^2y}{dx^2}\right|_{\substack{x=0\\y=1}}=$______.

(9) 设 $dy=\sin\omega x dx$,则 $y=$______.

(10) 设 $f(x)=(x^2-x-2)|x^3-x|$,则 $f(x)$的不可导点的个数是______.

(11) 设 $y=y(x)$由$\sqrt{x^2+y^2}=ae^{\arctan\frac{y}{x}}$所确定,则 $\left.y'\right|_{\substack{x=2\\y=1}}=$______.

(12) 设 $y=\ln\sqrt{\frac{(1-x)e^x}{\arccos x}}$,则$\left.\frac{dy}{dx}\right|_{x=0}=$______.

(13) 设 $y=x^2e^{3x}$,则 $y^{(10)}=$______.

(14) 已知 $f(0)=0, f'(0)=k_0$,则$\lim\limits_{x\to 0}\frac{f(x)}{x}=$______.

(15) 设 $f(x)=(x^2-3x+2)^n\cos\frac{\pi x^2}{16}$,则 $f^{(n)}(2)=$______.

(16) $\frac{d\tan x}{d\sin x}=$______.

(17) 设 $f(x)=\arcsin x\sqrt{\dfrac{2-\sin x}{1+\sin x}}$,求 $f'(0)=$________.

3. 求解下列各小题

(1) 设 $y=x^2\arccos\sqrt{1-x^2}+\mathrm{e}^{-3}$,求 $y'$.

(2) 设 $y=\dfrac{(\ln x)^x}{x^{\ln x}}$,求 $y'$.

(3) $\sin(xy)-\ln\dfrac{x-1}{y}=1$,求 $y'(0)$.

(4) 设$\begin{cases}x=3t^2+2t,\\ \mathrm{e}^y\cos t-2y+t=0,\end{cases}$求$\left.\dfrac{\mathrm{d}y}{\mathrm{d}x}\right|_{t=0}$.

(5) 设 $y=\ln\sqrt{\dfrac{1-x}{1+x^2}}$,求 $\left.y''\right|_{x=0}$.

(6) 设 $x=x(y)$由方程式 $y=x+\ln x$ 确定,求 $x'(y)$.

(7) 设 $y=\sin^4 x+\cos^4 x$,求 $y^{(4)}$.

4. 设曲线方程为 $\mathrm{e}^{xy}-2x-y=3$,求曲线上纵坐标为 $y=0$ 的点处的切线方程和法线方程.

5. 设 $y=y(x)$是由 $y=f(x+y)$所确定,其中 $f(u)$二阶可导,且 $f'(u)\neq 1$,求$\dfrac{\mathrm{d}^2y}{\mathrm{d}x^2}$.

6. 已知函数 $f(x)=\begin{cases}x,x\leqslant 0,\\ x^2\sin\dfrac{1}{x},0<x<2,\end{cases}$试讨论 $f(x)$在 $x=0$ 处的连续性与可导性.

7. 设 $f(x)=\begin{cases}\mathrm{e}^{ax},x\leqslant 0,\\ \sin 2x+b,x>0,\end{cases}$问当 $a,b$ 为何值时,$f(x)$为可导函数.

8. 作变量代换 $x=\ln t$,简化方程$\dfrac{\mathrm{d}^2y}{\mathrm{d}x^2}-\dfrac{\mathrm{d}y}{\mathrm{d}x}+\mathrm{e}^{2x}y=0$.

9. 设 $f(x)=\lim\limits_{n\to\infty}\dfrac{x^{2n+1}+ax^2+bx}{x^{2n}+1}$,问 $a$、$b$ 为何值时 $f(x)$在$(-\infty,+\infty)$处连续,这时 $f(x)$的可导性又如何?

10. 设 $f(x),g(x)$均可导,且 $f(x_0)=2,f'(x_0)=1,g(x_0)=4;g'(x_0)=3$,求 $a,b$ 值,使

$$\varphi(x)=\begin{cases}f(x),x\geqslant x_0\\ ag(x)+b,x<x_0\end{cases}\text{在 } x_0 \text{ 处可导.}$$

11. 设 $f(x)=(x-a)^n\varphi(x)$,其中 $\varphi(x)$在点 $a$ 的某邻域内具有 $n-1$ 阶导数,求$f^{(n)}(a)$.

12. 设$\dfrac{\mathrm{d}}{\mathrm{d}x}[f(\dfrac{1}{x^2})]=\dfrac{1}{x}$,求 $f'(\dfrac{1}{2})$.

13. 设 $f'(x)=\arctan^2 x$ 及 $y=f(\dfrac{1+x}{1+x^2})$,求$\dfrac{\mathrm{d}y}{\mathrm{d}x}$.

14. 设 $f(x)$在$(-\infty,+\infty)$上有定义,在区间$[0,2]$上 $f(x)=x(x^2-4)$,若对任意的 $x$ 均满足 $f(x)=kf(x+2)$(其中 $k$ 为常数),问 $k$ 为何值时,$f(x)$在 $x=0$ 处可导?

15. 设 $f(x)=\begin{cases} x^4\sin\dfrac{1}{x}+\cos x, & x\neq 0 \\ 1, & x=0 \end{cases}$，求 $f''(x)$.

16. 设 $x\leqslant 0$ 时 $g(x)$ 有定义，且 $g''(x)$ 存在，问怎样选择 $a$、$b$、$c$，可使下述函数在 $x=0$ 处有二阶导数.

$$f(x)=\begin{cases} ax^2+bx+c, & x>0, \\ g(x), & x\leqslant 0. \end{cases}$$

17. 有一底半径为 $R$ 厘米，高为 $h$ 厘米的圆锥形容器，现以 25 $\mathrm{cm}^3/\mathrm{s}$ 的速度自顶部向容器内注水，试求当容器内水位等于锥高的一半时水面上升的速度.

**练习题解答**

# 第三章　中值定理与导数的应用

## 一、内容提要

**1. 中值定理**

(1) 罗尔(Rolle)定理

如果函数 $f(x)$满足条件:① 在闭区间$[a,b]$上连续;② 在开区间$(a,b)$内可导;③ 在区间端点的函数值相等,即 $f(a)=f(b)$.则在$(a,b)$内至少有一点$\xi(a<\xi<b)$,使得函数$f(x)$在该点的导数等于零,即

$$f'(\xi)=0.$$

(2) 拉格朗日(Lagrange)中值定理

如果函数 $f(x)$满足条件:① 在闭区间$[a,b]$上连续;② 在开区间$(a,b)$内可导.那么在$(a,b)$内至少有一点 $\xi(a<\xi<b)$,使等式 $f(b)-f(a)=f'(\xi)(b-a)$成立.

**推论**　如果函数 $f(x)$在区间 $I$ 上的导数恒为零,那么 $f(x)$在区间 $I$ 上是一个常数.

(3) 柯西(Cauchy)中值定理

如果函数 $f(x)$及 $F(x)$在闭区间$[a,b]$上连续,在开区间$(a,b)$内可导,且$F'(x)$在$(a,b)$内每一点处均不为零,那么在$(a,b)$内至少有一点 $\xi(a<\xi<b)$,使等式$\dfrac{f(b)-f(a)}{F(b)-F(a)}=\dfrac{f'(\xi)}{F'(\xi)}$成立.

**2. 洛必达(L'Hospital)法则**

(1) 求$\dfrac{0}{0}$型及$\dfrac{\infty}{\infty}$型未定式极限,在一定条件下可通过分子、分母分别求导后再求极限来确定,这种求极限的方法称为洛必达法则.

(2) 求 $0\cdot\infty,\infty-\infty,0^0,1^\infty,\infty^0$ 型未定式的极限,关键是将其化为洛必达法则的类型$\dfrac{0}{0},\dfrac{\infty}{\infty}$的极限.

(3) 用洛必达法则求得的极限不存在,不能说明原来的函数极限不存在.

**3. 泰勒(Taylor)中值定理**

(1) 如果函数 $f(x)$在含有 $x_0$ 的某个开区间$(a,b)$内具有直到 $n+1$ 阶的导数,则当 $x$ 在$(a,b)$内时,$f(x)$可以表示为$(x-x_0)$的一个 $n$ 次多项式与一个余项$R_n(x)$之和

$$f(x)=f(x_0)+f'(x_0)(x-x_0)+\frac{f''(x_0)}{2!}(x-x_0)^2+\cdots+$$

$$\frac{f^{(n)}(x_0)}{n!}(x-x_0)^n+R_n(x),$$

其中，$R_n(x)=\frac{f^{(n+1)}(\xi)}{(n+1)!}(x-x_0)^{n+1}$（$\xi$ 在 $x_0$ 与 $x$ 之间）或 $R_n(x)=o[(x-x_0)^n]$.

(2) 常用的带有拉格朗日型余项的麦克劳林公式：

1) $\frac{1}{1-x}=1+x+x^2+\cdots+x^n+\frac{x^{n+1}}{(1-\theta x)^{n+2}}$　　$(0<\theta<1,-1<x<1)$；

2) $e^x=1+x+\frac{x^2}{2!}+\cdots+\frac{x^n}{n!}+\frac{e^{\theta x}}{(n+1)!}x^{n+1}$　　$(0<\theta<1,-\infty<x<+\infty)$；

3) $\sin x=x-\frac{x^3}{3!}+\frac{x^5}{5!}-\cdots+$

$$(-1)^{n-1}\frac{x^{2n-1}}{(2n-1)!}+(-1)^n\frac{\cos\theta x}{(2n+1)!}x^{2n+1}\quad(0<\theta<1,-\infty<x<+\infty);$$

4) $\cos x=1-\frac{x^2}{2!}+\frac{x^4}{4!}-\cdots+(-1)^n\frac{x^{2n}}{(2n)!}+(-1)^{n+1}\frac{\cos\theta x}{(2n+2)!}x^{2n+2}$

$(0<\theta<1,-\infty<x<+\infty)$；

5) $\ln(1+x)=x-\frac{x^2}{2}+\frac{x^3}{3}-\cdots+(-1)^{n-1}\frac{x^n}{n}+\frac{(-1)^n}{(n+1)(1+\theta x)^{n+1}}x^{n+1}$

$(0<\theta<1,-1<x\leqslant 1)$；

6) $(1+x)^\alpha=1+\alpha x+\frac{\alpha(\alpha-1)}{2!}x^2+\cdots+\frac{\alpha(\alpha-1)\cdots(\alpha-n+1)}{n!}x^n+$

$$\frac{\alpha(\alpha-1)\cdots(\alpha-n+1)(\alpha-n)}{(n+1)!}(1+\theta x)^{\alpha-n-1}x^{n+1}$$

$(0<\theta<1,\alpha\in R,-1<x<1)$.

**4. 函数单调性的判定法**

设函数 $y=f(x)$ 在闭区间 $[a,b]$ 上连续，在开区间 $(a,b)$ 内可导.

(1) 如果在 $(a,b)$ 内 $f'(x)>0$，那么函数 $y=f(x)$ 在 $[a,b]$ 上单调增加；

(2) 如果在 $(a,b)$ 内 $f'(x)<0$，那么函数 $y=f(x)$ 在 $[a,b]$ 上单调减少.

**5. 函数的极值与最值**

(1) 极值的定义：

设函数 $f(x)$ 在开区间 $(a,b)$ 内有定义，$x_0$ 是 $(a,b)$ 内的一个点.

如果存在点 $x_0$ 的一个邻域，对于这邻域内的任何点 $x$，除了点 $x_0$ 外，$f(x)<f(x_0)$ 均成立，就称 $f(x_0)$ 是函数 $f(x)$ 的一个极大值；

如果存在点 $x_0$ 的一个邻域，对于这邻域内的任何点 $x$，除了点 $x_0$ 外，$f(x)>f(x_0)$ 均成立，就称 $f(x_0)$ 是函数 $f(x)$ 的一个极小值.

(2) 函数的极大值与极小值统称为极值，使函数取得极值的点称为极值点.

(3) 极值是函数的局部性概念，极大值可能小于极小值.

(4) 设 $f(x)$ 在点 $x_0$ 处具有导数，且在 $x_0$ 处取得极值，那么必有 $f'(x_0)=0$.

(5) 使导数为零的点（即方程 $f'(x)=0$ 的实根）叫做函数 $f(x)$ 的驻点.

(6) 取得极值的第一充分条件：

设函数 $f(x)$ 在点 $x_0$ 处连续，且在 $x_0$ 的某去心邻域 $\mathring{U}(x_0,\delta)$ 内可导.

① 如果 $x\in(x_0-\delta,x_0)$，有 $f'(x)>0$，而 $x\in(x_0,x_0+\delta)$，有 $f'(x)<0$，则 $f(x)$ 在 $x_0$

处取得极大值.

② 如果 $x\in(x_0-\delta,x_0)$,有 $f'(x)<0$,而 $x\in(x_0,x_0+\delta)$,有 $f'(x)>0$,则$f(x)$在 $x_0$ 处取得极小值.

③ 如果当 $x\in(x_0-\delta,x_0)$及 $x\in(x_0,x_0+\delta)$时,$f'(x)$符号相同,则 $f(x)$在 $x_0$ 处无极值.

(7) 取得极值的第二充分条件:

设 $f(x)$在 $x_0$ 处具有二阶导数,且 $f'(x_0)=0$,$f''(x_0)\neq 0$, 那么① 当$f''(x_0)<0$时,函数 $f(x)$在 $x_0$ 处取得极大值;② 当 $f''(x_0)>0$ 时,函数 $f(x)$在 $x_0$ 处取得极小值.

(8) 求极值的步骤:

① 求导数 $f'(x)$;

② 求函数的驻点及一阶导数不存在的点;

③ 检查 $f'(x)$在这些点左右的正负号或 $f''(x)$在该点的符号,判断是否为极值点;

④ 求极值.

(9) 求最值的步骤:

① 求驻点和不可导点;

② 求区间端点及驻点和不可导点的函数值,比较大小,哪个大哪个就是最大值,哪个小哪个就是最小值.

(10) 如果函数在区间内只有一个驻点或不可导的点且是极值点,则这个极值就是最值(最大值或最小值).

**6. 曲线的凹凸性与拐点**

(1) 定义

设函数 $f(x)$在开区间$(a,b)$内连续,如果

① 对开区间$(a,b)$内任意两点 $x_1,x_2$,恒有

$$f\left(\frac{x_1+x_2}{2}\right)<\frac{f(x_1)+f(x_2)}{2},$$

那么称 $f(x)$在$(a,b)$内的图形是凹的;

② 对开区间$(a,b)$内任意两点 $x_1,x_2$,恒有

$$f\left(\frac{x_1+x_2}{2}\right)>\frac{f(x_1)+f(x_2)}{2},$$

那么称 $f(x)$在$(a,b)$内的图形是凸的;

③ 如果 $f(x)$在$[a,b]$上连续,且在$(a,b)$内的图形是凹(或凸)的,那么称$f(x)$在$[a,b]$上的图形是凹(或凸)的;

④ 连续曲线上凹凸的分界点称为曲线的拐点.

(2) 凹凸性的判别方法

如果函数 $f(x)$在闭区间$[a,b]$上连续,在开区间$(a,b)$内具有二阶导数,若在$(a,b)$内

① $f''(x)>0$,则 $f(x)$在$[a,b]$上的图形是凹的;

② $f''(x)<0$,则 $f(x)$在$[a,b]$上的图形是凸的.

**7. 利用函数特性描绘函数图形**

(1) 确定函数 $y=f(x)$的定义域,对函数进行奇偶性、周期性、曲线与坐标轴交点等性

态的讨论,求出函数的一阶导数 $f'(x)$和二阶导数 $f''(x)$;

(2) 求出方程 $f'(x)=0$ 和 $f''(x)=0$ 在函数定义域内的全部实根,用这些根同函数的间断点或导数不存在的点把函数的定义域划分成几个部分区间;

(3) 确定在这些部分区间内 $f'(x)$和 $f''(x)$的符号,并由此确定函数的单调性、极值、凹凸性及拐点;

(4) 确定函数图形的渐近线以及其他变化趋势;

(5) 描出与方程 $f'(x)=0$ 和 $f''(x)=0$ 的根对应的曲线上的点,有时还需要补充一些点,再综合前四步讨论的结果画出函数的图形.

**8. 曲率与曲率圆**

(1) 设曲线 $y=f(x)$在点 $M(x,y)$处的曲率为 $k$,则

$$k=\frac{|y''|}{(1+y'^2)^{\frac{3}{2}}}.$$

(2) 设曲线 $y=f(x)$在点 $M(x,y)$处的曲率为 $k(k\neq 0)$,在点 $M$ 处的曲线的法线上,在凹的一侧取一点 $D$,使 $|DM|=\frac{1}{k}=\rho$.以 $D$ 为圆心,$\rho$ 为半径作圆,称此圆为曲线在点 $M$ 处的曲率圆.$D$ 是曲率中心,$\rho$ 是曲率半径.

**9. 曲线的渐近线**

(1) 若 $\lim\limits_{x\to a^+}f(x)=\infty$或 $\lim\limits_{x\to a^-}f(x)=\infty$,则 $x=a$ 是曲线 $y=f(x)$的垂直渐近线.

(2) 若 $\lim\limits_{x\to+\infty}f(x)=b$ 或 $\lim\limits_{x\to-\infty}f(x)=b$,则 $y=b$ 是曲线 $y=f(x)$的水平渐近线.

(3) 若 $\lim\limits_{x\to\infty}\frac{f(x)}{x}=a$, $\lim\limits_{x\to\infty}[f(x)-ax]=b$,则 $y=ax+b$ 是曲线 $y=f(x)$的斜渐近线.

## 二、基本问题解答

**【问题 3.1】** 罗尔定理中"函数 $f(x)$在闭区间$[a,b]$上连续,在开区间$(a,b)$内可导"这两个条件,是否可以合并成"在闭区间$[a,b]$上可导"一条,这样不是更简单吗?

**答**　函数 $f(x)$"在闭区间$[a,b]$上可导"不仅包含了函数 $f(x)$"在闭区间$[a,b]$上连续,在开区间$(a,b)$内可导"这两个条件,还包含了函数 $f(x)$在区间端点 $a$、$b$ 的右导数 $f'_+(a)$与左导数 $f'_-(b)$也都存在.这样条件增强了,当然罗尔定理的适用范围就要变小了.例如,函数 $f(x)=\sqrt{1-x^2}$ 在闭区间$[-1,1]$上连续,在开区间$(-1,1)$内可导,且 $f(-1)=f(1)=0$,满足罗尔定理的三个条件,于是在开区间$(-1,1)$内至少存在一点 $\xi$ 使得

$$f'(\xi)=-\frac{x}{\sqrt{1-x^2}}\bigg|_{x=\xi}=-\frac{\xi}{\sqrt{1-\xi^2}}=0,$$

即有 $\xi=0\in(-1,1)$.但是,函数 $f(x)=\sqrt{1-x^2}$ 在 $x=\pm1$ 处 $f'(x)$都不存在,可是如果将罗尔定理的三个条件合并成"$f(x)$在闭区间$[a,b]$上可导,且 $f(a)=f(b)$"两个条件,那么这个函数 $f(x)=\sqrt{1-x^2}$ 在闭区间$[-1,1]$上罗尔定理就不适用了,缩小了定理的应用范围,所以宁愿将条件写成三条.在研究数学命题时通常总力求把命题的条件减弱,以扩大其适用范围.

**【问题 3.2】** 函数 $f(x)=1-\sqrt[3]{x^2}$ 在闭区间$[-1,1]$上是否满足罗尔定理的条件？

**答** 不满足.因为 $f(x)$在 $x=0$ 处导数不存在.

**【问题 3.3】** 如果函数 $f(x)$在闭区间$[a,b]$上满足罗尔定理的三个条件，那么在开区间$(a,b)$内至少存在一点 $\xi$，使得 $f'(\xi)=0$.问 $\xi$ 是否必是 $f(x)$的极值点？

**答** 不一定，如函数 $f(x)=(x^2-1)^3+1$ 在闭区间$[-2,+2]$上 $f'(1)=0$，但 $x=1$ 不是极值点.

**【问题 3.4】** 若函数 $f(x)$在开区间$(a,b)$内单调递增，且在开区间$(a,b)$内可导，则必有 $f'(x)>0$ 吗？

**答** 不一定，如函数 $f(x)=x^3$ 在$(-\infty,+\infty)$内单调递增，且在$(-\infty,+\infty)$内可导，但 $f'(0)=0$.

**【问题 3.5】** 若函数 $f(x)$在闭区间$[a,b]$上连续，在开区间$(a,b)$内可导，函数 $f(x)$在开区间$(a,b)$内仅有一个驻点且为极大(小)值点，则该点一定是函数 $f(x)$在闭区间$[a,b]$上的最大(小)值点吗？

**答** 一定是函数的最大(小)值点(下面以最大值为例证明).

事实上，设函数 $f(x)$在开区间$(a,b)$内仅有一个驻点且为极大值点 $x_2$，如果在区间$[a,x_2)$存在一点 $x_0$ 使 $f(x_0)>f(x_2)$，因为 $f(x_2)$为极大值，所以存在 $x_2$ 的左半邻域，当 $x$ 在此邻域时，有 $f(x_2)>f(x)$，不妨取 $x_2$ 的左半邻域内的点 $x_1$ 使得 $f(x_0)>f(x_2)>f(x_1)$，对函数 $f(x)$在闭区间$[x_0,x_1]$由连续函数的介值定理，存在 $\xi_1\in(x_0,x_1)$，使 $f(x_2)=f(\xi_1)$；再对函数 $f(x)$在闭区间$[\xi_1,x_2]$上用罗尔定理，存在 $\xi\in(\xi_1,x_2)\subset(a,b)$，使 $f'(\xi)=0$，这与函数 $f(x)$在开区间$(a,b)$内仅有一个驻点矛盾；所以当 $a\leqslant x<x_2$ 时，有 $f(x)<f(x_2)$.类似可证当 $x_2<x\leqslant b$ 时，有 $f(x)<f(x_2)$.所以 $f(x_2)$为闭区间$[a,b]$上的最大值.

**【问题 3.6】** 若函数 $f(x)$在开区间$(a,b)$内有 $f'(x)\geqslant0$(或 $f'(x)\leqslant0$)，其中使等号成立的只是有限个孤立点 $x_k(k=1,2,\cdots,m)$，即有 $f'(x_k)=0$.问这时能断定函数 $f(x)$在开区间$(a,b)$内是单调增(或减)吗？

**答** 能断定 $f(x)$在开区间$(a,b)$内是单调增(或减).下面就单调增证明如下：

设 $x'<x''$为区间$(a,b)$中任意两点，则在$[x',x'']$内只能有有限个 $x_1,x_2,\cdots,x_n$ 为 $f'(x)$的零点，其余点处均 $f'(x)>0$，故在$[x',x_1]$，$[x_1,x_2]$，…，$[x_n,x'']$上 $f(x)$均单调增，从而

$$f(x')<f(x_1)<f(x_2)<\cdots<f(x_n)<f(x''),$$

可见，对于$(a,b)$中任意两点 $x'<x''$，必有

$$f(x')<f(x''),$$

所以 $f(x)$在开区间$(a,b)$内单调增.

**【问题 3.7】** 设函数 $f(x)$在包含点 $x_0$ 的开区间内可导，如果 $f'(x_0)>0$，由此可以断定 $f(x)$在点 $x_0$ 的某邻域内单调增吗？

**答** 不可以.例如函数 $f(x)=\begin{cases}x+2x^2\sin\dfrac{1}{x}, & x\neq0,\\ 0, & x=0,\end{cases}$ $f'(0)=1$，而当 $x\neq0$ 时，有

$f'(x)=1+4x\sin\frac{1}{x}-2\cos\frac{1}{x}$.

在 $x_k=\frac{1}{(2k+\frac{1}{2})\pi}(k=\pm1,\pm2,\cdots)$ 处，却有 $f'(x_k)=1+\frac{4}{(2k+\frac{1}{2})\pi}>0$，

但在 $x'_k=\frac{1}{2k\pi}(k=\pm1,\pm2,\cdots)$ 处，却有 $f'(x'_k)=-1<0$.

当 $k\to\infty$ 时，$x_k\to0$，$x'_k\to0$，因此在点 $x=0$ 的任何邻域内，$f'(x)$ 的取值有正有负，从而函数 $f(x)$ 在 $x=0$ 的任何邻域内都不单调. 如果导函数连续，由局部保号性可知，当 $f'(x_0)>0$，则 $f(x)$ 在 $x_0$ 点某邻域单调增加.

**【问题 3.8】** 函数 $f(x)$ 在闭区间 $[a,b]$ 上的最大(小)值点一定是函数 $f(x)$ 的极大(小)值点吗？

**答** 不一定，设 $x_0$ 是函数 $f(x)$ 在闭区间 $[a,b]$ 上的最大(小)值点，当 $x_0$ 是 $[a,b]$ 的端点时，$x_0$ 一定不是极值点；当 $x_0$ 在 $(a,b)$ 内时，$x_0$ 也不一定是极值点，如图 3-1 所示，$x_0$ 是最大值点，但不是极值点，图中 $x_1$ 是一个极值点，但不是闭区间 $[a,b]$ 上的最小值点. 如果在区间 $(a,b)$ 内有唯一的最值点，则一定是极值点.

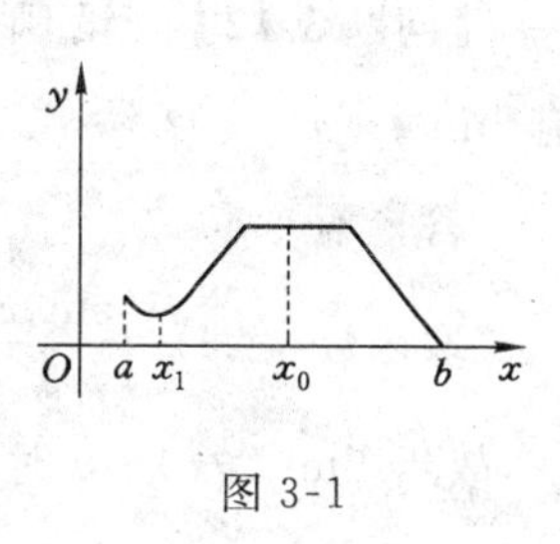

图 3-1

**【问题 3.9】** 如何理解求极限的洛比达法则？

**答** 洛比达法则是求“$\frac{0}{0}$”与“$\frac{\infty}{\infty}$”型极限的一种方法，所以在用洛比达法则之前一定要研究极式中分子和分母是否同时趋于零或无穷. 但要注意的是若用洛比达法则极限不存在，不能说明原来式子的极限不存在.

例如，$\lim\limits_{x\to\infty}\frac{x+\cos x}{x}$ 是 $\frac{\infty}{\infty}$ 型，已知 $\lim\limits_{x\to\infty}\frac{x+\cos x}{x}=\lim\limits_{x\to\infty}(1+\frac{\cos x}{x})=1$，但用洛必达法则后 $\lim\limits_{x\to\infty}\frac{1-\sin x}{1}$ 不存在.

**【问题 3.10】** 数列极限可以直接用洛必达法则求吗？

**答** 不可以，因为数列没有导数，所以不能直接用洛必达法则求数列的极限.

但对于 $\frac{0}{0}$ 与 $\frac{\infty}{\infty}$ 型的数列极限有的可以借助于连续变量使用洛必达法则求出.

例如，求 $\lim\limits_{n\to\infty}\frac{\ln n}{n}$.

因为

$$\lim_{x\to+\infty}\frac{\ln x}{x}=\lim_{x\to+\infty}\frac{\frac{1}{x}}{1}=\lim_{x\to+\infty}\frac{1}{x}=0,$$

所以

$$\lim_{n\to\infty}\frac{\ln n}{n}=0.$$

**【问题 3.11】** 设两函数 $f(x)$ 及 $g(x)$ 都在 $x=a$ 处取得极大值，则函数 $F(x)=$

$f(x)g(x)$在 $x=a$ 处是取极大值、极小值还是不取得极值?

**答** 不一定,举例如下:

函数 $f(x)=(1-x^2)^3$ 和函数 $g(x)=\dfrac{-1}{(1-x^2)^3}$ 都在点 $x=0$ 处取得极大值,但 $f(x)g(x)=-1$ 在点 $x=0$ 处不取极值.

函数 $f(x)=-x^2$ 和 $g(x)=-x^4$ 都在点 $x=0$ 处取得极大值,但 $f(x)g(x)=x^6$ 在点 $x=0$ 处取极小值.

函数 $f(x)=1-x^2$ 和 $g(x)=1-x^4$ 都在点 $x=0$ 处取得极大值,但 $f(x)\cdot g(x)=(1-x^2)(1-x^4)$ 在点 $x=0$ 处也取得极大值.

**【问题 3.12】** 设函数 $y=f(x)$ 在 $(0,+\infty)$ 内可导,则当 $\lim\limits_{x\to+\infty}f(x)=0$ 时,必有 $\lim\limits_{x\to+\infty}f'(x)=0$?

**答** 不一定.

取函数 $f(x)=\dfrac{\sin x^2}{x}$,则 $\lim\limits_{x\to+\infty}f(x)=0$.而 $f'(x)=2\cos x^2-\dfrac{\sin x^2}{x^2}$, $\lim\limits_{x\to+\infty}f'(x)$ 不存在,故当 $\lim\limits_{x\to+\infty}f(x)=0$ 时,不一定有 $\lim\limits_{x\to+\infty}f'(x)=0$.

## 三、典型例题解析

### 1. 罗尔中值定理证明题

**【例 3.1】** 若 $f(x)$在闭区间$[0,1]$上连续,在开区间$(0,1)$内可导,且 $f(0)=f(1)=0$, $f\left(\dfrac{1}{2}\right)=1$.证明:在开区间$(0,1)$内至少存在一点 $\xi$,使 $f'(\xi)=1$。

**证明** 设 $F(x)=f(x)-x$,

显然 $F(x)$在 $\left[\dfrac{1}{2},1\right]$上连续,在$\left(\dfrac{1}{2},1\right)$内可导,且

$$F\left(\frac{1}{2}\right)=\frac{1}{2}>0,F(1)=-1<0.$$

由零点定理知存在 $x_1\in\left[\dfrac{1}{2},1\right]$,使 $F(x_1)=0$.

由 $F(0)=0$,在$[0,x_1]$上应用罗尔定理知,至少存在一点 $\xi\in(0,x_1)\subset(0,1)$,使 $F'(\xi)=f'(\xi)-1=0$,即 $f'(\xi)=1$.

**【例 3.2】** 设函数 $f(x)$在闭区间$[0,1]$上连续,在开区间$(0,1)$内可导,$0<f(x)<1$,且 $f'(x)\neq1$,证明在开区间$(0,1)$内必有唯一的 $\xi$,使 $f(\xi)=\xi$.

**证明** 先证存在性:

令函数 $F(x)=f(x)-x$,由条件知 $F(0)=f(0)-0=f(0)>0$,$F(1)=f(1)-1<0$,又因为函数 $F(x)$在闭区间$[0,1]$上连续,所以由零点定理知,存在$\xi\in(0,1)$使 $F(\xi)=0$,即 $f(\xi)=\xi$.

再证唯一性:

假设 $\xi_1,\xi_2\in(0,1)$,$\xi_1\neq\xi_2$,使 $F(\xi_1)=F(\xi_2)=0$,由罗尔定理知,在 $\xi_1$、$\xi_2$ 之间至少存

在 $\xi$ 使 $F'(\xi)=0$,即 $f'(\xi)=1$,这与 $f'(x)\neq 1$ 矛盾.

所以在开区间$(0,1)$内必有唯一的 $\xi$,使 $f(\xi)=\xi$.

**【例 3.3】** 设函数 $f(x)$在闭区间$[0,\pi]$上连续,在开区间$(0,\pi)$内可导,证明至少存在一点 $\xi\in(0,\pi)$,使得 $f'(\xi)=-f(\xi)\cot\xi$.

**证明**　只要证明

$$f'(\xi)+f(\xi)\frac{\cos\xi}{\sin\xi}=0,$$

即证

$$\sin\xi f'(\xi)+f(\xi)\cos\xi=0,$$

也就是

$$[f(x)\sin x]'_{x=\xi}=0.$$

设函数 $F(x)=f(x)\sin x$,则有函数 $F(x)$在闭区间$[0,\pi]$上连续,在开区间$(0,\pi)$内可导,且 $F(0)=F(\pi)=0$,由罗尔定理知,至少存在一点 $\xi\in(0,\pi)$,使

$$F'(\xi)=0,$$

即

$$f'(\xi)\sin\xi+f(\xi)\cos\xi=0,$$

所以

$$f'(\xi)=-f(\xi)\cot\xi.$$

**【例 3.4】** 若函数 $f(x)$可导,试证在函数 $f(x)$的两个零点之间一定有$f(x)+f'(x)$的零点.

**证明**　不妨设 $f(x_1)=f(x_2)=0$ 且 $x_1<x_2$.

设函数 $F(x)=\mathrm{e}^x f(x)$,在闭区间$[x_1,x_2]$上易验证 $F(x)$满足罗尔定理的条件,由罗尔定理知至少存在一点 $\xi\in(x_1,x_2)$,使

$$F'(\xi)=\mathrm{e}^\xi[f(\xi)+f'(\xi)]=0,$$

因为

$$\mathrm{e}^\xi\neq 0,$$

所以

$$f(\xi)+f'(\xi)=0,$$

即 $\xi$ 是 $f(x)+f'(x)$的零点.

**【例 3.5】** 设函数 $f(x)$在闭区间$[0,1]$上连续,在开区间$(0,1)$内可导,且 $f(1)=0$,常数 $a>1$.证明:至少存在一点 $\xi\in(0,1)$,使得 $f'(\xi)=-\dfrac{a}{\xi}f(\xi)$.

**证明**　设 $F(x)=x^a f(x)$,显然在$[0,1]$上连续,在$(0,1)$内可导,且 $F(1)=f(1)=0$,$F(0)=0$,由罗尔定理知:在$(0,1)$内至少存在一点 $\xi$,使得 $F'(\xi)=0$,即 $a\xi^{a-1}f(\xi)+\xi^a f'(\xi)=0$,$\xi\in(0,1)$.因为 $\xi^{a-1}>0$,则有 $af(\xi)+\xi f'(\xi)=0$,所以 $f'(\xi)=-\dfrac{a}{\xi}f(\xi)$.

**说明**　利用罗尔定理证明方程根的存在性,构造辅助函数常用方法如下:

(1) $f'(\xi)+A\xi^k+B=0$($A$,$B$ 为常数),则辅助函数 $F(x)=f(x)+\dfrac{Ax^{k+1}}{k+1}+Bx$;

(2) $(\xi-1)f'(\xi)+kf(\xi)=0$,则辅助函数 $F(x)=(x-1)^k f(x)$;

(3) $f'(\xi)+\lambda f(\xi)=0$,则辅助函数 $F(x)=e^{\lambda x}f(x)$;

(4) $f'(\xi)+g'(\xi)f(\xi)=0$,则辅助函数 $F(x)=e^{g(x)}f(x)$;

(5) $f'(\xi)-kf(\xi)=0$,则辅助函数 $F(x)=\dfrac{f(x)}{e^{kx}}$;

(6) $\xi f'(\xi)-kf(\xi)=0$,则辅助函数 $F(x)=\dfrac{f(x)}{x^k}$.

**【例 3.6】** 假设 $f(x)$和 $g(x)$在$[a,b]$上存在二阶导数,并且 $g''(x)\neq 0$, $f(a)=f(b)=g(a)=g(b)=0$.

**证明** (1) 在$(a,b)$内,$g(x)\neq 0$;

(2) 在$(a,b)$内,至少存在一点 $\xi$ 使$\dfrac{f(\xi)}{g(\xi)}=\dfrac{f''(\xi)}{g''(\xi)}$.

**分析** 对问题(1),可用反证法,即证明若存在一点 $c\in(a,b)$,使 $g(c)=0$,能导出矛盾;对问题(2),关键是将要证的结果变形,再作辅助函数,利用罗尔定理证明结论.

**证明** (1) 要证明在$(a,b)$内 $g(x)\neq 0$,用反证法.

若存在一点 $c\in(a,b)$,$g(c)=0$,则由罗尔定理知

$$g'(t_1)=0, t_1\in(a,c),$$
$$g'(t_2)=0, t_2\in(c,b).$$

再由罗尔定理知,$g'(t_2)-g'(t_1)=g''(\xi)=0$,$\xi\in(t_1,t_2)$,
这与 $g''(x)\neq 0$ 矛盾.所以在$(a,b)$内 $g(x)\neq 0$.

(2) 将$\dfrac{f(\xi)}{g(\xi)}=\dfrac{f''(\xi)}{g''(\xi)}$变形为

$$f(\xi)g''(\xi)-f''(\xi)g(\xi)=0,$$
$$f(\xi)g''(\xi)+f'(\xi)g'(\xi)-f'(\xi)g'(\xi)-f''(\xi)g(\xi)=0,$$
$$[f(x)g'(x)-f'(x)g(x)]'\big|_{x=\xi}=0,$$

令

$$F(x)=f(x)g'(x)-f'(x)g(x),$$

则 $F(x)$在$[a,b]$上存在二阶导数,且 $F(a)=0$,$F(b)=0$,由罗尔定理,在$(a,b)$内,至少存在一点 $\xi$ 使 $F'(\xi)=0$,$\xi\in(a,b)$,即

$$\frac{f(\xi)}{g(\xi)}=\frac{f''(\xi)}{g''(\xi)}.$$

**2. 拉格朗日中值定理证明题**

**【例 3.7】** 设在闭区间$[a,b]$上,$\varphi(x)>0$ 且可导,证明:存在 $\xi\in(a,b)$使得

$$\ln\frac{\varphi(b)}{\varphi(a)}=\frac{\varphi'(\xi)}{\varphi(\xi)}(b-a).$$

**证明** 只要证明 $\ln\varphi(b)-\ln\varphi(a)=\dfrac{\varphi'(\xi)}{\varphi(\xi)}(b-a)$.

令函数 $f(x)=\ln\varphi(x)$,由已知条件知函数 $f(x)$在闭区间$[a,b]$上可导,因此必连续,由拉格朗日中值定理知,存在 $\xi\in(a,b)$,使

$$f(b)-f(a)=f'(\xi)(b-a),$$

而

$$f'(x)=\frac{\varphi'(x)}{\varphi(x)},$$

故

$$\ln\varphi(b)-\ln\varphi(a)=\frac{\varphi'(\xi)}{\varphi(\xi)}(b-a),$$

即

$$\ln\frac{\varphi(b)}{\varphi(a)}=\frac{\varphi'(\xi)}{\varphi(\xi)}(b-a).$$

**注**　证明存在$\xi$的命题,通过构造辅助函数和利用微分中值定理是一种重要的方法.

**【例 3.8】**　设函数$f(x)$在区间$[a,+\infty)$上连续,在区间$(a,+\infty)$内可导,且$f'(x)>1$,若$f(a)<0$.证明:方程$f(x)=0$在$(a,a-f(a))$内有唯一实根.

**证明**　因为$f'(x)>1>0$,所以函数$f(x)$在区间$(a,+\infty)$上单调增加,因此函数$f(x)$在开区间$(a,a-f(a))$内也单调增加,由此知方程$f(x)=0$在开区间$(a,a-f(a))$内最多有一个实根.

下面证明方程$f(x)=0$在$(a,a-f(a))$内至少有一个实根.

由拉格朗日中值定理知

$$f[a-f(a)]-f(a)=f'(\xi)(-f(a)),\xi\in(a,a-f(a)).$$

所以

$$f[a-f(a)]=-f(a)[f'(\xi)-1]>0.$$

又因为$f(a)<0$,由零点定理知,方程$f(x)=0$在开区间$(a,a-f(a))$内至少有一实根.

综上所述,方程$f(x)=0$在开区间$(a,a-f(a))$内有唯一实根.

**【例 3.9】**　设在闭区间$[0,a]$上$|f''(x)|\leqslant M$,且函数$f(x)$在开区间$(0,a)$内取得最大值,试证

$$|f'(0)|+|f'(a)|\leqslant Ma.$$

**证明**　因为函数$f(x)$在闭区间$[0,a]$上可导,且在开区间$(0,a)$内取得最大值,所以最大值点一定是驻点,即存在一点$c\in(0,a)$,使$f'(c)=0$.

在闭区间$[0,c]$上对$f'(x)$用拉格朗日定理知

$$f'(c)-f'(0)=f''(\xi_1)(c-0),\xi_1\in(0,c).$$

在闭区间$[c,a]$上对$f'(x)$用拉格朗日定理知

$$f'(a)-f'(c)=f''(\xi_2)(a-c),\xi_2\in(c,a).$$

因此

$$f'(0)=-cf''(\xi_1),$$

$$f'(a)=(a-c)f''(\xi_2).$$

$$|f'(0)|+|f'(a)|=c|f''(\xi_1)|+(a-c)|f''(\xi_2)|\leqslant cM+(a-c)M=Ma.$$

**【例 3.10】**　设函数$f(x)$在闭区间$[a,b]$上二阶可导,且$f(a)=f(b)=0,c\in(a,b)$,$f(c)>0$.证明存在$\xi\in(a,b)$,使得$f''(\xi)<0$.

**证明**　对函数$f(x)$在闭区间$[a,c]$和$[c,b]$上分别用拉格朗日中值定理得

$$f(c)-f(a)=f'(\xi_1)(c-a),a<\xi_1<c,$$
$$f(b)-f(c)=f'(\xi_2)(b-c),c<\xi_2<b,$$

所以有

$$f'(\xi_1)=\frac{f(c)}{c-a}>0,f'(\xi_2)=-\frac{f(c)}{b-c}<0.$$

对导函数 $f'(x)$ 在闭区间 $[\xi_1,\xi_2]$ 上再用拉格朗日中值定理得

$$f''(\xi)=\frac{f'(\xi_2)-f'(\xi_1)}{\xi_2-\xi_1}<0,\quad \xi_1<\xi<\xi_2.$$

**【例 3.11】** 若 $f(x)$ 在闭区间 $[0,1]$ 上连续，在开区间 $(0,1)$ 内有二阶导数，求证

(1) 存在 $\xi\in\left(0,\frac{1}{2}\right)$，使 $f(1)-2f\left(\frac{1}{2}\right)+f(0)=\frac{1}{2}\left(f'\left(\xi+\frac{1}{2}\right)-f'(\xi)\right)$；

(2) 存在 $\lambda\in(0,1)$，使 $f(1)-2f\left(\frac{1}{2}\right)+f(0)=\frac{f''(\lambda)}{4}$.

**证明** (1) 设 $F(x)=f(x+\frac{1}{2})-f(x)\quad x\in[0,\frac{1}{2}]$，

则 $F(x)$ 在 $[0,\frac{1}{2}]$ 上满足 Lagrage 中值定理条件，所以存在 $\xi\in(0,\frac{1}{2})$，使

$$F(\frac{1}{2})-F(0)=F'(\xi)/2=[f(1)-f(\frac{1}{2})]-[f(\frac{1}{2})-f(0)]$$
$$=f(1)-2f(\frac{1}{2})+f(0)=[f'(\xi+\frac{1}{2})-f'(\xi)]/2.$$

(2) 由已知可得 $f'(x)$ 在 $(\xi,\xi+\frac{1}{2})\subset(0,1)$ 内可导，再次用拉格朗日中值定理，

所以存在 $\lambda\in(\xi,\xi+\frac{1}{2})\subset(0,1)$，使

$$f'(\xi+\frac{1}{2})-f'(\xi)=f''(\lambda)/2.$$

结合(1)有

$$f(1)-2f(\frac{1}{2})+f(0)=[f'(\xi+\frac{1}{2})-f'(\xi)]/2=f''(\lambda)/4.$$

**【例 3.12】** 设函数 $f(x)$ 在闭区间 $[a,b]$ 上连续，在开区间 $(a,b)$ 内可导，且 $f(a)=f(b)=1$，证明存在 $\xi,\eta\in(a,b)$ 使

$$e^{\eta-\xi}[f(\eta)+f'(\eta)]=1.$$

**证明** 只要证明

$$e^{\eta}[f(\eta)+f'(\eta)]=e^{\xi}.$$

令函数 $F(x)=e^x f(x)$，则函数 $F(x)$ 在闭区间 $[a,b]$ 上连续，在开区间 $(a,b)$ 内可导，则由拉格朗日中值定理得

$$F(b)-F(a)=F'(\eta)(b-a)\quad[\eta\in(a,b)],$$

即

$$e^b f(b)-e^a f(a)=[e^{\eta}f(\eta)+e^{\eta}f'(\eta)](b-a).$$

因为 $f(a)=f(b)=1$，即有

$$e^b - e^a = e^\eta[f(\eta) + f'(\eta)](b-a).$$

再对函数 $e^x$ 在闭区间 $[a,b]$ 上用拉格朗日中值定理得

$$e^\xi(b-a) = e^\eta[f(\eta) + f'(\eta)](b-a) \quad [\xi \in (a,b)],$$

所以

$$e^\xi = e^\eta[f(\eta) + f'(\eta)],$$

即

$$e^{\eta-\xi}[f(\eta) + f'(\eta)] = 1.$$

**3. 柯西中值定理证明题**

**【例 3.13】** 设 $ab>0$，证明

$$a e^b - b e^a = (1-\xi)e^\xi(a-b),$$

其中 $\xi$ 介于 $a \sim b$ 之间.

**证明** 不妨设 $0<a<b$，作函数 $f(x)=\dfrac{e^x}{x}$，$F(x)=\dfrac{1}{x}$，由柯西中值定理：存在 $\xi\in(a,b)$ 使

$$\frac{f(b)-f(a)}{F(b)-F(a)}=\frac{f'(\xi)}{F'(\xi)}, \text{即} \frac{\dfrac{e^b}{b}-\dfrac{e^a}{a}}{\dfrac{1}{b}-\dfrac{1}{a}}=\frac{\dfrac{e^\xi\xi-e^\xi}{\xi^2}}{-\dfrac{1}{\xi^2}}, \text{所以 } a e^b - b e^a=(1-\xi)e^\xi(a-b).$$

**【例 3.14】** 设函数 $f(x)$ 在闭区间 $[a,b]$ 上连续，在开区间 $(a,b)$ 内可导，若 $a\geqslant 0$，证明在开区间 $(a,b)$ 内存在三个数 $x_1$、$x_2$、$x_3$，使得下式成立

$$\begin{aligned} f'(x_1) &= (a+b)\frac{f'(x_2)}{2x_2} \\ &= (b^2+ab+a^2)\frac{f'(x_3)}{3x_3^2}. \end{aligned}$$

**解** 本题较难入手，但如果将上式变为

$$(b-a)f'(x_1) = (b^2-a^2)\frac{f'(x_2)}{(x^2)'|_{x=x2}} = (b^3-a^3)\frac{f'(x_3)}{(x^3)'|_{x=x3}},$$

问题即好解决.

在闭区间 $[a,b]$ 上对函数 $f(x)$ 用拉格朗日中值定理知存在 $x_1\in(a,b)$ 使

$$f(b)-f(a) = (b-a)f'(x_1). \tag{1}$$

在闭区间 $[a,b]$ 上对函数 $f(x)$ 与 $x^2$ 用柯西中值定理知存在 $x_2\in(a,b)$ 使

$$\frac{f(b)-f(a)}{b^2-a^2} = \frac{f'(x_2)}{(x^2)'|_{x=x2}},$$

即

$$f(b)-f(a) = (b^2-a^2)\frac{f'(x_2)}{2x_2}. \tag{2}$$

在闭区间 $[a,b]$ 上对函数 $f(x)$ 与 $x^3$ 用柯西中值定理知存在 $x_3\in(a,b)$ 使

$$\frac{f(b)-f(a)}{b^3-a^3} = \frac{f'(x_3)}{(x^3)'|_{x=x3}},$$

即

$$f(b)-f(a)=(b^3-a^3)\frac{f'(x_3)}{3x_3^2}. \tag{3}$$

综合式(1)、式(2)、式(3)得

$$f'(x_1)=(a+b)\frac{f'(x_2)}{2x_2}=(b^2+ab+a^2)\frac{f'(x_3)}{3x_3^2}.$$

**4. 泰勒中值定理证明题**

**【例 3.15】** 设 $f(x)$ 在 $x=0$ 的某邻域内具有一阶连续导数，且 $f(0)\neq 0, f'(0)\neq 0$.若 $af(h)+bf(2h)-f(0)$ 在 $h\to 0$ 时是比 $h$ 高阶的无穷小，试确定 $a$、$b$ 的值.

**解** 由题设条件得

$$f(h)=f(0)+f'(0)h+o(h),$$
$$f(2h)=f(0)+2f'(0)h+o(h),$$

所以

$$af(h)+bf(2h)-f(0)=(a+b-1)f(0)+(a+2b)f'(0)h+o(h).$$

于是当 $a=2, b=-1$ 时，有

$$af(h)+bf(2h)-f(0)=o(h).$$

**【例 3.16】** 在 $(a,b)$ 内 $f''(x)<0$，证明对任意 $x_1$、$x_2\in(a,b)$ 及任意实数 $0<t<1$，有

$$f[tx_1+(1-t)x_2]\geqslant tf(x_1)+(1-t)f(x_2).$$

**证明** 当 $x_1=x_2$ 时，等号成立；当 $x_1\neq x_2$ 时，不妨设 $x_1<x_2$.

记 $x_0=tx_1+(1-t)x_2$，由泰勒公式得

$$f(x)=f(x_0)+f'(x_0)(x-x_0)+\frac{1}{2!}f''(\xi)(x-x_0)^2,$$

所以

$$f(x)\leqslant f(x_0)+f'(x_0)(x-x_0),$$

即

$$f(x_1)\leqslant f(x_0)+f'(x_0)(x_1-x_0),$$
$$f(x_2)\leqslant f(x_0)+f'(x_0)(x_2-x_0).$$

由此知

$$tf(x_1)\leqslant tf(x_0)+tf'(x_0)(x_1-x_0),$$
$$(1-t)f(x_2)\leqslant(1-t)f(x_0)+(1-t)f'(x_0)(x_2-x_0),$$

故

$$tf(x_1)+(1-t)f(x_2)\leqslant f(x_0)=f[tx_1+(1-t)x_2].$$

由上得

$$f[tx_1+(1-t)x_2]\geqslant tf(x_1)+(1-t)f(x_2).$$

**【例 3.17】** 设 $f(x)$ 在 $[0,1]$ 上具有二阶导数，且 $f(0)=f(1)=0$，$\min\limits_{0<x<1}f(x)=-1$，证明：存在一点 $\xi\in(0,1)$ 使 $f''(\xi)\geqslant 8$.

**证明** 设 $x=c$ 是 $f(x)$ 的最小值点，因为 $f(x)$ 在 $[0,1]$ 上具有二阶导数，由题设知 $0<c<1, f'(c)=0, f(c)=-1$.故 $f(x)$ 在 $x=c$ 处的泰勒展式为

$$f(x)=f(c)+f'(c)(x-c)+\frac{1}{2}f''(\xi)(x-c)^2 \quad (\xi\text{ 在 }c\sim x\text{ 之间})$$

即 $f(x)=-1+\frac{1}{2}f''(\xi)(x-c)^2$.

(1) 若 $0<c\leqslant\frac{1}{2}$,则 $f(0)=-1+\frac{1}{2}f''(\xi)(0-c)^2$,即 $f''(\xi)=\frac{2}{c^2}\geqslant 8$.

(2) 若 $\frac{1}{2}\leqslant c<1$,则 $f(1)=-1+\frac{1}{2}f''(\xi)(1-c)^2$,即 $f''(\xi)=\frac{2}{(1-c)^2}\geqslant 8$.

故存在一点 $\xi\in(0,1)$,使 $f''(\xi)\geqslant 8$.

**【例 3.18】** 设函数 $f(x)$在闭区间$[0,1]$上具有二阶导数,且满足条件$|f(x)|\leqslant a$,$|f''(x)|\leqslant b$,其中 $a,b$ 都是非负常数,$c$ 是$(0,1)$内任一点,证明:$|f'(c)|\leqslant 2a+\frac{b}{2}$.

**分析** 由于 $f(x)$在$[0,1]$上具有二阶导数,因此,根据泰勒中值定理,$f(x)$在 $x=c$ 点可展开到一阶的泰勒公式.在泰勒公式中将 $x=0$ 和 $x=1$ 分别代入,消去两式中的相同项,两边取绝对值后,结合条件$|f(x)|\leqslant a$,$|f''(x)|\leqslant b$,适当放大,即可证得所需结果.这种方法是证明此类中值定理的常用方法.

**证明** 由泰勒公式得

$$f(x)=f(c)+f'(c)(x-c)+\frac{f''(\xi)}{2}(x-c)^2,\quad \xi\text{ 在 }x\text{ 与 }c\text{ 之间}.$$

令 $x=0$ 得

$$f(0)=f(c)+f'(c)(0-c)+\frac{f''(\xi_1)}{2}(0-c)^2, 0<\xi_1<c.$$

令 $x=1$ 得

$$f(1)=f(c)+f'(c)(1-c)+\frac{f''(\xi_2)}{2}(1-c)^2, c<\xi_2<1.$$

两式相减

$$f(1)-f(0)=f'(c)+\frac{1}{2}[f''(\xi_2)(1-c)^2-f''(\xi_1)c^2],$$

$$f'(c)=f(1)-f(0)-\frac{1}{2}[f''(\xi_2)(1-c)^2-f''(\xi_1)c^2],$$

$$|f'(c)|\leqslant|f(1)|+|f(0)|+\frac{1}{2}[|f''(\xi_2)|(1-c)^2+|f''(\xi_1)|c^2]$$

$$\leqslant 2a+\frac{b}{2}[(1-c)^2+c^2]\quad(0<c<1)$$

$$=2a+\frac{b}{2}[1-2c(1-c)]\leqslant 2a+\frac{b}{2}.$$

**5. 用洛必达法则求极限**

**【例 3.19】** 求极限

(1) $\lim\limits_{x\to 0}\frac{x-\sin x}{x^2(\mathrm{e}^x-1)}$;　　(2) $\lim\limits_{x\to+\infty}\frac{x^2+\ln x}{x\ln x}$;

(3) $\lim\limits_{x\to 0^+}\frac{\ln\tan 7x}{\ln\tan 2x}$;　　(4) $\lim\limits_{x\to+\infty}x^{\frac{3}{2}}(\sqrt{x+2}-2\sqrt{x+1}+\sqrt{x})$;

(5) $\lim\limits_{x\to 0}(\cos x+x\sin x)^{\frac{1}{x^2}}$;　　(6) $\lim\limits_{x\to 1}(1-x)\tan\frac{\pi}{2}x$.

**解** (1) $\lim\limits_{x\to0}\dfrac{x-\sin x}{x^2(e^x-1)}=\lim\limits_{x\to0}\dfrac{x-\sin x}{x^2\cdot x}=\lim\limits_{x\to0}\dfrac{1-\cos x}{3x^2}$

$$=\lim_{x\to0}\frac{\sin x}{6x}=\frac{1}{6}.$$

(2) $\lim\limits_{x\to+\infty}\dfrac{x^2+\ln x}{x\ln x}=\lim\limits_{x\to+\infty}\dfrac{2x+\frac{1}{x}}{\ln x+1}=\lim\limits_{x\to+\infty}\dfrac{2x^2+1}{x(\ln x+1)}$

$$=\lim_{x\to+\infty}\frac{4x}{\ln x+2}=\lim_{x\to+\infty}\frac{4}{\frac{1}{x}}=\lim_{x\to+\infty}4x=+\infty.$$

(3) $\lim\limits_{x\to0^+}\dfrac{\ln\tan 7x}{\ln\tan 2x}=\lim\limits_{x\to0^+}\dfrac{\frac{1}{\tan 7x}\sec^2 7x\cdot 7}{\frac{1}{\tan 2x}\sec^2 2x\cdot 2}=\lim\limits_{x\to0^+}\dfrac{7}{2}\cdot\dfrac{\tan 2x}{\tan 7x}\cdot\dfrac{\cos^2 2x}{\cos^2 7x}$

$$=\lim_{x\to0^+}\frac{7}{2}\cdot\frac{\cos^2 2x}{\cos^2 7x}\cdot\frac{2x}{7x}=1.$$

(4) $\lim\limits_{x\to+\infty}x^{\frac{3}{2}}(\sqrt{x+2}-2\sqrt{x+1}+\sqrt{x})=\lim\limits_{x\to+\infty}x^2\left(\sqrt{1+\dfrac{2}{x}}-2\sqrt{1+\dfrac{1}{x}}+1\right)$

$$\overset{\frac{1}{x}=t}{=}\lim_{t\to0^+}\frac{\sqrt{1+2t}-2\sqrt{1+t}+1}{t^2}=\lim_{t\to0^+}\frac{\frac{1}{\sqrt{1+2t}}-\frac{1}{\sqrt{1+t}}}{2t}$$

$$=\lim_{t\to0^+}\frac{-(1+2t)^{-\frac{3}{2}}+\frac{1}{2}(1+t)^{-\frac{3}{2}}}{2}=-\frac{1}{4}.$$

(5) $\lim\limits_{x\to0}(\cos x+x\sin x)^{\frac{1}{x^2}}=\lim\limits_{x\to0}e^{\frac{1}{x^2}\ln(\cos x+x\sin x)}=e^{\lim_{x\to0}\frac{\cos x+x\sin x-1}{x^2}}$

$$=e^{\lim_{x\to0}\frac{-\sin x+\sin x+x\cos x}{2x}}=e^{\frac{1}{2}}.$$

(6) $\lim\limits_{x\to1}(1-x)\tan\dfrac{\pi}{2}x=\lim\limits_{u\to0}u\cdot\tan\dfrac{\pi}{2}(1-u)=\lim\limits_{u\to0}\dfrac{u}{\tan\frac{\pi}{2}u}=\lim\limits_{u\to0}\dfrac{1}{\sec^2\frac{\pi}{2}u\cdot\frac{\pi}{2}}=\dfrac{2}{\pi}.$

**【例 3.20】** 求极限

(1) $\lim\limits_{x\to\infty}x\left[\left(1+\dfrac{1}{x}\right)^x-e\right]$；　　(2) $\lim\limits_{n\to\infty}\left[n-n^2\ln\left(1+\dfrac{1}{n}\right)\right]$；

(3) $\lim\limits_{x\to+\infty}\left(\dfrac{\pi}{2}-\arctan x\right)^{\frac{1}{\ln x}}$；　　(4) $\lim\limits_{x\to0}\dfrac{1}{x^2}\left[1-\cos x\sqrt{\cos 2x}\cdots\sqrt[n]{\cos nx}\right]$.

**解** (1) $\lim\limits_{x\to\infty}x\left[\left(1+\dfrac{1}{x}\right)^x-e\right]\overset{\frac{1}{x}=t}{=}\lim\limits_{t\to0}\dfrac{(1+t)^{\frac{1}{t}}-e}{t}$

$$=\lim_{t\to0}(1+t)^{\frac{1}{t}}\frac{[t-(1+t)\ln(1+t)]}{t^2(1+t)}$$

$$=e\lim_{t\to0}\frac{t-(1+t)\ln(1+t)}{t^2}=e\lim_{t\to0}\frac{1-1-\ln(1+t)}{2t}=-\frac{e}{2}.$$

(2) $\lim\limits_{n\to\infty}[n-n^2\ln(1+\frac{1}{n})]=\lim\limits_{x\to+\infty}[x-x^2\ln(1+\frac{1}{x})]\overset{\frac{1}{x}=t}{=}\lim\limits_{t\to0^+}\frac{t-\ln(1+t)}{t^2}$.

$$=\lim_{t\to0^+}\frac{1-\frac{1}{1+t}}{2t}=\frac{1}{2}.$$

(3) 令$\frac{\pi}{2}-\arctan x=t$,则 $x=\cot t$,

故原式$=\lim\limits_{t\to0^+}t^{\frac{1}{\ln\cot t}}$.

令 $y=t^{\frac{1}{\ln\cot t}}$,则 $\ln y=\frac{\ln t}{\ln\cot t}$.

因为$\lim\limits_{t\to0^+}\ln y\overset{\frac{\infty}{\infty}型}{=\!=}\lim\limits_{t\to0^+}\frac{\frac{1}{t}}{\frac{1}{\cot t}\cdot(-\csc^2 t)}=\lim\limits_{t\to0^+}\left(-\frac{\sin t}{t}\cos t\right)$

$=\lim\limits_{t\to0^+}\frac{\sin t}{t}\cdot\lim\limits_{t\to0^+}(-\cos t)$

$=-1$.

所以原式$=\mathrm{e}^{-1}$.

(4) $\lim\limits_{t\to0}\frac{1}{x^2}[1-\cos x\sqrt{\cos 2x}\cdots\sqrt[n]{\cos nx}]$.

$=\lim\limits_{t\to0}\frac{1}{2x}[-\cos x\sqrt{\cos 2x}\cdots\sqrt[n]{\cos nx}]'$.

记 $f(x)=\cos x\sqrt{\cos 2x}\cdots\sqrt[n]{\cos nx}$,

$$\ln f(x)=\ln\cos x+\frac{1}{2}\ln\cos 2x+\cdots+\frac{1}{n}\ln\cos nx,$$

求导
$$\frac{1}{f(x)}f'(x)=-\tan x-\tan 2x-\cdots-\tan nx,$$

且
$$\lim_{x\to0}f(x)=1.$$

所以　原式$=\lim\limits_{x\to0}\frac{\tan x+\tan 2x+\cdots+\tan nx}{2x}$

$=\frac{1}{2}[1+2+\cdots+n]=\frac{1}{4}n(n+1)$.

**注**　用洛必达法则求极限时,只要满足条件,可以连续多次使用洛必达法则;在求极限过程中,若有极限不为零的因子则可先将极限求出,洛必达法则往往和其他求极限的方法结合起来用,例如用等价无穷小替换等.

**6. 用泰勒公式求极限**

**【例 3.21】**　求极限

(1) $\lim\limits_{x\to0}\frac{x^2}{\sqrt[5]{1+5x}-(1+x)}$;　　(2) $\lim\limits_{x\to0}\frac{\frac{1}{2}x^2+1-\sqrt{1+x^2}}{(\cos x-\mathrm{e}^{x^2})\sin x^2}$.

**解** (1) 因为分子关于 $x$ 的次数为 2,所以由泰勒公式知

$$\begin{aligned}\sqrt[5]{1+5x}&=(1+5x)^{\frac{1}{5}}\\&=1+\frac{1}{5}(5x)+\frac{1}{2!}\cdot\frac{1}{5}\left(\frac{1}{5}-1\right)\cdot(5x)^2+o(x^2)\\&=1+x-2x^2+o(x^2),\end{aligned}$$

所以

$$\lim_{x\to0}\frac{x^2}{\sqrt[5]{1+5x}-(1+x)}=\lim_{x\to0}\frac{x^2}{[1+x-2x^2+o(x^2)]-(1+x)}=-\frac{1}{2}.$$

(2) 因为由泰勒公式知

$$\sqrt{1+x^2}=1+\frac{1}{2}x^2-\frac{1}{8}x^4+o(x^4),$$

$$\cos x=1-\frac{1}{2}x^2+o(x^3),$$

$$e^{x^2}=1+x^2+o(x^4),$$

$$\sin x^2\sim x^2(x\to0),$$

所以

$$\begin{aligned}\lim_{x\to0}\frac{\frac{1}{2}x^2+1-\sqrt{1+x^2}}{(\cos x-e^{x^2})\sin x^2}&=\lim_{x\to0}\frac{\frac{1}{2}x^2+1-[1+\frac{1}{2}x^2-\frac{1}{8}x^4+o(x^4)]}{[(1-\frac{1}{2}x^2+o(x^3)-(1+x^2+o(x^4))]x^2}\\&=\lim_{x\to0}\frac{\frac{1}{8}x^4+o(x^4)}{-\frac{3}{2}x^4+o(x^5)}=\lim_{x\to0}\frac{\frac{1}{8}+\frac{o(x^4)}{x^4}}{-\frac{3}{2}+\frac{o(x^5)}{x^4}}=-\frac{1}{12}.\end{aligned}$$

**7. 函数的单调性、极值、凹凸性和拐点**

**【例 3.22】** 讨论函数 $f(x)=x^2-\ln x^2$ 的单调性,并求函数 $f(x)$的极值.

**解** 函数的定义域为$(-\infty,0)\cup(0,+\infty)$,

$$f'(x)=2x-\frac{2x}{x^2}=2x-\frac{2}{x}=\frac{2(x+1)(x-1)}{x},$$

令 $f'(x)=0$ 得 $x=\pm1$,列表如下:

| $x$ | $(-\infty,-1)$ | $-1$ | $(-1,0)$ | 0 | $(0,1)$ | 1 | $(1,+\infty)$ |
|---|---|---|---|---|---|---|---|
| $f'(x)$ | $-$ | 0 | $+$ | 不存在 | $-$ | 0 | $+$ |
| $f(x)$ | ↘ | 1 | ↗ | 不存在 | ↘ | 1 | ↗ |

所以函数 $f(x)$在区间$(-\infty,-1)$,$(0,1)$内单调减少;在区间$(-1,0)$,$(1,+\infty)$内单调增加,函数 $f(x)$在 $x=\pm1$ 处取得极小值,$f(\pm1)=1$.函数在 $x=0$ 处无定义.

**注** 讨论函数 $f(x)$单调性的步骤:

① 确定函数 $f(x)$的定义域;

② 求函数 $f(x)$的驻点及一阶导数不存在的点；

③ 这些点将定义域分成若干个小区间，列表讨论.

**【例 3.23】** 求函数 $f(x)=(x^2-1)^3+1$ 的极值.

**解** 函数定义域为$(-\infty,+\infty)$，且在区间$(-\infty,+\infty)$内连续可导，

$$f'(x)=6x(x^2-1)^2, f''(x)=6(x^2-1)(5x^2-1),$$

令 $f'(x)=0$ 得驻点 $x_1=-1, x_2=0, x_3=1$.

因为 $f''(0)=6>0$，故函数 $f(x)$在 $x=0$ 处取得极小值

$$f_{极小}(0)=0.$$

因为 $f''(-1)=f''(1)=0$，无法用第二充分条件判断，由第一充分条件知$f'(x)$在点 $x=\pm1$处左右不变号，所以点 $x=\pm1$ 不是极值点.

**注** 求函数 $f(x)$极值的步骤：

① 确定函数 $f(x)$的定义域；

② 求出 $f'(x)$，令 $f'(x)=0$ 解出驻点，并求出导数不存在的点；

③ 通过第一或第二充分条件判断极值点；

④ 求出函数 $f(x)$极值.

**【例 3.24】** 设函数 $f(x)=\begin{cases} x^{2x}, & x>0, \\ x+2, & x\leqslant 0, \end{cases}$ 求函数 $f(x)$的极值.

**解** 函数 $f(x)=\begin{cases} e^{2x\ln x}, x>0, \\ x+2, x\leqslant 0, \end{cases}$ 因为 $f(0^+)=\lim\limits_{x\to 0^+} f(x)=1$，$f(0^-)=\lim\limits_{x\to 0^-} f(x)=2$，由于 $f(0^-)\neq f(0^+)$，则函数 $f(x)$在点 $x=0$ 处不连续，因此 $f'(0)$不存在.

$$f'(x)=\begin{cases} e^{2x\ln x}(2\ln x+2), & x>0, \\ 1, & x<0. \end{cases}$$

令 $f'(x)=0$，即 $2(\ln x+1)=0$，得唯一驻点 $x=\frac{1}{e}$，

可能极值点为 $x=0,\frac{1}{e}$，列表如下

| | $(-\infty,0)$ | 0 | $(0,\frac{1}{e})$ | $\frac{1}{e}$ | $(\frac{1}{e},+\infty)$ |
|---|---|---|---|---|---|
| $f'(x)$ | + | 不存在 | − | 0 | + |
| $f(x)$ | ↗ | 极大 | ↘ | 极小 | ↗ |

由表知 $f(0)=2$ 为极大值，$f(\frac{1}{e})=e^{-\frac{2}{e}}$为极小值.

**【例 3.25】** 已知 $a>0$，求函数 $f(x)=\frac{1}{1+|x|}+\frac{1}{1+|x-a|}$的最大值.

**解**

$$f(x)=\begin{cases} \frac{1}{1-x}+\frac{1}{1-x+a}, & x<0, \\ \frac{1}{1+x}+\frac{1}{1-x+a}, & 0\leqslant x<a, \\ \frac{1}{1+x}+\frac{1}{1+x-a}, & x\geqslant a. \end{cases}$$

点 $x=0,x=a$ 将 $(-\infty,+\infty)$ 分为三个子区间 $(-\infty,0),(0,a),(a,+\infty)$，且有

$$f'(x)=\begin{cases}\dfrac{1}{(1-x)^2}+\dfrac{1}{(1-x+a)^2}, & x<0,\\ \dfrac{-1}{(1+x)^2}+\dfrac{1}{(1-x+a)^2}, & 0<x<a,\\ \dfrac{-1}{(1+x)^2}-\dfrac{1}{(1+x-a)^2}, & x>a.\end{cases}$$

当 $x\in(-\infty,0)$，$f'(x)>0$，$f(x)$ 单调增加，$f(0)=\dfrac{2+a}{1+a}$ 为区间 $(-\infty,0]$ 上的最大值.

当 $x\in(a,+\infty)$，$f'(x)<0$，$f(x)$ 单调减少，$f(a)=\dfrac{2+a}{1+a}$ 为区间 $[a,+\infty)$ 上的最大值.

而在开区间 $(0,a)$ 内，令 $f'(x)=0$，得唯一驻点 $x=\dfrac{a}{2}$.

因为

$$f''(x)=\frac{2}{(1+x)^3}+\frac{2}{(1-x+a)^3},$$

所以 $f''(\dfrac{a}{2})>0$，$f(\dfrac{a}{2})=\dfrac{4}{2+a}$ 为 $(0,a)$ 内极小值.

比较知，$f(x)$ 在 $(-\infty,+\infty)$ 上的最大值为 $f(0)=f(a)=\dfrac{2+a}{1+a}$.

**【例 3.26】** 求曲线 $f(x)=x^4(12\ln x-7)$ 的凹凸区间及拐点.

**解** 函数 $f(x)$ 的定义域为 $(0,+\infty)$，且一阶、二阶导数为

$$f'(x)=4x^3(12\ln x-7)+x^4\cdot\frac{12}{x}=16x^3(3\ln x-1),$$

$$f''(x)=48x^2(3\ln x-1)+16x^3\cdot\frac{3}{x}=144x^2\ln x.$$

令 $f''(x)=0$，得 $x=1$，由于当 $0<x<1$ 时，$f''(x)<0$；当 $x>1$ 时，$f''(x)>0$；所以曲线在区间 $(0,1)$ 内是凸的，在区间 $(1,+\infty)$ 内是凹的，又 $f(1)=-7$，所以点 $(1,-7)$ 是拐点.

**注** 判别曲线的凹凸性及拐点的方法步骤：

① 求出 $f''(x)$；

② 求出使 $f''(x)=0$ 的点及 $f''(x)$ 不存在的点；

③ 检查 $f''(x)$ 在这些点左右两边的符号，从而决定曲线的凹凸区间及拐点.

**【例 3.27】** 求函数 $f(x)=\begin{cases}e^{\frac{1}{x}}, & x<0\\ (3-x)\sqrt{x}, & x\geqslant 0\end{cases}$ 的凹凸区间及拐点.

**解** $f(0^+)=\lim\limits_{x\to 0^+}f(x)=\lim\limits_{x\to 0^+}(3-x)\sqrt{x}=0,$

$$f(0^-)=\lim_{x\to 0^-}f(x)=\lim_{x\to 0^-}e^{\frac{1}{x}}=0.$$

由于 $f(0^-)=f(0)=f(0^+)=0$，则函数 $f(x)$ 在 $x=0$ 连续.

$$f'(x)=\begin{cases}-e^{\frac{1}{x}}/x^2, & x<0,\\ 3(1-x)/2\sqrt{x}, & x>0,\end{cases}\quad f'(0)\text{ 不存在},$$

$$f''(x)=\begin{cases}(1+2x)e^{\frac{1}{x}}/x^4, & x<0,\\ -3(1+x)/4x\sqrt{x}, & x>0,\end{cases} f''(0)\text{ 也不存在.}$$

令 $f''(x)=0$，得 $x=-\dfrac{1}{2}$，凹凸的可能分界为 $x=0,-\dfrac{1}{2}$，列表判定如下：

| $x$ | $(-\infty,-\frac{1}{2})$ | $-\frac{1}{2}$ | $(-\frac{1}{2},0)$ | 0 | $(0,+\infty)$ |
|---|---|---|---|---|---|
| $f''(x)$ | $-$ | 0 | $+$ | 不存在 | $-$ |
| $y=f(x)$ | $\cap$ | 拐点 | $\cup$ | 拐点 | $\cap$ |

由表可知，拐点为 $(-\dfrac{1}{2},e^{-2})$，$(0,0)$.

**【例 3.28】** 证明方程 $x^5+5x+1=0$ 有且仅有一个负根.

**证明** 设函数 $f(x)=x^5+5x+1$，$f(x)$ 在闭区间 $[-1,0]$ 上连续，并且 $f(-1)=-5<0$，$f(0)=1>0$，由零点定理知，在开区间 $(-1,0)$ 内，方程 $x^5+5x+1=0$ 至少有一个根.

又在 $(-\infty,+\infty)$ 上，$f'(x)=5x^4+5>0$，因此 $f(x)$ 在区间 $(-\infty,+\infty)$ 内单调增加，故 $f(x)=0$ 在区间 $(-\infty,+\infty)$ 上至多有一实根.

综上所述，可知方程 $x^5+5x+1=0$ 有且仅有一个负根.

**【例 3.29】** 设函数 $f(x)$ 满足 $3f(x)+4x^2f(-\dfrac{1}{x})+\dfrac{7}{x}=0$，求 $f(x)$ 的极大值和极小值.

**解** 由题设知

$$3f(x)+4x^2f(-\frac{1}{x})+\frac{7}{x}=0, \tag{1}$$

将上式中 $x$ 用 $-\dfrac{1}{x}$ 代入得

$$3f(-\frac{1}{x})+\frac{4}{x^2}f(x)-7x=0. \tag{2}$$

由(1)、(2)解出 $f(x)=4x^3+\dfrac{3}{x}$.

由此求得

极小值 $$f(\frac{1}{\sqrt{2}})=4\sqrt{2},$$

极大值 $$f(-\frac{1}{\sqrt{2}})=-4\sqrt{2}.$$

**【例 3.30】** 设函数 $f(x)$ 在点 $x_0$ 的某邻域内连续，且

$$\lim_{x\to x_0}\frac{f(x)-f(x_0)}{(x-x_0)^n}=2(n\text{ 为正整数}).$$

试根据 $n$ 的取值，研究函数 $f(x)$ 在点 $x=x_0$ 处是否取得极值. 如果取得，是极大值还是极小值？

**解** 因为

$$\lim_{x\to x_0}\frac{f(x)-f(x_0)}{(x-x_0)^n}=2,$$

所以在点 $x_0$ 某邻域内

$$\frac{f(x)-f(x_0)}{(x-x_0)^n}>0.$$

如果 $n$ 为偶数,则分母 $(x-x_0)^n>0$,分子 $f(x)-f(x_0)>0$,即 $f(x)>f(x_0)$,所以 $f(x_0)$ 是极小值.

如果 $n$ 为奇数,当 $x<x_0$ 时,分母 $(x-x_0)^n<0$,则分子 $f(x)-f(x_0)<0$,而当 $x>x_0$ 时,分母 $(x-x_0)^n>0$,则分子 $f(x)-f(x_0)>0$,所以 $f(x_0)$ 不是极值.

**【例 3.31】** 设函数 $f(x)$ 在点 $x_0$ 的某邻域内有五阶连续导数,且

$$f'(x_0)=f''(x_0)=f'''(x_0)=f^{(4)}(x_0)=0,f^{(5)}(x_0)>0,$$

试问 $x_0$ 是否是 $f(x)$ 的极值点?$(x_0,f(x_0))$ 是否是曲线 $y=f(x)$ 的拐点?

**解** 由 $f^{(5)}(x_0)>0,f^{(4)}(x_0)=0$ 知,$x_0$ 是 $f'''(x)$ 的一个极小值点,所以不论 $x>x_0$ 还是 $x<x_0$,均有 $f'''(x)\geqslant f'''(x_0)=0$,于是 $f''(x)$ 单调增加.

因此当 $x<x_0$ 时,有 $f''(x)<f''(x_0)=0$,当 $x>x_0$ 时,有 $f''(x)>f''(x_0)=0$,所以 $(x_0,f(x_0))$ 是曲线 $y=f(x)$ 的一个拐点.

因为当 $x<x_0$ 时,有 $f''(x)<f''(x_0)<0$;当 $x>x_0$ 时,有 $f''(x)>f''(x_0)=0$,由导函数 $f'(x)$ 取得极值的判别方法知,值 $f'(x_0)$ 是导函数 $f'(x)$ 的极小值,即 $f'(x)\geqslant f'(x_0)=0$,所以函数 $f(x)$ 单调增加,因此点 $x_0$ 不是 $f(x)$ 的极值点.

本题进一步推广可得如下结论:

若 $f(x)$ 在点 $x_0$ 处 $n$ 阶可导,且

$$f'(x_0)=f''(x_0)=\cdots=f^{(n-1)}(x_0)=0,f^{(n)}(x_0)\neq 0.$$

(1) 当 $n$ 为偶数时,$x_0$ 为极值点,且当 $f^{(n)}(x_0)>0$ 时,$x_0$ 为极小值点;当 $f^{(n)}(x_0)<0$ 时,$x_0$ 为极大值点.

(2) 当 $n$ 为奇数时,$x_0$ 不是极值点.

**8. 不等式的证明**

(1) 利用微分中值定理证明不等式.

**【例 3.32】** 证明:当 $x>-1$ 时,$\frac{x}{1+x}\leqslant\ln(1+x)\leqslant x$.

**证明** 设 $f(x)=\ln(1+x)$,由拉格朗日中值定理有

$$f(x)-f(0)=\ln(1+x)=\frac{1}{1+\xi}\cdot x(\xi\text{ 在 }0\text{ 与 }x\text{ 之间}).$$

① 若 $x>0$,则 $0<\xi<x$,即 $1<1+\xi<1+x$,

于是 $1>\frac{1}{1+\xi}>\frac{1}{1+x}$,所以 $\frac{x}{1+x}\leqslant\ln(1+x)<x$.

② 若 $-1<x<0$,则 $-1<x<\xi<0$,即 $0<1+x<1+\xi<1$,

于是 $1<\frac{1}{1+\xi}<\frac{1}{1+x}$, 由于 $x<0$,有

$$\frac{x}{1+x}<\frac{x}{1+\xi}<x,$$

即

$$\frac{x}{1+x}<\ln(1+x)<x.$$

③ 若 $x=0$,有$\frac{x}{1+x}=\ln(1+x)=x$.

综上所述,当 $x>-1$ 时,有$\frac{x}{1+x}\leqslant\ln(1+x)\leqslant x$.

**【例 3.33】** 证明:当 $0<x<1$ 时,$\sqrt{\frac{1-x}{1+x}}<\frac{\ln(1+x)}{\arcsin x}$.

**证明** 将$\sqrt{\frac{1-x}{1+x}}<\frac{\ln(1+x)}{\arcsin x}$变形为$\frac{\sqrt{1-x^2}}{1+x}<\frac{\ln(1+x)}{\arcsin x}$.

令 $F(x)=\ln(1+x)$,$G(x)=\arcsin x(0<x<1)$.

由柯西中值定理知

$$\frac{F(x)-F(0)}{G(x)-G(0)}=\frac{F'(\xi)}{G'(\xi)}\ (0<\xi<x<1),$$

所以

$$\frac{\ln(1+x)}{\arcsin x}=\frac{\frac{1}{1+\xi}}{\frac{1}{\sqrt{1-\xi^2}}}=\frac{\sqrt{1-\xi^2}}{1+\xi}>\frac{\sqrt{1-x^2}}{1+x},$$

即有

$$\sqrt{\frac{1-x}{1+x}}<\frac{\ln(1+x)}{\arcsin x}.$$

(2) 利用函数单调性证明不等式

**【例 3.34】** 当 $e<x_1<x_2$ 时,证明

$$\frac{x_1}{x_2}<\frac{\ln x_1}{\ln x_2}<\frac{x_2}{x_1}.$$

**证明** 先证 $\frac{\ln x_1}{\ln x_2}<\frac{x_2}{x_1}$,即证 $x_1\ln x_1<x_2\ln x_2$.

作函数 $f(x)=x\ln x$,$f'(x)=1+\ln x$,当 $x>e$ 时,$f'(x)>0$,$f(x)$单调增加,所以

$$x_1\ln x_1<x_2\ln x_2.$$

再证$\frac{x_1}{x_2}<\frac{\ln x_1}{\ln x_2}$,即证$\frac{\ln x_2}{x_2}<\frac{\ln x_1}{x_1}$.

令 $g(x)=\frac{\ln x}{x}$,$g'(x)=\frac{1-\ln x}{x^2}<0(x>e)$,$g(x)$单调减少,所以当 $e<x_1<x_2$ 时,有

$$\frac{\ln x_2}{x_2}<\frac{\ln x_1}{x_1}.$$

综上所述:当 $e<x_1<x_2$ 时,$\frac{x_1}{x_2}<\frac{\ln x_1}{\ln x_2}<\frac{x_2}{x_1}$.

**【例 3.35】** 设 $f(x)$ 在区间 $[a,b]$ 上连续，在区间 $(a,b)$ 内 $f''(x)<0$，证明对一切 $x\in(a,b)$，都有

$$\frac{f(x)-f(a)}{x-a}>\frac{f(b)-f(a)}{b-a}.$$

**证明** 设 $F(x)=\dfrac{f(x)-f(a)}{x-a}-\dfrac{f(b)-f(a)}{b-a}$,

$$F'(x)=\frac{f'(x)(x-a)-(f(x)-f(a))}{(x-a)^2},$$

又设 $g(x)=f'(x)(x-a)-(f(x)-f(a))$，则 $g'(x)=f''(x)(x-a)<0$，

于是 $g(x)$ 单调减少，则 $x\in(a,b)$ 时，$g(x)<g(a)=0$，

从而 $F'(x)<0$，则 $F(x)$ 单调减少，故 $x\in(a,b)$ 时，$F(x)>F(b)=0$，

即有

$$\frac{f(x)-f(a)}{x-a}>\frac{f(b)-f(a)}{b-a}.$$

**【例 3.36】** 比较 $\pi^e$ 和 $e^\pi$ 的大小.

**证明** 变形比较 $e^{e\ln\pi}$ 和 $e^\pi$ 的大小，即比较 $e\ln\pi$ 和 $\pi$ 的大小.

令

$$f(x)=e\ln x-x(x>e),f(e)=e\ln e-e=0,$$

$$f'(x)=\frac{e}{x}-1<0,f(x)\text{ 严格单调减少},$$

即有 $0=f(e)<f(\pi)$，则 $e\ln\pi<\pi$，即 $e^{e\ln\pi}<e^\pi$.

所以

$$\pi^e<e^\pi.$$

(3) 利用函数的极值与最值证明不等式

**【例 3.37】** 设 $x>0$，且 $\alpha<1$，证明 $x^\alpha-\alpha x\leqslant1-\alpha$.

**证明** 作函数

$$f(x)=x^\alpha-\alpha x,$$

$$f'(x)=\alpha x^{\alpha-1}-\alpha=\alpha(x^{\alpha-1}-1),$$

令

$$f'(x)=0,\text{得 } x=1.$$

当 $0<x<1$ 时，$f'(x)>0$；当 $x>1$ 时，$f'(x)<0$；故 $f(x)$ 在 $x=1$ 处取得极大值 $f(1)=1-\alpha$.

因为在 $x>0$ 区间上只有一个极大值，而无极小值，故极大值就是最大值，因此当 $x>0$时

$$f(x)\leqslant1-\alpha,$$

即

$$x^\alpha-\alpha x\leqslant1-\alpha.$$

**【例 3.38】** 设 $0\leqslant x\leqslant1,p>1$，证明 $\dfrac{1}{2^{p-1}}\leqslant x^p+(1-x)^p\leqslant1$.

**证明** 作函数 $F(x)=x^p+(1-x)^p$，则

$$F'(x)=px^{p-1}-p(1-x)^{p-1}=p[x^{p-1}-(1-x)^{p-1}],$$
$$F''(x)=p(p-1)x^{p-2}+p(p-1)(1-x)^{p-2},$$

由 $F'(x)=0$ 得 $x=\frac{1}{2}$,

$$F''(\frac{1}{2})=p(p-1)[(\frac{1}{2})^{p-2}+(\frac{1}{2})^{p-2}]>0,$$

故 $F(x)$ 在 $x=\frac{1}{2}$ 处取极小值.

因为　$F(1)=F(0)=1, F(\frac{1}{2})=\frac{1}{2^{p-1}}$,所以 $F(x)$ 在 $[0,1]$ 上最大值为 1,最小值为 $\frac{1}{2^{p-1}}$.

故

$$\frac{1}{2^{p-1}}\leqslant x^p+(1-x)^p\leqslant 1.$$

(4) 利用函数的凹凸性证明不等式

**【例 3.39】** 证明:当 $0<x<\frac{\pi}{2}$ 时,有 $\sin x>\frac{2}{\pi}x$.

**证明**　作函数 $F(x)=\sin x-\frac{2}{\pi}x$,则 $F(0)=0, F(\frac{\pi}{2})=0$.

因为
$$F'(x)=\cos x-\frac{2}{\pi}, F''(x)=-\sin x<0,$$

所以 $y=f(x)$ 是凸函数,即有

$$F(x)\geqslant \min\left\{F(0), F(\frac{\pi}{2})\right\}=0,$$

从而

$$\sin x>\frac{2}{\pi}x, 0<x<\frac{\pi}{2}.$$

**【例 3.40】** 设 $a,b$ 为正实数,试证

$$a^a b^b\geqslant (\frac{a+b}{2})^{a+b}.$$

**证明**　只要证明 $a\ln a+b\ln b\geqslant (a+b)\ln\frac{a+b}{2}$,即证明

$$\frac{1}{2}(a\ln a+b\ln b)\geqslant \frac{a+b}{2}\ln\frac{a+b}{2}.$$

作函数 $f(x)=x\ln x\,(x>0)$,则

$$f'(x)=1+\ln x, f''(x)=\frac{1}{x}>0.$$

于是 $y=f(x)$ 是凹函数,所以对任意 $a,b>0$ 有

$$\frac{f(a)+f(b)}{2}\geqslant f(\frac{a+b}{2}),$$

即

$$\frac{1}{2}(a\ln a+b\ln b)\geqslant\frac{a+b}{2}\ln\frac{a+b}{2},$$

所以

$$a^a b^b\geqslant\left(\frac{a+b}{2}\right)^{a+b}.$$

(5) 利用泰勒公式证明不等式

**【例 3.41】** 设$\lim\limits_{x\to 0}\frac{f(x)}{x}=1$,且 $f''(x)>0$,证明 $f(x)>x$.

**证明** 由条件知 $f(0)=0$,且

$$f'(0)=\lim_{x\to 0}\frac{f(x)-f(0)}{x-0}=\lim_{x\to 0}\frac{f(x)}{x}=1,$$

由泰勒公式

$$\begin{aligned}f(x)&=f(0)+f'(0)x+\frac{f''(\xi)}{2}x^2\\&=x+\frac{x^2}{2}f''(\xi)(\xi\text{ 在 }0\text{ 与 }x\text{ 之间}),\end{aligned}$$

因为 $f''(x)>0$,所以 $f(x)>x$.

**【例 3.42】** 设函数 $f(x)$在$(a,b)$内具有二阶导数,且 $f''(x)<0$,证明:对于$(a,b)$内任意 $n$ 个点 $x_1,x_2,\cdots,x_n$,有

$$f\left(\frac{x_1+x_2+\cdots+x_n}{n}\right)\geqslant\frac{1}{n}[f(x_1)+f(x_2)+\cdots+f(x_n)].$$

**证明** 记 $x_0=\frac{1}{n}(x_1+x_2+\cdots+x_n)$,由泰勒公式

$$f(x)=f(x_0)+f'(x_0)(x-x_0)+\frac{f''(\eta)}{2!}(x-x_0)^2\quad(\eta\text{ 在 }x\text{ 与 }x_0\text{ 之间}),$$

即

$$f(x_i)=f(x_0)+f'(x_0)(x_i-x_0)+\frac{f''(\eta_i)}{2!}(x_i-x_0)^2\quad(i=1,2,\cdots,n),$$

其中,$\eta_i$ 在 $x_0$ 与 $x_i$ 之间.

因为 $f''(x)<0$,所以 $f''(\eta_i)<0$,即有

$$f(x_i)\leqslant f(x_0)+f'(x_0)(x_i-x_0)\quad(i=1,2,\cdots,n),$$

又

$$x_1+x_2+\cdots+x_n=nx_0,$$

对上面 $n$ 个不等式求和为

$$f(x_1)+f(x_2)+\cdots+f(x_n)\leqslant nf(x_0),$$

即

$$f\left(\frac{x_1+x_2+\cdots+x_n}{n}\right)\geqslant\frac{1}{n}[f(x_1)+\cdots+f(x_n)].$$

**9. 综合例题**

**【例 3.43】** 已知函数 $y=f(x)$ 在 $(-\infty,+\infty)$ 上具有二阶连续导数，其一阶导函数 $f'(x)$ 的图形如图 3-2 所示，且 $f(-1)=-2, f(0)=-3, f(1)=-4, f(2)=-5, f(3)=-6$.写出函数 $f(x)$ 的驻点、递增区间、递减区间、极大值、极小值、曲线的凹凸区间及拐点。

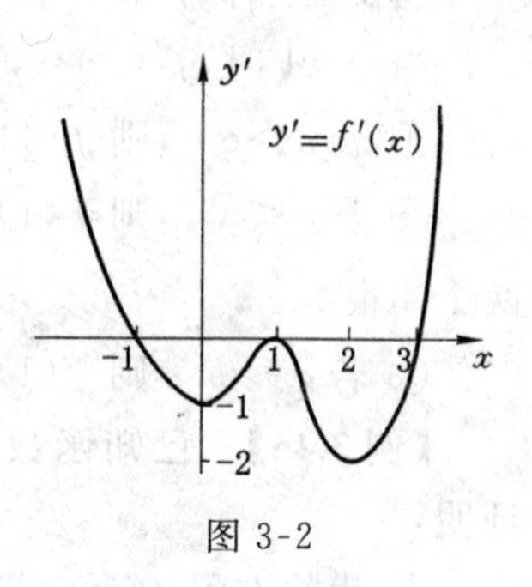


图 3-2

**解** 驻点 $x=-1, x=1, x=3$；

递增区间：$(-\infty,-1]$，$[3,+\infty)$；

递减区间：$[-1,3]$；

极大值 $f(-1)=-2$；

极小值 $f(3)=-6$；

凹区间 $[0,1]$，$[2,+\infty)$；

凸区间 $(-\infty,-1]$，$[1,2]$；

拐点 $(0,-3)$，$(1,-4)$.

**【例 3.44】** 问曲线 $y=\dfrac{1}{x^2}(x>0)$ 上哪一点的切线被两坐标轴所截的线段最短？

**解** 设 $P(x,y)$ 为曲线 $y=\dfrac{1}{x^2}(x>0)$ 上任一点，则过 $P$ 点的切线斜率为 $k=-\dfrac{2}{x^3}$，过 $P$ 点的切线方程为

$$Y-y=-\frac{2}{x^3}(X-x),\quad 其中\ y=\frac{1}{x^2}.$$

记该切线与 $x$ 轴和 $y$ 轴的交点分别为 $A$、$B$，则

$$A(\frac{3}{2}x,0),\quad B(0,\frac{3}{x^2}).$$

记线段 $AB$ 之长为 $l$，则

$$l^2=\frac{9}{4}x^2+\frac{9}{x^4}=9(\frac{x^2}{4}+\frac{1}{x^4}).$$

记 $f(x)=l^2$，则

$$f(x)=9(\frac{x^2}{4}+\frac{1}{x^4})\quad (x>0),$$

求导得

$$f'(x)=9(\frac{x}{2}-\frac{4}{x^5}),$$

令 $f'(x)=0$ 得唯一驻点

$$x=\sqrt{2}>0.$$

由此问题的实际情况可知 $x=\sqrt{2}$ 即为 $f(x)=l^2$ 的最小值点.

所以曲线 $y=\dfrac{1}{x^2}(x>0)$ 上点 $P(\sqrt{2},\dfrac{1}{2})$ 处的切线被两坐标轴所截的线段最短.

**【例 3.45】** 判断方程 $xe^{-x}=a(a>0)$ 有几个实根.

**解** 令函数 $f(x)=xe^{-x}-a$，$f'(x)=e^{-x}(1-x)$，由 $f'(x)=0$，求得唯一驻点 $x=1$.

当 $x<1$ 时，$f'(x)>0$，$f(x)$ 单调增加；

当 $x>1$ 时，$f'(x)<0$，$f(x)$ 单调减少；故 $f(1)=e^{-1}-a$ 是 $f(x)$ 的极大值.

① 若 $a>e^{-1}$，则 $f(1)<0$，方程无实根.

② 若 $a<e^{-1}$，则 $f(1)>0$，又 $\lim\limits_{x\to-\infty}f(x)=-\infty$，$\lim\limits_{x\to+\infty}f(x)=-a<0$，所以原方程仅有两个实根.

③ 若 $a=e^{-1}$，则 $f(1)=0$，方程有唯一实根.

**【例 3.46】** 已知函数 $f(x)$ 在 $[0,1]$ 上连续，在 $(0,1)$ 内可导，且 $f(0)=0$，$f(1)=1$. 证明：

① 代数方程 $f(x)+x-1=0$ 至少存在一个实根；

② 存在两个不同的点 $\xi_1$、$\xi_2\in(0,1)$，使得 $f'(\xi_1)f'(\xi_2)=1$.

**证明** ① 令 $g(x)=f(x)+x-1$，则 $g(x)$ 在 $[0,1]$ 上连续，且

$$g(0)=-1<0, g(1)=1>0,$$

所以由零点定理可知存在 $x_0\in(0,1)$，使得

$$g(x_0)=f(x_0)+x_0-1=0.$$

② 根据拉格朗日中值定理，存在 $\xi_1\in(0,x_0)$，$\xi_2\in(x_0,1)$，使得

$$f'(\xi_1)=\frac{f(x_0)-f(0)}{x_0}=\frac{1-x_0}{x_0},$$

$$f'(\xi_2)=\frac{f(1)-f(x_0)}{1-x_0}=\frac{1-(1-x_0)}{1-x_0}=\frac{x_0}{1-x_0},$$

从而

$$f'(\xi_1)f'(\xi_2)=\frac{1-x_0}{x_0}\cdot\frac{x_0}{1-x_0}=1.$$

**【例 3.47】** 设函数 $f(x)$ 在闭区间 $[0,3]$ 上连续，在开区间 $(0,3)$ 内可导，且

$$f(0)+f(1)+f(2)=3, f(3)=1,$$

证明必存在 $\xi\in(0,3)$ 使 $f'(\xi)=0$.

**证明** 因为函数 $f(x)$ 在闭区间 $[0,3]$ 上连续，所以函数 $f(x)$ 在闭区间 $[0,2]$ 上连续，且在闭区间 $[0,2]$ 上有最大值 $M$ 和最小值 $m$. 于是

$$m\leqslant f(0)\leqslant M, m\leqslant f(1)\leqslant M, m\leqslant f(2)\leqslant M,$$

所以

$$m\leqslant\frac{f(0)+f(1)+f(2)}{3}\leqslant M,$$

由介值定理知至少存在 $c\in[0,2]$，使

$$f(c)=\frac{f(0)+f(1)+f(2)}{3}=1.$$

因为 $f(c)=f(3)=1$，且函数 $f(x)$ 在闭区间 $[c,3]$ 上连续，在开区间 $(c,3)$ 内可导，由罗尔定理知存在 $\xi\in(c,3)\subset(0,3)$，使

$$f'(\xi)=0.$$

**【例 3.48】** 设当 $x>0$ 时，方程 $kx+\frac{1}{x^2}=1$ 有且仅有一个实根，求 $k$ 的取值范围.

**分析**　可将方程 $kx+\frac{1}{x^2}=1$ 变形为等价方程 $kx^3-x^2+1=0$，令

$$F(x)=kx^3-x^2+1,0<x<+\infty,$$

则问题等价于当 $x\in(0,+\infty)$ 时，讨论 $k$ 的范围，使 $F(x)=0$ 有唯一解.通常的方法是利用函数的导数讨论函数的单调性、极值和凹凸性，从而确定 $k$ 的范围，使 $F(x)=0$ 有唯一解.

**解**　将方程 $kx+\frac{1}{x^2}=1$ 变形为等价方程 $kx^3-x^2+1=0$，

当 $k=0$ 时，方程在 $x>0$ 有唯一解 $x=1$.

当 $k\neq 0$ 时，令 $F(x)=kx^3-x^2+1,0<x<+\infty,F'(x)=3kx^2-2x$.

当 $k<0,F'(x)=3kx^2-2x<0,F(x)$ 单调减少.

有 $F(0)=1,F(1)=k,F(0)\cdot F(1)=k<0,(F(+\infty)=-\infty)$，
所以方程有且仅有一个解.

当 $k>0$，令 $F'(x)=3kx^2-2x=0$，解得驻点 $x=0,x=\frac{2}{3k}$.

又

$$F''(x)=6kx-2,F''(\frac{2}{3k})=6k\,\frac{2}{3k}-2=2>0,$$

$F\left(\frac{2}{3k}\right)=k\left(\frac{2}{3k}\right)^3-\left(\frac{2}{3k}\right)^2+1=-\frac{4}{27k^2}+1$ 为极小值，而

$$F(0)=1,F(+\infty)=+\infty,$$

所以当 $F\left(\frac{2}{3k}\right)=0$ 时，即 $k=\frac{2}{9}\sqrt{3}>0$，方程有且仅有一个实根.

综合上面讨论得，当 $k\leqslant 0,k=\frac{2}{9}\sqrt{3}$ 时，方程有且仅有一个实根.

**【例 3.49】**　设 $f(x)$ 在 $(-\infty,+\infty)$ 可导，并且 $\lim\limits_{x\to\infty}\frac{f(x)}{|x|}=+\infty$.求证对于任意实数 $c$，都存在 $\xi\in(-\infty,+\infty)$，使得 $f'(\xi)=c$.

**证明**　令 $g(x)=f(x)-cx$，容易证明，当 $x\to\infty$ 时有 $g(x)\to+\infty$.于是 $g(x)$ 在某点 $\xi\in(-\infty,+\infty)$ 取得最小值.因为可导，于是 $g'(\xi)=0$，即 $f'(\xi)=c$.

**【例 3.50】**　用宽为 24 cm 的铁板做成等腰梯形水槽，问怎样的折法，才使横断面积最大？

**解**　设折起来的边长为 $x$，倾角为 $\alpha$，则横断面积为

$$A=\frac{1}{2}(24-2x+2x\cos\alpha+24-2x)x\sin\alpha,$$

即

$$A=24x\sin\alpha-2x^2\sin\alpha+x^2\cos\alpha\sin\alpha\quad(0<x<12,0<\alpha\leqslant\frac{\pi}{2}).$$

显然，这是在开区域 $0<x<12,0<\alpha\leqslant\frac{\pi}{2}$ 内，求函数

$$A=24x\sin\alpha-2x^2\sin\alpha+x^2\cos\alpha\sin\alpha$$

的最值.

令

$$\begin{cases}A_x = 24\sin\alpha - 4x\sin\alpha + 2x\sin\alpha\cos\alpha = 0,\\ A_\alpha = 24x\cos\alpha - 2x^2\cos\alpha + x^2(\cos^2\alpha - \sin^2\alpha) = 0,\end{cases}$$

即

$$\begin{cases}12 - 2x + x\cos\alpha = 0, & (1)\\ 24\cos\alpha - 2x\cos\alpha + x(\cos^2\alpha - \sin^2\alpha) = 0. & (2)\end{cases}$$

可将 $\cos\alpha = \dfrac{2(x-6)}{x}$ 代入式(2),可解得 $x=8,\alpha=\dfrac{\pi}{3}$.

根据题意知:水槽横断面积最大值一定存在,并在 $D:0<x<12,0<\alpha\leqslant\dfrac{\pi}{2}$ 内取得,且在 $D:0<x<12,0<\alpha<\dfrac{\pi}{2}$ 内只有唯一驻点,则可断定,当 $\alpha=\dfrac{\pi}{3},x=8$ 时,水槽横断面积最大.

**【例 3.51】** 设函数 $f(x)$在$[0,1]$上具有一阶连续导数,且 $f(0)=f(1)=0,f(\dfrac{1}{2})=1$,求证:

① 在$(0,1)$内至少存在一点 $\xi$,使得 $f(\xi)+f'(\xi)=0$;

② 在$(0,1)$内至少存在一点 $\eta$,使得 $f'(\eta)=1$.

**证明** ① 令 $F(x)=e^x f(x)$,显然,$F(x)$在$[0,1]$上连续,在$(0,1)$内可导,且 $F(0)=F(1)=0$,由罗尔定理知,$\exists\xi\in(0,1)$使得 $F'(\xi)=0$,即

$$e^\xi[f(\xi)+f'(\xi)]=0,\text{从而有 } f(\xi)+f'(\xi)=0.$$

② $f(x)$在$[0,1]$上连续,在$[0,1]$上可导,由拉格朗日中值定理知

$$\exists\eta_1\in(0,\frac{1}{2}),f'(\eta_1)=\frac{f(\frac{1}{2})-f(0)}{\frac{1}{2}-0}=2,$$

$$\exists\eta_2\in(\frac{1}{2},1),f'(\eta_2)=\frac{f(1)-f(\frac{1}{2})}{1-\frac{1}{2}}=-2.$$

又因为 $f'(x)$在$[0,1]$上连续,而$-2<1<2$,由介值定理可知

$$\exists\eta\in(\eta_1,\eta_2)\subset(0,1),\text{使得 } f'(\eta)=1.$$

**【例 3.52】** 设 $f(x)$在$[0,2]$上有连续的三阶导数,且

$$f(0)=1,f(2)=2,f'(1)=0,$$

证明:在$(0,2)$内至少存在一点 $\xi$,使$|f'''(\xi)|\geqslant 3$.

**证明** 由泰勒公式得

$$f(x)=f(1)+f'(1)(x-1)+\frac{1}{2!}f''(1)(x-1)^2+\frac{1}{3!}f'''(\xi)(x-1)^3,$$

即

$$f(x)=f(1)+\frac{1}{2!}f''(1)(x-1)^2+\frac{1}{3!}f'''(\xi)(x-1)^3(\xi\text{在 } x \text{ 与 } 1 \text{ 之间}),$$

所以

$$f(0)=f(1)+\frac{1}{2!}f''(1)-\frac{1}{3!}f'''(\xi_1),0<\xi_1<1,$$

$$f(2)=f(1)+\frac{1}{2!}f''(1)+\frac{1}{3!}f'''(\xi_2),1<\xi_2<2,$$

相减得

$$f(2)-f(0)=\frac{1}{6}[f'''(\xi_2)+f'''(\xi_1)].$$

即由介值定理得

$$1=\frac{1}{6}\mid f'''(\xi_2)+f'''(\xi_1)\mid\leqslant\frac{1}{3}\,\frac{1}{2}[\mid f'''(\xi_2)\mid+\mid f'''(\xi_1)\mid]$$

$$\leqslant\frac{1}{3}\mid f'''(\xi)\mid,0<\xi<2,\mid f'''(\xi)\mid=\max\{\mid f'''(\xi_1)\mid,\mid f'''(\xi_2)\mid\},$$

所以在$(0,2)$内至少存在一点 $\xi$，使$|f'''(\xi)|\geqslant 3$.

## 四、练习题与解答

1. 选择题

(1) 函数 $f(x)$在点 $x=x_0$ 处取得极值，则(　　).

(A) $f'(x_0)=0$；　　(B) $f''(x_0)<0$；

(C) $f'(x_0)=0$ 或 $f'(x_0)$不存在；　　(D) $f'(x_0)$不存在.

(2) 设 $f'(x_0)=0,f''(x_0)>0$，则点 $x_0$ 是函数 $f(x)$的(　　).

(A) 极值；　　(B) 拐点；

(C) 极大值点；　　(D) 极小值点.

(3) 下列各函数在指定区间上满足罗尔定理条件的是(　　).

(A) $f(x)=\frac{1}{x},x\in[-2,2]$；　　(B) $f(x)=(x-4)^2,x\in[-2,4]$；

(C) $f(x)=\sin x,x\in[-\frac{3}{2}\pi,\frac{\pi}{2}]$；　　(D) $f(x)=\cos x,x\in[0,\pi]$.

(4) 若点$(x_0,f(x_0))$为曲线 $y=f(x)$的拐点，则(　　).

(A) 必有 $f''(x_0)$存在且等于零；　　(B) 必有 $f''(x_0)$存在但不一定等于零；

(C) 如果 $f''(x_0)$存在，必等于零；　　(D) 如果 $f''(x_0)$存在，必不等于零.

(5) 函数 $f(x)$在点 $x=x_0$ 处的 $n$ 阶$(n>2)$泰勒公式中，$(x-x_0)^2$ 项的系数是(　　).

(A) $\frac{1}{2!}$；　　(B) $\frac{f''(x_0)}{2!}$；

(C) $f''(x_0)$；　　(D) $\frac{1}{2!}f''(\xi)$，$\xi$ 在 $x_0$ 与 $x$ 之间.

(6) 若连续函数在闭区间上有唯一的极大值和极小值，则(　　).

(A) 极大值一定是最大值，且极小值一定是最小值；

(B) 极大值一定是最大值，或极小值一定是最小值；

(C) 极大值不一定是最大值，极小值也不一定是最小值；

(D) 极大值必大于极小值.

(7) 设函数 $f(x)$定义在$(-\infty,+\infty)$内，且对任意的实数 $x_1,x_2$，有$(x_1-x_2)[f(x_1)-f(x_2)]\geqslant 0$，则(　　).

(A) 对任意的 $x$，$f'(x)\geqslant 0$；　　(B) 对任意的 $x$，$f'(x)\leqslant 0$；

(C) 函数 $f(-x)$单增；　　(D) 函数$-f(-x)$单增.

(8) 函数 $f(x)=2x^3-9x^2+12x-a$ 恰好有两个不同的零点，则 $a=$(　　).

(A) 2；　(B) 4.　(C) 6.　(D) 8.

(9) 已知函数 $f(x)$在$[a,b]$上连续，在$(a,b)$内可导，且当 $x\in(a,b)$时，有$f'(x)>0$，又已知 $f(a)<0$，则(　　).

(A) $f(x)$在$[a,b]$上单调增加，且 $f(b)>0$；

(B) $f(x)$在$[a,b]$上单调增加，且 $f(b)<0$；

(C) $f(x)$在$[a,b]$上单调减少，且 $f(b)<0$；

(D) $f(x)$在$[a,b]$上单调增加，但 $f(b)$正负号无法确定.

(10) 曲线 $y=2x+\dfrac{\ln x}{x-1}+4$ 的渐近线的条数为(　　).

(A) 1；　(B) 2；　(C) 3；　(D) 0.

(11) 设函数 $f(x)$有二阶连续导数，且 $f'(0)=0,\lim\limits_{x\to 0}\dfrac{f''(x)}{x^2}=1$，则(　　).

(A) $f(0)$是 $f(x)$的极大值；

(B) $f(0)$是 $f(x)$的极小值；

(C) $(0,f(0))$是曲线 $y=f(x)$的拐点；

(D) 以上均不正确.

(12) 若 $f(x)=f(-x)$，且在$(0,+\infty)$内 $f'(x)>0,f''(x)>0$，则 $f(x)$在$(-\infty,0)$内必有(　　).

(A) $f'(x)<0,f''(x)<0$；　　(B) $f'(x)<0,f''(x)>0$；

(C) $f'(x)>0,f''(x)<0$；　　(D) $f'(x)>0,f''(x)>0$.

(13) 设函数 $y=f(x)$在$[0,1]$上二阶可导，且 $f''(x)>0$，则 $f'(0),f'(1),f(1)-f(0)$或 $f(0)-f(1)$的大小顺序是(　　).

(A) $f'(1)>f'(0)>f(1)-f(0)$；　(B) $f'(1)>f(1)-f(0)>f'(0)$；

(C) $f(1)-f(0)>f'(1)>f'(0)$；　(D) $f'(1)>f(0)-f(1)>f'(0)$.

(14) 设$\lim\limits_{x\to a}\dfrac{f(x)-f(a)}{(x-a)^2}=-1$，则在点 $x=a$ 处(　　).

(A) $f(x)$的导数存在，且 $f'(a)\neq 0$；(B) $f(x)$取得极大值；

(C) $f(x)$取得极小值；　　(D) $f(x)$的导数不存在.

(15) 设函数 $f(x)$、$g(x)$是恒大于零的可导函数，且

$$f'(x)g(x)-f(x)g'(x)<0,$$

则当 $a<x<b$ 时，有(　　).

(A) $f(x)g(b)>f(b)g(x)$；　　(B) $f(x)g(a)>f(a)g(x)$；

(C) $f(x)g(x)>f(b)g(b)$；　　(D) $f(x)g(x)>f(a)g(a)$.

2. 填空题

(1) 设函数 $f(x)$ 在 $[a,b]$ 上连续，在 $(a,b)$ 内 $f'(x)<0$，则 $f(x)$ 在闭区间 $[a,b]$ 上最大值为________.

(2) 函数 $f(x)=x^3-15x^2-33x+6$ 的单调减区间为________.

(3) 曲线 $y=\dfrac{x+4\sin x}{5x-2\cos x}$ 的水平渐近线方程为________.

(4) 曲线 $y=\dfrac{x^2}{2x+1}$ 的斜渐近线方程为________.

(5) 曲线 $y=e^{-x^2}$ 的凸区间是________.

(6) 曲线 $y=x^5+5x^3-x-2$ 的拐点为________.

(7) 曲线 $y=(x-5)^{\frac{5}{3}}+2$ 的拐点为________.

(8) 函数 $y=x+2\cos x$ 在区间 $[0,\dfrac{\pi}{2}]$ 上的最小值为________.

(9) 函数 $f(x)=(2x-5)\cdot\sqrt[3]{x^2}$ 在闭区间 $[-1,2]$ 上的最大值为________.

(10) $\lim\limits_{x\to 0}\dfrac{\tan x-x}{x^2\tan x}=$________.

(11) 要使点 $(1,3)$ 为曲线 $y=ax^3+bx^2$ 的拐点，则 $a$ 的值为________.

(12) 双曲线 $xy=1$ 在点 $M(1,1)$ 处曲率半径 $R=$________.

(13) $\lim\limits_{x\to 0}\dfrac{e^{-\frac{1}{x^2}}}{x^{1\,000}}=$________.

(14) 设 $\xi$ 为 $f(x)=\arctan x$ 在 $[0,b]$ 上应用拉格朗日中值定理的"中值"，则 $\lim\limits_{b\to 0}\dfrac{\xi^2}{b^2}=$________.

(15) 设函数 $f(x)$ 在 $(-\infty,+\infty)$ 内可导，且 $\lim\limits_{x\to\infty}f'(x)=e$，$\lim\limits_{x\to\infty}\left(\dfrac{x+c}{x-c}\right)^x=\lim\limits_{x\to\infty}[f(x)-f(x-1)]$，则 $c=$________.

3. 求下列各极限

(1) $\lim\limits_{x\to 0}\dfrac{\tan x-x}{x-\sin x}$；　　(2) $\lim\limits_{x\to 0}\dfrac{\sin(2x^4)}{x^2-\ln(1+x^2)}$；　　(3) $\lim\limits_{x\to 0^+}(\cot x)^{\sin x}$.

4. 设函数 $f(x)$ 在点 $x=0$ 内某邻域内具有一、二阶导数，且 $f(0)=f'(0)=0$，$f''(0)=6$，求极限 $\lim\limits_{x\to 0}\dfrac{f(\sin^2 x)}{x^4}$.

5. 求函数 $y=f(x)=\dfrac{1}{2}\ln(1+x^2)-\arctan\dfrac{1}{x}\ (x<0)$ 的单调区间、凹凸区间和极值.

6. 求函数 $f(x)=\dfrac{x+1}{x^2}$ 的单调区间、极值、凹凸区间及拐点.

7. 设 $y=y(x)$ 由 $2y^3-2y^2+2xy-x^2=1$ 确定，求 $y=y(x)$ 的驻点，并判断它是否为

极值点。

8. 设 $a>1$，记 $t(a)$ 为函数 $f(t)=a^t-at$ 在 $(-\infty,+\infty)$ 内的驻点。问 $a$ 为何值时，$t(a)$ 最小，并求最小值.

9. 设 $x\geqslant 1$，证明：$2\arctan x-\arccos\frac{2x}{1+x^2}=\frac{\pi}{2}$.

10. 对任意实数 $x$，证明不等式：$1+x\ln(x+\sqrt{1+x^2})\geqslant\sqrt{1+x^2}$.

11. 设 $f(x)$ 在 $[0,1]$ 上有连续的一阶导函数，且 $f(0)=0$，记 $M=\max\limits_{0\leqslant x\leqslant 1}|f'(x)|$，求证：$|f(x)|\leqslant Mx,x\in[0,1]$.

12. 证明 $\frac{|a+b|}{1+|a+b|}\leqslant\frac{|a|}{1+|a|}+\frac{|b|}{1+|b|}$.

13. 在半径为 $R$ 的半球内作一内接圆柱体，求其体积最大时的底面半径和高.

14. 在第一象限内的椭圆 $\frac{x^2}{a^2}+\frac{y^2}{b^2}=1$ 上求一点，使在该点处椭圆的切线与两坐标轴所围成的三角形的面积最小.

15. (1) 写出 $f(x)=\mathrm{e}^x$ 的带有佩亚诺型余项的三阶麦克劳林公式；

(2) 确定常数 $A$、$B$、$C$ 的值，使 $\mathrm{e}^x(1+Bx+Cx^2)=1+Ax+o(x^3)$.

16. 设 $f(x)$ 在 $[0,1]$ 上连续，在 $(0,1)$ 内可导，且

$$f(0)=f(1)=0,f\left(\frac{1}{2}\right)=1,$$

试证：在 $(0,1)$ 内至少存在一点 $x_0$ 使 $f'(x_0)=1$.

17. 设函数 $f(x)$ 在 $[0,1]$ 连续，可导，且 $f(1)=0$，常数 $a>1$，证明：至少存在一点 $\xi\in(0,1)$，使得 $f'(\xi)=-\frac{a}{\xi}f(\xi)$.

18. 设 $f(x)$ 在 $(a,+\infty)$ 内二阶可导，且 $f(a+1)=0$，$\lim\limits_{x\to a^+}f(x)=0$，$\lim\limits_{x\to+\infty}f(x)=0$.求证：在 $(a,+\infty)$ 内至少有一点 $\xi$ 使 $f''(\xi)=0$.

19. 设 $f(x)$ 在 $[0,1]$ 上具有二阶连续导数，且有

$$f(0)=f(1)=0,\quad |f''(x)|\leqslant A,x\in(0,1),$$

证明：$|f'(x)|\leqslant\frac{A}{2}$.

**练习题解答**

# 第四章　不定积分

## 一、内容提要

**1. 不定积分的概念**

**定义 1**　如果在区间 $I$ 上，函数 $F(x)$ 的导函数为 $f(x)$，即

$$F'(x)=f(x) \quad \text{或} \quad \mathrm{d}F(x)=f(x)\mathrm{d}x, x\in I,$$

那么，称函数 $F(x)$ 是 $f(x)$ 在区间 $I$ 上的一个原函数.

**定义 2**　如果函数 $F(x)$ 是 $f(x)$ 在区间 $I$ 上的一个原函数，那么称函数 $f(x)$ 原函数的一般表达式 $F(x)+C$（$C$ 为任意常数）为函数 $f(x)$ 在区间 $I$ 上的不定积分，记为 $\int f(x)\mathrm{d}x$，即

$$\int f(x)\mathrm{d}x=F(x)+C.$$

**2. 基本积分表**

(1) $\int k\mathrm{d}x=kx+C$（$k$ 是常数）；

(2) $\int x^{\mu}\mathrm{d}x=\frac{x^{\mu+1}}{\mu+1}+C(\mu\neq-1)$；

(3) $\int \frac{1}{x}\mathrm{d}x=\ln|x|+C$；

(4) $\int \frac{1}{1+x^2}\mathrm{d}x=\arctan x+C$；

(5) $\int \frac{1}{\sqrt{1-x^2}}\mathrm{d}x=\arcsin x+C$；

(6) $\int \sin x\mathrm{d}x=-\cos x+C$；

(7) $\int \cos x\mathrm{d}x=\sin x+C$；

(8) $\int \sec^2 x\mathrm{d}x=\tan x+C$；

(9) $\int \csc^2 x\mathrm{d}x=-\cot x+C$；

(10) $\int \sec x\tan x\mathrm{d}x=\sec x+C$；

(11) $\int \csc x \cot x \, dx = -\csc x + C$;

(12) $\int e^x \, dx = e^x + C$;

(13) $\int a^x \, dx = \frac{a^x}{\ln a} + C$;

(14) $\int \operatorname{sh} x \, dx = \operatorname{ch} x + C$;

(15) $\int \operatorname{ch} x \, dx = \operatorname{sh} x + C$;

(16) $\int \tan x \, dx = -\ln |\cos x| + C$;

(17) $\int \cot x \, dx = \ln |\sin x| + C$;

(18) $\int \sec x \, dx = \ln |\sec x + \tan x| + C$;

(19) $\int \csc x \, dx = \ln |\csc x - \cot x| + C$;

(20) $\int \frac{1}{a^2 + x^2} dx = \frac{1}{a} \arctan \frac{x}{a} + C$;

(21) $\int \frac{1}{x^2 - a^2} dx = \frac{1}{2a} \ln \left| \frac{x-a}{x+a} \right| + C$;

(22) $\int \frac{1}{\sqrt{a^2 - x^2}} dx = \arcsin \frac{x}{a} + C$;

(23) $\int \frac{1}{\sqrt{x^2 + a^2}} dx = \ln (x + \sqrt{x^2 + a^2}) + C$;

(24) $\int \frac{dx}{\sqrt{x^2 - a^2}} = \ln |x + \sqrt{x^2 - a^2}| + C$.

**3. 不定积分的性质**

**性质 1** 设函数 $f(x)$的原函数存在,$F(x)$可导,则

$$\left[\int f(x) dx\right]' = f(x) \text{ 或 } d\left[\int f(x) dx\right] = f(x) dx,$$

及

$$\int F'(x) dx = F(x) + C \text{ 或} \int dF(x) = F(x) + C.$$

**性质 2** 设函数 $f(x)$、$g(x)$的原函数都存在,则

$$\int [k_1 f(x) + k_2 g(x)] dx = k_1 \int f(x) dx + k_2 \int g(x) dx,$$

其中,$k_1$、$k_2$ 是不同时为零的常数.

**4. 第一类换元积分法**

**定理** 设函数 $f(u)$具有原函数 $F(u)$,而 $u = \varphi(x)$,且 $f[\varphi(x)]$存在,$\varphi'(x)$连续,则

$$\int f[\varphi(x)]\varphi'(x)\mathrm{d}x=\int f[\varphi(x)]\mathrm{d}\varphi(x)=\int f(u)\mathrm{d}u\big|_{u=\varphi(x)}$$
$$=F[\varphi(x)]+C.$$

**5. 第二类换元积分法**

**定理** 设函数 $f(x)$连续，而 $x=\psi(t)$具有连续导数，且 $\psi'(t)\neq 0$，则有

$$\int f(x)\mathrm{d}x=\int f[\psi(t)]\psi'(t)\mathrm{d}t\big|_{t=\psi^{-1}(x)}.$$

**6. 分部积分法**

**定理** 设函数 $u=u(x)$、$v=v(x)$具有连续导数，则有

$$\int u\mathrm{d}v=uv-\int v\mathrm{d}u.$$

**7. 有理函数的不定积分**

所谓有理函数是指两个多项式的商所构成的函数，一般形式为

$$R(x)=\frac{P(x)}{Q(x)}=\frac{a_nx^n+a_{n-1}x^{n-1}+\cdots+a_0}{b_mx^m+b_{m-1}x^{m-1}+\cdots+b_0},$$

其中，$m,n$ 为非负整数；$a_0,a_1,\cdots,a_n$ 和 $b_0,b_1,\cdots,b_m$ 为实常数，且 $a_n\neq 0,b_m\neq 0$；若 $n\geqslant m$，则称 $R(x)$为有理假分式；若 $n<m$，则称 $R(x)$为有理真分式.

**结论 1** 任何一个实系数多项式

$$Q(x)=b_mx^m+b_{m-1}x^{m-1}+\cdots+b_1x+b_0(b_m\neq 0)$$

都可以分解为一次因式与二次质因式的乘积，即

$$Q(x)=b_m(x-a)^k\cdots(x-b)^l(x^2+px+q)^\lambda\cdots(x^2+rx+s)^\mu,$$

其中，$a,\cdots,b,p,q,\cdots,r,s$ 都是实数；$k,\cdots,l,\lambda,\cdots,\mu$ 为正整数.

**结论 2** 对于有理真分式$\dfrac{P(x)}{Q(x)}$

(1) 若分母 $Q(x)$中含有因式$(x-a)^k$，则分解式中含有如下形式的 $k$ 项之和

$$\frac{A_1}{x-a}+\frac{A_2}{(x-a)^2}+\cdots+\frac{A_k}{(x-a)^k},$$

其中，$A_i(i=1,2,\cdots,k)$为常数.

(2) 若分母 $Q(x)$中含有因式$(x^2+px+q)^\lambda(p^2-4q<0)$，则分解式中含有如下形式的 $\lambda$ 项之和

$$\frac{M_1x+N_1}{x^2+px+q}+\frac{M_2x+N_2}{(x^2+px+q)^2}+\cdots+\frac{M_\lambda x+N_\lambda}{(x^2+px+q)^\lambda},$$

其中，$M_j,N_j(j=1,2,\cdots,\lambda)$为常数.

**8. 三角函数有理式的不定积分**

由三角函数与常数经过有限次的四则运算所构成的函数称为三角函数有理式.三角函数有理式可记为 $R(\sin x,\cos x)$，其中，$R(u,v)$是关于 $u,v$ 的二元有理函数.

对于不定积分

$$\int R(\sin x,\cos x)\mathrm{d}x,$$

作代换 $u=\tan\frac{x}{2}(-\pi<x<\pi)$，则有

$$x=2\arctan u, \mathrm{d}x=\frac{2}{1+u^2}\mathrm{d}u.$$

于是

$$\int R(\sin x,\cos x)\mathrm{d}x=\int R(\frac{2u}{1+u^2},\frac{1-u^2}{1+u^2})\cdot\frac{2}{1+u^2}\mathrm{d}u,$$

三角函数有理式的不定积分转化为关于 $u$ 的有理函数的不定积分.

## 二、基本问题解答

**【问题 4.1】** 原函数与不定积分有何区别与联系？

**答** 如果函数 $F(x)$ 和 $f(x)$ 在区间 $I$ 上有定义，且 $F'(x)=f(x)$，则称 $F(x)$ 是 $f(x)$ 在 $I$ 上的一个原函数，而 $f(x)$ 原函数的全体 $F(x)+C$ 称为 $f(x)$ 的不定积分，记为 $\int f(x)\mathrm{d}x=F(x)+C$. 不定积分中的任意常数每取定一个值时，就得到了 $f(x)$ 的一个原函数.

**【问题 4.2】** 原函数存在的条件是什么？

**答** 若 $f(x)$ 在区间 $I$ 上连续，则原函数在 $I$ 上存在.但要注意，函数的连续性只是原函数存在的充分条件，而非必要条件.例如

$$F(x)=\begin{cases} x^2\sin\frac{1}{x}, & x\neq 0, \\ 0, & x=0, \end{cases}$$

在 $(-\infty,+\infty)$ 内处处有

$$F'(x)=f(x)=\begin{cases} 2x\sin\frac{1}{x}-\cos\frac{1}{x}, & x\neq 0, \\ 0, & x=0, \end{cases}$$

所以，$f(x)$ 在 $(-\infty,+\infty)$ 内存在原函数 $F(x)$，但 $f(x)$ 在 $(-\infty,+\infty)$ 内并不连续，$x=0$ 是 $f(x)$ 的一个第二类间断点.

**【问题 4.3】** 怎样理解积分公式 $\int\frac{1}{x}\mathrm{d}x=\ln|x|+C$ 中的绝对值？

**答** $\ln x$ 是 $\frac{1}{x}$ 在区间 $(0,+\infty)$ 内的一个原函数，当 $x\in(-\infty,0)$ 时，由于 $[\ln(-x)]'=\frac{1}{x}$，因此 $\ln(-x)$ 是 $\frac{1}{x}$ 在区间 $(-\infty,0)$ 内的一个原函数，将两者结合起来，就有 $\int\frac{1}{x}\mathrm{d}x=\ln|x|+C$，表明公式在区间 $(-\infty,0)$ 及 $(0,+\infty)$ 内均成立.

**【问题 4.4】** 不定积分 $I=\int\sin 2x\,\mathrm{d}x$ 有如下三种解法：

$$I=\frac{1}{2}\int\sin 2x\mathrm{d}2x=-\frac{1}{2}\cos 2x+C,$$

$$I=2\int\sin x\cos x\mathrm{d}x=2\int\sin x\mathrm{d}\sin x=\sin^2 x+C,$$

$$I=2\int\sin x\cos x\mathrm{d}x=-2\int\cos x\mathrm{d}\cos x=-\cos^2 x+C,$$

这里是否矛盾？如何解释这种现象？

**答**　以上三种解法都是正确的.

因为，$-\frac{1}{2}\cos 2x$，$\sin^2 x$ 及 $-\cos^2 x$ 都是 $\sin 2x$ 的原函数，相互之间只相差一个常数.用不同的方法求不定积分时，经常会得到不同形式的原函数.

**【问题 4.5】**　$\int|x|\mathrm{d}x=\frac{1}{2}|x|^2+C=\frac{1}{2}x^2+C$ 这个解法对吗？

**答**　不对.

因为 $\left[\frac{1}{2}x^2+C\right]'=x$，$x<0$ 时并不等于被积函数 $|x|$，实际上，$\frac{1}{2}x^2+C$ 只是函数 $|x|$ 在 $(0,+\infty)$ 上的原函数.正确的解法是

当 $x\geqslant 0$ 时，

$$\int|x|\mathrm{d}x=\int x\mathrm{d}x=\frac{1}{2}x^2+C_1,$$

当 $x<0$ 时，

$$\int|x|\mathrm{d}x=\int -x\mathrm{d}x=-\frac{1}{2}x^2+C_2.$$

由原函数在 $x=0$ 点的连续性可知 $C_1=C_2$，令 $C=C_1$，故

$$\int|x|\mathrm{d}x=\begin{cases}\frac{1}{2}x^2+C, & \text{当 } x\geqslant 0,\\ -\frac{1}{2}x^2+C, & \text{当 } x<0,\end{cases}\quad \text{即}\int|x|\mathrm{d}x=\frac{1}{2}x|x|+C.$$

**【问题 4.6】**　求分段函数的原函数时，应当注意什么？

**答**　在求分段函数的原函数时，应先分别求函数的各分段在相应区间内的不定积分，然后由原函数的连续性确定各分段上的任意常数之间关系.例如设

$$f(x)=\begin{cases}x+1, & x\leqslant 1,\\ 2x, & x>1,\end{cases}$$

$$\int f(x)\mathrm{d}x=\begin{cases}\frac{x^2}{2}+x+C_1, & x\leqslant 1,\\ x^2+C_2, & x>1,\end{cases}$$

由原函数可导知，原函数连续，所以有 $C_2=\frac{1}{2}+C_1$，令 $C=C_1$，因此

$$\int f(x)\mathrm{d}x=\begin{cases}\dfrac{x^2}{2}+x+C, & x\leqslant 1,\\ x^2+\dfrac{1}{2}+C, & x>1,\end{cases}$$ (最后表达式只能有一个任意常数).

**【问题 4.7】** 用凑微分法计算$\int(1+\sin^2x)\cos x\,\mathrm{d}x=\int(1+\sin^2x)\mathrm{d}\sin x=x+\frac{1}{3}\sin^3x+C$ 这样做对吗?

**答** 不对.我们总认为常数1的原函数是$x$,但$\int(1+\sin^2x)\mathrm{d}\sin x$变元是$\sin x$而非$x$,如果写出换元步骤,就会看得很清楚

$$\int(1+\sin^2x)\mathrm{d}\sin x\xlongequal{u=\sin x}\int(1+u^2)\mathrm{d}u=u+\frac{1}{3}u^2+C$$

$$=\sin x+\frac{1}{3}\sin^3x+C.$$

**【问题 4.8】** $\int\frac{\ln x-1}{(\ln x)^2}\mathrm{d}x=\int\frac{1}{\ln x}\mathrm{d}x-\int\frac{1}{(\ln x)^2}\mathrm{d}x=\frac{x}{\ln x}+\int\frac{1}{(\ln x)^2}\mathrm{d}x-\int\frac{1}{(\ln x)^2}\mathrm{d}x=\frac{x}{\ln x}$ 这样做错在哪里?

**答** 当一个式子中出现互为异号的不定积分时,消去后并不为零,而是任意常数$C$.因为不定积分表示全体原函数,而原函数之间相差一个常数.

**【问题 4.9】** 有理函数的不定积分,除了分解部分分式求解外,还有别的方法吗?

**答** 当有理函数分母关于$x$的幂次较高时,将函数分解成部分分式是相当麻烦的.应当寻找其他的积分方法.例如求$\int\frac{\mathrm{d}x}{x(x^{10}+1)}$.

**解法一** 原式$=\int\frac{x^9\mathrm{d}x}{x^{10}(x^{10}+1)}=\frac{1}{10}\int\frac{\mathrm{d}x^{10}}{x^{10}(x^{10}+1)}=\frac{1}{10}\ln\frac{x^{10}}{x^{10}+1}+C.$

**解法二** 原式$=\int\frac{\mathrm{d}x}{x^{11}(1+\frac{1}{x^{10}})}=-\frac{1}{10}\int\frac{\mathrm{d}x^{-10}}{1+x^{-10}}=-\frac{1}{10}\ln(1+x^{-10})+C.$

**解法三** 令$x=\frac{1}{t}$,原式$=\int\frac{1}{\frac{1}{t}(\frac{1}{t^{10}}+1)}(-\frac{1}{t^2})\mathrm{d}t=-\int\frac{t^9}{t^{10}+1}\mathrm{d}t$

$$=-\frac{1}{10}\ln(t^{10}+1)+C=-\frac{1}{10}\ln(x^{-10}+1)+C.$$

**【问题 4.10】** 是否所有初等函数都可用本章所学的方法求出它们的原函数?

**答** 不是.对初等函数来说,在其定义区间上,它的原函数一定存在,但原函数不一定都是初等函数.例如函数$\mathrm{e}^{-x^2}$,$\frac{\sin x}{x}$,$\frac{1}{\ln x}$,$\sqrt{1+x^3}$,$\frac{1}{\sqrt{1+x^4}}$等,它们的原函数不是初等函数.有时我们也称这些函数是"积不出来的".

## 三、典型例题解析

**1. 直接积分法**

**【例 4.1】** 计算不定积分

(1) $\int(\sqrt[3]{x}-1)(x^2+1)\mathrm{d}x$；　　(2) $\int\frac{(x+1)^2}{x(x^2+1)}\mathrm{d}x$；

(3) $\int\frac{x^4}{1+x^2}\mathrm{d}x$；　　(4) $\int\frac{1+\cos^2 x}{1+\cos 2x}\mathrm{d}x$；

(5) $\int\frac{\mathrm{d}x}{\sin^2 x\cos^2 x}$；　　(6) $\int\tan^2 x\mathrm{d}x$.

**解** (1) $\int(\sqrt[3]{x}-1)(x^2+1)\mathrm{d}x=\int(x^{7/3}-x^2+x^{1/3}-1)\mathrm{d}x$

$$=\frac{3}{10}x^{10/3}-\frac{1}{3}x^3+\frac{3}{4}x^{4/3}-x+C.$$

(2) $\int\frac{(x+1)^2}{x(x^2+1)}\mathrm{d}x=\int\frac{x^2+1+2x}{x(x^2+1)}\mathrm{d}x=\int(\frac{1}{x}+\frac{2}{1+x^2})\mathrm{d}x$

$$=\ln|x|+2\arctan x+C.$$

(3) $\int\frac{x^4}{1+x^2}\mathrm{d}x=\int\frac{x^4-1+1}{1+x^2}\mathrm{d}x=\int(x^2-1+\frac{1}{1+x^2})\mathrm{d}x$

$$=\frac{1}{3}x^3-x+\arctan x+C.$$

(4) $\int\frac{1+\cos^2 x}{1+\cos 2x}\mathrm{d}x=\int\frac{1+\cos^2 x}{2\cos^2 x}\mathrm{d}x=\frac{1}{2}\int(\sec^2 x+1)\mathrm{d}x$

$$=\frac{1}{2}(\tan x+x)+C.$$

(5) $\int\frac{\mathrm{d}x}{\sin^2 x\cos^2 x}=\int\frac{\sin^2 x+\cos^2 x}{\sin^2 x\cos^2 x}\mathrm{d}x=\int(\sec^2 x+\csc^2 x)\mathrm{d}x$

$$=\tan x-\cot x+C.$$

(6) $\int\tan^2 x\mathrm{d}x=\int(\sec^2 x-1)\mathrm{d}x=\tan x-x+C.$

**注** 在以上各题中,被积函数的结构及类型均有所不同,但解题的思路和方法是一致的,都是将被积函数分解成部分项之和,再逐项积分.这种分项积分的思想方法在以后的各种积分法中将经常用到.

**2. 第一类换元法(凑微分法)**

常见的凑微分形式主要有

(1) $\int f(ax+b)\mathrm{d}x=\frac{1}{a}\int f(ax+b)\mathrm{d}(ax+b)(a\neq 0)$；

(2) $\int f(ax^n+b)x^{n-1}\mathrm{d}x=\frac{1}{an}\int f(ax^n+b)\mathrm{d}(ax^n+b)(a\neq 0)$；

(3) $\int f(\sqrt{x})\frac{1}{\sqrt{x}}dx = 2\int f(\sqrt{x})d\sqrt{x}$；

(4) $\int f(\frac{1}{x})\frac{1}{x^2}dx = -\int f(\frac{1}{x})d(\frac{1}{x})$；

(5) $\int f(\sin x)\cos x dx = \int f(\sin x)d\sin x$；

(6) $\int f(\cos x)\sin x dx = -\int f(\cos x)d\cos x$；

(7) $\int f(\tan x)\frac{1}{\cos^2 x}dx = \int f(\tan x)d\tan x$；

(8) $\int f(e^{ax})e^{ax}dx = \frac{1}{a}\int f(e^{ax})de^{ax}\ (a \neq 0)$；

(9) $\int f(\ln x)\frac{1}{x}dx = \int f(\ln x)d\ln x$；

(10) $\int f(\arctan x)\frac{dx}{1+x^2} = \int f(\arctan x)d\arctan x$；

(11) $\int f(\arcsin x)\frac{dx}{\sqrt{1-x^2}} = \int f(\arcsin x)d\arcsin x$.

**【例 4.2】** 计算不定积分

(1) $\int (2x-3)^{10}dx$；　　(2) $\int \frac{1}{x^2+2x+2}dx$；

(3) $\int \frac{1}{x\sqrt{1-(\ln x)^2}}dx$；　　(4) $\int \frac{\sin x}{\sqrt{4+\cos^2 x}}dx$.

**解** (1) $\int (2x-3)^{10}dx = \frac{1}{2}\int (2x-3)^{10}d(2x-3) = \frac{1}{22}(2x-3)^{11} + C$.

(2) $\int \frac{1}{x^2+2x+2}dx = \int \frac{1}{1+(x+1)^2}d(x+1) = \arctan(x+1) + C$.

(3) $\int \frac{1}{x\sqrt{1-(\ln x)^2}}dx = \int \frac{1}{\sqrt{1-(\ln x)^2}}d\ln x = \arcsin(\ln x) + C$.

(4) $$\int \frac{\sin x}{\sqrt{4+\cos^2 x}}dx = -\int \frac{1}{\sqrt{4+\cos^2 x}}d\cos x$$

$$= -\ln(\cos x + \sqrt{4+\cos^2 x}) + C.$$

**注** 凑微分法仍然是以基本积分公式为基础，可以说所有的积分方法最后都将归结为基本积分公式.

**【例 4.3】** 计算不定积分

(1) $\int \frac{dx}{\sqrt{x+1}+\sqrt{x-1}}$；　　(2) $\int \frac{\cos^3 x}{\sin x}dx$；

(3) $\int \frac{x-1}{1+2x^2}dx$；　　(4) $\int \frac{1}{1+e^x}dx$.

**解** (1) $\int \frac{dx}{\sqrt{x+1}+\sqrt{x-1}} = \frac{1}{2}\int (\sqrt{x+1}-\sqrt{x-1})dx$

$$= \frac{1}{2}\int \sqrt{x+1}\,d(x+1) - \frac{1}{2}\int \sqrt{x-1}\,d(x-1)$$

$$= \frac{1}{3}(x+1)^{3/2} - \frac{1}{3}(x-1)^{3/2} + C.$$

(2) $\int \frac{\cos^3 x}{\sin x}dx = \int \frac{1-\sin^2 x}{\sin x}d\sin x = \int (\frac{1}{\sin x} - \sin x)d\sin x$

$$= \ln|\sin x| - \frac{1}{2}\sin^2 x + C.$$

(3) $\int \frac{x-1}{1+2x^2}dx = \int (\frac{x}{1+2x^2} - \frac{1}{1+2x^2})dx$

$$= \frac{1}{4}\int \frac{1}{1+2x^2}d(1+2x^2) - \frac{1}{\sqrt{2}}\int \frac{1}{1+(\sqrt{2}x)^2}d(\sqrt{2}x)$$

$$= \frac{1}{4}\ln(1+2x^2) - \frac{1}{\sqrt{2}}\arctan\sqrt{2}x + C.$$

(4) $\int \frac{1}{1+e^x}dx = \int \frac{1+e^x-e^x}{1+e^x}dx = \int (1-\frac{e^x}{1+e^x})dx$

$$= x - \int \frac{1}{1+e^x}d(1+e^x) = x - \ln(1+e^x) + C.$$

**注** 这组题的解题思路是先将被积函数进行分项,再逐项用凑微分法积分.

**【例 4.4】** 计算不定积分

(1) $\int \frac{1}{1+\sin x}dx$;　　(2) $\int \frac{1}{e^x+e^{-x}}dx$;

(3) $\int \frac{x^2+1}{x^4+1}dx$;　　(4) $\int \frac{1}{\sin^2 x - 2\cos^2 x}dx$.

**解** (1) $\int \frac{1}{1+\sin x}dx = \int \frac{1-\sin x}{\cos^2 x}dx = \int \sec^2 x\,dx + \int \frac{1}{\cos^2 x}d\cos x$

$$= \tan x - \frac{1}{\cos x} + C.$$

(2) $\int \frac{1}{e^x+e^{-x}}dx = \int \frac{e^x}{e^{2x}+1}dx = \int \frac{1}{1+(e^x)^2}de^x = \arctan e^x + C.$

(3) $\int \frac{x^2+1}{x^4+1}dx = \int \frac{1+\frac{1}{x^2}}{x^2+\frac{1}{x^2}}dx = \int \frac{d(x-\frac{1}{x})}{(x-\frac{1}{x})^2+2} = \frac{1}{\sqrt{2}}\arctan\frac{x-\frac{1}{x}}{\sqrt{2}} + C.$

(4) $\int \frac{1}{\sin^2 x - 2\cos^2 x}dx = \int \frac{\frac{1}{\cos^2 x}}{\tan^2 x - 2}dx = \int \frac{1}{\tan^2 x - 2}d\tan x$

$$= \frac{1}{2\sqrt{2}}\ln\left|\frac{\tan x - \sqrt{2}}{\tan x + \sqrt{2}}\right| + C.$$

**注** 将被积函数的分子、分母同乘以或同除以一个因子再积分是凑微分积分法中常用的一个技巧.

**【例 4.5】** 计算不定积分

(1) $\int \frac{1+\ln x}{1+(x\ln x)^2}dx$； (2) $\int \frac{x+1}{x(1+xe^x)}dx$；

(3) $\int \frac{1}{1-x^2}\ln\frac{1+x}{1-x}dx$； (4) $\int \frac{\arctan\sqrt{x}}{\sqrt{x}(1+x)}dx$.

**解** (1) $\int \frac{1+\ln x}{1+(x\ln x)^2}dx = \int \frac{1}{1+(x\ln x)^2}d(x\ln x) = \arctan(x\ln x)+C$.

(2) $\int \frac{x+1}{x(1+xe^x)}dx = \int \frac{(x+1)e^x}{xe^x(1+xe^x)}dx = \int \frac{1+xe^x-xe^x}{xe^x(1+xe^x)}d(xe^x)$

$$=\ln\left|\frac{xe^x}{1+xe^x}\right|+C.$$

(3) $\int \frac{1}{1-x^2}\ln\frac{1+x}{1-x}dx = \frac{1}{2}\int \ln\frac{1+x}{1-x}d\ln\frac{1+x}{1-x} = \frac{1}{4}\ln^2\frac{1+x}{1-x}+C$.

(4) $\int \frac{\arctan\sqrt{x}}{\sqrt{x}(1+x)}dx = 2\int \arctan\sqrt{x}\cdot\frac{1}{1+(\sqrt{x})^2}d\sqrt{x}$

$$=2\int \arctan\sqrt{x}\,d\arctan\sqrt{x} = (\arctan\sqrt{x})^2+C.$$

**注** 这组题的凑微分形式相对来说不太明显.在题(1)中我们注意到$(x\ln x)'=1+\ln x$,从而有$(1+\ln x)dx=d(x\ln x)$;在题(2)中,由于$(xe^x)'=(x+1)e^x$,所以想到了分子、分母同乘以 $e^x$;而题(3)中,将函数 $\ln\frac{1+x}{1-x}$写成$\ln(1+x)-\ln(1-x)$立即会意识到它的导数与$\frac{1}{1-x^2}$相差常数倍.由此可见,熟练掌握求导运算对计算不定积分是很有帮助的;题(4)则是采取了两次凑微分的方式达到了积分的目的.

**3. 第二类换元法**

常用的变量代换有三角代换、根式代换及倒代换等.

**【例 4.6】** 计算不定积分

(1) $\int \frac{x^3}{\sqrt{1-x^2}}dx$； (2) $\int \frac{1}{1+\sqrt{x^2+2x+2}}dx$；

(3) $\int \frac{1}{x^3\sqrt{x^2-a^2}}dx\,(x>a)$； (4) $\int \frac{dx}{\sqrt{(x^2-2x+4)^3}}$.

**解** (1) 令 $x=\sin t$,则 $dx=\cos t\,dt$,

$$\int \frac{x^3}{\sqrt{1-x^2}}dx = \int \frac{\sin^3 t}{\cos t}\cos t\,dt = \int(\cos^2 t-1)d\cos t = \frac{1}{3}\cos^3 t-\cos t+C$$

$$=\frac{1}{3}(1-x^2)^{\frac{3}{2}}-(1-x^2)^{\frac{1}{2}}+C.$$

(2) 令 $x+1=\tan t$，则 $dx=\sec^2 t dt$，

$$\int \frac{1}{1+\sqrt{x^2+2x+2}}dx=\int \frac{1}{1+\sqrt{(x+1)^2+1}}dx=\int \frac{\sec^2 t}{1+\sec t}dt$$

$$=\int(\sec t-\frac{\sec t}{1+\sec t})dt=\int(\sec t-\frac{1}{1+\cos t})dt$$

$$=\ln|\sec t+\tan t|-\frac{1}{2}\int \frac{1}{\cos^2 \frac{t}{2}}dt$$

$$=\ln|\sec t+\tan t|-\tan\frac{t}{2}+C$$

$$=\ln(x+1+\sqrt{x^2+2x+2})-\frac{\sqrt{x^2+2x+2}-1}{x+1}+C.$$

(3) 令 $x=a\sec t$，则 $dx=a\sec t\tan t dt$，

$$\int \frac{1}{x^3\sqrt{x^2-a^2}}dx=\int \frac{1}{a^3\sec^3 t\cdot a\tan t}a\sec t\tan t dt=\frac{1}{a^3}\int \cos^2 t dt$$

$$=\frac{1}{a^3}\int \frac{1+\cos 2t}{2}dt=\frac{1}{a^3}(\frac{1}{2}t+\frac{1}{4}\sin 2t)+C$$

$$=\frac{1}{2a^3}\arccos\frac{a}{x}+\frac{1}{2a^2}\cdot\frac{\sqrt{x^2-a^2}}{x^2}+C.$$

(4) $\displaystyle\int \frac{dx}{\sqrt{(x^2-2x+4)^3}}=\int \frac{dx}{\sqrt{[3+(x-1)^2]^3}}$

令 $x-1=\sqrt{3}\tan t$，则有 $dx=\sqrt{3}\sec^2 t dt$，于是，

$$\int \frac{dx}{\sqrt{(x^2-2x+4)^3}}=\int \frac{dx}{\sqrt{[3+(x-1)^2]^3}}=\frac{1}{3}\int \frac{\sec^2 t dt}{\sec^3 t}$$

$$=\frac{1}{3}\int \cos t dt=\frac{1}{3}\sin t+C$$

$$=\frac{1}{3}\frac{x-1}{\sqrt{x^2-2x+4}}+C.$$

**注**　如果被积函数中含有 $\sqrt{a^2-x^2}$、$\sqrt{x^2+a^2}$、$\sqrt{x^2-a^2}$ 或 $\sqrt{ax^2+bx+c}$ 因子，可考虑三角代换，以达到去根号的目的.可以看出，经三角代换后，积分一般是化成了三角函数的积分，再用直接法或凑微分法积分，最后借助于直角三角形还原成 $x$ 的函数就可以了.

**【例 4.7】**　计算不定积分

(1) $\displaystyle\int \frac{1}{x\sqrt{2x+1}}dx$；　　(2) $\displaystyle\int \frac{\sqrt[3]{x}}{x(\sqrt{x}+\sqrt[3]{x})}dx$；

(3) $\displaystyle\int \frac{1}{\sqrt{1+e^{2x}}}dx$；　　(4) $\displaystyle\int \frac{1}{x}\sqrt{\frac{x+1}{x-1}}dx$.

**解**　(1) 令 $\sqrt{2x+1}=t$，$x=\frac{1}{2}(t^2-1)$，$dx=t dt$，

$$\int \frac{1}{x\sqrt{2x+1}}dx = 2\int \frac{1}{t^2-1}dt = \ln \left|\frac{t-1}{t+1}\right| + C = \ln \left|\frac{\sqrt{2x+1}-1}{\sqrt{2x+1}+1}\right| + C.$$

(2) 令$\sqrt[6]{x}=t, x=t^6, dx=6t^5dt$,

$$\int \frac{\sqrt[3]{x}}{x(\sqrt{x}+\sqrt[3]{x})}dx = \int \frac{t^2 \cdot 6t^5 dt}{t^6(t^3+t^2)} = 6\int \frac{dt}{t(t+1)} = 6\int (\frac{1}{t} - \frac{1}{t+1})dt$$

$$= 6\ln \frac{t}{t+1} + C = 6\ln \frac{\sqrt[6]{x}}{\sqrt[6]{x}+1} + C.$$

(3) 令 $t=\sqrt{1+e^{2x}}$,则 $x=\frac{1}{2}\ln(t^2-1), dx=\frac{t}{t^2-1}dt$,

$$\int \frac{1}{\sqrt{1+e^{2x}}}dx = \int \frac{1}{t} \cdot \frac{t}{t^2-1}dt = \int \frac{1}{t^2-1}dt = \frac{1}{2}\ln \frac{t-1}{t+1} + C$$

$$= \frac{1}{2}\ln \frac{\sqrt{1+e^{2x}}-1}{\sqrt{1+e^{2x}}+1} + C.$$

(4) 令$\sqrt{\frac{x+1}{x-1}}=t$,则 $x=\frac{t^2+1}{t^2-1}, dx=\frac{-4t}{(t^2-1)^2}dt$,

$$\int \frac{1}{x}\sqrt{\frac{x+1}{x-1}}dx = \int \frac{t^2-1}{t^2+1} \cdot t \cdot \frac{-4t}{(t^2-1)^2}dt = -4\int \frac{t^2}{(t^2+1)(t^2-1)}dt$$

$$= -2\int \frac{(t^2+1)+(t^2-1)}{(t^2+1)(t^2-1)}dt = \ln \left|\frac{1+t}{1-t}\right| - 2\arctan t + C$$

$$= \ln(\sqrt{\frac{x+1}{x-1}}+1) - \ln \left|\sqrt{\frac{x+1}{x-1}}-1\right| - 2\arctan\sqrt{\frac{x+1}{x-1}} + C.$$

**注** 当被积函数含有根号,而根号下是 $x$ 的一次因子或一些特定的函数,即简单无理函数时,可考虑根式代换,达到去根号的目的,从而使问题得以解决.

**【例 4.8】** 计算不定积分

(1) $\int \frac{1}{x^2\sqrt{x^2+9}}dx$; (2) $\int \frac{1}{x^3+2x}dx$;

(3) $\int \frac{1}{(x-1)\sqrt{x^2-2}}dx \ (x>2)$; (4) $\int \frac{1-\ln x}{(x+\ln x)^2}dx$.

**解** (1) 令 $x=\frac{1}{t}$,则 $dx=-\frac{1}{t^2}dt$,

$$\int \frac{1}{x^2\sqrt{x^2+9}}dx = \int \frac{1}{\frac{1}{t^2}\sqrt{\frac{1}{t^2}+9}}(-\frac{1}{t^2})dt = -\int \frac{t}{\sqrt{1+9t^2}}dt$$

$$= -\frac{1}{18}\int \frac{1}{\sqrt{1+9t^2}}d(1+9t^2) = -\frac{1}{9}\sqrt{1+9t^2} + C$$

$$= -\frac{1}{9}\frac{\sqrt{x^2+9}}{x} + C.$$

(2) 令 $x=\frac{1}{t}$,则 $\mathrm{d}x=-\frac{1}{t^2}\mathrm{d}t$,

$$\int\frac{1}{x^3+2x}\mathrm{d}x=\int\frac{1}{\frac{1}{t^3}+2\cdot\frac{1}{t}}(-\frac{1}{t^2})\mathrm{d}t=-\int\frac{t}{1+2t^2}\mathrm{d}t$$

$$=-\frac{1}{4}\int\frac{1}{1+2t^2}\mathrm{d}(1+2t^2)=-\frac{1}{4}\ln(1+2t^2)+C$$

$$=-\frac{1}{4}\ln(1+\frac{2}{x^2})+C.$$

(3) 令 $x-1=\frac{1}{t}$,$\mathrm{d}x=-\frac{1}{t^2}\mathrm{d}t$,

$$\int\frac{1}{(x-1)\sqrt{x^2-2}}\mathrm{d}x=\int\frac{1}{\frac{1}{t}\sqrt{(1+\frac{1}{t})^2-2}}\cdot(-\frac{1}{t^2})\mathrm{d}t$$

$$=-\int\frac{\mathrm{d}t}{\sqrt{1+2t-t^2}}=-\int\frac{\mathrm{d}(t-1)}{\sqrt{2-(t-1)^2}}$$

$$=-\arcsin\frac{t-1}{\sqrt{2}}+C$$

$$=-\arcsin\frac{2-x}{\sqrt{2}(x-1)}+C.$$

(4) 令 $x=\frac{1}{t}$,$\mathrm{d}x=-\frac{1}{t^2}\mathrm{d}t$,

$$\int\frac{1-\ln x}{(x+\ln x)^2}\mathrm{d}x=\int\frac{1+\ln t}{(\frac{1}{t}-\ln t)^2}(-\frac{1}{t^2})\mathrm{d}t=-\int\frac{1+\ln t}{(1-t\ln t)^2}\mathrm{d}t$$

$$=\int\frac{1}{(1-t\ln t)^2}\mathrm{d}(1-t\ln t)=-\frac{1}{1-t\ln t}+C$$

$$=-\frac{x}{x+\ln x}+C.$$

**注**　倒代换有时会起到意想不到的效果.一般地,当被积函数的分母是关于变量的幂函数时,经倒代换,可以使变量的幂次发生改变.总之,换元积分法的宗旨就是要使被积函数朝着有利于积分的方面发生改变.

**4. 分部积分法**

**【例 4.9】**　计算不定积分

(1) $\int\frac{x\mathrm{e}^x}{\sqrt{\mathrm{e}^x-1}}\mathrm{d}x$;　　(2) $\int\frac{3x\sin^2x}{\cos^4x}\mathrm{d}x$;

(3) $\int\frac{x\ln x}{(1+x^2)^{3/2}}\mathrm{d}x$;　　(4) $\int\sqrt{x}\arctan\sqrt{x}\,\mathrm{d}x$.

**解**　(1) $\int\frac{x\mathrm{e}^x}{\sqrt{\mathrm{e}^x-1}}\mathrm{d}x=2\int x\,\mathrm{d}\sqrt{\mathrm{e}^x-1}=2x\sqrt{\mathrm{e}^x-1}-2\int\sqrt{\mathrm{e}^x-1}\,\mathrm{d}x$.

对于不定积分$\int \sqrt{e^x-1}\,dx$，

令$\sqrt{e^x-1}=t, x=\ln(t^2+1), dx=\dfrac{2t}{t^2+1}dt$，

$$\int \sqrt{e^x-1}\,dx = 2\int \frac{t^2}{t^2+1}dt = 2\int\left(1-\frac{1}{t^2+1}\right)dt$$
$$=2t-2\arctan t + C.$$

所以

$$\int \frac{x e^x}{\sqrt{e^x-1}}dx = 2x\sqrt{e^x-1}-4\sqrt{e^x-1}+4\arctan\sqrt{e^x-1}+C.$$

(2) $$\int \frac{3x\sin^2 x}{\cos^4 x}dx = \int 3x\tan^2 x\sec^2 x\,dx = \int x\,d\tan^3 x$$
$$= x\tan^3 x - \int \tan^3 x\,dx$$
$$= x\tan^3 x - \int \tan x\,d\tan x + \int \tan x\,dx$$
$$= x\tan^3 x - \frac{1}{2}\tan^2 x - \ln|\cos x| + C.$$

(3) $$\int \frac{x\ln x}{(1+x^2)^{3/2}}dx = -\int \ln x\,d\frac{1}{\sqrt{1+x^2}} = -\frac{\ln x}{\sqrt{1+x^2}} + \int \frac{1}{x\sqrt{1+x^2}}dx$$
$$= -\frac{\ln x}{\sqrt{1+x^2}} - \int \frac{d\left(\frac{1}{x}\right)}{\sqrt{1+\frac{1}{x^2}}}$$
$$= -\frac{\ln x}{\sqrt{1+x^2}} - \ln\left(\frac{1}{x}+\sqrt{1+\frac{1}{x^2}}\right) + C.$$

(4) 令$\sqrt{x}=t, dx=2t\,dt$，

$$\int \sqrt{x}\arctan\sqrt{x}\,dx = \int 2t^2\arctan t\,dt = 2\int \arctan t\,d\frac{t^3}{3}$$
$$=\frac{2}{3}t^3\arctan t - \frac{2}{3}\int \frac{t^3}{1+t^2}dt$$
$$=\frac{2}{3}t^3\arctan t - \frac{2}{3}\int\left(t-\frac{t}{1+t^2}\right)dt$$
$$=\frac{2}{3}t^3\arctan t - \frac{1}{3}t^2 + \frac{1}{3}\ln(1+t^2) + C$$
$$=\frac{2}{3}x\sqrt{x}\arctan\sqrt{x} - \frac{1}{3}x + \frac{1}{3}\ln(1+x) + C.$$

**注** (1)、(2)题中，被积函数是幂函数与指数函数、三角函数的乘积，我们先将指数函数、三角函数凑微分，再用分部积分公式，以达到对幂函数降幂的作用；而(3)、(4)题中，被积函数是幂函数与对数函数、反三角函数的乘积，我们先将对数函数、反三角函数留在微分号的外面，用公式后，出现对数、反三角函数的微分，从而简化了被积函数.同时我们也看到，分

部积分法有时要与换元法联合使用.

**【例 4.10】** 计算不定积分

(1) $\int e^{ax}\sin bx\,dx\,(a\neq 0)$;　　(2) $\int \frac{e^{\arctan x}}{(1+x^2)\sqrt{1+x^2}}dx$;

(3) $\int \frac{x e^x}{(x+1)^2}dx$;　　(4) $\int \frac{x\cos^3 x-\sin x}{\cos^2 x}e^{\sin x}dx$.

**解** (1) $\int e^{ax}\sin bx\,dx$

$$=\frac{1}{a}\int \sin bx\,de^{ax}=\frac{1}{a}e^{ax}\sin bx-\frac{b}{a}\int e^{ax}\cos bx\,dx$$

$$=\frac{1}{a}e^{ax}\sin bx-\frac{b}{a^2}\int \cos bx\,de^{ax}$$

$$=\frac{1}{a}e^{ax}\sin bx-\frac{b}{a^2}e^{ax}\cos bx-\frac{b^2}{a^2}\int e^{ax}\sin bx\,dx,$$

所以

$$\int e^{ax}\sin bx\,dx=\frac{a\sin bx-b\cos bx}{a^2+b^2}e^{ax}+C.$$

(2) $\int \frac{e^{\arctan x}}{(1+x^2)\sqrt{1+x^2}}dx$

$$=\int \frac{1}{\sqrt{1+x^2}}de^{\arctan x}=\frac{e^{\arctan x}}{\sqrt{1+x^2}}+\int e^{\arctan x}\cdot\frac{x}{(1+x^2)^{3/2}}dx$$

$$=\frac{e^{\arctan x}}{\sqrt{1+x^2}}+\int \frac{x}{\sqrt{1+x^2}}de^{\arctan x}$$

$$=\frac{e^{\arctan x}}{\sqrt{1+x^2}}+\frac{x}{\sqrt{1+x^2}}e^{\arctan x}-\int \frac{e^{\arctan x}}{(1+x^2)\sqrt{1+x^2}}dx,$$

所以

$$\int \frac{e^{\arctan x}}{(1+x^2)^{3/2}}dx=\frac{1+x}{2\sqrt{1+x^2}}e^{\arctan x}+C.$$

(3) $$\int \frac{x e^x}{(x+1)^2}dx=\int \frac{x e^x+e^x-e^x}{(x+1)^2}dx=\int \frac{e^x}{x+1}dx-\int \frac{e^x}{(x+1)^2}dx$$

$$=\int \frac{1}{x+1}de^x-\int \frac{e^x}{(x+1)^2}dx$$

$$=\frac{e^x}{x+1}+\int \frac{e^x}{(x+1)^2}dx-\int \frac{e^x}{(x+1)^2}dx=\frac{e^x}{x+1}+C.$$

(4) $$\int \frac{x\cos^3 x-\sin x}{\cos^2 x}e^{\sin x}dx=\int x e^{\sin x}\cos x\,dx-\int e^{\sin x}\frac{\sin x}{\cos^2 x}dx$$

$$=\int x\,de^{\sin x}-\int e^{\sin x}d\frac{1}{\cos x}$$

$$=x e^{\sin x}-\int e^{\sin x}dx-\frac{e^{\sin x}}{\cos x}+\int e^{\sin x}dx$$

$$=x\mathrm{e}^{\sin x}-\frac{\mathrm{e}^{\sin x}}{\cos x}+C.$$

**注** 在(1)、(2)题中，通过两次分部积分，出现了所求不定积分的回归现象，从而解出不定积分.在(3)、(4)题中，将被积函数分成两项，分部积分后，出现了两个互为异号的不定积分，相互抵消后得到了所求不定积分.值得注意的是，以上两种情形均不要遗漏原函数中的任意常数 $C$.

**【例 4.11】** (1) 求$\int xf''(x)\mathrm{d}x$；

(2) 已知 $f(x)$ 的一个原函数为$\ln^2 x$，求$\int xf'(x)\mathrm{d}x$.

**解** (1) $\int xf''(x)\mathrm{d}x=\int x\mathrm{d}f'(x)=xf'(x)-\int f'(x)\mathrm{d}x$

$$=xf'(x)-f(x)+C.$$

(2) $\int xf'(x)\mathrm{d}x=\int x\mathrm{d}f(x)=xf(x)-\int f(x)\mathrm{d}x+C$

$$=x(\ln^2 x)'-\ln^2 x+C=2\ln x-\ln^2 x+C.$$

**注** 当被积函数中出现抽象函数 $f(x)$ 时，可考虑用分部积分法.

**【例 4.12】** 建立不定积分 $I_n=\int\sin^n x\,\mathrm{d}x$ 的递推公式.

**解** $I_n=-\int\sin^{n-1}x\,\mathrm{d}\cos x=-\sin^{n-1}x\cdot\cos x+\int\cos^2 x\cdot(n-1)\sin^{n-2}x\,\mathrm{d}x$

$$=-\sin^{n-1}x\cos x+(n-1)\int\sin^{n-2}x\,\mathrm{d}x-(n-1)\int\sin^n x\,\mathrm{d}x$$

$$=-\sin^{n-1}x\cos x+(n-1)I_{n-2}-(n-1)I_n,$$

所以

$$I_n=-\frac{\sin^{n-1}x\cos x}{n}+\frac{n-1}{n}I_{n-2}.$$

**注** 建立不定积分的递推公式通常要用到分部积分.本题用了分部积分后，出现了回归现象，从而得到递推公式.

**5. 有理函数的积分**

**【例 4.13】** 计算不定积分

(1) $\int\frac{\mathrm{d}x}{(x^2+1)(x^2+x)}$； (2) $\int\frac{1+6x+x^2-3x^3}{(x-1)^3(x^2+2x+2)}\mathrm{d}x$.

**解** (1) 设$\frac{1}{(x^2+1)(x^2+x)}=\frac{a}{x}+\frac{b}{x+1}+\frac{cx+\mathrm{d}}{x^2+1}$,

则

$$1=a(x+1)(x^2+1)+bx(x^2+1)+(cx+\mathrm{d})x(x+1).$$

用赋值法令 $x=0$，得 $a=1$；令 $x=-1$，得 $b=-1/2$；令 $x=i$，得$1=-(c+d)+i(d-c)$，

所以

$$\begin{cases}c+d=-1,\\c-d=0,\end{cases}\quad 解得\ c=d=-\frac{1}{2}.$$

$$\int\frac{dx}{(x^2+1)(x^2+x)}=\int\left(\frac{1}{x}-\frac{1}{2}\frac{1}{x+1}-\frac{1}{2}\frac{x+1}{x^2+1}\right)dx$$

$$=\ln|x|-\frac{1}{2}\ln|x+1|-\frac{1}{4}\ln(x^2+1)-\frac{1}{2}\arctan x+C.$$

(2) 设$\frac{1+6x+x^2-3x^3}{(x-1)^3(x^2+2x+2)}=\frac{a}{x-1}+\frac{b}{(x-1)^2}+\frac{c}{(x-1)^3}+\frac{dx+e}{x^2+2x+2}$,则有

$$1+6x+x^2-3x^3=[a(x-1)^2+b(x-1)+c](x^2+2x+2)+(dx+e)(x-1)^3.$$

令 $x=1$,得 $c=1$,将 $c=1$ 代入上式并化简得

$$-3x^2-3x+1=[a(x-1)+b](x^2+2x+2)+(dx+e)(x-1)^2.$$

令 $x=1$,得 $b=-1$,将 $b=-1$ 代入上式并化简得

$$-2x-3=a(x^2+2x+2)+(dx+e)(x-1).$$

令 $x=1$,得 $a=-1$,将 $a=-1$ 代入上式并化简得

$$x+1=dx+e.$$

比较系数:$d=e=1$.

所以

$$\int\frac{1+6x+x^2-3x^3}{(x-1)^3(x^2+2x+2)}dx$$

$$=\int\left(\frac{-1}{x-1}+\frac{-1}{(x-1)^2}+\frac{1}{(x-1)^3}+\frac{x+1}{x^2+2x+2}\right)dx$$

$$=-\ln|x-1|+\frac{1}{x-1}-\frac{1}{2(x-1)^2}+\frac{1}{2}\ln(x^2+2x+2)+C.$$

**注** 利用部分分式求有理函数的积分时,关键一步是确定部分分式中的待定系数.方法主要有比较系数法、赋值法和综合法,如果被积函数中 $x$ 的幂次较低时,可用比较系数法;若 $x$ 的幂次较高时,则要用赋值法或综合法.在题(1)中采用了赋值法(包括复数),而在题(2)中采取了逐次约简的方法,依次确定了待定系数.

**6. 三角函数有理式的积分**

**【例 4.14】** 计算不定积分

(1) $\int\frac{1}{2\sin x-\cos x+3}dx$; (2) $\int\frac{1+\sin x}{3+\cos x}dx$.

**解** (1) 令 $\tan\frac{x}{2}=u$,则

$$\sin x=\frac{2u}{1+u^2},\cos x=\frac{1-u^2}{1+u^2},dx=\frac{2}{1+u^2}du,$$

$$\int\frac{1}{2\sin x-\cos x+3}dx=\int\frac{\frac{2}{1+u^2}}{\frac{4u}{1+u^2}-\frac{1-u^2}{1+u^2}+3}du$$

$$=\int\frac{1}{2u^2+2u+1}du$$

$$=\int\frac{1}{(2u+1)^2+1}d(2u+1)$$

$$=\arctan(2u+1)+C=\arctan\left(2\tan\frac{x}{2}+1\right)+C.$$

(2) $\displaystyle\int\frac{1+\sin x}{3+\cos x}\mathrm{d}x=\int\frac{1}{3+\cos x}\mathrm{d}x+\int\frac{\sin x}{3+\cos x}\mathrm{d}x$

令 $\tan\dfrac{x}{2}=u$，则 $\cos x=\dfrac{1-u^2}{1+u^2}$，$\mathrm{d}x=\dfrac{2}{1+u^2}\mathrm{d}u$，

$$\int\frac{1}{3+\cos x}\mathrm{d}x=\int\frac{1}{3+\dfrac{1-u^2}{1+u^2}}\cdot\frac{2}{1+u^2}\mathrm{d}u=\int\frac{1}{u^2+2}\mathrm{d}u$$

$$=\frac{1}{\sqrt{2}}\arctan\frac{u}{\sqrt{2}}+C=\frac{1}{\sqrt{2}}\arctan\frac{\tan\dfrac{x}{2}}{\sqrt{2}}+C,$$

$$\int\frac{\sin x}{3+\cos x}\mathrm{d}x=-\int\frac{1}{3+\cos x}\mathrm{d}(3+\cos x)=-\ln|3+\cos x|+C,$$

所以

$$\int\frac{1+\sin x}{3+\cos x}\mathrm{d}x=\frac{1}{\sqrt{2}}\arctan\frac{\tan\dfrac{x}{2}}{\sqrt{2}}-\ln|3+\cos x|+C.$$

**注** 以上两题均采用了万能代换.但要注意的是，对于三角函数有理式的积分，只有当找不到更好的积分方法时，才用万能代换.毕竟万能代换的计算量是较大的，在题(2)中我们看到，先将被积函数分项，再对其中一部分采用万能代换，要比直接用万能代换简便得多.

**【例 4.15】** 计算不定积分

(1) $\displaystyle\int\frac{1}{(2+\sin^2x)\cos x}\mathrm{d}x$；　　(2) $\displaystyle\int\frac{\sin^2x}{1+\sin^2x}\mathrm{d}x$；

(3) $\displaystyle\int\frac{1}{\sin x\cos^4x}\mathrm{d}x$；　　(4) $\displaystyle\int\frac{3\sin x+4\cos x}{2\sin x+\cos x}\mathrm{d}x$.

**解** (1) $\displaystyle\int\frac{1}{(2+\sin^2x)\cos x}\mathrm{d}x$

$$=\int\frac{\cos x}{(2+\sin^2x)\cos^2x}\mathrm{d}x$$

$$=\int\frac{\mathrm{d}\sin x}{(2+\sin^2x)(1-\sin^2x)}\xlongequal{令\sin x=t}\int\frac{1}{(2+t^2)(1-t^2)}\mathrm{d}t$$

$$=\frac{1}{3}\int\frac{(2+t^2)+(1-t^2)}{(2+t^2)(1-t^2)}\mathrm{d}t=\frac{1}{3}\int\frac{1}{1-t^2}\mathrm{d}t+\frac{1}{3}\int\frac{1}{2+t^2}\mathrm{d}t$$

$$=\frac{1}{6}\ln\left|\frac{1+t}{1-t}\right|+\frac{1}{3\sqrt{2}}\arctan\frac{t}{\sqrt{2}}+C$$

$$=\frac{1}{6}\ln\left|\frac{1+\sin x}{1-\sin x}\right|+\frac{1}{3\sqrt{2}}\arctan\frac{\sin x}{\sqrt{2}}+C.$$

(2) $\displaystyle\int\frac{\sin^2x}{1+\sin^2x}\mathrm{d}x=\int\left(1-\frac{1}{1+\sin^2x}\right)\mathrm{d}x=x-\int\frac{\mathrm{d}x}{\cos^2x+2\sin^2x}$

$$=x-\int\frac{1}{1+2\tan^2x}\mathrm{d}\tan x=x-\frac{1}{\sqrt{2}}\arctan(\sqrt{2}\tan x)+C.$$

(3) $\int \frac{1}{\sin x \cos^4 x} dx$

$$= \int \frac{\sin^2 x + \cos^2 x}{\sin x \cos^4 x} dx = \int \frac{\sin x}{\cos^4 x} dx + \int \frac{1}{\sin x \cos^2 x} dx$$

$$= \frac{1}{3\cos^3 x} + \int \frac{\sin^2 x + \cos^2 x}{\sin x \cos^2 x} dx$$

$$= \frac{1}{3\cos^3 x} + \int \frac{\sin x}{\cos^2 x} dx + \int \frac{1}{\sin x} dx$$

$$= \frac{1}{3\cos^3 x} + \frac{1}{\cos x} + \ln|\csc x - \cot x| + C.$$

(4) 令 $3\sin x + 4\cos x = a(2\sin x + \cos x) + b(2\cos x - \sin x)$

解得
$$a = 2, b = 1.$$
所以

$$\int \frac{3\sin x + 4\cos x}{2\sin x + \cos x} dx$$

$$= \int \frac{2(2\sin x + \cos x) + (2\cos x - \sin x)}{2\sin x + \cos x} dx$$

$$= \int 2dx + \int \frac{1}{2\sin x + \cos x} d(2\sin x + \cos x)$$

$$= 2x + \ln|2\sin x + \cos x| + C.$$

**注**　这组题都是三角函数有理式的积分，我们分别采用了不同的技巧，利用凑微分及换元法求解，避免了万能代换．题(4)中所采用的方法具有一般性．

**7. 其他类型题**

**【例 4.16】** (1) 设 $f(x) = \begin{cases} 1, & x < 0, \\ x + 1, & 0 \leqslant x \leqslant 1, \\ 2x, & x > 1, \end{cases}$ 求 $\int f(x) dx$；

(2) 计算不定积分 $\int (x + |x|)^2 dx$.

**解**　(1) $x < 0$ 时，$\int f(x) dx = \int 1 \cdot dx = x + C_1$；

$0 \leqslant x \leqslant 1$ 时，$\int (x + 1) dx = \frac{x^2}{2} + x + C_2$；

$x > 1$ 时，$\int 2x dx = x^2 + C_3$.

函数 $f(x)$ 连续，所以原函数存在且连续，由原函数在 $x = 0$ 和 $x = 1$ 处的连续性可知

$$C_1 = C_2 = C_3 - \frac{1}{2}, \text{记 } C_1 = C,$$

所以

$$\int f(x)\mathrm{d}x=\begin{cases} x+C, & x<0, \\ \dfrac{x^2}{2}+x+C, & 0\leqslant x\leqslant 1, \\ x^2+\dfrac{1}{2}+C, & x>1. \end{cases}$$

(2) $\int (x+|x|)^2\mathrm{d}x=\begin{cases} \dfrac{4}{3}x^3+C_1, & x\geqslant 0, \\ C_2, & x<0. \end{cases}$

由原函数的连续性知，$C_1=C_2$，所以

$$\int (x+|x|)^2\mathrm{d}x=\begin{cases} \dfrac{4}{3}x^3+C, & x\geqslant 0, \\ C, & x<0. \end{cases}$$

**注** 当被积函数为分段函数或含有绝对值时，计算不定积分要分段积分，然后由原函数的连续性统一任意常数.

**【例 4.17】** 设 $f(x)$ 在 $[1,+\infty)$ 上可导，$f(1)=0$，$f'(\mathrm{e}^x+1)=\mathrm{e}^{3x}+2$，试求 $f(x)$.

**解** 令 $\mathrm{e}^x+1=t$，则 $\mathrm{e}^x=t-1$，于是 $f'(t)=(t-1)^3+2$，

$$f(t)=\int f'(t)\mathrm{d}t=\int [(t-1)^3+2]\,\mathrm{d}t=\frac{1}{4}(t-1)^4+2t+C,$$

由 $f(1)=0$ 得 $C=-2$，
所以

$$f(x)=\frac{1}{4}(x-1)^4+2x-2.$$

**【例 4.18】** 设 $\int xf(x)\mathrm{d}x=\arcsin x+C$，计算 $\int \dfrac{1}{f(x)}\mathrm{d}x$.

**解** 等式两边对 $x$ 求导得

$$xf(x)=\frac{1}{\sqrt{1-x^2}}，即\ f(x)=\frac{1}{x\sqrt{1-x^2}},$$

所以

$$\begin{aligned}\int \frac{1}{f(x)}\mathrm{d}x&=\int x\sqrt{1-x^2}\,\mathrm{d}x=-\frac{1}{2}\int \sqrt{1-x^2}\,\mathrm{d}(1-x^2)\\&=-\frac{1}{3}(1-x^2)^{\frac{3}{2}}+C.\end{aligned}$$

**【例 4.19】** 设 $F(x)$ 是 $f(x)$ 的一个原函数，且 $F(1)=\dfrac{\sqrt{2}}{4}\pi$，当 $x>0$ 时，有 $f(x)F(x)=\dfrac{\arctan\sqrt{x}}{\sqrt{x}(1+x)}$，试求 $f(x)$.

**解** 由已知 $F'(x)=f(x)$，则有 $F'(x)F(x)=\dfrac{\arctan\sqrt{x}}{\sqrt{x}(1+x)}$，

两边积分
$$\int F(x)\mathrm{d}F(x)=\int\frac{\arctan\sqrt{x}}{\sqrt{x}(1+x)}\mathrm{d}x,$$
得
$$\frac{1}{2}F^2(x)=(\arctan\sqrt{x})^2+C.$$

由 $F(1)=\frac{\sqrt{2}}{4}\pi$，得 $C=0$，$F(x)=\sqrt{2}\arctan\sqrt{x}$.

所以
$$f(x)=F'(x)=\frac{\sqrt{2}}{2}\cdot\frac{1}{\sqrt{x}(1+x)}.$$

**【例 4.20】** 计算 $\int\frac{1}{a^2\sin^2x+b^2\cos^2x}\mathrm{d}x$，其中 $a$、$b$ 是不全为零的非负常数.

**分析** 本题的关键是要对常数 $a$、$b$ 进行讨论.确定 $a$、$b$ 后均为常见的三角函数积分.

**解** 当 $a\neq0$，$b\neq0$ 时，
$$\int\frac{1}{a^2\sin^2x+b^2\cos^2x}\mathrm{d}x=\int\frac{1}{a^2\tan^2x+b^2}\mathrm{d}\tan x$$
$$=\frac{1}{ab}\arctan(\frac{a}{b}\tan x)+C.$$

当 $a=0$，$b\neq0$ 时，
$$\int\frac{1}{a^2\sin^2x+b^2\cos^2x}\mathrm{d}x=\frac{1}{b^2}\int\frac{1}{\cos^2x}\mathrm{d}x=\frac{1}{b^2}\tan x+C.$$

当 $a\neq0$，$b=0$ 时，
$$\int\frac{1}{a^2\sin^2x+b^2\cos^2x}\mathrm{d}x=\frac{1}{a^2}\int\frac{1}{\sin^2x}\mathrm{d}x=-\frac{1}{a^2}\cot x+C.$$

**【例 4.21】** 求 $\int\frac{x^3}{\sqrt{1+x^2}}\mathrm{d}x$.

**分析** 被积函数含 $\sqrt{1+x^2}$，可考虑三角代换，令 $x=\tan t$，或者注意到被积函数根式里是二次因式，而分子为 $x$ 的三次因式，也可以试一试凑微分方法.下面给出两种解法.

**解法一** 令 $x=\tan t$，则
$$\int\frac{x^3}{\sqrt{1+x^2}}\mathrm{d}x=\int\frac{\tan^3t}{\sec t}\sec^2t\ \mathrm{d}t=\int(\sec^2t-1)\mathrm{d}\sec t$$
$$=\frac{1}{3}\sec^3t-\sec t+c=\frac{1}{3}(1+x^2)^{3/2}-(1+x^2)^{1/2}+C.$$

**解法二**
$$\int\frac{x^3}{\sqrt{1+x^2}}\mathrm{d}x=\int\frac{x^2}{2\sqrt{1+x^2}}\mathrm{d}(1+x^2)$$
$$=\frac{1}{2}\int(\sqrt{1+x^2}-\frac{1}{\sqrt{1+x^2}})\mathrm{d}(1+x^2)$$
$$=\frac{1}{3}(1+x^2)^{3/2}-(1+x^2)^{1/2}+C.$$

**【例 4.22】** 求$\int \frac{\mathrm{d}x}{\sin(2x)+2\sin x}$.

**分析** 首先要对被积函数中 $\sin(2x)$ 利用倍角公式统一三角函数，其次要充分利用三角函数的各类公式，找到正确的凑微分方法.

**解法一**

$$\int \frac{\mathrm{d}x}{\sin(2x)+2\sin x}=\int \frac{\mathrm{d}x}{2\sin x(\cos x+1)}=\frac{1}{4}\int \frac{\mathrm{d}(\frac{x}{2})}{\sin\frac{x}{2}\cos^3\frac{x}{2}}$$

$$=\frac{1}{4}\int \frac{\mathrm{d}(\tan\frac{x}{2})}{\tan\frac{x}{2}\cos^2\frac{x}{2}}=\frac{1}{4}\int \frac{1+\tan^2\frac{x}{2}}{\tan\frac{x}{2}}\mathrm{d}(\tan\frac{x}{2})$$

$$=\frac{1}{8}\tan^2\frac{x}{2}+\frac{1}{4}\ln\left|\tan\frac{x}{2}\right|+C.$$

**注** 此解法等同于利用万能代换 $u=\tan\frac{x}{2}$.

**解法二**

$$\int \frac{\mathrm{d}x}{\sin(2x)+2\sin x}=\int \frac{\mathrm{d}x}{2\sin x(\cos x+1)}$$

$$=\int \frac{-\mathrm{d}\cos x}{2(1-\cos^2 x)(1+\cos x)}$$

$$\xlongequal{\text{令}\cos x=u}-\frac{1}{2}\int \frac{\mathrm{d}u}{(1-u)(1+u)^2}$$

$$=-\frac{1}{8}\int (\frac{1}{1-u}+\frac{3+u}{(1+u)^2})\mathrm{d}u$$

$$=\frac{1}{8}(\ln|1-u|-\ln|1+u|+\frac{2}{1+u})+C$$

$$=\frac{1}{8}\ln\frac{1-\cos x}{1+\cos x}+\frac{1}{4(1+\cos x)}+C.$$

**【例 4.23】** 计算$\int e^{2x}(\tan x+1)^2\mathrm{d}x$.

**分析** 被积函数是指数函数与三角函数的乘积.于是要用分部积分法和三角函数公式来计算.

**解**

$$\int e^{2x}(\tan x+1)^2\mathrm{d}x=\int e^{2x}\sec^2 x\,\mathrm{d}x+2\int e^{2x}\tan x\,\mathrm{d}x$$

$$=\int e^{2x}\,\mathrm{d}\tan x+2\int e^{2x}\tan x\,\mathrm{d}x$$

$$=e^{2x}\tan x-2\int e^{2x}\tan x\,\mathrm{d}x+2\int e^{2x}\tan x\,\mathrm{d}x$$

$$=e^{2x}\tan x+C.$$

**注** 本题出现了两个相同不定积分的减式，消去后要加上任意常数 $C$.

【例 4.24】 计算 $\int \frac{x\cos^4 \frac{x}{2}}{\sin^3 x}\mathrm{d}x$.

**分析** 被积函数为幂函数与三角函数的乘积，通常要用分部积分法，并且要将三角函数进行凑微分.

**解**

$$\int \frac{x\cos^4 \frac{x}{2}}{\sin^3 x}\mathrm{d}x = \int \frac{x\cos^4 \frac{x}{2}}{8\sin^3 \frac{x}{2}\cdot\cos^3 \frac{x}{2}}\mathrm{d}x = \int \frac{x\cos \frac{x}{2}}{8\sin^3 \frac{x}{2}}\mathrm{d}x$$

$$= -\frac{1}{8}\int x\,\mathrm{d}\sin^{-2}\frac{x}{2} = -\frac{1}{8}x\sin^{-2}\frac{x}{2} + \frac{1}{8}\int \frac{\mathrm{d}x}{\sin^2 \frac{x}{2}}$$

$$= -\frac{1}{8}x\csc^2\frac{x}{2} - \frac{1}{4}\cot\frac{x}{2} + C.$$

【例 4.25】 设 $f(\ln x) = \frac{\ln(1+x)}{x}$，计算 $\int f(x)\mathrm{d}x$.

**分析** 由已知条件先求出函数 $f(x)$ 的表达式，再考虑积分，或者对积分 $\int f(x)\mathrm{d}x$ 作换元 $x=\ln t$.

**解法一** 设 $\ln x = t$，则 $x=\mathrm{e}^t$，$f(t)=\frac{\ln(1+\mathrm{e}^t)}{\mathrm{e}^t}$，于是

$$\int f(x)\mathrm{d}x = \int \frac{\ln(1+\mathrm{e}^x)}{\mathrm{e}^x}\mathrm{d}x = \int \ln(1+\mathrm{e}^x)\mathrm{d}\mathrm{e}^{-x}$$

$$= -\mathrm{e}^{-x}\ln(1+\mathrm{e}^x) + \int \frac{1}{1+\mathrm{e}^x}\mathrm{d}x$$

$$= -\mathrm{e}^{-x}\ln(1+\mathrm{e}^x) + \int \left(1 - \frac{\mathrm{e}^x}{1+\mathrm{e}^x}\right)\mathrm{d}x$$

$$= -\mathrm{e}^{-x}\ln(1+\mathrm{e}^x) + x - \ln(1+\mathrm{e}^x) + C.$$

**解法二**

$$\int f(x)\mathrm{d}x \xlongequal{\text{令} x=\ln t} \int f(\ln t)\mathrm{d}\ln t$$

$$= \int \frac{\ln(1+t)}{t}\cdot\frac{1}{t}\mathrm{d}t = -\int \ln(1+t)\mathrm{d}\frac{1}{t}$$

$$= -\left[\frac{1}{t}\ln(1+t) - \int \frac{1}{t}\cdot\frac{1}{1+t}\mathrm{d}t\right]$$

$$= -\frac{1}{t}\ln(1+t) + \int \left(\frac{1}{t} - \frac{1}{1+t}\right)\mathrm{d}t$$

$$= -\frac{1}{t}\ln(1+t) + \ln t - \ln(1+t) + C$$

$$= -\mathrm{e}^{-x}\ln(1+\mathrm{e}^x) + x - \ln(1+\mathrm{e}^x) + C.$$

【例 4.26】 设 $F(x)$ 为 $f(x)$ 的原函数，且当 $x \geqslant 0$ 时，

$$f(x)F(x) = \frac{x\mathrm{e}^x}{2(1+x)^2},$$

已知 $F(0)=1, F(x)>0$，试求 $f(x)$.

**分析** 由 $F(x)$ 为 $f(x)$ 的原函数可知 $F'(x)=f(x)$，即

$$F'(x)F(x)=\frac{xe^x}{2(1+x)^2},$$

两边积分可求出 $F(x)$，从而求出 $f(x)$.

**解** $2F'(x)F(x)=\frac{xe^x}{(1+x)^2}$，

$$\int 2F'(x)F(x)dx=\int 2F(x)dF(x)=F^2(x)+C_1,$$

而

$$\begin{aligned}\int\frac{xe^x}{(1+x)^2}dx&=\int\frac{xe^x+e^x-e^x}{(1+x)^2}dx=\int\frac{e^x}{1+x}dx-\int\frac{e^x}{(1+x)^2}dx\\&=\int\frac{1}{1+x}de^x-\int\frac{e^x}{(1+x)^2}dx\\&=\frac{e^x}{1+x}+\int\frac{e^x}{(1+x)^2}dx-\int\frac{e^x}{(1+x)^2}dx\\&=\frac{e^x}{1+x}+C_2,\end{aligned}$$

所以

$$F^2(x)=\frac{e^x}{1+x}+C.$$

由 $F(0)=1$ 得 $C=0$，从而

$$F(x)=\sqrt{\frac{e^x}{1+x}},\quad f(x)=F'(x)=\frac{xe^{\frac{x}{2}}}{2(1+x)^{3/2}}.$$

**8. 一题多解**

由前面的讨论可以看出，求函数的不定积分要比求导数(微分)复杂得多，解题的技巧性也强得多.因此，只有通过大量的练习才能熟练掌握求不定积分的各种方法和技巧.此外，一个不定积分往往有多种解法，通过一题多解的练习，可以开拓我们的思路，培养灵活的思维能力，更好地理解和比较各种方法与技巧，达到举一反三，触类旁通的学习效果.

**【例 4.27】** 试用多种方法计算不定积分

(1) $\int\frac{1}{x\sqrt{x^2-1}}dx\ (x>1)$；　　(2) $\int\frac{\cos x-\sin x}{\cos x+\sin x}dx$.

(1) **解法一** 令 $x=\sec t$，$dx=\sec t\cdot\tan t\,dt$，

$$\begin{aligned}\int\frac{1}{x\sqrt{x^2-1}}dx&=\int\frac{1}{\sec t\cdot\tan t}\cdot\sec t\cdot\tan t\,dt=\int dt=t+C\\&=\arccos\frac{1}{x}+C.\end{aligned}$$

**解法二** 令 $x=\frac{1}{t}$，$dx=-\frac{1}{t^2}dt$，

$$\int\frac{1}{x\sqrt{x^2-1}}\mathrm{d}x=\int\frac{1}{\frac{1}{t}\sqrt{\frac{1}{t^2}-1}}\left(-\frac{1}{t^2}\right)\mathrm{d}t=-\int\frac{1}{\sqrt{1-t^2}}\mathrm{d}t$$

$$=-\arcsin t+C=-\arcsin\frac{1}{x}+C.$$

**解法三** $\displaystyle\int\frac{1}{x\sqrt{x^2-1}}\mathrm{d}x=\int\frac{x}{x^2\sqrt{x^2-1}}\mathrm{d}x=\int\frac{1}{1+(x^2-1)}\mathrm{d}\sqrt{x^2-1}$

$$=\arctan\sqrt{x^2-1}+C.$$

**解法四** $\displaystyle\int\frac{1}{x\sqrt{x^2-1}}\mathrm{d}x=\int\frac{1}{x^2\sqrt{1-\frac{1}{x^2}}}\mathrm{d}x=-\int\frac{1}{\sqrt{1-\left(\frac{1}{x}\right)^2}}\mathrm{d}\left(\frac{1}{x}\right)$

$$=-\arcsin\frac{1}{x}+C.$$

**解法五** $\displaystyle\int\frac{1}{x\sqrt{x^2-1}}\mathrm{d}x=\frac{1}{2}\int\frac{\mathrm{d}x^2}{x^2\sqrt{x^2-1}}\xlongequal{令\,x^2=t}\frac{1}{2}\int\frac{\mathrm{d}t}{t\sqrt{t-1}}$

令$\sqrt{t-1}=u$， $t=u^2+1$， $\mathrm{d}t=2u\mathrm{d}u$，

所以

$$\int\frac{1}{x\sqrt{x^2-1}}\mathrm{d}x=\frac{1}{2}\int\frac{1}{(u^2+1)\cdot u}2u\mathrm{d}u=\arctan u+C$$

$$=\arctan\sqrt{t-1}+C=\arctan\sqrt{x^2-1}+C.$$

**解法六** $\displaystyle\int\frac{1}{x\sqrt{x^2-1}}\mathrm{d}x=\int\frac{1}{x\sqrt{(x+1)(x-1)}}\mathrm{d}x$

$$=\int\frac{1}{x(x-1)\sqrt{\frac{x+1}{x-1}}}\mathrm{d}x.$$

令$\sqrt{\dfrac{x+1}{x-1}}=t$，则 $x=\dfrac{t^2+1}{t^2-1}$， $\mathrm{d}x=\dfrac{-4t}{(t^2-1)^2}\mathrm{d}t$，

$$\int\frac{1}{x\sqrt{x^2-1}}\mathrm{d}x=\int\frac{1}{\frac{t^2+1}{t^2-1}\cdot\frac{2}{t^2-1}\cdot t}\left[\frac{-4t}{(t^2-1)^2}\right]\mathrm{d}t=-2\int\frac{1}{1+t^2}\mathrm{d}t$$

$$=-2\arctan t+C=-2\arctan\sqrt{\frac{x+1}{x-1}}+C.$$

**解法七** 令 $x=\mathrm{ch}\,t$，则 $\mathrm{d}x=\mathrm{sh}\,t\mathrm{d}t$，

$$\int\frac{1}{x\sqrt{x^2-1}}\mathrm{d}x=\int\frac{\mathrm{sh}\,t}{\mathrm{ch}\,t\cdot\mathrm{sh}\,t}\mathrm{d}t=\int\frac{\mathrm{ch}\,t}{\mathrm{ch}^2\,t}\mathrm{d}t$$

$$=\int\frac{1}{1+\mathrm{sh}^2\,t}\mathrm{d}\,\mathrm{sh}\,t=\arctan(\mathrm{sh}\,t)+C$$

$$=\arctan\sqrt{x^2-1}+C.$$

(2) **解法一** $\displaystyle\int\frac{\cos x-\sin x}{\cos x+\sin x}\mathrm{d}x=\int\frac{1}{\cos x+\sin x}\mathrm{d}(\cos x+\sin x)$

$$=\ln|\cos x+\sin x|+C.$$

**解法二** $$\int\frac{\cos x-\sin x}{\cos x+\sin x}\mathrm{d}x=\int\frac{\cos^2 x-\sin^2 x}{(\cos x+\sin x)^2}\mathrm{d}x=\int\frac{\cos 2x}{1+\sin 2x}\mathrm{d}x$$
$$=\frac{1}{2}\ln|1+\sin 2x|+C.$$

**解法三** $$\int\frac{\cos x-\sin x}{\cos x+\sin x}\mathrm{d}x=\int\frac{(\cos x-\sin x)^2}{\cos^2 x-\sin^2 x}\mathrm{d}x$$
$$=\int\frac{1-\sin 2x}{\cos 2x}\mathrm{d}x=\int\frac{1}{\cos 2x}\mathrm{d}x-\int\frac{\sin 2x}{\cos 2x}\mathrm{d}x$$
$$=\frac{1}{2}\ln|\tan 2x+\sec 2x|+\frac{1}{2}\ln|\cos 2x|+C.$$

**解法四** $$\int\frac{\cos x-\sin x}{\cos x+\sin x}\mathrm{d}x=\int\frac{\sqrt{2}\sin(\frac{\pi}{4}-x)}{\sqrt{2}\cos(\frac{\pi}{4}-x)}\mathrm{d}x=\ln\left|\cos(\frac{\pi}{4}-x)\right|+C.$$

**解法五** $$\int\frac{\cos x-\sin x}{\cos x+\sin x}\mathrm{d}x=\int\frac{\sqrt{2}\cos(x+\frac{\pi}{4})}{\sqrt{2}\sin(x+\frac{\pi}{4})}\mathrm{d}x=\ln\left|\sin(x+\frac{\pi}{4})\right|+C.$$

**解法六** $$\int\frac{\cos x-\sin x}{\cos x+\sin x}\mathrm{d}x=\int\frac{1-\tan x}{1+\tan x}\mathrm{d}x$$
$$=\int\frac{1+\tan^2 x-\tan x-\tan^2 x}{1+\tan x}\mathrm{d}x$$
$$=\int\frac{\sec^2 x}{1+\tan x}\mathrm{d}x-\int\tan x\,\mathrm{d}x$$
$$=\ln|1+\tan x|+\ln|\cos x|+C.$$

**解法七** $$\int\frac{\cos x-\sin x}{\cos x+\sin x}\mathrm{d}x=\int\frac{1-\tan x}{1+\tan x}\mathrm{d}x.$$

令 $\tan x=t$,则 $\mathrm{d}x=\frac{1}{1+t^2}\mathrm{d}t$,

$$\int\frac{\cos x-\sin x}{\cos x+\sin x}\mathrm{d}x=\int\frac{1-t}{(1+t)(1+t^2)}\mathrm{d}t=\int(\frac{1}{1+t}-\frac{t}{1+t^2})\mathrm{d}t$$
$$=\ln|1+t|-\frac{1}{2}\ln(1+t^2)+C$$
$$=\ln|1+\tan x|-\frac{1}{2}\ln(1+\tan^2 x)+C.$$

**解法八** 令 $\tan\frac{x}{2}=t$,则

$$\int\frac{\cos x-\sin x}{\cos x+\sin x}\mathrm{d}x=\int\frac{\frac{1-t^2}{1+t^2}-\frac{2t}{1+t^2}}{\frac{1-t^2}{1+t^2}+\frac{2t}{1+t^2}}\cdot\frac{2}{1+t^2}\mathrm{d}t$$

$$=2\int\frac{1-2t-t^2}{(1+t^2)(1+2t-t^2)}\mathrm{d}t=2\int\left(\frac{-t}{1+t^2}+\frac{1-t}{1+2t-t^2}\right)\mathrm{d}t$$

$$=-\ln|1+t^2|+\ln|1+2t-t^2|+C$$

$$=-\ln\left|1+\tan^2\frac{x}{2}\right|+\ln\left|1+2\tan\frac{x}{2}-\tan^2\frac{x}{2}\right|+C.$$

## 四、练习题与解答

1. 选择题

(1) 设 $f(x)$ 的一个原函数是 $e^{-2x}$，则 $f(x)=($　　$)$.

(A) $e^{-2x}$；　(B) $-2e^{-2x}$；　(C) $-4e^{-2x}$；　(D) $4e^{-2x}$.

(2) 已知 $\int xf(x)\mathrm{d}x=\sin x+C$，则 $f(x)=($　　$)$.

(A) $\frac{\sin x}{x}$；　(B) $x\sin x$；　(C) $\frac{\cos x}{x}$；　(D) $x\cos x$.

(3) 下列函数中，(　　) 不是 $\sin 2x$ 的原函数.

(A) $-\frac{1}{2}\cos 2x$；　(B) $-\cos 2x$；　(C) $\sin^2 x$；　(D) $-\cos^2 x$.

(4) 若 $\int f(x)\mathrm{d}x=F(x)+C$，则 $\int\sin x f(\cos x)\mathrm{d}x=($　　$)$.

(A) $-F(\cos x)+C$；　(B) $F(\cos x)+C$；

(C) $-f(\sin x)+C$；　(D) $F(\sin x)+C$.

(5) 设 $f(x)=e^{-x}$，则 $\int\frac{f'(\ln x)}{x}\mathrm{d}x=($　　$)$.

(A) $-\frac{1}{x}+C$；　(B) $-\ln x+C$；

(C) $\frac{1}{x}+C$；　(D) $\ln x+C$.

(6) 若 $\int f(x)\mathrm{d}x=x^2+C$，则 $\int xf(1-x^2)\mathrm{d}x=($　　$)$.

(A) $2(1-x^2)^2+C$；　(B) $-2(1-x^2)^2+C$；

(C) $\frac{1}{2}(1-x^2)^2+C$；　(D) $-\frac{1}{2}(1-x^2)^2+C$.

(7) 若 $\frac{\ln x}{x}$ 为 $f(x)$ 的一个原函数，则 $\int xf'(x)\mathrm{d}x=($　　$)$.

(A) $\frac{\ln x}{x}+C$；　(B) $\frac{1+\ln x}{x^2}+C$；

(C) $\frac{1}{x}+C$；　(D) $\frac{1}{x}-\frac{2\ln x}{x}+C$.

(8) 设 $f(x)$ 是连续函数，$F(x)$ 是 $f(x)$ 的原函数，则下列结论正确的是(　　).

(A) 当 $f(x)$ 是奇函数时，$F(x)$ 必是偶函数；

(B) 当 $f(x)$ 是偶函数时，$F(x)$ 必是奇函数；

(C) 当 $f(x)$ 是周期函数时,$F(x)$ 必是周期函数;

(D) 当 $f(x)$ 是单调增函数时,$F(x)$ 必是单调增函数.

(9) 若 $f(x)$ 的导函数是 $\sin x$,则 $f(x)$ 有一个原函数为(　　).

(A) $1+\sin x$;　　(B) $1-\sin x$;

(C) $1+\cos x$;　　(D) $1-\cos x$.

(10) 若$\int f'(x^3)\mathrm{d}x = x^3 + C$,则 $f(x)=$(　　).

(A) $x+C$;　　(B) $x^3+C$;

(C) $\frac{9}{5}x^{\frac{5}{3}}+C$;　　(D) $\frac{6}{5}x^{\frac{5}{3}}+C$.

(11) 已知 $f'(\cos x)=\sin x$,则 $f(\cos x)=$(　　).

(A) $-\cos x+C$;　　(B) $\cos x+C$;

(C) $\frac{1}{2}(\sin x\cos x - x)+C$;　　(D) $\frac{1}{2}(x-\sin x\cos x)+C$.

(12) 已知$\int f(x)\mathrm{d}x=\frac{1}{3}x^3+C$,则$\int\frac{1}{xf(x)}\mathrm{d}x=$(　　).

(A) $\ln|x|+C$;　　(B) $-\frac{1}{2}x^{-2}+C$;

(C) $\frac{1}{2}x^{-2}+C$;　　(D) $-\frac{1}{3}x^{-3}+C$.

(13) 在区间$(a,b)$内,如果 $f'(x)=\varphi'(x)$,则一定有(　　).

(A) $f(x)=\varphi(x)$;　　(B) $f(x)=\varphi(x)+C$;

(C) $(\int f(x)\mathrm{d}x)'=(\int\varphi(x)\mathrm{d}x)'$;　　(D) $\int \mathrm{d}f'(x)=\int \mathrm{d}\varphi'(x)$.

(14) $\int xf(x^2)f'(x^2)\mathrm{d}x=$(　　).

(A) $\frac{1}{2}f^2(x)+C$;　　(B) $\frac{1}{2}f^2(x^2)+C$;

(C) $\frac{1}{4}f^2(x)+C$;　　(D) $\frac{1}{4}f^2(x^2)+C$.

(15) $\int xf''(x)\mathrm{d}x=$(　　).

(A) $xf'(x)-f(x)+C$;　　(B) $xf'(x)+C$;

(C) $\frac{1}{2}x^2f'(x)+C$;　　(D) $(x+1)f'(x)+C$.

2. 填空题

(1) $\int \mathrm{d}\int \mathrm{d}f(x)=$__________.

(2) $\int \ln x\,\mathrm{d}(\ln x)=$__________.

(3) 通过点$(1,\frac{\pi}{4})$,$(x,y)$处斜率为$\frac{1}{1+x^2}$的曲线方程为________.

(4) 若函数 $F(x)$ 与 $G(x)$ 是同一个连续函数的原函数，则 $F(x)$ 与 $G(x)$ 之间有关系式为________.

(5) $\int \frac{f'(\ln x)}{x}dx =$ ________.

(6) 若 $\int f(x)dx = F(x)+C$，则 $\int f(2x-3)dx =$ ______.

(7) $\int \sqrt{x\sqrt{x\sqrt{x}}}\,dx$ ________.

(8) $\int \frac{f'(\ln x)}{x\sqrt{f(\ln x)}}dx =$ ________.

(9) 设 $\int \frac{\sin x}{f(x)}dx = \arctan(\cos x)+C$，则 $\int f(x)dx =$ ______.

(10) $\int \frac{\tan x}{\sqrt{\cos x}}dx =$ __________.

(11) $\int \frac{\ln \sin x}{\sin^2 x}dx =$ __________.

(12) 设 $f'(\ln x)=(x+1)\ln x$，则 $f(x)=$ __________.

(13) 设 $f(x^2-1)=\ln\frac{x^2}{x^2-2}$，且 $f[\varphi(x)]=\ln x$，则 $\int \varphi(x)dx =$ ______.

(14) 设 $\sin(x^2)$ 为 $f(x)$ 的一个原函数，则 $\int x^2 f(x)dx =$ __________.

(15) $\int e^{-|x|}dx =$ __________.

3. 求下列不定积分

(1) $\int (\sqrt{x}+\frac{1}{\sqrt{x^3}})^2 dx$；

(2) $\int \frac{1+2x^2}{x^2(1+x^2)}dx$；

(3) $\int \sin^2\frac{x}{2}dx$；

(4) $\int \frac{e^{2x}-1}{e^x+1}dx$；

(5) $\int \frac{\cos 2x}{\cos^2 x\sin^2 x}dx$；

(6) $\int \frac{1}{\sqrt{2x-x^2}}dx$；

(7) $\int \sin 3x\sin 5x\,dx$；

(8) $\int \cos^4 x\,dx$；

(9) $\int \sin^3 x\cos^2 x\,dx$；

(10) $\int \frac{1}{\sin x\cos x}dx$；

(11) $\int \frac{dx}{(1-x^2)^{\frac{3}{2}}}dx$；

(12) $\int \frac{dx}{x^2\sqrt{x^2-9}}\ (x>3)$；

(13) $\int x^3(1+x^2)^{\frac{1}{2}}dx$；

(14) $\int \frac{\sqrt{x}}{x+2\sqrt{x}+2}dx$；

(15) $\int x\sqrt{x-2}\,dx$；

(16) $\int \frac{dx}{\sqrt{1+e^x}}$；

(17) $\int \frac{\ln(x+2)}{(x+1)^2}dx$；

(18) $\int \frac{x}{1+\cos x}dx$；

(19) $\int \frac{x\mathrm{e}^x}{(1+\mathrm{e}^x)^2}\mathrm{d}x$；　　(20) $\int \frac{x^3}{x+2}\mathrm{d}x$；

(21) $\int \frac{x}{x^3-3x+2}\mathrm{d}x$；　　(22) $\int x^3(1-2x^2)^9\mathrm{d}x$；

(23) $\int \frac{\ln(x+1)-\ln x}{x(x+1)}\mathrm{d}x$；　　(24) $\int \frac{\mathrm{d}x}{x^4\sqrt{1+x^2}}$；

(25) $\int \frac{\mathrm{d}x}{\sqrt{2+\tan^2 x}}, x\in\left(-\frac{\pi}{2},\frac{\pi}{2}\right)$；(26) $\int \frac{\arctan \mathrm{e}^x}{\mathrm{e}^x}\mathrm{d}x$；

(27) $\int \frac{1+\sin x}{1+\cos x}\mathrm{e}^x\mathrm{d}x$；　　(28) $\int \frac{1+\sqrt{1+x}}{\sqrt[6]{(1+x)^5}(1+\sqrt[3]{1+x})}\mathrm{d}x$；

(29) $\int \frac{\sin x}{1+\sin x+\cos x}\mathrm{d}x$；　　(30) $\int \frac{\mathrm{e}^x}{\mathrm{e}^x+2+2\mathrm{e}^{-x}}\mathrm{d}x$；

(31) $\int \frac{1+\cos x}{1+\sin^2 x}\mathrm{d}x$；　　(32) $\int \frac{x^5}{\sqrt{1+x^2}}\mathrm{d}x$；

(33) $\int x\ln(1+x^2)\cdot\arctan x\,\mathrm{d}x$.

4. 设 $f'(3x+1)=x\mathrm{e}^{x/2}$，$f(1)=0$，求 $f(x)$.

5. 已知 $F(x)$ 是 $f(x)$ 的一个原函数，且 $f(x)=\frac{xF(x)}{1+x^2}$，试求 $f(x)$.

6. 设 $I_n=\int \frac{\mathrm{d}x}{\sin^n x}(n\geqslant 2)$，试建立递推公式.

**练习题解答**

# 第五章　定　积　分

## 一、内 容 提 要

**1. 定积分的概念与性质**

(1) 定义

设函数 $f(x)$在$[a,b]$上有界,在$[a,b]$中任意插入若干个分点

$$a=x_0<x_1<x_2<\cdots<x_{n-1}<x_n=b,$$

把区间$[a,b]$分成 $n$ 个小区间

$$[x_0,x_1],[x_1,x_2],\cdots,[x_{n-1},x_n],$$

各个小区间的长度依次为

$$\Delta x_1=x_1-x_0,\Delta x_2=x_2-x_1,\cdots,\Delta x_n=x_n-x_{n-1},$$

在每个小区间$[x_{i-1},x_i]$上任取一点 $\xi_i(x_{i-1}\leqslant\xi_i\leqslant x_i)$,作函数值 $f(\xi_i)$与小区间长度 $\Delta x_i$ 的乘积 $f(\xi_i)\Delta x_i(i=1,2,\cdots,n)$,并作出和

$$S=\sum_{i=1}^{n}f(\xi_i)\Delta x_i$$

记 $\lambda=\max\{\Delta x_1,\Delta x_2,\cdots,\Delta x_n\}$,如果不论对$[a,b]$怎样划分,也不论在小区间$[x_{i-1},x_i]$上的点 $\xi_i$ 怎样选取,只要当 $\lambda\to 0$ 时,和 $S$ 总趋于确定的极限 $I$,那么称这个极限 $I$ 为函数 $f(x)$在区间$[a,b]$上的定积分,记作$\int_a^b f(x)\mathrm{d}x$,即

$$\int_a^b f(x)\mathrm{d}x=I=\lim_{\lambda\to 0}\sum_{i=1}^{n}f(\xi_i)\Delta x_i,$$

此时称 $f(x)$在$[a,b]$上可积.

积分值与积分变量记号无关,即

$$\int_a^b f(x)\mathrm{d}x=\int_a^b f(t)\mathrm{d}t=\int_a^b f(u)\mathrm{d}u.$$

(2) 可积的两个充分条件

① 若 $f(x)$在$[a,b]$上连续,则 $f(x)$在$[a,b]$上可积;

② 若 $f(x)$在$[a,b]$上有界,且只有有限个间断点,则 $f(x)$在$[a,b]$上可积.

(3) 定积分的几何意义与物理意义

① 几何意义

设连续函数 $f(x)\geqslant 0$,则$\int_a^b f(x)\mathrm{d}x$ 在几何上表示由 $x$ 轴,直线 $x=a,x=b$ 和曲线 $y=f(x)$ 所围成的曲边梯形的面积.

② 物理意义

$\int_{T_1}^{T_2} v(t)\mathrm{d}t$ 表示物体以 $v(t)$ 为速度作直线运动从时刻 $T_1$ 到时刻 $T_2$ 所走过的路程.

(4) 定积分的性质

① 规定：$\int_a^a f(x)\mathrm{d}x=0$，$\int_a^b f(x)\mathrm{d}x=-\int_b^a f(x)\mathrm{d}x$；

② 线性性：

$$\int_a^b [\alpha f(x)+\beta g(x)]\mathrm{d}x=\alpha\int_a^b f(x)\mathrm{d}x+\beta\int_a^b g(x)\mathrm{d}x;$$

③ 可加性：

$$\int_a^b f(x)\mathrm{d}x=\int_a^c f(x)\mathrm{d}x+\int_c^b f(x)\mathrm{d}x;$$

④ 保向性：设 $a<b$，

$$f(x)\geqslant g(x)\Rightarrow\int_a^b f(x)\mathrm{d}x\geqslant\int_a^b g(x)\mathrm{d}x,$$

$$\left|\int_a^b f(x)\mathrm{d}x\right|\leqslant\int_a^b |f(x)|\mathrm{d}x;$$

⑤ 估值性：设 $f(x)$ 在 $[a,b]$ 上连续，$m$ 和 $M$ 分别是 $f(x)$ 在 $[a,b]$ 上的最小值和最大值，则 $m(b-a)\leqslant\int_a^b f(x)\mathrm{d}x\leqslant M(b-a)$；

⑥ 积分中值定理：设 $f(x)$ 在 $[a,b]$ 上连续，则 $\exists\xi\in[a,b]$，使

$$\int_a^b f(x)\mathrm{d}x=f(\xi)(b-a).$$

**2. 反常(广义)积分**

(1) 无穷区间上的反常积分

设函数 $f(x)$ 在区间 $[a,+\infty)$ 上连续，取 $t>a$，如果极限

$$\lim_{t\to+\infty}\int_a^t f(x)\mathrm{d}x$$

存在，则称此极限为函数 $f(x)$ 在无穷区间 $[a,+\infty)$ 上的反常积分，记作 $\int_a^{+\infty} f(x)\mathrm{d}x$，即

$$\int_a^{+\infty} f(x)\mathrm{d}x=\lim_{t\to+\infty}\int_a^t f(x)\mathrm{d}x,$$

这时也称反常积分 $\int_a^{+\infty} f(x)\mathrm{d}x$ 收敛；如果上述极限不存在，则称反常积分 $\int_a^{+\infty} f(x)\mathrm{d}x$ 发散，这时记号 $\int_a^{+\infty} f(x)\mathrm{d}x$ 不再表示数值了.

设 $f(x)$ 在 $(-\infty,b]$ 上连续，则

$$\int_{-\infty}^b f(x)\mathrm{d}x=\lim_{t\to-\infty}\int_t^b f(x)\mathrm{d}x.$$

设 $f(x)$ 在 $(-\infty,+\infty)$ 上连续，则

$$\int_{-\infty}^{+\infty} f(x)\mathrm{d}x=\int_{-\infty}^0 f(x)\mathrm{d}x+\int_0^{+\infty} f(x)\mathrm{d}x,$$

$\int_{-\infty}^{+\infty} f(x)\mathrm{d}x$ 收敛 $\Longleftrightarrow\int_{-\infty}^0 f(x)\mathrm{d}x$ 与 $\int_0^{+\infty} f(x)\mathrm{d}x$ 都收敛.

(2) 无界函数的反常积分

设函数 $f(x)$ 在 $(a,b]$ 上连续，又 $f(a^+)=\infty$. 取 $t>a$，如果极限

$$\lim_{t\to a^+}\int_t^b f(x)\mathrm{d}x$$

存在，则称此极限为函数 $f(x)$ 在 $(a,b]$ 上的反常积分，记作 $\int_a^b f(x)\mathrm{d}x$，即

$$\int_a^b f(x)\mathrm{d}x=\lim_{t\to a^+}\int_t^b f(x)\mathrm{d}x. \tag{1}$$

这时也称反常积分 $\int_a^b f(x)\mathrm{d}x$ 收敛. 如果上述极限不存在，则称反常积分 $\int_a^b f(x)\mathrm{d}x$ 发散.

设 $f(x)$ 在 $[a,b)$ 上连续，又 $f(b^-)=\infty$，则

$$\int_a^b f(x)\mathrm{d}x=\lim_{t\to b^-}\int_a^t f(x)\mathrm{d}x. \tag{2}$$

设 $f(x)$ 在 $[a,c)$，$(c,b]$ 上连续，且 $\lim\limits_{x\to c}f(x)=\infty$，则

$$\int_a^b f(x)\mathrm{d}x=\int_a^c f(x)\mathrm{d}x+\int_c^b f(x)\mathrm{d}x, \tag{3}$$

$$\int_a^b f(x)\mathrm{d}x\ \text{收敛}\iff\int_a^c f(x)\mathrm{d}x\ \text{与}\int_c^b f(x)\mathrm{d}x\ \text{都收敛}.$$

公式(1)中的点 $a$，公式(2)中的点 $b$ 和公式(3)中的点 $c$ 都称为瑕点.

**3. 牛顿—莱布尼茨公式**

以下设 $f(x)$ 在积分区间上连续，且 $F'(x)=f(x)$.

(1) 定积分的牛顿—莱布尼茨公式

$$\int_a^b f(x)\mathrm{d}x=[F(x)]_a^b=F(b)-F(a).$$

(2) 无穷区间上反常积分的牛顿—莱布尼茨公式

$$\int_a^{+\infty} f(x)\mathrm{d}x=[F(x)]_a^{+\infty}=F(+\infty)-F(a),\text{式中 }F(+\infty)=\lim_{x\to+\infty}F(x).$$

(3) 无界函数的反常积分的牛顿—莱布尼茨公式

设 $f(a^+)=\infty$，则

$$\int_a^b f(x)\mathrm{d}x=[F(x)]_{a^+}^b=F(b)-F(a^+),\text{式中 }F(a^+)=\lim_{x\to a^+}F(x).$$

**4. 定积分计算方法**

(1) 定积分换元积分法

设 $f(x)$ 在 $[a,b]$ 上连续，$x=\varphi(t)$ 满足：

① $\varphi(\alpha)=a$，$\varphi(\beta)=b$；② $\varphi(t)$ 在 $[\alpha,\beta]$（或 $[\beta,\alpha]$）上有连续导数，且其值域不超出 $[a,b]$，则

$$\int_a^b f(x)\mathrm{d}x=\int_\alpha^\beta f[\varphi(t)]\varphi'(t)\mathrm{d}t.$$

(2) 定积分分部积分法

除了上、下限，其公式与不定积分的分部积分相同.

$$\int_a^b u(x)\mathrm{d}v(x)=u(x)v(x)\Big|_a^b-\int_a^b v(x)\mathrm{d}u(x).$$

(3) 定积分的奇偶对称性

设积分区间关于原点对称，即为 $[-a,a]$，则

$$\int_{-a}^{a} f(x)\mathrm{d}x = \begin{cases} 2\int_0^a f(x)\mathrm{d}x, & f(x)\text{ 是偶函数}, \\ 0, & f(x)\text{ 是奇函数}. \end{cases}$$

(4) 应该记住的其他公式和命题

① 设 $f(x)$是以 $l$ 为周期的连续函数,则 $\forall a \in (-\infty, +\infty)$,恒有

$$\int_a^{a+l} f(x)\mathrm{d}x = \int_0^l f(x)\mathrm{d}x, \int_a^{a+nl} f(x)\mathrm{d}x = n\int_0^l f(x)\mathrm{d}x\ (n\text{ 为整数}).$$

② 设 $f(x)$在$[0,1]$上连续,则

$$\int_0^{\frac{\pi}{2}} f(\sin x)\mathrm{d}x = \int_0^{\frac{\pi}{2}} f(\cos x)\mathrm{d}x,$$

$$\int_0^{\pi} f(\sin x)\mathrm{d}x = 2\int_0^{\frac{\pi}{2}} f(\sin x)\mathrm{d}x,$$

$$\int_0^{\pi} xf(\sin x)\mathrm{d}x = \frac{\pi}{2}\int_0^{\pi} f(\sin x)\mathrm{d}x.$$

③ 设 $f(x)$在$[a,b]$上连续,且 $f(x) \geqslant 0$,则$\int_a^b f(x)\mathrm{d}x > 0 \Leftrightarrow$至少存在一点 $x_0 \in [a,b]$,使 $f(x_0) > 0$.

④ 设 $f(x)$在对称区间$[-a,a]$上连续,则

$$\int_{-a}^{a} f(x)\mathrm{d}x = \int_0^a [f(x) + f(-x)]\mathrm{d}x.$$

(5) 常用定积分的值

① $\int_0^a \sqrt{a^2 - x^2}\mathrm{d}x = \frac{\pi}{4}a^2$(半径为 $a$ 的四分之一圆的面积);

② $\int_0^{\pi} \sin x\mathrm{d}x = 2$(正弦曲线一拱的面积为 2);

③ $\sin^n x$ 和$\cos^n x$ 在特殊区间上的积分值($n \geqslant 2$).

$$I_n = \int_0^{\frac{\pi}{2}} \sin^n x\mathrm{d}x = \int_0^{\frac{\pi}{2}} \cos^n x\mathrm{d}x$$

$$= \begin{cases} \frac{n-1}{n} \cdot \frac{n-3}{n-2} \cdot \cdots \cdot \frac{3}{4} \cdot \frac{1}{2} \cdot \frac{\pi}{2}, n\text{ 为偶数}, \\ \frac{n-1}{n} \cdot \frac{n-3}{n-2} \cdot \cdots \cdot \frac{2}{3}, n\text{ 为奇数}. \end{cases}$$

$$\int_0^{\pi} \sin^n x\mathrm{d}x = 2I_n, \int_0^{\pi} \cos^n x\mathrm{d}x = \begin{cases} 2I_n, n\text{ 为偶数}, \\ 0, n\text{ 为奇数}. \end{cases}$$

$$\int_0^{2\pi} \sin^n x\mathrm{d}x = \int_0^{2\pi} \cos^n x\mathrm{d}x = \begin{cases} 4I_n, n\text{ 为偶数}, \\ 0, n\text{ 为奇数}. \end{cases}$$

**5. 积分上限函数的求导公式**

设函数 $f(x)$连续,函数 $u(x)$,$v(x)$可导,则

(1) $\frac{\mathrm{d}}{\mathrm{d}x}\int_a^x f(t)\mathrm{d}t = f(x)$.

(2) $\frac{\mathrm{d}}{\mathrm{d}x}\int_a^{u(x)} f(t)\mathrm{d}t = f[u(x)] \cdot u'(x)$.

(3) $\dfrac{\mathrm{d}}{\mathrm{d}x}\displaystyle\int_{v(x)}^{b} f(t)\mathrm{d}t = -f[v(x)]\cdot v'(x)$.

(4) $\dfrac{\mathrm{d}}{\mathrm{d}x}\displaystyle\int_{v(x)}^{u(x)} f(t)\mathrm{d}t = f[u(x)]\cdot u'(x) - f[v(x)]\cdot v'(x)$.

## 二、基本问题解答

**【问题 5.1】**

(1) 连续的奇函数的原函数都是偶函数吗?

(2) 连续的偶函数的原函数都是奇函数吗?

(3) 连续的周期函数的原函数都是周期函数吗?

**答**　(1) 都是.证明如下:

设 $f(x)$是连续的奇函数,则其原函数为

$$F(x) = \int_0^x f(t)\mathrm{d}t + C,$$

故

$$F(-x) = \int_0^{-x} f(t)\mathrm{d}t + C = \int_0^x [-f(-u)]\mathrm{d}u + C = \int_0^x f(u)\mathrm{d}u + C = F(x),$$

即 $f(x)$的原函数都是偶函数.

(2) 不一定.应为连续的偶函数的原函数中仅有一个是奇函数.证明如下:

设 $f(x)$是连续的偶函数,则其原函数为

$$F(x) = \int_0^x f(t)\mathrm{d}t + C,$$

故 $F(-x) = \displaystyle\int_0^{-x} f(t)\mathrm{d}t + C$,这里要使 $F(-x) = -F(x)$,必须 $C=0$,即在 $f(x)$ 的原函数中仅有原函数 $F(x) = \displaystyle\int_0^x f(t)\mathrm{d}t$ 是奇函数.

(3) 不一定.例如 $f(x) = \cos x + 1$ 是以 $2\pi$ 为周期的周期函数,$f(x)$的一个原函数 $F(x) = \sin x + x$ 不是周期函数.一般有下面两个结论:

① $(-\infty,+\infty)$上的连续函数 $f(x)$是以 $l>0$ 为周期的周期函数的充要条件是

$$\forall a \in (-\infty, +\infty) \text{ 恒有} \int_a^{a+l} f(x)\mathrm{d}x = \int_0^l f(x)\mathrm{d}x.$$

**证明　必要性**　设 $\varphi(a) = \displaystyle\int_0^{a+l} f(x)\mathrm{d}x - \int_0^a f(x)\mathrm{d}x = \int_a^{a+l} f(x)\mathrm{d}x$,由题设

$$\varphi'(a) = f(a+l) - f(a) = 0 \Rightarrow \varphi(a) = C(\text{常数}).$$

取 $a=0$,得 $C = \varphi(0) = \displaystyle\int_0^l f(x)\mathrm{d}x$,因此

$$\varphi(a) = \int_a^{a+l} f(x)\mathrm{d}x = \int_0^l f(x)\mathrm{d}x.$$

**充分性**　对$\displaystyle\int_a^{a+l} f(x)\mathrm{d}x = \int_0^l f(x)\mathrm{d}x$ 两边关于$a$ 求导,得 $f(a+l) = f(a)$,故 $f(x)$ 是周期为 $l$ 的周期函数.

② $(-\infty,+\infty)$上的以$l>0$为周期的连续函数$f(x)$的原函数为周期函数的充要条件是$\forall x\in(-\infty,+\infty)$恒有$\int_x^{x+l}f(t)\mathrm{d}t=\int_0^l f(x)\mathrm{d}x=0$.

**证明** 易见$F(x)=\int_0^x f(t)\mathrm{d}t+C$ （$C$是任意常数）是$f(x)$的所有原函数，由

$$F(x+l)=\int_0^{x+l}f(t)\mathrm{d}t+C=\int_0^x f(t)\mathrm{d}t+\int_x^{x+l}f(t)\mathrm{d}t+C$$

得

$$F(x+l)=F(x)+\int_x^{x+l}f(t)\mathrm{d}t.$$

若$F(x)$为周期函数，即$F(x+l)=F(x)$，则$\int_x^{x+l}f(t)\mathrm{d}t=0$.

反之，若$\int_x^{x+l}f(t)\mathrm{d}t=0$，则$F(x+l)=F(x)$，$F(x)$为周期函数.

可见，若$f(x)$为连续的周期函数且为奇函数，则

$$\int_x^{x+l}f(t)\mathrm{d}t=\int_0^l f(x)\mathrm{d}x=\int_{-\frac{l}{2}}^{\frac{l}{2}}f(x)\mathrm{d}x=0,$$

所以，奇函数且为周期连续函数的原函数一定为周期函数.

**【问题 5.2】** 下列计算是否正确，为什么？

由$\left(\arctan\dfrac{1+x}{1-x}\right)'=\dfrac{1}{1+x^2}$，得

$$\int_0^{\sqrt{3}}\frac{\mathrm{d}x}{1+x^2}=\arctan\frac{1+x}{1-x}\Big|_0^{\sqrt{3}}=-\arctan(2+\sqrt{3})-\frac{\pi}{4}.$$

**答** 不正确.由被积函数$\dfrac{1}{1+x^2}$在区间$[0,\sqrt{3}]$大于零知，积分值应大于零.此计算的错误在于函数$\arctan\dfrac{1+x}{1-x}$在$x=1$处不可导，因此，它只能是$\dfrac{1}{1+x^2}$分别在$(-\infty,1)$和$(1,+\infty)$内的原函数，而不是包含$x=1$在内的区间$[0,\sqrt{3}]$上的原函数，故不能直接用牛顿—莱布尼茨公式来计算定积分的值.正确的解法只需另找一个满足牛顿—莱布尼茨公式条件的原函数即可：

$$\int_0^{\sqrt{3}}\frac{\mathrm{d}x}{1+x^2}=\arctan x\Big|_0^{\sqrt{3}}=\frac{\pi}{3}.$$

**【问题 5.3】** 在证明$\lim\limits_{n\to\infty}\int_0^1\dfrac{x^n}{1+x}\mathrm{d}x=0$时，用积分中值定理得

$$\int_0^1\frac{x^n}{1+x}\mathrm{d}x=\frac{\xi^n}{1+\xi},0<\xi<1,$$

所以

$$\lim_{n\to\infty}\int_0^1\frac{x^n}{1+x}\mathrm{d}x=\lim_{n\to\infty}\frac{\xi^n}{1+\xi}=0.$$

问这个证明对不对？

**答** 不对.这里要注意一个问题，被积函数随$n$的变化而变化，从而$\xi$与$n$有关.正确的应记为$\xi_n$，即

$$\int_0^1 \frac{x^n}{1+x}\mathrm{d}x = \frac{\xi_n^n}{1+\xi_n}, (0 \leqslant \xi_n \leqslant 1).$$

所以$\lim\limits_{n\to\infty}\dfrac{\xi_n^n}{1+\xi_n}$是否存在不一定.

对数学中的每一个公式或定理,我们一定要注意它们的条件和结论.此题证明如下:由

$$0 \leqslant \frac{x^n}{1+x} \leqslant x^n, \quad x \in [0,1],$$

得

$$0 \leqslant \int_0^1 \frac{x^n}{1+x}\mathrm{d}x \leqslant \int_0^1 x^n \mathrm{d}x = \frac{1}{n+1},$$

由夹逼定理

$$\lim_{n\to\infty}\int_0^1 \frac{x^n}{1+x}\mathrm{d}x = 0.$$

**【问题 5.4】** 指出下列求解过程中的错误,并写出正确的求解过程.

(1) $$\int_0^{\frac{\pi}{2}} \sqrt{1-\sin 2x}\,\mathrm{d}x = \int_0^{\frac{\pi}{2}} \sqrt{(\sin x - \cos x)^2}\,\mathrm{d}x = \int_0^{\frac{\pi}{2}} (\sin x - \cos x)\mathrm{d}x = 0.$$

(2) $$\int_0^1 \sqrt{1-x^2}\,\mathrm{d}x \xlongequal{令 x=\sin t} \int_0^{\frac{5}{2}\pi} \cos^2 t\,\mathrm{d}t = \frac{1}{2}\int_0^{\frac{5}{2}\pi}(1+\cos 2t)\mathrm{d}t = \frac{1}{2}\left(t+\frac{1}{2}\sin 2t\right)\Big|_0^{\frac{5}{2}\pi} = \frac{5}{4}\pi.$$

答　(1) 被积函数$\sqrt{(\sin x-\cos x)^2} = |\sin x - \cos x|$在区间$\left[0,\dfrac{\pi}{2}\right]$上去掉绝对值时,应注意它的正负取值.正确解法为

$$\int_0^{\frac{\pi}{2}} \sqrt{1-\sin 2x}\,\mathrm{d}x = \int_0^{\frac{\pi}{2}} |\sin x - \cos x|\,\mathrm{d}x = \int_0^{\frac{\pi}{4}}(\cos x - \sin x)\mathrm{d}x + \int_{\frac{\pi}{4}}^{\frac{\pi}{2}}(\sin x - \cos x)\mathrm{d}x = 2(\sqrt{2}-1).$$

(2) 根据定积分换元法,要求变换 $x=\varphi(t)$当 $t$ 由 $\alpha$ 变到 $\beta$ 时,其值域不越出$[a,b]$,若取 $t$ 的范围为区间$\left[0,\dfrac{5\pi}{2}\right]$,则

$$\int_0^1 \sqrt{1-x^2}\,\mathrm{d}x \xlongequal{令 x=\sin t} \int_0^{\frac{5}{2}\pi} \sqrt{1-\sin^2 t}\cos t\,\mathrm{d}t$$

$$= \int_0^{\frac{5}{2}\pi} |\cos t| \cos t\,\mathrm{d}t = \int_0^{\frac{\pi}{2}} \cos^2 t\,\mathrm{d}t - \int_{\frac{\pi}{2}}^{\frac{3}{2}\pi} \cos^2 t\,\mathrm{d}t + \int_{\frac{3}{2}\pi}^{\frac{5}{2}\pi} \cos^2 t\,\mathrm{d}t$$

$$= \frac{1}{2}\left(t+\frac{1}{2}\sin 2t\right)\Big|_0^{\frac{\pi}{2}} - \frac{1}{2}\left(t+\frac{1}{2}\sin 2t\right)\Big|_{\frac{\pi}{2}}^{\frac{3}{2}\pi} + \frac{1}{2}\left(t+\frac{1}{2}\sin 2t\right)\Big|_{\frac{3}{2}\pi}^{\frac{5}{2}\pi}$$

$$= \frac{\pi}{4}.$$

若取 $t$ 的范围为区间 $\left[0,\frac{\pi}{2}\right]$，则

$$\int_0^1 \sqrt{1-x^2}\,\mathrm{d}x \xlongequal{\text{令} x=\sin t} \int_0^{\frac{\pi}{2}} \sqrt{1-\sin^2 t}\cos t\,\mathrm{d}t$$

$$= \int_0^{\frac{\pi}{2}} \cos^2 t\,\mathrm{d}t = \frac{1}{2}\left(t+\frac{1}{2}\sin 2t\right)\Big|_0^{\frac{\pi}{2}} = \frac{\pi}{4}.$$

【问题 5.5】 对于反常积分 $\int_{-\infty}^{+\infty} \frac{x}{\sqrt{1+x^2}}\mathrm{d}x$，由于被积函数 $\frac{x}{\sqrt{1+x^2}}$ 为 $(-\infty,+\infty)$ 内的奇函数，因此 $\int_{-\infty}^{+\infty} \frac{x}{\sqrt{1+x^2}}\mathrm{d}x=0$，即

$$\int_{-\infty}^{+\infty} \frac{x}{\sqrt{1+x^2}}\mathrm{d}x = \lim_{b\to+\infty}\left(\int_{-b}^{0} \frac{x}{\sqrt{1+x^2}}\mathrm{d}x + \int_0^b \frac{x}{\sqrt{1+x^2}}\mathrm{d}x\right)$$

$$= \lim_{b\to+\infty}\int_{-b}^{b} \frac{x}{\sqrt{1+x^2}}\mathrm{d}x = 0.$$

以上计算是否正确，为什么？

**答** 结论不正确.

因为根据反常积分的定义，原反常积分应为

$$\int_{-\infty}^{+\infty} \frac{x}{\sqrt{1+x^2}}\mathrm{d}x = \int_{-\infty}^{0} \frac{x}{\sqrt{1+x^2}}\mathrm{d}x + \int_0^{+\infty} \frac{x}{\sqrt{1+x^2}}\mathrm{d}x$$

$$= \lim_{b\to+\infty}\int_{-b}^{0} \frac{x}{\sqrt{1+x^2}}\mathrm{d}x + \lim_{b'\to+\infty}\int_0^{b'} \frac{x}{\sqrt{1+x^2}}\mathrm{d}x,$$

而只有当以上两个极限都存在时，反常积分才收敛，但

$$\lim_{b\to+\infty}\int_{-b}^{0} \frac{x}{\sqrt{1+x^2}}\mathrm{d}x = \lim_{b\to+\infty}\left(1-\sqrt{1+b^2}\right)$$

和

$$\lim_{b'\to+\infty}\int_0^{b'} \frac{x}{\sqrt{1+x^2}}\mathrm{d}x = \lim_{b'\to+\infty}\left(\sqrt{1+b'^2}-1\right)$$

两个极限都不存在，故原反常积分发散.

【问题 5.6】 积分中值定理中的“中值”$\xi$ 可以在开区间内取得吗？

**答** 可以.

若函数 $f(x)$ 在闭区间 $[a,b]$ 上连续，则在开区间 $(a,b)$ 内至少存在一点 $\xi$，使

$$\int_a^b f(x)\mathrm{d}x = f(\xi)(b-a) \quad (a<\xi<b).$$

证明如下：

因 $f(x)$ 连续，故它的原函数存在，设为 $F(x)$，即设 $[a,b]$ 上 $F'(x)=f(x)$. 根据牛顿—莱布尼茨公式，有

$$\int_a^b f(x)\mathrm{d}x = F(b)-F(a).$$

显然函数 $F(x)$ 在区间 $[a,b]$ 上满足微分中值定理的条件，因此按微分中值定理，在开区间 $(a,b)$ 内至少存在一点 $\xi$，使

$$F(b)-F(a)=F'(\xi)(b-a), \xi \in (a,b),$$

故

$$\int_a^b f(x)\mathrm{d}x = f(\xi)(b-a), \xi \in (a,b).$$

## 三、典型例题解析

### 1. 利用定积分的定义求极限

**【例 5.1】** 求极限 $\lim\limits_{n\to\infty}\left(\dfrac{1}{n^2+1^2}+\dfrac{2}{n^2+2^2}+\cdots+\dfrac{n}{n^2+n^2}\right)$.

**解** 原式 $=\lim\limits_{n\to\infty}\dfrac{1}{n}\left(\dfrac{\frac{1}{n}}{1+\left(\frac{1}{n}\right)^2}+\dfrac{\frac{2}{n}}{1+\left(\frac{2}{n}\right)^2}+\cdots+\dfrac{\frac{n}{n}}{1+\left(\frac{n}{n}\right)^2}\right)$

$$=\int_0^1 \frac{x}{1+x^2}\mathrm{d}x=\frac{1}{2}\ln(1+x^2)\Big|_0^1=\frac{1}{2}\ln 2.$$

**【例 5.2】** 求极限 $\lim\limits_{n\to\infty}\sum\limits_{i=1}^{n}\dfrac{2^{\frac{i}{n}}}{n+\frac{1}{i}}$.

**解** 因 $\dfrac{1}{n+1}\sum\limits_{i=1}^{n}2^{\frac{i}{n}}\leqslant\sum\limits_{i=1}^{n}\dfrac{2^{\frac{i}{n}}}{n+\frac{1}{i}}\leqslant\dfrac{1}{n}\sum\limits_{i=1}^{n}2^{\frac{i}{n}}$，

而

$$\lim_{n\to\infty}\frac{1}{n}\sum_{i=1}^{n}2^{\frac{i}{n}}=\lim_{n\to\infty}\sum_{i=1}^{n}2^{\frac{i}{n}}\cdot\frac{1}{n}=\int_0^1 2^x\mathrm{d}x=\frac{1}{\ln 2},$$

$$\lim_{n\to\infty}\frac{1}{n+1}\sum_{i=1}^{n}2^{\frac{i}{n}}=\lim_{n\to\infty}\frac{n}{n+1}\cdot\lim_{n\to\infty}\sum_{i=1}^{n}2^{\frac{i}{n}}\cdot\frac{1}{n}=\frac{1}{\ln 2},$$

故 $\lim\limits_{n\to\infty}\sum\limits_{i=1}^{n}\dfrac{2^{\frac{i}{n}}}{n+\frac{1}{i}}=\dfrac{1}{\ln 2}$.

### 2. 变限积分

变限积分是一个特殊的函数，下面讨论与变限积分相关的问题.

**【例 5.3】** 已知 $g(x)$ 是以 $T$ 为周期的连续函数，且 $g(0)=1$，$f(x)=\int_0^{2x}|x-t|g(t)\mathrm{d}t$，求 $f'(T)$.

**解** 因为

$$\begin{aligned}f(x)&=\int_0^x (x-t)g(t)\mathrm{d}t+\int_x^{2x}(t-x)g(t)\mathrm{d}t\\&=x\int_0^x g(t)\mathrm{d}t-\int_0^x tg(t)\mathrm{d}t+\int_x^{2x}tg(t)\mathrm{d}t-x\int_x^{2x}g(t)\mathrm{d}t.\end{aligned}$$

$$f'(x)=\int_0^x g(t)\mathrm{d}t+xg(x)-xg(x)+4xg(2x)-xg(x)-\int_x^{2x} g(t)\mathrm{d}t-2xg(2x)+xg(x)$$

$$=\int_0^x g(t)\mathrm{d}t-\int_x^{2x} g(t)\mathrm{d}t+2xg(2x).$$

所以

$$f'(T)=\int_0^T g(t)\mathrm{d}t-\int_T^{2T} g(t)\mathrm{d}t+2Tg(2T).$$

因 $g(t)$ 是以 $T$ 为周期,所以$\int_0^T g(t)\mathrm{d}t=\int_T^{2T} g(t)\mathrm{d}t$,$g(2T)=g(0)=1$,于是 $f'(T)=2T$.

**注** 如果 $f(x)$是以 $T$ 为周期的连续函数,则对于任意常数 $a$,都有

$$\int_a^{a+T} f(x)\mathrm{d}x=\int_0^T f(x)\mathrm{d}x.$$

**【例 5.4】** 设 $f(x)$ 连续,且$\int_0^x tf(2x-t)\mathrm{d}t=\frac{1}{2}\arctan x^2$,已知 $f(1)=1$,求 $\int_1^2 f(x)\mathrm{d}x$.

**解** 令$2x-t=u$,则

$$\int_0^x tf(2x-t)\mathrm{d}t=-\int_{2x}^x (2x-u)f(u)\mathrm{d}u$$

$$=\int_x^{2x} (2x-u)f(u)\mathrm{d}u=2x\int_x^{2x} f(u)\mathrm{d}u-\int_x^{2x} uf(u)\mathrm{d}u,$$

从而有

$$2x\int_x^{2x} f(u)\mathrm{d}u-\int_x^{2x} uf(u)\mathrm{d}u=\frac{1}{2}\arctan x^2.$$

两边对 $x$ 求导数,得

$$2\int_x^{2x} f(u)\mathrm{d}u+2x[2f(2x)-f(x)]-4xf(2x)+xf(x)=\frac{x}{1+x^4},$$

即 $2\int_x^{2x} f(u)\mathrm{d}u=xf(x)+\frac{x}{1+x^4}$.

令 $x=1$,得 $\int_1^2 f(x)\mathrm{d}x=\frac{1}{2}f(1)+\frac{1}{4}=\frac{1}{2}+\frac{1}{4}=\frac{3}{4}$.

**注** 在积分$\int_x^{2x} (2x-u)f(u)\mathrm{d}u$ 中,因为积分变量为 $u$,所以 $x$ 相对于 $u$ 为常量,只不过积分值是 $x$ 的函数.

**【例 5.5】** 设 $f(x)$ 连续,且 $f(0)\neq 0$,求极限$\lim\limits_{x\to 0}\frac{\int_0^x (x-t)f(t)\mathrm{d}t}{x\int_0^x f(x-t)\mathrm{d}t}$.

**解** $\int_0^x f(x-t)\mathrm{d}t \xlongequal{x-t=u} \int_x^0 f(u)\cdot(-\mathrm{d}u)=\int_0^x f(u)\mathrm{d}u$,

$$\text{原式}=\lim_{x\to 0}\frac{x\int_0^x f(t)\mathrm{d}t-\int_0^x tf(t)\mathrm{d}t}{x\int_0^x f(u)\mathrm{d}u}=\lim_{x\to 0}\frac{\int_0^x f(t)\mathrm{d}t+xf(x)-xf(x)}{\int_0^x f(u)\mathrm{d}u+xf(x)}$$

$$=\lim_{x\to 0}\frac{\int_0^x f(t)\mathrm{d}t}{\int_0^x f(u)\mathrm{d}u+xf(x)}=\lim_{x\to 0}\frac{xf(\xi)}{xf(\xi)+xf(x)}(0<\xi<x)$$

$$=\frac{f(0)}{f(0)+f(0)}=\frac{1}{2}.$$

**注**　一般情况下带有积分上限函数的商的极限需使用洛必达法则，但上面倒数第三步的计算使用的是积分中值定理，原因是 $f(x)$ 不一定可导.

**【例 5.6】**　已知 $f(x)$ 在 $\left[0,\frac{3\pi}{2}\right]$ 上连续，在 $\left(0,\frac{3\pi}{2}\right)$ 内是函数 $\frac{\cos x}{2x-3\pi}$ 的一个原函数，$f(0)=0$，求 $f(x)$ 在区间 $\left[0,\frac{3\pi}{2}\right]$ 上的平均值.

**解**　由已知 $f(x)=\int_0^x\frac{\cos t}{2t-3\pi}\mathrm{d}t$，$f(0)=0$.

则
$$\int_0^{\frac{3\pi}{2}}f(x)\mathrm{d}x=\int_0^{\frac{3\pi}{2}}f(x)\mathrm{d}\left(x-\frac{3\pi}{2}\right)$$

$$=\left[\left(x-\frac{3\pi}{2}\right)f(x)\right]_0^{\frac{3\pi}{2}}-\int_0^{\frac{3\pi}{2}}\left(x-\frac{3\pi}{2}\right)f'(x)\mathrm{d}x$$

$$=-\int_0^{\frac{3\pi}{2}}\left(x-\frac{3\pi}{2}\right)\frac{\cos x}{2x-3\pi}\mathrm{d}x=-\frac{1}{2}\int_0^{\frac{3\pi}{2}}\cos x\,\mathrm{d}x$$

$$=\frac{1}{2}.$$

所以 $f(x)$ 在 $\left[0,\frac{3\pi}{2}\right]$ 上的平均值为

$$\bar{y}=\frac{1}{\frac{3\pi}{2}-0}\int_0^{\frac{3\pi}{2}}f(x)\mathrm{d}x=\frac{1}{3\pi}.$$

**注**　计算定积分时，如果被积函数中出现积分上限函数的因式，一般使用分部积分法解之.

**【例 5.7】**　设函数 $f(x)$ 在区间 $[0,+\infty)$ 上可导，$f(0)=0$，且其反函数为 $g(x)$，若 $\int_0^{f(x)}g(t)\mathrm{d}t=x^2\mathrm{e}^x$，求 $f(x)$.

**解**　等式 $\int_0^{f(x)}g(t)\mathrm{d}t=x^2\mathrm{e}^x$ 两边对 $x$ 求导数，得

$$g[f(x)]\cdot f'(x)=2x\mathrm{e}^x+x^2\mathrm{e}^x,$$

又因 $f(x)$，$g(x)$ 互为反函数，有 $g[f(x)]=x$，于是

$$xf'(x)=(2x+x^2)\mathrm{e}^x,\qquad \text{即}\quad f'(x)=(x+2)\mathrm{e}^x.$$

积分，得
$$f(x)=2\mathrm{e}^x+x\mathrm{e}^x-\int\mathrm{e}^x\mathrm{d}x=(x+1)\mathrm{e}^x+C.$$

已知 $f(0)=0$，$f(x)$ 在 $x=0$ 处右连续，得

$$f(0)=0=\lim_{x\to0^+}[(x+1)e^x+C]=1+C,C=-1,$$

因此
$$f(x)=(x+1)e^x-1.$$

**3. 定积分的计算**

**【例 5.8】** 计算积分 $\int_0^{\frac{1}{2}}\frac{1-2x}{\sqrt{1-x^2}}dx$.

**解** 原式 $=\int_0^{\frac{1}{2}}\frac{dx}{\sqrt{1-x^2}}-\int_0^{\frac{1}{2}}\frac{2x}{\sqrt{1-x^2}}dx$

$$=\arcsin x\Big|_0^{\frac{1}{2}}+2\sqrt{1-x^2}\Big|_0^{\frac{1}{2}}=\frac{\pi}{6}+\sqrt{3}-2.$$

**注** 此题先分项再积分，而不必换元.

**【例 5.9】** 设连续函数 $f(x)$ 满足

$$f(x)=x+x^2\int_0^1f(x)dx+x^3\int_0^2f(x)dx,$$

求 $f(x)$.

**解** 设 $A=\int_0^1f(x)dx$，$B=\int_0^2f(x)dx$，则

$$f(x)=x+Ax^2+Bx^3,$$

所以

$$A=\int_0^1f(x)dx=\int_0^1(x+Ax^2+Bx^3)dx=\frac{1}{2}+\frac{1}{3}A+\frac{1}{4}B,$$

$$B=\int_0^2f(x)dx=\int_0^2(x+Ax^2+Bx^3)dx=2+\frac{8}{3}A+4B.$$

由上述两式解出 $A=\frac{3}{8}$，$B=-1$，于是 $f(x)=x+\frac{3}{8}x^2-x^3$.

**【例 5.10】** 计算积分 $\int_4^{16}\arctan\sqrt{\sqrt{x}-1}\,dx$.

**解** 原式 $=x\arctan\sqrt{\sqrt{x}-1}\Big|_4^{16}-\int_4^{16}\frac{dx}{4\sqrt{\sqrt{x}-1}}$

$$\xlongequal{令\sqrt{\sqrt{x}-1}=t}\frac{13\pi}{3}-\int_1^{\sqrt{3}}(t^2+1)dt$$

$$=\frac{13}{3}\pi-\left(\frac{t^3}{3}+t\right)\Big|_1^{\sqrt{3}}=\frac{13}{3}\pi-2\sqrt{3}+\frac{4}{3}.$$

**注** 此题还可先换元 $t=\sqrt{\sqrt{x}-1}$，后分部积分计算.

**【例 5.11】** 计算积分 $\int_0^{\frac{\pi}{4}}\ln(1+\tan x)dx$.

**解** **方法一**

$$原式=\int_0^{\frac{\pi}{4}}\ln\left(1+\frac{\sin x}{\cos x}\right)dx=\int_0^{\frac{\pi}{4}}\ln(\sin x+\cos x)dx-\int_0^{\frac{\pi}{4}}\ln\cos x\,dx$$

$$=\int_0^{\frac{\pi}{4}}\ln\left[\sqrt{2}\cos(\frac{\pi}{4}-x)\right]dx-\int_0^{\frac{\pi}{4}}\ln\cos x dx$$

$$=\int_0^{\frac{\pi}{4}}\frac{1}{2}\ln 2dx+\int_0^{\frac{\pi}{4}}\ln\cos(\frac{\pi}{4}-x)dx-\int_0^{\frac{\pi}{4}}\ln\cos x dx$$

$$=\frac{\pi}{8}\ln 2+\int_0^{\frac{\pi}{4}}\ln\cos(\frac{\pi}{4}-x)dx-\int_0^{\frac{\pi}{4}}\ln\cos x dx.$$

对于前一个积分，令$\frac{\pi}{4}-x=t$，则

$$原式=\frac{\pi}{8}\ln 2+\int_0^{\frac{\pi}{4}}\ln\cos t dt-\int_0^{\frac{\pi}{4}}\ln\cos x dx=\frac{\pi}{8}\ln 2.$$

**方法二**　令$x=\frac{\pi}{4}-t$，$dx=-dt$，

$$原式=\int_{\frac{\pi}{4}}^{0}\ln\left[1+\tan(\frac{\pi}{4}-t)\right](-dt)=\int_0^{\frac{\pi}{4}}\ln(1+\frac{1-\tan t}{1+\tan t})dt$$

$$=\int_0^{\frac{\pi}{4}}\ln\frac{2}{1+\tan t}dt=\int_0^{\frac{\pi}{4}}\ln 2dt-\int_0^{\frac{\pi}{4}}\ln(1+\tan t)dt,$$

因此

$$\int_0^{\frac{\pi}{4}}\ln(1+\tan x)dx=\frac{1}{2}\int_0^{\frac{\pi}{4}}\ln 2dx=\frac{\pi}{8}\ln 2.$$

**注**　换元后，积分$\int_0^{\frac{\pi}{4}}\ln\cos x dx$恰有正、负两式，抵消后解出积分值.实际上，本题中的被积函数不存在初等函数形式的原函数，也就不能直接利用牛顿—莱布尼茨定理.

**【例 5.12】**　设$n$为正整数，计算

$$I=\int_{e^{-2n\pi}}^{1}\left|\frac{d}{dx}\cos\left(\ln\frac{1}{x}\right)\right|dx.$$

**解**　$I=\int_{e^{-2n\pi}}^{1}\left|\frac{d}{dx}\cos\left(\ln\frac{1}{x}\right)\right|dx=\int_{e^{-2n\pi}}^{1}\left|\frac{d}{dx}\cos(\ln x)\right|dx$

$$=\int_{e^{-2n\pi}}^{1}|\sin(\ln x)|\frac{1}{x}dx\xlongequal{令\ln x=u}\int_{-2n\pi}^{0}|\sin u|du$$

$$\xlongequal{令u=-t}\int_0^{2n\pi}|\sin t|dt=2n\int_0^{\pi}|\sin t|dt$$

$$=4n\int_0^{\frac{\pi}{2}}\sin t dt=4n.$$

**【例 5.13】**　计算积分

(1) $\int_{-\frac{\pi}{2}}^{\frac{\pi}{2}}(\sin^4 x+x^3\cos^3 x+\sqrt{\pi^2-4x^2})dx$；

(2) $\int_{-\frac{\pi}{4}}^{\frac{\pi}{4}}\frac{\cos x}{1+e^x}dx$ .

**解**　(1) 此题积分区间为对称区间，而$\sin^4 x$，$\sqrt{\pi^2-4x^2}$为偶函数，$x^3\cos^3 x$为奇函数，可利用奇、偶函数在对称区间上的计算公式，而$\sin^4 x$的计算可由相应公式直接得出，$\sqrt{\pi^2-4x^2}$的计算可由面积公式给出.

$$原式=2\int_0^{\frac{\pi}{2}}\sin^4 x\,dx+2\int_0^{\frac{\pi}{2}}\sqrt{\pi^2-4x^2}\,dx$$

$$=2\cdot\frac{3}{4}\cdot\frac{1}{2}\frac{\pi}{2}+\left(\frac{\pi}{2}\right)^2\cdot\pi=\frac{3}{8}\pi+\frac{\pi^3}{4}.$$

（2）利用对称区间积分计算公式

$$\int_{-a}^{a}f(x)dx=\int_0^a[f(x)+f(-x)]dx.$$

$$原式=\int_0^{\frac{\pi}{4}}\left[\frac{\cos x}{1+e^x}+\frac{\cos(-x)}{1+e^{-x}}\right]dx$$

$$=\int_0^{\frac{\pi}{4}}\cos x\cdot\left(\frac{1}{1+e^x}+\frac{1}{1+e^{-x}}\right)dx=\int_0^{\frac{\pi}{4}}\cos x\,dx=\frac{\sqrt{2}}{2}.$$

**【例 5.14】** 计算下列积分

（1）$\int_0^{\pi}\sqrt{1-\sin x}\,dx$；　　（2）$\int_0^{N\pi}\sqrt{1-\sin 2x}\,dx$　（$N$ 为正整数）.

**解**　（1）**方法一**

$$原式=\int_0^{\pi}\sqrt{\left(\sin\frac{x}{2}-\cos\frac{x}{2}\right)^2}\,dx=\int_0^{\pi}\left|\sin\frac{x}{2}-\cos\frac{x}{2}\right|dx$$

$$=\int_0^{\frac{\pi}{2}}\left(\cos\frac{x}{2}-\sin\frac{x}{2}\right)dx+\int_{\frac{\pi}{2}}^{\pi}\left(\sin\frac{x}{2}-\cos\frac{x}{2}\right)dx$$

$$=4\sqrt{2}-4.$$

**方法二**

$$原式=2\int_0^{\frac{\pi}{2}}\sqrt{1-\sin x}\,dx=2\int_0^{\frac{\pi}{2}}\left(\cos\frac{x}{2}-\sin\frac{x}{2}\right)dx=4\sqrt{2}-4.$$

**注**　方法一中，要注意分区间积分，方法二中应用了公式

$$\int_0^{\pi}f(\sin x)dx=2\int_0^{\frac{\pi}{2}}f(\sin x)dx.$$

（2）**方法一**　　因$\sqrt{1-\sin 2x}$以 $\pi$ 为周期，故

$$原式=N\int_0^{\pi}\sqrt{1-\sin 2x}\,dx=N\int_0^{\pi}|\cos x-\sin x|\,dx$$

$$=N\int_0^{\frac{\pi}{4}}(\cos x-\sin x)dx+N\int_{\frac{\pi}{4}}^{\pi}(\sin x-\cos x)dx=2\sqrt{2}N.$$

**方法二**

$$原式=N\int_{\frac{\pi}{4}}^{\pi+\frac{\pi}{4}}\sqrt{1-\sin 2x}\,dx=N\int_{\frac{\pi}{4}}^{\pi+\frac{\pi}{4}}|\sin x-\cos x|\,dx$$

$$=N\int_{\frac{\pi}{4}}^{\pi+\frac{\pi}{4}}(\sin x-\cos x)dx=2\sqrt{2}N.$$

**【例 5.15】**　求$\int_0^1\frac{\ln(1+x)}{(2-x)^2}dx$.

**解**　原式$=-\int_0^1\ln(1+x)\cdot\frac{1}{(2-x)^2}d(2-x)=\int_0^1\ln(1+x)d\left(\frac{1}{2-x}\right)$

$$=\left[\frac{\ln(1+x)}{2-x}\right]_0^1-\int_0^1\frac{1}{(1+x)(2-x)}dx$$

$$=\ln 2-\frac{1}{3}\int_0^1\left(\frac{1}{1+x}+\frac{1}{2-x}\right)dx$$

$$=\ln 2-\frac{1}{3}\left[\ln(1+x)-\ln(2-x)\right]_0^1=\frac{1}{3}\ln 2.$$

**【例 5.16】** 设 $f(x)=\begin{cases}\dfrac{1}{1+x},x\geqslant 0,\\ \dfrac{1}{1+e^x},x<0,\end{cases}$ 求 $\int_0^2 f(x-1)dx$.

**解** 令 $x-1=t$，则 $dx=dt$，

$$\int_0^2 f(x-1)dx=\int_{-1}^1 f(t)dt=\int_{-1}^0\frac{1}{1+e^t}dt+\int_0^1\frac{1}{1+t}dt$$

$$=\int_{-1}^0\frac{1+e^t-e^t}{1+e^t}dt+\ln(1+t)\Big|_0^1$$

$$=\quad 1-\ln(1+e^t)\Big|_{-1}^0+\ln 2$$

$$=1-\ln 2+\ln\left(1+\frac{1}{e}\right)+\ln 2=1+\ln\frac{1+e}{e}$$

$$=\ln(1+e).$$

**【例 5.17】** 计算 $I=\int_0^{\frac{\pi}{4}}\frac{x}{(\sin x+\cos x)^2}dx$.

**解** $I=\int_0^{\frac{\pi}{4}}\frac{x}{(1+\tan x)^2}\cdot\sec^2 x\,dx=\int_0^{\frac{\pi}{4}}\frac{x\,d(\tan x)}{(\tan x+1)^2}$

$$=-\int_0^{\frac{\pi}{4}}x\,d\left(\frac{1}{1+\tan x}\right)$$

$$=-\left[\frac{x}{1+\tan x}\right]_0^{\frac{\pi}{4}}+\int_0^{\frac{\pi}{4}}\frac{\cos x}{\cos x+\sin x}dx$$

$$=-\frac{\pi}{8}+\frac{1}{2}\int_0^{\frac{\pi}{4}}\frac{\cos x+\sin x+\cos x-\sin x}{\cos x+\sin x}dx$$

$$=-\frac{\pi}{8}+\frac{1}{2}\int_0^{\frac{\pi}{4}}dx+\frac{1}{2}\int_0^{\frac{\pi}{4}}\frac{1}{\sin x+\cos x}d(\sin x+\cos x)$$

$$=-\frac{\pi}{8}+\frac{\pi}{8}+\frac{1}{2}\left[\ln(\sin x+\cos x)\right]_0^{\frac{\pi}{4}}=\frac{1}{4}\ln 2.$$

**【例 5.18】** 求 $\int_0^{\frac{\pi}{2}}e^x\frac{1+\sin x}{1+\cos x}dx$

**解** 原式 $=\int_0^{\frac{\pi}{2}}e^x\frac{\left(\sin\frac{x}{2}+\cos\frac{x}{2}\right)^2}{2\cos^2\frac{x}{2}}=\frac{1}{2}\int_0^{\frac{\pi}{2}}e^x\left(1+\tan\frac{x}{2}\right)^2dx$

$$=\frac{1}{2}\int_0^{\frac{\pi}{2}}e^x\sec^2\frac{x}{2}dx+\int_0^{\frac{\pi}{2}}e^x\tan\frac{x}{2}dx$$

$$=\int_0^{\frac{\pi}{2}}e^x\,d\left(\tan\frac{x}{2}\right)+\int_0^{\frac{\pi}{2}}e^x\tan\frac{x}{2}dx$$

$$=\left[e^x\tan\frac{x}{2}\right]_0^{\frac{\pi}{2}}-\int_0^{\frac{\pi}{2}}e^x\tan\frac{x}{2}dx+\int_0^{\frac{\pi}{2}}e^x\tan\frac{x}{2}dx$$

$$=e^{\frac{\pi}{2}}.$$

**【例 5.19】** 已知 $f(2)=\frac{1}{2}$, $f'(2)=0$ 及 $\int_0^2 f(x)dx=1$,求 $\int_0^1 x^2 f''(2x)dx$.

**解** $\int_0^1 x^2 f''(2x)dx \xlongequal{令 2x=t} \frac{1}{8}\int_0^2 t^2 f''(t)dt=\frac{1}{8}\int_0^2 t^2 d[f'(t)]$

$$=\frac{1}{8}\left[t^2 f'(t)\right]_0^2-\frac{1}{4}\int_0^2 tf'(t)dt=-\frac{1}{4}\int_0^2 t\,d[f(t)]$$

$$=-\frac{1}{4}\left[tf(t)\right]_0^2+\frac{1}{4}\int_0^2 f(t)dt=-\frac{1}{2}f(2)+\frac{1}{4}=0.$$

**【例 5.20】** 设 $f(x)=\int_1^x \frac{\ln t}{1+t}dt$,其中 $x>0$,求 $f(x)+f(\frac{1}{x})$.

**解** $f(\frac{1}{x})=\int_1^{\frac{1}{x}}\frac{\ln t}{1+t}dt \xlongequal{令 t=\frac{1}{u}} \int_1^x \frac{\ln u}{u(u+1)}du=\int_1^x \frac{\ln t}{t(t+1)}dt.$

$$f(x)+f(\frac{1}{x})=\int_1^x \frac{\ln t}{t+1}dt+\int_1^x \frac{\ln t}{t(t+1)}dt=\int_1^x \frac{\ln t}{t}dt$$

$$=\frac{1}{2}\left[\ln^2 t\right]_1^x=\frac{1}{2}\ln^2 x.$$

**4. 关于定积分的证明**

**【例 5.21】 证明** $\frac{2}{\sqrt[4]{e}}\leqslant\int_0^2 e^{x^2-x}dx\leqslant 2e^2$.

**证明** 令 $f(x)=e^{x^2-x}$, $f'(x)=e^{x^2-x}(2x-1)$,

由 $f'(x)=0$,得 $x=\frac{1}{2}$,而 $f(0)=1$, $f(\frac{1}{2})=\frac{1}{\sqrt[4]{e}}$, $f(2)=e^2$,故 $f(x)$在$[0,2]$上有最小值$\frac{1}{\sqrt[4]{e}}$,最大值 $e^2$,从而

$$\frac{2}{\sqrt[4]{e}}=\int_0^2\frac{dx}{\sqrt[4]{e}}\leqslant\int_0^2 e^{x^2-x}dx\leqslant\int_0^2 e^2 dx=2e^2.$$

**注** 求被积函数在积分区间上的最大、最小值,是证明积分不等式的常用方法.

**【例 5.22】** 设 $f(u)$为连续函数,证明

$$\int_1^a f(x^2+\frac{a^2}{x^2})\frac{dx}{x}=\int_1^a f(x+\frac{a^2}{x})\frac{dx}{x}\qquad(a>1).$$

**证明** 令 $x^2=t$,取 $x=\sqrt{t}$, $dx=\frac{dt}{2\sqrt{t}}$,则

$$\int_1^a f(x^2+\frac{a^2}{x^2})\frac{dx}{x}=\frac{1}{2}\int_1^{a^2} f(t+\frac{a^2}{t})\frac{dt}{t}$$

$$=\frac{1}{2}\left[\int_1^a f(t+\frac{a^2}{t})\frac{dt}{t}+\int_a^{a^2} f(t+\frac{a^2}{t})\frac{dt}{t}\right],$$

对后一积分，令 $u=\frac{a^2}{t}$，则 $\mathrm{d}t=-\frac{a^2}{u^2}\mathrm{d}u$，则

$$\int_a^{a^2} f\left(t+\frac{a^2}{t}\right)\frac{\mathrm{d}t}{t}=\int_a^1 f\left(\frac{a^2}{u}+u\right)\frac{u}{a^2}\left(-\frac{a^2}{u^2}\right)\mathrm{d}u=\int_1^a f\left(u+\frac{a^2}{u}\right)\frac{\mathrm{d}u}{u}.$$

从而

$$\int_1^a f\left(x^2+\frac{a^2}{x^2}\right)\frac{\mathrm{d}x}{x}=\frac{1}{2}\left[\int_1^a f\left(t+\frac{a^2}{t}\right)\frac{\mathrm{d}t}{t}+\int_1^a f\left(u+\frac{a^2}{u}\right)\frac{\mathrm{d}u}{u}\right]$$

$$=\int_1^a f\left(x+\frac{a^2}{x}\right)\frac{\mathrm{d}x}{x}.$$

**注**　此题证明时，先考虑 $f\left(x^2+\frac{a^2}{x^2}\right)$ 转化为 $f\left(x+\frac{a^2}{x}\right)$，从而作变换 $x^2=t$，但换元后积分区间变成了 $[1,a^2]$，为使成为 $[1,a]$，再结合被积函数，才有以上先分区间后作变换.

**【例 5.23】**　设 $n$ 为正整数且 $n\geqslant 2$，求证不等式.

$$\frac{1}{2(n+1)}<\int_0^{\frac{\pi}{4}}\tan^n x\,\mathrm{d}x<\frac{1}{2(n-1)}$$

**证明**

当 $0<x<\frac{\pi}{4}$ 时，$0<\tan x<1$，从而有 $\tan^{n+2}x<\tan^n x<\tan^{n-2}x$，

$$\int_0^{\frac{\pi}{4}}\tan^{n+2}x\,\mathrm{d}x<\int_0^{\frac{\pi}{4}}\tan^n x\,\mathrm{d}x<\int_0^{\frac{\pi}{4}}\tan^{n-2}x\,\mathrm{d}x,$$

$$\int_0^{\frac{\pi}{4}}\tan^{n+2}x\,\mathrm{d}x=\int_0^{\frac{\pi}{4}}\tan^n x\cdot(\sec^2 x-1)\mathrm{d}x$$

$$=\int_0^{\frac{\pi}{4}}\tan^n x\,\mathrm{d}(\tan x)-\int_0^{\frac{\pi}{4}}\tan^n x\,\mathrm{d}x$$

$$=\frac{1}{n+1}\left[\tan^{n+1}x\right]_0^{\frac{\pi}{4}}-\int_0^{\frac{\pi}{4}}\tan^n x\,\mathrm{d}x=\frac{1}{n+1}-\int_0^{\frac{\pi}{4}}\tan^n x\,\mathrm{d}x,$$

有

$$\frac{1}{2(n+1)}<\int_0^{\frac{\pi}{4}}\tan^n x\,\mathrm{d}x.$$

同理

$$\int_0^{\frac{\pi}{4}}\tan^n x\,\mathrm{d}x=\int_0^{\frac{\pi}{4}}\tan^{n-2}x\cdot(\sec^2 x-1)\mathrm{d}x=\frac{1}{n-1}-\int_0^{\frac{\pi}{4}}\tan^{n-2}x\,\mathrm{d}x,$$

移项得

$$\frac{1}{n-1}-\int_0^{\frac{\pi}{4}}\tan^n x\,\mathrm{d}x=\int_0^{\frac{\pi}{4}}\tan^{n-2}x\,\mathrm{d}x>\int_0^{\frac{\pi}{4}}\tan^n x\,\mathrm{d}x.$$

$$\frac{1}{2(n-1)}>\int_0^{\frac{\pi}{4}}\tan^n x\,\mathrm{d}x.$$

由此可见

$$\frac{1}{2(n+1)}<\int_0^{\frac{\pi}{4}}\tan^n x\,\mathrm{d}x<\frac{1}{2(n-1)}.$$

**【例 5.24】**　设 $f(x)$ 在 $[a,b]$ 上可导，$f'(x)$ 在 $[a,b]$ 上可积，$f(a)=f(b)=0$，求证：$\forall x\in[a,b]$，有

$$|f(x)|\leqslant\frac{1}{2}\int_a^b|f'(x)|\,\mathrm{d}x.$$

**证明**　由于

$$\int_a^x f'(t)\mathrm{d}t = f(x) - f(a) = f(x) \quad (a \leqslant x \leqslant b),$$

$$\int_x^b f'(t)\mathrm{d}t = f(b) - f(x) = -f(x) \quad (a \leqslant x \leqslant b),$$

所以$\forall x \in [a,b]$,有

$$|f(x)| = \left|\int_a^x f'(t)\mathrm{d}t\right| \leqslant \int_a^x |f'(t)|\mathrm{d}t,$$

$$|f(x)| = \left|\int_x^b f'(t)\mathrm{d}t\right| \leqslant \int_x^b |f'(t)|\mathrm{d}t,$$

两式相加,得

$$2|f(x)| \leqslant \int_a^b |f'(t)|\mathrm{d}t = \int_a^b |f'(x)|\mathrm{d}x,$$

故

$$|f(x)| \leqslant \frac{1}{2}\int_a^b |f'(x)|\mathrm{d}x.$$

**【例 5.25】** 设 $f(x)$ 在 $[0,2]$ 上可导, $f(0)=f(2)=1$, $|f'(x)| \leqslant 1$, 试证 $1 \leqslant \int_0^2 f(x)\mathrm{d}x \leqslant 3$.

**证明** 由拉格朗日中值定理,有

$$f(x) - f(0) = f'(\xi_1)x, \quad \xi_1 \in (0,x),$$

$$f(x) - f(2) = f'(\xi_2)(x-2), \quad \xi_2 \in (x,2).$$

又 $|f'(x)| \leqslant 1$ 即 $-1 \leqslant f'(x) \leqslant 1$,

从而

$$1 - x \leqslant f(x) = 1 + f'(\xi_1)x \leqslant 1 + x, x \in [0,1],$$

$$x - 1 \leqslant f(x) = 1 + f'(\xi_2)(x-2) \leqslant 3 - x, x \in [1,2],$$

也就有

$$\int_0^2 f(x)\mathrm{d}x \geqslant \int_0^1 (1-x)\mathrm{d}x + \int_1^2 (x-1)\mathrm{d}x = 1,$$

$$\int_0^2 f(x)\mathrm{d}x \leqslant \int_0^1 (1+x)\mathrm{d}x + \int_1^2 (3-x)\mathrm{d}x = 3.$$

**注** 证明中应用拉格朗日中值定理的原因,主要是基于条件中有关 $f(x)$ 一阶导数的不等式性质.

**【例 5.26】** 设 $f''(x)$ 在 $[0,1]$ 上连续, $f''(x)<0$, $\alpha>0$, 试证明不等式:

$$\int_0^1 f(x^\alpha)\mathrm{d}x < f\left(\frac{1}{\alpha+1}\right).$$

**证明** 由泰勒公式

$$f(x) = f(x_0) + f'(x_0)(x-x_0) + \frac{f''(\xi)}{2}(x-x_0)^2 \quad (\xi \text{ 介于 } x_0, x \text{ 之间}),$$

因 $f''(x)<0$, 故 $f(x)<f(x_0)+f'(x_0)(x-x_0)$.

取 $x=x^\alpha$, $x_0=\dfrac{1}{\alpha+1}$ 得

$$f(x^\alpha) < f(\frac{1}{\alpha+1}) + f'(\frac{1}{\alpha+1})(x^\alpha - \frac{1}{\alpha+1}).$$

$$\int_0^1 f(x^\alpha)dx < \int_0^1 f(\frac{1}{\alpha+1})dx + \int_0^1 f'(\frac{1}{\alpha+1})(x^\alpha - \frac{1}{\alpha+1})dx$$

$$= f(\frac{1}{\alpha+1}) + f'(\frac{1}{\alpha+1})\int_0^1 x^\alpha dx - \frac{1}{\alpha+1}f'(\frac{1}{\alpha+1})$$

$$= f(\frac{1}{\alpha+1}) + f'(\frac{1}{\alpha+1})\frac{1}{\alpha+1} - \frac{1}{\alpha+1}f'(\frac{1}{\alpha+1}) = f(\frac{1}{\alpha+1}).$$

**注**　证明中应用泰勒公式，主要考虑条件 $f''(x)<0$，用中值定理或泰勒公式，是证明积分不等式常用的方法.

**【例 5.27】**　设函数 $f(x)$ 在闭区间 $[0,1]$ 上可导，且 $2\int_0^{\frac{1}{2}} xf(x)dx = f(1)$，试证在开区间 $(0,1)$ 内至少存在一点 $\xi$，使 $f'(\xi) = -\frac{1}{\xi}f(\xi)$.

**证明**　设 $F(x)=xf(x)$，

对 $\int_0^{\frac{1}{2}} xf(x)dx$ 在 $\left[0,\frac{1}{2}\right]$ 上应用积分中值定理，

$$\int_0^{\frac{1}{2}} xf(x)dx = \frac{1}{2}\xi_1 f(\xi_1),\ \xi_1 \in [0,\frac{1}{2}].$$

故
$$F(1) = f(1) = 2\int_0^{\frac{1}{2}} xf(x)dx = \xi_1 f(\xi_1) = F(\xi_1).$$

在区间 $[\xi_1,1]$ 上 $F(x)$ 满足罗尔定理的条件，因此存在 $\xi \in (\xi_1,1) \subset (0,1)$，使得 $F'(\xi)=0$.

即
$$f(\xi)+\xi f'(\xi)=0,$$

也就是
$$f'(\xi) = -\frac{1}{\xi}f(\xi).$$

**【例 5.28】**　设 $f(x)$ 在 $[0,1]$ 上可导，$f(0)=0$，且当 $x\in(0,1)$ 时，$0<f'(x)<1$.
试证：当 $a\in(0,1)$ 时，有

$$\left(\int_0^a f(x)dx\right)^2 > \int_0^a f^3(x)dx.$$

**证明**　设 $F(x) = \left(\int_0^x f(t)dt\right)^2 - \int_0^x f^3(t)dt$，则 $F(0)=0$.

$$F'(x) = 2f(x)\int_0^x f(t)dt - f^3(x) = f(x)\left[2\int_0^x f(t)dt - f^2(x)\right].$$

设 $g(x) = 2\int_0^x f(t)dt - f^2(x)$，则 $g(0)=0$.

$$g'(x) = 2f(x) - 2f(x)f'(x) = 2f(x)[1-f'(x)].$$

因为 $f'(0)>0$，所以 $f(x)$ 在 $[0,1]$ 上严格单调增加.
于是，当 $0<x\leqslant 1$ 时，有 $f(x)>f(0)=0$.
从而，当 $0<x<1$ 时，$g'(x)=2f(x)[1-f'(x)]>0$.

$$g(x) > g(0) = 0 \quad (0<x<1).$$

∴当 $0<x<1$ 时，$F'(x)>0$，$F(x)>F(0)=0$.

即
$$\left(\int_0^x f(t)\mathrm{d}t\right)^2 > \int_0^x f^3(t)\mathrm{d}t.$$

∴对于 $\forall a\in(0,1)$，有
$$\left(\int_0^a f(x)\mathrm{d}x\right)^2 > \int_0^a f^3(x)\mathrm{d}x.$$

**【例 5.29】** 设 $f(x)$ 在 $[0,1]$ 上连续，$\int_0^1 f(x)\mathrm{d}x=0$，$\int_0^1 xf(x)\mathrm{d}x=1$.求证：

(1) $\exists\xi\in[0,1]$，使得 $|f(\xi)|>4$；

(2) $\exists\eta\in[0,1]$，使得 $|f(\eta)|=4$.

**证明** (1)(反证法)设 $\forall x\in[0,1]$，有 $|f(x)|\leqslant 4$.由于
$$\int_0^1\left(x-\frac{1}{2}\right)f(x)\mathrm{d}x=\int_0^1 xf(x)\mathrm{d}x-\frac{1}{2}\int_0^1 f(x)\mathrm{d}x=1,$$
$$\int_0^1\left(x-\frac{1}{2}\right)f(x)\mathrm{d}x\leqslant\int_0^1\left|x-\frac{1}{2}\right|\left|f(x)\right|\mathrm{d}x\leqslant 4\int_0^1\left|x-\frac{1}{2}\right|\mathrm{d}x,$$
$$\int_0^1\left|x-\frac{1}{2}\right|\mathrm{d}x=\int_0^{\frac{1}{2}}\left(\frac{1}{2}-x\right)\mathrm{d}x+\int_{\frac{1}{2}}^1\left(x-\frac{1}{2}\right)\mathrm{d}x$$
$$=\left[\left(\frac{1}{2}x-\frac{1}{2}x^2\right)\right]_0^{\frac{1}{2}}+\left[\left(\frac{x^2}{2}-\frac{1}{2}x\right)\right]_{\frac{1}{2}}^1=\frac{1}{4}.$$

所以
$$\int_0^1\left|x-\frac{1}{2}\right|\left|f(x)\right|\mathrm{d}x=1,$$
$$\int_0^1\left(4-\left|f(x)\right|\right)\left|x-\frac{1}{2}\right|\mathrm{d}x=0.$$

于是 $|f(x)|\equiv 4(0\leqslant x\leqslant 1)$，由连续性知
$$f(x)=4 \text{ 或 } f(x)=-4,$$

这与条件 $\int_0^1 f(t)\mathrm{d}x=0$ 矛盾，所以 $\exists\xi\in[0,1]$，使得
$$|f(\xi)|>4.$$

(2) 因 $f(x)$ 在 $[0,1]$ 上连续，故 $|f(x)|$ 在 $[0,1]$ 上连续.应用积分中值定理，$\exists x_0\in(0,1)$，使得
$$\int_0^1 f(x)\mathrm{d}x=f(x_0)=0,$$

于是 $|f(x_0)|=0$，对连续函数 $|f(x)|$，因 $|f(x_0)|=0$，$|f(\xi)|>4$，应用介值定理，$\exists\eta\in[0,1]$，使得 $|f(\eta)|=4$.

**【例 5.30】** 设 $f(x)$、$g(x)$ 在区间 $[a,b]$ 上均连续，证明：
$$\left[\int_a^b f(x)g(x)\mathrm{d}x\right]^2\leqslant\int_a^b f^2(x)\mathrm{d}x\cdot\int_a^b g^2(x)\mathrm{d}x.$$

**证明** 令 $\varphi(x)=f(x)+\lambda g(x)$，则
$$\varphi^2(x)=f^2(x)+2\lambda f(x)g(x)+\lambda^2g^2(x)\geqslant 0,$$

从而有
$$\int_a^b\varphi^2(x)\mathrm{d}x\geqslant 0,$$

即

$$\int_a^b f^2(x)\mathrm{d}x + 2\lambda\int_a^b f(x)g(x)\mathrm{d}x + \lambda^2\int_a^b g^2(x)\mathrm{d}x \geqslant 0,$$

对 $\lambda$ 的二次三项式讲，$\Delta\leqslant 0$，从而有

$$4\left(\int_a^b f(x)g(x)\mathrm{d}x\right)^2 \leqslant 4\int_a^b f^2(x)\mathrm{d}x \cdot \int_a^b g^2(x)\mathrm{d}x,$$

所以

$$\left[\int_a^b f(x)g(x)\mathrm{d}x\right]^2 \leqslant \int_a^b f^2(x)\mathrm{d}x \cdot \int_a^b g^2(x)\mathrm{d}x.$$

**注**　这个不等式叫作 Cauchy(柯西)不等式或 Schuarz(施瓦茨)不等式，是一个十分重要的不等式，它是不等式

$$(a_1b_1 + a_2b_2 + \cdots + a_nb_n)^2 \leqslant (a_1^2 + a_2^2 + \cdots + a_n^2)(b_1^2 + b_2^2 + \cdots + b_n^2)$$

的推广.

**【例 5.31】**　设函数 $f(x)$ 在闭区间 $[a,b]$ 上连续可导，$f(a)=0$，且 $M$ 是 $|f(x)|$ 在 $[a,b]$ 上的最大值，证明不等式

$$M^2 \leqslant (b-a)\int_a^b [f'(x)]^2\mathrm{d}x.$$

**证明**　已知 $f(a)=0$，$f(x)=f(x)-f(a)=\int_a^x f'(t)\mathrm{d}t$，

两边平方，利用柯西不等式有

$$f^2(x) = \left(\int_a^x f'(t)\mathrm{d}t\right)^2 \leqslant \int_a^x \mathrm{d}t \cdot \int_a^x [f'(t)]^2\mathrm{d}t$$

$$= (x-a)\int_a^x [f'(t)]^2\mathrm{d}t \leqslant (b-a)\int_a^b [f'(x)]^2\mathrm{d}x.$$

上面不等式对于 $[a,b]$ 上任一点 $x$ 均成立，在 $|f(x)|$ 达到最大值的点处亦必成立，因而有

$$M^2 \leqslant (b-a)\int_a^b [f'(x)]^2\mathrm{d}x.$$

**【例 5.32】**　设 $f(x)$ 在 $[a,b]$ 上连续，证明：

$$2\int_a^b f(x)\left(\int_x^b f(t)\mathrm{d}t\right)\mathrm{d}x = \left(\int_a^b f(x)\mathrm{d}x\right)^2.$$

**证明**　由 $f(x)$ 在 $[a,b]$ 上连续知，$f(x)$ 在 $[a,b]$ 上可积. 令 $F(x)=\int_x^b f(t)\mathrm{d}t$，则 $F'(x)=-f(x)$，由此

$$2\int_a^b f(x)\left(\int_x^b f(t)\mathrm{d}t\right)\mathrm{d}x = 2\int_a^b f(x)F(x)\mathrm{d}x$$

$$= -2\int_a^b F'(x)F(x)\mathrm{d}x = -2\int_a^b F(x)\mathrm{d}F(x)$$

$$= -[F^2(x)]_a^b = -F^2(b) + F^2(a) = F^2(a) = \left(\int_a^b f(x)\mathrm{d}x\right)^2.$$

**【例 5.33】**　设 $f(x)$ 在区间 $[0,1]$ 上具有二阶连续导数，$f(0)=f(1)=0$，且 $f(x)\neq 0$，$x\in(0,1)$，求证 $\int_0^1 \left|\frac{f''(x)}{f(x)}\right|\mathrm{d}x \geqslant 4$.

**证明**　因 $f(0)=0$，$f(1)=0$ 且 $f(x)$ 在 $[0,1]$ 上连续，从而知 $\int_0^1\left|\frac{f''(x)}{f(x)}\right|\mathrm{d}x$ 为反常积

分.若反常积分$\int_0^1\left|\dfrac{f''(x)}{f(x)}\right|\mathrm{d}x$发散,题中的积分不等式显然成立,今就该积分收敛情况证之.

因$f(x)$在$[0,1]$上连续,且$f(x)\neq 0,x\in(0,1)$,今取$|f(x_0)|=\max\limits_{0\leqslant x\leqslant 1}|f(x)|$,由拉格朗日中值定理得

$$f(x_0)=f(x_0)-f(0)=f'(\alpha)\cdot x_0\qquad(0<\alpha<x_0),$$

$$f(x_0)=f(x_0)-f(1)=f'(\beta)(x_0-1)\qquad(x_0<\beta<1),$$

$$\int_0^1\left|\frac{f''(x)}{f(x)}\right|\mathrm{d}x\geqslant\frac{1}{|f(x_0)|}\int_0^1|f''(x)|\mathrm{d}x\geqslant\frac{1}{|f(x_0)|}\int_\alpha^\beta|f''(x)|\mathrm{d}x.$$

而

$$\begin{aligned}\int_\alpha^\beta|f''(x)|\mathrm{d}x&\geqslant\left|\int_\alpha^\beta f''(x)\mathrm{d}x\right|=|f'(\beta)-f'(\alpha)|=\left|\frac{f(x_0)}{x_0-1}-\frac{f(x_0)}{x_0}\right|\\&=|f(x_0)|\left|\frac{x_0-(x_0-1)}{x_0(x_0-1)}\right|=\frac{|f(x_0)|}{x_0(1-x_0)}\geqslant\frac{|f(x_0)|}{\left(\frac{1}{2}\right)^2}\\&=4|f(x_0)|.\end{aligned}$$

代入上式,便有

$$\int_0^1\left|\frac{f''(x)}{f(x)}\right|\mathrm{d}x\geqslant\frac{1}{|f(x_0)|}\int_\alpha^\beta|f''(x)|\mathrm{d}x\geqslant\frac{4|f(x_0)|}{|f(x_0)|}=4.$$

**注** $x_0$与$1-x_0$二数之和为1,和为1的二正数之积以$\dfrac{1}{2}\cdot\dfrac{1}{2}=\dfrac{1}{4}$为最大.

**5. 递推公式**

**【例 5.34】** 求$I_n=\int_0^{\frac{\pi}{4}}\tan^{2n}x\,\mathrm{d}x$ ($n$为正整数).

**解** 设$\tan x=t,x=\arctan t,\mathrm{d}x=\dfrac{1}{1+t^2}\mathrm{d}t$,当$x=0$时,$t=0$;当$x=\dfrac{\pi}{4}$时,$t=1$,则

$$\begin{aligned}I_n&=\int_0^1\frac{t^{2n}}{1+t^2}\mathrm{d}t=\int_0^1\frac{t^{2n-2}(t^2+1-1)}{1+t^2}\mathrm{d}t\\&=\int_0^1 t^{2n-2}\mathrm{d}t-\int_0^1\frac{t^{2n-2}}{1+t^2}\mathrm{d}t=\frac{1}{2n-1}-I_{n-1}.\end{aligned}$$

而$I_1=\int_0^{\frac{\pi}{4}}\tan^2 x\,\mathrm{d}x=1-\dfrac{\pi}{4}$,再利用递推公式,得

$$I_2=\frac{1}{3}-I_1=\frac{1}{3}-(1-\frac{\pi}{4}),$$

$$I_3=\frac{1}{5}-I_2=\frac{1}{5}-\frac{1}{3}+(1-\frac{\pi}{4}),\cdots$$

$$I_n=\frac{1}{2n-1}-\frac{1}{2n-3}+\frac{1}{2n-5}-\cdots+(-1)^{n-1}(1-\frac{\pi}{4}).$$

**6. 反常积分的计算**

**【例 5.35】** 试证 $I=\int_0^{+\infty}\dfrac{\mathrm{d}x}{1+x^4}=\int_0^{+\infty}\dfrac{x^2}{1+x^4}\mathrm{d}x$,并求其值.

**证明**　令 $x=\frac{1}{t}$，$\mathrm{d}x=-\frac{1}{t^2}\mathrm{d}t$，于是

$$I=\int_{+\infty}^{0}\frac{-\frac{1}{t^2}\mathrm{d}t}{1+(\frac{1}{t})^4}=\int_0^{+\infty}\frac{t^2}{1+t^4}\mathrm{d}t=\int_0^{+\infty}\frac{x^2}{1+x^4}\mathrm{d}x,$$

由以上有

$$I=\frac{1}{2}(\int_0^{+\infty}\frac{\mathrm{d}x}{1+x^4}+\int_0^{+\infty}\frac{x^2}{1+x^4}\mathrm{d}x)=\frac{1}{2}\int_0^{+\infty}\frac{1+x^2}{1+x^4}\mathrm{d}x$$

$$=\frac{1}{2}\int_0^{+\infty}\frac{\frac{1}{x^2}+1}{\frac{1}{x^2}+x^2}\mathrm{d}x=\frac{1}{2}\int_0^{+\infty}\frac{\mathrm{d}(x-\frac{1}{x})}{(x-\frac{1}{x})^2+2}.$$

令 $u=x-\frac{1}{x}$，当 $x\to0^+$ 时，$u\to-\infty$，当 $x\to+\infty$ 时，$u\to+\infty$，故

$$I=\frac{1}{2}\int_{-\infty}^{+\infty}\frac{\mathrm{d}u}{u^2+2}=\frac{1}{2\sqrt{2}}\arctan\frac{u}{\sqrt{2}}\Big|_{-\infty}^{+\infty}=\frac{\pi}{2\sqrt{2}}.$$

**【例 5.36】**　计算 $\int_{\frac{\pi}{3}}^{\pi}\frac{\mathrm{d}x}{\cos^2x}$.

**解**　当 $x\to\frac{\pi}{2}$ 时，$\frac{1}{\cos^2x}\to+\infty$，故此积分为反常积分，因此

$$\int_{\frac{\pi}{3}}^{\pi}\frac{\mathrm{d}x}{\cos^2x}=\int_{\frac{\pi}{3}}^{\frac{\pi}{2}}\frac{\mathrm{d}x}{\cos^2x}+\int_{\frac{\pi}{2}}^{\pi}\frac{\mathrm{d}x}{\cos^2x},$$

因为

$$\int_{\frac{\pi}{3}}^{\frac{\pi}{2}}\frac{\mathrm{d}x}{\cos^2x}=\lim_{\varepsilon\to0+}\int_{\frac{\pi}{3}}^{\frac{\pi}{2}-\varepsilon}\frac{\mathrm{d}x}{\cos^2x}=\lim_{\varepsilon\to0+}[\tan x]_{\frac{\pi}{3}}^{\frac{\pi}{2}-\varepsilon}$$

$$=\lim_{\varepsilon\to0+}[\tan(\frac{\pi}{2}-\varepsilon)-\sqrt{3}]=+\infty,$$

所以，反常积分 $\int_{\frac{\pi}{3}}^{\pi}\frac{\mathrm{d}x}{\cos^2x}$ 发散.

**注**　一定要注意识别无界函数的反常积分，否则很容易误认为是定积分而产生计算错误.

**【例 5.37】**　求 $\int_{-\infty}^{+\infty}\frac{1}{(x^2+x+1)^2}\mathrm{d}x$.

**解**　原式 $=\int_{-\infty}^{+\infty}\frac{1}{[(x+\frac{1}{2})^2+(\frac{\sqrt{3}}{2})]^2}\mathrm{d}x$,

设 $x+\frac{1}{2}=\frac{\sqrt{3}}{2}\tan t$，$\mathrm{d}x=\frac{\sqrt{3}}{2}\sec^2t\mathrm{d}t$，当 $x\to-\infty$ 时，$t\to(-\frac{\pi}{2})^+$；当 $x\to+\infty$ 时，$t\to(\frac{\pi}{2})^-$，则

$$原式=\int_{-\frac{\pi}{2}}^{\frac{\pi}{2}}\frac{\frac{\sqrt{3}}{2}\sec^2 t\,dt}{\frac{9}{16}\sec^4 t}=\frac{16}{3\sqrt{3}}\int_0^{\frac{\pi}{2}}\cos^2 t\,dt=\frac{16}{3\sqrt{3}}\cdot\frac{1}{2}\cdot\frac{\pi}{2}=\frac{4\pi}{3\sqrt{3}}.$$

**【例 5.38】** 求 $I=\int_0^{+\infty}\frac{1}{(1+x^2)(1+x^\alpha)}dx$ （$\alpha$ 为整数）.

**解** 设 $x=\frac{1}{t}$，$dx=-\frac{1}{t^2}dt$，当 $x\to 0$ 时，$t\to+\infty$；当 $x\to+\infty$时，$t\to 0$，则

$$I=\int_{+\infty}^{0}\frac{-\frac{1}{t^2}dt}{(1+\frac{1}{t^2})(1+\frac{1}{t^\alpha})}=\int_0^{+\infty}\frac{t^\alpha}{(1+t^2)(1+t^\alpha)}dt,$$

于是

$$\begin{aligned}I&=\frac{1}{2}\left[\int_0^{+\infty}\frac{1}{(1+t^2)(1+t^\alpha)}dt+\int_0^{+\infty}\frac{t^\alpha}{(1+t^2)(1+t^\alpha)}dt\right]\\&=\frac{1}{2}\int_0^{+\infty}\frac{1}{1+t^2}dt=\frac{\pi}{4}.\end{aligned}$$

**注** 在对反常积分进行换元计算时，允许将$-\infty$和$+\infty$当作一个数进行变换.

## 四、练习题与解答

1. 选择题

(1) 设 $f(x)$ 是连续函数，且 $F(x)=\int_x^{e^{-x}}f(t)dt$，则 $F'(x)=$（　　）.

(A) $-e^{-x}f(e^{-x})-f(x)$；　(B) $-e^{-x}f(e^{-x})+f(x)$；

(C) $e^{-x}f(e^{-x})-f(x)$；　(D) $e^{-x}f(e^{-x})+f(x)$.

(2) 设 $f(x)=\int_0^{\sin x}\sin t^2 dt$，$g(x)=x^3+x^4$，则当 $x\to 0$ 时，$f(x)$ 是 $g(x)$ 的（　　）.

(A) 等价无穷小；　(B) 同阶但非等价的无穷小；

(C) 高阶无穷小；　(D) 低阶无穷小.

(3) 设 $M=\int_{-\frac{\pi}{2}}^{\frac{\pi}{2}}\frac{\sin x}{1+x^2}\cos^4 x\,dx$，$N=\int_{-\frac{\pi}{2}}^{\frac{\pi}{2}}(\sin^3 x+\cos^4 x)dx$，

$P=\int_{-\frac{\pi}{2}}^{\frac{\pi}{2}}(x^2\sin^3 x-\cos^4 x)dx$，则有（　　）.

(A) $N<P<M$；　(B) $M<P<N$；

(C) $N<M<P$；　(D) $P<M<N$.

(4) 设 $F(x)=\int_x^{x+2\pi}e^{\sin t}\sin t\,dt$，则 $F(x)$（　　）.

(A) 为正常数；　(B) 为负常数；

(C) 恒为零；　(D) 不为常数.

(5) 设 $f(x)$ 为连续函数，$I=t\int_0^{\frac{s}{t}}f(tx)dx$，其中 $t>0$，$s>0$，则 $I$ 的值（　　）.

(A) 依赖于 $s$ 和 $t$； (B) 依赖于 $x,t,s$；

(C) 依赖于 $t$ 和 $x$，不依赖于 $s$； (D) 依赖于 $s$，不依赖于 $t$.

(6) $\int_{-1}^{1}\frac{e^x}{e^x+1}dx=($ $)$.

(A) 1； (B) $-1$； (C) $\frac{1-e}{1+e}$； (D) $\frac{1+e}{1-e}$.

(7) 设 $f(x)$ 是连续函数，$F(x)$ 是 $f(x)$ 的原函数，则( ).

(A) 当 $f(x)$ 是奇函数时，$F(x)$ 必是偶函数；

(B) 当 $f(x)$ 是偶函数时，$F(x)$ 必是奇函数；

(C) 当 $f(x)$ 是周期函数时，$F(x)$ 必是周期函数；

(D) 当 $f(x)$ 是单调增函数时，$F(x)$ 必是单调增函数.

(8) $I=\int_0^1 x\ln^2 x\,dx$ 是( ).

(A) 定积分且值为$\frac{1}{3}$； (B) 定积分且值为$\frac{1}{4}$；

(C) 反常积分且发散； (D) 反常积分且值为$\frac{1}{2}$.

(9) $I=\int_0^{100\pi}\sqrt{1+\cos 2x}\,dx=($ $)$.

(A) $200\sqrt{2}$； (B) $50\sqrt{2}$； (C) $100\sqrt{2}$； (D) 200.

(10) 设 $f(x)=\begin{cases}\frac{1}{(x-1)^{\alpha-1}}, & 1<x<e,\\ \frac{1}{x\ln^{\alpha+1}x}, & x\geqslant e,\end{cases}$ 若反常积分$\int_1^{+\infty}f(x)dx$ 收敛，则( ).

(A) $\alpha<-2$； (B) $\alpha>2$； (C) $0<\alpha<2$； (D) $-2<\alpha<0$.

(11) 当 $x>0$ 时，$f(\ln x)=\frac{1}{\sqrt{x}}$，则$\int_{-2}^{2}xf'(x)dx=($ $)$.

(A) $-\frac{4}{e}$； (B) $\frac{4}{e}$； (C) $\frac{2}{e}$； (A) $-\frac{2}{e}$.

(12) 设 $I=\int_0^{\pi}(3^{\cos x}-3^{-\cos x})dx$，则 $I=($ $)$.

(A) $\frac{\pi}{2}$； (B) $\pi$； (C) 1； (D) 0.

(13) 已知连续函数 $f(x)=f(2a-x)$，$c$ 为任意常数，则$\int_{-c}^{c}f(a-x)dx=($ $)$.

(A) $2\int_0^c f(2a-x)dx$； (B) $2\int_{-c}^{c}f(2a-x)dx$；

(C) 0； (D) $2\int_0^c f(a-x)dx$.

(14) 数列极根 $I=\lim\limits_{n\to\infty}\int_1^{\sqrt{3}}\frac{\sqrt[n]{x}}{1+x^2}dx=($ $)$.

(A) $\frac{\sqrt{3}}{12}\pi$； (B) $\frac{\pi}{12}$； (C) $\frac{\pi}{3}$； (D) $\frac{\pi}{2}$.

(15) 数列极限$\lim\limits_{n\to\infty}\left(\frac{n}{n^2+1^2}+\frac{n}{n^2+2^2}+\cdots+\frac{n}{n^2+n^2}\right)=$( ).

(A) $\frac{\pi}{2}$； (B) $\frac{\pi}{4}$； (C) $\frac{\pi}{3}$； (D) $\frac{\pi}{6}$.

2. 填空题

(1) $\frac{d}{dx}\int_{x^2}^{0} x\cos t^2\,dt=$________.

(2) 设 $f(x)$ 是连续函数，且 $f(x)=x+2\int_0^1 f(x)\,dx$，则 $f(x)=$________.

(3) $\int_{-1}^{1} x(1+x^{2019})(e^x-e^{-x})\,dx=$________.

(4) 设 $f(x)$ 在 $x=0$ 的某领域内连续，$f'(0)$ 存在，

则$\lim\limits_{x\to 0}\frac{1}{4x^2}\int_{-x}^{x}[f(t+x)-f(t-x)]\,dt=$________.

(5) $\lim\limits_{n\to\infty}\frac{1}{n}\left(\sqrt{1+\cos\frac{\pi}{n}}+\sqrt{1+\cos\frac{2\pi}{n}}+\cdots+\sqrt{1+\cos\frac{n\pi}{n}}\right)=$________.

(6) $\int_0^{2\pi}|\sin^2 x-\cos^2 x|\,dx=$________.

(7) $\int_0^{+\infty}\frac{dx}{\sqrt{x}(x+1)}=$________.

(8) 若$\int_0^2 xf(x^2)\,dx=\frac{1}{2}\int_0^a f(x)\,dx$，则 $a=$________.

(9) $I=\int_{-1}^{1}\frac{1}{1+e^{\frac{1}{x}}}dx=$________.

(10) $I=\int_0^{\pi} x\sqrt{\cos^2 x-\cos^4 x}\,dx=$________.

(11) $I=\int_{-\frac{1}{2}}^{\frac{1}{2}}\left(\frac{x\arcsin x}{\sqrt{1-x^2}}+\frac{\sin x}{\sqrt{1-x^2}}\right)dx=$________.

(12) 设 $f(x)=\max\{1,x^2\}$，则$\int_1^x f(t)\,dt=$________.

(13) 设 $F(x)=\int_0^x\frac{1}{1+t^2}dt+\int_0^{\frac{1}{x}}\frac{1}{1+t^2}dt$，$(x>0)$，则 $F(x)=$________.

(14) $\int_0^1\sqrt{2x-x^2}\,dx=$________.

(15) $\int_1^2\frac{1}{x^3}e^{\frac{1}{x}}\,dx=$________.

3. $\int_0^{\frac{\pi}{4}}\frac{x\sin x}{\cos^3 x}dx$.

4. $\int_0^1\frac{dx}{(1+e^x)^2}$.

5. $\int_{-1}^{1}\frac{2+\sin x}{\sqrt{4-x^2}}dx$.

6. $\int_0^{\frac{1}{2}} x\ln\frac{1+x}{1-x}dx$.

7. 计算积分$\int_{\frac{1}{2}}^{\frac{3}{2}} \frac{dx}{\sqrt{|x-x^2|}}$.　　8. 求$\int_{1}^{+\infty} \frac{1}{x^2\sqrt{x^2-1}}dx$.

9. 求$\int_{-1}^{1} \frac{x+1}{1+\sqrt[3]{x^2}}dx$.　　10. 求$\int_{0}^{2\pi} \sqrt{1+\sin x} \cdot \sin x\,dx$.

11. 求$\int_{-1}^{1} x\ln(1+e^x)dx$.　　12. 求$\int_{0}^{2\pi} x\sin^8 x\,dx$.

13. 设$G(x)=\int_{x^2}^{1} \frac{t}{\sqrt{1+t^3}}dt$,求$\int_{0}^{1} xG(x)dx$.

14. $\int_{1}^{+\infty} \frac{1}{e^{1+x}+e^{3-x}}dx$.

15. 已知两曲线$y=f(x)$与$y=\int_{0}^{\arctan x} e^{-t^2}dt$在点(0,0)处的切线相同,写出切线方程,并求极限$\lim\limits_{n\to\infty} nf(\frac{2}{n})$.

16. 设$f(x)$连续,$\varphi(x)=\int_{0}^{1} f(xt)dt$,且$\lim\limits_{x\to 0}\frac{f(x)}{x}=A$($A$为常数),求$\varphi'(x)$,并讨论$\varphi'(x)$在$x=0$处的连续性.

17. 设函数$f(x)$在[0,1]上连续,(0,1)内可导,且$\int_{\frac{2}{3}}^{1} f(x)dx=f(0)$,证明在(0,1)内存在一点$C$,使$f'(C)=0$.

18. 设$f(x)$在[0,1]上连续,$\int_{0}^{1} f(x)dx=0$,试证明:至少存在一点$\xi\in(0,1)$,使$\int_{0}^{\xi} f(t)dt=f(\xi)$.

19. 设$f''(x)$在$[a,b]$上连续,证明:

$$\int_{a}^{b} f(x)dx=\frac{b-a}{2}[f(a)+f(b)]+\frac{1}{2}\int_{a}^{b} f''(x)(x-a)(x-b)dx.$$

20. 利用递推公式,求反常积分:

$$I_n=\int_{0}^{+\infty} \frac{dx}{(1+x^2)^n}$$

的值,其中$n$为自然数.

21. 求极限$\lim\limits_{x\to+\infty} \frac{\int_{0}^{x} |\sin x|\,dx}{x}$.

**练习题解答**

# 第六章　定积分的应用

## 一、内容提要

**1. 定积分的元素法**

在应用定积分的理论来分析和解决一些几何、物理中的问题时，需要将一个量表达成为定积分的分析方法.一般地，如果某一实际问题中的所求量 $U$ 符合下列条件：

(1) $U$ 是一个与变量 $x$ 的变化区间 $[a,b]$ 有关的量；

(2) $U$ 对于区间 $[a,b]$ 具有可加性，即如果把区间 $[a,b]$ 分成许多小区间，则 $U$ 相应地分成许多部分量，而 $U$ 等于所有部分量之和；

(3) 部分量 $\Delta U_i$ 近似值可表示为 $f(\xi_i)\Delta x_i$，那么就可考虑用定积分来表达这个量 $U$.

写出这个量 $U$ 的积分表达式步骤为：

① 根据问题的具体情况，选取一个变量(如 $x$)为积分变量，并确定它的变化区间 $[a,b]$；

② 设想把区间 $[a,b]$ 分成 $n$ 个小区间，选取其中任一个小区间并记作 $[x,x+\mathrm{d}x]$，求出相应于这个小区间的部分量 $\Delta U$ 的近似值.如果 $\Delta U$ 能近似地表示为 $[a,b]$ 上的一个连续函数在 $x$ 处的值 $f(x)$ 与 $\mathrm{d}x$ 的乘积，就把 $f(x)\mathrm{d}x$ 称为量 $U$ 的元素且记作 $\mathrm{d}U$，即 $\mathrm{d}U=f(x)\mathrm{d}x$；

③ 以所求量 $U$ 的元素 $f(x)\mathrm{d}x$ 为被积表达式，在区间 $[a,b]$ 上作定积分，得

$$U=\int_a^b f(x)\mathrm{d}x.$$

上述方法通常叫做元素法.

**2. 平面图形的面积**

(1) 由曲线 $y=f(x)$，$y=g(x)$ $(f(x)\geqslant g(x))$ 及直线 $x=a$，$x=b$ $(b>a)$ 所围成的平面图形(图 6-1)的面积为

$$A=\int_a^b [f(x)-g(x)]\mathrm{d}x.$$

(2) 在极坐标系中，由曲线 $\rho=\rho(\theta)$ 及射线 $\theta=\alpha$，$\theta=\beta$ $(\beta>\alpha)$ 所围成的曲边扇形(图 6-2)的面积为

$$A=\frac{1}{2}\int_\alpha^\beta [\rho(\theta)]^2\mathrm{d}\theta.$$

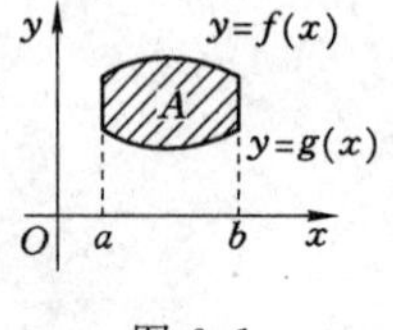

图 6-1

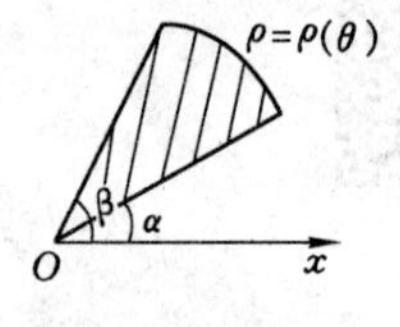

图 6-2

**3. 平面曲线的弧长**

(1) 设平面曲线 $AB$ 的方程由 $y=f(x),a\leqslant x\leqslant b$ 给出，其中 $f(x)$ 在 $[a,b]$ 上具有一阶连续导数，则曲线 $AB$ 弧的弧长为

$$s=\int_a^b\sqrt{1+[f'(x)]^2}\,\mathrm{d}x.$$

(2) 若平面曲线 $AB$ 由参量方程 $x=\varphi(t),y=\psi(t),\alpha\leqslant t\leqslant\beta$ 给出，其中 $\varphi(t)$、$\psi(t)$ 在 $[\alpha,\beta]$ 上具有连续导数，且 $\varphi'(t),\psi'(t)$ 不同时为零，则曲线 $AB$ 弧的弧长为

$$s=\int_\alpha^\beta\sqrt{[\varphi'(t)]^2+[\psi'(t)]^2}\,\mathrm{d}t.$$

(3) 若平面曲线 $AB$ 由极坐标方程 $\rho=\rho(\theta),\alpha\leqslant\theta\leqslant\beta$ 给出，其中 $\rho(\theta)$ 在 $[\alpha,\beta]$ 上具有连续导数，则曲线 $AB$ 弧的弧长为

$$s=\int_\alpha^\beta\sqrt{[\rho(\theta)]^2+[\rho'(\theta)]^2}\,\mathrm{d}\theta.$$

**4. 立体的体积**

(1) 平行截面面积为已知的立体的体积.若立体被垂直于 $x$ 轴的平面所截的截面面积 $S=S(x)$ 是已知的，则立体介于平面 $x=a$ 与 $x=b(b>a)$ 之间的体积为

$$V=\int_a^b S(x)\mathrm{d}x.$$

(2) 旋转体的体积.

① 由连续曲线 $y=f(x)$，直线 $x=a,x=b(a<b)$ 及 $x$ 轴所围成的曲边梯形，绕 $x$ 轴旋转而成的旋转体(图 6-3)的体积为

$$V_x=\pi\int_a^b f^2(x)\mathrm{d}x.$$

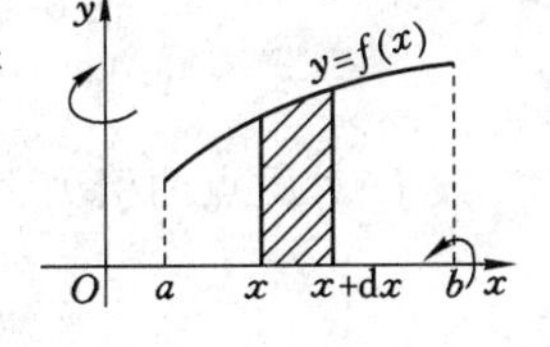

图 6-3

② 上述曲线绕 $y$ 轴旋转而成的旋转体的体积为

$$V_y=2\pi\int_a^b xf(x)\mathrm{d}x.$$

③ 由连续曲线 $x=\varphi(y)$，直线 $y=c,y=d(c<d)$ 及 $y$ 轴所围成的曲边梯形，绕 $y$ 轴旋转而成的旋转体体积为

$$V_y=\pi\int_c^d\varphi^2(y)\mathrm{d}y.$$

**5. 旋转体的侧面积**

曲线段 $y=f(x),a\leqslant x\leqslant b,f(x)\geqslant 0$ 且在 $[a,b]$ 上具有连续导数，该曲线段绕 $x$ 轴旋转一周所形成的旋转曲面的侧面积为

$$S=2\pi\int_a^b f(x)\sqrt{1+[f'(x)]^2}\,\mathrm{d}x.$$

**6. 变力沿直线所作的功**

物体在平行于 $x$ 轴的力 $F(x)$ 的作用下，沿 $x$ 轴由 $x=a$ 运动到 $x=b$，力 $F(x)$ 所做的功为

$$W=\int_a^b F(x)\mathrm{d}x.$$

**7. 液体侧压力**

如图 6-4 所示，一曲边梯形平板 $ABDC$ 铅直浸入液体中，$x$ 轴向下，$y$ 轴与液面相齐，

曲边 $CD$ 的方程为 $y=f(x)$，则平板所受的液体压力为

$$P=\int_a^b \rho g x f(x)\mathrm{d}x.$$

其中，$\rho$ 为液体密度；$g$ 为重力加速度.

**8. 万有引力**

如图 6-5 所示，设有一线密度为 $\mu$ 的均匀细长杆 $L$，对位于其中垂线上与杆中点距离为 $a$ 的质量为 $m$ 的质点产生的引力情形，此时微元关系是

$$\mathrm{d}F_y=\frac{Gm\mu}{a^2+x^2}\cdot\cos\theta\cdot\mathrm{d}x=\frac{-Gam\mu}{(a^2+x^2)^{3/2}}\mathrm{d}x.$$

由对称性，$F_x=0$，$F_y=-\int_{-\frac{L}{2}}^{\frac{L}{2}}\frac{Gam\mu}{(a^2+x^2)^{3/2}}\mathrm{d}x=-\frac{2Gm\mu L}{a}\cdot\frac{1}{\sqrt{4a^2+L^2}}$，$\boldsymbol{F}=(0,F_y)$.

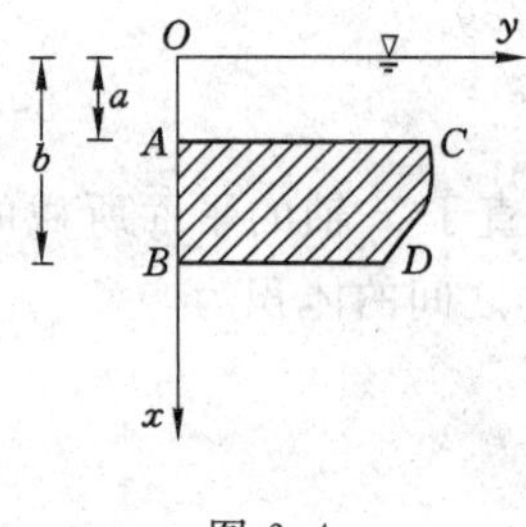


图 6-4

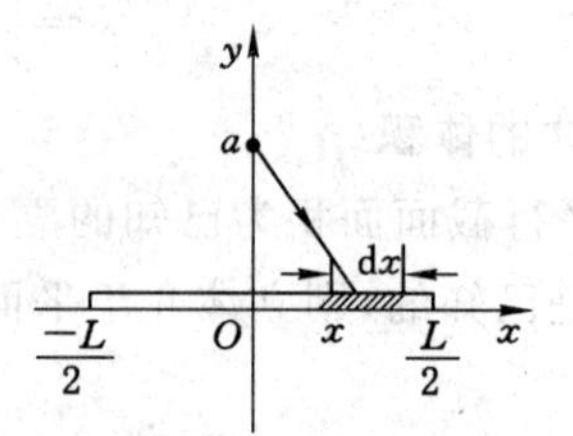


图 6-5

故 $L$ 对质点的引力大小为

$$F=\frac{2Gm\mu L}{a}\cdot\frac{1}{\sqrt{4a^2+L^2}}.$$

**9. 连续函数的平均值**

若函数 $y=f(x)$ 在区间 $[a,b]$ 上连续，则 $y=f(x)$ 在 $[a,b]$ 上的平均值为

$$\overline{y}=\frac{1}{b-a}\int_a^b f(x)\mathrm{d}x.$$

## 二、基本问题解答

**【问题 6.1】** 运用元素法来解决实际问题应满足什么条件？

答　元素法也称微元法，它是用来化实际问题为定积分问题的简便方法，也是物理学、力学和工程技术上普遍采用的方法.如果在某一个实际问题中所要求的量 $U$ 符合下列条件：

(1) $U$ 是一个与变量 $x$ 有关的量，$x$ 的变化区间为 $[a,b]$；

(2) $U$ 对于区间 $[a,b]$ 具有可加性；

(3) $U$ 的部分量 $\Delta U$ 的近似值可以表示为 $f(x)\Delta x$ 即 $\Delta U=f(x)\Delta x+o(\Delta x)$，$\mathrm{d}U=f(x)\mathrm{d}x$，可以用定积分表示这个量

$$U=\int_a^b f(x)\mathrm{d}x.$$

**【问题 6.2】** 用元素法解决实际问题有哪些具体步骤？

**答**　其方法步骤如下：

第一步：根据实际问题的具体意义，选取变量（例如 $x$）作为积分变量，确定变量 $x$ 的变化区间$[a,b]$；

第二步：在所确定的区间$[a,b]$，取典型区间$[x,x+\mathrm{d}x]$，求所求量 $U$ 的部分量 $\Delta U$ 的近似值以及量 $U$ 的微分元素，记为 $\mathrm{d}U=f(x)\mathrm{d}x$；

第三步：以所求量 $U$ 的元素 $f(x)\mathrm{d}x$ 作为被积表达式，在$[a,b]$上作定积分

$$U=\int_a^b f(x)\mathrm{d}x,$$

这就得到所求量 $U$.

**【问题 6.3】**　如何计算旋转体的侧面积？

**答**　设直角坐标系中的平面光滑曲线弧$\overset{\frown}{AB}$为：

$$y=f(x)\quad (x\in[a,b],f(x)\geqslant 0),$$

若弧$\overset{\frown}{AB}$绕 $x$ 轴旋转一周得到旋转曲面 $\Sigma$（图 6-6），则旋转曲面 $\Sigma$ 的侧面积推导如下：

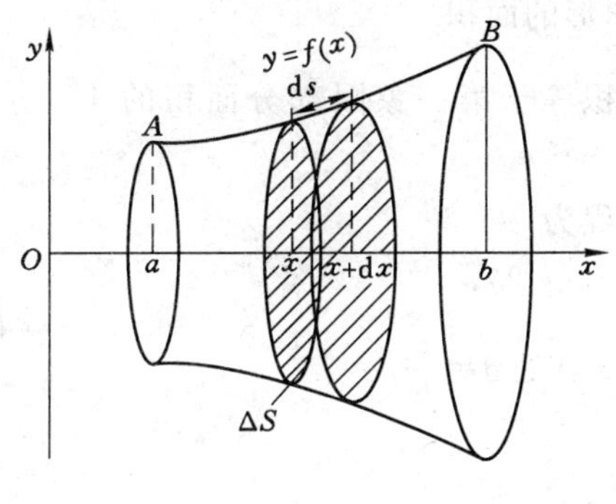


图 6-6

将区间$[a,b]$任意划分，任取小区间$[x,x+\mathrm{d}x]$，设曲面 $\Sigma$ 对应于该小区间的面积元素为 $\Delta S$（两阴影中间所夹部分的侧面积），则 $\Delta S$ 可近似看做一小圆台的侧面积，这个小圆台的高是 $\mathrm{d}x$，两底面半径分别为 $f(x)$和 $f(x+\mathrm{d}x)$，其斜高可近似地用小弧长 $\mathrm{d}s$ 表示为

$$\mathrm{d}s=\sqrt{(\mathrm{d}x)^2+(\mathrm{d}y)^2}=\sqrt{1+f'^2(x)}\,\mathrm{d}x.$$

我们知道，圆台侧面积公式 $S=\pi(R_1+R_2)L$，其中 $R_1,R_2$ 分别为上、下底半径，$L$ 为母线，从而

$$\Delta S\approx\pi[f(x)+f(x+\mathrm{d}x)]\sqrt{1+f'^2(x)}\,\mathrm{d}x.$$

因为 $f(x)$连续，当 $\mathrm{d}x$ 充分小时，

$$f(x)+f(x+\mathrm{d}x)\approx 2f(x).$$

于是得到旋转曲面 $\Sigma$ 的表面积微元表达式

$$\mathrm{d}S=2\pi f(x)\sqrt{1+f'^2(x)}\,\mathrm{d}x.$$

所以旋转曲面的表面积

$$S=2\pi\int_a^b f(x)\sqrt{1+f'^2(x)}\,\mathrm{d}x.$$

## 三、典型例题解析

### 1. 平面图形的面积

**【例 6.1】** 试求由抛物线 $x=5y^2$ 与 $x=1+y^2$ 所围成的图形的面积.

**解** 曲线 $x=5y^2$ 与 $x=1+y^2$ 的交点为 $\left(\frac{5}{4},\frac{1}{2}\right),\left(\frac{5}{4},-\frac{1}{2}\right)$.

如图 6-7 所示,取$[y,y+\mathrm{d}y]$,则 $\mathrm{d}A=(1+y^2-5y^2)\mathrm{d}y$,

故 $A=\int_{-\frac{1}{2}}^{\frac{1}{2}}(1+y^2-5y^2)\mathrm{d}y$

$$=\left(y-\frac{4}{3}y^3\right)\Bigg|_{-\frac{1}{2}}^{\frac{1}{2}}=\frac{2}{3}.$$

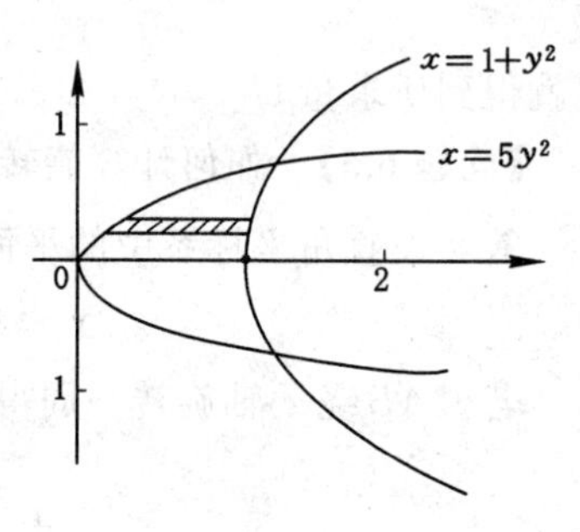


图 6-7

**【例 6.2】** 试求由双纽线$(x^2+y^2)^2=a^2(x^2-y^2)$所围成且在 $x^2+y^2=\frac{a^2}{2}$内部的图形的面积.

**解** 由对称性知,总面积等于第一象限部分面积的 4 倍,如图 6-8 所示.

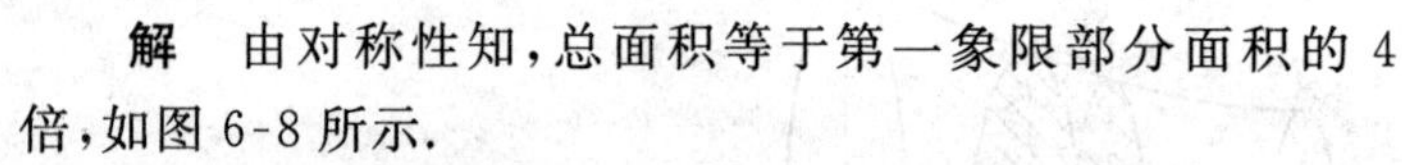

在极坐标下双纽线的方程为

$$\rho^2=a^2\cos 2\theta,$$

圆的方程为 $\rho^2=\frac{a^2}{2}$,它们的交点处 $\theta=\frac{\pi}{6}$.

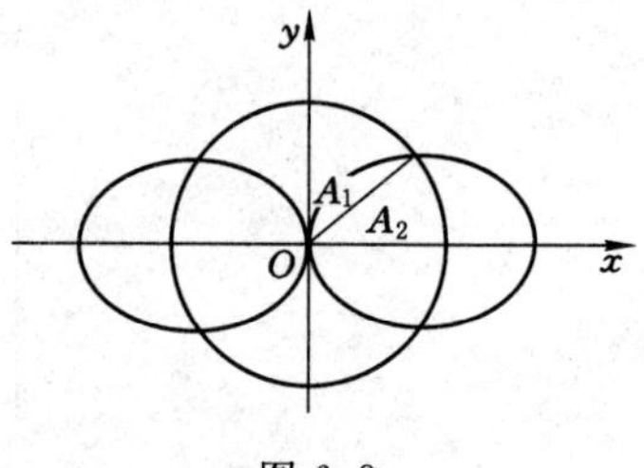


图 6-8

故

$$A_1=\frac{1}{2}\int_{\frac{\pi}{6}}^{\frac{\pi}{4}}a^2\cos 2\theta\mathrm{d}\theta=\frac{a^2}{4}(1-\frac{\sqrt{3}}{2}),A_2=\frac{\pi}{24}a^2,$$

所求面积

$$A=4(A_1+A_2)=(1+\frac{\pi}{6}-\frac{\sqrt{3}}{2})a^2.$$

### 2. 平面曲线的弧长

**【例 6.3】** 求曲线 $y=\ln(1-x^2)$上对应于 $0\leqslant x\leqslant\frac{1}{2}$的一段弧的长度.

**解** 弧长 $s=\int_0^{\frac{1}{2}}\sqrt{1+(y')^2}\,\mathrm{d}x$

$$=\int_0^{\frac{1}{2}}\sqrt{1+\left(\frac{-2x}{1-x^2}\right)^2}\,\mathrm{d}x$$

$$=\int_0^{\frac{1}{2}}\frac{1+x^2}{1-x^2}\mathrm{d}x=\int_0^{\frac{1}{2}}\left(\frac{2}{1-x^2}-1\right)\mathrm{d}x$$

$$=\left(\ln\frac{1+x}{1-x}-x\right)\Bigg|_0^{\frac{1}{2}}$$

$$=\ln 3-\frac{1}{2}.$$

【例 6.4】 设曲线的方程为

$$\begin{cases} x=\int_1^t \dfrac{\cos u}{u}\mathrm{d}u, \\ y=\int_1^t \dfrac{\sin u}{u}\mathrm{d}u, \end{cases} \quad (1\leqslant t\leqslant \frac{\pi}{2}),\text{求曲线的弧长.}$$

**解** 由弧微分公式

$$\mathrm{d}s=\sqrt{x'^2(t)+y'^2(t)}\,\mathrm{d}t=\sqrt{\frac{\cos^2 t+\sin^2 t}{t^2}}\,\mathrm{d}t=\frac{1}{t}\mathrm{d}t,$$

故

$$s=\int_1^{\frac{\pi}{2}}\frac{\mathrm{d}t}{t}=\ln\frac{\pi}{2}.$$

【例 6.5】 求极坐标系下曲线 $\rho=a(\sin\frac{\theta}{3})^3$ 的弧长,其中 $a>0$ 为常数,$0\leqslant\theta\leqslant 3\pi$.

**解** 由于在极坐标下曲线弧段 $\widehat{AB}$ 表示为 $\rho=\rho(\theta)$,$\alpha\leqslant\theta\leqslant\beta$ 时,曲线弧长

$$s=\int_\alpha^\beta\sqrt{\rho^2+\rho'^2}\,\mathrm{d}\theta.$$

因为 $\rho'=3a(\sin\frac{\theta}{3})^2\cdot\cos\frac{\theta}{3}\cdot\frac{1}{3}=a(\sin\frac{\theta}{3})^2\cdot\cos\frac{\theta}{3}$,

所以

$$\begin{aligned} s&=\int_0^{3\pi}\sqrt{a^2(\sin\frac{\theta}{3})^6+a^2(\sin\frac{\theta}{3})^4(\cos\frac{\theta}{3})^2}\,\mathrm{d}\theta \\ &=a\int_0^{3\pi}(\sin\frac{\theta}{3})^2\mathrm{d}\theta \\ &=\frac{3}{2}\pi a. \end{aligned}$$

**注** 上述三题体现了弧长微元的三个不同计算公式,弧长微元将在曲线积分中有着重要的应用.

**3. 立体的体积**

【例 6.6】 $D_1$ 为抛物线 $y=2x^2$ 和直线 $x=2$,$x=a$,$y=0$ 所围成的平面图形,$D_2$ 为抛物线 $y=2x^2$ 和直线 $y=0$,$x=a$ 所围成的平面图形,其中 $0<a<2$.

(1) 试求 $D_1$ 绕 $x$ 轴旋转一周而成的旋转体体积 $V_1$,

$D_2$ 绕 $y$ 轴旋转一周而成的旋转体体积 $V_2$;

(2) 问 $a$ 为何值时,$V_1+V_2$ 最大,并求最大值.

**解** 如图 6-9 所示,

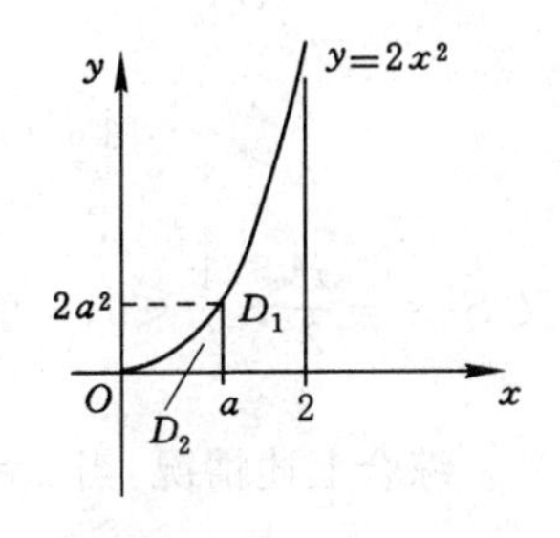

图 6-9

(1) $V_1=\pi\int_a^2(2x^2)^2\mathrm{d}x=\frac{4}{5}\pi x^5\Big|_a^2$

$=\frac{4}{5}\pi(32-a^5)$.

$V_2=\pi\int_0^{2a^2}a^2\mathrm{d}y-\pi\int_0^{2a^3}\left(\sqrt{\frac{y}{2}}\right)^2\mathrm{d}y$

$$=2\pi a^4-\frac{\pi}{4}y^2\Big|_0^{2a^2}=2\pi a^4-\pi a^4=\pi a^4.$$

(2) $V=V_1+V_2=\frac{4}{5}\pi(32-a^5)+\pi a^4$,

$V'=-4\pi a^4+4\pi a^3=4\pi a^3(1-a)$.

令 $V'=0$,得 $a=0$(舍),$a=1$.所以 $V$ 在(0,2)内有唯一驻点.

又 $V''=4\pi a^2(3-4a)$,$V''(1)=-4\pi<0$,所以 $a=1$ 时 $V$ 取极大值,亦取最大值,则

$$V_{\max}=(V_1+V_2)\big|_{a=1}=\frac{4}{5}\pi(32-1^5)+\pi\times 1^4=\frac{129}{5}\pi.$$

**【例 6.7】** 设直线 $y=ax$ 与抛物线 $y=x^2$ 所围成图形的面积为 $S_1$,它们与直线 $x=1$ 所围成图形的面积为 $S_2$,并且 $a<1$.

(1) 试确定 $a$,使 $S_1+S_2$ 达到最小值,并求出最小值.

(2) 求该最小值所对应的平面图形绕 $x$ 轴旋转一周所得旋转体的体积.

**解** (1) 当 $0<a<1$ 时,如图 6-10 所示.

$$S=S_1+S_2=\int_0^a(ax-x^2)\mathrm{d}x+\int_a^1(x^2-ax)\mathrm{d}x$$

$$=\left(\frac{ax^2}{2}-\frac{x^3}{3}\right)\Big|_0^a+\left(\frac{x^3}{3}-\frac{ax^2}{2}\right)\Big|_a^1=\frac{a^3}{3}-\frac{a}{2}+\frac{1}{3}.$$

令 $S'=a^2-\frac{1}{2}=0$,得 $a=\frac{1}{\sqrt{2}}$,又 $S''(\frac{1}{2})=\sqrt{2}>0$,则 $S(\frac{1}{\sqrt{2}})$ 是极小值也是最小值,且

$$S(\frac{1}{\sqrt{2}})=\frac{1}{6\sqrt{2}}-\frac{1}{2\sqrt{2}}+\frac{1}{3}=\frac{2-\sqrt{2}}{6}.$$

当 $a\leqslant 0$ 时,如图 6-11 所示.

$$S=S_1+S_2=\int_a^0(ax-x^2)\mathrm{d}x+\int_0^1(x^2-ax)\mathrm{d}x$$

$$=-\frac{a^3}{6}-\frac{a}{2}+\frac{1}{3}.$$

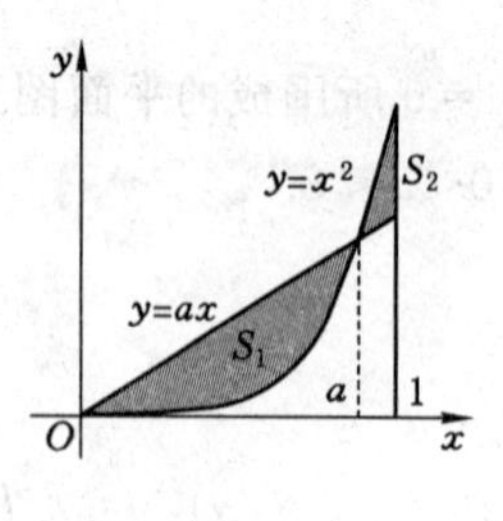


图 6-10

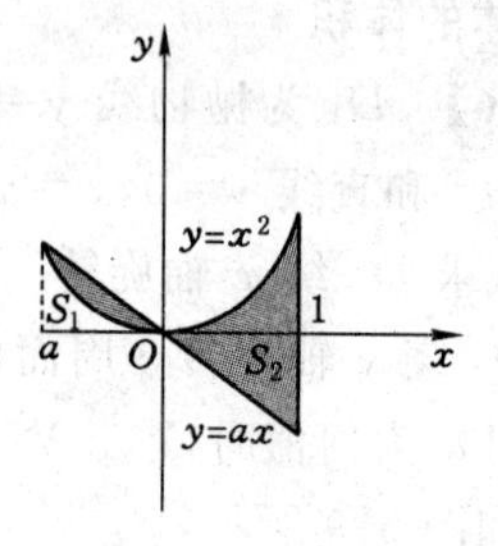


图 6-11

又 $S'=-\frac{a^2}{2}-\frac{1}{2}<0$,$S$ 单调减少,故 $a=0$ 时,$S$ 取得最小值,此时 $S=\frac{1}{3}$.

综合上述情况,当 $a=\frac{1}{\sqrt{2}}$时 $S\left(\frac{1}{\sqrt{2}}\right)$为所求最小值,最小值为$\frac{2-\sqrt{2}}{6}$.

(2)
$$V=\pi\int_0^{\frac{1}{\sqrt{2}}}(\frac{1}{2}x^2-x^4)\mathrm{d}x+\pi\int_{\frac{1}{\sqrt{2}}}^1(x^4-\frac{1}{2}x^2)\mathrm{d}x$$
$$=\pi(\frac{1}{6}x^3-\frac{1}{5}x^5)\Big|_0^{\frac{1}{\sqrt{2}}}+\pi(\frac{1}{5}x^5-\frac{1}{6}x^3)\Big|_{\frac{1}{\sqrt{2}}}^1=\frac{\sqrt{2}+1}{30}\pi.$$

**注**　为求(2)须正确求出(1)中的 $a$ 值，须根据 $0<a<1$ 和 $a\leqslant 0$ 两种情况分别给出对应 $S_1$ 和 $S_2$，要注意积分上下限及被积函数的正负性，确保 $S_1$ 和 $S_2$ 为正值(面积).

**【例 6.8】**　设半径为 $r$ 的圆，其圆心在点 $(R,0)$ 处 $(R>r)$，求将此圆绕 $y$ 轴旋转一周而成一环体的体积.

**方法一**　由题意圆的方程为
$$(x-R)^2+y^2=r^2,$$
$$x_{1,2}=R\pm\sqrt{r^2-y^2},$$
取 $y$ 作为积分变量，$y\in[-r,r]$，小区间 $[y,y+\mathrm{d}y]$(图6-12)，则体积微元为
$$\mathrm{d}V=\pi x_2^2\mathrm{d}y-\pi x_1^2\mathrm{d}y=\pi(x_2^2-x_1^2)\mathrm{d}y$$
$$=\pi[(R+\sqrt{r^2-y^2})^2-(R-\sqrt{r^2-y^2})^2]\mathrm{d}y$$
$$=4\pi R\sqrt{r^2-y^2}\mathrm{d}y.$$

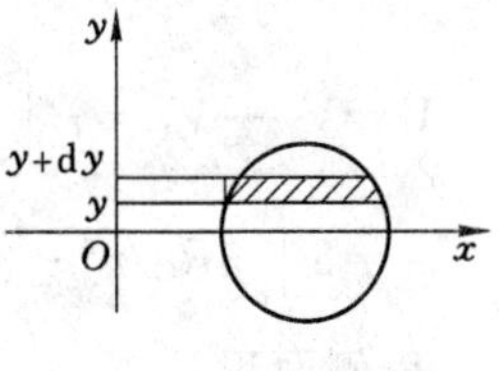

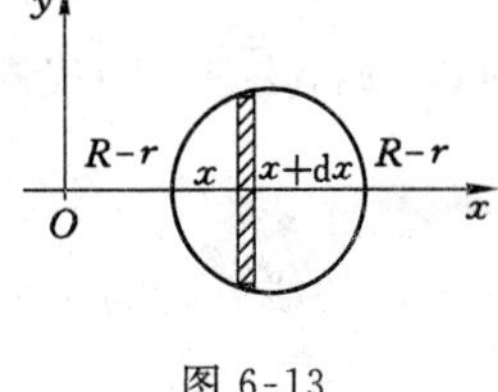

图 6-12

故
$$V=\int_{-r}^r 4\pi R\sqrt{r^2-y^2}\mathrm{d}y$$
$$=8\int_0^r\pi R\sqrt{r^2-y^2}\mathrm{d}y=2\pi^2r^2R.$$

**注**　这里在取 $y$ 作为积分变量后，利用大的圆柱体减小的圆柱体，直接得出体积的微元表达式.

**方法二**　取 $x$ 作为积分变量，$x\in[R-r,R+r]$，小区间为 $[x,x+\Delta x]$，如图 6-13 所示.

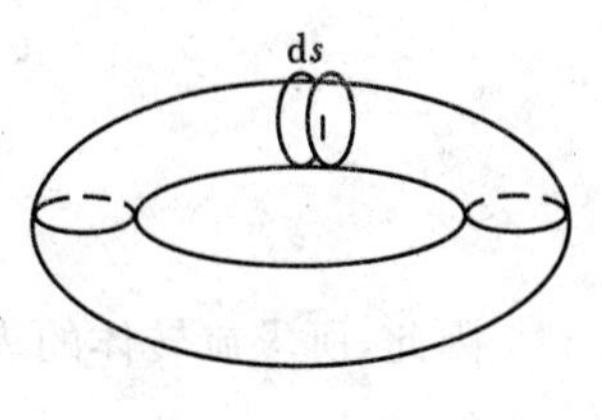

图 6-14

此时
$$\Delta V=\pi(x+\Delta x)^2\cdot 2y-\pi x^2\cdot 2y$$
$$=\pi[(x+\Delta x)^2-x^2]\cdot 2y,$$
即
$$\Delta V=4\pi xy\Delta x+2\pi y(\Delta x)^2.$$

图 6-13

故体积微元为 $\mathrm{d}V=4\pi xy\mathrm{d}x$，
$$V=\int_{R-r}^{R+r}4\pi xy\mathrm{d}x=4\pi\int_{R-r}^{R+r}x\sqrt{r^2-(x-R)^2}\mathrm{d}x$$
$$\xlongequal{\text{令 } x=t+R}4\pi\int_{-r}^r(t+R)\sqrt{r^2-t^2}\mathrm{d}t$$
$$=8\pi\int_0^r R\sqrt{r^2-t^2}\mathrm{d}t=2\pi^2r^2R.$$

**注**　第二种方法中，是通过先求体积的增量 $\Delta V$，再得到它的微元 $\mathrm{d}V$，虽繁但也是求微元常用的方法.

**方法三**　如图 6-14 所示，取半径为 $r$ 圆的圆心绕 $y$ 轴旋转时的弧长 $s$ 为积分变量
$$s\in[0,2\pi R]，小区间[s,s+\mathrm{d}s],$$

则
$$dV=\pi r^2 \cdot ds,$$
$$V=\int_0^{2\pi R}\pi r^2 ds=2\pi^2 r^2 R.$$

**注** 如此取积分变量及求体积微元的方法,计算定积分比较简单,但不具有一般性.

**方法四** 用平面截面为已知求体积,如图 6-12 所示,$y$ 作为变量,$y\in[-r,r]$,则
$$A(y)=\pi(x_2^2-x_1^2)=4\pi R\sqrt{r^2-y^2},$$
故
$$V=\int_{-r}^{r}A(y)dy=4\pi R\int_{-r}^{r}\sqrt{r^2-y^2}\,dy=2\pi^2 r^2 R.$$

**方法五** 环体的体积可看做由曲边梯形 $ABCDE$ 绕 $y$ 轴旋转一周所得立体体积 $V_1$ 与由曲边梯形 $ABFDE$ 绕 $y$ 轴转一周所得立体体积 $V_2$ 之差得到,如图 6-15 所示.

由旋转体体积公式
$$V_1=\pi\int_{-r}^{r}x_2^2 dy,\ V_2=\pi\int_{-r}^{r}x_1^2 dy,$$
$$V=V_1-V_2=\pi\int_{-r}^{r}(x_2^2-x_1^2)dy$$
$$=8\int_0^r \pi R\sqrt{r^2-y^2}\,dy=2\pi^2 r^2 R.$$

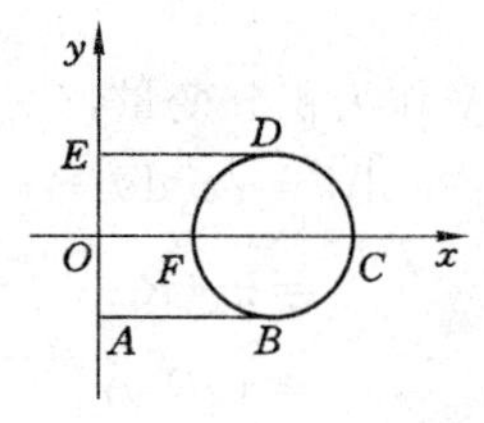

图 6-15

**4. 侧面积**

**【例 6.9】** 如图 6-16 所示,设有曲线 $y=\sqrt{x-1}$,过原点作其切线,求由此曲线、切线及 $x$ 轴围成的平面图形绕 $x$ 轴旋转一周所得到的旋转体的表面积.

**解** 设切点为$(x_0,\sqrt{x_0-1})$,则过原点的切线方程为
$$y=\frac{1}{2\sqrt{x_0-1}}x,$$
再以$(x_0,\sqrt{x_0-1})$代入,解得
$$x_0=2, y_0=\sqrt{x_0-1}=1,$$
则上述切线方程为 $y=\frac{1}{2}x$.

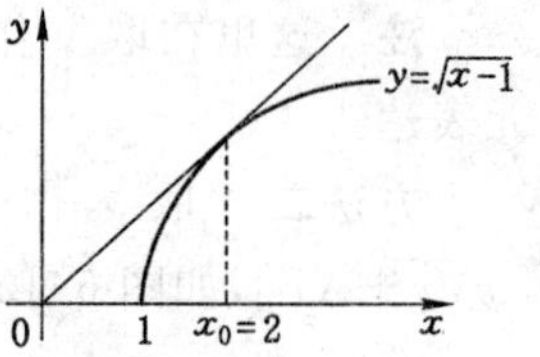

图 6-16

由切线 $y=\frac{1}{2}x(0\leqslant x\leqslant 2)$绕 $x$ 轴旋转一周的旋转面面积为
$$\int_0^2 2\pi y\sqrt{1+y'^2}\,dx=\int_0^2 2\pi\cdot\frac{1}{2}x\cdot\frac{\sqrt{5}}{2}dx=\sqrt{5}\pi,$$
由曲线 $y=\sqrt{x-1}(1\leqslant x\leqslant 2)$绕 $x$ 轴旋转一周所得到的旋转面面积为
$$S_2=\int_1^2 2\pi\sqrt{x-1}\cdot\sqrt{1+\left(\frac{1}{2\sqrt{x-1}}\right)^2}\,dx$$
$$=\pi\int_1^2\sqrt{4x-3}\,dx=\frac{\pi}{6}(5\sqrt{5}-1).$$

因此,所求旋转体的表面积
$$S=S_1+S_2=\sqrt{5}\pi+\frac{1}{6}(5\sqrt{5}-1)\pi=\frac{1}{6}(11\sqrt{5}-1)\pi.$$

**5. 有关定积分几何应用的综合题**

**【例 6.10】** 设函数 $f(x)$在闭区间$[0,1]$上连续，在开区间$(0,1)$内大于零，并满足 $xf'(x)=f(x)+\frac{3a}{2}x^2$（$a$ 为常数）.又曲线 $y=f(x)$与直线 $x=0,x=1,y=0$ 所围的图形 $S$ 的面积为 2.

(1) 求函数 $f(x)$；

(2) $a$ 为何值时，图形 $S$ 绕 $x$ 轴旋转一周所得的旋转体的体积最小？

**分析**　由已知等式，当 $x\neq 0$ 时，有

$$\left[\frac{f(x)}{x}\right]'=\frac{xf'(x)-f(x)}{x^2}=\frac{3}{2}a,$$

由 $f(x)$在 $x=0$ 的连续性可确定 $f(x)$，从而由

$$V(a)=\pi\int_0^1 f^2(x)\mathrm{d}x$$

得旋转体体积，最后求极值确定 $a$ 为何值时体积最小.

**解**　(1) 当 $x\neq 0$ 时，由已知条件得$\left[\frac{f(x)}{x}\right]'=\frac{3}{2}a$，两边求不定积分，由$f(x)$在$x=0$ 的连续性得

$$f(x)=\frac{3}{2}ax^2+Cx,x\in[0,1],$$

又由已知条件有

$$2=\int_0^1 f(x)\mathrm{d}x=\int_0^1(\frac{3}{2}ax^2+Cx)\mathrm{d}x=\frac{a}{2}+\frac{C}{2},$$

得 $C=4-a$，因此

$$f(x)=\frac{3}{2}ax^2+(4-a)x.$$

(2) 旋转体体积为

$$V=V(a)=\pi\int_0^1[\frac{3}{2}ax^2+(4-a)x]^2\mathrm{d}x$$
$$=\left(\frac{1}{30}a^2+\frac{1}{3}a+\frac{16}{3}\right)\pi.$$

上式对 $a$ 求导，令导数为零，则有

$$V'(a)=(\frac{1}{15}a+\frac{1}{3})\pi=0.$$

解得 $a=-5$，又 $V''(-5)=\frac{\pi}{15}>0$，于是当 $a=-5$ 时，体积 $V$ 有唯一极小值，故 $a=-5$ 时旋转体体积最小.

**【例 6.11】** 设曲线方程为 $y=\mathrm{e}^{-x}(x\geqslant 0)$.

(1) 把曲线 $y=\mathrm{e}^{-x}$，$x$ 轴、$y$ 轴和直线 $x=\xi(\xi>0)$所围成平面图形绕 $x$ 轴旋转一周，得一旋转体.求此旋转体体积 $V(\xi)$并求满足 $V(a)=\frac{1}{2}\lim\limits_{\xi\to+\infty}V(\xi)$的 $a$.

(2) 在此曲线上找一点，使过该点的切线与两个坐标轴所夹平面图形的面积最大，并求

出该面积.

**分析** 对第(1)小题,利用定积分由旋转体体积公式计算出体积$V(\xi)$,再通过求其极限,得到$a$的值.对第(2)小题,设切点为$(x_0,e^{-x_0})$,给出切线方程,然后求面积,讨论其极值问题.

**解** (1) 由旋转体体积公式,得

$$V(\xi)=\pi\int_0^{\xi}y^2\mathrm{d}x=\pi\int_0^{\xi}e^{-2x}\mathrm{d}x=\frac{\pi}{2}(1-e^{-2\xi}),$$

对$V(\xi)$求极限

$$\lim_{\xi\to+\infty}V(\xi)=\lim_{\xi\to+\infty}\frac{\pi}{2}(1-e^{-2\xi})=\frac{\pi}{2},$$

再由已知,有

$$V(a)=\frac{\pi}{2}(1-e^{-2a})=\frac{1}{2}\cdot\frac{\pi}{2}=\frac{\pi}{4},$$

故求得

$$a=\frac{1}{2}\ln 2.$$

(2) 设切点坐标为$(x_0,e^{-x_0})$,则切线方程为

$$y-e^{-x_0}=-e^{-x_0}(x-x_0),$$

令$x=0$,得$y=(1+x_0)e^{-x_0}$,令$y=0$,得$x=1+x_0$,该切线与坐标轴所夹平面图形的面积

$$S(x_0)=\frac{1}{2}(1+x_0)^2e^{-x_0},$$

求导,得

$$S'(x_0)=(1+x_0)e^{-x_0}-\frac{1}{2}(1+x_0)^2e^{-x_0}=\frac{1}{2}(1-x_0^2)e^{-x_0},$$

令$S'(x_0)=0$,解得$x_0=1(x_0=-1$舍去).

由于当$-1<x_0<1$时,$S'(x_0)>0$;当$x_0>1$时,$S'(x_0)<0$.故当$x_0=1$时,面积$S$有极大值,即最大值.因此,曲线上一点$(1,e^{-1})$处的切线与两坐标轴所夹面积最大,最大面积

$$S=\frac{1}{2}\cdot 2^2\cdot e^{-1}=2e^{-1}.$$

**注** 此题涉及定积分的应用,函数的最大值及导数的几何意义.利用定积分求体积或面积,再解决其极值,这是一类常见的综合问题.

**【例 6.12】** 曲线$y=\dfrac{e^x+e^{-x}}{2}$与直线$x=0$,$x=t(t>0)$及$y=0$围成一曲边梯形.该曲边梯形绕$x$轴旋转一周得一旋转体,其体积为$V(t)$,侧面积为$S(t)$,在$x=t$处的底面积为$F(t)$.

(1) 求$\dfrac{S(t)}{V(t)}$的值;

(2) 计算极限$\lim\limits_{t\to+\infty}\dfrac{S(t)}{F(t)}$.

**分析** 分别写出旋转体的体积$V(t)$,侧面积为$S(t)$以及底面积,不必积分,便可求$\dfrac{S(t)}{V(t)}$及计算$\lim\limits_{t\to+\infty}\dfrac{S(t)}{F(t)}$.

**解**　(1) $S(t)=\int_0^t 2\pi y\sqrt{1+y'^2}\,\mathrm{d}x$

$$=2\pi\int_0^t\left(\frac{\mathrm{e}^x+\mathrm{e}^{-x}}{2}\right)\sqrt{1+\frac{\mathrm{e}^{2x}-2+\mathrm{e}^{-2x}}{4}}\,\mathrm{d}x$$

$$=2\pi\int_0^t\left(\frac{\mathrm{e}^x+\mathrm{e}^{-x}}{2}\right)^2\mathrm{d}x,$$

$$V(t)=\pi\int_0^t y^2\,\mathrm{d}x=\pi\int_0^t\left(\frac{\mathrm{e}^x+\mathrm{e}^{-x}}{2}\right)^2\mathrm{d}x,$$

所以$\dfrac{S(t)}{V(t)}=2$.

(2) $F(t)=\pi y^2\big|_{x=t}=\pi\left(\dfrac{\mathrm{e}^t+\mathrm{e}^{-t}}{2}\right)^2$,

$$\lim_{t\to+\infty}\frac{S(t)}{F(t)}=\lim_{t\to+\infty}\frac{2\pi\int_0^t\left(\frac{\mathrm{e}^x+\mathrm{e}^{-x}}{2}\right)^2\mathrm{d}x}{\pi\left(\frac{\mathrm{e}^t+\mathrm{e}^{-t}}{2}\right)^2}$$

$$=\lim_{t\to+\infty}\frac{2\left(\frac{\mathrm{e}^t+\mathrm{e}^{-t}}{2}\right)^2}{2\left(\frac{\mathrm{e}^t+\mathrm{e}^{-t}}{2}\right)\left(\frac{\mathrm{e}^t-\mathrm{e}^{-t}}{2}\right)}$$

$$=\lim_{t\to+\infty}\frac{\mathrm{e}^t+\mathrm{e}^{-t}}{\mathrm{e}^t-\mathrm{e}^{-t}}=1.$$

**注**　本题考查的知识点有求解旋转体的体积、侧面积以及底面积，即定积分在几何上的应用部分内容.另外，在求极限时，对分子的变限积分应用洛必达法则求其导数，从而解决极限问题.

**6. 变力做功**

**【例 6.13】**　某段河道宽 100 m，岸与河道最深处的垂直距离为 20 m，河床截面为抛物线形，为抗洪需要，将河床截断面改成梯形，梯形的下底为 60 m，试问：

(1) 改造后河道的水流量是改造前的多少倍(即河道截面面积之比)；

(2) 在施工过程中，将 1 m 长河道里挖出的泥土运到河岸上，至少要作多少功？(设 1 $\mathrm{m}^3$ 泥土重 $\rho N$).

**解**　(1) 如图 6-17 所示，建立平面直角坐标系得抛物线方程 $y=\dfrac{x^2}{125}$，故改造前河道截面面积为

$$A_1=2\int_0^{50}\left(20-\frac{x^2}{125}\right)\mathrm{d}x$$

$$=2\left(20x-\frac{1}{375}x^3\right)\Big|_0^{50}=\frac{4\ 000}{3}\mathrm{m}^2.$$

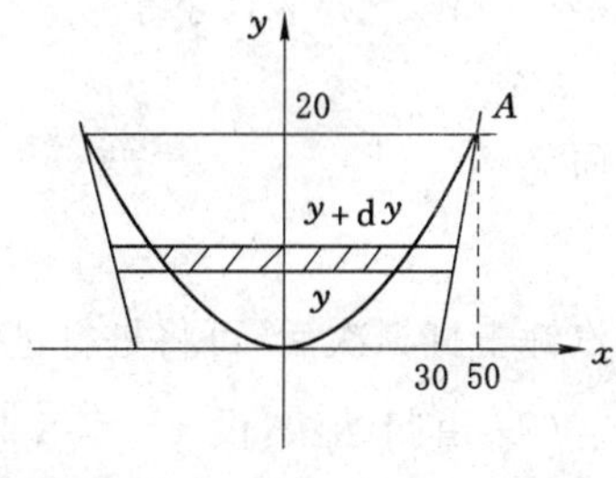

图 6-17

改造后河道截面面积为

$$A_2=\frac{1}{2}(100+60)\cdot 20=1\ 600\ \mathrm{m}^2.$$

因此水流量是改造前的$\frac{A_2}{A_1}=1.2$倍.

(2) 直线 $AB$ 方程为 $y=x-30$,抛物线方程为 $y=\frac{x^2}{125}$,由元素法得

$$\begin{aligned}W&=2\rho\int_0^{20}(y+30-5\sqrt{5y})(20-y)\mathrm{d}y\\&=2\rho\int_0^{20}(-y^2+5\sqrt{5}y^{\frac{3}{2}}-10y-100\sqrt{5}y^{\frac{1}{2}}+600)\mathrm{d}y\\&=2\rho\left(-\frac{1}{3}y^3+2\sqrt{5}y^{\frac{5}{2}}-5y^2-\frac{200\sqrt{5}}{3}y^{\frac{3}{2}}+600y\right)\Bigg|_0^{20}\\&=4\ 000\rho\ \mathrm{J}.\end{aligned}$$

**【例 6.14】** 某建筑工程打地基时,需要汽锤将桩子打进土层.汽锤每次击打,都将克服土层对桩的阻力而作功.设土层对桩的阻力的大小与桩被打进地下的深度成正比(比例系数为 $k$,$k>0$),汽锤第一次击打将桩打进地下 $a$(m).根据设计方案,要求汽锤每次击打桩时所作的功与前一次击打时所作的功之比为常数 $r(0<r<1)$.问:

(1) 汽锤击打桩 3 次后,可将桩打进地下多深?

(2) 若击打次数不限,汽锤至多能将桩打进地下多深?

**分析** 本题属变力作功问题,可用定积分进行计算,而击打次数不限,相当于求数列的极限.

**解** (1) 设第 $n$ 次击打后,桩被打进地下 $x_n$,第 $n$ 次击打时,汽锤所作的功为 $W_n(n=1,2,3,\cdots)$.

由题设,当桩被打进地下的深度为 $x$ 时,土层对桩的阻力的大小为 $kx$,所以

$$W_1=\int_0^{x_1}kx\mathrm{d}x=\frac{k}{2}x_1^2=\frac{k}{2}a^2,$$

$$W_2=\int_{x_1}^{x_2}kx\mathrm{d}x=\frac{k}{2}(x_2^2-x_1^2)=\frac{k}{2}(x_2^2-a^2).$$

由 $W_2=rW_1$ 可得

$$x_2^2-a^2=ra^2,$$

$$x_2^2=(1+r)a^2,$$

即

$$W_3=\int_{x_2}^{x_3}kx\mathrm{d}x=\frac{k}{2}(x_3^2-x_2^2)=\frac{k}{2}[x_3^2-(1+r)a^2].$$

由 $W_3=rW_2=r^2W_1$ 可得

$$x_3^2-(1+r)a^2=r^2a^2,$$

从而

$$x_3=\sqrt{1+r+r^2}\,a,$$

即汽锤击打 3 次后,可将桩打进地下$\sqrt{1+r+r^2}\,a$(m).

(2) 由归纳法,设 $x_n=\sqrt{1+r+r^2+\cdots+r^{n-1}}\,a$,则

$$W_{n+1}=\int_{x_n}^{x_{n+1}}kx\mathrm{d}x=\frac{k}{2}(x_{n+1}^2-x_n^2)$$

$$=\frac{k}{2}[x_{n+1}^2-(1+r+\cdots+r^{n-1})a^2].$$

由于 $W_{n+1}=rW_n=r^2W_{n-1}=\cdots=r^nW_1$，故得

$$x_{n+1}^2-(1+r+\cdots+r^{n-1})a^2=r^na^2,$$

从而

$$x_{n+1}=\sqrt{1+r+\cdots+r^n}\,a=\sqrt{\frac{1-r^{n+1}}{1-r}}\cdot a,$$

于是

$$\lim_{n\to\infty}x_{n+1}=\sqrt{\frac{1}{1-r}}\cdot a,$$

即若击打次数不限，汽锤至多能将桩打进地下 $\sqrt{\frac{1}{1-r}}\cdot a$(m).

**注**　本题巧妙地将变力做功与数列极限两个知识点综合起来，有一定难度.若非直线情形，还可从曲线积分的角度来考查.

**【例 6.15】**　半径为 $r$ 的球沉入水中，它与水面相切，球的密度与水相同，现将球从水中取出，问需要作多少功？

**解**　如图 6-18 建立坐标系，图中圆的方程为 $x^2+(y-r)^2=r^2$.

将球从水中取出恰好离开水面时，该球相当于$[y,y+dy]$的“小薄片”的总行程为 $2r$.其中在水中移动的行程为 $y$，由于球的密度与水相同，所以重力与浮力的合力为零，故球在水中运动作功为零；在水面以上的行程为 $2r-y$，克服重力做功为：

$$dW=g(2r-y)\pi x^2dy=\pi g(2r-y)[r^2-(y-r)^2]dy.$$

于是，所求作功为：$W=\int_0^{2r}g\pi(2r-y)[r^2-(y-r)^2]dy$

$$=\int_0^{2r}\pi g(y^3-4ry^2+4r^2y)dy=\frac{4}{3}\pi r^4g.$$

**【例 6.16】**　在水平放置的椭圆底柱形容器内储存某种液体.容器的尺寸如图 6-19 所示，其中椭圆方程来 $\frac{x^2}{4}+y^2=1$(单位：m)，问：

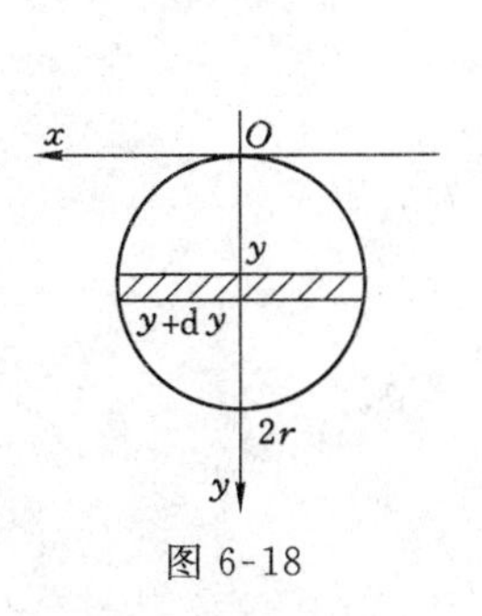

图 6-18

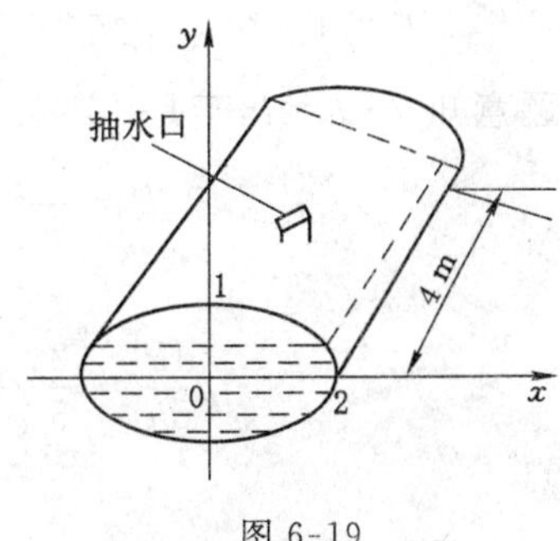

图 6-19

(1) 当液面在过点$(0,y)(-1\leqslant y\leqslant 1)$处的水平线时，容器内液体的体积是多少立方米？

(2) 当容器内储满了液体后，以 0.16 $m^3$/min 的速度将液体从容器顶端抽出，则当液面

降至 $y=0$ 处时,液面下降的速度是多少?

(3) 如果液体的密度为 1 000($kg/m^3$),抽出全部液体需作多少功?

**解**

(1)
$$V=4\cdot 2\int_{-1}^{y}2\sqrt{1-y^2}\,dy=16\int_{-\frac{\pi}{2}}^{\arcsin y}\cos^2 t\,dt$$
$$=8(\arcsin y+y\sqrt{1-y^2})+4\pi(m^3).$$

(2)
$$\frac{dV}{dt}=8\left(\frac{1}{\sqrt{1-y^2}}+\sqrt{1-y^2}-\frac{y^2}{\sqrt{1-y^2}}\right)\frac{dy}{dt}$$
$$=16\sqrt{1-y^2}\cdot\frac{dy}{dt},$$

故 $\left.\frac{dy}{dt}\right|_{y=0}=\left[\frac{dV}{dt}/16\sqrt{1-y^2}\right]_{y=0}=\frac{0.16}{16}=0.01(m/min).$

(3)
$$W=4\cdot 1\,000\cdot g\int_{-1}^{1}4\sqrt{1-y^2}\cdot(1-y)dy$$
$$=4\,000g\int_{-1}^{1}4\sqrt{1-y^2}\,dy=8\,000g\pi.$$

**7. 侧压力**

**【例 6.17】** 底为 $b$ 高为 $h$ 对称抛物线弓形闸门,底平行于水平面且离水平面距离为 $h$,顶点恰为水平面齐,若底与高之和为常数 $l$,问高和底各为何值时,闸门所受的压力最大?

**解** 建立坐标系如图 6-20 所示,取 $x$ 为积分变量,$x\in[0,h]$.

设抛物线方程为 $y^2=2px$,由题意,曲线过点$(h,\frac{b}{2})$,得 $p=\frac{b^2}{8h}$.

从而抛物线方程为 $y^2=\frac{b^2}{4h}x$,取子区间$[x,x+dx]$,压力的微元为

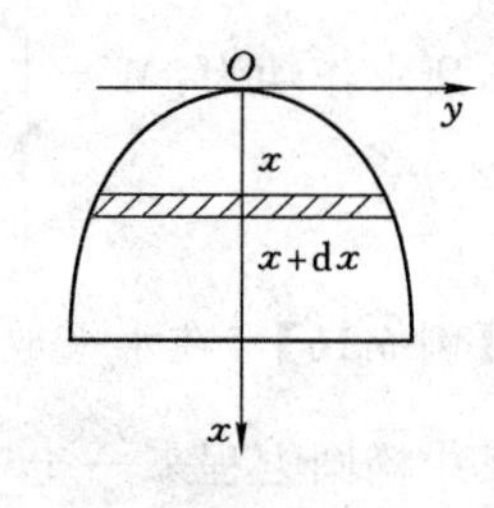


图 6-20

$$dP=\gamma x\cdot 2y\,dx=2\gamma x\sqrt{\frac{b^2}{4h}x}\,dx,$$

故

$$P=\int_0^h 2\gamma x\sqrt{\frac{b^2}{4h}x}\,dx=\frac{2}{5}\gamma bh^2.$$

再由题意知 $b+h=l$,于是

$$P=\frac{2}{5}\gamma(l-h)h^2,h\in[0,l].$$

因

$$\frac{dP}{dh}=\frac{2}{5}\gamma(2hl-3h^2),\ 令\frac{dP}{dh}=0,$$

得唯一驻点

$$h=\frac{2}{3}l,又\frac{d^2P}{dh^2}\Big|_{h=\frac{2}{3}l}=-\frac{4}{5}\gamma l<0,$$

故当 $h=\frac{2}{3}l$ 时,$P$ 取极大值,也是最大值,最后,当抛物线弓形闸门底和高之比为 1∶2 时,闸门所受的侧压力最大.

【例 6.18】 三角形薄板铅直地沉没在水中,其底与水面平齐,且薄板的底长为 $a$,高为 $h$,则

(1) 计算薄板的侧压力;

(2) 若倒转薄板顶点于水面,而底平行于水面,试问水对薄板的侧压力增大几倍?

(3) 若薄板沉入水中一部分,顶点朝下,底平行于水面,且在水面之下的距离为 $\frac{h}{2}$,试求此时的侧压力.

**解** (1) 取坐标系如图 6-21 所示,利用三角形的相似性,得

$$\frac{|AB|}{a}=\frac{h-x}{h},\ |AB|=\frac{a}{h}(h-x).$$

所以,在水深 $x$ 处微元侧压力 $\mathrm{d}P=\frac{a}{h}x(h-x)\mathrm{d}x$,于是整个薄板的侧压力为

$$P=\int_0^h \frac{a}{h}x(h-x)\mathrm{d}x=\frac{1}{6}ah^2.$$

(2) 倒转薄板时取坐标系如图 6-22 所示,因为

$$\frac{|AB|}{a}=\frac{x}{h},\ |AB|=\frac{a}{h}x,\mathrm{d}P=\frac{a}{h}x^2\mathrm{d}x,$$

于是

$$P=\int_0^h \frac{a}{h}x^2\mathrm{d}x=\frac{1}{3}ah^2.$$

即水对薄板的侧压力比(1)中的情形增大了一倍.

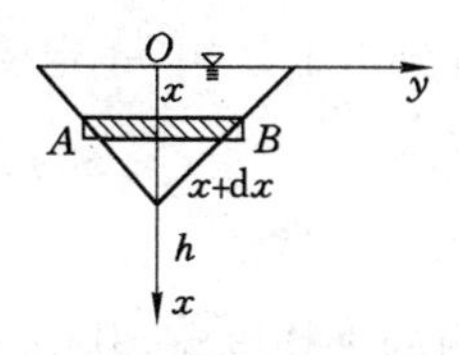


图 6-21

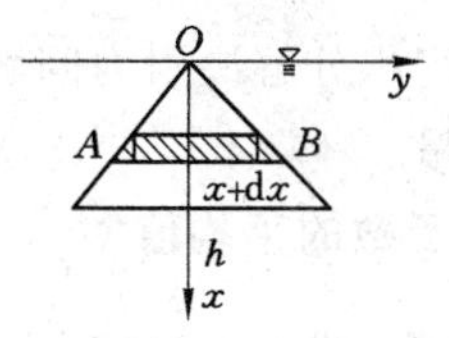


图 6-22

(3) 薄板沉入水中时,取坐标系如图 6-23 所示,因为

$$\frac{|AB|}{a}=\frac{h-x}{h},\ |AB|=\frac{a}{h}(h-x),\mathrm{d}P=\frac{a}{h}\left(\frac{h}{2}+x\right)(h-x)\mathrm{d}x,$$

于是

$$P=\int_0^h \frac{a}{h}\left(\frac{h}{2}+x\right)(h-x)\mathrm{d}x=\frac{5}{12}ah^2.$$

**8. 引力**

【例 6.19】 设一根均匀细棒放在 $x$ 轴上,其区间为 $[a,b]$,其密度为 $\rho=1$,一质量为 $m$ 的质点位于 $y$ 轴上点 $(0,h)$ 处,求细棒对质点的引力.

**解** 如图 6-24 所示,取 $x$ 为积分变量,$x\in[a,b]$,又取 $[x,x+\mathrm{d}x]$,则引力的微元大小为 $|\mathrm{d}\boldsymbol{F}|$

$$|\,\mathrm{d}\boldsymbol{F}\,|=G\frac{m\rho\mathrm{d}x}{h^2+x^2}=\frac{Gm}{h^2+x^2}\mathrm{d}x\text{，方向为}(x,-h).$$

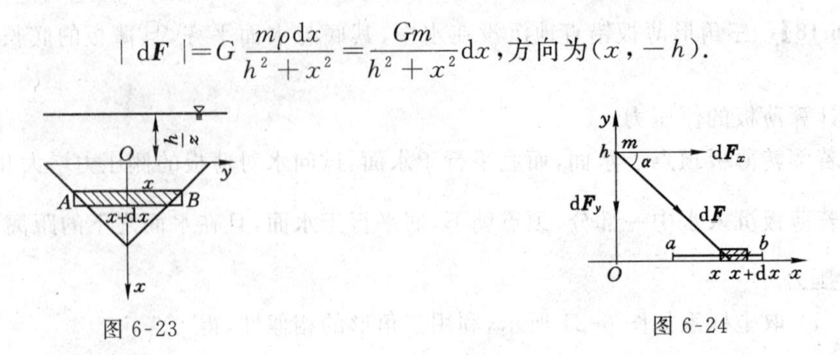


图 6-23　　　　图 6-24

它在 $x$ 轴上的分力微元大小为

$$|\,\mathrm{d}\boldsymbol{F}_x\,|=|\,\mathrm{d}\boldsymbol{F}\,|\cos\alpha=\frac{Gmx}{(h^2+x^2)^{\frac{3}{2}}}\mathrm{d}x,$$

它在 $y$ 轴上的分力微元大小为

$$|\,\mathrm{d}\boldsymbol{F}_y\,|=|\,\mathrm{d}\boldsymbol{F}\,|\sin\alpha=\frac{-Gmh}{(h^2+x^2)^{\frac{3}{2}}}\mathrm{d}x,$$

故该引力在 $x$ 轴，$y$ 轴上的分力大小为

$$|\,\boldsymbol{F}_x\,|=\int_a^b\frac{kmx}{(h^2+x^2)^{\frac{3}{2}}}\mathrm{d}x=km\left(\frac{1}{\sqrt{a^2+h^2}}-\frac{1}{\sqrt{b^2+h^2}}\right),$$

$$|\,\boldsymbol{F}_y\,|=\int_a^b\frac{-kmh}{(h^2+x^2)^{\frac{3}{2}}}\mathrm{d}x=-\frac{km}{h}\left(\frac{b}{\sqrt{b^2+h^2}}-\frac{a}{\sqrt{a^2+h^2}}\right),$$

从而引力为 $|\boldsymbol{F}|=|\boldsymbol{F}_x|\boldsymbol{i}+|\boldsymbol{F}_y|\boldsymbol{j}$，方向从质点指向细棒.

**注**　用定积分解决引力问题时，定积分微元法必须在各分力上使用，一定要注意所求引力是一个向量.

**9. 连续函数的平均值**

**【例 6.20】**　求正弦电流 $i=I_m\sin\omega t$ 在半个周期 $\frac{\pi}{\omega}$ 之内的平均电流，其中 $I_m$ 为常数.

**解**　依公式，$\overline{I}=\dfrac{1}{\frac{\pi}{\omega}-1}\displaystyle\int_0^{\frac{\pi}{\omega}}I_m\sin\omega t\,\mathrm{d}t=\frac{\omega I_m}{\pi}\left[-\frac{1}{\omega}\cos\omega t\right]\Big|_0^{\frac{\pi}{\omega}}=\frac{2}{\pi}I_m=0.637I_m$.

同样，若正弦电压 $U=U_m\sin\omega t$ 及正弦电动势 $e=E_m\sin\omega t$，则其平均值分别为 $\overline{U}=\frac{2}{\pi}U_m=0.637U_m$；$\overline{E}=\frac{2}{\pi}E_m=0.637E_m$.

**注**　在工程技术中，平均值有着广泛的应用，平均值表明某种等效效应.如自由落体运动在 $[0,T]$ 内所走的路程 $S=\frac{1}{2}gT^2$，相当于以平均值 $\overline{v}=\frac{1}{2}gT$ 的匀速运动所走过的路程.又如正弦电流 $i(t)=I_m\sin\omega t$ 在半个周期内流过的电量，相当于平均值 $\overline{I}=0.637I_m$ 的直流电流在半个周期内流过的电量.

**【例 6.21】**　医学上常进行胰岛素平均浓度的测定实验.实验测定患者的胰岛素浓度时，先让病人禁食，以降低体内血糖水平，然后再给病人注射大量的糖水以观察实验数据.假定由实验测得患者血液中的胰岛素的浓度 $C(t)$（单位 mL）为

$$C(t)=\begin{cases}10t-t^2, & 0\leqslant t\leqslant 5,\\ 25\mathrm{e}^{-k(t-5)}, & t>5,\end{cases}$$

其中，$k=\dfrac{\ln 2}{20}$，时间 $t$ 的单位为分钟.求血液中的胰岛素在一小时内的平均浓度 $\overline{C}(t)$.

**解**　依公式可知

$$\begin{aligned}\overline{C}(t)&=\frac{1}{60-0}\int_0^{60}C(t)\mathrm{d}t\\&=\frac{1}{60}\left(\int_0^5 C(t)\mathrm{d}t+\int_5^{60}C(t)\mathrm{d}t\right)\\&=\frac{1}{60}\left[\int_0^5(10t-t^2)\mathrm{d}t+\int_5^{60}25\mathrm{e}^{-k(t-5)}\mathrm{d}t\right]\\&=\frac{1}{60}\left(5t^2-\frac{1}{3}t^3\right)\Big|_0^5-\frac{5}{12k}\mathrm{e}^{-k(t-5)}\Big|_5^{60}\\&\approx 11.63\ (\mathrm{mL}).\end{aligned}$$

## 四、练习题与解答

1. 选择题

(1) 曲线方程 $y=f(x)$，函数在区间$[0,a]$上有连续导数，则定积分 $\int_0^a xf'(x)\mathrm{d}x$ 在几何上表示（　　）.

(A) 曲边梯形 $ABCD$ 面积；　　(B) 梯形 $ABCD$ 面积；

(C) 曲边三角形 $ACD$ 面积；　　(D) $\triangle ACD$ 面积.

(2) 双纽线$(x^2+y^2)^2=x^2-y^2$ 所围成的区域面积可用定积分表示为（　　）.

(A) $2\int_0^{\frac{\pi}{4}}\cos 2\theta\mathrm{d}\theta$；　　(B) $4\int_0^{\frac{\pi}{4}}\cos 2\theta\mathrm{d}\theta$；

(C) $2\int_0^{\frac{\pi}{4}}\sqrt{\cos 2\theta}\mathrm{d}\theta$；　　(D) $\frac{1}{2}\int_0^{\frac{\pi}{4}}(\cos 2\theta)^2\mathrm{d}\theta$.

(3) 曲线 $y=\mathrm{e}^x$ 与其过原点的切线及 $y$ 轴所围图形的面积为（　　）.

(A) $\int_0^1(\mathrm{e}^x-\mathrm{e}x)\mathrm{d}x$；　　(B) $\int_1^{\mathrm{e}}(\ln y-y\ln y)\mathrm{d}y$；

(C) $\int_1^{\mathrm{e}}(\mathrm{e}^x-x\mathrm{e}^x)\mathrm{d}x$；　　(D) $\int_0^1(\ln y-y\ln y)\mathrm{d}y$.

(4) 曲线 $y=\sin^{\frac{3}{2}}x\,(0\leqslant x\leqslant\pi)$ 与 $x$ 轴围成的图形绕 $x$ 轴旋转所成的旋转体的体积为（　　）.

(A) $\frac{4}{3}$；　　(B) $\frac{4}{3}\pi$；　　(C) $\frac{2}{3}\pi^2$；　　(D) $\frac{2}{3}\pi$.

(5) 曲线 $y=\cos x\left(-\frac{\pi}{2}\leqslant x\leqslant\frac{\pi}{2}\right)$ 与 $x$ 轴围成的图形绕 $x$ 轴旋转所成的旋转体的体积为（　　）.

(A) $\frac{\pi}{2}$；　(B) $\pi$；　(C) $\frac{\pi^2}{2}$；　(D) $\pi^2$.

(6) 设在区间$[a,b]$上 $f(x)>0, f'(x)<0, f''(x)>0$.令 $S_1=\int_a^b f(x)\mathrm{d}x, S_2=f(b)(b-a), S_3=\frac{1}{2}[f(a)+f(b)](b-a)$，则(　　).

(A) $S_1<S_2<S_3$；　(B) $S_2<S_1<S_3$；

(C) $S_3<S_1<S_2$；　(D) $S_2<S_3<S_1$.

(7) 设 $f(x), g(x)$在区间$[a,b]$上连续，且 $g(x)<f(x)<m$($m$ 为常数)，则曲线 $y=g(x), y=f(x), x=a, x=b$ 所围平面图形绕直线 $y=m$ 旋转而成的旋转体体积为(　　).

(A) $\int_a^b \pi[2m-f(x)+g(x)][f(x)-g(x)]\mathrm{d}x$；

(B) $\int_a^b \pi[2m-f(x)-g(x)][f(x)-g(x)]\mathrm{d}x$；

(C) $\int_a^b \pi[m-f(x)+g(x)][f(x)-g(x)]\mathrm{d}x$；

(D) $\int_a^b \pi[m-f(x)-g(x)][f(x)-g(x)]\mathrm{d}x$.

(8) 曲线 $y=\ln(1-x^2)$在$(0\leqslant x\leqslant\frac{1}{2})$上的弧长可以表示为(　　).

(A) $s=\int_0^{\frac{1}{2}}\sqrt{1+y^2}\,\mathrm{d}x$；　(B) $s=\int_0^{\frac{1}{2}}\sqrt{1+\left(\frac{-2x}{1-x^2}\right)^2}\,\mathrm{d}x$；

(C) $s=\int_0^{\frac{1}{2}}\sqrt{1+\left(\frac{2x}{1-x^2}\right)^2}\,\mathrm{d}x$；　(D) $s=\int_0^{\frac{1}{2}}\sqrt{\left(\frac{2x}{1-x^2}\right)^2}\,\mathrm{d}x$.

(9) 如图 6-25 所示，$x$ 轴上有一线密度为常数$\mu$，长度为$l$的细杆，有一质量为$m$的质点到杆右端的距离为$a$，已知引力系数为$G$，则质点和细杆之间的引力的大小为(　　).

(A) $\int_{-l}^{0}\frac{Gm\mu\,\mathrm{d}x}{(a-x)^2}$；　(B) $\int_0^{l}\frac{Gm\mu\,\mathrm{d}x}{(a-x)^2}$；

(C) $2\int_{-\frac{l}{2}}^{0}\frac{Gm\mu\,\mathrm{d}x}{(a+x)^2}$；　(D) $2\int_0^{\frac{l}{2}}\frac{Gm\mu\,\mathrm{d}x}{(a+x)^2}$.

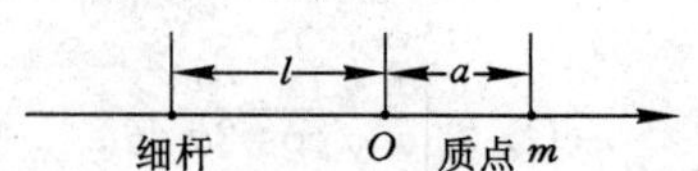


图 6-25

(10) 半圆形闸门半径为$R$，将其垂直放入水中，且直径与水面相齐.设水密度$\rho=1$，若坐标原点取在圆心，$x$ 轴正向朝下，则闸门所受压力 $P$ 为(　　).

(A) $\int_0^R\sqrt{R^2-x^2}\,\mathrm{d}x$；　(B) $\int_0^R 2\sqrt{R^2-x^2}\,\mathrm{d}x$；

(C) $\int_0^R 2x\sqrt{R^2-x^2}\,\mathrm{d}x$；　(D) $\int_0^R 2(R-x)\sqrt{R^2-x^2}\,\mathrm{d}x$.

(11) 两曲线 $y=f(x), y=g(x)$ 相交于点$(x_1,y_1),(x_2,y_2)$，$f(x)>0, g(x)>0$，且 $x_1<x_2$，则所围图形绕 $x$ 轴旋转一周所得的旋转体体积为(　　).

(A) $\int_{x_1}^{x_2}\pi\,[f(x)-g(x)]^2\mathrm{d}x$；

(B) $\int_{x1}^{x2} \pi \left| f(x) - g(x) \right|^2 \mathrm{d}x$；

(C) $\int_{x1}^{x2} [\pi f(x)]^2 \mathrm{d}x - \int_{x1}^{x2} [\pi g(x)]^2 \mathrm{d}x$；

(D) $\int_{x1}^{x2} [\pi f(x) - \pi g(x)]^2 \mathrm{d}x$.

2. 填空题

(1) 曲线 $y=|\ln x|$ 与直线 $x=\frac{1}{e}$，$x=e$ 及 $y$ 轴所围成的区域面积为________.

(2) 由两曲线 $\rho=\sqrt{2}\cos\theta$ 及 $\rho^2=\sqrt{3}\sin 2\theta$ 所围成的平面图形面积为________.

(3) 曲线 $\rho=a(1+\cos\theta)$ 的长度为________.

(4) 设曲线的方程为

$$\begin{cases} x=e^t\sin t, \\ y=e^t\cos t. \end{cases}$$

则曲线上从 $t=0$ 至 $t=\frac{\pi}{2}$ 之间的一段弧长为________.

(5) 由曲线 $y=\sin x+1$ 与三条直线 $x=0$，$x=\pi$，$y=0$ 所围成的曲边梯形绕 $x$ 轴旋转一周所成的旋转体的体积为________.

(6) 矩形闸门宽 $a$ m，高 $h$ m，垂直放在水中(水的密度为 $\gamma$)，上沿与水面齐，则闸门所受压力为________.

3. 求由曲线 $y=(x^2-1)(x-2)$ 与 $x$ 轴所围成的平面图形面积.

4. 求心形线 $\rho=a(1+\cos\theta)$ 与圆 $\rho=3a\cos\theta$ 所围公共部分 $A$ 的面积.

5. 假设曲线 $L_1: y=1-x^2(0\leqslant x\leqslant 1)$、$x$ 轴和 $y$ 轴所围区域被曲线 $L_2: y=ax^2$ 分为面积相等的两部分，其中 $a$ 是大于零的常数，试确定 $a$ 的值.

6. 求曲线 $y=\sqrt{x}$ 的一条切线 $l$，使该曲线与切线 $l$ 及直线 $x=0$，$x=2$ 所围成图形的面积最小.

7. 直线 $x=a$ 平分由曲线 $y=x^2$，直线 $y=0$，$x=0$，$x=1$ 所围图形的面积，求 $a$ 的值.

8. 求下列旋转面的面积

(1) $y=\sin x(0\leqslant x\leqslant\pi)$，$y=0$ 围成的图形绕 $x$ 轴旋转所得曲面；

(2) $\rho=a(1+\cos\theta)(a>0)$ 绕极轴旋转所成曲面.

9. 考虑函数 $y=\sin x$，$0\leqslant x\leqslant\frac{\pi}{2}$，问：

(1) $t$ 取何值时，图 6-26 中面积 $S_1$ 和 $S_2$ 之和 $S=S_1+S_2$ 最小？

(2) $t$ 取何值时，面积 $S=S_1+S_2$ 最大？

10. 设两曲线 $y=a\sqrt{x}(a>0)$ 与 $y=\ln\sqrt{x}$ 在点 $(x_0, y_0)$ 处有公切线，求这两曲线与 $x$ 轴围成的平面图形绕 $x$ 轴旋转而成的旋转体的体积 $V$.

11. 求曲线 $y=3-|x^2-1|$ 与 $x$ 轴围成的封闭图形绕直线 $y=3$ 旋转所得的旋转体体积.

12. 设有一正椭圆柱体，短轴分别为 $2a$，$2b$，用过此柱体底面的短轴且与底面成 $\alpha$ 角

$\left(0<\alpha<\frac{\pi}{2}\right)$的平面截此柱体，得一楔形体(图 6-27)，求此楔形体的体积 $V$.

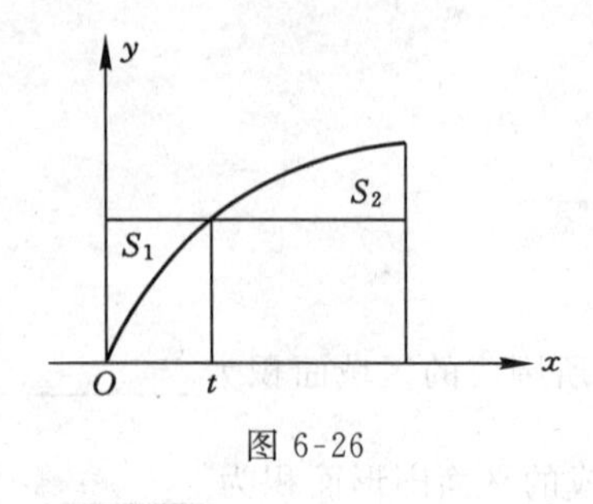


图 6-26

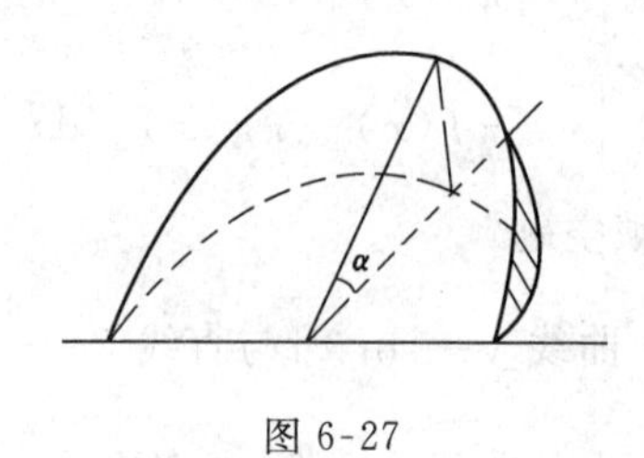


图 6-27

13. 已知一抛物线通过 $x$ 轴上的两点 $A(1,0)$，$B(3,0)$.

(1) 求证：两坐标轴与该抛物线所围图形的面积等于 $x$ 轴与该抛物线所围图形的面积；

(2) 计算上述两平面图形绕 $x$ 轴旋转一周所产生的两个旋转体体积之比.

14. 求由 $y=0$，$y=x^2$ 及 $x+y=2$ 所围成的平面图形，分别绕 $x$ 轴和 $y$ 轴旋转一周所得立体的体积.

15. 设抛物线 $y=ax^2+bx+c$ 过原点，当 $0\leqslant x\leqslant 1$ 时 $y\geqslant 0$，又已知该抛物线与 $x$ 轴及直线 $x=1$ 所围成图形的面积为$\frac{1}{3}$.试确定 $a$，$b$，$c$，使此图形绕 $x$ 轴旋转一周而成的旋转体的体积 $V$ 最小.

16. 设有一内壁形状为抛物面 $z=x^2+y^2$ 的容器，原来盛有 $8\pi(\mathrm{cm}^3)$的水，后来又注入 $64\pi(\mathrm{cm}^3)$的水，试求水面比原来升高了多少？

17. 由抛物线 $y=x^2$ 及 $y=4x^2$ 绕 $y$ 轴旋转一周构成一旋转抛物面的容器，高为 $H$，现于其中盛水，水高$\frac{H}{2}$，问要将水全部抽出，外力需做多少功？

18. 若将一中间为圆柱、两头为半球形的油罐埋于距地面 5 m 的地下，该罐圆柱底半径为 1 m，高为 4 m，装满了密度 $\rho=0.96\ \mathrm{kg/m^3}$ 的油料，问若将油料全部从罐内抽出需做多少功？

19. 某闸门的形状与大小如图 6-28 所示，以 $y$ 轴为对称轴，闸门的上部为矩形 $ABCD$，下部由顶点位于原点的二次抛物线段 $AB$ 所围成，线段 $AB$ 两端为 $A(-1,0)$与 $B(1,0)$，当水面与闸门的上端相重合时，欲使闸门矩形部分承受的水压力与闸门下部承受的水压力之比为 5∶4，问闸门矩形部分高 $h$ 应为多少米？

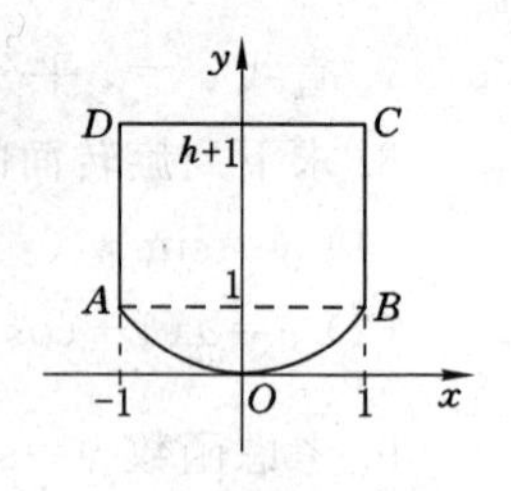


图 6-28

20. 两质点质量分别为 $m_1$ 与 $m_2$，相距为 $a$.现将质点 $m_2$ 沿着两质点的连线向外移动距离 $l$，求克服 $m_1$ 对其的引力所作的功 $W$.

21. 有一半径为 $r$ 的均匀半圆弧，质量为 $m$，求它对位于圆心处的单位质量质点的引力.

**练习题解答**

# 第七章　空间解析几何与向量代数

## 一、内 容 提 要

**1. 向量**

(1) 向量的基本概念

在空间中起点为 $A(x_1,y_1,z_1)$、终点为 $B(x_2,y_2,z_2)$ 的向量

$\overrightarrow{AB}=(x_2-x_1)\boldsymbol{i}+(y_2-y_1)\boldsymbol{j}+(z_2-z_1)\boldsymbol{k}$，或 $\overrightarrow{AB}=(x_2-x_1,y_2-y_1,z_2-z_1)$，

$\boldsymbol{a}=a_x\boldsymbol{i}+a_y\boldsymbol{j}+a_z\boldsymbol{k}=(a_x,a_y,a_z)$，其中 $a_x,a_y,a_z$ 是向量 $\boldsymbol{a}$ 在三个坐标轴上的投影.

向量 $\boldsymbol{a}$ 的模 $|\boldsymbol{a}|=\sqrt{a_x^2+a_y^2+a_z^2}$.

向量 $\boldsymbol{a}$ 的方向余弦

$$\cos\alpha=\frac{a_x}{\sqrt{a_x{}^2+a_y{}^2+a_z{}^2}},\cos\beta=\frac{a_y}{\sqrt{a_x{}^2+a_y{}^2+a_z{}^2}},\cos\gamma=\frac{a_z}{\sqrt{a_x{}^2+a_y{}^2+a_z{}^2}},$$

$\cos^2\alpha+\cos^2\beta+\cos^2\gamma=1$.

与 $\boldsymbol{a}$ 同向的单位向量

$$\boldsymbol{a}^0=\frac{\boldsymbol{a}}{|\boldsymbol{a}|}=\cos\alpha\boldsymbol{i}+\cos\beta\boldsymbol{j}+\cos\gamma\boldsymbol{k}.$$

(2) 向量的运算

设 $\boldsymbol{a}=a_x\boldsymbol{i}+a_y\boldsymbol{j}+a_z\boldsymbol{k},\boldsymbol{b}=b_x\boldsymbol{i}+b_y\boldsymbol{j}+b_z\boldsymbol{k},\boldsymbol{c}=c_x\boldsymbol{i}+c_y\boldsymbol{j}+c_z\boldsymbol{k}$.

① $\boldsymbol{a}\pm\boldsymbol{b}=(a_x\pm b_x)\boldsymbol{i}+(a_y\pm b_y)\boldsymbol{j}+(a_z\pm b_z)\boldsymbol{k}$；

② $k\boldsymbol{a}=ka_x\boldsymbol{i}+ka_y\boldsymbol{j}+ka_z\boldsymbol{k}$；

③ 数量积 $\boldsymbol{a}\cdot\boldsymbol{b}=|\boldsymbol{a}||\boldsymbol{b}|\cos(\widehat{\boldsymbol{a},\boldsymbol{b}})=a_xb_x+a_yb_y+a_zb_z$；

④ 向量积 $\boldsymbol{a}\times\boldsymbol{b}=\boldsymbol{g}$；

$\boldsymbol{g}$ 的模：$|\boldsymbol{g}|=|\boldsymbol{a}||\boldsymbol{b}|\sin(\widehat{\boldsymbol{a},\boldsymbol{b}})$，即以 $\boldsymbol{a},\boldsymbol{b}$ 为邻边的平行四边形的面积.

$\boldsymbol{g}$ 的方向：$\boldsymbol{g}$ 垂直 $\boldsymbol{a}$ 和 $\boldsymbol{b}$ 所在的平面，且 $\boldsymbol{a},\boldsymbol{b},\boldsymbol{g}$ 符合右手坐标法则，用坐标表示

$$\boldsymbol{a}\times\boldsymbol{b}=\begin{vmatrix}\boldsymbol{i}&\boldsymbol{j}&\boldsymbol{k}\\a_x&a_y&a_z\\b_x&b_y&b_z\end{vmatrix}=(a_yb_z-a_zb_y)\boldsymbol{i}+(a_zb_x-a_xb_z)\boldsymbol{j}+(a_xb_y-a_yb_x)\boldsymbol{k};$$

⑤ 混合积

$$[\boldsymbol{a}\quad\boldsymbol{b}\quad\boldsymbol{c}]=(\boldsymbol{a}\times\boldsymbol{b})\cdot\boldsymbol{c}=\begin{vmatrix}a_x&a_y&a_z\\b_x&b_y&b_z\\c_x&c_y&c_z\end{vmatrix}.$$

(3) 向量的运算规律

① $\boldsymbol{a}+\boldsymbol{b}=\boldsymbol{b}+\boldsymbol{a}$;

② $\boldsymbol{a}\cdot\boldsymbol{b}=\boldsymbol{b}\cdot\boldsymbol{a},\boldsymbol{a}\cdot\boldsymbol{a}=|\boldsymbol{a}|^2$;

③ $(\boldsymbol{a}+\boldsymbol{b})\cdot\boldsymbol{c}=\boldsymbol{a}\cdot\boldsymbol{c}+\boldsymbol{b}\cdot\boldsymbol{c}$;

④ $\boldsymbol{a}\times\boldsymbol{b}=-\boldsymbol{b}\times\boldsymbol{a}$;

⑤ $(\boldsymbol{a}+\boldsymbol{b})\times\boldsymbol{c}=\boldsymbol{a}\times\boldsymbol{c}+\boldsymbol{b}\times\boldsymbol{c}$;

⑥ $[\boldsymbol{a}\quad\boldsymbol{b}\quad\boldsymbol{c}]=[\boldsymbol{b}\quad\boldsymbol{c}\quad\boldsymbol{a}]=[\boldsymbol{c}\quad\boldsymbol{a}\quad\boldsymbol{b}]$

⑦ 两向量 $\boldsymbol{a}$ 与 $\boldsymbol{b}$ 相互垂直的充分必要条件是 $\boldsymbol{a}\cdot\boldsymbol{b}=0$;

⑧ 两向量 $\boldsymbol{a}$ 与 $\boldsymbol{b}$ 平行的充分必要条件是 $\boldsymbol{a}\times\boldsymbol{b}=\boldsymbol{0}$.

**2. 平面和直线**

(1) 平面和直线的方程

① 平面的点法式方程

$$A(x-x_0)+B(y-y_0)+C(z-z_0)=0,$$

其中,$(x_0,y_0,z_0)$为平面上一点;$\boldsymbol{n}=(A,B,C)$为平面法向量.

② 平面的一般方程

$$Ax+By+Cz+D=0,$$

其中,$\boldsymbol{n}=(A,B,C)$为平面法向量.

③ 平面的截距式方程

$$\frac{x}{a}+\frac{y}{b}+\frac{z}{c}=1,$$

其中,$a,b,c$ 分别为平面在 $x$ 轴,$y$ 轴,$z$ 轴上的截距.

④ 直线的点向式方程

$$\frac{x-x_0}{m}=\frac{y-y_0}{n}=\frac{z-z_0}{p},$$

其中,$(x_0,y_0,z_0)$为直线上一点;$\boldsymbol{s}=(m,n,p)$为直线方向向量.

⑤ 直线的两点式方程

过点 $M_0(x_0,y_0,z_0)$及 $M_1(x_1,y_1,z_1)$的直线方程为

$$\frac{x-x_0}{x_1-x_0}=\frac{y-y_0}{y_1-y_0}=\frac{z-z_0}{z_1-z_0}.$$

⑥ 直线的参数方程 $\begin{cases}x=x_0+mt,\\y=y_0+nt,\\z=z_0+pt.\end{cases}$

⑦ 直线的一般式方程 $\begin{cases}A_1x+B_1y+C_1z+D_1=0\\A_2x+B_2y+C_2z+D_2=0\end{cases}$(对应系数不成比例).

(2) 直线、平面的相互位置关系

设有两平面 $\pi_1,\pi_2$ 及两直线 $L_1,L_2$,

$$\pi_1:A_1x+B_1y+C_1z+D_1=0,\pi_2:A_2x+B_2y+C_2z+D_2=0,$$

$$L_1:\frac{x-x_1}{l_1}=\frac{y-y_1}{m_1}=\frac{z-z_1}{n_1},\quad L_2:\frac{x-x_2}{l_2}=\frac{y-y_2}{m_2}=\frac{z-z_2}{n_2}.$$

① $\pi_1$ 与 $\pi_2$ 的夹角 $\theta$ 满足

$$\cos\theta=\frac{|A_1A_2+B_1B_2+C_1C_2|}{\sqrt{A_1^2+B_1^2+C_1^2}\sqrt{A_2^2+B_2^2+C_2^2}}.$$

② $\pi_1 /\!/ \pi_2$ 的充分必要条件为

$$\frac{A_1}{A_2}=\frac{B_1}{B_2}=\frac{C_1}{C_2}.$$

$\pi_1,\pi_2$ 重合的充分必要条件是

$$\frac{A_1}{A_2}=\frac{B_1}{B_2}=\frac{C_1}{C_2}=\frac{D_1}{D_2}.$$

③ $\pi_1\perp\pi_2$ 的充分必要条件为

$$A_1A_2+B_1B_2+C_1C_2=0.$$

④ $L_1$与$L_2$的夹角$\theta$满足

$$\cos\theta=\frac{|l_1l_2+m_1m_2+n_1n_2|}{\sqrt{l_1^2+m_1^2+n_1^2}\sqrt{l_2^2+m_2^2+n_2^2}}.$$

⑤ $L_1 /\!/ L_2$的充分必要条件为

$$\frac{l_1}{l_2}=\frac{m_1}{m_2}=\frac{n_1}{n_2}.$$

⑥ $L_1\perp L_2$的充分必要条件为

$$l_1l_2+m_1m_2+n_1n_2=0.$$

⑦ $L_1$与$\pi_1$ 的夹角 $\varphi$ 满足

$$\sin\varphi=\frac{|A_1l_1+B_1m_1+C_1n_1|}{\sqrt{A_1^2+B_1^2+C_1^2}\sqrt{l_1^2+m_1^2+n_1^2}}.$$

⑧ $L_1 /\!/ \pi_1$ 的充分必要条件为

$$A_1l_1+B_1m_1+C_1n_1=0.$$

⑨ $L_1\perp\pi_1$ 的充分必要条件为

$$\frac{l_1}{A_1}=\frac{m_1}{B_1}=\frac{n_1}{C_1}.$$

⑩ 点 $M_0(x_0,y_0,z_0)$到平面 $\pi_1$ 的距离 $d$ 为

$$d=\frac{|A_1x_0+B_1y_0+C_1z_0+D_1|}{\sqrt{A_1^2+B_1^2+C_1^2}}.$$

点 $M_0(x_0,y_0,z_0)$到直线 $L_1$的距离 $d$ 为

$$d=\frac{|\overrightarrow{M_0M_1}\times \boldsymbol{s}_1|}{|\boldsymbol{s}_1|},\text{其中 } M_1 \text{ 为直线 } L_1 \text{ 上的点}.$$

**3. 空间曲面与曲线**

(1) 柱面

在空间直角坐标中，方程 $f(x,y)=0$ 表示母线平行于 $Oz$ 轴，准线为 $xOy$ 平面上的曲线$\begin{cases}f(x,y)=0\\z=0\end{cases}$的柱面.

类似地，$g(x,z)=0$，$h(y,z)=0$ 分别表示母线平行于 $Oy$ 轴的柱面与母线平行于 $Ox$ 轴的柱面.

(2) 旋转曲面

$yOz$ 坐标面上曲线 $\Gamma$：$\begin{cases} f(y,z)=0 \\ x=0 \end{cases}$，绕 $Oz$ 轴旋转所生成的旋转曲面方程为

$$f(\pm\sqrt{x^2+y^2},z)=0.$$

绕 $Oy$ 轴旋转所生成的旋转面方程为

$$f(y,\pm\sqrt{x^2+z^2})=0.$$

同理可得其他坐标面上的曲线绕相应坐标轴旋转的旋转曲面方程.

(3) 常用的二次曲面

二次曲面有九种，适当选取空间直角坐标系，可得它们的标准方程.

椭球面：$$\frac{x^2}{a^2}+\frac{y^2}{b^2}+\frac{z^2}{c^2}=1;$$

椭圆锥面：$$\frac{x^2}{a^2}+\frac{y^2}{b^2}=z^2;$$

单叶双曲面：$$\frac{x^2}{a^2}+\frac{y^2}{b^2}-\frac{z^2}{c^2}=1;$$

双叶双曲面：$$\frac{x^2}{a^2}-\frac{y^2}{b^2}-\frac{z^2}{c^2}=1;$$

椭圆抛物面：$$\frac{x^2}{a^2}+\frac{y^2}{b^2}=z;$$

双曲抛物面：$$\frac{x^2}{a^2}-\frac{y^2}{b^2}=z;$$

椭圆柱面：$$\frac{x^2}{a^2}+\frac{y^2}{b^2}=1;$$

双曲柱面：$$\frac{x^2}{a^2}-\frac{y^2}{b^2}=1;$$

抛物柱面：$$x^2=ay.$$

(4) 空间曲线

① 空间曲线一般方程 $\begin{cases} F(x,y,z)=0, \\ G(x,y,z)=0. \end{cases}$

② 空间曲线的参数方程 $\begin{cases} x=x(t), \\ y=y(t), \\ z=z(t). \end{cases}$

(5) 空间曲线在坐标面上的投影曲线

在空间曲线一般方程 $\begin{cases} F(x,y,z)=0 \\ G(x,y,z)=0 \end{cases}$ 中消去 $z$，得投影柱面方程 $f(x,y)=0$，则 $\begin{cases} f(x,y)=0 \\ z=0 \end{cases}$ 为空间曲线在 $xOy$ 平面上的投影曲线方程.

同理可得空间曲线在 $yOz$ 平面上及在 $xOz$ 平面上的投影曲线方程.

## 二、基本问题解答

**【问题 7.1】**　下列向量等式的几何意义是什么？

(1) $\boldsymbol{a}+\boldsymbol{b}+\boldsymbol{c}=\boldsymbol{0}$；

(2) $(\boldsymbol{a}\times\boldsymbol{b})\cdot\boldsymbol{c}=0$；

(3) $\boldsymbol{c}=\lambda\boldsymbol{a}+\mu\boldsymbol{b}$.

**答**　(1) 表示向量 $\boldsymbol{a},\boldsymbol{b},\boldsymbol{c}$ 首尾相接构成三角形，或 $\boldsymbol{a},\boldsymbol{b},\boldsymbol{c}$ 共线.

(2) 因为$(\boldsymbol{a}\times\boldsymbol{b})\cdot\boldsymbol{c}=0$ 表示 $\boldsymbol{a}\times\boldsymbol{b}$ 与 $\boldsymbol{c}$ 垂直，且 $\boldsymbol{a}\times\boldsymbol{b}$ 与 $\boldsymbol{a}$ 垂直，$\boldsymbol{a}\times\boldsymbol{b}$ 与 $\boldsymbol{b}$ 垂直，故 $\boldsymbol{a}$，$\boldsymbol{b},\boldsymbol{c}$ 共面.

(3) 向量 $\boldsymbol{c}$ 是向量 $\boldsymbol{a},\boldsymbol{b}$ 的线性组合，因此向量 $\boldsymbol{c}$ 在向量 $\boldsymbol{a},\boldsymbol{b}$ 所构成的平面内，即 $\boldsymbol{a},\boldsymbol{b},\boldsymbol{c}$ 共面.

**【问题 7.2】**　下列各式是否成立？为什么？

(1) $(\boldsymbol{a}+\boldsymbol{b})\times(\boldsymbol{a}-\boldsymbol{b})=\boldsymbol{a}\times\boldsymbol{a}-\boldsymbol{b}\times\boldsymbol{b}=\boldsymbol{0}$；

(2) 当 $\boldsymbol{a}\neq\boldsymbol{0}$ 时，$\boldsymbol{a}\cdot\boldsymbol{b}=\boldsymbol{a}\cdot\boldsymbol{c}$，则 $\boldsymbol{b}=\boldsymbol{c}$；

(3) 当 $\boldsymbol{a}\neq\boldsymbol{0}$ 时，$\boldsymbol{a}\times\boldsymbol{b}=\boldsymbol{a}\times\boldsymbol{c}$，则 $\boldsymbol{b}=\boldsymbol{c}$.

**答**　以上各式都是错误的，错误的根本原因在于把实数的运算法则搬入向量运算中.

(1) 因为$(\boldsymbol{a}+\boldsymbol{b})\times(\boldsymbol{a}-\boldsymbol{b})=\boldsymbol{a}\times\boldsymbol{a}-\boldsymbol{a}\times\boldsymbol{b}+\boldsymbol{b}\times\boldsymbol{a}-\boldsymbol{b}\times\boldsymbol{b}=-2\boldsymbol{a}\times\boldsymbol{b}=2\boldsymbol{b}\times\boldsymbol{a}$，故不一定成立.

(2) 反例 $\boldsymbol{a}=\boldsymbol{i},\boldsymbol{b}=\boldsymbol{j},\boldsymbol{c}=\boldsymbol{k}$，有 $\boldsymbol{i}\cdot\boldsymbol{j}=\boldsymbol{i}\cdot\boldsymbol{k}=0$，显然 $\boldsymbol{j}\neq\boldsymbol{k}$.

因为 $\boldsymbol{a}\cdot\boldsymbol{b}=\boldsymbol{a}\cdot\boldsymbol{c}$，$\boldsymbol{a}\cdot(\boldsymbol{b}-\boldsymbol{c})=\boldsymbol{0}$，向量 $\boldsymbol{a}$ 与向量 $\boldsymbol{b}-\boldsymbol{c}$ 垂直.所以 $\boldsymbol{b}=\boldsymbol{c}$ 不一定成立.

(3) 因为 $\boldsymbol{a}\times\boldsymbol{b}=\boldsymbol{a}\times\boldsymbol{c}$，$\boldsymbol{a}\times\boldsymbol{b}-\boldsymbol{a}\times\boldsymbol{c}=\boldsymbol{0}$，$\boldsymbol{a}\times(\boldsymbol{b}-\boldsymbol{c})=\boldsymbol{0}$，

向量 $\boldsymbol{a}$ 与向量 $\boldsymbol{b}-\boldsymbol{c}$ 平行，所以 $\boldsymbol{b}=\boldsymbol{c}$ 不成立.

反例 $\boldsymbol{a}=\boldsymbol{i}-\boldsymbol{j}\neq\boldsymbol{0},\boldsymbol{b}=\boldsymbol{i},\boldsymbol{c}=\boldsymbol{j}$，有 $\boldsymbol{a}\times\boldsymbol{b}=(\boldsymbol{i}-\boldsymbol{j})\times\boldsymbol{i}=\boldsymbol{i}\times\boldsymbol{j}$，$\boldsymbol{a}\times\boldsymbol{c}=(\boldsymbol{i}-\boldsymbol{j})\times\boldsymbol{j}=\boldsymbol{i}\times\boldsymbol{j}$，显然 $\boldsymbol{a}\times\boldsymbol{b}=\boldsymbol{a}\times\boldsymbol{c}=\boldsymbol{i}\times\boldsymbol{j}$，但 $\boldsymbol{b}\neq\boldsymbol{c}$.

**【问题 7.3】**　设三角形 $ABC$ 顶点的向径分别是 $\boldsymbol{r}_1,\boldsymbol{r}_2,\boldsymbol{r}_3$，如何用 $\boldsymbol{r}_1,\boldsymbol{r}_2,\boldsymbol{r}_3$，表示三角形 $ABC$ 的面积？

**答**　因为$\overrightarrow{AB}=\boldsymbol{r}_2-\boldsymbol{r}_1$，$\overrightarrow{AC}=\boldsymbol{r}_3-\boldsymbol{r}_1$，三角形 $ABC$ 的面积为

$$S=\frac{1}{2}|\overrightarrow{AB}\times\overrightarrow{AC}|=\frac{1}{2}|(\boldsymbol{r}_2-\boldsymbol{r}_1)\times(\boldsymbol{r}_3-\boldsymbol{r}_1)|$$

$$=\frac{1}{2}|\boldsymbol{r}_2\times\boldsymbol{r}_3-\boldsymbol{r}_2\times\boldsymbol{r}_1-\boldsymbol{r}_1\times\boldsymbol{r}_3+\boldsymbol{r}_1\times\boldsymbol{r}_1|,$$

即

$$S=\frac{1}{2}|\boldsymbol{r}_1\times\boldsymbol{r}_2+\boldsymbol{r}_2\times\boldsymbol{r}_3+\boldsymbol{r}_3\times\boldsymbol{r}_1|.$$

**【问题 7.4】**　怎样求异面直线之间的距离？

**答**　求异面直线之间的距离，就是求异面直线的公垂线两垂足之间的距离，

设 $L_1:\dfrac{x-x_1}{m_1}=\dfrac{y-y_1}{n_1}=\dfrac{z-z_1}{l_1}$，方向向量为 $\boldsymbol{s}_1=(m_1,n_1,l_1)$，过点 $M_1(x_1,y_1,z_1)$；

$L_2:\dfrac{x-x_2}{m_2}=\dfrac{y-y_2}{n_2}=\dfrac{z-z_2}{l_2}$，方向向量为 $\boldsymbol{s}_2=(m_2,n_2,l_2)$，过点 $M_2(x_2,y_2,z_2)$；

异面直线的公垂线的方向向量为 $\boldsymbol{n}=\boldsymbol{s}_1\times\boldsymbol{s}_2$.

**解**

$$d=|\mathrm{Prj}_{\boldsymbol{n}}\overrightarrow{M_1M_2}|=\frac{1}{|\boldsymbol{n}|}|\boldsymbol{n}\cdot\overrightarrow{M_1M_2}|=\frac{|[\overrightarrow{M_1M_2}\ \boldsymbol{s}_1\ \boldsymbol{s}_2]|}{|\boldsymbol{s}_1\times\boldsymbol{s}_2|}.$$

**【问题 7.5】** 通过直线 $L:\begin{cases}x-2y-z+3=0\\x+y-z-1=0\end{cases}$ 的平面束方程有几种表达方式?

**解** 过直线 $L$ 平面束为 $\pi_\lambda$,其方程可设下面的三种形式:

(1) $x-2y-z+3+\lambda(x+y-z-1)=0$(其中 $\lambda$ 为任意实数);

(2) $\lambda(x-2y-z+3)+x+y-z-1=0$(其中 $\lambda$ 为任意实数);

(3) $\lambda(x-2y-z+3)+\mu(x+y-z-1)=0$(其中 $\lambda,\mu$ 是不全为零的任意实数).

例如求通过直线 $L$ 且与平面 $\pi:x-2y-z=0$ 垂直的平面方程.

设通过直线 $L$ 平面束 $\pi_\lambda$ 方程为 $x-2y-z+3+\lambda(x+y-z-1)=0$,平面束 $\pi_\lambda$ 的法向量为

$$\boldsymbol{n}_\lambda=(1+\lambda,\lambda-2,-1-\lambda),$$

它与平面 $\pi$ 的法向量为 $\boldsymbol{n}=(1,-2,-1)$ 垂直,即有

$$\boldsymbol{n}\cdot\boldsymbol{n}_\lambda=(1+\lambda)-2(\lambda-2)+(1+\lambda)=0,$$

由此有 $6=0$,矛盾.$\lambda$ 无解,是否认为所求平面不存在,当然不是.此时设平面束 $\pi_\lambda$ 方程为

$$\lambda(x-2y-z+3)+x+y-z-1=0,$$

平面束 $\pi_\lambda$ 的法向量为 $\boldsymbol{n}_\lambda=(\lambda+2,1-2\lambda,-1-\lambda)$,$\boldsymbol{n}\cdot\boldsymbol{n}_\lambda=(\lambda+2)-2(1-\lambda)+(1+\lambda)=0$,解得 $\lambda=0$,代入得到所求平面为 $\pi_0:x+y-z-1=0$.

此外若设平面束 $\pi_\lambda$ 方程为

$$\lambda(x-2y-z+3)+\mu(x+y-z-1)=0,$$

此时平面束 $\pi_\lambda$ 的法向量为

$$\boldsymbol{n}_\lambda=(\lambda+\mu,\mu-2\lambda,-\lambda-\mu),\boldsymbol{n}\cdot\boldsymbol{n}_\lambda=(\lambda+\mu)-2(\mu-2\lambda)+(\lambda+\mu)=0,$$

解得 $\lambda=0$,而 $\mu$ 为任意实数,代入得到所求平面为 $\pi_0:x+y-z-1=0$.

**注** 平面束 $\pi_\lambda$ 方程为 $\lambda(x-2y-z+3)+\mu(x+y-z-1)=0$,包括了过直线 $L$ 的所有平面,而前两种假设都缺少某一平面.

**【问题 7.6】** 空间向量与三坐标面夹角的余弦有什么关系?

**答** 任意非零向量 $\boldsymbol{\alpha}=(a,b,c)$,它与三坐标面 $xOy,yOz,zOx$ 的夹角分别为 $\xi,\eta,\zeta$,则 $\cos^2\xi+\cos^2\eta+\cos^2\zeta=2$.

**解** 设 $|\boldsymbol{\alpha}|=\sqrt{a^2+b^2+c^2}=d$.

三坐标面 $xOy,yOz,zOx$ 的法向量分别为

$$\boldsymbol{k}=(0,0,1),\boldsymbol{i}=(1,0,0),\boldsymbol{j}=(0,1,0),$$

则

$$\sin^2\xi=\left(\frac{|\boldsymbol{\alpha}\cdot\boldsymbol{k}|}{|\boldsymbol{\alpha}||\boldsymbol{k}|}\right)^2=\frac{c^2}{d^2},$$

$$\cos^2\xi=1-\sin^2\xi=1-\frac{c^2}{d^2},\tag{1}$$

同理

$$\cos^2\eta=1-\sin^2\eta=1-\frac{a^2}{d^2},\tag{2}$$

$$\cos^2\zeta=1-\sin^2\zeta=1-\frac{b^2}{d^2},\tag{3}$$

从而式(1)+式(2)+式(3)得

$$\cos^2\xi+\cos^2\eta+\cos^2\zeta=3-\frac{c^2+a^2+b^2}{d^2}=2.$$

**【问题7.7】** 曲面有参数方程吗?

**答** 曲面有参数方程.曲线的参数方程通常是单参数的方程,而曲面的参数方程通常是双参数的方程.

例如上半球面 $x^2+y^2+z^2=R^2 \quad (z\geqslant 0)$,可以表示为

$$z=\sqrt{R^2-x^2-y^2},$$

即

$$\begin{cases}x=x,\\ y=y,\\ z=\sqrt{R^2-x^2-y^2}.\end{cases}$$

还可以表示为

$$\begin{cases}x=R\sin\varphi\cos\theta, & 0\leqslant\theta\leqslant 2\pi,\\ y=R\sin\varphi\sin\theta, & 0\leqslant\varphi\leqslant\dfrac{\pi}{2},\\ z=R\cos\varphi.\end{cases}$$

一般地,曲面参数方程为

$$\begin{cases}x=\varphi(s,t),\\ y=\psi(s,t),\\ z=\omega(s,t).\end{cases}\quad\begin{matrix}(\alpha\leqslant s\leqslant\beta)\\(\delta\leqslant t\leqslant\sigma)\end{matrix}$$

## 三、典型例题解析

### 1. 向量的基本运算

**【例7.1】** 已知三点 $O(0,0,0)$,$A(1,0,3)$,$B(0,1,3)$,求:

(1) $\overrightarrow{AB}$以及$\overrightarrow{AB}$的方向余弦和方向角;

(2) $\angle AOB$ 及 $\mathrm{Prj}_{\overrightarrow{OB}}\overrightarrow{OA}$,$\mathrm{Prj}_{\overrightarrow{OA}}\overrightarrow{OB}$;

(3) 与$\overrightarrow{OA}$、$\overrightarrow{OB}$同时垂直的单位向量;

(4) $\triangle OAB$ 的面积.

**解** (1) $\overrightarrow{AB}=(0-1,1-0,3-3)=(-1,1,0)$,

$|\overrightarrow{AB}|=\sqrt{(-1)^2+1^2}=\sqrt{2}$,

$|\overrightarrow{AB^\circ}|=\dfrac{\overrightarrow{AB}}{|\overrightarrow{AB}|}=\dfrac{1}{\sqrt{2}}(-1,1,0)=\left(-\dfrac{1}{\sqrt{2}},\dfrac{1}{\sqrt{2}},0\right)$.

所以$\overrightarrow{AB}$的方向余弦为

$$\cos\alpha=-\frac{1}{\sqrt{2}},\cos\beta=\frac{1}{\sqrt{2}},\cos\gamma=0,$$

从而方向角为$\alpha=\dfrac{3}{4}\pi,\beta=\dfrac{\pi}{4},\gamma=0$.

(2) $\overrightarrow{OA}=(1,0,3),\overrightarrow{OB}=(0,1,3)$,

$$\cos\angle AOB=\frac{\overrightarrow{OA}\cdot\overrightarrow{OB}}{|\overrightarrow{OA}||\overrightarrow{OB}|}=\frac{9}{10},$$

所以$\angle AOB=\arccos\frac{9}{10}$.

$$\mathrm{Prj}_{\overrightarrow{OB}}\overrightarrow{OA}=|\overrightarrow{OA}|\cos(\overrightarrow{OA},\overrightarrow{OB})=\frac{\overrightarrow{OA}\cdot\overrightarrow{OB}}{|\overrightarrow{OB}|}$$

$$=\overrightarrow{OA}\cdot\overrightarrow{OB}^{\circ}=\frac{9}{\sqrt{10}}.$$

$$\mathrm{Prj}_{\overrightarrow{OA}}\overrightarrow{OB}=\frac{\overrightarrow{OA}\cdot\overrightarrow{OB}}{|\overrightarrow{OA}|}=\overrightarrow{OB}\cdot\overrightarrow{OA}^{\circ}=\frac{9}{\sqrt{10}}.$$

(3) 与$\overrightarrow{OA}$、$\overrightarrow{OB}$同时垂直的向量

$$\boldsymbol{a}=\overrightarrow{OA}\times\overrightarrow{OB}=\begin{vmatrix}\boldsymbol{i}&\boldsymbol{j}&\boldsymbol{k}\\1&0&3\\0&1&3\end{vmatrix}=-3\boldsymbol{i}-3\boldsymbol{j}+\boldsymbol{k},$$

于是$\pm\frac{\boldsymbol{a}}{|\boldsymbol{a}|}=\pm\left(\frac{3}{\sqrt{19}},\frac{3}{\sqrt{19}},-\frac{1}{\sqrt{19}}\right)$.

(4) $S_{\triangle OAB}=\frac{1}{2}|\overrightarrow{OA}\times\overrightarrow{OB}|=\frac{\sqrt{19}}{2}$.

**【例 7.2】** 求两向量$\boldsymbol{a}=(1,2,3),\boldsymbol{b}=(2,-1,4)$间夹角的余弦,并求$\boldsymbol{a}\times\boldsymbol{b}$.

**解** 依公式有:$\cos(\widehat{\boldsymbol{a},\boldsymbol{b}})=\frac{1\times2+2\times(-1)+3\times4}{\sqrt{14}\times\sqrt{21}}=\frac{2}{7}\sqrt{6}$,

$$\boldsymbol{a}\times\boldsymbol{b}=\begin{vmatrix}\boldsymbol{i}&\boldsymbol{j}&\boldsymbol{k}\\1&2&3\\2&-1&4\end{vmatrix}=(11,2,-5).$$

**【例 7.3】** 设$\boldsymbol{a}=(2,-3,1),\boldsymbol{b}=(1,-2,3),\boldsymbol{c}=(2,1,2)$,向量$\boldsymbol{r}$满足$\boldsymbol{r}\perp\boldsymbol{a},\boldsymbol{r}\perp\boldsymbol{b}$,$\mathrm{Prj}_{\boldsymbol{c}}\boldsymbol{r}=21$,求$\boldsymbol{r}$.

**解** 设向量$\boldsymbol{r}=(x,y,z)$,

由$\boldsymbol{r}\perp\boldsymbol{a}$,得$\boldsymbol{r}\cdot\boldsymbol{a}=2x-3y+z=0$. ①

由$\boldsymbol{r}\perp\boldsymbol{b}$得$\boldsymbol{r}\cdot\boldsymbol{b}=x-2y+3z=0$. ②

由$\mathrm{Prj}_{\boldsymbol{c}}\boldsymbol{r}=21$,得$\mathrm{Prj}_{\boldsymbol{c}}\boldsymbol{r}=\frac{\boldsymbol{r}\cdot\boldsymbol{c}}{|\boldsymbol{c}|}=\frac{1}{3}(2x+y+2z)=21$. ③

联立式①、②、③,解得$x=21,y=15,z=3$.
故$\boldsymbol{r}=(21,15,3)$.

**【例 7.4】** 设$|\boldsymbol{a}|=5,|\boldsymbol{b}|=2,(\widehat{\boldsymbol{a},\boldsymbol{b}})=\frac{\pi}{3}$,求:

(1) $|2\boldsymbol{a}-3\boldsymbol{b}|$. (2) 求向量$\boldsymbol{a}+2\boldsymbol{b},\boldsymbol{a}-3\boldsymbol{b}$为邻边的平行四边形的面积.

**解** (1) $|2\boldsymbol{a}-3\boldsymbol{b}|=\sqrt{(2\boldsymbol{a}-3\boldsymbol{b})(2\boldsymbol{a}-3\boldsymbol{b})}$

$$=\sqrt{4|\boldsymbol{a}|^2-12\boldsymbol{a}\cdot\boldsymbol{b}+9|\boldsymbol{b}|^2}=\sqrt{76}.$$

(2) $(\boldsymbol{a}+2\boldsymbol{b})\times(\boldsymbol{a}-3\boldsymbol{b})=\boldsymbol{a}\times\boldsymbol{a}-3(\boldsymbol{a}\times\boldsymbol{b})+2(\boldsymbol{b}\times\boldsymbol{a})-6(\boldsymbol{b}\times\boldsymbol{b})$
$=-5(\boldsymbol{a}\times\boldsymbol{b})$.

则以向量 $\boldsymbol{a}+2\boldsymbol{b}$,$\boldsymbol{a}-3\boldsymbol{b}$ 为邻边的平行四边形的面积为

$$|(\boldsymbol{a}+2\boldsymbol{b})\times(\boldsymbol{a}-3\boldsymbol{b})|=|-5(\boldsymbol{a}\times\boldsymbol{b})|=5|\boldsymbol{a}||\boldsymbol{b}|\sin\frac{\pi}{3}$$

$$=5\times5\times2\times\frac{\sqrt{3}}{2}=25\sqrt{3}.$$

【例 7.5】 已知向量 $\boldsymbol{a}=-\boldsymbol{i}+3\boldsymbol{j}$,$\boldsymbol{b}=3\boldsymbol{i}+\boldsymbol{j}$,求当向量 $\boldsymbol{c}$ 满足关系式 $\boldsymbol{a}=\boldsymbol{b}\times\boldsymbol{c}$ 时 $|\boldsymbol{c}|$ 的最小值.

**解** 设 $\boldsymbol{c}=x\boldsymbol{i}+y\boldsymbol{j}+z\boldsymbol{k}$,则由 $\boldsymbol{a}=\boldsymbol{b}\times\boldsymbol{c}$,得

$$-\boldsymbol{i}+3\boldsymbol{j}=\begin{vmatrix}\boldsymbol{i} & \boldsymbol{j} & \boldsymbol{k}\\ 3 & 1 & 0\\ x & y & z\end{vmatrix}=z\boldsymbol{i}+(-3z)\boldsymbol{j}+(3y-x)\boldsymbol{k}.$$

可见必有 $z=-1$,$3y-x=0$,不妨设 $y=\lambda$,则 $x=3\lambda$,于是,$\boldsymbol{c}=3\lambda\boldsymbol{i}+\lambda\boldsymbol{j}-\boldsymbol{k}$.

从而 $|\boldsymbol{c}|=\sqrt{(3\lambda)^2+\lambda^2+1}=\sqrt{10\lambda^2+1}$,由上式可见,当 $\lambda=0$ 时,$|\boldsymbol{c}|$ 取最小值 1.

**2. 平面和直线**

【例 7.6】 确定常数 $k$ 的值,使平面 $x+ky-2z=9$ 分别适合下列条件之一:

(1) 经过点 $(5,-4,-6)$;

(2) 与平面 $2x+4y+3z=3$ 垂直;

(3) 与平面 $3x-7y-6z-1=0$ 平行;

(4) 与平面 $2x-3y+z=0$ 成 $\frac{\pi}{4}$ 的角;

(5) 与原点的距离为 3;

(6) 在 $y$ 轴上的截距为 $-3$.

**解** (1) 将点 $(5,-4,-6)$ 代入平面 $x+ky-2z=9$ 中,$5-4k+3=0$,解得 $k=2$.

(2) 由于平面 $x+ky-2z=9$ 与平面 $2x+4y+3z=3$ 垂直,故它们的法向量垂直.因而,$(1,k,-2)\perp(2,4,3)$,即 $(1,k,-2)\cdot(2,4,3)=0$,也即 $2+4k-6=0$,解得 $k=1$.

(3) 由于平面 $x+ky-2z=9$ 与平面 $3x-7y-6x-1=0$ 平行,故它们的法向量平行.因而,$\frac{1}{3}=\frac{k}{-7}=\frac{-2}{-6}$,解得 $k=-\frac{7}{3}$.

(4) 由于平面 $x+ky-2z=9$ 与平面 $2x-3y+z=0$ 成 $\frac{\pi}{4}$ 的角,故

$$\cos\frac{\pi}{4}=\frac{|1\times2+k\times(-3)+(-2)\times1|}{\sqrt{1^2+k^2+(-2)^2}\sqrt{2^2+(-3)^2+1^2}}=\frac{\sqrt{2}}{2},$$

即

$$|-3k|=\frac{\sqrt{2}}{2}\sqrt{5+k^2}\sqrt{14},$$

解得 $k=\pm\frac{\sqrt{70}}{2}$.

(5) 由于平面 $x+ky-2z=9$ 与原点的距离为 3,故

$$d=3=\frac{|0+k\times 0-2\times 0-9|}{\sqrt{1^2+k^2+(-2)^2}},$$

解得 $k=\pm 2$.

(6) 将平面 $x+ky-2x=9$ 写成截距式方程

$$\frac{x}{9}+\frac{y}{\frac{9}{k}}+\frac{z}{\frac{9}{-2}}=1.$$

由于在 $y$ 轴上的截距为 $-3$，因而 $\frac{9}{k}=-3$，解得

$$k=-3.$$

**【例 7.7】** 求由平面 $x+2y-2z+6=0$ 和 $4x-y+8z-8=0$ 构成的二面角的平分面方程.

**分析** 两个平面构成的二面角有两个，所以本题的解为两个平面.

**证法一** 利用平分面上任一点到已知两平面的距离相等求解.

设 $M(x,y,z)$ 为所求平面上的任一点，因为点 $M$ 到两已知平面的距离相等，所以有

$$\frac{|x+2y-2z+6|}{\sqrt{1^2+2^2+(-2)^2}}=\frac{|4x-y+8z-8|}{\sqrt{4^2+(-1)^2+8^2}},$$

即

$$3|x+2y-2z+6|=|4x-y+8z-8|,$$
$$3(x+2y-2z+6)=\pm(4x-y+8z-8),$$

故所求平面方程为

$$x-7y+14z-26=0 \text{ 或 } 7x+5y+2z+10=0.$$

**证法二** 利用平面束方程，设所求平面为

$$(x+2y-2z+6)+\lambda(4x-y+8z-8)=0,$$

其法向量为 $\boldsymbol{n}=(1+4\lambda,2-\lambda,-2+8\lambda)$，并记为 $\boldsymbol{n}_1=(1,2,-2)$，$\boldsymbol{n}_2=(4,-1,8)$，根据

$$\frac{|\boldsymbol{n}\cdot\boldsymbol{n}_1|}{|\boldsymbol{n}||\boldsymbol{n}_1|}=\frac{|\boldsymbol{n}\cdot\boldsymbol{n}_2|}{|\boldsymbol{n}||\boldsymbol{n}_2|},$$

解得

$$\lambda_1=\frac{1}{3},\lambda_2=-\frac{1}{3},$$

所以所求平面为 $7x+5y+2z+10=0$ 或 $x-7y+14z-26=0$.

**【例 7.8】** 求通过直线 $x+y-z=0$，$x-y+z-1=0$ 和点 $M(1,1,-1)$ 的平面方程.

**解法一** 因不共线的三点确定一个平面，除 $M$ 点以外，在已知直线

$N_1(\frac{1}{2},-\frac{1}{2},0)$ 与 $N_2(\frac{1}{2},0,\frac{1}{2})$，则由平面三点式方程得

$$\begin{vmatrix} x-1 & y-1 & z+1 \\ -\frac{1}{2} & -\frac{3}{2} & 1 \\ -\frac{1}{2} & -1 & \frac{3}{2} \end{vmatrix}=0.$$

整理后得平面方程

$$5x-y+z-3=0.$$

**解法二**　利用点法式，为此先求平面的法向量 $\boldsymbol{n}$，求出已知直线上两点 $M_1(\frac{1}{2},\frac{-1}{2},0)$，$M_2(\frac{1}{2},0,\frac{1}{2})$，于是法向量

$$\boldsymbol{n}=\overrightarrow{MM_1}\times\overrightarrow{MM_2}=\begin{vmatrix} \boldsymbol{i} & \boldsymbol{j} & \boldsymbol{k} \\ -\frac{1}{2} & -\frac{3}{2} & 1 \\ -\frac{1}{2} & -1 & \frac{3}{2} \end{vmatrix}=(-\frac{5}{4},\frac{1}{4},-\frac{1}{4}),$$

与此平行的向量 $(5,-1,1)$ 也是所要求平面的法向量，利用点法式方程得

$$5(x-1)-(y-1)+(z+1)=0,$$

整理得

$$5x-y+z-3=0.$$

**解法三**　利用平面束，设所要求的平面是

$$x+y-z+\lambda(x-y+z-1)=0$$

中的一个，而此平面又过点 $M(1,1,-1)$，把 $M$ 代入到上述平面束方程中，得 $3-2\lambda=0$，即 $\lambda=\frac{3}{2}$，将这个值代入上述平面束方程，整理得 $5x-y+z-3=0$.

**【例 7.9】**　求过直线 $L:\begin{cases} x+5y+z=0 \\ x-z+4=0 \end{cases}$ 的平面方程，使此平面与平面 $x-4y-8z+12=0$ 的夹角 $\varphi=\frac{\pi}{2}$.

**解**　设过直线 $L:\begin{cases} x+5y+z=0 \\ x-z+4=0 \end{cases}$ 的平面束 $\pi_\lambda$ 的方程为

$$x+5y+z+\lambda(x-z+4)=0,$$

即

$$(1+\lambda)x+5y+(1-\lambda)z+4\lambda=0,$$

平面束 $\pi_\lambda$ 的法向量为

$$\boldsymbol{n}_\lambda=(1+\lambda,5,1-\lambda).$$

而平面 $\pi:x-4y-8z+12=0$ 的法向量为

$$\boldsymbol{n}=(1,-4,-8).$$

设平面束 $\pi_\lambda$ 与平面 $\pi$ 的夹角是 $\varphi$，则

$$\begin{aligned}\cos\varphi&=\frac{|\boldsymbol{n}\cdot\boldsymbol{n}_\lambda|}{|\boldsymbol{n}||\boldsymbol{n}_\lambda|}\\&=\frac{|1\cdot(1+\lambda)+(-4)\cdot5+(-8)\cdot(1-\lambda)|}{\sqrt{1^2+(-4)^2+(-8)^2}\sqrt{(1+\lambda)^2+5^2+(1-\lambda)^2}}\\&=\frac{|\lambda-3|}{\sqrt{(1+\lambda)^2+5^2+(1-\lambda)^2}}.\end{aligned}$$

当 $\varphi=\frac{\pi}{2}$ 时，$\cos\varphi=0$，解得 $\lambda=3$，代入平面束 $\pi_\lambda$ 的方程得

$$4x+5y-2z+12=0.$$

**【例 7.10】** 求通过直线 $L:\begin{cases}3x+4y-5z-1=0\\6x+8y+z-24=0\end{cases}$，且与球面 $x^2+y^2+z^2=4$ 相切的平面方程.

**分析** 因球的半径为2，故只需在通过直线 $L$ 的所有平面中，找出一个与球心(0,0,0)距离为2的平面，因此写出通过直线 $L$ 的平面束方程.

**解** 过已知直线平面束方程为

$$(3x+4y-5z-1)+\lambda(6x+8y+z-24)=0, \tag{1}$$

即

$$(3+6\lambda)x+(4+8\lambda)y+(-5+\lambda)z-1-24\lambda=0.$$

若平面切于已知球面，则球心到该平面的距离 $d$ 为2，即

$$d=\frac{|1+24\lambda|}{\sqrt{(3+6\lambda)^2+(4+8\lambda)^2+(\lambda-5)^2}}=2,$$

即

$$172\lambda^2-312\lambda-199=0, \tag{2}$$

解得

$$\lambda=-\frac{1}{2},\lambda=\frac{199}{86}.$$

将式(2)代入式(1)得平面方程

$$z=2 \text{ 或 } 132x+176y-21z-442=0.$$

**【例 7.11】** 分别写出满足下列条件的直线方程：

(1) 经过点(2,−3,5)且垂直于平面 $9x-4y+2z-11=0$；

(2) 经过点(−4,5,3)且与直线 $\frac{x+2}{3}=\frac{y-4}{-1}=\frac{z-1}{5}$ 平行；

(3) 经过点(1,1,1)且平行于直线 $\begin{cases}2x-y-3z=0,\\x+2y-5z=1.\end{cases}$

**解** (1) 该直线的方向向量 $\boldsymbol{s}=\boldsymbol{n}=(9,-4,2)$，又过点(2,−3,5)，则直线方程为

$$\frac{x-2}{9}=\frac{y+3}{-4}=\frac{z-5}{2}.$$

(2) 该直线的方向向量 $\boldsymbol{s}=(3,-1,5)$，又过点(−4,5,3)，则直线方程为

$$\frac{x+4}{3}=\frac{y-5}{-1}=\frac{z-3}{5}.$$

(3) 已知直线 $\begin{cases}2x-y-3z=0\\x+2y-5z=1\end{cases}$ 的方向向量

$$\boldsymbol{s}_1=\begin{vmatrix}\boldsymbol{i}&\boldsymbol{j}&\boldsymbol{k}\\2&-1&-3\\1&2&-5\end{vmatrix}=(11,7,5).$$

因而所求方向向量 $\boldsymbol{s}=\boldsymbol{s}_1=(11,7,5)$，又过点(1,1,1)，则直线方程为

$$\frac{x-1}{11}=\frac{y-1}{7}=\frac{z-1}{5}.$$

【例 7.12】 (1) 判断直线$\begin{cases}x+2y-z-1=0\\-2x+y+z=0\end{cases}$与直线$\dfrac{x}{-2}=\dfrac{y-2}{1}=\dfrac{z+3}{1}$的位置关系；

(2) 判断直线$\begin{cases}x+y+3z-9=0\\x-y-z+11=0\end{cases}$与平面 $x-y-z+5=0$ 的位置关系；

(3) 判断直线$\dfrac{x-2}{3}=\dfrac{y+2}{1}=\dfrac{z-3}{-4}$与平面 $x+y+z-3=0$ 的位置关系.

**解**　(1) 直线$\begin{cases}x+2y-z-1=0\\-2x+y+z=0\end{cases}$的方向向量

$$\boldsymbol{s}_1=(1,2,-1)\times(-2,1,1)=(3,1,5).$$

直线$\dfrac{x}{-2}=\dfrac{y-2}{1}=\dfrac{z+3}{1}$的方向向量 $\boldsymbol{s}_2=(-2,1,1)$，

因此 $\boldsymbol{s}_1\cdot\boldsymbol{s}_2=0$,所以两直线垂直.

(2) 直线的方向向量 $\boldsymbol{s}=(1,1,3)\times(1,-1,-1)=(2,4,-2)$,平面的法向量 $\boldsymbol{n}=(1,-1,-1)$,有 $\boldsymbol{s}\cdot\boldsymbol{n}=0$,所以直线与平面的夹角为 0.

在平面上任取一点$(1,1,5)$,但该点不满足直线方程,因此直线与平面平行.

(3) 直线的方向向量 $\boldsymbol{s}=(3,1,-4)$与平面的法向量 $\boldsymbol{n}=(1,1,1)$垂直,从而得该法直线平行于平面或在平面内,又因为直线上一点$(2,-2,3)$在平面内,所以直线在平面内.

【例 7.13】 验证直线$\begin{cases}x=t+1\\y=2t-1\\z=t\end{cases}$与直线$\begin{cases}x=t+2\\y=2t-1\\z=t+1\end{cases}$平行,并求它们之间的距离.

**分析**　两直线均是由参数方程给出的,它们的方向向量很显然.为求它们之间的距离,只要作过其中一直线 $L_1$ 上的点 $P_0$ 且与另一直线 $L_2$ 垂直的平面 $\pi$,求出 $L_2$ 与 $\pi$ 的交点 $P_1$,则$|\overrightarrow{P_0P_1}|$即为所求.

**解**　直线 $L_1$:$\begin{cases}x=t+1\\y=2t-1\\z=t\end{cases}$的方向向量为 $\boldsymbol{s}_1=(1,2,1)$,且过点 $P_0(1,-1,0)$.

直线 $L_2$:$\begin{cases}x=t+2\\y=2t-1\\z=t+1\end{cases}$的方向向量为 $\boldsymbol{s}_2=(1,2,1)$,且过点$(2,-1,1)$.

由于 $\boldsymbol{s}_1/\!/\boldsymbol{s}_2$,所以,两直线平行.

过直线 $L_1$ 上的 $P_0(1,-1,0)$且垂直于直线 $L_2$ 的平面 $\pi$,$L_2$ 的方向向量$\boldsymbol{s}_2=(1,2,1)$即为平面 $\pi$ 的法向量.于是 $\pi$ 的方程为

$$1\cdot(x-1)+2\cdot(y+1)+1\cdot(z-0)=0,$$

即

$$x+2y+z+1=0. \tag{1}$$

再求直线 $L_2$ 与平面 $\pi$ 的交点 $P_1$,为此将直线 $L_2$:$\begin{cases}x=t+2\\y=2t-1\\z=t+1\end{cases}$代入方程(1)中,得

$$(t+2)+2(2t-1)+(t+1)+1=0,$$

解得 $t=-\frac{1}{3}$,代入直线 $L_2:\begin{cases}x=t+2\\y=2t-1\\z=t+1\end{cases}$ 中,得 $P_1\left(\frac{5}{3},-\frac{5}{3},\frac{2}{3}\right)$,因此所求两直线之间的距离为

$$\mathrm{d}=|\overrightarrow{P_0P_1}|=\sqrt{\left(\frac{5}{3}-1\right)^2+\left(-\frac{5}{3}+1\right)^2+\left(\frac{2}{3}\right)^2}=\frac{2\sqrt{3}}{3}.$$

**【例 7.14】** 求直线 $L_1$ 与 $L_2$ 的距离 $d$.其中

$$L_1:\begin{cases}x+y-z-1=0,\\2x+y-z-2=0,\end{cases}\quad L_2:\begin{cases}x+2y-z-2=0,\\x+2y+2z+4=0.\end{cases}$$

**分析** 直线 $L_1$ 的方向向量 $\boldsymbol{s}_1=(1,1,-1)\times(2,1,-1)=(0,-1,-1)$,直线 $L_2$ 的方向向量 $\boldsymbol{s}_2=(1,2,-1)\times(1,2,2)=3(2,-1,0)$.可见 $L_1$ 与 $L_2$ 不平行.又很容易验证 $L_1$ 与 $L_2$ 不相交,所以 $L_1$ 与 $L_2$ 是异面直线.易求异面直线公垂线的方向向量

$$\boldsymbol{s}=\boldsymbol{s}_1\times\boldsymbol{s}_2=(0,-1,-1)\times(2,-1,0)=-(1,2,-2).$$

再利用异面直线之间的距离公式即可.

**解** 分别在 $L_1,L_2$ 上取点 $A_0,B_0$ 得向量 $\overrightarrow{A_0B_0}$,所求距离 $d$ 等于 $\overrightarrow{A_0B_0}$ 在公垂线上投影的绝对值.而 $\overrightarrow{A_0B_0}=(-1,0,-2)$,故

$$d=|\mathrm{Prj}_s\overrightarrow{A_0B_0}|=|\overrightarrow{A_0B_0}|\cos(\widehat{\overrightarrow{A_0B_0},\boldsymbol{s}})=\frac{|\overrightarrow{A_0B_0}\cdot\boldsymbol{s}|}{|\boldsymbol{s}|}$$

$$=\frac{|1\times(-1)+0+(-2)\times(-2)|}{\sqrt{1^2+2^2+(-2)^2}}=1.$$

**注** 此例给出了两异面直线之间最短距离的求法,也体现了空间中"一已知点到一直线的距离"公式 $d=\frac{|\overrightarrow{QP}\times\boldsymbol{s}|}{|\boldsymbol{s}|}$(其中 $\boldsymbol{s}$ 是直线的方向向量,$P$ 为已知点,$Q$ 是直线上的一点).所以,空间中两点之间的距离,点到直线之间的距离,点到平面之间的距离及两条直线之间的距离都可以求得.

**【例 7.15】** 在 $xOy$ 平面内,求一条过原点且与直线 $\frac{x-2}{3}=\frac{y+1}{-2}=\frac{z-5}{1}$ 垂直的直线方程.

**解** 由于直线在 $xOy$ 平面内,故设该直线的方向向量为 $\boldsymbol{s}=(m,n,0)$,又由所求直线与已知直线垂直,有

$$(m,n,0)\cdot(3,-2,1)=0,$$

即 $3m-2n=0$,解得 $n=\frac{3}{2}m$,又由于直线过 $O(0,0,0)$,所以直线方程为

$$\frac{x}{m}=\frac{y}{\frac{3}{2}m}=\frac{z}{0},$$

即

$$\frac{x}{2}=\frac{y}{3}=\frac{z}{0}.$$

【例 7.16】　求过点$(-1,2,3)$，垂直于直线$\frac{x}{4}=\frac{y}{5}=\frac{z}{6}$且平行于平面$7x+8y+9z+10=0$的直线方程.

**解**　已知直线的方向向量为$\boldsymbol{s}=(4,5,6)$，已知平面的法向量为$\boldsymbol{n}=(7,8,9)$.

由题意，所求直线的方向向量为$\boldsymbol{s}'=\boldsymbol{s}\times\boldsymbol{n}=\begin{vmatrix}\boldsymbol{i} & \boldsymbol{j} & \boldsymbol{k}\\ 4 & 5 & 6\\ 7 & 8 & 9\end{vmatrix}=(-3,6,-3)$.

又所求直线过点$(-1,2,3)$，由直线的点向式方程得

$$\frac{x+1}{-3}=\frac{y-2}{6}=\frac{z-3}{-3},$$

整理为

$$x+1=\frac{y-2}{-2}=z-3.$$

【例 7.17】　一直线通过点$(1,1,1)$且和二定直线$\frac{x}{1}=\frac{y}{2}=\frac{z}{3}$，$\frac{x-1}{2}=\frac{y-2}{1}=\frac{z-3}{4}$相交，建立它的方程.

**解法一**　所求的直线通过点$(1,1,1)$，所以它的方程可以写为

$$\frac{x-1}{m}=\frac{y-1}{n}=\frac{z-1}{p},$$

且知这直线和第一条定直线要在一个平面上，因此有

$$\begin{vmatrix}1 & 1 & 1\\ 1 & 2 & 3\\ m & n & p\end{vmatrix}=0\text{，或 }m-2n+p=0, \tag{1}$$

再由这直线也要和第二条定直线在一个平面上的条件，又有

$$\begin{vmatrix}0 & -1 & -2\\ 2 & 1 & 4\\ m & n & p\end{vmatrix}=0\text{.或 }2m+4n-2p=0, \tag{2}$$

式(1)×2＋式(2)$\Rightarrow m=0,p=2n$.

故用0,1,2来代换所求的直线方程中的$m,n,p$，便获得通过点$(1,1,1)$而和第一条直线在一平面并且又和第二条直线在一平面上的直线的方程

$$\frac{x-1}{0}=\frac{y-1}{1}=\frac{z-1}{2}.$$

容易验证，这条直线实际上和每条定直线都相交.

**解法二**　将二定直线的对称式方程改写为参数方程.

令

$$\frac{x}{1}=\frac{y}{2}=\frac{z}{3}=t_1,\frac{x-1}{2}=\frac{y-2}{1}=\frac{z-3}{4}=t_2,$$

即得二直线参数方程

$$\begin{cases}x=t_1,\\ y=2t_1,\\ z=3t_1,\end{cases}\text{和}\begin{cases}x=2t_2+1,\\ y=t_2+2,\\ z=4t_2+3.\end{cases}$$

又已知点(1,1,1)与二直线相交，故有

$$(t_1-1,2t_1-1,3t_1-1)\,/\!/\,(2t_2,t_2+1,4t_2+2),$$

解得 $t_1=1,t_2=0$.

由两点可得直线方程为

$$\frac{x-1}{0}=\frac{y-1}{1}=\frac{z-1}{2}.$$

**【例 7.18】** 设有直线 $L_1:\dfrac{x+2}{1}=\dfrac{y-3}{-1}=\dfrac{z+1}{1}$，$L_2:\dfrac{x+4}{2}=\dfrac{y}{1}=\dfrac{z-4}{3}$，试求与直线 $L_1$，$L_2$ 都垂直且相交的直线方程.

**分析** $L_1,L_2$ 的方向向量分别为 $\boldsymbol{s}_1,\boldsymbol{s}_2$.所求直线 $L$ 的方向向量为 $\boldsymbol{s}$，则由题意应有 $\boldsymbol{s}\perp\boldsymbol{s}_1,\boldsymbol{s}\perp\boldsymbol{s}_2$，故可取 $\boldsymbol{s}=\boldsymbol{s}_1\times\boldsymbol{s}_2$，过直线 $L_1,L_2$ 分别作平行于 $L$ 的平面 $\pi_1,\pi_2$，这两个平面的交线就是所求之直线.

**解** 已知直线 $L_1,L_2$ 的方向向量分别为 $\boldsymbol{s}_1=(1,-1,1)$与 $\boldsymbol{s}_2=(2,1,3)$，而所求直线的方向向量则是

$$\boldsymbol{s}=\boldsymbol{s}_1\times\boldsymbol{s}_2=\begin{vmatrix}\boldsymbol{i} & \boldsymbol{j} & \boldsymbol{k}\\ 1 & -1 & 1\\ 2 & 1 & 3\end{vmatrix}=(-4,-1,3).$$

过直线 $L_1$ 且平行于 $L$ 的平面方程是

$$\begin{vmatrix}x+2 & y-3 & z+1\\ 1 & -1 & 1\\ -4 & -1 & 3\end{vmatrix}=0,\text{即 } 2x+7y+5z-12=0.$$

同理，过直线 $L_2$ 且平行于 $L$ 的平面方程是

$$\begin{vmatrix}x+4 & y & z-4\\ 2 & 1 & 3\\ -4 & -1 & 3\end{vmatrix}=0,\text{即 } 3x-9y+z+8=0.$$

所得两个平面的交线即为所求的与已知直线 $L_1,L_2$ 都垂直且相交的直线，其方程为

$$\begin{cases}2x+7y+5z-12=0,\\ 3x-9y+z+8=0.\end{cases}$$

**【例 7.19】** 设直线 $L:\begin{cases}x+5y+z=0\\ x-z+4=0\end{cases}$，平面 $\pi:x-4y-8z-9=0$，求：

(1) 直线 $L$ 与平面 $\pi$ 的交点；

(2) 直线 $L$ 在平面 $\pi$ 上的投影直线的方程；

(3) 直线 $L$ 在坐标面 $xOy$ 上的投影直线方程.

**解** (1) 要求直线 $L$ 与平面 $\pi$ 的交点，只要求解方程组

$$\begin{cases}x+5y+z=0,\\ x\qquad\ -z=-4,\\ x-4y-8z=9.\end{cases}$$

其解即为所求的交点.也可改用下面的方法：

先把直线 $L$ 的方程转化为参数方程

$$\begin{cases} x = -2-5t, \\ y = 2t, \\ z = 2-5t. \end{cases}$$

再把参数方程代入平面 $\pi$ 的方程 $x-4y-8z-9=0$ 中,则有

$$(-2-5t)-4(2t)-8(2-5t)-9=0,$$

解得 $t=1$,于是直线与平面的交点为$(-7,2,-3)$.

(2) 要求直线 $L$ 在平面 $\pi$ 上的投影直线,只要在过直线 $L$ 的平面束 $\pi_\lambda$ 中寻求与平面 $\pi$ 垂直的平面 $\pi_0$,平面 $\pi_0$ 与平面 $\pi$ 的交线就是所要求的直线在平面 $\pi$ 上的投影直线.

设过直线 $L$ 的平面束 $\pi_\lambda$ 的方程为

$$x+5y+z+\lambda(x-z+4)=0,$$

即

$$(1+\lambda)x+5y+(1-\lambda)z+4\lambda=0.$$

平面束 $\pi_\lambda$ 的法向量为

$$\boldsymbol{n}_\lambda=(1+\lambda,5,1-\lambda),$$

而平面 $\pi$ 的法向量为

$$\boldsymbol{n}=(1,-4,-8),$$

由于 $\pi_\lambda \perp \pi$,$\boldsymbol{n}_\lambda \cdot \boldsymbol{n}=0$,解得 $\lambda=3$,代入平面束 $\pi_\lambda$ 的方程得

$$\pi_0: 4x+5y-2z+12=0,$$

从而直线 $L$ 在平面 $\pi$ 上的投影直线方程为

$$\begin{cases} 4x+5y-2z+12=0, \\ x-4y-8z-9=0. \end{cases}$$

(3) 要求直线 $L$ 在 $xOy$ 面上的投影直线方程,完全与上述(2)的方法相同,即求直线 $L$ 在平面 $z=0$ 上的投影直线方程,$z=0$ 的法向量为 $\boldsymbol{n}=(0,0,1)$.

由 $\boldsymbol{n}_\lambda \cdot \boldsymbol{n}=0$,解得 $\lambda=1$,代入平面束 $\pi_\lambda$ 的方程得

$$\pi_0: 2x+5y+4=0,$$

从而直线 $L$ 在 $xOy$ 面上的投影直线方程为

$$\begin{cases} 2x+5y+4=0, \\ z=0. \end{cases}$$

**【例 7.20】** 求空间直线 $\begin{cases} 6x-6y-z+16=0 \\ 2x+5y+2z+3=0 \end{cases}$ 在三个坐标面上的投影直线的方程.

**解** 因为空间直线是空间曲线的特例,因此在 $xOy$ 平面上,消去 $z$ 得投影柱面 $2x-y+5=0$,故投影直线方程为

$$\begin{cases} 2x-y+5=0, \\ z=0. \end{cases}$$

在 $xOz$ 平面上,消去 $y$ 得投影柱面 $6x+z+14=0$,故投影直线方程为

$$\begin{cases} 6x+z+14=0, \\ y=0. \end{cases}$$

在 $yOz$ 平面上,消去 $x$ 得投影柱面 $3y+z-1=0$,故投影直线方程为

$$\begin{cases} 3y+z-1=0, \\ x=0. \end{cases}$$

【例 7.21】 确定实数 $\lambda$，使得直线 $L:\dfrac{x-1}{1}=\dfrac{y+2}{2}=\dfrac{z-1}{\lambda}$ 垂直于平面 $\pi_1$：$3x+6y+3z+25=0$，并求直线 $L$ 在平面 $\pi_2:x-y+z-2=0$ 上的投影直线方程.

**解** 直线 $L$ 的方向向量为 $\boldsymbol{s}=(1,2,\lambda)$，平面 $\pi_1$ 的法向量为 $\boldsymbol{n}_1=(3,6,3)$，依题意，有 $\boldsymbol{s}\parallel\boldsymbol{n}_1$ 即

$$\frac{1}{3}=\frac{2}{6}=\frac{\lambda}{3},\text{故 }\lambda=1.$$

过直线 $L$ 作平面 $\pi$ 垂直于平面 $\pi_2$，则 $\pi$ 的法向量 $\boldsymbol{n}$ 既垂直于 $\pi_2$ 的法向量 $\boldsymbol{n}_2$，又垂直于 $L$ 的方向向量 $\boldsymbol{s}$，故可取

$$\boldsymbol{n}=\boldsymbol{s}\times\boldsymbol{n}_1=(3,0,-3),$$

又因为直线 $L$ 上的点 $(1,-2,1)$ 也在平面 $\pi$ 上，所以平面 $\pi$ 的方程为 $3(x-1)-3(z-1)=0$，即

$$x-z=0.$$

所求投影直线就是平面 $\pi$ 与 $\pi_2$ 的交线，其方程为

$$\begin{cases}x-y+z-2=0,\\x-z=0.\end{cases}$$

**3. 曲面和曲线**

【例 7.22】 试把曲线方程

$$\begin{cases}2y^2+z^2+4x=4z\\y^2+3z^2-8x=12z\end{cases}$$

换成母线分别平行于 $x$ 轴及 $z$ 轴的柱面的交线的方程.

**解** 将曲线方程 $\begin{cases}2y^2+z^2+4x=4z\\y^2+3z^2-8x=12z\end{cases}$ 中消去 $x$，就得母线平行于 $x$ 轴的投影柱面方程

$$y^2+z^2=4z,$$

同理，消去 $z$，得母线平行于 $z$ 轴的投影柱面方程

$$y^2+4x=0,$$

因此，曲线的方程又可表示为

$$\begin{cases}y^2+z^2-4z=0,\\y^2+4x=0.\end{cases}$$

**注** 求空间曲线 $\begin{cases}F(x,y,z)=0\\G(x,y,z)=0\end{cases}$ 关于 $xOy$ 面的投影柱面方程为（即在曲线方程中消去 $z$ 后所得方程）$H(x,y)=0$；在 $xOy$ 面上的投影曲线方程为 $\begin{cases}H(x,y)=0,\\z=0.\end{cases}$

类似地可得空间曲线关于 $xOz$，$yOz$ 面的投影柱面方程与投影曲线方程.

【例 7.23】 求直线 $L:\dfrac{x-1}{1}=\dfrac{y}{2}=\dfrac{z-1}{1}$ 绕 $z$ 轴旋转一周所得旋转曲面的方程.

**解** 把 $L$ 写成参数方程 $\begin{cases}x=t+1,\\y=2t,\\z=t+1.\end{cases}$

即得 $L$ 上一点 $M(1+t,2t,1+t)$，$M$ 点到 $z$ 轴的距离为

$$d=\sqrt{(t+1)^2+4t^2}.$$

点 $M$ 绕 $z$ 轴旋转得一空间圆周

$$\begin{cases}x^2+y^2=(t+1)^2+4t^2,\\ z=1+t,\end{cases}$$

消去参数 $t$，得所求的旋转曲面方程为

$$x^2+y^2=5z^2-8z+4.$$

**【例 7.24】** 圆柱面的轴线是 $L:\dfrac{x}{1}=\dfrac{y-1}{2}=\dfrac{z+2}{-2}$，点 $P_0(1,-1,0)$ 是圆柱面上一点，求圆柱面方程.

**解**　圆柱面剖面图如图 7-1 所示.点 $P_0$ 到轴 $L$ 的距离 $d$ 就是圆柱面的底面半径，在 $L$ 上取一点 $P_1(0,1,-2)$，$L$ 的方向向量 $\boldsymbol{s}=(1,2,-2)$，设 $P(x,y,z)$ 是柱面上任一点，则用点到直线的距离公式有

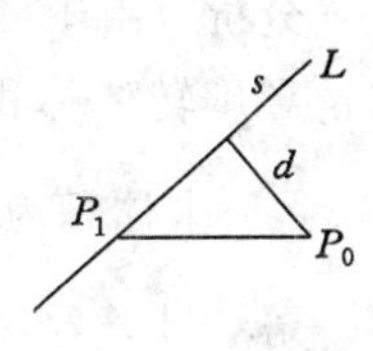


图 7-1

$$d=\frac{|\boldsymbol{s}\times\overrightarrow{P_1P}|}{|\boldsymbol{s}|}=\frac{|\boldsymbol{s}\times\overrightarrow{P_1P_0}|}{|\boldsymbol{s}|}=\frac{\left\|\begin{matrix}\boldsymbol{i}&\boldsymbol{j}&\boldsymbol{k}\\1&2&-2\\1&-2&2\end{matrix}\right\|}{\sqrt{1^2+2^2+(-2)^2}}=\frac{4\sqrt{2}}{3}.$$

则 $|\boldsymbol{s}\times\overrightarrow{P_1P}|=|\boldsymbol{s}\times\overrightarrow{P_1P_0}|=\dfrac{4\sqrt{2}}{3}|\boldsymbol{s}|=4\sqrt{2}$，又

$$\boldsymbol{s}\times\overrightarrow{P_1P}=\begin{vmatrix}\boldsymbol{i}&\boldsymbol{j}&\boldsymbol{k}\\1&2&-2\\x&y-1&z+2\end{vmatrix}=2(2(z+2)+2(y-1),-2x-z-2,y-1-2x),$$

从而 $(2y+2z+2)^2+(2x+z+2)^2+(2x-y+1)^2=32$，即为所求圆柱面的方程.

**【例 7.25】** 已知椭球面 $\dfrac{x^2}{2^2}+\dfrac{y^2}{4^2}+z^2=1$，试求过 $x$ 轴且与椭球面交线是圆的平面方程.

**解**　由于所求平面过 $x$ 轴，且椭球面和平面 $y=0,z=0$ 的交线不是圆，不妨设所求平面为 $z=ky(k\neq0)$，则此平面与椭球面的交线为

$$\begin{cases}\dfrac{x^2}{2^2}+\dfrac{y^2}{4^2}+z^2=1,\\ z=ky.\end{cases}$$

在 $xOy$ 面上的投影曲线为

$$\frac{x^2}{2^2}+\left(\frac{1}{4^2}+k^2\right)y^2=1. \qquad ①$$

又由于椭球面与所求平面的交线是圆，圆心在原点，且过点 $(2,0,0)$，$(-2,0,0)$，所以该圆又可表示为

$$\begin{cases}x^2+y^2+z^2=2^2,\\ z=ky.\end{cases}$$

在 $xOy$ 面上的投影曲线为

$$x^2+y^2(1+k^2)=2^2. \quad ②$$

式①和式②是同一条曲线,故有

$$\frac{1+k^2}{4}=\frac{1+4^2k^2}{4^2}.$$

解得 $k=\pm\frac{1}{2}$,故所求平面方程为

$$z=\pm\frac{1}{2}y.$$

**【例 7.26】** 已知点 $A(1,0,0)$ 和点 $B(0,1,1)$,线段 $AB$ 绕 $z$ 轴旋转一周所成的旋转曲面为 $S$,求由 $S$ 及两平面 $z=0,z=1$ 所围成立体的体积.

**分析** 由于 $AB$ 与 $z$ 轴是异面直线,在教材中求旋转体积公式不能直接使用,但可以利用推导旋转体体积公式的思想方法,即以平面 $z=z$ 截旋转体得一截面,求出此截面面积 $S(z)$,所求体积为 $V=\int_0^1 S(z)\mathrm{d}z$,同时,也可以利用柱面坐标变换求该体积.

**解** 过 $A(1,0,0)$ 与 $B(0,1,1)$ 的直线方程为

$$\frac{x-1}{-1}=\frac{y}{1}=\frac{z}{1},$$

即

$$\begin{cases}x=1-z,\\ y=z.\end{cases}$$

在 $z$ 轴上截距为 $z$ 的水平面截此旋转体所得截面为一个圆,此截面与 $z$ 轴交于点 $Q(0,0,z)$,与 $AB$ 交于点 $M(1-z,z,z)$,故截面圆的半径为

$$r(z)=\sqrt{(1-z)^2+z^2}=\sqrt{1-2z+2z^2},$$

从而截面圆的面积

$$S(z)=\pi(1-2z+2z^2),$$

旋转体的体积

$$V=\int_0^1 S(z)\mathrm{d}z=\int_0^1\pi(1-2z+2z^2)\mathrm{d}z=\frac{2}{3}\pi.$$

## 四、练习题与解答

1. 选择题

(1) 已知单位向量 $\boldsymbol{e}$ 与三坐标轴夹角相等且为锐角,向量 $\boldsymbol{a}=(2,1,0)$,则 $\mathrm{Prj}_{\boldsymbol{e}}\boldsymbol{a}$ 有(　　).

(A) $\sqrt{3}$;　(B) $\frac{\sqrt{3}}{3}$;　(C) 0;　(D) $\frac{2}{3}\sqrt{3}$.

(2) 设 $\boldsymbol{a},\boldsymbol{b}$ 为两个非零向量,$\lambda$ 为非零常数,若向量 $\boldsymbol{a}+\lambda\boldsymbol{b}$ 垂直于向量 $\boldsymbol{b}$,则 $\lambda$ 等于(　　).

(A) $\frac{\boldsymbol{a}\cdot\boldsymbol{b}}{|\boldsymbol{b}|^2}$;　(B) $-\frac{\boldsymbol{a}\cdot\boldsymbol{b}}{|\boldsymbol{b}|^2}$;　(C) 1;　(D) $\boldsymbol{a}\cdot\boldsymbol{b}$.

(3) 设 $\boldsymbol{a}=(-1,1,2),\boldsymbol{b}=(3,0,4)$则向量 $\boldsymbol{a}$ 在向量 $\boldsymbol{b}$ 上的投影为(　　).

(A) $\frac{5}{\sqrt{6}}$；　　(B) 1；　　(C) $-\frac{5}{\sqrt{6}}$　　(D) $-1$.

(4) 设有单位向量 $\boldsymbol{a}^0$，它同时与 $\boldsymbol{b}=3\boldsymbol{i}+\boldsymbol{j}+4\boldsymbol{k}$ 及 $\boldsymbol{c}=\boldsymbol{i}+\boldsymbol{k}$ 垂直，则 $\boldsymbol{a}^0$ 为(　　).

(A) $\frac{1}{\sqrt{3}}\boldsymbol{i}+\frac{1}{\sqrt{3}}\boldsymbol{j}-\frac{1}{\sqrt{3}}\boldsymbol{k}$；　　(B) $\boldsymbol{i}+\boldsymbol{j}-\boldsymbol{k}$；

(C) $\frac{1}{\sqrt{3}}\boldsymbol{i}-\frac{1}{\sqrt{3}}\boldsymbol{j}+\frac{1}{\sqrt{3}}\boldsymbol{k}$；　　(D) $\boldsymbol{i}-\boldsymbol{j}+\boldsymbol{k}$.

(5) 非零向量 $\boldsymbol{a},\boldsymbol{b}$ 垂直，则(　　).

(A) $|\boldsymbol{a}+\boldsymbol{b}|=|\boldsymbol{a}|+|\boldsymbol{b}|$；　　(B) $|\boldsymbol{a}+\boldsymbol{b}|\leqslant|\boldsymbol{a}-\boldsymbol{b}|$；

(C) $|\boldsymbol{a}+\boldsymbol{b}|=|\boldsymbol{a}-\boldsymbol{b}|$；　　(D) $|\boldsymbol{a}+\boldsymbol{b}|\geqslant|\boldsymbol{a}-\boldsymbol{b}|$.

(6) 设 $\boldsymbol{a}$ 与 $\boldsymbol{b}$ 均为非零向量，则下列结论正确的是(　　).

(A) $\boldsymbol{a}\times\boldsymbol{b}=0$ 是 $\boldsymbol{a}$ 与 $\boldsymbol{b}$ 垂直的充要条件；

(B) $\boldsymbol{a}\cdot\boldsymbol{b}=0$ 是 $\boldsymbol{a}$ 与 $\boldsymbol{b}$ 平行的充要条件；

(C) $\boldsymbol{a}$ 与 $\boldsymbol{b}$ 的对应分量成比例是 $\boldsymbol{a}$ 与 $\boldsymbol{b}$ 平行的充要条件；

(D) 若 $\boldsymbol{a}=\lambda\boldsymbol{b}$($\lambda$ 是实数)，则 $\boldsymbol{a}\cdot\boldsymbol{b}=0$.

(7) 已知 $|\boldsymbol{a}|=2$，$|\boldsymbol{b}|=\sqrt{2}$，且 $\boldsymbol{a}\cdot\boldsymbol{b}=2$，则 $|\boldsymbol{a}\times\boldsymbol{b}|=$(　　).

(A) 2；　　(B) $2\sqrt{2}$；　　(C) $\frac{\sqrt{2}}{2}$；　　(D) 1.

(8) 已知直线 $\frac{x-a}{3}=\frac{y}{-2}=\frac{z-1}{a}$ 在平面 $3x+4y-az=3a-1$ 内，则 $a=$(　　).

(A) 1；　　(B) 2；　　(C) $\frac{1}{2}$；　　(D) 3.

(9) 设有两直线 $L_1:\frac{x-1}{1}=\frac{y-5}{-2}=\frac{z+8}{1}$，$L_2:\begin{cases}x-y=6\\2y+z=3\end{cases}$，则 $L_1$ 与 $L_2$ 的夹角为(　　).

(A) $\frac{\pi}{6}$；　　(B) $\frac{\pi}{4}$；　　(C) $\frac{\pi}{3}$；　　(D) $\frac{\pi}{2}$.

(10) 设有直线 $L:\begin{cases}x+3y+2z+1=0\\2x-y-10z+3=0\end{cases}$ 及平面 $\pi:4x-2y+z-2=0$，则直线 $L$(　　).

(A) 平行于 $\pi$；　　(B) 在 $\pi$ 上；　　(C) 垂直于 $\pi$；(D) 与 $\pi$ 斜交.

(11) 球面 $x^2+y^2+z^2=R^2$ 与平面 $x+z=a$ 的交线在 $xOy$ 坐标面的投影曲线方程是(　　).

(A) $(a-z)^2+y^2+z^2=R^2$；　　(B) $\begin{cases}(a-z)^2+y^2+z^2=R^2\\z=0\end{cases}$；

(C) $x^2+y^2+(a-x)^2=R^2$；　　(D) $\begin{cases}x^2+y^2+(a-x)^2=R^2\\z=0.\end{cases}$

(12) 方程 $x^2-\frac{y^2}{4}+z^2=1$ 表示(　　).

(A) 旋转双曲面；　　(B) 双叶双曲面；

(C) 双曲柱面；　　(D) 锥面.

2. 填空题

(1) 设$|\boldsymbol{a}|=3$,$|\boldsymbol{b}|=4$,且$\boldsymbol{a}\perp\boldsymbol{b}$,则$|(\boldsymbol{a}+\boldsymbol{b})\times(\boldsymbol{a}-\boldsymbol{b})|=$________.

(2) 设$(\boldsymbol{a}\times\boldsymbol{b})\cdot\boldsymbol{c}=2$,则$[(\boldsymbol{a}+\boldsymbol{b})\times(\boldsymbol{b}+\boldsymbol{c})]\cdot(\boldsymbol{c}+\boldsymbol{a})=$________.

(3) 已知$\boldsymbol{a},\boldsymbol{b},\boldsymbol{c}$都是单位向量,且满足$\boldsymbol{a}+\boldsymbol{b}+\boldsymbol{c}=\boldsymbol{0}$,则$\boldsymbol{a}\cdot\boldsymbol{b}+\boldsymbol{b}\cdot\boldsymbol{c}+\boldsymbol{c}\cdot\boldsymbol{a}=$____.

(4) 求向量$\boldsymbol{a}=(4,-3,4)$在向量$\boldsymbol{b}=(2,2,1)$上的投影______以及与$\boldsymbol{a}$同向的单位向量______.

(5) 向量$\boldsymbol{a}$与向量$\boldsymbol{b}=2\boldsymbol{i}-\boldsymbol{j}+2\boldsymbol{k}$共线,且满足关系$\boldsymbol{a}\cdot\boldsymbol{b}=-18$,则向量$\boldsymbol{a}=$________.

(6) 已知平行四边形的三个顶点是$(0,0,0)$,$(1,5,4)$和$(2,-1,3)$,则它的面积为______.

(7) 向量$\boldsymbol{a}=\boldsymbol{i}+2\boldsymbol{j}+\boldsymbol{k}$,$\boldsymbol{b}=-\boldsymbol{i}-\frac{1}{2}\boldsymbol{j}+\frac{1}{2}\boldsymbol{k}$,则$\cos(\widehat{\boldsymbol{a},2\boldsymbol{b}})=$______.

(8) 已知平面$x+ky-2z=9$与平面$2x-3y+z=0$的夹角为$\frac{\pi}{4}$,则$k=$__________.

(9) 与两直线$\begin{cases}x=1\\y=-1+t\\z=2+t\end{cases}$及$\frac{x+1}{1}=\frac{y+2}{2}=\frac{z-1}{1}$都平行,且过原点的平面方程为____.

(10) 过点$M(1,2,-1)$且与直线$\begin{cases}x=-t+2\\y=3t-4\\z=t-1\end{cases}$垂直的平面方程是____________.

(11) 设一平面经过原点及点$(6,-3,2)$,且与平面$4x-y+2z=8$垂直,则此平面的方程为________________.

(12) 过点$M(2,4,0)$且与直线$L$:$\begin{cases}x+2z-1=0\\y-3z-2=0\end{cases}$平行的直线方程是____________.

(13) 过点$(-1,2,3)$,垂直于直线$\frac{x}{4}=\frac{y}{5}=\frac{z}{6}$且平行与平面$7x+8y+9z+10=0$的直线方程是________________.

(14) 求点$M_0(1,2,1)$到平面$\pi$:$3x-4y+5z+2=0$的距离____________.

(15) 空间曲线$\begin{cases}x^2+y^2+z^2=64\\y+z=0\end{cases}$的参数方程为__________________.

3. 求$[(\boldsymbol{a}\cdot\boldsymbol{b})\boldsymbol{a}]\cdot(\boldsymbol{a}\times\boldsymbol{b})$.

4. 证明$(\boldsymbol{a},\boldsymbol{b},\boldsymbol{c})^2\leqslant|\boldsymbol{a}|^2|\boldsymbol{b}|^2|\boldsymbol{c}|^2$.

5. 设向量$\boldsymbol{a}+3\boldsymbol{b}$垂直于$7\boldsymbol{a}-5\boldsymbol{b}$,而向量$\boldsymbol{a}-4\boldsymbol{b}$垂直于向量$7\boldsymbol{a}-2\boldsymbol{b}$,求向量$\boldsymbol{a}$与$\boldsymbol{b}$的夹角(假定$\boldsymbol{a}$与$\boldsymbol{b}$都不是零向量).

6. 求过直线$L$:$\begin{cases}x+5y+z=0\\x-z+4=0\end{cases}$与平面$x-4y-8z+12=0$交成$\frac{\pi}{4}$角的平面方程.

7. 已知点$P(1,0,2)$与直线$L$:$x=3-y=1-z$.

(1) 从$P$引$L$的垂线,求垂足$Q$的坐标;

(2) 求过点$P$且含直线$L$的平面方程.

8. 求过点$P(1,1,1)$与平面$4x-y+3z-1=0$和$x+5y-z+2=0$的交线的平面方程.

9. 设平面 $\pi$:$3x-2y+z=2$,直线 $L$:$5x+15=8-4y=-20(z+6)$.求:

(1) 平面 $\pi$ 与直线 $L$ 的交点 $P$;

(2) 过点 $P$ 且与平面 $\pi$ 垂直的直线 $h$ 与直线 $L$ 所交成的锐角 $\theta$;

(3) 过直线 $L$ 且垂直于平面 $\pi$ 的平面 $\pi_1$.

10. 求垂直于平面 $x+y+z=0$ 并通过从点 $(1,-1,-1)$ 到直线 $\frac{x+1}{1}=\frac{y+1}{2}=\frac{z-3}{-1}$ 的垂线的平面方程.

11. 求与平面 $2x+3y-5=0$ 及 $y+z=0$ 平行,与直线 $L_1$:$\frac{x-6}{3}=\frac{y}{2}=\frac{z-1}{1}$ 及 $L_2$:$\frac{x}{3}=\frac{y-8}{2}=\frac{z+4}{-2}$ 相交的直线 $L$ 的方程.

12. 试求有平面 $\pi_1$:$2x-z+12=0$,$\pi_2$:$x+3y+17=0$ 所构成的两平面角的平分面的方程.

13. 求过直线 $\begin{cases}x+5y+z=0\\x-z+4=0\end{cases}$ 且与平面 $\pi$:$x-4y-8z+12=0$ 交成 $\frac{\pi}{4}$ 角的平面方程.

14. 求通过点 $P(1,2,1)$ 且垂直于两平面 $x+y=0$ 和 $5y+z=0$ 的平面方程.

15. 求通过 $M_0(1,-1,2)$ 和直线 $l$:$\begin{cases}x-y-z+1=0\\2x+y+z-5=0\end{cases}$ 的平面方程.

16. 求过点 $(-1,0,4)$ 且平行于平面 $3x-4y+z-10=0$ 又与直线 $\frac{x+1}{1}=\frac{y-1}{1}=\frac{z}{2}$ 相交的直线方程.

17. 在平面 $x+y+z+1=0$ 内作直线,使它通过直线 $L$:$\begin{cases}x+2z=0\\y+z+1=0\end{cases}$ 与平面的交点,且垂直于 $L$,试求此直线方程.

18. 一直线通过点 $(1,2,1)$,又与直线 $\frac{x}{2}=y=-z$ 相交,且垂直于直线 $\frac{x-1}{3}=\frac{y}{2}=\frac{z+1}{1}$,求此直线方程.

19. 设直线 $L_1$ 过点 $A(3,0,0)$ 且与向量 $\boldsymbol{a}=(2,4,3)$ 平行,直线 $L_2$ 过点 $B(-1,3,2)$ 且与向量 $\boldsymbol{b}=(2,0,1)$ 平行,求 $L_1$ 与 $L_2$ 这两直线间的距离.

20. 求点 $(3,-4,4)$ 到直线 $\frac{x-4}{2}=\frac{y-5}{-2}=\frac{z-2}{1}$ 的距离.

21. 求 $\lambda$,使直线 $\frac{x-1}{1}=\frac{y+1}{2}=\frac{z-1}{\lambda}$ 与直线 $\frac{x+1}{1}=\frac{y-1}{2}=\frac{z}{1}$ 相交.

22. 求曲线 $\begin{cases}(x+2)^2-z^2=4\\(x-2)^2+y^2=4\end{cases}$ 在 $yOz$ 坐标平面上的投影.

**练习题解答**

# 第八章 多元函数微分法及其应用

## 一、内容提要

**1. 多元函数**

$z$ 是 $x,y$ 的二元函数,记作 $z=f(x,y),(x,y)\in D$,$x,y$ 为自变量,$z$ 为因变量,点集 $D$ 为函数的定义域,$z$ 的取值范围称为函数的值域.

类似地有三元函数,四元函数,$\cdots$,$n$ 元函数(二元及二元以上的函数称为多元函数).

一般地,$n$ 元函数可表示为

$$u=f(x_1,x_2,\cdots,x_n),P=(x_1,x_2,\cdots,x_n)\in \mathbf{R}^n.$$

**2. 二元函数的极限**

设二元函数 $z=f(x,y)$,定义域为 $D$,点 $P_0(x_0,y_0)$是 $D$ 的聚点,$A$ 为常数,如果对于任意给定的正数 $\varepsilon$,总存在正数 $\delta$,使得当点 $P(x,y)\in D\cap \mathring{U}(P_0,\delta)$时,都有$|f(x,y)-A|<\varepsilon$ 成立,则称常数 $A$ 为函数 $f(x,y)$当$(x,y)\to(x_0,y_0)$时的极限.记作 $\lim\limits_{(x,y)\to(x_0,y_0)} f(x,y)=A$,或$\lim\limits_{P\to P_0} f(P)=A$,或 $f(x,y)\to A\quad(x,y)\to(x_0,y_0)$,这个极限也称为二重极限.

由于二元函数极限与一元函数极限的定义类似,所以一元函数极限的运算法则也适用于多元函数极限.

**3. 多元函数的连续性**

设函数 $f(x,y)$在点 $P_0(x_0,y_0)$的某个邻域内有定义,如果

$$\lim_{(x,y)\to(x_0,y_0)} f(x,y)=f(x_0,y_0),$$

则称函数 $f(x,y)$在点 $P_0(x_0,y_0)$连续.否则称函数 $f(x,y)$在点 $P_0(x_0,y_0)$间断.

如果函数 $f(x,y)$在开(闭)区域 $D$ 的每一点都连续,则称函数 $f(x,y)$在开(闭)区域 $D$ 内(上)连续.

函数 $z=f(x,y)$在开区域内或闭区域上连续,其图象表示一张完整连续曲面,即无洞、无裂缝的连续曲面.

**4. 多元初等函数的连续性**

有限个连续函数的和、差、积、商(除去分母为零的点)与复合仍然为连续函数.

多元初等函数是指可以用一个式子表示的多元函数,这个式子是由常数及具有不同自变量的一元基本初等函数经过有限次的四则运算和复合步骤而得到的.

一切多元初等函数在其定义区域内都是连续的.所谓定义区域是指包含在定义域内的区域或闭区域.

**5. 有界闭区域 $D$ 上多元连续函数的性质**

有界性与最大值最小值定理:在有界闭区域 $D$ 上的多元连续函数,必定在 $D$ 上有界,

且能取得它的最大值和最小值.

介值定理:在有界闭区域 $D$ 上的多元连续函数,必定取得介于最大值和最小值之间的任何值.

**6. 偏导数**

设二元函数 $z=f(x,y)$ 在点 $P_0(x_0,y_0)$ 的某个邻域内有定义,如果

$$\lim_{\Delta x\to 0}\frac{\Delta_x z}{\Delta x}=\lim_{\Delta x\to 0}\frac{f(x_0+\Delta x,y_0)-f(x_0,y_0)}{\Delta x}$$

存在,则称此极限值为函数 $z=f(x,y)$ 在点 $P_0(x_0,y_0)$ 处对 $x$ 的偏导数.记作

$$\left.\frac{\partial z}{\partial x}\right|_{\substack{x=x_0\\y=y_0}},\left.\frac{\partial f}{\partial x}\right|_{\substack{x=x_0\\y=y_0}},z_x\big|_{(x_0,y_0)},f_x(x_0,y_0),$$

即

$$\left.\frac{\partial z}{\partial x}\right|_{\substack{x=x_0\\y=y_0}}=\lim_{\Delta x\to 0}\frac{f(x_0+\Delta x,y_0)-f(x_0,y_0)}{\Delta x}.$$

类似地,函数 $z=f(x,y)$ 在点 $P_0(x_0,y_0)$ 处对 $y$ 的偏导数

$$\left.\frac{\partial z}{\partial y}\right|_{\substack{x=x_0\\y=y_0}},\left.\frac{\partial f}{\partial y}\right|_{\substack{x=x_0\\y=y_0}},z_y\big|_{(x_0,y_0)},f_y(x_0,y_0),$$

即

$$\left.\frac{\partial z}{\partial y}\right|_{\substack{x=x_0\\y=y_0}}=\lim_{\Delta y\to 0}\frac{f(x_0,y_0+\Delta y)-f(x_0,y_0)}{\Delta y}.$$

对于 $n$ 元函数 $u=f(x_1,x_2,\cdots,x_n)$ 在点 $P_0(a_1,a_2,\cdots,a_n)$ 处对于第 $i$ 个变量 $x_i$ 的偏导数,则定义为

$$\left.\frac{\partial u}{\partial x_i}\right|_{P_0}=\lim_{\Delta x_i\to 0}\frac{f(a_1,a_2,\cdots,a_i+\Delta x_i,\cdots,a_n)-f(a_1,a_2,\cdots,a_i,\cdots,a_n)}{\Delta x_i}$$

$$=f_{x_i}(a_1,a_2,\cdots,a_n)=f'_i(a_1,a_2,\cdots,a_i,\cdots,a_n)$$

与一元函数的导数一样,偏导数也有另一种形式,以二元函数为例,即

$$\left.\frac{\partial z}{\partial x}\right|_{\substack{x=x_0\\y=y_0}}=\lim_{x\to x_0}\frac{f(x,y_0)-f(x_0,y_0)}{x-x_0},\left.\frac{\partial z}{\partial y}\right|_{\substack{x=x_0\\y=y_0}}=\lim_{y\to y_0}\frac{f(x_0,y)-f(x_0,y_0)}{y-y_0},$$

$f(x,y)$ 在 $(x_0,y_0)$ 处对 $x$ 的偏导数 $f_x(x_0,y_0)=\dfrac{\mathrm{d}}{\mathrm{d}x}f(x,y_0)\big|_{x=x_0}$;而 $f(x,y)$ 在点 $(x_0,y_0)$ 处对 $y$ 的偏导数,实际上是函数 $f(x_0,y)$ 在点 $y_0$ 处的导数,即 $f_y(x_0,y_0)=\dfrac{\mathrm{d}}{\mathrm{d}y}f(x_0,y)\big|_{y=y_0}$.

如果二元函数 $z=f(x,y)$ 在区域 $D$ 内的每一个点 $P(x,y)$ 对 $x$ 的偏导数都存在,那么就形成一个新的二元函数,称它为函数 $z=f(x,y)$ 在区域 $D$ 内对 $x$ 的偏导函数.记为

$$\frac{\partial z}{\partial x},\frac{\partial f}{\partial x},z_x,f_x(x,y),$$

即

$$\frac{\partial z}{\partial x}=\lim_{\Delta x\to 0}\frac{f(x+\Delta x,y)-f(x,y)}{\Delta x}.$$

类似地,函数 $z=f(x,y)$ 在区域 $D$ 内对 $y$ 的偏导函数.记为

$$\frac{\partial z}{\partial y},\frac{\partial f}{\partial y},z_y,f_y(x,y),$$

即

$$\frac{\partial z}{\partial y}=\lim_{\Delta y\to 0}\frac{f(x,y+\Delta y)-f(x,y)}{\Delta y}.$$

当在区域 $D$ 内每一个点 $(x,y)$ 的偏导数 $f_x(x,y)$ 和 $f_y(x,y)$ 存在时，$\forall(x_0,y_0)\in D$，显然有

$$f_x(x_0,y_0)=f_x(x,y)\big|_{(x_0,y_0)},f_y(x_0,y_0)=f_y(x,y)\big|_{(x_0,y_0)}.$$

**注意** 偏导数的记号 $\frac{\partial z}{\partial x},\frac{\partial f}{\partial x},z_x,f_x(x,y),\frac{\partial z}{\partial y},\frac{\partial f}{\partial y},z_y,f_y(x,y)$ 为整体记号，是不可分割的；在不混淆的时候，把偏导函数简称为偏导数.

**7. 偏导数的几何意义**

设曲面 $z=f(x,y)$ 上对应点为 $M_0(x_0,y_0,f(x_0,y_0))$，平面 $y=y_0$ 与曲面 $z=f(x,y)$ 的交线 $\Gamma_{y_0}$ 为 $\begin{cases}z=f(x,y),\\ y=y_0.\end{cases}$

所以平面 $y=y_0$ 内的曲线 $z=f(x,y_0)$ 成为一元函数，则导数 $\frac{\mathrm{d}}{\mathrm{d}x}f(x,y_0)\big|_{x=x_0}=f_x(x_0,y_0)$.由一元函数导数的几何意义可知，$f_x(x_0,y_0)$ 表示曲线 $\Gamma_{y_0}$ 上在点 $M_0$ 处的切线 $M_0T$ 对 $x$ 轴的斜率.同样，$f_y(x_0,y_0)$ 表示曲线 $\Gamma_{x_0}:\begin{cases}z=f(x,y)\\ x=x_0\end{cases}$ 上在点 $M_0$ 处的切线 $M_0Q$ 对 $y$ 轴的斜率.

**8. 高阶偏导数**

$z=f(x,y)$ 的偏导数 $\frac{\partial z}{\partial x},\frac{\partial z}{\partial y}$ 仍为二元函数，若其偏导数存在，则称其为函数 $z=f(x,y)$ 的二阶偏导数，而称 $\frac{\partial z}{\partial x},\frac{\partial z}{\partial y}$ 为函数 $z=f(x,y)$ 的一阶偏导函数.二元函数 $z=f(x,y)$ 的二阶偏导函数有四个，分别记为

$$\frac{\partial}{\partial x}\left(\frac{\partial z}{\partial x}\right)=\frac{\partial^2 z}{\partial x^2}=\frac{\partial^2 f}{\partial x^2}=f_{xx}(x,y),\quad \frac{\partial}{\partial y}\left(\frac{\partial z}{\partial x}\right)=\frac{\partial^2 z}{\partial x\partial y}=\frac{\partial^2 f}{\partial x\partial y}=f_{xy}(x,y),$$

$$\frac{\partial}{\partial x}\left(\frac{\partial z}{\partial y}\right)=\frac{\partial^2 z}{\partial y\partial x}=\frac{\partial^2 f}{\partial y\partial x}=f_{yx}(x,y),\quad \frac{\partial}{\partial y}\left(\frac{\partial z}{\partial y}\right)=\frac{\partial^2 z}{\partial y^2}=\frac{\partial^2 f}{\partial y^2}=f_{yy}(x,y).$$

其中，$\frac{\partial^2 z}{\partial x^2}$ 称为函数 $z$ 对 $x$ 的二阶偏导数，即

$$\frac{\partial^2 z}{\partial x^2}=\frac{\partial^2 f}{\partial x^2}=\lim_{\Delta x\to 0}\frac{f_x(x+\Delta x,y)-f_x(x,y)}{\Delta x}.$$

$\frac{\partial^2 z}{\partial y^2}$ 称为函数 $z$ 对 $y$ 的二阶偏导数，$\frac{\partial^2 z}{\partial x\partial y}$ 称为 $z$ 先对 $x$ 后对 $y$ 的二阶混合偏导数.$\frac{\partial^2 z}{\partial y\partial x}$ 称为 $z$ 先对 $y$ 后对 $x$ 的二阶混合偏导数.

类似可定义三阶、四阶，…，$n$ 阶偏导数.二阶以及二阶以上的偏导数统称为高阶偏导数.

**定理** 如果函数 $z=f(x,y)$ 的两个二阶混合偏导函数在区域 $D$ 内连续，则在区域 $D$ 内它们相等.即

$$\frac{\partial^2 z}{\partial x\partial y}=\frac{\partial^2 z}{\partial y\partial x},$$

此时，二阶混合偏导函数与求导的次序无关.

**9. 全微分**

如果二元函数 $z=f(x,y)$ 在点 $(x_0,y_0)$ 处的全增量

$$\Delta z=f(x_0+\Delta x,y_0+\Delta y)-f(x_0,y_0)$$

可以表示为

$$\Delta z=A\Delta x+B\Delta y+o(\rho),$$

其中，$A$，$B$ 是与 $\Delta x$，$\Delta y$ 无关的常数.

$$\rho=\sqrt{(\Delta x)^2+(\Delta y)^2},$$

则称二元函数 $z=f(x,y)$ 在点 $P_0(x_0,y_0)$ 处可微分，而称 $A\Delta x+B\Delta y$ 为函数 $z=f(x,y)$ 在点 $P_0(x_0,y_0)$ 的全微分，记作 $\mathrm{d}z\big|_{(x_0,y_0)}$，即

$$\mathrm{d}z\big|_{(x_0,y_0)}=A\Delta x+B\Delta y,$$

或

$$\mathrm{d}f(x,y)\big|_{(x_0,y_0)}=A\Delta x+B\Delta y.$$

如果函数在区域 $D$ 内的每一点都可微分，那么称函数在区域 $D$ 内可微分.且有

$$\mathrm{d}z=A\Delta x+B\Delta y,$$

或
$$\mathrm{d}f(x,y)=A\Delta x+B\Delta y.$$

可微的条件：

**定理 1(必要条件)**　如果函数 $z=f(x,y)$ 在点 $(x,y)$ 可微分，则该函数在点 $(x,y)$ 的偏导数 $\frac{\partial z}{\partial x}$、$\frac{\partial z}{\partial y}$ 必存在，且函数 $z=f(x,y)$ 在点 $(x,y)$ 全微分为

$$\mathrm{d}z=\frac{\partial z}{\partial x}\Delta x+\frac{\partial z}{\partial y}\Delta y.$$

**定理 2(充分条件)**　如果函数 $z=f(x,y)$ 的偏导数 $\frac{\partial z}{\partial x}$、$\frac{\partial z}{\partial y}$ 在点 $(x,y)$ 连续，则该函数在点 $(x,y)$ 可微分.

**10. 多元复合函数求导法则(链式法则)**

如果函数 $u=u(x,y)$，$v=v(x,y)$ 在点 $(x,y)$ 处偏导数都存在，而函数 $z=f(u,v)$ 在对应点 $(u,v)$ 处具有连续偏导数，则复合函数

$$z=f[u(x,y),v(x,y)]$$

在点 $(x,y)$ 处偏导数都存在，且

$$\frac{\partial z}{\partial x}=\frac{\partial z}{\partial u}\cdot\frac{\partial u}{\partial x}+\frac{\partial z}{\partial v}\cdot\frac{\partial v}{\partial x},$$

$$\frac{\partial z}{\partial y}=\frac{\partial z}{\partial u}\cdot\frac{\partial u}{\partial y}+\frac{\partial z}{\partial v}\cdot\frac{\partial v}{\partial y}.$$

**11. 特别情形举例**

(假定外层函数 $f$ 具有连续偏导数，内层函数偏导数都存在)

对于多元函数，各种各样复合而成的多元复合函数，常有以下几种情形：

(1) 若 $z=f(u,v)$，而 $u=u(x)$，$v=v(x)$，则复合函数 $z=f[u(x),v(x)]$ 成为一元函数 $z=z(x)$，此时求导数得到

$$\frac{\mathrm{d}z}{\mathrm{d}x}=\frac{\partial z}{\partial u}\cdot\frac{\mathrm{d}u}{\mathrm{d}x}+\frac{\partial z}{\partial v}\cdot\frac{\mathrm{d}v}{\mathrm{d}x}=\frac{\partial f}{\partial u}\cdot\frac{\mathrm{d}u}{\mathrm{d}x}+\frac{\partial f}{\partial v}\cdot\frac{\mathrm{d}v}{\mathrm{d}x},\tag{1}$$

称之为全导数.

**注意** 这里 $z$ 是变量 $u,v$ 的二元函数,因此 $z$ 对变量 $u,v$ 是求偏导数,而 $u,v$ 是一个变量 $x$ 的一元函数,因此 $u,v$ 对 $x$ 都是求导数.所以在计算过程中应分清楚是求偏导数还是求导数,并使用好偏导数和导数的记号.

(2) 若 $z=f(x,u,v)$,而 $u=u(x,y)$,$v=v(x,y)$,则有

$$\frac{\partial z}{\partial x}=\frac{\partial f}{\partial x}+\frac{\partial f}{\partial u}\cdot\frac{\partial u}{\partial x}+\frac{\partial f}{\partial v}\cdot\frac{\partial v}{\partial x},\tag{2}$$

$$\frac{\partial z}{\partial y}=\frac{\partial f}{\partial u}\cdot\frac{\partial u}{\partial y}+\frac{\partial f}{\partial v}\cdot\frac{\partial v}{\partial y}.\tag{3}$$

需要注意的是,在$\frac{\partial z}{\partial x}$的等式中出现的$\frac{\partial f}{\partial x}$与$\frac{\partial z}{\partial x}$是不同的:

$\frac{\partial z}{\partial x}$是把复合函数 $f[x,u(x,y),v(x,y)]$中的 $y$ 看做不变的常数而对 $x$ 的偏导数,$\frac{\partial f}{\partial x}$是把函数 $f(x,u,v)$中的第二变量 $u$,第三个变量 $v$ 看做不变的常数而对第一个变量 $x$ 的偏导数.

为了不引起误会,为了表达简单,常使用自然数 1,2,3 的顺序分别表示$f(x,u,v)$中的三个变量 $x,u,v$,这样$\frac{\partial f}{\partial x}$,$\frac{\partial f}{\partial u}$,$\frac{\partial f}{\partial v}$就可分别用 $f'_1$,$f'_2$,$f'_3$ 来表示.而二阶偏导数的记号$\frac{\partial^2 f}{\partial x^2}$,$\frac{\partial^2 f}{\partial x\partial u}$,$\frac{\partial^2 f}{\partial x\partial v}$就可分别用$f''_{11}$,$f''_{12}$,$f''_{13}$来表示,如此等等,十分简便.

全导数公式(1)中可以记为

$$\frac{\mathrm{d}z}{\mathrm{d}x}=f'_1\cdot\frac{\mathrm{d}u}{\mathrm{d}x}+f'_2\cdot\frac{\mathrm{d}v}{\mathrm{d}x}.\tag{4}$$

**12. 全微分形式不变性**

设二元函数 $z=f(x,y)$,当 $x,y$ 为自变量时,函数的全微分为

$$\mathrm{d}z=\frac{\partial f}{\partial x}\mathrm{d}x+\frac{\partial f}{\partial y}\mathrm{d}y.$$

同样二元函数 $z=f(u,v)$,当 $u,v$ 为自变量时,函数的全微分为

$$\mathrm{d}z=\frac{\partial f}{\partial u}\mathrm{d}u+\frac{\partial f}{\partial v}\mathrm{d}v.$$

若 $z=f(u,v)$,而 $u=u(x,y)$,$v=v(x,y)$,则复合函数 $z=f[u(x,y),v(x,y)]$的全微分为

$$\mathrm{d}z=\frac{\partial z}{\partial x}\mathrm{d}x+\frac{\partial z}{\partial y}\mathrm{d}y,$$

其中

$$\frac{\partial z}{\partial x}=\frac{\partial z}{\partial u}\cdot\frac{\partial u}{\partial x}+\frac{\partial z}{\partial v}\cdot\frac{\partial v}{\partial x},\qquad \frac{\partial z}{\partial y}=\frac{\partial z}{\partial u}\cdot\frac{\partial u}{\partial y}+\frac{\partial z}{\partial v}\cdot\frac{\partial v}{\partial y},$$

把它们代入上式得

$$\begin{aligned}dz&=(\frac{\partial z}{\partial u}\cdot\frac{\partial u}{\partial x}+\frac{\partial z}{\partial v}\cdot\frac{\partial v}{\partial x})dx+(\frac{\partial z}{\partial u}\cdot\frac{\partial u}{\partial y}+\frac{\partial z}{\partial v}\cdot\frac{\partial v}{\partial y})dy\\&=\frac{\partial z}{\partial u}(\frac{\partial u}{\partial x}dx+\frac{\partial u}{\partial y}dy)+\frac{\partial z}{\partial v}(\frac{\partial v}{\partial x}dx+\frac{\partial v}{\partial y}dy)\\&=\frac{\partial z}{\partial u}du+\frac{\partial z}{\partial v}dv.\end{aligned}$$

由此可见，不论 $z$ 是自变量 $u,v$ 的函数，还是中间变量 $u,v$ 的函数，它的全微分都具有统一形式，称之为全微分形式不变性.

**13. 隐函数求导**

(1) 方程 $F(x,y)=0$ 所确定的隐函数 $y=y(x)$ 的求导数公式

$$y'(x)=-\frac{F_x}{F_y}. \tag{1}$$

(2) 方程 $F(x,y,z)=0$ 所确定的隐函数 $z=z(x,y)$ 的求偏导数公式

$$\frac{\partial z}{\partial x}=-\frac{F_x}{F_z}, \tag{2}$$

$$\frac{\partial z}{\partial y}=-\frac{F_y}{F_z}. \tag{3}$$

(3) 方程组的情形　设含有四个变量的两个方程的方程组

$$\begin{cases}F(x,y,u,v)=0,\\G(x,y,u,v)=0,\end{cases} \tag{4}$$

可从方程组确定出两个二元函数 $\begin{cases}u=u(x,y),\\v=v(x,y),\end{cases}$ 则有隐函数的偏导数公式

$$\frac{\partial u}{\partial x}=-\frac{\frac{\partial(F,G)}{\partial(x,v)}}{\frac{\partial(F,G)}{\partial(u,v)}}=-\frac{\begin{vmatrix}F_x&F_v\\G_x&G_v\end{vmatrix}}{\begin{vmatrix}F_u&F_v\\G_u&G_v\end{vmatrix}},\quad \frac{\partial v}{\partial x}=-\frac{\frac{\partial(F,G)}{\partial(u,x)}}{\frac{\partial(F,G)}{\partial(u,v)}}=-\frac{\begin{vmatrix}F_u&F_x\\G_u&G_x\end{vmatrix}}{\begin{vmatrix}F_u&F_v\\G_u&G_v\end{vmatrix}}, \tag{5}$$

$$\frac{\partial u}{\partial y}=-\frac{\frac{\partial(F,G)}{\partial(y,v)}}{\frac{\partial(F,G)}{\partial(u,v)}}=-\frac{\begin{vmatrix}F_y&F_v\\G_y&G_v\end{vmatrix}}{\begin{vmatrix}F_u&F_v\\G_u&G_v\end{vmatrix}},\quad \frac{\partial v}{\partial y}=-\frac{\frac{\partial(F,G)}{\partial(u,y)}}{\frac{\partial(F,G)}{\partial(u,v)}}=-\frac{\begin{vmatrix}F_u&F_y\\G_u&G_y\end{vmatrix}}{\begin{vmatrix}F_u&F_v\\G_u&G_v\end{vmatrix}}, \tag{6}$$

其中分母 $\begin{vmatrix}F_u&F_v\\G_u&G_v\end{vmatrix}$ 称为函数 $F,G$ 关于 $u,v$ 的雅可比(Jacobi)行列式.

(4) 设含有三个变量的两个方程的方程组

$$\begin{cases}F(x,y,z)=0,\\G(x,y,z)=0,\end{cases} \tag{7}$$

可确定出两个一元函数 $\begin{cases}y=y(x),\\z=z(x),\end{cases}$ 则有导数公式

$$\frac{dy}{dx}=-\frac{\frac{\partial(F,G)}{\partial(x,z)}}{\frac{\partial(F,G)}{\partial(y,z)}},\qquad \frac{dz}{dx}=-\frac{\frac{\partial(F,G)}{\partial(y,x)}}{\frac{\partial(F,G)}{\partial(y,z)}}. \tag{8}$$

以上讨论了含有多个变量的方程组所确定的多元隐函数的几种情形,不难回答更一般的问题:含有 $n$ 个变量 $m(m<n)$ 个方程的方程组可以确定 $m$ 个隐函数,它们是 $n-m$ 元函数.类似地可以求得这些隐函数的偏导数.

**14. 空间曲线的切线与法平面**

(1) 设空间曲线 $\Gamma$ 的参数方程为$\begin{cases}x=x(t),\\y=y(t),\\z=z(t).\end{cases}$ $(\alpha\leqslant t\leqslant\beta)$,在 $t=t_0$ 处切线的方向向量为 $\boldsymbol{T}=(x'(t_0),y'(t_0),z'(t_0))$对应点 $P_0(x_0,y_0,z_0)$处的切线的方程为

$$\frac{x-x_0}{x'(t_0)}=\frac{y-y_0}{y'(t_0)}=\frac{z-z_0}{z'(t_0)}.$$

法平面方程为

$$x'(t_0)(x-x_0)+y'(t_0)(y-y_0)+z'(t_0)(z-z_0)=0.$$

(2) 若空间曲线 $\Gamma$ 的方程为$\begin{cases}y=y(x)\\z=z(x)\end{cases}$则在点 $P_0(x_0,y_0,z_0)$处的切线方程为$\dfrac{x-x_0}{1}=\dfrac{y-y_0}{y'(x_0)}=\dfrac{z-z_0}{z'(x_0)}$,法平面方程为

$$(x-x_0)+y'(x_0)(y-y_0)+z'(x_0)(z-z_0)=0.$$

类似有

空间曲线 $\Gamma\begin{cases}x=x(z)\\y=y(z)\end{cases}$在点 $P_0(x_0,y_0,z_0)$处的切向量为

$$\boldsymbol{T}=(x'(z_0),y'(z_0),1).$$

空间曲线 $\Gamma\begin{cases}x=x(y)\\z=z(y)\end{cases}$在点 $P_0(x_0,y_0,z_0)$处的切向量为

$$\boldsymbol{T}=(x'(y_0),1,z'(y_0)).$$

(3) 对于空间曲线 $\Gamma\begin{cases}F(x,y,z)=0\\G(x,y,z)=0\end{cases}$在点 $P_0(x_0,y_0,z_0)$处,可选取其中一变量作为参数,例如取 $x$ 为参数,那么切向量 $\boldsymbol{T}=\begin{vmatrix}\boldsymbol{i}&\boldsymbol{j}&\boldsymbol{k}\\F_x&F_y&F_z\\G_x&G_y&G_z\end{vmatrix}=(1,y'(x_0),z'(x_0))$.

故切线的方程为$\dfrac{x-x_0}{1}=\dfrac{y-y_0}{y'(x_0)}=\dfrac{z-z_0}{z'(x_0)}$.

法平面方程为$(x-x_0)+y'(x_0)(y-y_0)+z'(x_0)(z-z_0)=0$.

**15. 曲面的切平面与法线方程**

设曲面 $\Sigma$ 的方程为 $F(x,y,z)=0$,函数 $F(x,y,z)$在点 $P_0(x_0,y_0,z_0)$处具有连续的偏导数,且 $F_x(x_0,y_0,z_0),F_y(x_0,y_0,z_0),F_z(x_0,y_0,z_0)$不全为零,则曲面 $\Sigma$ 上点 $P_0(x_0,y_0,z_0)$处的切平面的法向量为$(F_x(x_0,y_0,z_0),F_y(x_0,y_0,z_0),F_z(x_0,y_0,z_0))$,因而切平面的方程为

$$F_x(x_0,y_0,z_0)(x-x_0)+F_y(x_0,y_0,z_0)(y-y_0)+F_z(x_0,y_0,z_0)(z-z_0)=0,$$

曲面 $\Sigma$ 上点 $P_0(x_0,y_0,z_0)$处的法线方程为

$$\frac{x-x_0}{F_x(x_0,y_0,z_0)}=\frac{y-y_0}{F_y(x_0,y_0,z_0)}=\frac{z-z_0}{F_z(x_0,y_0,z_0)}.$$

若曲面 $\Sigma$ 的方程为 $z=f(x,y)$，且函数 $f(x,y)$ 在点 $P_0(x_0,y_0)$ 处具有连续的偏导数，则曲面 $\Sigma$ 上在点 $M_0(x_0,y_0,f(x_0,y_0))$ 处的切平面为

$$z-z_0=f_x(x_0,y_0)(x-x_0)+f_y(x_0,y_0)(y-y_0).$$

**16. 方向导数与梯度**

(1) 方向导数

设函数 $z=f(x,y)$ 在点 $P_0(x_0,y_0)$ 的某个邻域内有定义，自点 $P_0(x_0,y_0)$ 引出一射线 $l$，与 $l$ 同向的单位向量 $\boldsymbol{e}_l=(\cos\alpha,\cos\beta)$，在 $\boldsymbol{l}$ 上的另一点 $P$，且 $|P_0P|=\rho$，考虑点 $P$ 沿着此射线 $\boldsymbol{l}$ 趋于 $P_0$ 时，如果

$$\lim_{\rho\to0^+}\frac{\Delta z}{\rho}=\lim_{\rho\to0^+}\frac{f(x_0+\rho\cos\alpha,y_0+\rho\cos\beta)-f(x_0,y_0)}{\rho}.$$

存在，则称此极限为函数 $z=f(x,y)$ 在点 $P_0$ 沿着方向 $\boldsymbol{l}$ 的方向导数，记作 $\frac{\partial f}{\partial l}$，即

$$\frac{\partial f}{\partial l}=\lim_{\rho\to0}\frac{f(x_0+\rho\cos\alpha,y_0+\rho\cos\beta)-f(x_0,y_0)}{\rho}.$$

(2) 方向导数的计算方法

**定理**　设函数 $z=f(x,y)$ 在点 $P_0(x_0,y_0)$ 可微，那么在点 $P_0(x_0,y_0)$ 沿着任意方向 $\boldsymbol{l}$ 的方向导数都存在，且

$$\frac{\partial f}{\partial l}=\frac{\partial f}{\partial x}\cos\alpha+\frac{\partial f}{\partial y}\cos\beta,$$

其中，$\cos\alpha,\cos\beta$ 是 $\boldsymbol{l}$ 方向余弦.

设三元函数 $u=f(x,y,z)$ 在点 $P(x,y,z)$ 可微，那么在点 $P(x,y,z)$ 沿着任意方向 $\boldsymbol{l}$ 的方向导数都存在，且

$$\frac{\partial f}{\partial l}=\frac{\partial f}{\partial x}\cos\alpha+\frac{\partial f}{\partial y}\cos\beta+\frac{\partial f}{\partial z}\cos\gamma,$$

其中，$\cos\alpha,\cos\beta,\cos\gamma$ 是方向 $\boldsymbol{l}$ 的方向余弦.

(3) 梯度

设函数 $f(x,y,z)$ 在其定义域 $D$ 内具有一阶连续偏导数，记

$$\boldsymbol{g}=\mathbf{grad}\,f\,|_{P_0}=\left(\frac{\partial f}{\partial x},\frac{\partial f}{\partial y},\frac{\partial f}{\partial z}\right)\Big|_{P_0},$$

称此向量为函数 $f(x,y,z)$ 在点 $P_0$ 的梯度向量，简称为梯度.

**17. 多元函数的极值**

(1) 极值与极值点

设函数 $f(P)$ 在点 $P_0$ 的某邻域内有定义，如果在点 $P_0$ 的去心邻域内的所有点 $P$，都有 $f(P)<f(P_0)$，$(f(P)>f(P_0))$，则称函数 $f(P)$ 在点 $P_0$ 取得极大(小)值 $f(P_0)$，而称点 $P_0$ 是函数 $f(P)$ 的一个极大(小)值点.

函数 $f(P)$ 的极大值与极小值统称为函数的极值，函数 $f(P)$ 的极大值点与极小值点统称为函数的极值点.

(2) 极值存在的必要条件

**定理 1** 设函数 $z=f(x,y)$ 在点 $(x_0,y_0)$ 取得极值，且偏导数存在，则有

$$\begin{cases} f_x(x_0,y_0)=0, \\ f_y(x_0,y_0)=0, \end{cases}$$

使得函数 $z=f(x,y)$ 偏导数全为零的点 $(x_0,y_0)$ 称为驻点.

(3) 极值存在的充分条件

**定理 2** 设函数 $z=f(x,y)$ 在点 $(x_0,y_0)$ 某邻域内连续，且具有一阶、二阶连续偏导数，且

$$\begin{cases} f_x(x_0,y_0)=0, \\ f_y(x_0,y_0)=0. \end{cases}$$

令 $A=f_{xx}(x_0,y_0)$，$B=f_{xy}(x_0,y_0)$，$C=f_{yy}(x_0,y_0)$，那么：

(1) 如果 $AC-B^2>0$，则 $f(x_0,y_0)$ 必为极值，且当 $A>0$ 时，$f(x_0,y_0)$ 为极小值，当 $A<0$ 时，$f(x_0,y_0)$ 为极大值；

(2) 如果 $AC-B^2<0$，则 $f(x_0,y_0)$ 不是极值；

(3) 如果 $AC-B^2=0$，则 $f(x_0,y_0)$ 可能是极值，也可能不是极值，还需另行讨论.

**18. 多元函数最值**

(1) 在有界闭区域 $D$ 上连续函数的最大值与最小值求法

第一步 先求开区域 $D$ 内函数的极值可疑点处的函数值：$f(x_0,y_0)$，$f(x_1,y_1)$，…，$f(x_n,y_n)$；

第二步 再求区域 $D$ 的边界上函数的最大值和最小值；

第三步 将 $D$ 内函数的极值可疑点处的函数值(或者 $D$ 内函数的极值)与边界上函数的最大值和最小值相互比较作出 $D$ 上最大值和最小值的判定.

(2) 在开区域 $D$ 内连续函数最值求法

如果由具体问题可以断定最大(小)值必定存在，而且在区域 $D$ 内取得最大(小)值，$D$ 内只有唯一驻点，这时可以断定唯一驻点处的函数值就是函数的最大(小)值.

**19. 条件极值的求法**

一般地，求函数 $z=f(x,y)$ 在条件 $\varphi(x,y)=0$ 下的极值就称为条件极值.其中 $z=f(x,y)$ 为目标函数，$\varphi(x,y)=0$ 为约束条件.

(1) 可化为无条件极值 在条件 $\varphi(x,y)=0$ 中可解得 $y=y(x)$ 时，可转化求一元函数 $z=f[x,y(x)]$ 的极值.

(2) 拉格朗日乘数法.

**问题 1** 求函数 $z=f(x,y)$ 在约束条件 $\varphi(x,y)=0$ 下的条件极值方法步骤如下：

第一步，首先构造辅助函数(称为拉格朗日函数)

$$L(x,y,\lambda)=f(x,y)+\lambda\varphi(x,y),$$

其中，$\lambda$ 为参数，称 $\lambda$ 为拉格朗日乘数.

第二步，对 $L(x,y,\lambda)$ 求偏导数，并令偏导数为零，组成方程组

$$\begin{cases} L_x(x,y,\lambda)=f_x(x,y)+\lambda\varphi_x(x,y)=0, \\ L_y(x,y,\lambda)=f_y(x,y)+\lambda\varphi_y(x,y)=0, \\ L_\lambda(x,y,\lambda)=\varphi(x,y)=0. \end{cases}$$

第三步，解方程组得到的驻点 $(x_0,y_0)$，它就是函数 $z=f(x,y)$ 在约束条件 $\varphi(x,y)=0$ 下

的可能极值点.

此种方法就称为拉格朗日乘数法.

**问题 2**　求函数 $u=f(x,y,z)$ 在约束条件 $\begin{cases}\varphi(x,y,z)=0\\ \psi(x,y,z)=0\end{cases}$ 下的可能极值点的方法，构造拉格朗日函数为

$$F(x,y,z)=f(x,y,z)+\lambda\varphi(x,y,z)+\mu\psi(x,y,z),\lambda,\mu \text{ 为参数},$$

求解方程组

$$\begin{cases}f_x(x,y,z)+\lambda\varphi_x(x,y,z)+\mu\psi_x(x,y,z)=0,\\ f_y(x,y,z)+\lambda\varphi_y(x,y,z)+\mu\psi_y(x,y,z)=0,\\ f_z(x,y,z)+\lambda\varphi_z(x,y,z)+\mu\psi_z(x,y,z)=0,\\ \varphi(x,y,z)=0,\\ \psi(x,y,z)=0,\end{cases}$$

得到的驻点 $(x_0,y_0,z_0)$，它就是函数 $u=f(x,y,z)$ 在 $\begin{cases}\varphi(x,y,z)=0\\ \psi(x,y,z)=0\end{cases}$ 下的可能极值点.

## 二、基本问题解答

**【问题 8.1】**　多元函数极限与一元函数极限有何区别与联系？

**答**　设函数 $f(P)$ 在开区域(或有界闭区域) $D$ 内有定义，$P_0$ 是 $D$ 的聚点或边界点，多元函数的极限理解为 $\lim\limits_{P\to P_0}f(P)=A$，与一元函数的极限 $\lim\limits_{x\to x_0}f(x)=A$ 是一致的.即任意给定正数 $\varepsilon$，总存在正数 $\delta$，使满足 $0<|PP_0|<\delta$ 的一切 $P\in D$，都有

$$|f(P)-A|<\varepsilon$$

成立.

在 $\lim\limits_{x\to x_0}f(x)=A$ 中，考虑左右极限，即

$$\lim_{x\to x_0^+}f(x)=A,\lim_{x\to x_0^-}f(x)=A.$$

而多元函数的极限 $\lim\limits_{P\to P_0}f(P)=A$(函数 $f(P)$ 的极限存在)中，$P\to P_0$ 的方式是任意的，即 $|PP_0|=\rho\to 0$ 时，函数 $f(P)$ 无限接近于常数 $A$，此时是无法指定，也不能指定按哪种方式 $P\to P_0$.恰好相反，若指定某种方式 $P\to P_0$，函数 $f(P)$ 无限接近于常数 $A$，还是不能断定函数 $f(P)$ 的极限存在，这是必须注意的.

对于二元函数的极限而言，设 $f(x,y)$ 的定义域 $D$ 是开区域(或有界闭区域)，$P(x_0,y_0)$ 是 $D$ 的聚点，则极限

$$\lim_{(x,y)\to(x_0,y_0)}f(x,y)=A.$$

必须注意的是：$P(x,y)$ 沿着某些特定曲线或直线趋于 $P(x_0,y_0)$，此时函数 $f(x,y)$ 极限存在，且都等于 $A$，也不能断定 $\lim\limits_{(x,y)\to(x_0,y_0)}f(x,y)=A$ 存在.

**【问题 8.2】**　判别 $\lim\limits_{(x,y)\to(x_0,y_0)}f(x,y)$ 不存在，有哪些常用的方法？

**答**　因为极限 $\lim\limits_{(x,y)\to(x_0,y_0)}f(x,y)=A$，要求点 $P(x,y)$ 以任意方式趋于 $P_0(x_0,y_0)$ 时，

函数 $f(x,y)$ 都无限接近于常数 $A$，因此，判别极限 $\lim\limits_{(x,y)\to(x_0,y_0)} f(x,y)$ 不存在的常用方法有以下两种：

(1) 若取某一种特定方式 $P(x,y)$ 趋于 $P_0(x,y)$ 时，极限不存在，则 $\lim\limits_{(x,y)\to(x_0,y_0)} f(x,y)$ 不存在.

(2) 若取两种不同的方式 $P(x,y)$ 趋于 $P_0(x_0,y_0)$ 时，极限有两种不同的结果，则 $\lim\limits_{(x,y)\to(x_0,y_0)} f(x,y)$ 不存在.

例如，试讨论 $\lim\limits_{(x,y)\to(0,0)} \dfrac{1-\cos\sqrt{x^2+y^2}}{x^2y}$ 的存在性.

**解** 因为 $\lim\limits_{\substack{(x,y)\to(0,0)\\ y=x}} \dfrac{1-\cos\sqrt{x^2+y^2}}{x^2y}=\lim\limits_{x\to0}\dfrac{1-\cos\sqrt{2x^2}}{x^3}=\lim\limits_{x\to0}\dfrac{\frac{1}{2}(2x^2)}{x^3}=\lim\limits_{x\to0}\dfrac{1}{x}$ 不存在，

所以 $\lim\limits_{(x,y)\to(0,0)} \dfrac{1-\cos\sqrt{x^2+y^2}}{x^2y}$ 不存在.

又例如，试讨论 $\lim\limits_{(x,y)\to(0,0)} \dfrac{y+(x+y)^2}{y-(x+y)^2}$ 的存在性.

**解** 因为
$$\lim_{\substack{(x,y)\to(0,0)\\ y=0}} \frac{y+(x+y)^2}{y-(x+y)^2}=\lim_{x\to0}\frac{x^2}{-x^2}=-1,$$

而
$$\lim_{\substack{(x,y)\to(0,0)\\ x=0}} \frac{y+(x+y)^2}{y-(x+y)^2}=\lim_{y\to0}\frac{y+y^2}{y-y^2}=1,$$

所以 $\lim\limits_{(x,y)\to(0,0)} \dfrac{y+(x+y)^2}{y-(x+y)^2}$ 不存在.

**【问题 8.3】** 求 $\lim\limits_{(x,y)\to(x_0,y_0)} f(x,y)$ 有哪些常用的方法？

**答** 求 $\lim\limits_{(x,y)\to(x_0,y_0)} f(x,y)$ 常用的方法有利用二元连续函数的定义及二元初等函数的连续性；利用极限的性质、四则运算法则、夹逼准则；消去分子分母中的极限为零的因子；转化为一元函数的极限；利用二重极限定义验证等.例如

① $$\lim_{(x,y)\to(0,2)} \frac{y+(x+y)^2}{y-(x+y)^2}=\frac{2+(0+2)^2}{2-(0+2)^2}=\frac{6}{-2}=-3,$$

因为函数 $f(x,y)=\dfrac{y+(x+y)^2}{y-(x+y)^2}$ 是初等函数，且在点 $(0,2)$ 处连续，极限值就是函数值 $f(0,2)$.

② $$\lim_{(x,y)\to(0,0)} \frac{\sqrt{x^2+y^2}-\sin\sqrt{x^2+y^2}}{(x^2+y^2)^{\frac{3}{2}}}=\lim_{\rho\to0}\frac{\rho-\sin\rho}{\rho^3}$$
$$=\lim_{\rho\to0}\frac{1-\cos\rho}{3\rho^2}=\lim_{\rho\to0}\frac{\sin\rho}{6\rho}=\frac{1}{6}.$$

③ $$\lim_{(x,y)\to(0,0)} \left(x\sin\frac{1}{y}+y\cos\frac{1}{x}\right)=0.$$

因为 $$\lim_{(x,y)\to(0,0)} x\sin\frac{1}{y}=0,\quad \lim_{(x,y)\to(0,0)} y\cos\frac{1}{x}=0,$$

所以
$$\lim_{(x,y)\to(0,0)}\left(x\sin\frac{1}{y}+y\cos\frac{1}{x}\right)=0.$$

**【问题 8.4】** 函数的一阶偏导数都存在与该函数的连续性之间有怎样的关系，它与一元函数的情形有何不同？

**答** 对于一元函数来说，可导必连续.但在多元函数中，这一重要关系不再保持，连续与可导（这里可导是特指一阶偏导数都存在）之间没有必然的联系，也就是说连续未必可导，可导未必连续.

例如，函数 $f(x,y)=\sqrt{x^2+y^2}$ 在原点(0,0)处连续，但在原点(0,0)处的两个偏导数都不存在，从几何图形 $z=\sqrt{x^2+y^2}$ 来看不难理解（图 8-1）.

又如，函数 $f(x,y)=\begin{cases}x^2+y^2, & 当\ x=0\ 或\ y=0\\ 1, & xy\neq 0\end{cases}$ 如图 8-2 所示，在原点(0,0)处不连续，但在原点(0,0)处的两个偏导数都存在，且

$$f_x(0,0)=\lim_{\Delta x\to 0}\frac{f(0+\Delta x,0)-f(0,0)}{\Delta x}=\lim_{\Delta x\to 0}\frac{(\Delta x)^2}{\Delta x}=0,同样 f_y(0,0)=0.$$

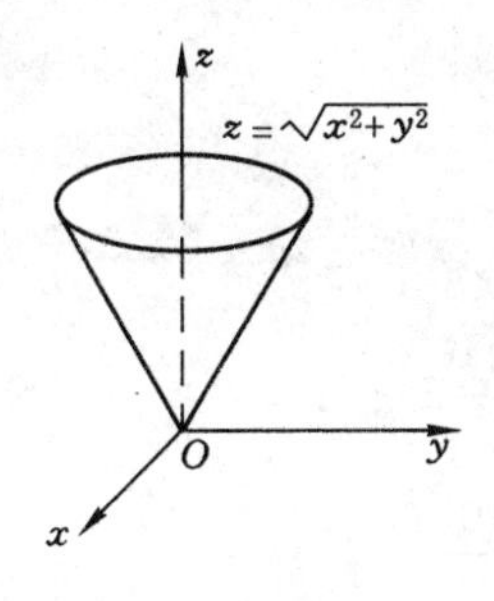


图 8-1

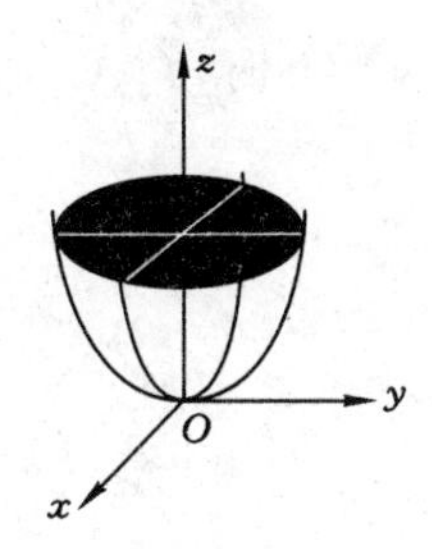


图 8-2

从函数 $z=f(x,y)=\begin{cases}x^2+y^2, & 当\ x=0\ 或\ y=0\\ 1, & xy\neq 0\end{cases}$ 的图形来看，在原点(0,0)处不连续不难理解，偏导数 $f_x(0,0)$ 是考虑一元函数 $z=f(x,0)=x^2$ 在 $x=0$ 的导数，而偏导数 $f_y(0,0)$ 是考虑一元函数 $z=f(0,y)=y^2$ 在 $y=0$ 的导数，因此 $f_x(0,0)=0$，$f_y(0,0)=0$ 都是不难理解的.

**【问题 8.5】** 二元函数偏导数存在、可微与函数连续之间有怎样的关系？

**答** 对一元函数来说，函数可微性与可导性两者是等价的.但对多元函数它们有如图 8-3 所示关系：

**【问题 8.6】** 二元混合偏导数是否一定相等.

**答** 如果二元函数二阶偏导数连续，则二元混合偏导数一定相等.一般情况下，二元混合偏导数不一定相等.例如 $f(x,y)=\begin{cases}xy\dfrac{x^2-y^2}{x^2+y^2}, & x^2+y^2\neq 0\\ 0, & x^2+y^2=0\end{cases}$ 在点(0,0)处有 $f_x(0,0)=0$，$f_y(0,0)=0$，当 $x^2+y^2\neq 0$ 时，有

$$f_x(x,y)=y\frac{x^2-y^2}{x^2+y^2}+\frac{4x^2y^3}{(x^2+y^2)^2},$$

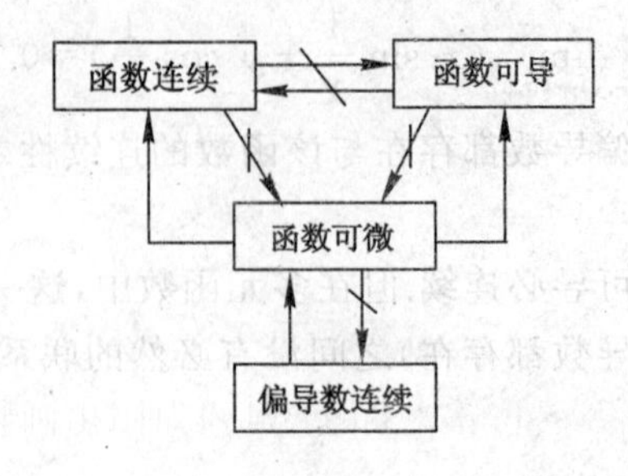


图 8-3

$$f_y(x,y)=x\frac{x^2-y^2}{x^2+y^2}+\frac{4x^2y^3}{(x^2+y^2)^2},$$

$$f_{xy}(x,y)=\frac{(x^2-y^2)(x^4+10x^2y^2+y^4)}{(x^2+y^2)^3},$$

$$f_{yx}(x,y)=\frac{(x^2-y^2)(x^4+10x^2y^2+y^4)}{(x^2+y^2)^3}.$$

可见，当 $x^2+y^2\neq 0$ 时，$f_{xy}(x,y)$，$f_{yx}(x,y)$ 都连续，则

$$f_{xy}(x,y)=f_{yx}(x,y).$$

当 $x^2+y^2=0$ 时，有

$$f_{xy}(0,0)=\lim_{\Delta y\to 0}\frac{f_x(0,\Delta y)-f_x(0,0)}{\Delta y}=-1,$$

$$f_{yx}(0,0)=\lim_{\Delta x\to 0}\frac{f_y(\Delta x,0)-f_y(0,0)}{\Delta x}=1,$$

可见这里 $f_{xy}(0,0)\neq f_{yx}(0,0)$.

**【问题 8.7】** 如果二元函数在有界闭区域 $D$ 内有唯一极值，那么是否它就必为最值？

**答** 不一定，例如二元函数

$$f(x,y)=3x^2+3y^2-2x^3+2, D: x^2+y^2\leqslant 4.$$

由 $f_x(x,y)=6x-6x^2=6x(1-x)=0$，解得 $x=0,x=1$.

由 $f_y(x,y)=6y=0$，解得 $y=0$.

驻点为 $M_1(0,0)$，$M_2(1,0)$，则

$$A=f_{xx}(x,y)=6-12x, B=f_{xy}(x,y)=0, C=f_{yy}(x,y)=6.$$

在 $D$ 内点 $M_1(0,0)$ 处，$AC-B^2=6\times 6-0^2=36>0$，又 $A=6>0$，故 $f(0,0)=2$ 为极小值.在点 $M_2(1,0)$ 处，$AC-B^2=-6\times 6-0^2=-36<0$，故 $f(1,0)$ 不是极值.

在边界 $D: x^2+y^2=4$ 上，有

$$f(x,y)\big|_{x^2+y^2=4}=14-2x^3\quad(-2\leqslant x\leqslant 2),$$

有最大值 $f(-2,0)=30$ 和最小值 $f(2,0)=-2$.

此例可见，如果二元函数在有界闭区域 $D$ 内有唯一极小值，不一定就是有界闭区域 $D$ 上的最小值.

**【问题 8.8】** 设点 $M_0(x_0,y_0,z_0)$ 是光滑曲面 $\Sigma$ 外的一固定点，点 $M\in\Sigma$. 如果距离 $|MM_0|$ 最短，那么 $\overrightarrow{MM_0}$ 是不是 $\Sigma$ 上的点 $M$ 处的法向量？

**答** 可以肯定,$\overrightarrow{MM_0}$必是$\Sigma$上在点$M$处的法向量.证明如下:

设光滑曲面$\Sigma$的方程为$\varphi(x,y,z)=0$,点$M(x,y,z)\in\Sigma$,则距离

$$|MM_0|=\sqrt{(x-x_0)^2+(y-y_0)^2+(z-z_0)^2},$$

问题可转化为求函数$u=(x-x_0)^2+(y-y_0)^2+(z-z_0)^2$在约束条件$\varphi(x,y,z)=0$下的条件极值,作辅助函数

$$F(x,y,z)=(x-x_0)^2+(y-y_0)^2+(z-z_0)^2+\lambda\varphi(x,y,z),$$

则在极值点处必有

$$2(x-x_0)+\lambda\varphi_x(x,y,z)=0,$$
$$2(y-y_0)+\lambda\varphi_y(x,y,z)=0,$$
$$2(z-z_0)+\lambda\varphi_z(x,y,z)=0.$$

或改写成

$$\frac{2(x-x_0)}{\varphi_x(x,y,z)}=\frac{2(y-y_0)}{\varphi_y(x,y,z)}=\frac{2(z-z_0)}{\varphi_z(x,y,z)}=-\lambda,$$

从而有

$$\overrightarrow{MM_0}\ /\!/\ (\varphi_x,\varphi_y,\varphi_z)=\boldsymbol{n},\text{且 } M\in\Sigma.$$

故$\overrightarrow{MM_0}$是$\Sigma$的法向量.

## 三、典型例题解析

### 1. 求多元函数的表达式

**【例 8.1】** 若$f\left(x-y,\frac{y}{x}\right)=x^2-y^2$,求$f(x,y)$.

**分析** 为了求出$f(x,y)$,只要将已知等式的右端化成$x-y$与$\frac{y}{x}$的因子即可.

**解** 方法一

设$u=x-y,v=\frac{y}{x}$,得$x=\frac{u}{1-v},y=\frac{uv}{1-v}$.

则$f(u,v)=\left(\frac{u}{1-v}\right)^2-\left(\frac{uv}{1-v}\right)^2=\frac{u^2(1+v)}{1-v}$.

因此

$$f(x,y)=\frac{x^2(1+y)}{1-y}\quad(y\neq1).$$

方法二

由$x^2-y^2=\frac{(x+y)(x-y)^2}{(x-y)}=\frac{\left(1+\frac{y}{x}\right)(x-y)^2}{\left(1-\frac{y}{x}\right)}$,

再令$u=x-y,v=\frac{y}{x}$,就有

$$f(u,v)=\frac{u^2(1+v)}{(1-v)},$$

从而 $$f(x,y)=\frac{x^2(1+y)}{1-y}\quad (y\neq 1).$$

**2. 二元函数的极限**

**【例 8.2】** 求下列函数极限：

(1) $\lim\limits_{(x,y)\to(\infty,0)}(1+\frac{1}{x})^{\frac{x2}{x+y}}$； (2) $\lim\limits_{(x,y)\to(0,0)}\frac{x+y}{\sqrt{x+y+1}-1}$.

**解** (1) 因为$\lim\limits_{x\to\infty}(1+\frac{1}{x})^x=e$，$\lim\limits_{(x,y)\to(\infty,0)}\frac{x}{x+y}=\lim\limits_{(x,y)\to(\infty,0)}\frac{1}{1+\frac{y}{x}}=1$，所以

$$\lim_{(x,y)\to(\infty,0)}(1+\frac{1}{x})^{\frac{x2}{x+y}}=\lim_{(x,y)\to(\infty,0)}(1+\frac{1}{x})^{x\cdot\frac{x}{x+y}}$$

$$=\left(\lim_{x\to\infty}(1+\frac{1}{x})^x\right)^{\lim\limits_{(x,y)\to(\infty,0)}\frac{x}{x+y}}=e.$$

(2) $$\lim_{(x,y)\to(0,0)}\frac{x+y}{\sqrt{x+y+1}-1}=\lim_{(x,y)\to(0,0)}\frac{(x+y)(\sqrt{x+y+1}+1)}{x+y+1-1}$$

$$=\lim_{(x,y)\to(0,0)}(\sqrt{x+y+1}+1)=2.$$

另法，令 $x+y=t$ 当 $x\to 0,y\to 0$ 时，$t\to 0$，所以

$$\lim_{(x,y)\to(0,0)}\frac{x+y}{\sqrt{x+y+1}-1}=\lim_{t\to 0}\frac{t}{\sqrt{t+1}-1}$$

$$=\lim_{t\to 0}\frac{t(\sqrt{t+1}+1)}{t}=\lim_{t\to 0}\sqrt{t+1}+1=2.$$

**【例 8.3】** 证明下列函数极限不存在：

(1) $\lim\limits_{(x,y)\to(0^+,0)}x^y$； (2) $\lim\limits_{(x,y)\to(\infty,\infty)}\frac{\sqrt{|x|}}{2x+y}$.

**证明**

(1) $\lim\limits_{(x,y)\to(0^+,0)}x^y=\lim\limits_{(x,y)\to(0^+,0)}e^{y\ln x}$，当 $P(x,y)$沿 $y=\frac{k}{\ln x}$趋于$(0,0)$时，

$$\lim_{\substack{(x,y)\to(0^+,0)\\ y=\frac{k}{\ln x}}}e^{y\ln x}=\lim_{x\to 0^+}e^{\frac{k}{\ln x}\ln x}=e^k,$$

其结果随 $k$ 不同而不同，所以 $\lim\limits_{(x,y)\to(0^+,0)}x^y$不存在.

(2) 当 $P(x,y)$沿 $y=x$ 趋于正无穷时，有

$$\lim_{\substack{(x,y)\to(\infty,\infty)\\ y=x}}\frac{\sqrt{|x|}}{2x+y}=\lim_{x\to+\infty}\frac{\sqrt{x}}{2x+x}=0,$$

但是，当 $P(x,y)$沿 $y=\sqrt{|x|}-2x$ 趋于无穷时，又有

$$\lim_{\substack{(x,y)\to(\infty,\infty)\\ y=\sqrt{|x|}-2x}}\frac{\sqrt{|x|}}{2x+y}=\lim_{x\to\infty}\frac{\sqrt{|x|}}{\sqrt{|x|}}=1.$$

可见 $P(x,y)$沿不同的路径趋于无穷时，其结果不同，所以$\lim\limits_{\substack{x\to\infty\\ y\to\infty}}\frac{\sqrt{|x|}}{2x+y}$不存在.

**3. 二元函数的连续性与可微性**

**【例 8.4】** 判别下列函数的连续性与可微性：

(1) 试证 $f(x,y)=\begin{cases}\dfrac{x^2y^2}{(x^2+y^2)^{3/2}}, & x^2+y^2\neq 0\\ 0, & x^2+y^2=0\end{cases}$ 在点(0,0)处连续且偏导数存在，但不可微分.

**证明**

$$\left|\frac{x^2y^2}{(x^2+y^2)^{3/2}}\right|=\frac{x^2y^2}{(x^2+y^2)^{3/2}}\leqslant\frac{\frac{1}{4}(x^2+y^2)^2}{(x^2+y^2)^{3/2}}=\frac{1}{4}\sqrt{x^2+y^2}.$$

由夹逼定理可知

$$\lim_{\substack{x\to 0\\ y\to 0}}f(x,y)=0=f(0,0).$$

所以 $f(x,y)$ 在点(0,0)连续.

又因为
$$f_x(0,0)=\lim_{\Delta x\to 0}\frac{f(0+\Delta x,0)-f(0,0)}{\Delta x}=0,$$

$$f_y(0,0)=\lim_{\Delta y\to 0}\frac{f(0+\Delta y,0)-f(0,0)}{\Delta y}=0,$$

所以 $f(x,y)$ 在点(0,0)偏导数存在.

又
$$\Delta z-[f_x(0,0)\Delta x+f_y(0,0)\Delta y]=\frac{(\Delta x)^2+(\Delta y)^2}{[(\Delta x)^2+(\Delta y)^2]^{3/2}},$$

考虑点 $(x,y)$ 沿直线 $y=x$ 趋于(0,0)时，则

$$\frac{\Delta z-[f_x(0,0)\Delta x+f_y(0,0)\Delta y]}{\rho}=\frac{(\Delta x)^2(\Delta y)^2}{[(\Delta x)^2+(\Delta y)^2]^2}\to\frac{1}{4}.$$

它不能随 $\rho\to 0$ 而趋于 0，这表示 $\rho\to 0$ 时，$\Delta z-[f_x(0,0)\Delta x+f_y(0,0)\Delta y]$ 并不是一个比 $\rho$ 高阶的无穷小.

故 $f(x,y)$ 在(0,0)不可微.

(2) 证明 $f(x,y)=\begin{cases}(x^2+y^2)\sin\dfrac{1}{x^2+y^2}, & x^2+y^2\neq 0\\ 0, & x^2+y^2=0\end{cases}$ 在点(0,0)的邻域内偏导数均存在，但它的偏导数在点(0,0)不连续，而函数在点(0,0)可微.

**证明**　当 $(x,y)\neq(0,0)$ 时

$$f_x(x,y)=2x\sin\frac{1}{x^2+y^2}-\frac{2x}{x^2+y^2}\cos\frac{1}{x^2+y^2},$$

$$f_y(x,y)=2y\sin\frac{1}{x^2+y^2}-\frac{2y}{x^2+y^2}\cos\frac{1}{x^2+y^2}.$$

当 $(x,y)=(0,0)$ 时

$$f_x(0,0)=\lim_{x\to 0}\frac{f(x,0)-f(0,0)}{x}=\lim_{x\to 0}x\sin\frac{1}{x^2}=0,$$

$$f_y(0,0)=\lim_{y\to 0}\frac{f(0,y)-f(0,0)}{y}=\lim_{y\to 0}y\sin\frac{1}{y^2}=0.$$

所以 $f(x,y)$，在点(0,0)的邻域内偏导数均存在.

下面证明 $f_x(x,y)$ 在点(0,0)不连续，当点 $P(x,y)$ 沿 $y=0$ 趋于(0,0)时，则

$$\begin{aligned}\lim_{\substack{x\to 0\\y\to 0}}f_x(x,y)&=\lim_{\substack{x\to 0\\y\to 0}}\left(2x\sin\frac{1}{x^2+y^2}-\frac{2x}{x^2+y^2}\cos\frac{1}{x^2+y^2}\right)\\&=\lim_{x\to 0}\left(2x\sin\frac{1}{x^2}-\frac{2}{x}\cos\frac{1}{x^2}\right)\end{aligned}$$

不存在，因此 $\lim\limits_{(x,y)\to(0,0)}f_x(x,y)$ 不存在，所以 $f_x(x,y)$ 在点(0,0)不连续.

同样可证 $f_y(x,y)$ 在点(0,0)不连续.

下面证明 $f(x,y)$ 在点(0,0)可微，因为

$$\begin{aligned}\alpha&=\Delta f-[f_x(0,0)\Delta x+f_y(0,0)\Delta y]\\&=[(\Delta x)^2+(\Delta y)^2]\sin\frac{1}{(\Delta x)^2+(\Delta y)^2},\end{aligned}$$

$$\lim_{\rho\to 0}\frac{\alpha}{\rho}=\lim_{\rho\to 0}\frac{\rho^2\sin\frac{1}{\rho^2}}{\rho}=\lim_{\rho\to 0}\rho\sin\frac{1}{\rho^2}=0.$$

所以 $f(x,y)$ 在点(0,0)可微，且

$$\mathrm{d}f(x,y)\big|_{(0,0)}=f_x(0,0)\mathrm{d}x+f_y(0,0)\mathrm{d}y=0.$$

**注** 可微则偏导数必存在，偏导数存在是可微的必要条件，偏导数连续是可微的充分条件.

(3) 二元函数 $f(x,y)=\begin{cases}\dfrac{xy}{x^2+y^2}, & (x,y)\neq(0,0)\\ 0, & (x,y)=(0,0)\end{cases}$ 在(0,0)处：

(A) 连续，偏导数存在；　(B) 连续，偏导数不存在；

(C) 不连续，偏导数存在；　(D) 不连续，偏导数不存在.

**解** 应选(C).

令 $y=kx$，则 $\lim\limits_{\substack{(x,y)\to(0,0)\\y=kx}}\dfrac{xy}{x^2+y^2}=\lim\limits_{x\to 0}\dfrac{kx^2}{(1+k^2)x^2}=\dfrac{k}{1+k^2}$，随 $k$ 变化而变化，故 $\lim\limits_{(x,y)\to(0,0)}\dfrac{xy}{x^2+y^2}$ 不存在，即 $\lim\limits_{(x,y)\to(0,0)}f(x,y)$ 不存在，因此 $f(x,y)$ 在(0,0)处不连续.但根据偏导数的定义知

$$f_x(0,0)=\lim_{\Delta x\to 0}\frac{f(0+\Delta x,0)-f(0,0)}{\Delta x}=0,$$

同理 $f_y(0,0)=0$，可见 $f(x,y)$ 在(0,0)处偏导数存在.

**4. 多元函数偏导与微分的计算**

**【例 8.5】** 求解下列各题：

(1) 设 $u=x^y y^z z^x$，求 $\mathrm{d}u\big|_{(1,2,1)}$.

**解** $\left.\frac{\partial u}{\partial x}\right|_{(1,2,1)}=\left.\frac{\mathrm{d}u(x,2,1)}{\mathrm{d}x}\right|_{x=1}=2(x^2)'|_{x=1}=4x|_{x=1}=4$,

$\left.\frac{\partial u}{\partial y}\right|_{(1,2,1)}=\left.\frac{\mathrm{d}u(1,y,1)}{\mathrm{d}y}\right|_{y=2}=(y)'|_{y=2}=1$,

$\left.\frac{\partial u}{\partial z}\right|_{(1,2,1)}=\left.\frac{\mathrm{d}u(1,2,z)}{\mathrm{d}z}\right|_{z=1}=(2^z z)'|_{z=1}=2+\ln 4$,

$\mathrm{d}u|_{(1,2,1)}=4\mathrm{d}x+\mathrm{d}y+(2+\ln 4)\mathrm{d}z$.

(2) 由方程 $xyz+\sqrt{x^2+y^2+z^2}=\sqrt{2}$ 所确定的函数 $z=z(x,y)$ 在点 $(1,0,-1)$ 处的全微分 $\mathrm{d}z=$________.

**解** 应填 $\mathrm{d}x-\sqrt{2}\,\mathrm{d}y$.

**解法一** $\mathrm{d}z=\frac{\partial z}{\partial x}\mathrm{d}x+\frac{\partial z}{\partial y}\mathrm{d}y$，由隐函数求导法，令

$$F(x,y,z)=xyz+\sqrt{x^2+y^2+z^2}-\sqrt{2},$$

$$F_x=yz+\frac{x}{\sqrt{x^2+y^2+z^2}}=\frac{yz\sqrt{x^2+y^2+z^2}+x}{\sqrt{x^2+y^2+z^2}},$$

$$F_y=xz+\frac{y}{\sqrt{x^2+y^2+z^2}},F_z=xy+\frac{z}{\sqrt{x^2+y^2+z^2}},$$

$$\frac{\partial z}{\partial x}=-\frac{F_x}{F_z}=-\frac{yz\sqrt{x^2+y^2+z^2}+x}{xy\sqrt{x^2+y^2+z^2}+z},$$

$$\frac{\partial z}{\partial y}=-\frac{F_y}{F_z}=-\frac{yz\sqrt{x^2+y^2+z^2}+y}{xy\sqrt{x^2+y^2+z^2}+z},$$

而 $\left.\frac{\partial z}{\partial x}\right|_{(1,0,-1)}=1,\left.\frac{\partial z}{\partial y}\right|_{(1,0,-1)}=-\sqrt{2}$，于是 $\mathrm{d}z=\mathrm{d}x-\sqrt{2}\,\mathrm{d}y$.

**解法二** 方程 $xyz+\sqrt{x^2+y^2+z^2}=\sqrt{2}$ 两边全微分得

$$yz\mathrm{d}x+xz\mathrm{d}y+xy\mathrm{d}z+\frac{x\mathrm{d}x+y\mathrm{d}y+z\mathrm{d}z}{\sqrt{x^2+y^2+z^2}}=0,$$

将 $x=1,y=0,z=-1$ 代入上式得

$$-\mathrm{d}y+\frac{\mathrm{d}x-\mathrm{d}z}{\sqrt{2}}=0,$$

故

$$\mathrm{d}z=\mathrm{d}x-\sqrt{2}\,\mathrm{d}y.$$

(3) 设 $u=x^y y^x$，证明 $x\frac{\partial u}{\partial x}+y\frac{\partial u}{\partial y}=u(x+y+\ln u)$.

**证明** 因为

$$\frac{\partial u}{\partial x}=y\cdot x^{y-1}\cdot y^x+x^y\cdot y^x\ln y,\qquad \frac{\partial u}{\partial y}=x^y\ln x\cdot y^x+x^y xy^{x-1},$$

所以

$$x\frac{\partial u}{\partial x}+y\frac{\partial u}{\partial y}$$

$$=x(y\cdot x^{y-1}\cdot y^x+x^y y^x\ln y)+y(x^y\ln x\cdot y^x+x^y xy^{x-1})$$

$=y\cdot x^y\cdot y^x+x\cdot x^y y^x\ln y+y\cdot x^y\ln x\cdot y^x+x^y xy^x$

$=x^y\cdot y^x(y+x\ln y+y\ln x+x)=u(x+y+\ln y^x+\ln x^y)$

$=u(x+y+\ln u)$.

(4) 已知 $z=xf\left(\frac{y}{x}\right)+2y\varphi\left(\frac{x}{y}\right)$,其中 $f$、$\varphi$ 二次可微.

① 求$\frac{\partial^2 z}{\partial x\partial y}$;

② 当 $f=\varphi$ 且$\left.\frac{\partial^2 z}{\partial x\partial y}\right|_{x=1}=-y^2$ 时,求 $f(y)$.

**解** ① $\frac{\partial z}{\partial x}=f\left(\frac{y}{x}\right)-\frac{y}{x}f'\left(\frac{y}{x}\right)+2\varphi'\left(\frac{x}{y}\right)$,

$$\frac{\partial^2 z}{\partial x\partial y}=\frac{1}{x}f'\left(\frac{y}{x}\right)-\frac{1}{x}f'\left(\frac{y}{x}\right)-\frac{y}{x^2}f''\left(\frac{y}{x}\right)-\frac{2x}{y^2}\varphi''\left(\frac{x}{y}\right)$$

$$=-\frac{y}{x^2}f''\left(\frac{y}{x}\right)-\frac{2x}{y^2}\varphi''\left(\frac{x}{y}\right).$$

② 由 $f=\varphi$,且$\left.\frac{\partial^2 z}{\partial x\partial y}\right|_{x=1}=-y^2$,得

$$yf''(y)+\frac{2}{y^2}f''\left(\frac{1}{y}\right)=y^2.$$

将上式中的 $y$ 换成$\frac{1}{y}$得到

$$2y^2 f''(y)+\frac{1}{y}f''\left(\frac{1}{y}\right)=\frac{1}{y^2},$$

消去 $f''\left(\frac{1}{y}\right)$得:$f''(y)=-\frac{y}{3}+\frac{2}{3}y^{-4}$.

再积分两次得到所求的函数

$$f(y)=-\frac{1}{18}y^3+\frac{1}{9}y^{-2}+C_1 y+C_2,$$

其中,$C_1$,$C_2$ 为任意常数.

(5) 设 $z=f[F(x)+G(y)]$,其中 $F$,$G$ 可导,求:$G'(y)\frac{\partial z}{\partial x}-F'(x)\frac{\partial z}{\partial y}$.

**解** $\frac{\partial z}{\partial x}=f'[F(x)+G(y)]F'(x)$,$\frac{\partial z}{\partial y}=f'[F(x)+G(y)]G'(y)$,

则

$$G'(y)\frac{\partial z}{\partial x}-F'(x)\frac{\partial z}{\partial y}$$

$$=G'(y)f'[F(x)+G(y)]F'(x)-F'(x)f'[F(x)+G(y)]G'(y)=0.$$

(6) 设 $u(x,y)=y^2F(3x+2y)$,其中 $F$ 可导.

① 证明 $3y\frac{\partial u}{\partial y}-2y\frac{\partial u}{\partial x}=6u$;② 已知 $u(x,1)=x^2$,求 $u(x,y)$.

**解** ① $\frac{\partial u}{\partial x}=3y^2F'(3x+2y)=3y^2F'$,

$$\frac{\partial u}{\partial y}=2yF(3x+2y)+2y^2F'(3x+2y)=2yF+2y^2F',$$

$$3y\frac{\partial u}{\partial y}-2y\frac{\partial u}{\partial x}=3y[2yF+2y^2F']-2y\cdot 3y^2F'$$
$$=6y^2F(3x+2y)=6u.$$

② $u(x,1)=F(3x+2)=x^2$，令 $3x+2=t$，$x=\frac{t-2}{3}$，则

$$F(t)=(\frac{t-2}{3})^2,$$

从而 $F(3x+2y)=(\frac{3x+2y-2}{3})^2$，于是

$$u(x,y)=y^2F(3x+2x)=y^2(\frac{3x+2y-2}{3})^2.$$

**【例 8.6】** 设 $z=z(x,y)$ 是由 $ax+by+cz=\varphi(x^2+y^2+z^2)$ 定义的函数，其中 $\varphi(u)$ 是可微函数，$a,b,c$ 为常数.

证明 $z=z(x,y)$ 是方程 $(cy-bz)\frac{\partial z}{\partial x}+(az-cx)\frac{\partial z}{\partial y}=bx-ay$ 的解.

**证明** 依题意 $z=z(x,y)$ 是由

$$ax+by+cz=\varphi(x^2+y^2+z^2)$$

所确定的隐函数，上式两边分别对 $x,y$ 求偏导数，得

$$a+c\frac{\partial z}{\partial x}=\varphi'(x^2+y^2+z^2)\left(2x+2z\frac{\partial z}{\partial x}\right),$$

$$b+c\frac{\partial z}{\partial y}=\varphi'(x^2+y^2+z^2)\left(2y+2z\frac{\partial z}{\partial y}\right).$$

由以上两式解得

$$\frac{\partial z}{\partial x}=\frac{-a+2x\varphi'}{c-2z\varphi'},\quad \frac{\partial z}{\partial y}=\frac{-b+2y\varphi'}{c-2z\varphi'}.$$

于是 $(cy-bz)\frac{\partial z}{\partial x}+(az-cx)\frac{\partial z}{\partial y}$

$$=\frac{(cy-bz)(-a+2x\varphi')+(az-cx)(-b+2y\varphi')}{c-2z\varphi'}$$

$$=\frac{bcx-acy-2bxz\varphi'+2ayz\varphi'}{c-2z\varphi'}=\frac{(bx-ay)(c-2z\varphi')}{c-2z\varphi'}$$

$$=bx-ay.$$

故 $z=z(x,y)$ 是所给方程的解.

**【例 8.7】** 抽象函数的一阶、二阶偏导数：

(1) 设 $u=f(x,y,z)$ 具有二阶连续偏导数，且 $z=x^2\sin t$，$t=\ln(x+y)$，求 $\frac{\partial u}{\partial x}$，$\frac{\partial^2 u}{\partial x\partial y}$.

**解** $\frac{\partial u}{\partial x}=f'_1+f'_3(2x\sin t+x^2\cos t\,\frac{1}{x+y})$

$$=f'_1+f'_3(2x\sin t+\frac{x^2\cos t}{x+y}),$$

$$\frac{\partial^2 u}{\partial x\partial y}=f''_{12}+f''_{13}(x^2\cos t\cdot\frac{1}{x+y})+f'_3\left[2x\cos t\frac{1}{x+y}+\right.$$

$$\left.x^2\frac{-\sin t\frac{1}{x+y}\cdot(x+y)-\cos t\cdot 1}{(x+y)^2}\right]+$$

$$[f''_{32}+f''_{33}(x^2\cos t\cdot\frac{1}{x+y})](2x\sin t+\frac{x^2\cos t}{x+y}),$$

即 $$\frac{\partial^2 u}{\partial x\partial y}=f''_{12}+f''_{13}\frac{x^2\cos t}{x+y}+f_3\left[\frac{2x\cos t}{x+y}-x^2\frac{\sin t+\cos t}{(x+y)^2}\right]+$$

$$(f''_{32}+f''_{33}\frac{x^2\cos t}{x+y})(2x\sin t+\frac{x^2\cos t}{x+y}).$$

(2) 设 $z=f(2x-y,y\sin x)$，其中 $f(u,v)$ 具有二阶连续偏导数，求 $\frac{\partial^2 z}{\partial x\partial y}$.

**解** 由复合函数求导法则得

$$\frac{\partial z}{\partial x}=2f'_1+y\cos xf'_2,$$

$$\frac{\partial^2 z}{\partial x\partial y}=-2f''_{11}+2\sin xf''_{12}+\cos xf'_2+y\cos x[-f''_{21}+\sin xf''_{22}]$$

$$=-2f''_{11}+(2\sin x-y\cos x)f''_{12}+y\sin x\cos xf''_{22}+\cos xf'_2.$$

(3) 设 $F(bz-cy,cx-az,ay-bx)=0$，其中 $F$ 可微，且 $bF'_1-aF'_2\neq0$，证明：

$$a\frac{\partial z}{\partial x}+b\frac{\partial z}{\partial y}=c.$$

**解** 全微分得

$$F'_1(b\mathrm{d}z-c\mathrm{d}y)+F'_2(c\mathrm{d}x-a\mathrm{d}z)+F'_3(a\mathrm{d}y-b\mathrm{d}x)=0,$$

$$(bF'_1-aF'_2)\mathrm{d}z+(-cF'_1+aF'_3)\mathrm{d}y+(cF'_2-bF'_3)\mathrm{d}x=0,$$

$$\mathrm{d}z=\frac{bF'_3-cF'_2}{bF'_1-aF'_2}\mathrm{d}x+\frac{cF'_1-aF'_3}{bF'_1-aF'_2}\mathrm{d}y,$$

$$\frac{\partial z}{\partial x}=\frac{bF'_3-cF'_2}{bF'_1-aF'_2},\frac{\partial z}{\partial y}=\frac{cF'_1-aF'_3}{bF'_1-aF'_2},$$

代入得

$$a\frac{\partial z}{\partial x}+b\frac{\partial z}{\partial y}=a\cdot\frac{bF'_3-cF'_2}{bF'_1-aF'_2}+b\cdot(\frac{cF'_1-aF'_3}{bF'_1-aF'_2})$$

$$=\frac{abF'_3-acF'_2+bcF'_1-abF'_3}{bF'_1-aF'_2}$$

$$=-\frac{aF'_2-bF'_1}{bF'_1-aF'_2}c=c.$$

**【例 8.8】** 设函数

$$u(x,y)=\varphi(x+y)+\varphi(x-y)+\int_{x-y}^{x+y}\psi(t)\mathrm{d}t,$$

其中，函数 $\varphi$ 具有二阶导数，$\psi$ 具有一阶导数，则必有

(A) $\frac{\partial^2 u}{\partial x^2}=-\frac{\partial^2 u}{\partial y^2}$； (B) $\frac{\partial^2 u}{\partial x^2}=\frac{\partial^2 u}{\partial y^2}$；

(C) $\dfrac{\partial^2 u}{\partial x\partial y}=\dfrac{\partial^2 u}{\partial y^2}$；　　　(D) $\dfrac{\partial^2 u}{\partial x\partial y}=\dfrac{\partial^2 u}{\partial x^2}$.

**解**　应选 B.

由 $\dfrac{\partial u}{\partial x}=\varphi'(x+y)+\varphi'(x-y)+\psi(x+y)-\psi(x-y)$，

$$\frac{\partial^2 u}{\partial x^2}=\varphi''(x+y)+\varphi''(x-y)+\psi'(x+y)-\psi'(x-y),$$

$$\frac{\partial u}{\partial y}=\varphi'(x+y)-\varphi'(x-y)+\psi(x+y)+\psi(x-y),$$

$$\frac{\partial^2 u}{\partial y^2}=\varphi''(x+y)+\varphi''(x-y)+\psi'(x+y)-\psi'(x-y),$$

知
$$\frac{\partial^2 u}{\partial x^2}=\frac{\partial^2 u}{\partial y^2}.$$

**【例 8.9】**　设函数 $z=f(x,y)$ 在点 $(1,1)$ 处可微，且

$$f(1,1)=1,\quad \left.\frac{\partial f}{\partial x}\right|_{(1,1)}=2,\quad \left.\frac{\partial f}{\partial y}\right|_{(1,1)}=3,$$

$$\varphi(x)=f(x,f(x,x)),$$

求 $\left.\dfrac{\mathrm{d}}{\mathrm{d}x}\varphi^3(x)\right|_{x=1}$.

**解**　$\varphi(1)=f(1,f(1,1))=f(1,1)=1$，

$$\left.\frac{\mathrm{d}}{\mathrm{d}x}\varphi^3(x)\right|_{x=1}=3\varphi^2(x)\cdot\left.\frac{\mathrm{d}\varphi(x)}{\mathrm{d}x}\right|_{x=1}$$

$$=3\varphi^2(x)[f'_1(x,f(x,x))+f'_2(x,f(x,x))(f'_1(x,x)+f'_2(x,x))]|_{x=1}$$

$$=3\times1\times[2+3\times(2+3)]=51.$$

**【例 8.10】**　设 $z=z(x,y)$ 具有二阶连续偏导数，且 $x=\mathrm{e}^u\cos t$，$y=\mathrm{e}^u\sin t$，变换方程

$$\frac{\partial^2 z}{\partial x^2}+\frac{\partial^2 z}{\partial y^2}=0$$

成为关于变量为 $u,t$ 的方程.

**解法一**　这里 $z=z(x,y)=z[x(u,t),y(u,t)]$，即 $z$ 成为 $u,t$ 的函数，则

$$\frac{\partial z}{\partial u}=\frac{\partial z}{\partial x}\mathrm{e}^u\cos t+\frac{\partial z}{\partial y}\mathrm{e}^u\sin t,\ \frac{\partial z}{\partial t}=\frac{\partial z}{\partial x}(-\mathrm{e}^u\sin t)+\frac{\partial z}{\partial y}\mathrm{e}^u\cos t,$$

$$\frac{\partial^2 z}{\partial u^2}=(\frac{\partial^2 z}{\partial x^2}\mathrm{e}^u\cos t+\frac{\partial^2 z}{\partial x\partial y}\mathrm{e}^u\sin t)\mathrm{e}^u\cos t+\frac{\partial z}{\partial x}\mathrm{e}^u\cos t+$$

$$(\frac{\partial^2 z}{\partial y\partial x}\mathrm{e}^u\cos t+\frac{\partial^2 z}{\partial y^2}\mathrm{e}^u\sin t)\mathrm{e}^u\sin t+\frac{\partial z}{\partial y}\mathrm{e}^u\sin t,$$

即 $\dfrac{\partial^2 z}{\partial u^2}=\dfrac{\partial^2 z}{\partial x^2}\mathrm{e}^{2u}\cos^2 t+2\dfrac{\partial^2 z}{\partial x\partial y}\mathrm{e}^{2u}\sin t\cos t+\dfrac{\partial^2 z}{\partial y^2}\mathrm{e}^{2u}\sin^2 t+\dfrac{\partial z}{\partial x}\mathrm{e}^u\cos t+\dfrac{\partial z}{\partial y}\mathrm{e}^u\sin t.$

同理可得

$$\frac{\partial^2 z}{\partial t^2}=\frac{\partial^2 z}{\partial x^2}\mathrm{e}^{2u}\sin^2 t-2\frac{\partial^2 z}{\partial x\partial y}\mathrm{e}^{2u}\sin t\cos t+\frac{\partial^2 z}{\partial y^2}\mathrm{e}^{2u}\cos^2 t-\frac{\partial z}{\partial x}\mathrm{e}^u\cos t-\frac{\partial z}{\partial y}\mathrm{e}^u\sin t.$$

从而

$$\frac{\partial^2 z}{\partial u^2}+\frac{\partial^2 z}{\partial t^2}=\frac{\partial^2 z}{\partial x^2}e^{2u}(\cos^2 t+\sin^2 t)+\frac{\partial^2 z}{\partial y^2}e^{2u}(\cos^2 t+\sin^2 t)$$

$$=e^{2u}(\frac{\partial^2 z}{\partial x^2}+\frac{\partial^2 z}{\partial y^2})=0.$$

**解法二** 因为 $x=e^u\cos t, y=e^u\sin t$ 确定 $u=u(x,y), t=t(x,y)$，且易解得

$$u=\frac{1}{2}\ln(x^2+y^2), t=\arctan(\frac{y}{x}),$$

所以

$$z=z(x,y)=z(e^u\cos t, e^u\sin t)=f(u,t).$$

则

$$\frac{\partial z}{\partial x}=\frac{\partial z}{\partial u}\cdot\frac{\partial u}{\partial x}+\frac{\partial z}{\partial t}\cdot\frac{\partial t}{\partial x},\quad \frac{\partial z}{\partial y}=\frac{\partial z}{\partial u}\cdot\frac{\partial u}{\partial y}+\frac{\partial z}{\partial t}\cdot\frac{\partial t}{\partial y},$$

$$\frac{\partial^2 z}{\partial x^2}=\frac{\partial}{\partial x}(\frac{\partial z}{\partial u})\cdot\frac{\partial u}{\partial x}+\frac{\partial z}{\partial u}\cdot\frac{\partial^2 u}{\partial x^2}+\frac{\partial}{\partial x}(\frac{\partial z}{\partial t})\cdot\frac{\partial t}{\partial x}+\frac{\partial z}{\partial t}\cdot\frac{\partial^2 t}{\partial x^2},$$

即 $$\frac{\partial^2 z}{\partial x^2}=\frac{\partial^2 z}{\partial u^2}(\frac{\partial u}{\partial x})^2+\frac{\partial z}{\partial u}\cdot\frac{\partial^2 u}{\partial x^2}+\frac{\partial^2 z}{\partial t^2}\cdot(\frac{\partial t}{\partial x})^2+\frac{\partial z}{\partial t}\cdot\frac{\partial^2 t}{\partial x^2},+2\frac{\partial^2 z}{\partial u\partial t}\cdot\frac{\partial u}{\partial x}\cdot\frac{\partial^2 t}{\partial x^2}.$$

同理 $$\frac{\partial^2 z}{\partial y^2}=\frac{\partial^2 z}{\partial u^2}\cdot(\frac{\partial u}{\partial y})^2+\frac{\partial z}{\partial u}\cdot\frac{\partial^2 u}{\partial y^2}+\frac{\partial^2 z}{\partial t^2}\cdot(\frac{\partial t}{\partial y})^2+\frac{\partial z}{\partial t}\cdot\frac{\partial^2 t}{\partial y^2}+$$

$$2\frac{\partial^2 z}{\partial u\partial t}\cdot\frac{\partial u}{\partial y}\cdot\frac{\partial t}{\partial y},$$

于是 $$\frac{\partial^2 z}{\partial x^2}+\frac{\partial^2 z}{\partial y^2}=\frac{\partial^2 z}{\partial u^2}[(\frac{\partial u}{\partial x})^2+(\frac{\partial u}{\partial y})^2]+\frac{\partial z}{\partial u}[\frac{\partial^2 u}{\partial x^2}+\frac{\partial^2 u}{\partial y^2}]+\frac{\partial^2 z}{\partial t^2}[(\frac{\partial t}{\partial x})^2+(\frac{\partial t}{\partial y})^2]+$$

$$\frac{\partial z}{\partial t}[\frac{\partial^2 t}{\partial x^2}+\frac{\partial^2 t}{\partial y^2}]+2\frac{\partial^2 z}{\partial u\partial t}[\frac{\partial u}{\partial x}\frac{\partial t}{\partial x}+\frac{\partial u}{\partial y}\frac{\partial t}{\partial y}].$$

因为 $u=\frac{1}{2}\ln(x^2+y^2), t=\arctan(\frac{y}{x})$，故得

$$\frac{\partial u}{\partial x}=\frac{x}{x^2+y^2},\frac{\partial^2 u}{\partial x^2}=\frac{y^2-x^2}{(x^2+y^2)^2},$$

$$\frac{\partial t}{\partial x}=-\frac{y}{x^2+y^2},\frac{\partial^2 t}{\partial x^2}=\frac{2xy}{(x^2+y^2)^2},$$

$$\frac{\partial u}{\partial y}=\frac{y}{x^2+y^2},\frac{\partial^2 u}{\partial y^2}=\frac{x^2-y^2}{(x^2+y^2)^2},$$

$$\frac{\partial t}{\partial y}=\frac{x}{x^2+y^2},\frac{\partial^2 t}{\partial y^2}=\frac{-2xy}{(x^2+y^2)^2}.$$

从而

$$(\frac{\partial u}{\partial x})^2+(\frac{\partial u}{\partial y})^2=\frac{1}{x^2+y^2},\frac{\partial^2 u}{\partial x^2}+\frac{\partial^2 u}{\partial y^2}=0,$$

$$(\frac{\partial t}{\partial x})^2+(\frac{\partial t}{\partial y})^2=\frac{1}{x^2+y^2},\frac{\partial^2 t}{\partial x^2}+\frac{\partial^2 t}{\partial y^2}=0,$$

$$\frac{\partial u}{\partial x}\cdot\frac{\partial t}{\partial x}+\frac{\partial u}{\partial y}\cdot\frac{\partial t}{\partial y}=\frac{-xy+xy}{(x^2+y^2)^2}=0,$$

因为 $\frac{\partial^2 z}{\partial x^2}+\frac{\partial^2 z}{\partial y^2}=0$，即有 $(\frac{\partial^2 z}{\partial u^2}+\frac{\partial^2 z}{\partial t^2})\frac{1}{x^2+y^2}=0$，且 $\frac{1}{x^2+y^2}\neq 0$，

所以有
$$\frac{\partial^2 z}{\partial u^2}+\frac{\partial^2 z}{\partial t^2}=0.$$

**5. 偏导数的几何应用**

**【例 8.11】** 求解下列各题

(1) 求曲面 $2^{\frac{x}{z}}+2^{\frac{y}{z}}=8$ 在点 $M_0(2,2,1)$ 处的切平面方程.

**解** $F(x,y,z)=2^{\frac{x}{z}}+2^{\frac{y}{z}}-8$,

$$F_x(x,y,z)=2^{\frac{x}{z}}\ln 2\cdot\frac{1}{z},$$

$$F_y(x,y,z)=2^{\frac{y}{z}}\ln 2\cdot\frac{1}{z},$$

$$F_z(x,y,z)=2^{\frac{y}{z}}\ln 2\cdot\left(-\frac{x}{z^2}\right)+2^{\frac{y}{z}}\ln 2\cdot\left(-\frac{y}{z^2}\right),$$

在点 $M_0(2,2,1)$ 处的法向量为
$$\boldsymbol{n}=(F_x,F_y,F_x)\big|_{M_0}=(4\ln 2,4\ln 2,-16\ln 2)=4\ln 2(1,1,-4),$$
所以切平面方程为
$$(x-2)+(y-2)-4(z-1)=0,$$
即
$$x+y-4z=0.$$

(2) 求椭球面 $2x^2+3y^2+z^2=9$ 上平行于平面 $2x-3y+2z+1=0$ 的切平面方程.

**解** 令 $F(x,y,z)=2x^2+3y^2+z^2-9$,则
$$F_x(x,y,z)=4x,F_y(x,y,z)=6y,F_x(x,y,z)=2z,$$
在点 $M(x,y,z)$ 处的法向量为
$$\boldsymbol{n}=(F_x,F_y,F_z)=(4x,6y,2z),$$
与已知平面的法向量 $\boldsymbol{n}_0=(2,-3,2)$ 平行,所以
$$\frac{4x}{2}=\frac{6y}{-3}=\frac{2z}{2},$$
从而 $2x=-2y=z$,代入椭球面方程得
$$2x^2+3x^2+4x^2=9,$$
解得
$$x_1=1,x_2=-1,$$
切点为 $M_1(1,-1,2)$,$M_2(-1,1,-2)$,所以切平面方程为
$$2x-3y+2z=\pm 9.$$

(3) 作椭球面 $3x^2+y^2+z^2=20$ 的切平面,使平行于下列的两直线
$$L_1:\frac{x-3}{4}=\frac{y-6}{5}=\frac{z+1}{8},\quad L_2:x=y=z,$$
求切点.

**解** 令 $F(x,y,z)=3x^2+y^2+z^2-16$,
$$F_x(x,y,z)=6x,F_y(x,y,z)=2y,F_z(x,y,z)=2z,$$
在点 $M(x,y,z)$ 处的法向量为
$$\boldsymbol{n}=(F_x,F_y,F_z)=(6x,2y,2z).$$
因为切平面平行于两直线,所以法向量 $\boldsymbol{n}$ 平行于

$$\boldsymbol{s}=\begin{vmatrix} \boldsymbol{i} & \boldsymbol{j} & \boldsymbol{k} \\ 4 & 5 & 8 \\ 1 & 1 & 1 \end{vmatrix}=(-3,4,-1),$$

即有
$$\frac{6x}{-3}=\frac{2y}{4}=\frac{2z}{-1},$$

令$\frac{2x}{-1}=\frac{y}{2}=\frac{2z}{-1}=2t$,则$\begin{cases} x=-t \\ y=4t \\ z=-t \end{cases}$ 代入椭球面方程有

$$3t^2+16t^2+t^2=20,$$

解得 $t=1,-1$,所以切点为

$$M_1(-1,4,-1),M_2(1,-4,1).$$

(4) 证明曲面 $z=xf(\frac{y}{x})$的任意切平面过一个定点,其中 $f$ 具有连续导数.

**解** 设 $M_0(x_0,y_0,z_0)$是曲面上任一具有切平面的点,则有

$$z_0-x_0f(\frac{y_0}{x_0})=0,$$

令
$$F(x,y,z)=z-xf(\frac{y}{x}),$$

$$F_x(x,y,z)=-f(\frac{y}{x})+f'(\frac{y}{x})\frac{y}{x},$$

$$F_y(x,y,z)=-f'(\frac{y}{x}),$$

$$F_z(x,y,z)=1,$$

在点 $M_0(x_0,y_0,z_0)$处的法向量为

$$\boldsymbol{n}=(F_x,F_y,F_z)\mid_{M_0}=(-f(\frac{y_0}{x_0})+f'(\frac{y_0}{x_0})\frac{y_0}{x_0},-f'(\frac{y_0}{x_0}),1),$$

则切平面方程为

$$\left[-f(\frac{y_0}{x_0})+f'(\frac{y_0}{x_0})\frac{y_0}{x_0}\right](x-x_0)-f'(\frac{y_0}{x_0})(y-y_0)+(z-z_0)=0,$$

所以切平面方程为

$$\left[-f(\frac{y_0}{x_0})+f'(\frac{y_0}{x_0})\frac{y_0}{x_0}\right]x-f'(\frac{y_0}{x_0})y+z=-f(\frac{y_0}{x_0})x_0+z_0,$$

$$[-f(\frac{y_0}{x_0})+f'(\frac{y_0}{x_0})\frac{y_0}{x_0}]x-f'(\frac{y_0}{x_0})y+z=0.$$

可见切平面都通过坐标原点(0,0,0).

(5) 证明螺旋线 $x=a\cos t,y=a\sin t,z=kt$ 的任意一点处的切线与 $Oz$ 轴夹成定角.

**解** 在任意一点处的切线方向向量

$$\boldsymbol{s}=(-a\sin t,a\cos t,k),$$

与 $Oz$ 轴的夹角为 $\gamma$,

$$\cos\gamma=\frac{k}{\sqrt{a^2+k^2}}$$

为常数,故所给螺旋线上任意一点处的切线与 $Oz$ 轴夹成定角.

(6) 求曲线 $\begin{cases} z=x^2+y^2 \\ z-2=x-y \end{cases}$ 上点(1,1,2)处的切线与法平面方程.

**解**　取 $z$ 为参数,则有

$$\begin{cases} 1=2xx'+2yy', \\ 1=x'-y', \end{cases}$$

在点(1,1,2)处

$$\begin{cases} 2x'+2y'=1 & (1) \\ x'-y'=1 & (2) \end{cases}$$

解得

$$\begin{cases} x'=\dfrac{3}{4}, \\ y'=-\dfrac{1}{4}, \end{cases}$$

即有切向量

$$\boldsymbol{s}=\left(\frac{3}{4},-\frac{1}{4},1\right)=\frac{1}{4}(3,-1,4),$$

切线方程

$$\frac{x-1}{3}=\frac{y-1}{-1}=\frac{z-2}{4}.$$

法平面方程

$$3(x-1)-(y-1)+4(z-2)=0, \text{或 } 3x-y+4z=10.$$

(7) 设直线 $L:\begin{cases} x+y+b=0 \\ x+ay-z=3 \end{cases}$ 在平面 $\pi$ 上,而平面 $\pi$ 与曲面 $z=x^2+y^2$ 相切于点(1,−2,5),求 $a,b$ 之值.

**分析**　先求曲面在点(1,−2,5)的切平面 $\pi$,然后讨论直线在平面 $\pi$ 上.

**解法一**　曲面 $z=x^2+y^2$ 在点(1,−2,5)处的法向量为 $\boldsymbol{n}=(2,-4,-1)$,于是切平面方程为

$$2(x-1)-4(y+2)-(z-5)=0,$$

即

$$\pi:\ 2x-4y-z-5=0,$$

由

$$L:\ \begin{cases} x+y+b=0, \\ x+ay-z=3, \end{cases}$$

即

$$\begin{cases} y=-x-b, \\ z=x-3+a(-x-b), \end{cases}$$

代入平面 $\pi$ 中得到

$$2x+4x+4b-x+3+ax+ab-5=0,$$

因而有

$$5+a=0, 4b+ab-2=0,$$

由此解得

$$a=-5, b=-2.$$

**解法二**　由方法一知平面 $\pi$ 的方程 $2x-4y-z-5=0$,而过直线 $L$ 的平面方程为

$$\lambda(x+y+b)+\mu(x+ay-z-3)=0,$$

即
$$(\lambda+\mu)x+(\lambda+a\mu)y-\mu z+b\lambda-3\mu=0,$$
令
$$\frac{\lambda+\mu}{2}=\frac{\lambda+a\mu}{-4}=\frac{-\mu}{-1}=\frac{b\lambda-3\mu}{-5},$$
则
$$\lambda=\mu, a=-5, b=-2.$$

**6. 方向导数与梯度**

**【例 8.12】** 函数 $u=\ln(x+\sqrt{y^2+z^2})$ 在点 $A(1,0,1)$ 处沿点 $A$ 指向点 $B(3,-2,2)$ 方向的方向导数为________.

**解** 应填$\frac{1}{2}$.

由
$$\left.\frac{\partial u}{\partial x}\right|_A=\left.\frac{1}{x+\sqrt{y^2+z^2}}\right|_A=\frac{1}{2},$$
$$\left.\frac{\partial u}{\partial y}\right|_A=\left.\frac{1}{x+\sqrt{y^2+z^2}}\cdot\frac{y}{\sqrt{y^2+z^2}}\right|_A=0,$$
$$\left.\frac{\partial u}{\partial z}\right|_A=\left.\frac{1}{x+\sqrt{y^2+z^2}}\cdot\frac{z}{\sqrt{y^2+z^2}}\right|_A=\frac{1}{2},$$
而$\overrightarrow{AB^0}=(\frac{2}{3},-\frac{2}{3},\frac{1}{3})$，故
$$\frac{\partial u}{\partial \overrightarrow{AB}}=\frac{1}{2}\times\frac{2}{3}+0\times(-\frac{2}{3})+\frac{1}{2}\times\frac{1}{3}=\frac{1}{2}.$$

**【例 8.13】** 函数 $u=\ln(x^2+y^2+z^2)$ 在点 $M(1,2,-2)$ 处的梯度 $\mathbf{grad}\ u|_M$ =________.

**解** 应填$(\frac{2}{9},\frac{4}{9},-\frac{4}{9})$.

因为
$$\left.\frac{\partial u}{\partial x}\right|_M=\left.\frac{2x}{x^2+y^2+z^2}\right|_M=\frac{2}{9},$$
$$\left.\frac{\partial u}{\partial y}\right|_M=\left.\frac{2y}{x^2+y^2+z^2}\right|_M=\frac{4}{9},$$
$$\left.\frac{\partial u}{\partial z}\right|_M=\left.\frac{2z}{x^2+y^2+z^2}\right|_M=-\frac{4}{9},$$
所以
$$\mathbf{grad}\ u|_M=(\frac{2}{9},\frac{4}{9},-\frac{4}{9}).$$

**【例 8.14】** 求函数 $z=1-(\frac{x^2}{a^2}+\frac{y^2}{b^2})$ 在点$(\frac{a}{\sqrt{2}},\frac{b}{\sqrt{2}})$处沿曲线$\frac{x^2}{a^2}+\frac{y^2}{b^2}=1$ 在这点的内法线方向的方向导数.

**解** 先求此点处内法线方向.

由曲线方程：$\frac{x^2}{a^2}+\frac{y^2}{b^2}=1$ 解得 $y'=-\frac{b^2}{a^2}\cdot\frac{x}{y}$，在$(\frac{a}{\sqrt{2}},\frac{b}{\sqrt{2}})$处 $y'=-\frac{b}{a}$，因而切向量为 $\boldsymbol{T}=(1,-\frac{b}{a})$，相应的内法向量 $\boldsymbol{Q}=(-\frac{b}{a},-1)$.

单位化
$$Q^0=\left(-\frac{b}{\sqrt{a^2+b^2}},-\frac{a}{\sqrt{a^2+b^2}}\right),$$

又
$$\left.\frac{\partial z}{\partial x}\right|_M=-\left.\frac{2x}{a^2}\right|_M=-\frac{\sqrt{2}}{a},$$
$$\left.\frac{\partial z}{\partial y}\right|_M=-\left.\frac{2y}{b^2}\right|_M=-\frac{\sqrt{2}}{b}.$$

所以
$$\left.\frac{\partial z}{\partial \boldsymbol{Q}}\right|_M=\left.\frac{\partial z}{\partial x}\right|_M\cos\alpha+\left.\frac{\partial z}{\partial y}\right|_M\cos\beta$$
$$=-\frac{\sqrt{2}}{a}\left(-\frac{b}{\sqrt{a^2+b^2}}\right)+\left(-\frac{\sqrt{2}}{b}\right)\left(-\frac{a}{\sqrt{a^2+b^2}}\right)=\frac{\sqrt{2(a^2+b^2)}}{ab}.$$

**【例 8.15】** 问函数 $u=xy^2z$ 在点 $P(1,-1,2)$ 处沿什么方向的方向导数最大？并求此方向导数的最大值.

**解** 函数沿梯度方向的方向导数最大，方向导数的最大值即为梯度的模.这是因为
$$\frac{\partial u}{\partial l}=\frac{\partial u}{\partial x}\cos\alpha+\frac{\partial u}{\partial y}\cos\beta+\frac{\partial u}{\partial z}\cos\gamma$$
$$=\left(\frac{\partial u}{\partial x},\frac{\partial u}{\partial y},\frac{\partial u}{\partial z}\right)\cdot(\cos\alpha,\cos\beta,\cos\gamma)=\mathbf{grad}\,u\cdot\boldsymbol{l},$$

其中，$\boldsymbol{l}=(\cos\alpha,\cos\beta,\cos\gamma)$ 是在点 $P(1,-1,2)$ 处方向向量，它与梯度 $\mathbf{grad}\,u$ 的夹角为 $\theta$，则
$$\left.\frac{\partial u}{\partial l}\right|_P=|\mathbf{grad}\,u|_P\,|(\cos\alpha,\cos\beta,\cos\gamma)|\cos\theta=|\mathbf{grad}\,u|_P\cos\theta,$$

可见，当 $\cos\theta=1$，即 $\theta=0$，$\boldsymbol{l}=\{\cos\alpha,\cos\beta,\cos\gamma\}$ 与梯度 $\mathbf{grad}\,u$ 方向相同时，方向导数最大，方向导数的最大值就是梯度的模.
$$\frac{\partial u}{\partial x}=y^2z,\frac{\partial u}{\partial y}=2xyz,\frac{\partial u}{\partial z}=xy^2,$$
$$\left.\mathbf{grad}\,u\right|_P=\left.\left(\frac{\partial u}{\partial x},\frac{\partial y}{\partial x},\frac{\partial u}{\partial z}\right)\right|_P=(2,-4,1),$$
$$|\mathbf{grad}\,u|_P=\sqrt{4+16+1}=\sqrt{21},$$
$$\max\left(\left.\frac{\partial u}{\partial l}\right|_P\right)=|\mathbf{grad}\,u|_P=\sqrt{4+16+1}=\sqrt{21}.$$

**【例 8.16】** 已知函数 $f(x,y)$ 在点 $(0,0)$ 在某个邻域内连续，且
$\lim\limits_{(x,y)\to(0,0)}\dfrac{f(x,y)-xy}{(x^2+y^2)^2}=1$，则

(A) 点 $(0,0)$ 不是 $f(x,y)$ 的极值点；

(B) 点 $(0,0)$ 是 $f(x,y)$ 的极大值点；

(C) 点 $(0,0)$ 是 $f(x,y)$ 的极小值点；

(D) 根据条件无法判断点 $(0,0)$ 是否为 $f(x,y)$ 的极值点.

**解** 应选(A).

由 $f(x,y)$ 在点 $(0,0)$ 的连续性以及

$$\lim_{(x,y)\to(0,0)}\frac{f(x,y)-xy}{(x^2+y^2)^2}=1$$

知 $f(0,0)=0$，且 $\dfrac{f(x,y)-xy}{(x^2+y^2)^2}=1+\alpha(x,y)$，其中

$$\lim_{(x,y)\to(0,0)}\alpha(x,y)=0,$$

则
$$f(x,y)=xy+(x^2+y^2)^2+\alpha\cdot(x^2+y^2)^2.$$

令 $y=x$，得

$$f(x,x)=x^2+4x^4+4\alpha\cdot x^4=x^2+o(x^2),$$

令 $y=-x$，得

$$f(x,-x)=-x^2+4x^4+4\alpha\cdot x^4=-x^2+o(x^2),$$

从而 $f(x,y)$ 在 $(0,0)$ 点的邻域内可正可负，又 $f(0,0)=0$，由极值的定义可知 $f(x,y)$ 在 $(0,0)$ 点没有极值，故应选 A.

**7. 极值与最值**

**【例 8.17】** 求函数 $f(x,y)=y^3+x^2y-x^2-12y$ 的极值.

**解** 第一步由方程组

$$\begin{cases}f_x=2xy-2x=2x(y-1)=0\\ f_y=3y^2+x^2-12=0\end{cases}$$

解得驻点 $(0,2)$，$(0,-2)$，$(3,1)$，$(-3,1)$.

第二步求函数的二阶偏导数

$$A=f_{xx}=2(y-1),B=f_{xy}(x,y)=2x,C=f_{yy}(x,y)=6y.$$

第三步列表判别驻点是否为极值点.

| 驻 点 | $A$ | $B$ | $C$ | $AC-B^2$ | $f(x,y)$ |
|---|---|---|---|---|---|
| $M_1(0,2)$ | 2 | 0 | 12 | 24 | 极小值 |
| $M_2(0,-2)$ | $-6$ | 0 | $-12$ | 72 | 极大值 |
| $M_3(3,1)$ | 0 | 6 | $-6$ | $-36$ | 不是极值 |
| $M_4(-3,1)$ | 0 | $-6$ | $-6$ | $-36$ | 不是极值 |

第四步求出极值

$f(0,2)=-16$（极小值），$f(0,-2)=16$（极大值）.

**【例 8.18】** 求函数 $z=f(x,y)=y^3+x^2y+x^2-12y$ 在有界闭区域 $D:x^2+y^2\leqslant 16$ 上的最值.

**解** 先求 $D$ 内的极值，由前一例知 $D$ 内 $f(0,2)=-16$，$f(0,-2)=16$ 分别为极小值和极大值.

再求区域 $D$ 的边界 $x^2+y^2=16$ 上函数的极值，因为 $x^2=16-y^2$，代入得

$$z=z(y)=y^3+(16-y^2)y+(16-y^2)-12y,$$

即
$$z=z(y)=16+4y-y^2=20-(y-2)^2\quad(-4\leqslant y\leqslant 4).$$

当 $y=2$，$x=2\sqrt{3}$，$-2\sqrt{3}$ 时，

$z(2)=f(2\sqrt{3},2)=f(-2\sqrt{3},2)=20$ 为边界上最大值，

当 $y=4,x=0$ 时，当 $y=-4,x=0$ 时，

$z(4)=f(0,4)=16z(-4)=f(0,-4)=-16$ 为边界上最小值.

所以

$$\max\{f(0,2),f(0,-2),f(2\sqrt{3},2),f(0,-4)\}=20,$$

$$\min\{f(0,2),f(0,-2),f(2\sqrt{3},2),f(0,-4)\}=-16.$$

**【例 8.19】** 函数 $f(x,y)=\mathrm{e}^{-x}(ax+b-y^2)$ 中常数 $a,b$ 满足何种条件时，$f(-1,0)$ 为其极大值.

**解** 应用二元函数取极值的必要条件得

$$\begin{cases}f_x'(-1,0)=\mathrm{e}^{-x}(-ax-b+y^2+a)\big|_{(-1,0)}=\mathrm{e}(2a-b)=0,\\ f_y'(-1,0)=-2y\mathrm{e}^{-x}\big|_{(-1,0)}=0.\end{cases}$$

所以 $b=2a$，由于

$$A=f_{xx}''(-1,0)=\mathrm{e}^{-x}(ax+b-y^2-2a)\big|_{(-1,0)}=\mathrm{e}(-3a+b),$$

$$B=f_{xy}''(-1,0)=2y\mathrm{e}^{-x}\big|_{(-1,0)}=0,$$

$$C=f_{yy}''(-1,0)=-2\mathrm{e}^{-x}\big|_{(-1,0)}=-2\mathrm{e},$$

$$\Delta=B^2-AC=2\mathrm{e}^2(-3a+b).$$

令 $\Delta<0,A<0$，解得 $a>0,b=2a$ 为所求条件.

当 $a<0$ 时推得 $\Delta>0$，此时 $f$ 在 $(-1,0)$ 不取极值；当 $a=0,b=0$ 时推得 $\Delta=0$，此时 $f(x,y)=-y^2\mathrm{e}^{-x}\leqslant f(-1,0)=0$，故 $f(-1,0)$ 也是极大值，于是 $a\geqslant 0,b=2a$ 为所求.

**【例 8.20】** 求使函数

$$f(x,y)=\frac{1}{y^2}\exp\left\{-\frac{1}{2y^2}[(x-a)^2+(y-b)^2]\right\}\ (y\neq 0,b>0)$$

达到最大值的 $(x_0,y_0)$ 以及相应的 $f(x_0,y_0)$.

**解** **方法一** 记 $g(x,y)=\ln(x,y)$，则

$$g(x,y)=-2\ln|y|-\frac{1}{2y^2}[(x-a)^2+(y-b)^2],$$

且 $g(x,y)$ 与 $f(x,y)$ 有相同的极值点，由于

$$\frac{\partial g(x,y)}{\partial x}=-\frac{1}{y^2}(x-a),$$

$$\frac{\partial g(x,y)}{\partial y}=-\frac{2}{y}+\frac{1}{y^3}[(x-a)^2+(y-b)^2]-\frac{1}{y^2}(y-b),$$

令 $\dfrac{\partial g(x,y)}{\partial x}=0,\dfrac{\partial g(x,y)}{\partial y}=0$，解得驻点

$$(x_1,y_1)=\left(a,\frac{b}{2}\right),(x_2,y_2)=(a,-b).$$

当 $y>0$ 时，因为

$$A_1=\frac{\partial^2 g}{\partial x^2}\bigg|_{\left(a,\frac{b}{2}\right)}=-\frac{4}{b^2}<0,$$

$$B_1=\frac{\partial^2 g}{\partial x\partial y}\bigg|_{\left(a,\frac{b}{2}\right)}=0,$$

$$C_1=\left.\frac{\partial^2 g}{\partial y^2}\right|_{\left(a,\frac{b}{2}\right)}=-\frac{24}{b^2}.$$

因 $\Delta=B_1^2-A_1C_1=-\frac{96}{64}$，故 $f(x,y)$ 在 $\left(a,\frac{b}{2}\right)$ 点达到极大值，有 $f\left(a,\frac{b}{2}\right)=\frac{4}{b^2\sqrt{e}}$.在半平面 $y>0$ 上，$f(x,y)$ 可微，且驻点唯一，所以 $f\left(a,\frac{b}{2}\right)=\frac{4}{b^2\sqrt{e}}$ 是 $f(x,y)$ 在 $y>0$ 上的最大值.

当 $y<0$ 时，因为

$$A_2=\left.\frac{\partial^2 g}{\partial x^2}\right|_{(a,-b)}=-\frac{1}{b^2}<0,$$

$$B_2=\left.\frac{\partial^2 g}{\partial x\partial y}\right|_{(a,-b)}=0,$$

$$C_2=\left.\frac{\partial^2 g}{\partial y^2}\right|_{(a,-b)}=-\frac{3}{b^2}.$$

同理可得 $f(a,-b)=\frac{1}{b^2e^2}$ 是 $f(x,y)$ 在 $y<0$ 上的最大值.

由于 $f\left(a,\frac{b}{2}\right)=\frac{4}{b^2\sqrt{e}}>f(a,-b)=\frac{1}{b^2e^2}$，故 $f\left(a,\frac{b}{2}\right)=\frac{4}{b^2\sqrt{e}}$ 是函数 $f(x,y)$ 的最大值.

**方法二** 驻点 $(x_1,y_1)=\left(a,\frac{b}{2}\right)$，$(x_2,y_2)=(a,-b)$ 的求法同方法一.

当 $y\neq 0$ 时，$f(x,y)$ 可微，$\forall c\in R$，当 $(x,y)\to(c,0)$ 时，

由于
$$|f(x,y)|\leqslant\frac{1}{y^2}\exp\left\{-\frac{1}{2y^2}(y-b)^2\right\}$$
$$=\frac{1}{y^2}\exp\left\{-\frac{1}{2}\left(1-\frac{b}{y}\right)^2\right\}=t^2e^{-\frac{(bt-1)^2}{2}}$$

其中，$t=\frac{1}{y}$，且 $y\to 0$ 时，$t\to\infty$.令 $h(t)=t^2e^{-\frac{(bt-1)^2}{2}}$，应用洛必达法则，有

$$\lim_{t\to\infty}h(t)=\lim_{t\to\infty}\frac{t^2}{e^{\frac{1}{2}(bt-1)^2}}=\lim_{t\to\infty}\frac{2t}{b(bt-1)e^{\frac{1}{2}(bt-1)^2}}$$

$$=\lim_{t\to\infty}\frac{2}{(b^2(bt-1)^2+b^2)e^{\frac{1}{2}(bt-1)^2}}=0.$$

所以 $\lim\limits_{(x,y)\to(c,0)}f(x,y)=0$，又显然 $\lim\limits_{\rho\to+\infty}f(x,y)=0\ (\rho=\sqrt{x^2+y^2})$，于是

$$\max f(x,y)=\max\left\{f\left(a,\frac{b}{2}\right),f(a,-b),0\right\}$$

$$=\max\left\{\frac{4}{b^2\sqrt{e}},\frac{1}{b^2e^2},0\right\}=\frac{4}{b^2\sqrt{e}}.$$

**【例 8.21】** 求函数 $z=x^2+y^2-4x+2y$ 在闭区域 $x^2+y^2\leqslant 25$ 上的最大值和最小值.

**解** 首先求在开区域 $x^2+y^2<25$ 内的极值，

由 $z_x=2x-4=0, z_y=2y+2=0$，得驻点 $M_0(2,-1)$ 在开区域 $x^2+y^2<25$ 内，

$A=z_{xx}=2>0, B=z_{xy}=0, C=z_{yy}=2$，因为 $(AC-B^2)|_{(2,-1)}=4>0$

所以 $z(2,-1)=2^2+1-8-2=-5$ 为极小值.

再求在闭区域 $x^2+y^2\leqslant 25$ 的边界 $L: x^2+y^2=25$ 上的极值.

此时 $z=x^2+y^2-4x+2y|_L=25-4x+2y$，即求 $z=25-4x+2y$ 在条件 $x^2+y^2=25$ 下极值.

**方法一**　可化为无条件极值，

① 令 $\begin{cases}x=5\cos t\\ y=5\sin t\end{cases}$ 代入得

$z=25-20\cos t+10\sin t=25+10(\sin t-2\cos t)(0\leqslant t\leqslant 2\pi)$，

$z'=10(\cos t+2\sin t)=0$，

即有
$$\tan t=-\frac{1}{2}, t_1=\arctan\left(-\frac{1}{2}\right),$$
$$t_2=\pi+\arctan\left(-\frac{1}{2}\right),$$
$$z|_{t_1}=25+10\left(\frac{-1}{\sqrt{5}}-2\frac{2}{\sqrt{5}}\right)=25-10\frac{5}{\sqrt{5}}=25-10\sqrt{5},$$
$$z|_{t_2}=25+10\left(\frac{1}{\sqrt{5}}+2\frac{2}{\sqrt{5}}\right)=25+10\frac{5}{\sqrt{5}}=25+10\sqrt{5},$$
$$z|_{t=0}=25+10(\sin t-2\cos t)|_{t=0}=5.$$

② $z=25+10(\sin t-2\cos t)=25+10\sqrt{5}\left(\frac{1}{\sqrt{5}}\sin t-\frac{2}{\sqrt{5}}\cos t\right)$

$=25+10\sqrt{5}\sin(t-\theta)$.

$\theta=\arctan 2$.

当 $\sin(t-\theta)=1$ 时，$t=\frac{\pi}{2}+\arctan 2, z=25+10\sqrt{5}$ 为最大，

当 $\sin(t-\theta)=-1$ 时，$t=-\frac{\pi}{2}+\arctan 2, z=25-10\sqrt{5}$ 为最小.

**方法二**　用拉格朗日乘数法，作函数

$$F(x,y)=25-4x+2y+\lambda(x^2+y^2-25),$$

令
$$F_x(x,y)=-4+2\lambda x=0, \tag{1}$$
$$F_y(x,y)=2+2\lambda y=0, \tag{2}$$
$$x^2+y^2=25, \tag{3}$$

由式(1)、式(2)知 $x=\frac{2}{\lambda}, y=-\frac{1}{\lambda}$，代入式(3)，解得 $\lambda_1=\frac{1}{\sqrt{5}}, \lambda_2=-\frac{1}{\sqrt{5}}$，于是可得

$x=2\sqrt{5}, y=-\sqrt{5}$ 或 $x=-2\sqrt{5}, y=\sqrt{5}$，即有驻点 $M_1(2\sqrt{5},-\sqrt{5}), M_2(-2\sqrt{5},\sqrt{5})$.

$z|_{M_1}=(25-4x+2y)|_{M_1}=25-8\sqrt{5}-2\sqrt{5}=25-10\sqrt{5}$，

$z|_{M_2}=(25-4x+2y)|_{M_2}=25+8\sqrt{5}+2\sqrt{5}=25+10\sqrt{5}$.

综上可知，函数 $z=x^2+y^2-4x+2y$ 在闭区域 $x^2+y^2\leqslant 25$ 上的最大值为 $25+10\sqrt{5}$，

最小值为 $25-10\sqrt{5}$.

**【例 8.22】** 在第一卦限内作求椭球面 $\frac{x^2}{a^2}+\frac{y^2}{b^2}+\frac{z^2}{c^2}=1$ 的切平面,使得切平面与三坐标轴上的截距的平方和最小,求该切点坐标.

**解** 设 $F(x,y,z)=\frac{x^2}{a^2}+\frac{y^2}{b^2}+\frac{z^2}{c^2}-1$,切点为 $M_0$,则

$$F_x(x,y,z)=\frac{2x}{a^2},F_y(x,y,z)=\frac{2y}{b^2},F_z(x,y,z)=\frac{2z}{c^2}.$$

切平面的法向量为 $\boldsymbol{n}$

$$\boldsymbol{n}=\{F_x,F_y,F_z\}\big|_{M_0}=\{\frac{2x}{a^2},\frac{2y}{b^2},\frac{2z}{c^2}\}\big|_{M_0}=\{\frac{2x_0}{a^2},\frac{2y_0}{b^2},\frac{2z_0}{c^2}\}.$$

切平面方程为

$$\frac{2x_0}{a^2}(x-x_0)+\frac{2y_0}{b^2}(y-y_0)+\frac{2z_0}{c^2}(z-z_0)=0,$$

即

$$\frac{x_0}{a^2}x+\frac{y_0}{b^2}y+\frac{z_0}{c^2}z=\frac{x_0^2}{a^2}+\frac{y_0^2}{b^2}+\frac{z_0^2}{c^2}=1,$$

即截距式方程为

$$\frac{1}{\frac{a^2}{x_0}}x+\frac{1}{\frac{b^2}{y_0}}y+\frac{1}{\frac{c^2}{z_0}}z=1,$$

可见切平面与三坐标轴上的截距为

$$\frac{a^2}{x_0},\frac{b^2}{y_0},\frac{c^2}{z_0},$$

切平面与三坐标轴上的截距的平方和

$$s=\left(\frac{a^2}{x_0}\right)^2+\left(\frac{b^2}{y_0}\right)^2+\left(\frac{c^2}{z_0}\right)^2,$$

问题归结为求 $s=\left(\frac{a^2}{x_0}\right)^2+\left(\frac{b^2}{y_0}\right)^2+\left(\frac{c^2}{z_0}\right)^2$ 在条件下$\frac{x_0^2}{a^2}+\frac{y_0^2}{b^2}+\frac{z_0^2}{c^2}=1$ 的条件极值.由拉格朗日乘数法,可设

$$\Phi(x,y,z)=\left(\frac{a^2}{x}\right)^2+\left(\frac{b^2}{y}\right)^2+\left(\frac{c^2}{z}\right)^2+$$

$$\lambda\left(\frac{x^2}{a^2}+\frac{y^2}{b^2}+\frac{z^2}{c^2}-1\right)(x>0,y>0,z>0),$$

$$\Phi_x(x,y,z)=-2\left(\frac{a^2}{x}\right)\frac{a^2}{x^2}+2\lambda\,\frac{x}{a^2}=0,\lambda x^4=a^6, \tag{1}$$

$$\Phi_y(x,y,z)=-2\left(\frac{b^2}{y}\right)\frac{b^2}{y^2}+2\lambda\,\frac{y}{b^2}=0,\lambda y^4=b^6, \tag{2}$$

$$\Phi_z(x,y,z)=-2\left(\frac{c^2}{z}\right)\frac{c^2}{z^2}+2\lambda\,\frac{z}{c^2}=0,\lambda z^4=c^6, \tag{3}$$

$$\frac{x^2}{a^2}+\frac{y^2}{b^2}+\frac{z^2}{c^2}=1. \tag{4}$$

联立式(1)～式(4)解得唯一驻点：

$$x=\frac{a\sqrt{a}}{\sqrt{a+b+c}},y=\frac{b\sqrt{b}}{\sqrt{a+b+c}},z=\frac{c\sqrt{c}}{\sqrt{a+b+c}}.$$

由实际意义可知，这就是所要求的点$\left(\frac{a\sqrt{a}}{\sqrt{a+b+c}},\frac{b\sqrt{b}}{\sqrt{a+b+c}},\frac{c\sqrt{c}}{\sqrt{a+b+c}}\right)$.

**【例 8.23】** 抛物面 $z=x^2+y^2$ 与平面 $x+y+z=1$ 的交线为一椭圆，求原点到这椭圆的最长与最短距离.

**解** 设椭圆上的点为$(x,y,z)$，则原点到这椭圆这点的距离为

$$d=\sqrt{x^2+y^2+z^2},$$

可化为求 $d^2=x^2+y^2+z^2$ 在约束条件 $z=x^2+y^2$ 及 $x+y+z=1$ 下的条件极值.作函数

$$F(x,y,z)=x^2+y^2+z^2+\lambda(z-x^2-y^2)+\mu(x+y+z-1),$$

则得方程组

$$\begin{cases}F_x=2x-2\lambda x+\mu=0, & (1)\\ F_y=2y-2\lambda y+\mu=0, & (2)\\ F_z=2z+\lambda x+\mu=0, & (3)\\ z=x^2+y^2, & (4)\\ x+y+z=1. & (5)\end{cases}$$

由式(1)、式(2)便知 $x=y$，代入式(4)与式(5)得$\begin{cases}z=2x^2\\2x+z=1\end{cases}$，即有 $2x^2+2x-1=0$，解得

$$x_1=\frac{-1+\sqrt{3}}{2},x_2=\frac{-1-\sqrt{3}}{2},$$

驻点为

$$M_1\left(\frac{-1+\sqrt{3}}{2},\frac{-1+\sqrt{3}}{2},2-\sqrt{3}\right),M_2\left(\frac{-1-\sqrt{3}}{2},\frac{-1-\sqrt{3}}{2},2+\sqrt{3}\right).$$

由实际问题的意义知，原点到这椭圆的最长与最短距离必存在，且必在这两点处取得.

$$d\big|_{M_1}=\sqrt{x^2+y^2+z^2}\big|_{M_1}=\sqrt{9-5\sqrt{3}},$$

$$d\big|_{M_2}=\sqrt{x^2+y^2+z^2}\big|_{M_2}=\sqrt{9+5\sqrt{3}},$$

比较易知，$d\big|_{M_1}=\sqrt{9-5\sqrt{3}}$ 最短，$d\big|_{M_2}=\sqrt{9+5\sqrt{3}}$ 最长.

**【例 8.24】** 求 $a,b$ 之值，使得包含圆$(x-1)^2+y^2=1$ 在其内部的椭圆$\frac{x^2}{a^2}+\frac{y^2}{b^2}=1$ 的面积最小$(a>0,b>0,a\neq b)$.

**解** 由题设知，圆$(x-1)^2+y^2=1$ 的外切椭圆的面积最小，切点 $A$ 处，对于椭圆

$$\frac{2x}{a^2}+\frac{2y}{b^2}y'=0,k_1=y'=-\frac{b^2x}{a^2y},y_1^2=b^2\left(1-\frac{x^2}{a^2}\right),$$

对于圆

$$2(x-1)+2yy'=0,k_2=y'=\frac{1-x}{y},y_2^2=1-(1-x)^2,$$

由 $k_1=k_2, y_1^1=y_2^2$，得切点 $A$ 处满足条件

$$a^2+b^4-a^2b^2=0,$$

问题是求椭圆的面积 $S(a,b)=\pi ab$ 在条件

$$a^2+b^4-a^2b^2=0$$

下的最小值.令 $F(a,b)=\pi ab+\lambda(a^2+b^4-a^2b^2)$，

$$\begin{cases} F_a=\pi b+\lambda(2a-2ab^2)=0, & (1)\\ F_b=\pi b+\lambda(4b^3-2a^2b)=0, & (2)\\ a^2+b^4-a^2b^2=0. & (3)\end{cases}$$

式(1)×$b$ 得 $$\pi ab+\lambda(2a^2-2a^2b^2)=0, \quad (4)$$

式(2)×$a$ 得 $$\pi ab+\lambda(4b^4-2a^2b^2)=0, \quad (5)$$

式(4)～式(5)得 $$a^2-2b^4=0, \quad (6)$$

式(6)代入式(3)得 $$3b^4-2b^6=0,$$

$$b^2=\frac{3}{2}, a^2=2\left(\frac{3}{2}\right)^2=\frac{9}{2},$$

即当 $a=\frac{3}{\sqrt{2}}, b=\frac{\sqrt{3}}{\sqrt{2}}$（唯一驻点）时，椭圆的面积最小为

$$S\left(\frac{3}{\sqrt{2}},\sqrt{\frac{3}{2}}\right)=\frac{3\sqrt{3}}{2}\pi.$$

**【例 8.25】** 求函数 $z=\frac{1}{2}(x^n+y^n)$ 在条件 $x+y=l(l>0,n\geqslant1)$ 之下的极值，并证明：当 $a\geqslant0,b\geqslant0,n>1$ 时，$\frac{1}{2}(a^n+b^n)\geqslant\left(\frac{a+b}{2}\right)^n$.

**解** 作函数

$$F(x,y,\lambda)=\frac{1}{2}(x^n+y^n)+\lambda(x+y-l),$$

由

$$F_x=\frac{1}{2}nx^{n-1}+\lambda=0, F_y=\frac{1}{2}ny^{n-1}+\lambda=0, F_\lambda=x+y-l=0$$

解得 $x=y=\frac{l}{2}$，所以 $z\left(\frac{l}{2},\frac{l}{2}\right)=\left(\frac{l}{2}\right)^n$ 为极小值，于是有

$$\frac{1}{2}(x^n+y^n)\geqslant\left(\frac{l}{2}\right)^n=\left(\frac{x+y}{2}\right)^n,$$

即 $\frac{1}{2}(a^n+b^n)\geqslant\left(\frac{a+b}{2}\right)^n$.

## 四、练习题与解答

1. 选择题

(1) 二元函数 $f(x,y)$ 在点 $(x_0,y_0)$ 处的两个偏导数 $f_x(x_0,y_0)$，$f(x_0,y_0)$ 存在是函数 $f(x,y)$ 在点 $(x_0,y_0)$ 连续的（　　）.

(A) 充分条件而非必要条件；　(B) 必要条件而非充分条件；

(C) 充分必要条件；　(D) 既非充分又非必要条件.

(2) 二元函数 $f(x,y)$ 有关偏导数与全微分关系中正确的命题是(　　).

(A) 偏导数不连续，则全微分不存在；

(B) 偏导数连续，则全微分必存在；

(C) 全微分存在，则偏导数必连续；

(D) 全微分存在，而偏导数不一定存在.

(3) 二元函数 $f(x,y)$ 在点 $(x_0,y_0)$ 处可微，且 $f_x(x_0,y_0)=0, f_y(x_0,y_0)=0$，则函数 $f(x,y)$ 在点 $(x_0,y_0)$ 处(　　).

(A) 必有极值，可能是极大，也可能是极小；

(B) 可能有极值，也可能无极值；

(C) 必有极大值；

(D) 必有极小值.

(4) $\lim\limits_{(x,y)\to(0,0)} x^2y^2\ln(x^2+y^2)=$(　　).

(A) 1；　(B) 0；　(C) 不存在；　(D) $-1$.

(5) 设 $f(x,y)=3x+2y$，则 $f[xy,f(x,y)]=$(　　).

(A) $3xy+yx$；　(B) $3xy+4y$；

(C) $3xy+6x+4y$；　(D) $xy+5x+6y$.

(6) 设函数 $z=x^3y+e^{xy}-\sin(x^2-y^2)$，则 $\left.\dfrac{\partial z}{\partial x}\right|_{(1,1)}=$(　　).

(A) e；　(B) $2+e$；　(C) $1+e$；　(D) $-e$.

(7) 设方程 $e^z-xyz=0$，确定 $z=z(x,y)$，则 $\dfrac{\partial z}{\partial x}=$(　　).

(A) $\dfrac{yz}{e^z-xy}$；　(B) $\dfrac{yz-e^z}{xy}$；　(C) $\dfrac{yz+xy}{e^z}$；　(D) $\dfrac{zy+1}{e^z+xy}$.

(8) 设函数 $z=f(x^2+y^2,x^2-y^2)$ 具有二阶连续偏导数，则 $\dfrac{\partial^2 z}{\partial x\partial y}=$(　　).

(A) $2x(f''_{11}+f'_2)$；　(B) $2x(f''_{11}+f''_{22})$；

(C) $2x(f''_{11}-f''_{22})$；　(D) $4xy(f''_{11}-f''_{22})$.

(9) 曲面 $xy+yz+xz-1=0$ 上在点 $(1,-2,-3)$ 处的切平面与平面 $x-3y+z-4=0$ 的夹角为(　　).

(A) $\dfrac{\pi}{6}$；　(B) $\dfrac{\pi}{3}$；　(C) $\dfrac{\pi}{2}$；　(D) $\dfrac{2\pi}{3}$.

(10) 设曲线 $\begin{cases} y=1-2x \\ z=\dfrac{1}{2}(1-5x^2) \end{cases}$ 在点 $(1,-1,-2)$ 处的切线与直线 $\begin{cases} 5x-3y+3z-9=0 \\ 3x-2y+z-1=0 \end{cases}$ 的夹角为 $\varphi$，则 $\varphi$ 的值为(　　).

(A) 0；　(B) $\dfrac{\pi}{2}$；　(C) $\dfrac{\pi}{3}$；　(D) $\dfrac{\pi}{4}$.

(11) 设 $f(x,y)=x^3y+xy^2-2x+3y-1$,则 $f_y(3,2)=($　　$)$.

(A) 41;　　(B) 40;　　(C) 42;　　(D) 39.

(12) 函数 $f(x,y)=\begin{cases} x\sin\dfrac{1}{y}+y\sin\dfrac{1}{x}, & xy\neq 0 \\ 0, & xy=0 \end{cases}$,则极限 $\lim\limits_{\substack{x\to 0\\ y\to 0}}f(x,y)=($　　$)$.

(A) 不存在;　　(B) 等于1;　　(C) 等于零;　　(D) 等于2.

(13) 函数极 $z=x^3+y^3-3x^2-3y^2$ 最小值点是(　　).

(A) (0,0);　　(B) (2,2);　　(C) (0,2);　　(D) (2,0).

2. 填空题

(1) 设 $z=x+y+f(x-y)$,且当 $y=0$ 时,$z=x^2$,则函数 $z=$________.

(2) 设 $u=e^{-x^2y}$,则 $du|_{(1,1)}=$________.

(3) 设 $xyz+\sqrt{x^2+y^2+z^2}=\sqrt{2}$,则 $dz|_{(1,0,-1)}=$________.

(4) 设方程 $F(x-y,y-z,z-x)=0$,确定 $z=z(x,y)$,其中 $F$ 为可微函数,则 $\dfrac{\partial z}{\partial x}+\dfrac{\partial z}{\partial y}=$________.

(5) 设 $u=e^{-x}\sin\dfrac{x}{y}$,则 $\left.\dfrac{\partial^2 u}{\partial x\partial y}\right|_{(2,\frac{1}{\pi})}=$________.

(6) 椭球面 $2x^2+3y^2+z^2=6$ 上点 $P(1,1,1)$ 处的切平面方程为________________.法线方程为________________.

(7) 曲面 $z=4-x^2-y^2$ 上点____的切平面平行于平面 $2x+2y+2z-1=0$.

(8) 函数 $u=\ln(x+\sqrt{y^2+z^2})$ 在点 $A(1,0,1)$ 沿从点 $A(1,0,1)$ 到 $B(3,-2,2)$ 的方向导数为________________.

(9) 设函数 $z=\sqrt{|xy|}$,则在点(0,0)处沿着与 $Ox$ 轴正向夹角的 $\alpha$ 角方向的方向导数为____________.

(10) 若 $P_0(x_0,y_0,z_0)$ 是曲面 $F(x,y,z)=0$ 上的一点,且在该点有 $F_x(P_0)=F_y(P_0)=2$,$F_z(P_0)=2\sqrt{2}$,则曲面在该点处的切平面与坐标平面 $xOy$ 的夹角是________.

(11) 椭圆 $\begin{cases} 3x^2+2y^2=12 \\ z=0 \end{cases}$ 绕 $y$ 轴旋转的旋转曲面在点 $M(0,\sqrt{3},\sqrt{2})$ 处指向外侧的单位法向量为________.

3. 求函数的表达式:

(1) 若 $f(x,y)=x^2+y^2$,$\varphi(x,y)=x^2-y^2$,求 $f[\varphi(x,y),y^2]$;

(2) 设 $f(x-y,\ln x)=\dfrac{\left(1-\dfrac{y}{x}\right)e^x}{e^y\ln(x^x)}$,求 $f(x,y)$.

4. 函数 $f(x,y)=2x^2+y^2-y$,则该函数在点(2,3)处增长最快的方向 $\boldsymbol{l}$ 与 $x$ 轴正向的夹角 $\alpha=$____________.

5. 证明函数 $f(x,y)=\sqrt{|xy|}$ 在点(0,0)连续、偏导数存在，但不可微.

6. 设 $u=f(x,y,z)$，且 $z=\varphi(\frac{x}{y},\frac{y}{x})$，其中 $f,\varphi$ 可微，求$\frac{\partial u}{\partial x},\frac{\partial u}{\partial y}$.

7. 设函数 $f(x,y)=|x-y|\varphi(x,y)$，其中 $\varphi(x,y)$ 在点(0,0)处连续，问：

(1) $\varphi(x,y)$ 应满足什么条件，才能使偏导数 $f_x(0,0)$，$f_y(0,0)$ 存在.

(2) 在上述条件下，$f(x,y)$ 在点(0,0)处是否可微？

8. 设 $f(x,y)=\begin{cases}x+y+\dfrac{x^3y}{x^4+y^2}, & x^2+y^2\neq 0\\ 0, & x^2+y^2=0\end{cases}$，证明：函数 $f(x,y)$ 在(0,0)处沿着任何方向的方向导数都存在，但 $f(x,y)$ 在(0,0)处不可微.

9. 设方程 $F(x-z,y-z)=0$ 确定 $z=z(x,y)$，其 $F$ 具有连续的偏导数，求$\frac{\partial z}{\partial x}+\frac{\partial z}{\partial y}$.

10. 设 $u=\frac{1}{2}[\varphi(x+at)+\varphi(x-at)]+\frac{1}{2a}\int_{x-at}^{x+at}\psi(\xi)\mathrm{d}\xi$，其中 $\varphi,\psi$ 具有二阶导数，求 $\frac{\partial^2 u}{\partial t^2}-a^2\frac{\partial^2 u}{\partial x^2}$.

11. 设 $f(x,y)$ 具有二阶连续偏导数，且 $f(x,2x)=x$，$f_x(x,2x)=x^2$，$f_{xy}(x,2x)=x^3$，求 $f_{yy}(x,2x)$.

12. 求二元函数 $f(x,y)=3x^2+3y^2-2x^3+2$ 在有界闭区域 $D:x^2+y^2\leqslant 4$ 上的最值.

13. 如图 8-4 所示，$ABCD$ 是等腰梯形，$BC/\!/AD$，$AB+BC+CD=8$，求 $AB,BC,AD$ 的长，使该梯形绕 $AD$ 旋转一周所得旋转体的体积最大.

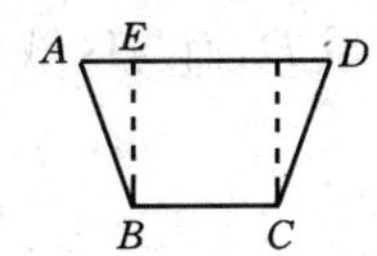

图 8-4

14. 求中心在原点的椭圆 $x^2-4xy+5y^2=1$ 的长半轴与短半轴的长度.

15. 已知 $a,b$ 满足$\int_a^b|x|\mathrm{d}x=\frac{1}{2}$ $(a\leqslant 0\leqslant b)$，求曲线 $y=x^2+ax$ 与直线 $y=bx$ 所围区域的面积的最大值与最小值.

16. 设长方体的三面在坐标面上，其一顶点在平面 $6x+2y+9z=18$ 上，求其最大体积(顶点在第一卦限内).

17. 证明曲面 $z=3+\sqrt{x^2+y^2}$ 的所有切平面都通过某一个定点.

18. 设函数 $f(x,y)=\int_0^{xy}\mathrm{e}^{-t^2}\mathrm{d}t$，求$\frac{x}{y}f_{xx}-2f_{xy}+\frac{y}{x}f_{yy}$.

**练习题解答**

# 第九章 重 积 分

## 一、内 容 提 要

重积分是定积分的推广.就定义而言,它们都是某种乘积和的极限,都具有与定积分类似的性质;就积分域而言,定积分是一元函数在区间域上的积分,二重积分是二元函数在平面区域上的积分,而三重积分是三元函数在空间区域上的积分;就应用而言,它们都是解决求分布在某种区域上具有可加性的整体量问题,所用的方法我们称之为"微元分析法".读者应注意类比学习.

**1. 二重积分的概念**

二重积分表示一种特殊的和式的极限,即

$$\iint_D f(x,y)\mathrm{d}\sigma=\lim_{\lambda\to 0}\sum_{i=1}^{n}f(\xi_i,\eta_i)\Delta\sigma_i,$$

其中,$\lambda=\max\limits_{1\leqslant i\leqslant n}\{\lambda_i\}$,$\lambda_i$ 为 $\Delta\sigma_i$ 的直径,$i=1,2,\cdots,n$.它的值取决于被积函数 $f(x,y)$ 和积分区域 $D$,而与区域 $D$ 的分法及 $(\xi_i,\eta_i)$ 的取法无关,也与积分变量用什么表示无关,即

$$\iint_D f(x,y)\mathrm{d}\sigma=\iint_D f(u,v)\mathrm{d}\sigma=\iint_D f(s,t)\mathrm{d}\sigma,$$

在直角坐标系中体积元素 $\mathrm{d}\sigma=\mathrm{d}x\mathrm{d}y$.

若被积函数 $f(x,y)$ 在积分区域 $D$ 上连续,则二重积分 $\iint\limits_D f(x,y)\mathrm{d}\sigma$ 必存在.

若被积函数 $f(x,y)$ 在 $D$ 上连续且 $f(x,y)\geqslant 0$,二重积分 $\iint\limits_D f(x,y)\mathrm{d}\sigma$ 在几何上表示以 $D$ 为底,$z=f(x,y)$ 为曲顶的曲顶柱体的体积,物理上表示以 $\mu=f(x,y)$ 为面密度的平面薄片 $D$ 的质量.

由几何意义易知,积分区域 $D$ 的面积 $\sigma=\iint\limits_D 1\cdot\mathrm{d}\sigma$.

**2. 二重积分的性质**

设所涉及的被积函数在区域 $D$ 上可积,则二重积分常用的性质有:

**性质 1** (线性性质)

$$\iint_D[k_1f_1(x,y)\pm k_2f_2(x,y)]\mathrm{d}\sigma=k_1\iint_D f_1(x,y)\mathrm{d}\sigma\pm k_2\iint_D f_2(x,y)\mathrm{d}\sigma.$$

其中,$k_1,k_2$ 为常数.

**性质 2** (区域可加性)设 $D=D_1+D_2$ 则

$$\iint\limits_D f(x,y)\mathrm{d}\sigma=\iint\limits_{D_1} f(x,y)\mathrm{d}\sigma+\iint\limits_{D_2} f(x,y)\mathrm{d}\sigma.$$

性质 1,2 可推广到任意有限多个的情形.

**性质 3** (比较性)若在 $D$ 上满足 $f(x,y)\leqslant g(x,y)$,则

$$\iint\limits_D f(x,y)\mathrm{d}\sigma\leqslant\iint\limits_D g(x,y)\mathrm{d}\sigma.$$

特别地,

$$\left|\iint\limits_D f(x,y)\mathrm{d}\sigma\right|\leqslant\iint\limits_D |f(x,y)|\mathrm{d}\sigma.$$

**性质 4** (估值性)设 $m,M$ 分别为 $f(x,y)$ 在区域 $D$ 上的最小值和最大值,$\sigma$ 为 $D$ 的面积,则

$$m\sigma\leqslant\iint\limits_D f(x,y)\mathrm{d}\sigma\leqslant M\sigma.$$

**性质 5** (中值定理)设被积函数 $f(x,y)$ 在积分区域 $D$ 上连续,$\sigma$ 为 $D$ 的面积,则在 $D$ 上至少存在一点 $(\xi,\eta)$,使得

$$\iint\limits_D f(x,y)\mathrm{d}\sigma=f(\xi,\eta)\cdot\sigma.$$

**3. 二重积分的计算法**

计算二重积分的基本方法是化为二次积分法或累次积分法.

(1) 利用直角坐标计算二重积分

(ⅰ) 若 $D$ 是 $X$ 型区域,即 $D=\{(x,y)\,|\,y_1(x)\leqslant y\leqslant y_2(x),a\leqslant x\leqslant b\}$,则

$$\iint\limits_D f(x,y)\mathrm{d}\sigma=\int_a^b\left[\int_{y1(x)}^{y2(x)} f(x,y)\mathrm{d}y\right]\mathrm{d}x\overset{\Delta}{=}\int_a^b\mathrm{d}x\int_{y1(x)}^{y2(x)} f(x,y)\mathrm{d}y.$$

——先 $y$ 后 $x$ 的二次积分.

(ⅱ) 若 $D$ 是 $Y$ 型区域,即 $D=\{(x,y)\,|\,x_1(y)\leqslant x\leqslant x_2(y),c\leqslant y\leqslant \mathrm{d}\}$,则

$$\iint\limits_D f(x,y)\mathrm{d}\sigma=\int_c^{\mathrm{d}}\left[\int_{x1(y)}^{x2(y)} f(x,y)\mathrm{d}x\right]\mathrm{d}y\overset{\Delta}{=}\int_c^{\mathrm{d}}\mathrm{d}y\int_{x1(y)}^{x2(y)} f(x,y)\mathrm{d}x.$$

——先 $x$ 后 $y$ 的二次积分.

(ⅲ) 若 $D$ 既不是 $X$ 型又不是 $Y$ 型区域,则可用一系列平行于 $x$ 轴或 $y$ 轴的直线去分割它,使每一部分是 $X$ 型或是 $Y$ 型区域,再根据积分区域的可加性计算 $\iint\limits_D f(x,y)\mathrm{d}\sigma$.

(2) 利用极坐标计算二重积分

(ⅰ) 若极点在积分域 $D$ 之外,且 $D=\{(\rho,\theta)\,|\,\rho_1(\theta)\leqslant\rho\leqslant\rho_2(\theta),\alpha\leqslant\theta\leqslant\beta\}$,则

$$\iint\limits_D f(x,y)\mathrm{d}\sigma=\int_\alpha^\beta\mathrm{d}\theta\int_{\rho_1(\theta)}^{\rho_2(\theta)} f(\rho\cos\theta,\rho\sin\theta)\rho\mathrm{d}\rho.$$

(ⅱ) 若极点在积分域 $D$ 的边界上,且 $D=\{(\rho,\theta)\,|\,0\leqslant\rho\leqslant\rho(\theta),\alpha\leqslant\theta\leqslant\beta\}$,则

$$\iint\limits_D f(x,y)\mathrm{d}\sigma=\int_\alpha^\beta\mathrm{d}\theta\int_0^{\rho(\theta)} f(\rho\cos\theta,\rho\sin\theta)\rho\mathrm{d}\rho.$$

(ⅲ) 若极点在积分域 $D$ 之内,且 $D=\{(\rho,\theta)\,|\,0\leqslant\rho\leqslant\rho(\theta),0\leqslant\theta\leqslant 2\pi\}$,则

$$\iint_D f(x,y)\mathrm{d}\sigma=\int_0^{2\pi}\mathrm{d}\theta\int_0^{\rho(\theta)}f(\rho\cos\theta,\rho\sin\theta)\rho\mathrm{d}\rho.$$

在极坐标系下除了上述积分次序外，也可化为先$\theta$后$\rho$的积分次序，在此不作要求.

**4. 三重积分的概念**

三重积分表示一种特殊的和式的极限，即

$$\iiint_\Omega f(x,y,z)\mathrm{d}v=\lim_{\lambda\to 0}\sum_{i=1}^n f(\xi_i,\eta_i,\zeta_i)\Delta v_i,$$

其中，$\lambda=\max\limits_{1\leqslant i\leqslant n}\{\lambda_i\}$，$\lambda_i$为$\Delta v_i$的直径，$i=1,2,\cdots,n$.它的值取决于被积函数$f(x,y,z)$和积分区域$\Omega$，而与积分变量用什么表示无关，即

$$\iiint_\Omega f(x,y,z)\mathrm{d}v=\iiint_\Omega f(u,v,w)\mathrm{d}v.$$

在直角坐标系中体积元素$\mathrm{d}v=\mathrm{d}x\mathrm{d}y\mathrm{d}z$.

若被积函数$f(x,y,z)$在积分区域$\Omega$上连续，则三重积分$\iiint\limits_\Omega f(x,y,z)\mathrm{d}v$必存在.

若在$\Omega$上被积函数$f(x,y,z)\geqslant 0$，三重积分表示以$\mu=f(x,y,z)$为体密度的空间立体$\Omega$的质量，这是三重积分的物理意义.由物理意义易知，积分区域 的体积$V=\iiint\limits_\Omega 1\cdot\mathrm{d}v$.

三重积分有与二重积分完全类似的性质.

**5. 三重积分的计算**

三重积分化为三次积分时要比二重积分复杂得多，积分顺序如何选择，通常要根据积分区域和被积函数的特点而定，在直角坐标系下通常的方法有三次积分法、先一后二法(投影法)、先二后一法(截面法)；在柱坐标系及球坐标系下也有相应的方法.

(1) 利用直角坐标计算三重积分

(ⅰ) 三次积分法

若$\Omega=\{(x,y,z)|z_1(x,y)\leqslant z\leqslant z_2(x,y),y_1(x)\leqslant y\leqslant y_2(x),a\leqslant x\leqslant b\}$，则

$$\iiint_\Omega f(x,y,z)\mathrm{d}v=\int_a^b\mathrm{d}x\int_{y1(x)}^{y2(x)}\mathrm{d}y\int_{z1(x,y)}^{z2(x,y)}f(x,y,z)\mathrm{d}z.$$

——先$z$，再$y$，最后$x$的三次积分.

同理还有其他五种积分次序.

(ⅱ) 先一后二法(投影法)

若$\Omega=\{(x,y,z)|z_1(x,y)\leqslant z\leqslant z_2(x,y),(x,y)\in D_{xy}\}$，其中$D_{xy}$是$\Omega$在$xOy$面上的投影区域，则

$$\iiint_\Omega f(x,y,z)\mathrm{d}v=\iint_{D_{xy}}\mathrm{d}x\mathrm{d}y\int_{z1(x,y)}^{z2(x,y)}f(x,y,z)\mathrm{d}z.$$

同理还有其他两种情形.

(ⅲ) 先二后一法(截面法)

若$\Omega=\{(x,y,z)|z_1\leqslant z\leqslant z_2,(x,y)\in D_z\}$，其中$z_1,z_2(z_1\leqslant z_2)$为常数，$D_z$是竖坐标为$z$的平面截闭区域$\Omega$所得到的一个平面闭区域，则

$$\iiint\limits_{\Omega} f(x,y,z)\mathrm{d}v = \int_{z_1}^{z_2}\mathrm{d}z\iint\limits_{D_z} f(x,y,z)\mathrm{d}x\mathrm{d}y.$$

同理还有其他两种情形.

特别地,若被积函数 $f(x,y,z)=g(z)$,且截面域 $D_z$ 的面积易求时,用先二后一法较简便,此时

$$\iiint\limits_{\Omega} f(x,y,z)\mathrm{d}v = \int_{z_1}^{z_2} g(z)\mathrm{d}z\iint\limits_{D_z}\mathrm{d}x\mathrm{d}y.$$

(2) 利用柱面坐标计算三重积分

设 $M(x,y,z)$ 为空间内的一点,并设点 $M$ 在 $xOy$ 面上的投影 $P$ 的极坐标为 $\rho,\theta$,则这样的三个数 $\rho,\theta,z$ 就叫做点 $M$ 的柱面坐标,其中 $\rho,\theta,z$ 的范围为

$$0\leqslant\rho<+\infty,0\leqslant\theta\leqslant 2\pi,-\infty<z<+\infty.$$

点 $M$ 的直角坐标与柱面坐标之间的关系为

$$\begin{cases} x=\rho\cos\theta, \\ y=\rho\sin\theta, \\ z=z. \end{cases}$$

柱面坐标系中的体积元素 $\mathrm{d}v=\rho\mathrm{d}\rho\mathrm{d}\theta\mathrm{d}z$,则

$$\iiint\limits_{\Omega} f(x,y,z)\mathrm{d}v = \iiint\limits_{\Omega} F(\rho,\theta,z)\rho\mathrm{d}\rho\mathrm{d}\theta\mathrm{d}z,$$

其中,$F(\rho,\theta,z)=f(\rho\cos\theta,\rho\sin\theta,z)$.

若积分域 $\Omega$ 在坐标面(如 $xOy$ 面)的投影域及 $\Omega$ 的上下界面或被积函数用极坐标表示较简单时,可考虑用柱坐标计算,具体计算时可先转化为先一后二,再进一步对二重积分用极坐标计算

$$\iiint\limits_{\Omega} f(x,y,z)\mathrm{d}v = \iint\limits_{D_{\rho\theta}}\rho\mathrm{d}\rho\mathrm{d}\theta\int_{z_1(\rho,\theta)}^{z_2(\rho,\theta)} f(\rho\cos\theta,\rho\sin\theta,z)\mathrm{d}z$$

$$\xlongequal{D_{\rho\theta}=\{(\rho,\theta)\mid\rho_1(\theta)\leqslant\rho\leqslant\rho_2(\theta),\alpha\leqslant\theta\leqslant\beta\}}\int_{\alpha}^{\beta}\mathrm{d}\theta\int_{\rho_1(\theta)}^{\rho_2(\theta)}\rho\mathrm{d}\rho\int_{z_1(\rho,\theta)}^{z_2(\rho,\theta)} f(\rho\cos\theta,\rho\sin\theta,z)\mathrm{d}z.$$

(3) 利用球面坐标计算三重积分

设 $M(x,y,z)$ 为空间内的一点,点 $M$ 也可用有序数对 $(r,\varphi,\theta)$ 来确定,其中 $r$ 为点 $M$ 到坐标原点 $O$ 的距离,$\varphi$ 为有向线段 $\overrightarrow{OM}$ 与 $z$ 轴正向所夹的角,$\theta$ 为从 $z$ 轴正向看自 $x$ 正向轴按逆时针方向转到有向线段 $\overrightarrow{OP}$ 的角,其中点 $P$ 为 $M$ 在 $xOy$ 面上的投影,则这样的三个数 $r,\varphi,\theta$ 就叫做点 $M$ 的球面坐标,其中 $r,\varphi,\theta$ 的范围为

$$0\leqslant r<+\infty,0\leqslant\varphi\leqslant\pi,0\leqslant\theta\leqslant 2\pi.$$

点 $M$ 的直角坐标与球面坐标之间的关系为

$$\begin{cases} x=r\sin\varphi\cos\theta, \\ y=r\sin\varphi\sin\theta, \\ z=r\cos\varphi. \end{cases}$$

球面坐标系中的体积元素 $\mathrm{d}v=r^2\sin\varphi\mathrm{d}r\mathrm{d}\varphi\mathrm{d}\theta$,则

$$\iiint_{\Omega} f(x,y,z)\mathrm{d}v=\iiint_{\Omega} F(r,\varphi,\theta)r^2\sin\varphi\mathrm{d}r\mathrm{d}\varphi\mathrm{d}\theta,$$

其中，$F(\rho,\theta,z)=f(r\sin\varphi\cos\theta,r\sin\varphi\sin\theta,r\cos\varphi)$.

若积分域 $\Omega$ 的边界曲面或被积函数用球面坐标表示较简单时，可考虑用球坐标计算，如 $\Omega=\{(r,\varphi,\theta)|r_1(\varphi,\theta)\leqslant r\leqslant r_2(\varphi,\theta),\varphi_1(\theta)\leqslant\varphi\leqslant\varphi_2(\theta),\alpha\leqslant\theta\leqslant\beta\}$,

则
$$\iiint_{\Omega} f(x,y,z)\mathrm{d}v=\int_{\alpha}^{\beta}\mathrm{d}\theta\int_{\varphi 1(\theta)}^{\varphi 2(\theta)}\mathrm{d}\varphi\int_{r1(\varphi,\theta)}^{r2(\varphi,\theta)} F(r,\varphi,\theta)r^2\sin\varphi\mathrm{d}r.$$

**6. 重积分的应用**

(1) 微元分析法

与定积分的应用类似，重积分的微元分析法或元素法的一般步骤为：

(ⅰ) 设所求量为 $U$，根据实际情况选取某种积分，如二重积分，确定积分区域 $D$ 及积分变量，如 $x,y$.

(ⅱ) 在 $D$ 中选择一个典型性的小区域 $\mathrm{d}\sigma$，求 $\Delta U$ 的微分表达式 $\mathrm{d}U$，如

$$\mathrm{d}U=f(x,y)\mathrm{d}\sigma.$$

(ⅲ) 所求量

$$U=\iint_D f(x,y)\mathrm{d}\sigma.$$

(2) 几何应用

(ⅰ) 平面图形 $D$ 的面积

$$A=\iint_D \mathrm{d}\sigma.$$

(ⅱ) 光滑曲面 $S$ 的面积

$$A=\iint_{D_{xy}}\sqrt{1+z_x^2+z_y^2}\,\mathrm{d}\sigma,$$

其中，$z=f(x,y)$ 表示曲面 $S$ 的方程，$D_{xy}$ 表示曲面 $S$ 在 $xOy$ 面上的投影区域.

(ⅲ) 空间立体 $\Omega$ 的体积

$$V=\iiint_{\Omega}\mathrm{d}v$$

或

$$V=\iint_{D_{xy}}|f_1(x,y)-f_2(x,y)|\,\mathrm{d}\sigma,$$

其中 $z_i=f_i(x,y),i=1,2$ 表示围成立体 $\Omega$ 的上下曲面，$D_{xy}$ 表示立体 $\Omega$ 在 $xOy$ 面上的投影区域.

(3) 物理应用

设 $\mu=\mu(x,y)$ 或 $\mu=\mu(x,y,z)$ 表示平面薄片或空间物体的密度，$m$ 表示相应的质量.

(ⅰ) 质量

平面薄片 $D$ 的质量

$$m=\iint_D \mu(x,y)\mathrm{d}\sigma.$$

空间物体 $\Omega$ 的质量

$$m=\iiint_\Omega \mu(x,y,z)\mathrm{d}v.$$

（ⅱ）质心坐标

平面薄片 $D$ 的质心坐标

$$\bar{x}=\frac{1}{m}\iint_D x\mu(x,y)\mathrm{d}\sigma,\bar{y}=\frac{1}{m}\iint_D y\mu(x,y)\mathrm{d}\sigma.$$

空间物体 $\Omega$ 的质心坐标

$$\bar{x}=\frac{1}{m}\iiint_\Omega x\mu(x,y,z)\mathrm{d}v,\bar{y}=\frac{1}{m}\iiint_\Omega y\mu(x,y,z)\mathrm{d}v,\bar{z}=\frac{1}{m}\iiint_\Omega z\mu(x,y,z)\mathrm{d}v.$$

（ⅲ）转动惯量

平面薄片 $D$ 相应的转动惯量

$$I_x=\iint_D y^2\mu(x,y)\mathrm{d}\sigma,I_y=\iint_D x^2\mu(x,y)\mathrm{d}\sigma.$$

空间物体 $\Omega$ 相应的转动惯量

$$I_x=\iiint_\Omega (y^2+z^2)\mu(x,y,z)\mathrm{d}v,I_y=\iiint_\Omega (x^2+z^2)\mu(x,y,z)\mathrm{d}v,$$

$$I_z=\iiint_\Omega (x^2+y^2)\mu(x,y,z)\mathrm{d}v.$$

（ⅳ）空间物体 $\Omega$ 对质点的引力

空间物体 $\Omega$ 对位于 $\Omega$ 外点 $(x_0,y_0,z_0)$ 处的质量为 $m$ 的质点的引力

$$\boldsymbol{F}=F_x\boldsymbol{i}+F_y\boldsymbol{j}+F_z\boldsymbol{k},$$

其中

$$F_x=km\iiint_\Omega \frac{x-x_0}{r^3}\mu(x,y,z)\mathrm{d}v,$$

$$F_y=km\iiint_\Omega \frac{y-y_0}{r^3}\mu(x,y,z)\mathrm{d}v,$$

$$F_z=km\iiint_\Omega \frac{z-z_0}{r^3}\mu(x,y,z)\mathrm{d}v,$$

$$r=\sqrt{(x-x_0)^2+(y-y_0)^2+(z-z_0)^2},(k\text{ 为引力系数}).$$

## 二、基本问题解答

**【问题 9.1】** 二重积分化为二次积分时，应注意哪些问题？

**答**　画域、定限是把二重积分化为二次积分的关键，其中画域更重要.选择适当的坐标系可简化运算.下面结合例子说明以上问题.

例如,计算下列二重积分

(1) $I=\iint\limits_D \frac{x^2}{y^2}\mathrm{d}x\ \mathrm{d}y$,其中 $D$ 由 $xy=2,y=1+x^2,x=2$ 所围成的闭区域.

(2) $I=\iint\limits_D x\ \mathrm{d}\sigma$,其中 $D$ 由不等式 $x\leqslant y\leqslant\sqrt{2x-x^2}$ 所确定.

**解** (1) 分三个步骤:

第一步 画区域 $D$,关键画出围成区域 $D$ 的几条边界线,并根据需要求出边界曲线的一些交点,如图 9-1 所示.

第二步 选择坐标系并定限,选择坐标系时,要综合考虑积分域 $D$ 的边界曲线及被积函数的特征,要以在该坐标系中表示简单为目标.本题选直角坐标较好.首先从被积函数看二次积分中先对哪个变量积分更方便些.本题易见,先对哪个变量积分差异不大;其次从积分域看,先对 $y$ 积分方便,积分区域 $D$ 不需分块,否则先对 $x$ 积分,要将 $D$ 分成两部分,要计算两个二次积分,较繁.

第三步 计算,$I=\int_1^2\mathrm{d}x\int_{\frac{2}{x}}^{1+x^2}\frac{x^2}{y^2}\mathrm{d}y=\frac{7}{8}+\arctan 2-\frac{\pi}{4}$.

(2) 积分区域 $D$ 由直线 $y=x$ 与圆 $y=\sqrt{2x-x^2}$ 围成,且位于直线之上,圆之内,如图 9-2 所示.分析被积函数与积分区域知,转换成极坐标的二次积分计算比较简单,因为固定 $\theta\in\left(\frac{\pi}{4},\frac{\pi}{2}\right)$,则从极点 $O$ 出发的射线均从极点进入区域 $D$ 到 $\rho=2\cos\theta$,故

$$D:\frac{\pi}{4}\leqslant\theta\leqslant\frac{\pi}{2},0\leqslant\rho\leqslant 2\cos\theta,$$

故 $I=\int_{\frac{\pi}{4}}^{\frac{\pi}{2}}\mathrm{d}\theta\int_0^{2\cos\theta}\rho^2\cos\theta\mathrm{d}\rho=\frac{8}{3}\int_{\frac{\pi}{4}}^{\frac{\pi}{2}}\cos^4\theta\ \mathrm{d}\theta=\frac{\pi}{4}-\frac{2}{3}$.

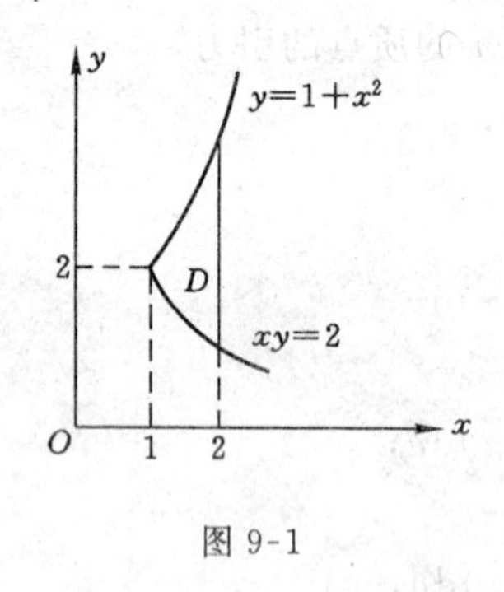


图 9-1

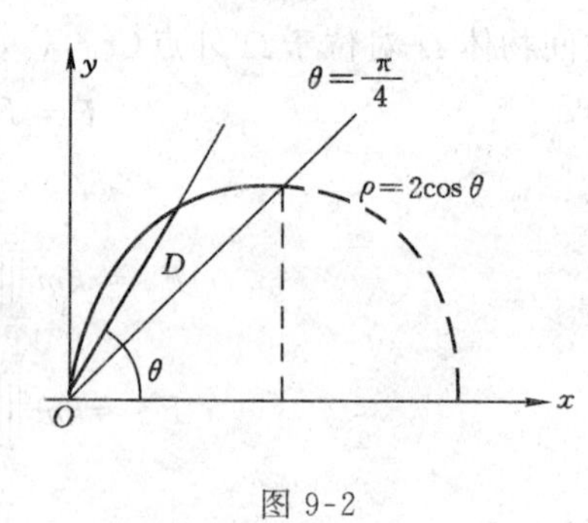


图 9-2

**注** 若(2)中的被积函数 $f(x,y)=x$ 中的 $x$ 换成 $y$,积分域不变,计算可知积分 $\iint\limits_D y\mathrm{d}\sigma$ 在直角坐标系中进行计算比较方便,即

$$\iint\limits_D y\mathrm{d}\sigma=\int_0^1\mathrm{d}x\int_x^{\sqrt{2x-x^2}}y\mathrm{d}y=\frac{1}{2}\int_0^1(2x-2x^2)\mathrm{d}x=\frac{1}{6}.$$

**【问题 9.2】** 如何交换二次积分的积分次序?应注意什么问题?

**答** 交换二次积分的次序应先把该二次积分化为相应的二重积分,画出积分区域,再转

换积分次序，下面举例说明.

例如，计算 $\int_1^3 \mathrm{d}x \int_{x-1}^{2} \sin y^2 \mathrm{d}y$.

**解** 由于 $\sin y^2$ 的原函数不是初等函数，所以先转化为二重积分，再交换积分次序.

$$原式=\iint_D \sin y^2 \mathrm{d}\sigma=\int_0^2 \mathrm{d}y\int_1^{x+y} \sin y^2 \mathrm{d}x$$

$$=\int_0^2 y \sin y^2 \mathrm{d}y=\frac{1}{2}(1-\cos 4).$$

图 9-3

因此，交换二次积分次序的关键在于画出相应的二重积分的积分区域，即使题目简单，也应将积分区域画出.

又如，交换二次积分 $\int_0^{2\pi} \mathrm{d}x \int_0^{\sin x} f(x,y)\mathrm{d}y$ 的顺序.

**解** 由 $0 \leqslant x \leqslant 2\pi$，知上限 $y=\sin x$ 有正有负，不恒大于下限 0.已经知道，由二重积分化成二次积分时，其上限一定不能小于下限，这一点与定积分的下、上限的要求不同.为此，要将原式拆成两项，使每个二次积分中的上限一定不小于下限，在颠倒上下限时，同时要改变二次积分的符号，于是

$$\int_0^{2\pi} \mathrm{d}x\int_0^{\sin x} f(x,y)\mathrm{d}y=\int_0^{\pi} \mathrm{d}x\int_0^{\sin x} f(x,y)\mathrm{d}y-\int_{\pi}^{2\pi} \mathrm{d}x\int_{\sin x}^{0} f(x,y)\mathrm{d}y.$$

分别找出相应的积分域 $D_1$ 和 $D_2$，如图 9-4 所示.

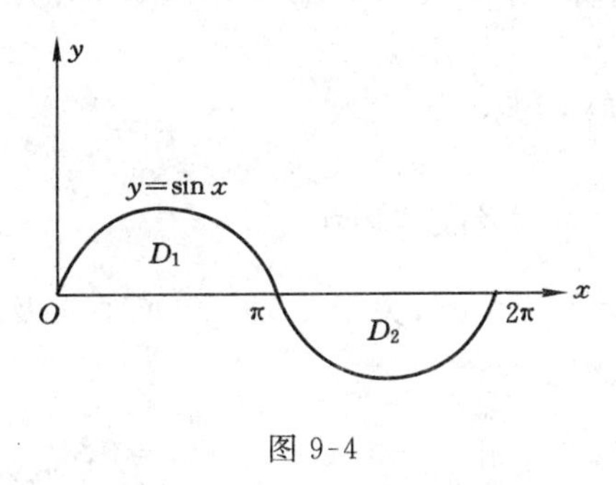


图 9-4

$$故原式=\iint_{D_1} f(x,y)\mathrm{d}\sigma-\iint_{D_2} f(x,y)\mathrm{d}\sigma$$

$$=\int_0^1 \mathrm{d}y\int_{\arcsin y}^{\pi-\arcsin y} f(x,y)\mathrm{d}x-\int_{-1}^{0} \mathrm{d}y\int_{\pi-\arcsin y}^{2\pi+\arcsin y} f(x,y)\mathrm{d}x.$$

**【问题 9.3】** 怎样正确利用积分区域和被积函数的对称性来简化二重积分的计算?

**答** 利用对称性来简化重积分的计算，如同在对称区间上用函数奇偶性来简化定积分计算一样，必须兼顾被积函数与积分区域两个方面.两个方面的对称性要相匹配才能利用，归纳如下.

计算 $I=\iint_D f(x,y)\mathrm{d}\sigma$.

**1. 奇偶对称性**

(1) 若 $D$ 关于 $y$ 轴对称，且

① 当 $f(-x,y)=-f(x,y)$ 时，则有 $I=0$；

② 当 $f(-x,y)=f(x,y)$ 时，则有

$$I=2\iint\limits_{D_1} f(x,y)\mathrm{d}\sigma,$$

其中

$$D_1=\{(x,y)\mid (x,y)\in D, x\geqslant 0\}.$$

(2) 若 $D$ 关于 $x$ 轴对称，且

① 当 $f(x,-y)=-f(x,y)$ 时，则有 $I=0$；

② 当 $f(x,-y)=f(x,y)$ 时，则有 $I=2\iint\limits_{D_2} f(x,y)\mathrm{d}\sigma$，其中

$$D_2=\{(x,y)\mid (x,y)\in D, y\geqslant 0\}.$$

(3) 若 $D$ 关于原点对称，且

① 当 $f(-x,-y)=-f(x,y)$ 时，则有 $I=0$；

② 当 $f(-x,-y)=f(x,y)$ 时，则有

$$I=2\iint\limits_{D_1} f(x,y)\mathrm{d}\sigma=2\iint\limits_{D_2} f(x,y)\mathrm{d}\sigma,$$

其中 $D_1,D_2$ 如前述.

**2. 轮换对称性**

若 $D$ 关于直线 $y=x$ 对称，则 $\iint\limits_{D} f(x,y)\mathrm{d}\sigma=\iint\limits_{D} f(y,x)\mathrm{d}\sigma$.

特别地 $\iint\limits_{D} f(x)\mathrm{d}\sigma=\iint\limits_{D} f(y)\mathrm{d}\sigma$.

例如，计算 $\iint\limits_{x^2+y^2\leqslant a^2}(x^2-2x+3y+2)\mathrm{d}\sigma$.

**解** 积分区域是圆域 $x^2+y^2\leqslant a^2$，关于 $x$ 轴、$y$ 轴、原点及直线 $y=x$ 均对称，故将被积函数分项积分.即

$$\iint\limits_{x^2+y^2\leqslant a^2}(-2x+3y)\mathrm{d}\sigma=0,$$

而

$$\iint\limits_{x^2+y^2\leqslant a^2} x^2\mathrm{d}\sigma=\iint\limits_{x^2+y^2\leqslant a^2} y^2\mathrm{d}\sigma=\frac{1}{2}\iint\limits_{x^2+y^2\leqslant a^2}(x^2+y^2)\mathrm{d}\sigma=\frac{\pi a^4}{4},$$

又

$$\iint\limits_{x^2+y^2\leqslant a^2} 2\,\mathrm{d}\sigma=2\pi a^2,$$

所以，原式 $=\dfrac{\pi a^4}{4}+2\pi a^2$.

**【问题 9.4】** 当重积分的被积函数含有绝对值符号时，如何计算？

**答** 与定积分的被积函数含有绝对值符号时处理方法类似.一般将被积函数分块表示，有时也可利用对称性以去掉绝对值符号，再结合积分区域的可加性来分块进行计算，然后把各自的结果相加.

例如，计算 $\iint\limits_{D}|x^2+y^2-4|\mathrm{d}\sigma$，其中 $D:x^2+y^2\leqslant 9$.

**解**　由$|x^2+y^2-4|=\begin{cases}x^2+y^2-4, & 4\leqslant x^2+y^2\leqslant 9,\\ 4-(x^2+y^2), & x^2+y^2\leqslant 4,\end{cases}$得

$$\begin{aligned}原式&=\iint\limits_{x^2+y^2\leqslant 4}[4-(x^2+y^2)]\mathrm{d}\sigma+\iint\limits_{4\leqslant x^2+y^2\leqslant 9}(x^2+y^2-4)\mathrm{d}\sigma\\&=\int_0^{2\pi}\mathrm{d}\theta\int_0^2(4-r^2)r\mathrm{d}r+\int_0^{2\pi}\mathrm{d}\theta\int_2^3(r^2-4)r\mathrm{d}r\\&=\frac{41}{2}\pi.\end{aligned}$$

又如，计算$\iint\limits_D|y|\mathrm{d}\sigma$，其中$D:\frac{x^2}{a^2}+\frac{y^2}{b^2}\leqslant 1$.

**解**　由对称性知，此积分等于$D$位于第一象限中的部分$D_1$上积分的4倍.在第一象限内$|y|=y$，故

$$原式=4\iint\limits_{D_1}y\ \mathrm{d}\sigma=4\int_0^a\mathrm{d}x\int_0^{\frac{b}{a}\sqrt{a^2-x^2}}y\ \mathrm{d}y=\frac{4}{3}ab^2.$$

**【问题 9.5】**　问下列做法是否正确？

设$D$由$x^2+y^2=a^2$围成，$\iint\limits_D(x^2+y^2)\mathrm{d}\sigma=\iint\limits_D a^2\mathrm{d}\sigma=a^2\cdot\pi a^2=\pi a^4$.

**答**　解法是错误的.因为被积函数除了在边界$x^2+y^2=a^2$上取值外，还要在其内部取值，将$x^2+y^2=a^2$代入，实际上忽略了$x^2+y^2<a^2$的部分.换句话说$x^2+y^2=a^2$仅仅是区域的边界而非全部，故不能直接代入.

正确的做法是：(用极坐标)

$$原式=\int_0^{2\pi}\mathrm{d}\theta\int_0^a\rho^2\cdot\rho\mathrm{d}\rho=\frac{1}{2}\pi a^4.$$

**【问题 9.6】**　计算三重积分$I=\iiint\limits_\Omega z\mathrm{d}v$，$\Omega$由$z=\sqrt{x^2+y^2}$及$z=1$，$z=2$围成的区域，问：(1) 能否用在高为2的大圆锥内的积分，减去高为1的小圆锥内的积分来计算？(2) 当被积函数为$\frac{1}{z}$时，积分$\iiint\limits_\Omega\frac{1}{z}\mathrm{d}v$能否用同样的方法计算？

**答**　(1) 对具体的这个积分可以这样做，因为被积函数$z$在大圆锥内连续，自然在小圆锥内也连续，所以在这两个区域内三重积分都是存在的，利用柱面坐标系来计算，且有

$$I=\int_0^{2\pi}\mathrm{d}\theta\int_0^2\mathrm{d}\rho\int_\rho^2 z\rho\mathrm{d}z-\int_0^{2\pi}\mathrm{d}\theta\int_0^1\mathrm{d}\rho\int_\rho^1\rho z\mathrm{d}z=\frac{15}{4}\pi.$$

(2) 不能，对积分区域进行适当延拓，且在延拓后的积分区域上的积分计算简便，这是常用的一种技巧.但要求被积函数在延拓的区域上连续，或可积，即满足积分存在条件.否则不能.例如$f(x,y,z)=\frac{1}{z}$在补充区域上不可积，则$\iiint\limits_\Omega\frac{1}{z}\mathrm{d}v$就不能延拓到小圆锥内.

**【问题 9.7】**　计算三重积分的所谓"先二后一"法是怎么回事？在什么情况下用这种方法好？

**答**　将三重积分$\iiint\limits_\Omega f(x,y,z)\mathrm{d}v$化为三次积分时，先求关于某两个变量的二重积分，

再求关于另一个变量的定积分，简称为“先二后一”法.例如，设$f(x,y,z)$在$\Omega$上连续，$\Omega$介于平面$z=c_1$和$z=c_2(c_1<c_2)$之间，用任一平行此两平面的平面去截$\Omega$，得到区域$D_z(c_1\leqslant z\leqslant c_2)$，则有

$$\iiint_{\Omega} f(x,y,z)\mathrm{d}v=\int_{c1}^{c2}\mathrm{d}z\iint_{D_z} f(x,y,z)\mathrm{d}x\ \mathrm{d}y.$$

这就是先求关于$x,y$的二重积分，再求关于$z$的定积分，称之为“先二后一”法.

当被积函数与$x,y$无关，截面域$D_z$的面积$S_{D_z}$易求时，此时积分

$$\iiint_{\Omega} f(z)\mathrm{d}v=\int_{c1}^{c2} f(z)S_{D_z}\mathrm{d}z.$$

例如，计算$\iiint\limits_{\Omega} z\mathrm{d}v$，$\Omega$由$x^2+y^2\leqslant z^2, 0\leqslant z\leqslant H$所确定.

**解** 因$D_z: x^2+y^2\leqslant z^2$且$f(x,y,z)=z$与$x,y$无关，用“先二后一”法，即

$$\text{原式}=\int_0^H z\mathrm{d}z\iint_{D_z}\mathrm{d}x\mathrm{d}y=\pi\int_0^H z^3\mathrm{d}z=\frac{\pi}{4}H^4.$$

**【问题 9.8】** 如何用对称性简化三重积分？

**答** (1) 轮换对称性，也叫变量位置的对称性.

设空间区域$\Omega$由$\varphi(x,y,z)\leqslant 0$表示，若将$x$和$y$的位置交换后，$\varphi(y,x,z)\leqslant 0$仍表示$\Omega$，则

$$\iiint_{\Omega} f(x,y,z)\mathrm{d}v=\iiint_{\Omega} f(y,x,z)\mathrm{d}v.$$

例如，设$\Omega: x^2+y^2+z^2\leqslant R^2$，其中$x$、$y$、$z$均有轮换对称性，则

$$\iiint_{\Omega} f(x)\mathrm{d}v=\iiint_{\Omega} f(y)\mathrm{d}v=\iiint_{\Omega} f(z)\mathrm{d}v.$$

又如，设$\Omega: x^2+y^2+z^2\leqslant 1$，计算$\iiint\limits_{\Omega} x^2\mathrm{d}v$.

**解** 由轮换对称性知

$$\begin{aligned}\iiint_{\Omega} x^2\mathrm{d}v&=\frac{1}{3}\iiint_{\Omega}(x^2+y^2+z^2)\mathrm{d}v\\&=\frac{1}{3}\int_0^{2\pi}\mathrm{d}\theta\int_0^{\pi}\mathrm{d}\varphi\int_0^1 r^2\cdot r^2\sin\varphi\ \mathrm{d}r\\&=\frac{1}{15}\pi.\end{aligned}$$

(2) 奇偶对称性.

设$\Omega$关于$yOz$面对称，则

$$\iiint_{\Omega} f(x,y,z)\mathrm{d}v=\begin{cases}2\iiint\limits_{\Omega_1} f(x,y,z)\mathrm{d}v, & \text{当} f(x,y,z)\text{关于} x \text{为偶函数时},\\ 0, & \text{当} f(x,y,z)\text{关于} x \text{为奇函数时},\end{cases}$$

其中，$\Omega_1$是$\Omega$在$yOz$面前边的部分.

当$\Omega$关于其他坐标面对称时有类似结论.

**【问题 9.9】** 在球面坐标系下化三重积分为三次积分时，怎样确定三次积分中各积分的

上、下限？

**答** 在球面坐标系下化三重积分为三次积分，有公式：

$$\iiint_{\Omega} f(x,y,z)\mathrm{d}v=\int_{\theta_1}^{\theta_2}\mathrm{d}\theta\int_{\varphi_1(\theta)}^{\varphi_2(\theta)}\mathrm{d}\varphi\int_{r_1(\theta,\varphi)}^{r_2(\theta,\varphi)}F(r,\varphi,\theta)r^2\sin\varphi\mathrm{d}r,$$

其中，$F(r,\varphi,\theta)=f(r\sin\varphi\cos\theta,r\sin\varphi\sin\theta,r\cos\varphi)$，关于如何确定上式右端各积分的上、下限，有下述方法：

(1) 关于 $\theta$ 的限：将积分区域 $\Omega$ 投影到 $xOy$ 面上，得投影区域 $D_1$，再就 $D_1$ 按平面极坐标确定 $\theta$ 角的变化范围，得 $\theta_1\leqslant\theta\leqslant\theta_2(0\leqslant\theta_1\leqslant\theta_2\leqslant 2\pi)$，这里 $\theta_1$ 与 $\theta_2$ 分别是对 $\theta$ 积分时的下限与上限，若原点在 $D_1$ 内，则 $\theta_1=0,\theta_2=2\pi$.

(2) 关于 $\varphi$ 的限：对任意取定的 $\theta\in(\theta_1,\theta_2)$ 过 $z$ 轴有一半平面，这个半平面与 $\Omega$ 相交得域 $D_2$，再就域 $D_2$ 按平面极坐标确定 $\varphi$ 角的取值范围，得 $\varphi_1(\theta)\leqslant\varphi\leqslant\varphi_2(\theta)(0\leqslant\varphi_1\leqslant\varphi_2\leqslant\pi)$，这里 $\varphi_1(\theta)$ 与 $\varphi_2(\theta)$ 分别是对 $\varphi$ 积分时的下限与上限.应当注意的是这时 $D_2$ 中任一点 $P$ 的极坐标是 $(r,\varphi)$，$\varphi$ 是 $z$ 轴转至 $OP$ 的转角，如果原点在 $\Omega$ 内，则 $\varphi_1=0,\varphi_2=\pi$.

(3) 关于 $r$ 的限：对固定的 $\theta\in(\theta_1,\theta_2)$ 和 $\varphi\in(\varphi_1(\theta),\varphi_2(\theta))$，从原点出发作射线，这射线从 $r=r_1(\theta,\varphi)$ 穿进区域 $\Omega$，从 $r=r_2(\theta,\varphi)$ 穿出 $\Omega$，那么 $r_1$ 与 $r_2$ 就分别是对 $r$ 积分时的下限与上限.如果原点在 $\Omega$ 内，那么积分的下限为 0，射线穿出 $\Omega$ 时的 $r=r(\theta,\varphi)$ 为积分的上限.

球面坐标系下三次积分的定限一般说来不很方便，如果遇到区域 $\Omega$ 稍复杂一些，定限更感困难.所以，在一般教材中用球坐标计算三重积分的积分区域，多半限于由球面、圆锥面等所围成的常见区域.

例如，求由不等式 $\sqrt{x^2+y^2}\leqslant z\leqslant 1+\sqrt{1-x^2-y^2}$ 所确定的立体(设密度为 1)对 $z$ 轴的转动惯量.

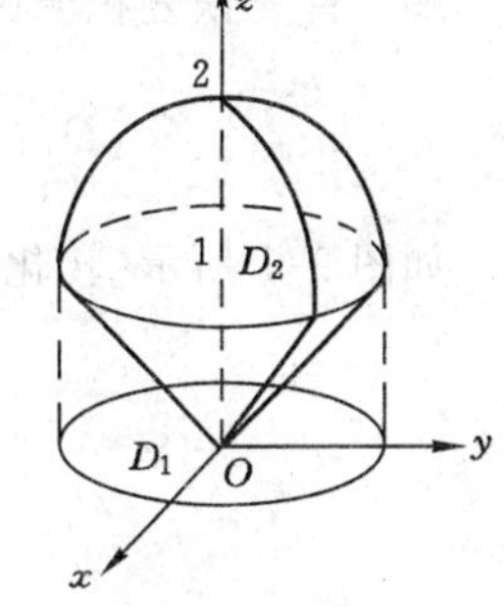

图 9-5

**解** 由题设不等式所确定的立体所占的空间区域 $\Omega$(图 9-5)，它在 $xOy$ 面上的投影区域 $D_1$ 是圆域：$x^2+y^2\leqslant 1$，故 $0\leqslant\theta\leqslant 2\pi$，过 $z$ 轴，$\theta$ 固定的半平面，如图 9-5 中的 $zOr$ 面，与 $\Omega$ 相交，得 $D_2$，因此 $0\leqslant\varphi\leqslant\pi/4$，从原点作射线，这射线由原点 $O$ 穿进 $\Omega$，而从球面：$r=2\cos\varphi$ 穿出，所以

$$0\leqslant r\leqslant 2\cos\varphi.$$

故所求的转动惯量为

$$I=\iiint_{\Omega}(x^2+y^2)\mathrm{d}v$$

$$=\int_0^{2\pi}\mathrm{d}\theta\int_0^{\frac{\pi}{4}}\mathrm{d}\varphi\int_0^{2\cos\varphi}r^4\sin^3\varphi\,\mathrm{d}r=\frac{64}{5}\pi\int_0^{\frac{\pi}{4}}\sin^3\varphi\cos^5\varphi\mathrm{d}\varphi=\frac{11}{30}\pi.$$

## 三、典型例题解析

### 1. 在直角坐标系下交换二重积分的积分次序

**【例 9.1】** 设 $f(x,y)$ 在 $D$ 上连续，$D$ 由曲线 $y=x^2$ 及 $y=x+2$ 围成，试将二重积分 $I$

$=\iint\limits_D f(x,y)\mathrm{d}\sigma$ 化为直角坐标系下的两种不同次序的二次积分.

**解** $D$ 的图形如图 9-6 所示.

(1) 化为先 $y$ 后 $x$ 的积分次序,$D$ 为 $X$ 型区域,求出两曲线的交点后易知

$$D:\begin{cases}-1\leqslant x\leqslant 2,\\ x^2\leqslant y\leqslant x+2.\end{cases}$$

$$I=\iint\limits_D f(x,y)\mathrm{d}\sigma=\int_{-1}^{2}\mathrm{d}x\int_{x^2}^{x+2}f(x,y)\mathrm{d}y.$$

(2) 化为先 $x$ 后 $y$ 的积分次序,要将 $D$ 分成两个简单的 $Y$ 型区域.

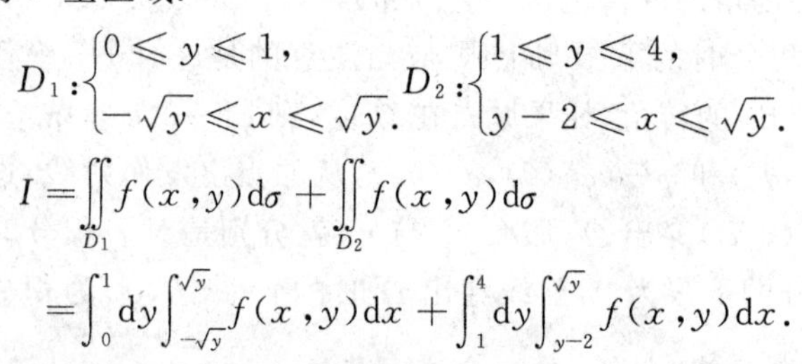

$$D_1:\begin{cases}0\leqslant y\leqslant 1,\\ -\sqrt{y}\leqslant x\leqslant\sqrt{y}.\end{cases}\quad D_2:\begin{cases}1\leqslant y\leqslant 4,\\ y-2\leqslant x\leqslant\sqrt{y}.\end{cases}$$

$$I=\iint\limits_{D_1}f(x,y)\mathrm{d}\sigma+\iint\limits_{D_2}f(x,y)\mathrm{d}\sigma$$

$$=\int_0^1\mathrm{d}y\int_{-\sqrt{y}}^{\sqrt{y}}f(x,y)\mathrm{d}x+\int_1^4\mathrm{d}y\int_{y-2}^{\sqrt{y}}f(x,y)\mathrm{d}x.$$

图 9-6

**【例 9.2】** 交换二次积分的次序,

$$I=\int_{-1}^{0}\mathrm{d}x\int_{-x}^{1}f(x,y)\mathrm{d}y+\int_0^1\mathrm{d}x\int_{1-\sqrt{1-x^2}}^{1}f(x,y)\mathrm{d}y.$$

**解** 首先恢复积分区域:记 $D_1,D_2$ 为

$$D_1:\begin{cases}-1\leqslant x\leqslant 0,\\ -x\leqslant y\leqslant 1,\end{cases}\quad D_2:\begin{cases}0\leqslant x\leqslant 1.\\ 1-\sqrt{1-x^2}\leqslant y\leqslant 1.\end{cases}$$

如图 9-7 所示(转化成 $Y$ 型区域描述)

$$D:\begin{cases}0\leqslant y\leqslant 1,\\ -y\leqslant x\leqslant\sqrt{2y-y^2}.\end{cases}$$

则
$$I=\int_0^1\mathrm{d}y\int_{-y}^{\sqrt{2y-y^2}}f(x,y)\mathrm{d}x.$$

**【例 9.3】** 交换二次积分的次序,$I=\int_0^2\mathrm{d}x\int_{\sqrt{2+x^2}}^{\sqrt{4-x^2}}f(x,y)\mathrm{d}y$.

**解** 先根据二次积分画积分区域,将已知的二次积分化为二重积分,从图 9-8 中可看出,要化二次积分为二重积分必须先将其分为两部分.

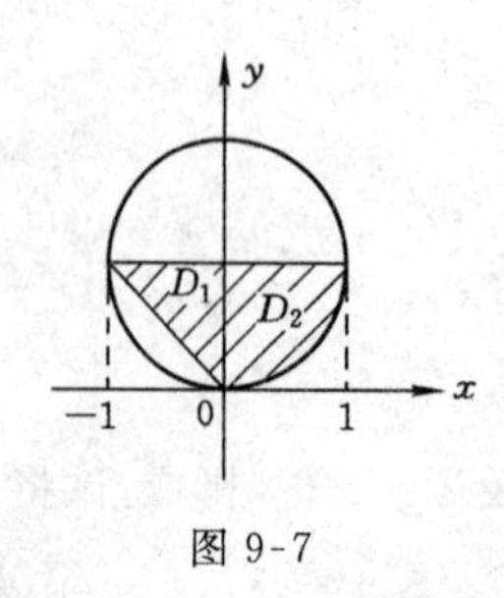


图 9-7

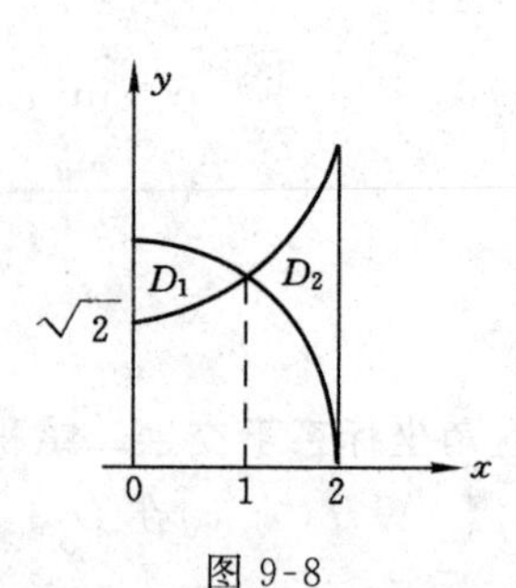


图 9-8

$$I=\int_0^1 dx\int_{\sqrt{2+x^2}}^{\sqrt{4-x^2}} f(x,y)dy+\int_1^2 dx\int_{\sqrt{2+x^2}}^{\sqrt{4-x^2}} f(x,y)dy$$

$$=\int_0^1 dx\int_{\sqrt{2+x^2}}^{\sqrt{4-x^2}} f(x,y)dy-\int_1^2 dx\int_{\sqrt{4-x^2}}^{\sqrt{2+x^2}} f(x,y)dy$$

$$=\iint_{D_1} f(x,y)d\sigma-\iint_{D_2} f(x,y)d\sigma$$

$$=\int_{\sqrt{2}}^{\sqrt{3}} dy\int_0^{\sqrt{y^2-2}} f(x,y)dx+\int_{\sqrt{3}}^{2} dy\int_0^{\sqrt{4-y^2}} f(x,y)dx-$$

$$\int_0^{\sqrt{3}} dy\int_{\sqrt{4-y^2}}^{2} f(x,y)dx-\int_{\sqrt{3}}^{\sqrt{6}} dy\int_{\sqrt{y^2-2}}^{2} f(x,y)dx.$$

**【例 9.4】** 计算 $I=\int_0^1 dx\int_x^1 e^{-y^2}dy$.

**解** 由于 $e^{-y^2}$ 的原函数不能用初等函数表示,可考虑先交换积分次序,积分域见图 9-9.

$$I=\int_0^1 dy\int_0^y e^{-y^2}dx=\int_0^1 ye^{-y^2}dy$$

$$=-\frac{1}{2}e^{-y^2}\Big|_0^1=\frac{1}{2}(1-e^{-1}).$$

**2. 二重积分在直角坐标系下的计算**

**【例 9.5】** 计算 $I=\iint_D\sqrt{4x^2-y^2}\,dx\,dy$,其中 $D$ 由 $y=0$, $x=1$, $y=x$ 所围成.

**解** 区域 $D$ 如图 9-10 所示.

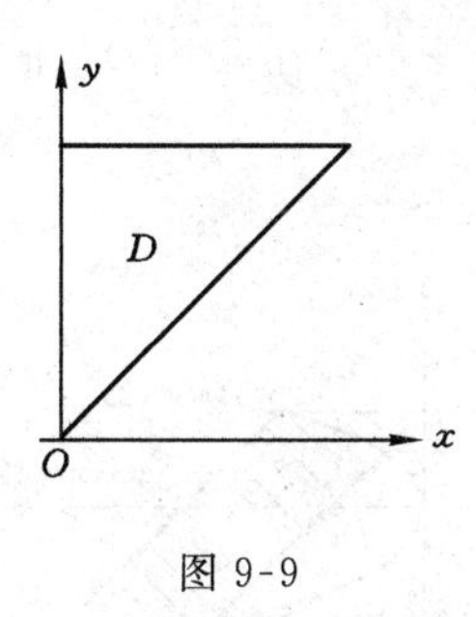


图 9-9

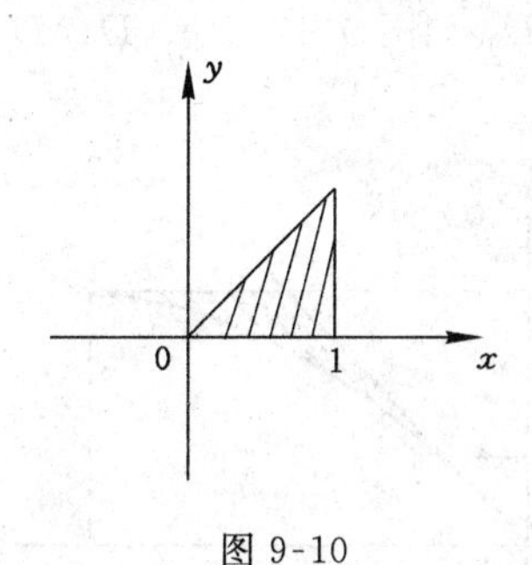


图 9-10

$I=\int_0^1 dx\int_0^x\sqrt{4x^2-y^2}\,dy$,令 $y=2x\sin t$,则

$$I=\int_0^1 dx\int_0^{\frac{\pi}{6}} 2x\cos t\cos t\cdot 2x\,dt$$

$$=4\int_0^1 x^2dx\int_0^{\frac{\pi}{6}}\cos^2 t\,dt$$

$$=\frac{4}{3}x^3\Big|_0^1\cdot\int_0^{\frac{\pi}{6}}\frac{1+\cos 2t}{2}dt$$

$$=\frac{1}{3}\left(\frac{\pi}{3}+\frac{\sqrt{3}}{2}\right).$$

**【例 9.6】** 计算 $I=\iint\limits_D \sin\frac{\pi x}{2y}\mathrm{d}\sigma$,其中 $D$ 是由曲线 $y=\sqrt{x}$,直线 $y=x$ 和$y=2$围成.

**解** 区域 $D$ 如图 9-11 所示,求出交点分别为(1,1),(2,2),(4,2),将二重积分按 $D$ 为 $Y$ 型区域化为累次积分并计算:

$$\begin{aligned} I&=\int_1^2\mathrm{d}y\int_y^{y^2}\sin\frac{\pi x}{2y}\mathrm{d}x \\ &=\int_1^2\left[-\frac{2}{\pi}y\cos\frac{\pi x}{2y}\right]_y^{y^2}\mathrm{d}y \\ &=-\frac{2}{\pi}\int_1^2 y\cos\frac{\pi}{2}y\ \mathrm{d}y \\ &=-\frac{2}{\pi}\left[\frac{2}{\pi}y\sin\frac{\pi y}{2}+\frac{4}{\pi^2}\cos\frac{\pi y}{2}\right]_1^2 \\ &=\frac{4}{\pi^3}(2+\pi). \end{aligned}$$

**注** 此题若将 $D$ 视为 $X$ 型区域,则二重积分化为累次积分后"积不出".这说明选择积分次序的重要性.即使两种积分次序都可积出,也有繁简之分,正式计算前应作以比较,选择简便的算法.

**【例 9.7】** 计算积分 $\iint\limits_D(x+y)\mathrm{d}\sigma$,其中区域 $D$ 由 $y^2=2x,x+y=4,x+y=12$ 围成,如图 9-12 所示.

**解** $D_1$ 如图 9-12 所示,$D=D+D_1-D_1$,$f(x,y)=x+y$ 在 $D+D_1$ 上有定义且连续.所以

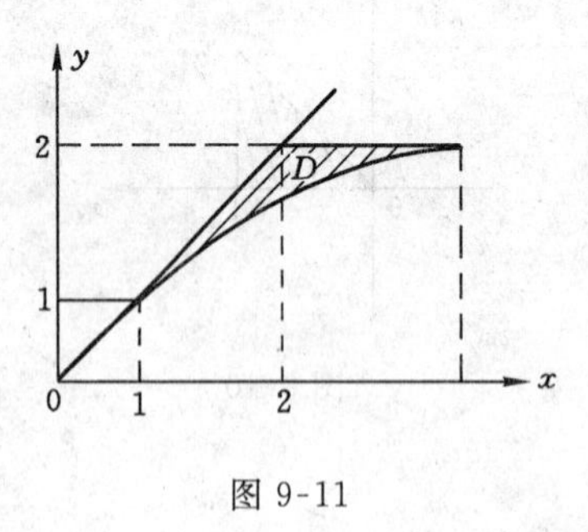

图 9-11

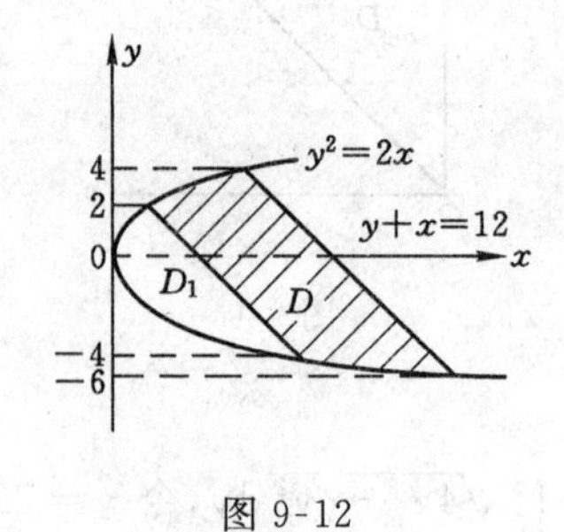

图 9-12

$$\iint\limits_D=\iint\limits_{D+D_1}-\iint\limits_{D_1},$$

$$\iint\limits_{D+D_1}(x+y)\mathrm{d}\sigma=\int_{-6}^4\mathrm{d}y\int_{\frac{y^2}{2}}^{12-y}(x+y)\mathrm{d}x$$

$$=\frac{1}{2}\int_{-6}^{4}\left[12^2-\left(\frac{y^2}{2}+y\right)^2\right]dy$$

$$=720-\frac{1}{2}\int_{-6}^{4}\left(\frac{y^4}{4}+y^3+y^2\right)dy,$$

$$\iint_{D_1}(x+y)d\sigma=\frac{1}{2}\int_{-4}^{2}\left[16-\left(\frac{y^2}{2}+y\right)^2\right]dy$$

$$=48-\frac{1}{2}\int_{-4}^{2}\left(\frac{y^4}{4}+y^3+y^2\right)dy,$$

于是
$$\iint_{D}(x+y)d\sigma=672-\frac{1}{2}\left(\frac{4^5+6^5}{20}+\frac{4^4-6^4}{4}+\frac{4^3+6^3}{3}\right)+$$

$$\frac{1}{2}\left(\frac{2^5+4^5}{20}+\frac{2^4-4^4}{4}+\frac{2^3+4^3}{3}\right)$$

$$=670-\frac{968}{5}-\frac{104}{3}=543\frac{11}{5}.$$

**【例 9.8】** 计算$\iint_{D}x^2y\,dx\,dy$，其中 $D$ 是由双曲线 $x^2-y^2=1$ 及直线 $y=0$，$y=1$ 所围成的平面区域.

**解**　先画区域 $D$(如图 9-13)，若视 $D$ 为 $X$ 型区域，则 $D$ 必须分成三块，但若视 $D$ 为 $Y$ 型区域则不需分块，问题会大大减化.

积分区域　$D:\begin{cases}-\sqrt{1+y^2}\leqslant x\leqslant\sqrt{1+y^2},\\ 0\leqslant y\leqslant 1,\end{cases}$

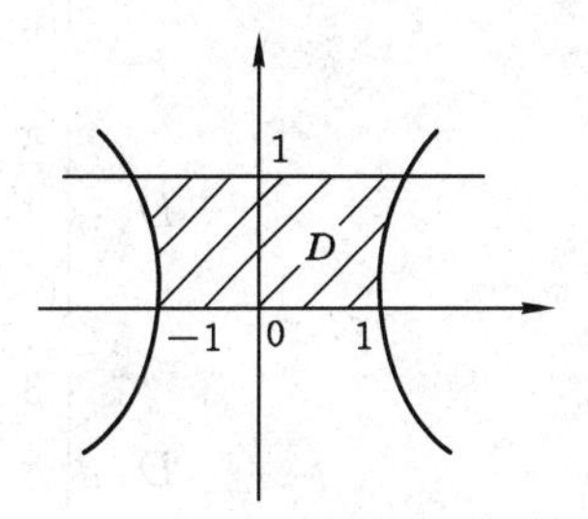

图 9-13

$$原式=\int_0^1 y\,dy\int_{-\sqrt{1+y^2}}^{\sqrt{1+y^2}}x^2dx=\frac{2}{3}\int_0^1 y(1+y^2)\sqrt{1+y^2}\,dy$$

$$=\frac{1}{3}\int_0^1(1+y^2)^{\frac{3}{2}}d(1+y^2)=\frac{2}{15}(4\sqrt{2}-1).$$

**注**　在计算二重积分时，选择积分次序应注意的原则：在被积函数可积出的前提下，积分区域要尽量少分块，最好不分块.

**【例 9.9】** 计算 $I=\iint_{D}y^2d\sigma$，其中 $D$ 是由摆线

$$\begin{cases}x=a(t-\sin t)\\ y=a(1-\cos t)\end{cases}(0\leqslant t\leqslant 2\pi)$$

与 $x$ 轴所围区域(图 9-14).

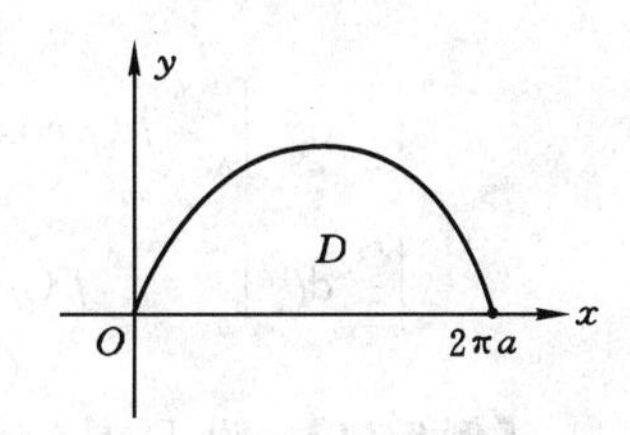

图 9-14

**解**　视 $D$ 为 $X$ 型区域，则

$$I=\int_0^{2\pi a}dx\int_0^{y(x)}y^2dy=\frac{1}{3}\int_0^{2\pi a}y^3(x)dx.$$

为计算这一定积分，先作变量代换，可令

$$x=a(t-\sin t),$$

$\mathrm{d}x=a(1-\cos t)\mathrm{d}t$.当 $x=0$ 时,$t=0$;当 $x=2\pi a$ 时,$t=2\pi$.则

$$I=\frac{a^4}{3}\int_0^{2\pi}(1-\cos t)^4\mathrm{d}t=\frac{16a^4}{3}\int_0^{2\pi}\sin^8\frac{t}{2}\mathrm{d}t$$

$$\xlongequal{\text{令 } t=2z}\frac{32a^4}{3}\int_0^{\pi}\sin^8 z\,\mathrm{d}z\xlongequal{\text{令 } z=\frac{\pi}{2}-u}\frac{64a^4}{3}\int_0^{\frac{\pi}{2}}\cos^8 u\,\mathrm{d}u$$

$$=\frac{64a^4}{3}\cdot\frac{7}{8}\cdot\frac{5}{6}\cdot\frac{3}{4}\cdot\frac{1}{2}\cdot\frac{\pi}{2}=\frac{35\pi a^4}{12}.$$

**3. 将二重积分或二次积分转化为极坐标下的二次积分**

**【例 9.10】** 把积分 $\iint\limits_D f(x,y)\mathrm{d}\sigma$ 表示为极坐标形式的二次积分,其中 $D$ 为 $x^2\leqslant y\leqslant 1$,$-1\leqslant x\leqslant 1$.

**解** 将积分区域 $D$ 的边界用极坐标形式表示即

$$y=1 \text{ 化为 } \rho\sin\theta=1;$$

$$y=x^2 \text{ 化为 } \rho=\tan\theta\cdot\sec\theta,$$

从而 $D$ 的极坐标形式为(图 9-15)

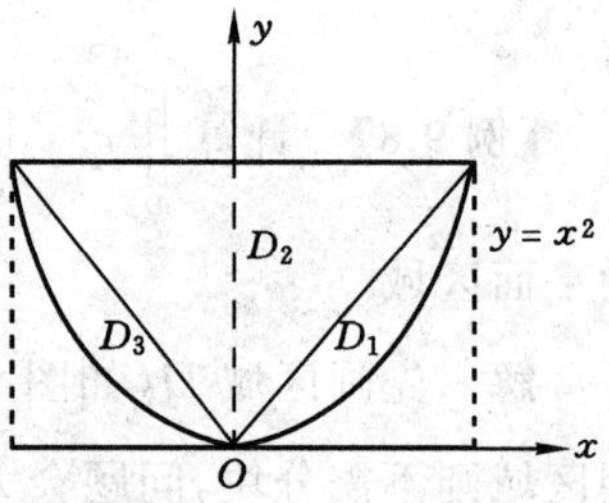

$$D_1:\begin{cases}0\leqslant\theta\leqslant\dfrac{\pi}{4}\\[2mm]0\leqslant\rho\leqslant\tan\theta\sec\theta\end{cases}$$

$$D_2:\begin{cases}\dfrac{\pi}{4}\leqslant\theta\leqslant\dfrac{3}{4}\pi\\[2mm]0\leqslant\rho\leqslant\csc\theta\end{cases}$$

$$D_3:\begin{cases}\dfrac{3}{4}\pi\leqslant\theta\leqslant\pi\\[2mm]0\leqslant\rho\leqslant\tan\theta\sec\theta.\end{cases}$$

图 9-15

$$\text{故原式}=\int_0^{\frac{\pi}{4}}\mathrm{d}\theta\int_0^{\tan\theta\sec\theta}f(\rho\cos\theta,\rho\sin\theta)\rho\,\mathrm{d}\rho+$$

$$\int_{\frac{\pi}{4}}^{\frac{3}{4}\pi}\mathrm{d}\theta\int_0^{\csc\theta}f(\rho\cos\theta,\rho\sin\theta)\rho\,\mathrm{d}\rho+$$

$$\int_{\frac{3}{4}\pi}^{\pi}\mathrm{d}\theta\int_0^{\tan\theta\sec\theta}f(\rho\cos\theta,\rho\sin\theta)\rho\,\mathrm{d}\rho.$$

**【例 9.11】** 设 $D$ 是 $(x^2+y^2)^3\leqslant 4a^2x^2y^2$,$x\geqslant 0$,$y\geqslant 0$ 的公共部分,将 $I=\iint\limits_D f(x,y)\mathrm{d}\sigma$ 化为极坐标系下的累次积分.

**解** 由 $(x^2+y^2)^3\leqslant 4a^2x^2y^2$ 得 $\rho\leqslant a\sin 2\theta$,

又 $x\geqslant 0$,$y\geqslant 0$,所以在极坐标系下

$$D:\begin{cases}0\leqslant\theta\leqslant\dfrac{\pi}{2},\\0\leqslant\rho\leqslant a\sin 2\theta,\end{cases}$$

故

$$I=\int_0^{\frac{\pi}{2}}\mathrm{d}\theta\int_0^{a\sin 2\theta}f(\rho\cos\theta,\rho\sin\theta)\rho\mathrm{d}\rho.$$

**【例 9.12】** $\int_0^2\mathrm{d}x\int_x^{\sqrt{3}x}f(\sqrt{x^2+y^2})\mathrm{d}y.$

**解** 区域 $D$ 如图 9-16 所示，在极坐标系中 $D:\frac{\pi}{4}\leqslant\theta\leqslant\frac{\pi}{3}, 0\leqslant\rho\leqslant 2\sec\theta$，则

$$原式=\iint_D f(\sqrt{x^2+y^2})\mathrm{d}x\mathrm{d}y=\int_{\frac{\pi}{4}}^{\frac{\pi}{3}}\mathrm{d}\theta\int_0^{2\sec\theta}f(\rho)\rho\mathrm{d}\rho.$$

**【例 9.13】** $\int_0^1\mathrm{d}x\int_{1-x}^{\sqrt{1-x^2}}f(x,y)\mathrm{d}y.$

**解** 区域 $D$ 如图 9-17 所示.在极坐标系中

$$D:0\leqslant\theta\leqslant\frac{\pi}{2},\quad \frac{1}{\sin\theta+\cos\theta}\leqslant\rho\leqslant 1,$$

则

$$原式=\iint_D f(x,y)\mathrm{d}x\mathrm{d}y=\int_0^{\frac{\pi}{2}}\mathrm{d}\theta\int_{\frac{1}{\sin\theta+\cos\theta}}^1 f(\rho\cos\theta,\rho\sin\theta)\rho\mathrm{d}\rho.$$

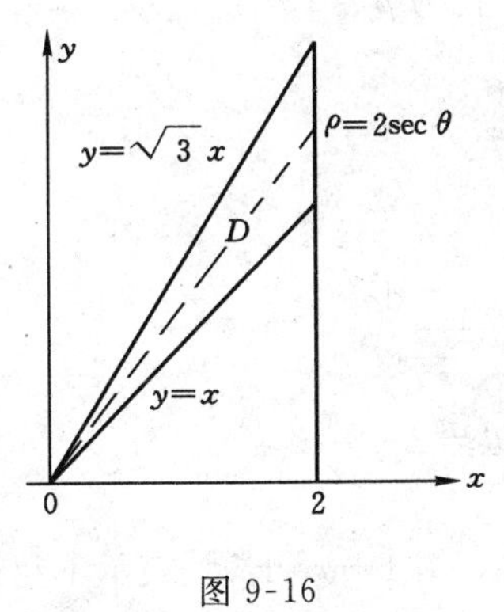

图 9-16

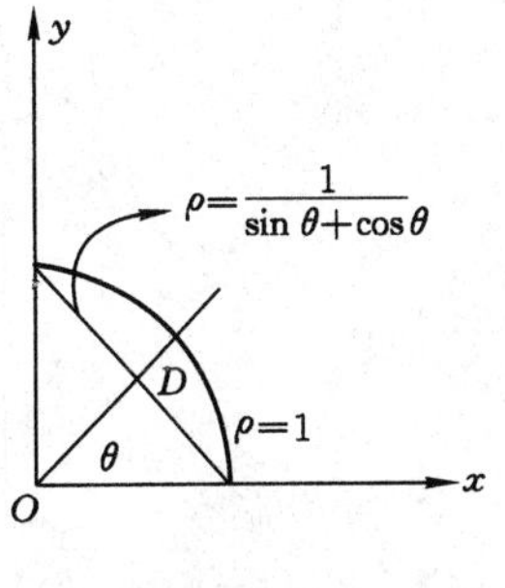

图 9-17

**4. 在极坐标系下计算二重积分**

**【例 9.14】** 计算 $\iint_D\frac{\mathrm{d}\sigma}{(a^2+x^2+y^2)^{\frac{3}{2}}}$，其中 $D$ 为：$0\leqslant x\leqslant a$；$0\leqslant y\leqslant a$.

**解** 区域 $D$ 如图 9-18 所示，由轮换对称性得

$$原式=\iint_{D_1}+\iint_{D_2}=2\iint_{D_1}\frac{\mathrm{d}\sigma}{(a^2+x^2+y^2)^{\frac{3}{2}}}$$

$$=2\int_0^{\frac{\pi}{4}}\mathrm{d}\theta\int_0^{\frac{a}{\cos\theta}}\frac{\rho\mathrm{d}\rho}{(a^2+\rho^2)^{\frac{3}{2}}}$$

$$=2\int_0^{\frac{\pi}{4}}\left[\frac{1}{a}-\frac{\cos\theta}{a\sqrt{2-\sin^2\theta}}\right]d\theta=\frac{\pi}{6a}.$$

**注** 选择坐标系时，不仅要看积分区域而且要看被积函数.一般地，当被积函数中含有 $x^2+y^2$ 或 $D$ 的边界含有圆弧时，可考虑用极坐标系.

**【例 9.15】** 计算 $I=\iint\limits_{D_1}\frac{x+y}{x^2+y^2}d\sigma$，其中 $D:x^2+y^2\leqslant 1,x+y\geqslant 1$(图9-19).

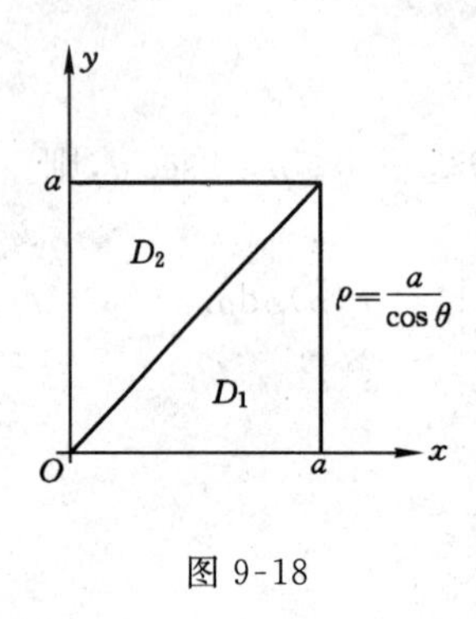


图 9-18

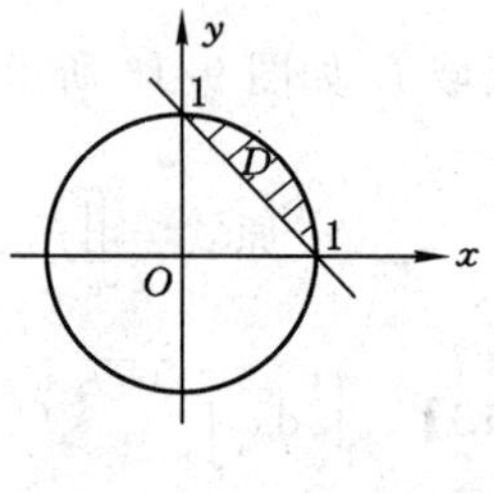

图 9-19

**解** 使用极坐标系计算，边界线 $y=1-x$ 化为

$$\rho=\frac{1}{\sin\theta+\cos\theta},y=\sqrt{1-x^2}\text{ 化为 }\rho=1.$$

则

$$I=\iint\limits_D\frac{\rho\cos\theta+\rho\sin\theta}{\rho^2}\rho\,d\rho\,d\theta$$

$$=\int_0^{\frac{\pi}{2}}(\cos\theta+\sin\theta)d\theta\int_{\frac{1}{\sin\theta+\cos\theta}}^1 d\rho$$

$$=\int_0^{\frac{\pi}{2}}(\cos\theta+\sin\theta-1)d\theta=2-\frac{\pi}{2}.$$

**【例 9.16】** 设 $D=\{(x,y)\,|\,x^2+y^2\leqslant\sqrt{2},x\geqslant 0,y\geqslant 0\}$，$[1+x^2+y^2]$表示不超过 $1+x^2+y^2$ 的最大整数，计算二重积分

$$\iint\limits_D xy[1+x^2+y^2]dx\,dy.$$

**分析** 被积函数中$[1+x^2+y^2]$是一个特殊函数.

从被积函数及积分区域的特征看宜采用极坐标，这样可以转化为一元取整函数$[1+\rho^2]$，讨论起来较方便.当然也可先求$[1+x^2+y^2]$的具体表达式，这需要将积分区域分块.

**解法一**

$$\text{原式}=\int_0^{\frac{\pi}{2}}d\theta\int_0^{\sqrt[4]{2}}\rho^3\sin\theta\cos\theta[1+\rho^2]d\rho=\int_0^{\frac{\pi}{2}}\sin\theta\cos\theta\int_0^{\sqrt[4]{2}}\rho^3[1+\rho^2]d\rho$$

$$=\frac{1}{2}\left(\int_0^1\rho^3\mathrm{d}\rho+\int_1^{\sqrt[4]{2}}2\rho^3\mathrm{d}\rho\right)=\frac{3}{8}.$$

**解法二**　记 $D_1=\{(x,y)\mid x^2+y^2<1\mid,x\geqslant0,y\geqslant0\}$，

$$D_2=\{(x,y)\mid 1\leqslant x^2+y^2\leqslant\sqrt{2},x\geqslant0,y\geqslant0\},$$

则 $D=D_1\cup D_2$ 且

$$[1+x^2+y^2]=1,(x,y)\in D_1,$$
$$[1+x^2+y^2]=2,(x,y)\in D_2,$$

于是

$$\text{原式}=\iint_{D_1}xy\,\mathrm{d}x\,\mathrm{d}y+\iint_{D_2}2xy\,\mathrm{d}x\,\mathrm{d}y$$
$$=\int_0^{\frac{\pi}{2}}\mathrm{d}\theta\int_0^1\rho^3\sin\theta\cos\theta\,\mathrm{d}\rho+\int_0^{\frac{\pi}{2}}\mathrm{d}\theta\int_1^{\sqrt[4]{2}}2\rho^3\sin\theta\cos\theta\,\mathrm{d}\rho$$
$$=\frac{1}{8}+\frac{1}{4}=\frac{3}{8}.$$

**注**　此类问题类似于被积函数含绝对值的情况，要将积分区域作相应分块.

**【例 9.17】**　计算 $I=\iint_D\arctan\frac{y}{x}\mathrm{d}x\,\mathrm{d}y$，其中 $D$ 是由圆周 $x^2+y^2=1,x^2+y^2=2$ 及直线 $y=0,y=x$ 所围成的第一象限内的闭区域.

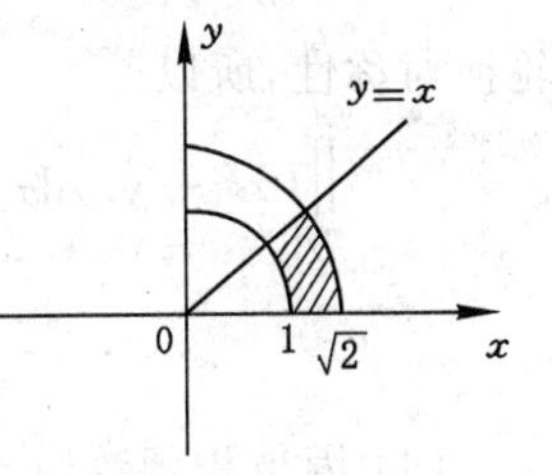


图 9-20

**解**　结合被积函数及积分域的特点，宜采用极坐标计算

$$I=\iint_D\arctan\frac{\rho\sin\theta}{\rho\cos\theta}\cdot\rho\,\mathrm{d}\rho\,\mathrm{d}\theta$$
$$=\int_0^{\frac{\pi}{4}}\theta\cdot\mathrm{d}\theta\int_1^{\sqrt{2}}\rho\,\mathrm{d}\rho=\frac{\pi^2}{64}.$$

**【例 9.18】**　计算下列二重积分：

(1) $\iint_D\sin(x^3+y^3)\mathrm{d}x\,\mathrm{d}y$，其中 $D$ 为 $x^2+y^2=R^2$ 所围成的闭区域；

(2) $\iint_D y\,\mathrm{d}\sigma$，其中 $D$ 分别是：

$$D_1:\begin{cases}x\geqslant0\\x\leqslant2-y^2\end{cases};\quad D_2:\begin{cases}y\geqslant0\\y\leqslant\sqrt{a^2-x^2}\end{cases}(a>0).$$

(3) $\iint_D(x^2+y^2)\mathrm{d}\sigma$，其中 $D=\{(x,y)\mid x\geqslant0,y\geqslant0,x+y\leqslant1\}$.

(4) $\iint_D(|x-y|+2)\mathrm{d}x\,\mathrm{d}y$，其中 $D$ 为 $x^2+y^2\leqslant1$ 在第一象限中的部分.

(5) $\iint\limits_{D}\frac{1+xy}{1+x^2+y^2}\mathrm{d}x\,\mathrm{d}y$,其中 $D:x^2+y^2\leqslant 1,x\geqslant 0$.

**解** (1) 由于 $D$ 关于原点对称,且

$$\sin[(-x)^3+(-y)^3]=-\sin(x^3+y^3),$$

由对称性知

$$\iint\limits_{D}\sin(x^3+y^3)\mathrm{d}x\,\mathrm{d}y=0.$$

(2) 因 $D_1$ 关于 $x$ 轴对称,被积函数 $f(x,y)=y$ 是关于 $y$ 的奇函数,所以

$$\iint\limits_{D_1}y\,\mathrm{d}\sigma=0.$$

因为 $D_2$ 关于 $y$ 轴对称,被积函数 $f(x,y)=y$ 是关于 $x$ 的偶函数,所以

$$\iint\limits_{D_2}y\,\mathrm{d}\sigma=2\iint\limits_{D_{右}}y\,\mathrm{d}\sigma=2\int_0^a y\,\mathrm{d}y\int_0^{\sqrt{a^2-y^2}}\mathrm{d}x=\frac{2}{3}a^3,$$

这里 $D_{右}$ 为 $D_2$ 在第一象限中的部分,如图 9-21 所示.

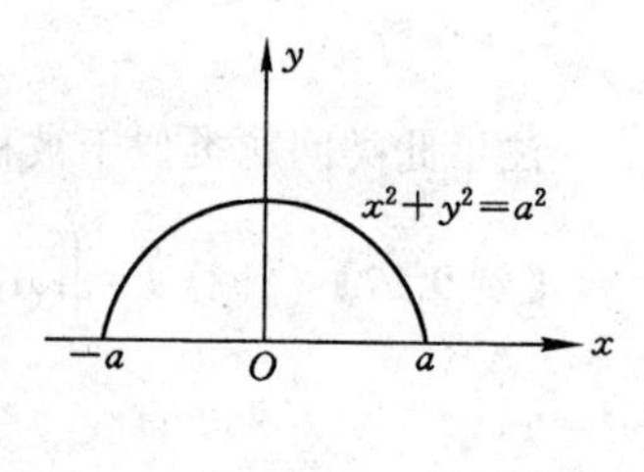

图 9-21

(3) 因 $\iint\limits_{D}(x^2+y^2)\mathrm{d}\sigma$ 的积分区域与被积函数中 $x,y$ 具有轮换对称性,所以

$$\iint\limits_{D}(x^2+y^2)\mathrm{d}\sigma=2\iint\limits_{D}x^2\mathrm{d}\sigma=2\int_0^1 x^2\mathrm{d}x\int_0^{1-x}\mathrm{d}y$$

$$=2\int_0^1 x^2(1-x)\mathrm{d}x=\frac{1}{6}.$$

(4) 因被积函数 $|x-y|$ 和积分区域都关于直线 $y=x$ 对称,所以

$$\iint\limits_{D}(|x-y|+2)\mathrm{d}\sigma=\iint\limits_{D}|x-y|\,\mathrm{d}x\,\mathrm{d}y+2\iint\limits_{D}\mathrm{d}x\,\mathrm{d}y$$

$$=2\iint\limits_{\substack{x^2+y^2\leqslant 1\\0\leqslant y\leqslant x}}(x-y)\mathrm{d}x\,\mathrm{d}y+2\cdot\frac{\pi}{4}$$

$$=2\int_0^{\frac{\pi}{4}}\mathrm{d}\theta\int_0^1(\rho\cos\theta-\rho\sin\theta)\rho\,\mathrm{d}\rho+\frac{\pi}{2}$$

$$=\frac{2}{3}(\sqrt{2}-1)+\frac{\pi}{2}.$$

(5) 由于积分域关于 $x$ 轴对称,由奇偶对称性知

$$\iint\limits_{D}=\frac{xy}{1+x^2+y^2}\mathrm{d}x\,\mathrm{d}y=0$$

故
$$原式=0+\iint\limits_{D}\frac{1}{1+x^2+y^2}\mathrm{d}x\,\mathrm{d}y=\int_{-\frac{\pi}{2}}^{\frac{2}{2}}\int_0^1\frac{\rho\,\mathrm{d}\rho}{1+\rho^2}$$

$$=\pi\cdot\frac{1}{2}\ln(1+\rho^2)\Big|_0^1=\frac{\pi}{2}\ln 2.$$

**注** 读者可以直接计算,但与先运用对称性再计算相比直接计算较繁！可见对称性的重要性,下面再举例说明.

**【例 9.19】** 计算 $I=\iint\limits_D \frac{af(x)+bf(y)}{f(x)+f(y)}\mathrm{d}\sigma$,其中 $D:x^2+y^2\leqslant R^2$,$f(x)$为恒正的连续函数.

**解** 因 $D$ 关于 $y=x$ 对称,故有

$$I=\iint\limits_D \frac{af(x)+bf(y)}{f(x)+f(y)}\mathrm{d}\sigma=\iint\limits_D \frac{af(y)+bf(x)}{f(x)+f(y)}\mathrm{d}\sigma,$$

所以
$$I=\frac{1}{2}\left[\iint\limits_D \frac{af(x)+bf(y)}{f(x)+f(y)}\mathrm{d}\sigma+\iint\limits_D \frac{af(y)+bf(x)}{f(x)+f(y)}\mathrm{d}\sigma\right]$$

$$=\frac{1}{2}\iint\limits_D (a+b)\mathrm{d}\sigma=\frac{1}{2}(a+b)\pi R^2.$$

**【例 9.20】** 计算 $I=\iint\limits_D x[x^2+f(\sqrt{x^2+y^2})\sin y]\mathrm{d}\sigma$.其中 $f$ 连续,$D$ 是由 $y=x^3$,$y=1$ 和 $x=-1$ 围成的区域.

**解** 用曲线 $y=-x^3$ 将 $D$ 分割成 $D_1$ 和 $D_2$(图 9-22)易知 $D_1$ 关于 $y$ 轴对称,$D_2$ 关于 $x$ 轴对称,结合被积函数的奇偶性得

$$I=\iint\limits_{D_1}+\iint\limits_{D_2}=0+\iint\limits_{D_2}x^3\mathrm{d}\sigma+\iint\limits_{D_2}xf(\sqrt{x^2+y^2})\sin y\mathrm{d}\sigma$$

$$=\iint\limits_{D_2}x^3\mathrm{d}\sigma=\int_{-1}^{0}x^3\mathrm{d}x\int_{x^3}^{-x^3}\mathrm{d}y=-2\int_{-1}^{0}x^6\mathrm{d}x=-\frac{2}{7}.$$

**【例 9.21】** 计算 $I=\iint\limits_{x^2+y^2\leqslant 4}\operatorname{sgn}(x^2-y^2+2)\mathrm{d}x\mathrm{d}y$,其中 $\operatorname{sgn} x$ 为符号函数.

**解** (如图 9-23 所示)$\operatorname{sgn}(x^2-y^2+2)=\begin{cases}1, & y^2<x^2+2,(x,y)\in D_2,\\ 0, & y^2=x^2+2,\\ -1, & y^2>x^2+2,(x,y)\in D_1\cup D_3.\end{cases}$

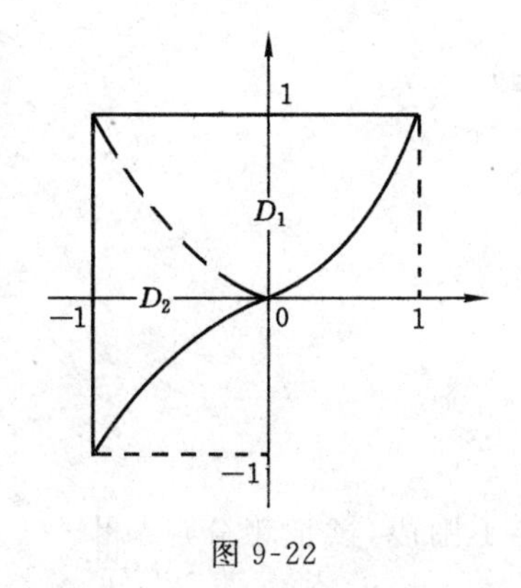


图 9-22

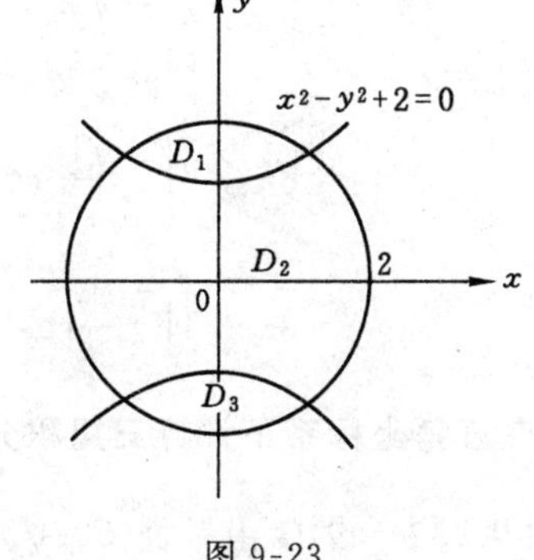


图 9-23

$$I=\iint\limits_{D_2}\mathrm{d}\sigma-2\iint\limits_{D_1}\mathrm{d}\sigma=\iint\limits_{x^2+y^2\leqslant 4}\mathrm{d}\sigma-4\iint\limits_{D_1}\mathrm{d}\sigma$$

$$=4\pi-8\int_0^1\mathrm{d}x\int_{\sqrt{2+x^2}}^{\sqrt{4-x^2}}\mathrm{d}y=\frac{4}{3}\pi+8\ln(1+\sqrt{3})-4\ln 2.$$

**【例 9.22】** 计算 $I=\iint\limits_D |x^2+y^2-2x|\mathrm{d}x\mathrm{d}y$,其中 $D:x^2+y^2\leqslant 4$.

**解** 要去掉被积函数的绝对值符号,这就要将 $D$ 分为 $x^2+y^2-2x\geqslant 0$ 与 $x^2+y^2-2x\leqslant 0$ 两部分,并将这两部分分别记为 $D_1,D_2$,如图 9-24 所示.

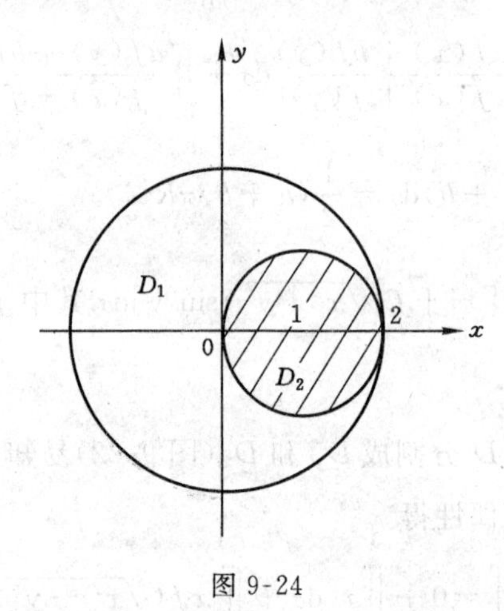


图 9-24

即 $D_1:2x\leqslant x^2+y^2\leqslant 4;D_2:x^2+y^2\leqslant 2x$,

$$I=\iint\limits_{D_1}(x^2+y^2-2x)\mathrm{d}x\mathrm{d}y+\iint\limits_{D_2}(2x-x^2-y^2)\mathrm{d}x\mathrm{d}y$$

$$=\iint\limits_{D_1+D_2}(x^2+y^2-2x)\mathrm{d}x\mathrm{d}y+2\iint\limits_{D_2}(2x-x^2-y^2)\mathrm{d}x\mathrm{d}y$$

$$=\int_0^{2\pi}\mathrm{d}\theta\int_0^2\rho^3\mathrm{d}\rho+2\int_{-\frac{\pi}{2}}^{\frac{\pi}{2}}\int_0^{2\cos\theta}(2\rho\cos\theta-\rho^2)\rho\mathrm{d}\rho$$

$$=8\pi+2\int_{-\frac{\pi}{2}}^{\frac{\pi}{2}}\left(\frac{2}{3}\rho^3\cos\theta-\frac{\rho^4}{4}\right)\Bigg|_0^{2\cos\theta}\mathrm{d}\theta$$

$$=8\pi+2\int_{-\frac{\pi}{2}}^{\frac{\pi}{2}}\left(\frac{16}{3}\cos^4\theta-4\cos^4\theta\right)\mathrm{d}\theta$$

$$=8\pi+4\int_0^{\frac{\pi}{2}}\frac{4}{3}\cos^4\theta\mathrm{d}\theta=9\pi.$$

### 6. 在直角坐标系下计算三重积分

**【例 9.23】** 设 $\Omega$ 由锥面 $z=\sqrt{x^2+y^2}$ 和平面 $z=1$ 围成,试把积分 $I=\iiint\limits_{\Omega}f(x,y,z)$

$\mathrm{d}v$ 按下列要求化为累次积分：

(1) 先 $z$ 再 $y$，最后对 $x$；

(2) 先 $x$ 再 $z$，最后对 $y$；

(3) 先 $y$ 再 $x$，最后对 $z$.

**解**　(1) 先将积分区域 $\Omega$ 向 $xOy$ 面投影，得圆域，如图 9-25 所示，再用过圆域上任一点且平行于 $z$ 轴的直线穿过区域，即"一线穿"的方法得 $z$ 的范围，于是

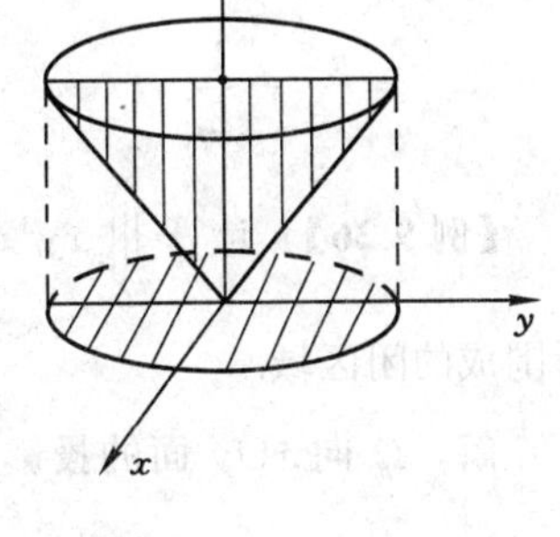

图 9-25

$$\Omega: -1\leqslant x\leqslant 1, -\sqrt{1-x^2}\leqslant y\leqslant \sqrt{1-x^2},$$
$$\sqrt{x^2+y^2}\leqslant z\leqslant 1.$$

故

$$I=\int_{-1}^{1}\mathrm{d}x\int_{-\sqrt{1-x^2}}^{\sqrt{1-x^2}}\mathrm{d}y\int_{\sqrt{x^2+y^2}}^{1}f(x,y,z)\mathrm{d}z.$$

(2) 将 $\Omega$ 向 $yOz$ 面投影，得三角形区域，$x$ 由后半锥面 ($x=-\sqrt{z^2-y^2}$) 到前半锥面 ($x=\sqrt{z^2-y^2}$).

$$I=\int_{-1}^{0}\mathrm{d}y\int_{-y}^{1}\mathrm{d}z\int_{-\sqrt{z^2-y^2}}^{\sqrt{z^2-y^2}}f(x,y,z)\mathrm{d}x+\int_{0}^{1}\mathrm{d}y\int_{y}^{1}\mathrm{d}z\int_{-\sqrt{z^2-y^2}}^{\sqrt{z^2-y^2}}f(x,y,z)\mathrm{d}x.$$

(3) 将 $\Omega$ 向 $xOz$ 面投影，得三角形区域，于是

$$I=\int_{0}^{1}\mathrm{d}z\int_{-z}^{z}\mathrm{d}x\int_{-\sqrt{z^2-x^2}}^{\sqrt{z^2-x^2}}f(x,y,z)\mathrm{d}y.$$

**【例 9.24】**　计算 $I=\iiint\limits_{\Omega}\dfrac{\mathrm{d}x\,\mathrm{d}y\,\mathrm{d}z}{(1+x+y+z)^3}$，其中 $\Omega$ 由 $x+y+z=1, x=0, y=0, z=0$ 所围成的闭区域.

**解**　先画区域 $\Omega$，如图 9-26 所示，依据题意，选用直角坐标系.

$$I=\iint\limits_{D}\mathrm{d}x\mathrm{d}y\int_{0}^{1-x-y}\frac{\mathrm{d}z}{(1+x+y+z)^3}$$
$$=\frac{1}{2}\iint\limits_{D}\left[\frac{1}{(1+x+y)^2}-\frac{1}{4}\right]\mathrm{d}x\mathrm{d}y$$
$$=\frac{1}{2}\int_{0}^{1}\mathrm{d}y\int_{0}^{1-y}\frac{\mathrm{d}x}{(1+x+y)^2}-\frac{1}{16}$$
$$=\frac{1}{2}\int_{0}^{1}\left(\frac{1}{1+x}-\frac{1}{2}\right)\mathrm{d}x-\frac{1}{16}=\frac{1}{2}\ln 2-\frac{5}{16}.$$

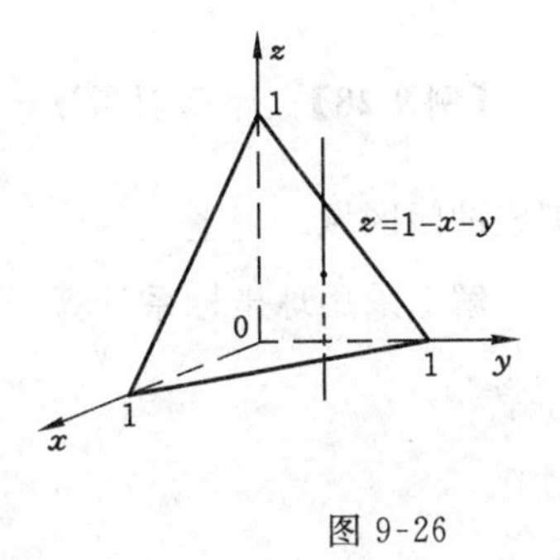

图 9-26

**【例 9.25】**　计算 $I=\iiint\limits_{\Omega}y\cos(x+z)\mathrm{d}v$，其中 $\Omega$ 由抛物柱面及平面 $y=0, z=0, x+z=\dfrac{\pi}{2}$ 所围成.

**解** 积分域在 $xoy$ 面上的投影区域 $D:0\leqslant x\leqslant\frac{\pi}{2},0\leqslant y\leqslant\sqrt{x}$.

则 $I=\iint\limits_{D}\mathrm{d}x\,\mathrm{d}y\int_{0}^{\frac{\pi}{2}-x}y\cos(x+z)\mathrm{d}z=\iint\limits_{D}y(1-\sin x)\mathrm{d}x\,\mathrm{d}y$

$=\int_{0}^{\frac{\pi}{2}}\mathrm{d}x\int_{0}^{\sqrt{x}}y(1-\sin x)\mathrm{d}y=\frac{1}{2}\int_{0}^{\frac{\pi}{2}}x(1-\sin x)\mathrm{d}x$

$=\frac{\pi^{2}}{16}-\frac{1}{2}.$

**【例 9.26】** 计算 $\iiint\limits_{\Omega}xy^{2}z^{3}\mathrm{d}x\mathrm{d}y\mathrm{d}z$,其中 $\Omega$ 是由曲面 $z=xy$ 与平面 $y=x,x=1$ 和 $z=0$ 所围成的闭区域.

**解** $\Omega$ 向 $xOy$ 面的投影区域为三角形区域 $D_{xy}:0\leqslant x\leqslant 1,0\leqslant y\leqslant x$,则

$$\text{原式}=\int_{0}^{1}\mathrm{d}x\int_{0}^{x}\mathrm{d}y\int_{0}^{xy}xy^{2}z^{3}\mathrm{d}z=\int_{0}^{1}x\,\mathrm{d}x\int_{0}^{x}y^{2}\cdot\frac{1}{4}z^{4}\Big|_{0}^{xy}\mathrm{d}y$$

$$=\frac{1}{4}\int_{0}^{1}x^{5}\mathrm{d}x\int_{0}^{x}y^{6}\mathrm{d}y=\frac{1}{364}.$$

**7. 选择适当的坐标系计算三重积分**

**【例 9.27】** 计算 $I=\iiint\limits_{\Omega}x(1-y^{2}-z^{2})\mathrm{d}x\,\mathrm{d}y\mathrm{d}z$,其中 $\Omega$ 由曲面 $x=-\sqrt{1-y^{2}-z^{2}}$, $y^{2}+z^{2}=1$ 及 $x=1$ 所围成.

**解** 由积分域及被积函数的特征看出,宜采用柱面坐标计算

$$I=\int_{0}^{2\pi}\mathrm{d}\theta\int_{0}^{1}\rho\mathrm{d}\rho\int_{-\sqrt{1-\rho^{2}}}^{1}x(1-\rho^{2})\mathrm{d}x$$

$$=2\pi\int_{0}^{1}\rho(1-\rho^{2})\cdot\frac{1}{2}\rho^{2}\mathrm{d}\rho=\frac{\pi}{12}.$$

**【例 9.28】** 计算 计算 $I=\iiint\limits_{\Omega}(x^{2}+y^{2}+z^{2})\mathrm{d}x\,\mathrm{d}y\mathrm{d}z$,其中 $\Omega$ 由球面 $x^{2}+y^{2}+z^{2}=z$ 所围成的闭区域.

**解** 采用球坐标系计算

$$I=\int_{0}^{2\pi}\mathrm{d}\theta\int_{0}^{\frac{\pi}{2}}\sin\varphi\mathrm{d}\varphi\int_{0}^{\cos\varphi}r^{4}\mathrm{d}r$$

$$=2\pi\int_{0}^{\frac{\pi}{2}}\frac{1}{5}\cos^{5}\varphi\sin\varphi\mathrm{d}\varphi$$

$$=\frac{\pi}{15}.$$

**【例 9.29】** 计算 $I=\iiint\limits_{\Omega}z\mathrm{d}v$,其中闭区域 $\Omega$ 由不等式:$x^{2}+y^{2}+(z-a)^{2}\leqslant a^{2}$ 与 $x^{2}+$

$y^2 \leqslant z^2$ 所确定.

**解** 从积分域上看,宜采用球坐标计算

$$I=\iiint_{\Omega} r\cos\varphi\cdot r^2\sin\varphi\,\mathrm{d}r\,\mathrm{d}\theta\,\mathrm{d}\varphi=\int_0^{2\pi}\mathrm{d}\theta\int_0^{\frac{\pi}{4}}\mathrm{d}\varphi\int_0^{2a\cos\varphi}r^3\sin\varphi\cos\varphi\,\mathrm{d}r$$

$$=2\pi\int_0^{\frac{\pi}{4}}\sin\varphi\cos\varphi\cdot\frac{1}{4}(16a^2\cos^4\varphi)\mathrm{d}\varphi=8\pi a^4\int_0^{\frac{\pi}{4}}\cos^5\varphi\,\sin\varphi\,\mathrm{d}\varphi$$

$$=-8\pi a^4\cdot\frac{1}{6}\cos^6\varphi\Big|_0^{\frac{\pi}{4}}=\frac{7}{6}\pi a^4.$$

**【例 9.30】** 计算 $I=\iiint_{\Omega}(x^2+y^2+z)\mathrm{d}v$,其中 $\Omega$ 为曲线 $\begin{cases}x=0\\y^2=2z\end{cases}$ 绕 $z$ 轴旋转一周而成的曲面与平面 $z=4$ 围成的立体.

**解法一** (先一后二法)$\Omega$ 为由旋转抛物面 $x^2+y^2=2z$ 和平面 $z=4$ 围成的立体,代入 $z=4$,得投影柱面 $x^2+y^2=8$,$\Omega$ 在 $xOy$ 面上投影为 $D_{xy}:x^2+y^2\leqslant 8(z=0)$.

$$I=\iint_{D_{xy}}\mathrm{d}x\,\mathrm{d}y\int_{\frac{x2+y2}{2}}^4(x^2+y^2+z)\mathrm{d}z=\int_0^{2\pi}\mathrm{d}\theta\int_0^{\sqrt{8}}\rho\,\mathrm{d}\rho\int_{\frac{\rho2}{2}}^4(\rho^2+z)\mathrm{d}z$$

$$=2\pi\int_0^{\sqrt{8}}(4\rho^3+8\rho-\frac{5}{8}\rho^5)\mathrm{d}\rho=\frac{256}{3}\pi.$$

**解法二** (先二后一法)以垂直于 $z$ 轴的平面截 $\Omega$,得截面 $D_z:x^2+y^2\leqslant 2z$,于是

$$I=\int_0^4\mathrm{d}z\iint_{D_z}(x^2+y^2+z)\mathrm{d}\sigma=\int_0^4\mathrm{d}z\int_0^{2\pi}\mathrm{d}\theta\int_0^{\sqrt{2z}}(\rho^2+z)\rho\,\mathrm{d}\rho$$

$$=2\pi\int_0^4\left(\frac{1}{4}\rho^4+\frac{1}{2}\rho^2z\right)\Big|_0^{\sqrt{2z}}\mathrm{d}z=4\pi\int_0^4z^2\mathrm{d}z=\frac{256}{3}\pi.$$

**【例 9.31】** 用四种方法计算 $I=\iiint_{\Omega}xyz\,\mathrm{d}v$,其中 $\Omega$ 为 $x^2+y^2+z^2\leqslant 1$ 在第一卦限的部分.

**解法一** (用直角坐标计算)

$$I=\int_0^1x\,\mathrm{d}x\int_0^{\sqrt{1-x^2}}y\,\mathrm{d}y\int_0^{\sqrt{1-x^2-y^2}}z\,\mathrm{d}z=\frac{1}{2}\int_0^1x\,\mathrm{d}x\int_0^{\sqrt{1-x^2}}y(1-x^2-y^2)\mathrm{d}y$$

$$=\frac{1}{2}\int_0^1x\left[\frac{1}{2}y^2(1-x^2)-\frac{1}{4}y^4\right]\Big|_0^{\sqrt{1-x^2}}\mathrm{d}x=\int_0^1\frac{1}{8}x(1-x^2)^2\mathrm{d}x=\frac{1}{48}.$$

**解法二** (用柱面坐标计算)

$$I=\iiint_{\Omega}\rho\cos\theta\cdot\rho\sin\theta\cdot z\cdot\rho\,\mathrm{d}\rho\,\mathrm{d}\theta\,\mathrm{d}z=\int_0^{\frac{\pi}{2}}\sin\theta\cos\theta\,\mathrm{d}\theta\int_0^1\rho^3\mathrm{d}\rho\int_0^{\sqrt{1-\rho^2}}z\,\mathrm{d}z$$

$$=\frac{1}{4}\sin^2\theta\Big|_0^{\frac{\pi}{2}}\cdot\int_0^1\rho^3(1-\rho^2)\mathrm{d}\rho=\frac{1}{48}.$$

**解法三** （用球面坐标计算）

$$I=\iiint\limits_{\Omega} r\sin\varphi\cos\theta\cdot r\sin\varphi\sin\theta\cdot r\cos\varphi\cdot r^2\sin\varphi\,\mathrm{d}r\,\mathrm{d}\varphi\,\mathrm{d}\theta$$

$$=\int_0^{\frac{\pi}{2}}\cos\theta\sin\theta\,\mathrm{d}\theta\int_0^{\frac{\pi}{2}}\sin^3\varphi\cos\varphi\,\mathrm{d}\varphi\int_0^1 r^5\,\mathrm{d}r=\frac{1}{48}.$$

**解法四** （用"先二后一"法计算）$D_z:x^2+y^2\leqslant 1-z^2$.

$$I=\int_0^1 z\,\mathrm{d}z\iint\limits_{D_z}xy\,\mathrm{d}x\,\mathrm{d}y=\int_0^1 z\,\mathrm{d}z\int_0^{\frac{\pi}{2}}\mathrm{d}\theta\int_0^{\sqrt{1-z^2}}r^3\cos\theta\sin\theta\,\mathrm{d}r$$

$$=\frac{1}{4}\int_0^1 z(1-z^2)^2\,\mathrm{d}z\int_0^{\frac{\pi}{2}}\cos\theta\sin\theta\,\mathrm{d}\theta$$

$$=\frac{1}{4}\left[\frac{1}{2}z^2-\frac{2}{4}z^4+\frac{1}{6}z^6\right]\Bigg|_0^1\cdot\frac{1}{2}\sin^2\theta\Bigg|_0^{\frac{\pi}{2}}=\frac{1}{48}.$$

**8. 利用对称性、形心公式、补域等方法计算三重积分**

**【例 9.32】** 计算 $I=\iiint\limits_{\Omega}(x+y+z)\mathrm{d}v$，其中

$$\Omega:x^2+y^2+z^2\leqslant R^2,x\geqslant 0,y\geqslant 0,z\geqslant 0.$$

**解** 由轮换对称性知

$$\iiint\limits_{\Omega}x\,\mathrm{d}v=\iiint\limits_{\Omega}y\,\mathrm{d}v=\iiint\limits_{\Omega}z\,\mathrm{d}v.$$

设 $D_z:x^2+y^2\leqslant R^2-z^2,x\geqslant 0,y\geqslant 0$ 则

$$I=3\iiint\limits_{\Omega}z\,\mathrm{d}v=3\int_0^R z\,\mathrm{d}z\iint\limits_{D_z}\mathrm{d}x\,\mathrm{d}y$$

$$=\frac{3}{4}\int_0^R z\cdot\pi(R^2-z^2)\,\mathrm{d}z=\frac{3}{16}\pi R^4.$$

**【例 9.33】** 计算 $I=\iiint\limits_{\Omega}(ax+by+cz)\mathrm{d}x\,\mathrm{d}y\,\mathrm{d}z$，其中 $\Omega$ 为球域 $x^2+y^2+z^2\leqslant 2z$.

**解法一**（对称性） 由对称性知：$\iiint\limits_{\Omega}x\,\mathrm{d}v=\iiint\limits_{\Omega}y\,\mathrm{d}v=0$，则

$$\iiint\limits_{\Omega}z\,\mathrm{d}v=\int_0^{2\pi}\mathrm{d}\theta\int_0^{\frac{\pi}{2}}\mathrm{d}\varphi\int_0^{2\cos\varphi}r^2\sin\varphi\cos\varphi\,\mathrm{d}r=\frac{4}{3}\pi\text{，于是 }I=\frac{4c}{3}\pi\ .$$

**解法二**（先二后一法）

$$\iiint\limits_{\Omega}z\,\mathrm{d}v=\int_0^2\mathrm{d}z\iint\limits_{x^2+y^2\leqslant 2z-z^2}z\,\mathrm{d}x\,\mathrm{d}y=\pi\int_0^2(2z^2-z^3)\mathrm{d}z=\frac{4}{3}\pi\text{，于是 }I=\frac{4c}{3}\pi\ .$$

**解法三**（形心公式） $x^2+y^2+z^2\leqslant z$ 的形心在(0,0,1)，所以

$$\iiint\limits_{x^2+y^2+z^2\leqslant 2z}z\,\mathrm{d}v=v\cdot z=\frac{4}{3}\pi,$$

于是 $I=\frac{4c}{3}\pi$.

【例 9.34】 计算 $I=\iiint\limits_{\Omega} e^{|z|}dv$,其中 $\Omega$ 为球心在坐标原点的单位球体.

**解** 因 $\Omega$ 关于 $xOy$ 面对称,$f(x,y,z)=e^{|z|}$ 是 $z$ 的偶函数,故可用对称性简化计算,记 $\Omega_1$ 为 $\Omega$ 在 $xOy$ 面上方的部分,则

$$I=2\iiint\limits_{\Omega_1} e^{z}dv=2\int_0^{2\pi}d\theta\int_0^{\frac{\pi}{2}}d\varphi\int_0^1 e^{r\cos\varphi}r^2\sin\varphi dr$$

$$=-4\pi\int_0^1 r\,dr\int_0^{\frac{\pi}{2}}e^{r\cos\varphi}d(r\cos\varphi)=-4\pi\int_0^1 re^{r\cos\varphi}\Big|_0^{\frac{\pi}{2}}dr$$

$$=-4\pi\int_0^1 r(1-e^r)dr=2\pi.$$

【例 9.35】 计算 $I=\iiint\limits_{\Omega}\left|\sqrt{x^2+y^2+z^2}-1\right|dv$,其中 $\Omega$ 是由锥面 $z=\sqrt{x^2+y^2}$ 与平面 $z=1$ 围成的立体.

**解** 用球面 $x^2+y^2+z^2=1$ 将 $\Omega$ 分成两部分 $\Omega_1$ 和 $\Omega_2$.其中

$\Omega_1$ 由 $z=\sqrt{x^2+y^2}$ 与 $z=\sqrt{1-x^2-y^2}$ 围成;

$\Omega_2$ 由 $z=\sqrt{x^2+y^2}$,$z=\sqrt{1-x^2-y^2}$ 及平面 $z=1$ 围成;

且在 $\Omega_1$ 上 $f(x,y,z)=1-\sqrt{x^2+y^2+z^2}$;

在 $\Omega_2$ 上 $f(x,y,z)=\sqrt{x^2+y^2+z^2}-1$.

于是

$$I=\iiint\limits_{\Omega_1}(1-\sqrt{x^2+y^2+z^2})dxdydz+\iiint\limits_{\Omega_2}(\sqrt{x^2+y^2+z^2}-1)dxdydz$$

$$=\int_0^{2\pi}d\theta\int_0^{\frac{\pi}{4}}d\varphi\int_0^1(1-r)r^2\sin\varphi dr+\int_0^{2\pi}d\theta\int_0^{\frac{\pi}{4}}d\varphi\int_1^{\frac{1}{\cos\varphi}}(r-1)r^2\sin\varphi dr$$

$$=2\pi(-\cos\varphi)\Big|_0^{\frac{\pi}{4}}\left(\frac{1}{3}r^3-\frac{1}{4}r^4\right)\Big|_0^1+2\pi\int_0^{\frac{\pi}{4}}\sin\varphi\left(\frac{1}{4}r^4-\frac{1}{3}r^3\right)\Big|_1^{\frac{1}{\cos\varphi}}d\varphi$$

$$=\frac{\pi}{6}\left(1-\frac{\sqrt{2}}{2}\right)+2\pi\int_0^{\frac{\pi}{4}}\left(\frac{1}{4\cos^4\varphi}-\frac{1}{3\cos^3\varphi}+\frac{1}{12}\right)\sin\varphi d\varphi$$

$$=\frac{\pi}{6}(\sqrt{2}-1).$$

**注** 以上这种带绝对值函数的积分,主要是分割区域,使被积函数在各区域内不变号.其中利用对称性可简化计算.

【例 9.36】 计算 $I=\iiint\limits_{\Omega}zdv$,其中 $\Omega$ 由 $z=x^2+y^2$ 与 $z=1,z=2$ 所围成的闭区域.

**解法一**(补域)　记 $\Omega_1$ 为由 $z=x^2+y^2$，$z=2$ 所围成的闭区域，记 $\Omega_2$ 为由 $z=x^2+y^2$，$z=1$ 所围成的闭区域，又 $f(x,y,z)=z$ 在 $\Omega_1$ 上连续，所以

$$I=\iiint_{\Omega}=\iiint_{\Omega_1}-\iiint_{\Omega_2}$$

$$=\iint_{x^2+y^2\leqslant 2}\mathrm{d}x\,\mathrm{d}y\int_{x^2+y^2}^{2}z\,\mathrm{d}z-\iint_{x^2+y^2\leqslant 1}\mathrm{d}x\,\mathrm{d}y\int_{x^2+y^2}^{1}z\,\mathrm{d}z$$

$$=\frac{1}{2}\iint_{x^2+y^2\leqslant 1}[4-(x^2+y^2)]\mathrm{d}x\,\mathrm{d}y-\frac{1}{2}\iint_{x^2+y^2\leqslant 1}[1-(x^2+y^2)^2]\mathrm{d}x\,\mathrm{d}y$$

$$=4\pi-\frac{\pi}{2}-\pi\int_0^{\sqrt{2}}r^5\mathrm{d}r+\pi\int_0^1 r^5\mathrm{d}r=\frac{7}{3}\pi.$$

**解法二**(先二后一)

$$I=\int_1^2 z\,\mathrm{d}z\iint_{D_z}\mathrm{d}x\,\mathrm{d}y$$

$$=\int_1^2\pi z^2\mathrm{d}z=\frac{7}{3}\pi(\text{其中 }D_z:x^2+y^2\leqslant z).$$

**9. 重积分的应用**

**【例 9.37】**　设 $\Omega$ 为曲面 $x^2+y^2=az$ 与 $z=2a-\sqrt{x^2+y^2}$ $(z>0)$ 所围成的立体.求(1) $\Omega$ 的表面积 $S$；(2) $\Omega$ 的体积 $V$.

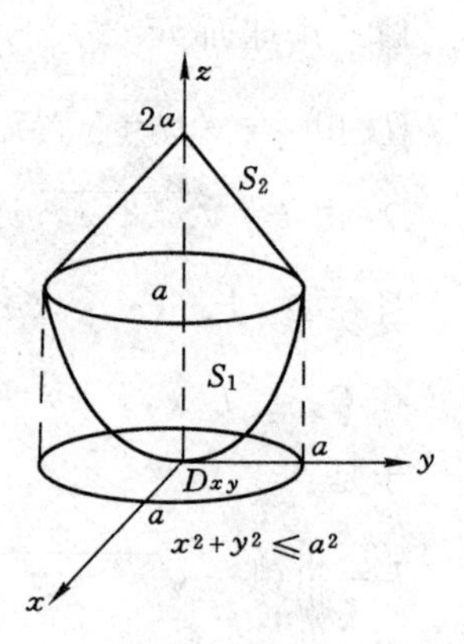

图 9-27

**解**　区域 $\Omega$ 如图 9-27 所示.

(1) $S=S_1+S_2$，且其中：

$$S_1=\iint_{D_{xy}}\sqrt{1+z_x^2+z_y^2}\,\mathrm{d}x\,\mathrm{d}y$$

$$=\iint_{D_{xy}}\sqrt{1+\left(\frac{2x}{a}\right)^2+\left(\frac{2y}{a}\right)^2}\,\mathrm{d}x\,\mathrm{d}y$$

$$=\int_0^{2\pi}\mathrm{d}\theta\int_0^a\sqrt{1+\frac{4}{a^2}\rho^2}\rho\,\mathrm{d}\rho=\frac{2\pi}{a}\int_0^a\sqrt{a^2+(2\rho)^2}\,\rho\,\mathrm{d}\rho$$

$$=\frac{\pi}{4a}\int_0^a[a^2+(2\rho)^2]^{\frac{1}{2}}\mathrm{d}[a^2+(2\rho)^2]$$

$$=\frac{1}{6}\pi a^2(5\sqrt{5}-1).$$

$$S_2=\iint_{D_{xy}}\sqrt{1+\left(\frac{-x}{\sqrt{x^2+y^2}}\right)^2+\left(\frac{-y}{\sqrt{x^2+y^2}}\right)^2}\,\mathrm{d}x\,\mathrm{d}y=\sqrt{2}\iint_{D_{xy}}\mathrm{d}\sigma=\sqrt{2}\pi a^2.$$

$$S=S_1+S_2=\pi a^2\left[\frac{1}{6}(5\sqrt{5}-1)+\sqrt{2}\right]$$

(2) $V=\iiint\limits_{\Omega}\mathrm{d}v=\iint\limits_{D_{xy}}\left[(2a-\sqrt{x^2+y^2})-\frac{1}{a}(x^2+y^2)\right]\mathrm{d}x\,\mathrm{d}y$

$$=\int_0^{2\pi}\mathrm{d}\theta\int_0^a(2a-\rho-\frac{1}{a}\rho^2)\rho\,\mathrm{d}\rho=\frac{5}{6}\pi a^3.$$

**【例 9.38】** 设半径为 $R$ 的球面 $\Sigma$ 的球心在定球面 $x^2+y^2+z^2=a^2(a>0)$ 上，问当 $R$ 取何值时，球面 $\Sigma$ 在定球面内的那部分的面积最大？

**解** 设半径为 $R$ 的球，球心在定球上的球面方程为

$$\Sigma: x^2+y^2+(z-a)^2=R^2,$$

方程组中 $\begin{cases}x^2+y^2+(z-a)^2=R^2\\x^2+y^2+z^2=a^2\end{cases}$ 消去 $z$，得两球面交线在 $xOy$ 面上的投影为：

$$x^2+y^2=\frac{(4a^2-R^2)R^2}{4a^2},z=0,$$

设其所围的区域为 $D$.

则 $\Sigma$ 被定球截下的面积为

$$S(R)=\iint\limits_D\sqrt{1+z_x^2+z_y^2}\,\mathrm{d}x\,\mathrm{d}y=\iint\limits_D\frac{R}{\sqrt{R^2-(x^2+y^2)}}\mathrm{d}x\,\mathrm{d}y$$

$$=\int_0^{2\pi}\mathrm{d}\theta\int_0^{\frac{R}{2a}\sqrt{4a^2-R^2}}\frac{R}{\sqrt{R^2-\rho^2}}\rho\,\mathrm{d}\rho=2\pi R^2-\frac{\pi R^3}{a}.$$

$S'(R)=4\pi R-\frac{3\pi}{a}R^2\overset{\text{令}}{=\!=}0$ 得 $R=\frac{4}{3}a$，$R=0$(舍去)且 $S''(\frac{4}{3}a)=-4\pi<0$，所以 $R=\frac{4}{3}a$ 是唯一极大值点，故是最大值点，即$R=\frac{4}{3}a$时，该部分的面积最大，且最大值为 $S(\frac{4}{3}a)=\frac{32}{27}\pi a^2$.

**【例 9.39】** 求抛物面 $z=x^2+y^2+1$ 的一个切平面，使得它与该抛物面及圆柱面 $(x-1)^2+y^2=1$ 围成的体积最小，并求出这个最小体积.

**解** 设 $P(x_0,y_0,z_0)$是抛物面 $z=x^2+y^2+1$ 上的任一点，过点 $P$ 的切平面方程是

$$2x_0(x-x_0)+2y_0(y-y_0)-(z-z_0)=0,$$

即
$$z=2x_0x+2y_0y-(x_0^2+y_0^2)+1.$$

题中立体在 $xOy$ 面上的投影区域 $D:(x-1)^2+y^2\leqslant 1$.

目标函数：

$$V=\iint\limits_D[x^2+y^2+1-2x_0x-2y_0y+(x_0^2+y_0^2)-1]\mathrm{d}x\,\mathrm{d}y$$

$$=\iint\limits_D(x^2+y^2)\mathrm{d}x\,\mathrm{d}y-2\iint\limits_D(x_0x+2y_0y)\mathrm{d}x\,\mathrm{d}y+\iint\limits_D(x_0^2+y_0^2)\mathrm{d}x\,\mathrm{d}y$$

$$=\int_{-\frac{\pi}{2}}^{\frac{\pi}{2}}d\theta\int_0^{2\cos\theta}\rho^3 d\rho-2\int_{-\frac{\pi}{2}}^{\frac{\pi}{2}}d\theta\int_0^{2\cos\theta}(x_0\rho\cos\theta+y_0\rho\sin\theta)\rho d\rho+(x_0^2+y_0^2)\pi$$

$$=\frac{3}{2}\pi-2x_0\pi+(x_0^2+y_0^2)\pi.$$

$$\begin{cases}V_{x0}=-2\pi+2\pi x_0=0,\\ V_{y0}=2\pi y_0=0,\end{cases}\quad 解得\begin{cases}x_0=1,\\ y_0=0.\end{cases}$$

根据实际意义，所求的唯一驻点(1,0)就是最小值点，最小体积 $V(1,0)=\frac{\pi}{2}$.所求的切平面方程为

$$2(x-1)-(z-2)=0 或 2x-z=0.$$

**【例 9.40】** 设 $\Omega$ 是由 $0\leqslant z\leqslant 1-\sqrt{x^2+y^2}$ 所确定，求其形心坐标.

**解** 由图形的对称性知，形心坐标$(\bar{x},\bar{y},\bar{z})$中 $\bar{x}=\bar{y}=0$,

$$\bar{z}=\frac{\iiint\limits_{\Omega}z\,dv}{\iiint\limits_{\Omega}dv}=\frac{\int_0^1 dz\iint\limits_{D_z}z\,dx\,dy}{\int_0^1 dz\iint\limits_{D_z}dx\,dy}=\frac{\int_0^1 z\cdot\pi(z-1)^2dz}{\int_0^1\pi(z-1)^2dz}=\frac{1}{4},$$

所以形心坐标为$(0,0,\frac{1}{4})$.

**【例 9.41】** 设有一半径为 $R$ 的球体，$P_0$ 是此球的表面上的一定点，球体上任一点的密度与该点到 $P_0$ 的距离的平方成正比(比例系数 $k>0$)，求球体的质心坐标.

**解** 取 $P_0$ 为坐标原点，建立 $z$ 轴过 $P_0$ 的直径的空间直角坐标系，球体 $\Omega$ 为 $x^2+y^2+(z-R)^2\leqslant R^2$，球体上点$(x,y,z)$处的密度为 $\rho(x,y,z)=k(x^2+y^2+z^2)$，设质心坐标为$(\bar{x},\bar{y},\bar{z})$，则由对称性知 $\bar{x}=\bar{y}=0$，则

$$\bar{z}=\frac{\iiint\limits_{\Omega}z\rho(x,y,z)dv}{\iiint\limits_{\Omega}\rho(x,y,z)dv}$$

在球面坐标系下

$$\iiint\limits_{\Omega}z(x^2+y^2+z^2)dv=\int_0^{2\pi}d\theta\int_0^{\frac{\pi}{2}}d\varphi\int_0^{2R\cos\varphi}r\cos\varphi\cdot r^2\cdot r^2\sin\varphi dr$$

$$=2\pi\int_0^{\frac{\pi}{2}}\sin\varphi\cos\varphi d\varphi\int_0^{2R\cos\varphi}r^5 dr=\frac{8}{3}\pi R^6,$$

$$\iiint\limits_{\Omega}(x^2+y^2+z^2)dv=\int_0^{2\pi}d\theta\int_0^{\frac{\pi}{2}}d\varphi\int_0^{2R\cos\varphi}r^2\cdot r^2\sin\varphi dr$$

$$=2\pi\int_0^{\frac{\pi}{2}}\sin\varphi d\varphi\int_0^{2R\cos\varphi}r^4 dr=\frac{32}{15}\pi R^5,$$

所以
$$\bar{z}=\frac{5}{4}R.$$

即质心坐标为$(0,0,\frac{5}{4}R)$.

【例 9.42】 在均匀的半圆形薄板(面密度为 $\rho_1$)下连接一个宽与圆的直径相同的长方形均匀薄板(面密度为 $\rho_2$),使质心在圆心处,求圆的半径与矩形的高之比.

解　设圆半径为 $R$,长方形高为 $h$,坐标系如图 9-28 所示,对称形的重心为$(0,\bar{y})$,现要选择 $R$ 与 $h$ 之比,使 $\bar{y}=0$,即

$$\iint\limits_{D_1+D_2}\rho y\mathrm{d}x\mathrm{d}y=\iint\limits_{D_1}\rho_1 y\mathrm{d}x\mathrm{d}y+\iint\limits_{D_2}\rho_2 y\mathrm{d}x\mathrm{d}y=0,$$

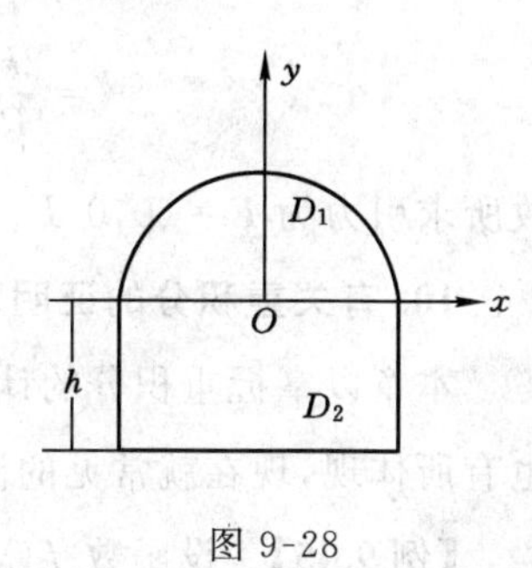

图 9-28

其中:

$$\rho_1\iint\limits_{D_1}y\mathrm{d}x\mathrm{d}y=\rho_1\int_{-R}^{R}\mathrm{d}x\int_0^{\sqrt{R^2-x^2}}y\mathrm{d}y=\frac{2\rho_1}{3}R^3,$$

$$\rho_2\iint\limits_{D_2}y\mathrm{d}x\mathrm{d}y=\rho_2\int_{-R}^{R}\mathrm{d}x\int_{-h}^{0}y\mathrm{d}y=-\rho_2 Rh^2.$$

所以$\frac{2}{3}\rho_1 R^3=\rho_2 Rh^2$,　$\frac{R}{h}=\sqrt{\frac{3\rho_2}{2\rho_1}}$.

【例 9.43】 求均匀球体 $\Omega:x^2+y^2+z^2\leqslant 2z$(体密度为 1)对 $z$ 轴的转动惯量(图 9-29).

解　球面坐标系下,即求 $I_z=\iiint\limits_{\Omega}(x^2+y^2)\mathrm{d}x\mathrm{d}y\mathrm{d}z$.

$$I_z=\int_0^{2\pi}\mathrm{d}\theta\int_0^{\frac{\pi}{2}}\mathrm{d}\varphi\int_0^{2\cos\varphi}r^4\sin^3\varphi\mathrm{d}r$$

$$=\frac{2^6\pi}{5}\int_0^{\frac{\pi}{2}}\cos^5\varphi\sin^3\varphi\mathrm{d}\varphi$$

$$=\frac{-2^6\pi}{5}\int_0^{\frac{\pi}{2}}(\cos^5\varphi-\cos^7\varphi)\mathrm{d}\cos\varphi=\frac{8}{15}\pi.$$

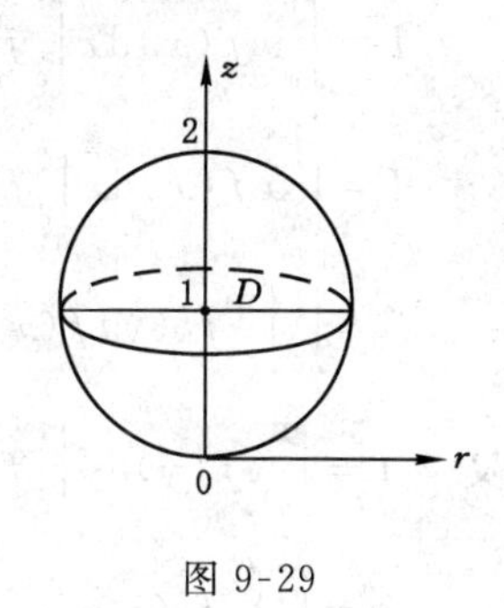

图 9-29

【例 9.44】 求质量为 $M$ 的均匀圆柱体 $x^2+y^2\leqslant R^2,0\leqslant z\leqslant H$ 对位于$(0,0,c)$点处质量为 $m$ 的质点的引力$(c>H)$.

解　设所求引力为 $\boldsymbol{F}=\{F_x,F_y,F_z\}$,由对称性知,$F_x=F_y=0$,只需求 $F_z$.

在圆柱体区域 $\Omega$ 中任取一点$(x,y,z)$,该处的体积元素为 $\mathrm{d}V$,则引力元素为

$$|\mathrm{d}\boldsymbol{F}|=k\frac{m\mu\mathrm{d}V}{s^2}$$

其中 $s=|\boldsymbol{s}|$,$\boldsymbol{s}=(x,y,z-c)$,因 $\cos\gamma=\frac{z-c}{s}$,故 $\mathrm{d}F_z=|\mathrm{d}\boldsymbol{F}|\cos\gamma=km\mu\frac{(z-c)}{s^3}\mathrm{d}V$.

将 $\mu=\frac{M}{\pi R^2H}$,$s=\sqrt{x^2+y^2+(z-c)^2}$ 代入上式后积分得

$$F_z=\iiint_{\Omega}\frac{kmM}{\pi R^2H}\cdot\frac{z-c}{[x^2+y^2+(z-c)^2]^{3/2}}\mathrm{d}V$$

$$=\frac{kmM}{\pi R^2H}\int_0^{2\pi}\mathrm{d}\theta\int_0^R r\ \mathrm{d}r\int_0^H\frac{z-c}{[r^2+(z-c)^2]^{3/2}}\mathrm{d}z$$

$$=\frac{2kmM}{R^2H}\int_0^R\left[\frac{1}{\sqrt{r^2+c^2}}-\frac{1}{\sqrt{r^2+(H-c)^2}}\right]r\mathrm{d}r$$

$$=\frac{2kmM}{R^2H}[\sqrt{R^2+c^2}-\sqrt{R^2+(H-c)^2}-H],$$

故所求引力为 $\boldsymbol{F}=(0,0,F_z)$.

**10. 有关重积分的证明题**

本章以掌握重积分的计算为主,涉及的计算题较多,但也有一些证明题,这在考研题中也有所体现,现在就常见的证明题作一讨论.

**【例 9.45】** 设函数 $f(x)$在$[0,1]$上正值连续,且 $f(x)$单调递减,证明:

$$\frac{\int_0^1 xf^2(x)\mathrm{d}x}{\int_0^1 xf(x)\mathrm{d}x}\leqslant\frac{\int_0^1 f^2(x)\mathrm{d}x}{\int_0^1 f(x)\mathrm{d}x}.$$

**证明** 只要证明

$$I=\int_0^1 xf(x)\mathrm{d}x\int_0^1 f^2(x)\mathrm{d}x-\int_0^1 xf^2(x)\mathrm{d}x\int_0^1 f(x)\mathrm{d}x\geqslant 0,$$

$$I=\int_0^1 xf(x)\mathrm{d}x\int_0^1 f^2(y)\mathrm{d}y-\int_0^1 yf^2(y)\mathrm{d}y\int_0^1 f(x)\mathrm{d}x$$

$$=\int_0^1\int_0^1 f^2(y)f(x)(x-y)\mathrm{d}x\mathrm{d}y,$$

又 $$I=\int_0^1 yf(y)\mathrm{d}y\int_0^1 f^2(x)\mathrm{d}x-\int_0^1 xf^2(x)\mathrm{d}x\int_0^1 f(y)\mathrm{d}y$$

$$=\int_0^1\int_0^1 f^2(x)f(y)(y-x)\mathrm{d}x\mathrm{d}y,$$

以上两式相加

$$2I=\int_0^1\int_0^1 f(x)f(y)(x-y)[f(y)-f(x)]\mathrm{d}x\mathrm{d}y.$$

因为 $f(t)$在$[0,1]$内单调减少,所以,当 $y\leqslant x$ 时,$f(y)\geqslant f(x)$;当 $y>x$ 时,$f(y)<f(x)$,则有

$$f(x)f(y)(x-y)[f(y)-f(x)]\geqslant 0,$$

故 $2I\geqslant 0$,即 $I\geqslant 0$,原题得证.

**【例 9.46】** 设 $f(x)$,$g(x)$在$[a,b]$上连续,证明柯西不等式

$$\left[\int_a^b f(x)g(x)\mathrm{d}x\right]^2\leqslant\int_a^b f^2(x)\mathrm{d}x\int_a^b g^2(x)\mathrm{d}x.$$

**证明** 作积分区域 $D: a\leqslant x\leqslant b, a\leqslant y\leqslant b$.

令
$$I=\int_a^b f^2(x)\mathrm{d}x\int_a^b g^2(x)\mathrm{d}x.$$

则
$$I=\int_a^b f^2(x)\mathrm{d}x\int_a^b g^2(y)\mathrm{d}y=\iint_D f^2(x)g^2(y)\mathrm{d}x\mathrm{d}y,$$

同理
$$I=\int_a^b f^2(y)\mathrm{d}y\int_a^b g^2(x)\mathrm{d}x=\iint_D f^2(y)g^2(x)\mathrm{d}x\mathrm{d}y,$$

故
$$\begin{aligned}2I&=\iint_D[f^2(x)g^2(y)+f^2(y)g^2(x)]\mathrm{d}x\mathrm{d}y\\&\geqslant\iint_D[2f(x)g(x)f(y)g(y)]\mathrm{d}x\mathrm{d}y\\&=2\int_a^b f(x)g(x)\mathrm{d}x\int_a^b f(y)g(y)\mathrm{d}y\\&=2[\int_a^b f(x)g(x)\mathrm{d}x]^2.\end{aligned}$$

故 $\int_a^b f^2(x)\mathrm{d}x\int_a^b g^2(x)\mathrm{d}x\geqslant[\int_a^b f(x)g(x)\mathrm{d}x]^2$.

**注** 以上两题用到"定积分与积分变量用什么字母表示无关"这一知识点，于是有
$$[\int_a^b f(x)g(x)\mathrm{d}x]^2=\int_a^b f(x)g(x)\mathrm{d}x\int_a^b f(y)g(y)\mathrm{d}y.$$
其余类似.

**【例 9.47】** 已知 $f(x)$在$[0,a]$上连续，试证
$$2[\int_0^a f(x)\mathrm{d}x\int_x^a f(y)\mathrm{d}y]=[\int_0^a f(x)\mathrm{d}x]^2.$$

**证明** 设
$$D:\begin{cases}0\leqslant x\leqslant a\\0\leqslant y\leqslant a\end{cases},\quad D_1:\begin{cases}0\leqslant x\leqslant a\\x\leqslant y\leqslant a\end{cases},\quad D_2:\begin{cases}y\leqslant x\leqslant a\\0\leqslant y\leqslant a\end{cases}.$$
则 $D=D_1\cup D_2$.
$$\begin{aligned}\text{右边}&=\int_0^a f(x)\mathrm{d}x\int_0^a f(y)\mathrm{d}y=\iint_D f(x)f(y)\mathrm{d}x\mathrm{d}y\\&=\iint_{D_1}f(x)f(y)\mathrm{d}x\mathrm{d}y+\iint_{D_2}f(x)f(y)\mathrm{d}x\mathrm{d}y\\&=\int_0^a f(x)\mathrm{d}x\int_x^a f(y)\mathrm{d}y+\int_0^a f(y)\mathrm{d}y\int_y^a f(y)\mathrm{d}x\\&=\int_0^a f(x)\mathrm{d}x\int_x^a f(y)\mathrm{d}y+\int_0^a f(x)\mathrm{d}x\int_x^a f(y)\mathrm{d}y=\text{左边}.\end{aligned}$$

**【例 9.48】** 设 $b>a>0$，$f(x)$在$[0,b]$上连续，试证：

(1) $\int_0^a \mathrm{d}x \int_0^x \frac{f'(y)}{\sqrt{(a-x)(x-y)}}\mathrm{d}y = \pi[f(a)-f(0)]$.

(2) $\int_a^b \mathrm{d}x \int_a^x (x-y)^n f(y)\mathrm{d}y = \frac{1}{n}\int_a^b (b-x)^n f(x)\mathrm{d}x$.

**证明** (1) 由等式左边知,积分区域 $D$ 为 $0\leqslant y\leqslant x, 0\leqslant x\leqslant a$,交换积分次序得

$$\text{左边} = \iint_D \frac{f'(y)}{\sqrt{(a-x)(x-y)}}\mathrm{d}x\mathrm{d}y = \int_0^a f'(y)\mathrm{d}y \int_y^a \frac{\mathrm{d}x}{\sqrt{(a-x)(x-y)}}$$

$$= \int_0^a f'(y)\mathrm{d}y \int_y^a \frac{\mathrm{d}x}{\sqrt{(\frac{a-y}{2})^2-(x-\frac{a+y}{2})^2}}$$

$$= \int_0^a f'(y)\arcsin\frac{2x-(a+y)}{a-y}\Big|_y^a \mathrm{d}y$$

$$= \pi\int_0^a f'(y)\mathrm{d}y = \pi[f(a)-f(0)] = \text{右边}.$$

(2) 类似(1),交换积分次序得

$$\text{左边} = \iint_D (x-y)^{n-1} f(y)\mathrm{d}x\mathrm{d}y = \int_a^b f(y)\mathrm{d}y \int_y^b (x-y)^{n-1}\mathrm{d}x$$

$$= \int_a^b f(y)\frac{1}{n}(x-y)^n\Big|_y^b \mathrm{d}y = \frac{1}{n}\int_a^b (b-y)^n f(y)\cdot\mathrm{d}y$$

$$= \frac{1}{n}\int_a^b (b-x)^n f(x)\mathrm{d}x = \text{右边}.$$

**注** 这种类型的证明题,证明时多采用交换积分顺序的方法.

**【例 9.49】** 设 $f(x,y)$在原点的某个邻域内连续,区域 $D: x^2+y^2\leqslant t^2$ 在该邻域内,且 $F(t)=\iint_D f(x,y)\mathrm{d}x\mathrm{d}y$.试证

$$\lim_{t\to 0+}\frac{F'(t)}{t} = 2\pi f(0,0).$$

**证明** 使用极坐标系,有

$$F(t) = \int_0^{2\pi}\mathrm{d}\theta\int_0^t f(\rho\cos\theta,\rho\sin\theta)\rho\mathrm{d}\rho.$$

为求 $F'(t)$,需先交换积分次序,即

$$F(t) = \int_0^t\left[\int_0^{2\pi} f(\rho\cos\theta,\rho\sin\theta)\rho\mathrm{d}\theta\right]\mathrm{d}\rho,$$

所以 $F'(t) = t\int_0^{2\pi} f(t\cos\theta, t\sin\theta)\mathrm{d}\theta = tf(t\cos\xi, t\sin\xi)\cdot 2\pi, \xi\in(0,2\pi)$,

所以 $\lim_{t\to 0+}\frac{F'(t)}{t} = \lim_{t\to 0+}\frac{tf(t\cos\xi,t\sin\xi)\cdot 2\pi}{t} = 2\pi f(0,0)$.

**【例 9.50】** 设 $f(u)$为连续函数,$f'(0)$存在且 $f(0)=0$,证明:

$$\lim_{t\to 0}\frac{1}{\pi t^4}\iiint\limits_{x^2+y^2+z^2\leqslant t^2} f(\sqrt{x^2+y^2+z^2})\mathrm{d}x\mathrm{d}y\mathrm{d}z=f'(0).$$

**证明** 在球坐标系下，令

$$F(t)=\iiint\limits_{x^2+y^2+z^2\leqslant t^2} f(\sqrt{x^2+y^2+z^2})\mathrm{d}x\mathrm{d}y\mathrm{d}z,$$

则
$$F(t)=\int_0^{2\pi}\mathrm{d}\theta\int_0^{\pi}\sin\varphi\mathrm{d}\varphi\int_0^t f(r)\cdot r^2\mathrm{d}r=4\pi\int_0^t f(r)r^2\mathrm{d}r.$$

当 $t=0$ 时，有 $F(0)=0$，于是由洛必达法则得

$$\lim_{t\to 0}\frac{F(t)}{\pi t^4}=\lim_{t\to 0}\frac{4\pi\int_0^t f(r)r^2\mathrm{d}r}{\pi t^4}=\lim_{t\to 0}\frac{4\pi f(t)t^2}{4\pi t^3}=\lim_{t\to 0}\frac{f(t)}{t}$$

$$=\lim_{t\to 0}\frac{f(t)-f(0)}{t}=f'(0),$$

即
$$\lim_{t\to 0}\frac{1}{\pi t^4}F(t)=f'(0).$$

**【例 9.51】** 设函数 $f(x)$ 连续且恒大于零，

$$F(t)=\frac{\iiint\limits_{\Omega(t)} f(x^2+y^2+z^2)\mathrm{d}v}{\iint\limits_{D(t)} f(x^2+y^2)\mathrm{d}\sigma},G(t)=\frac{\iint_{D(t)} f(x^2+y^2)\mathrm{d}\sigma}{\int_{-t}^t f(x^2)\mathrm{d}x},$$

其中

$$\Omega(t)=\{(x,y,z)\mid x^2+y^2+z^2\leqslant t^2\},$$
$$D(t)=\{(x,y)\mid x^2+y^2\leqslant t^2\}$$

(1) 讨论 $F(t)$ 在区间 $(0,+\infty)$ 内的单调性；

(2) 证明当 $t>0$ 时，$F(t)>\frac{2}{\pi}G(t)$.

**解** (1) 因为

$$F(t)=\frac{\int_0^{2\pi}\mathrm{d}\theta\int_0^{\pi}\mathrm{d}\varphi\int_0^t f(r^2)r^2\sin\varphi\mathrm{d}r}{\int_0^{2\pi}\mathrm{d}\theta\int_0^t f(r^2)r\mathrm{d}r}=\frac{2\int_0^t f(r^2)r^2\mathrm{d}r}{\int_0^t f(r^2)r\mathrm{d}r},$$

$$F'(t)=\frac{2tf(t^2)\int_0^t f(r^2)r(t-r)\mathrm{d}r}{\left[\int_0^t f(r^2)r\mathrm{d}r\right]^2},$$

所以在 $(0,+\infty)$ 上 $F'(x)>0$，故 $F(t)$ 在 $(0,+\infty)$ 内单调增加.

(2) 因为 $G(t)=\dfrac{\pi\int_0^t f(r^2)r\ \mathrm{d}r}{\int_0^t f(r^2)\mathrm{d}r}$，所以要证 $t>0$ 时，$F(t)>\frac{2}{\pi}G(t)$，只要证 $t>0$ 时，

$F(t)-\frac{2}{\pi}G(t)>0$，即

$$\int_0^t f(r^2)r^2\mathrm{d}r\int_0^t f(r^2)\mathrm{d}r-\left[\int_0^t f(r^2)r\mathrm{d}r\right]^2>0,$$

为此，令

$$g(t)=\int_0^t f(r^2)r^2\mathrm{d}r\int_0^t f(r^2)\mathrm{d}r-\left[\int_0^t f(r^2)r\mathrm{d}r\right]^2,$$

则 $g'(t)=f(t^2)\int_0^t f(r^2)(t-r)^2\mathrm{d}r>0$，故 $g(t)$ 在 $(0,+\infty)$ 内单调增加.

因为 $g(t)$ 在 $t=0$ 连续，所以当 $t>0$ 时，有 $g(t)>g(0)$，又 $g(0)=0$，故当 $t>0$ 时 $g(t)>0$. 因此，当 $t>0$ 时，$F(t)>\frac{2}{\pi}G(t)$.

## 四、练习题与解答

1. 选择题

(1) 设 $\Omega=\{(x,y,z)\mid\sqrt{x^2+y^2}-1\leqslant z\leqslant 0\}$，记 $I_1=\iiint\limits_{\Omega}z\mathrm{e}^{xy}\mathrm{d}v$，$I_2=\iiint\limits_{\Omega}z^2\mathrm{e}^{xy}\mathrm{d}v$，$I_3=\iiint\limits_{\Omega}z^3\mathrm{e}^{xy}\mathrm{d}v$，则 $I_1,I_2,I_3$ 大小顺序是是(　　).

(A) $I_1\leqslant I_2\leqslant I_3$；　(B) $I_1\leqslant I_3\leqslant I_2$；　(C) $I_3\leqslant I_1\leqslant I_2$；　(D) $I_3\leqslant I_2\leqslant I_1$

(2) 将直角坐标系下的二次积分 $\int_{-R}^0\mathrm{d}x\int_{-\sqrt{R^2-x^2}}^{\sqrt{R^2-x^2}}f(x,y)\mathrm{d}y$ 转化为极坐标系下的二次积分为(　　).

(A) $\int_0^{\pi}\mathrm{d}\theta\int_{-R}^R f(\rho\cos\theta,\rho\sin\theta)\rho\mathrm{d}\rho$；　(B) $\int_{\frac{\pi}{2}}^{\frac{3\pi}{2}}\mathrm{d}\theta\int_{-R}^R f(\rho\cos\theta,\rho\sin\theta)\rho\mathrm{d}\rho$；

(C) $\int_0^{\pi}\mathrm{d}\theta\int_0^R f(\rho\cos\theta,\rho\sin\theta)\rho\mathrm{d}\rho$；　(D) $\int_{\frac{\pi}{2}}^{\frac{3\pi}{2}}\mathrm{d}\theta\int_0^R f(\rho\cos\theta,\rho\sin\theta)\rho\mathrm{d}\rho$.

(3) 将极坐标系下的二次积分

$$I=\int_{\pi/4}^{\pi/2}\mathrm{d}\theta\int_0^{2\sin\theta}\rho f(\rho\cos\theta,\rho\sin\theta)\mathrm{d}\rho$$

化为直角坐标系下的二次积分，则 $I=$(　　).

(A) $\int_0^1\mathrm{d}x\int_x^{\sqrt{1-x^2}}f(x,y)\mathrm{d}y$；

(B) $\int_0^1\mathrm{d}x\int_{1-\sqrt{1-x^2}}^x f(x,y)\mathrm{d}y$；

(C) $\int_0^1\mathrm{d}y\int_y^{\sqrt{2y-y^2}}f(x,y)\mathrm{d}x$；

(D) $\int_0^1\mathrm{d}y\int_0^y f(x,y)\mathrm{d}x+\int_1^2\mathrm{d}y\int_0^{\sqrt{2y-y^2}}f(x,y)\mathrm{d}x$.

(4) 设 $D$ 是以 $(1,1)$，$(-1,1)$ 和 $(-1,-1)$ 为顶点的三角形域，$D_1$ 是 $D$ 在第一象限的

部分,则$\iint\limits_{D}(xy+\sin y\mathrm{e}^{-x^2-y^2})\mathrm{d}x\mathrm{d}y=$(　　).

(A) $2\iint\limits_{D_1}xy\mathrm{d}x\mathrm{d}y$;　　(B) $2\iint\limits_{D_1}\sin y\mathrm{e}^{-x^2-y^2}\mathrm{d}x\mathrm{d}y$;

(C) 0;　　(D) $4\iint\limits_{D_1}(xy+\sin y\ \mathrm{e}^{-x^2-y^2})\mathrm{d}x\mathrm{d}y$.

(5) 设$\Omega_1$由$x^2+y^2+z^2\leqslant R^2,z\geqslant 0$确定,$\Omega_2$由$x^2+y^2+z^2\leqslant R^2,x\geqslant 0,y\geqslant 0,z\geqslant 0$所确定,则(　　).

(A) $\iiint\limits_{\Omega_1}x\mathrm{d}v=4\iiint\limits_{\Omega_2}x\mathrm{d}v$;　　(B) $\iiint\limits_{\Omega_1}y\mathrm{d}v=4\iiint\limits_{\Omega_2}y\mathrm{d}v$;

(C) $\iiint\limits_{\Omega_1}z\mathrm{d}v=4\iiint\limits_{\Omega_2}z\mathrm{d}v$;　　(D) $\iiint\limits_{\Omega_1}xyz\mathrm{d}v=4\iiint\limits_{\Omega_2}xyz\mathrm{d}v$.

(6) 计算旋转抛物面$z=1+\dfrac{x^2+y^2}{2}$在$1\leqslant z\leqslant 2$那部分的曲面面积$S=$(　　).

(A) $\iint\limits_{x^2+y^2\leqslant 2}\sqrt{1+x^2+y^2}\mathrm{d}x\mathrm{d}y$;　　(B) $\iint\limits_{x^2+y^2\leqslant 4}\sqrt{1+x^2+y^2}\mathrm{d}x\mathrm{d}y$;

(C) $\iint\limits_{x^2+y^2\leqslant 2}\sqrt{1-x^2-y^2}\mathrm{d}x\mathrm{d}y$;　　(D) $\iint\limits_{x^2+y^2\leqslant 4}\sqrt{1-x^2-y^2}\mathrm{d}x\mathrm{d}y$.

(7) 设函数$f(x)$在$[0,1]$上连续,设$\int_0^1 f(x)\mathrm{d}x=A$,则$I=\int_0^1\mathrm{d}x\int_x^1 f(x)f(y)\mathrm{d}y$的值为(　　).

(A) $A^2$;　　(B) $\dfrac{1}{2}A^2$;　　(C) $-\dfrac{1}{2}A^2$;　　(D) $-A^2$.

(8) 由曲面$z=x^2+2y^2$与$z=1-x^2$所围立体内部体积$V=$(　　).

(A) $\dfrac{\pi}{4}$;　　(B) $\dfrac{\pi}{2}$;　　(C) $\pi$;　　(D) $2\pi$.

(9) 设$D=\{(x,y)\mid x^2+y^2\geqslant 2x\}$,$f(x,y)=\begin{cases}x^2y,(x,y)\in D'\\0,\text{其他},\end{cases}$,其中

$D'=\begin{cases}1\leqslant x\leqslant 2,\\0\leqslant y\leqslant x\end{cases}$.则积分$I=\iint\limits_{D}f(x,y)\mathrm{d}\sigma$的值为(　　).

(A) $-\dfrac{49}{20}$;　　(B) $\dfrac{41}{20}$;　　(C) $\dfrac{49}{20}$;　　(D) 0.

(10) 设$I=\iiint\limits_{\Omega}(x^2+y^2+z^2)\mathrm{d}v$,$\Omega$由$x^2+y^2+z^2=1$的球面围成,则$I=$(　　).

(A) $\dfrac{4}{3}\pi$;　　(B) $\dfrac{2}{3}\pi$;　　(C) $\dfrac{2}{5}\pi$;　　(D) $\dfrac{4}{5}\pi$.

(11) 设$D=\{(x,y)\mid x^2+y^2\leqslant\rho^2\}$,$f(x,y)$在$D$上连续,则$\lim\limits_{\rho\to 0^+}\dfrac{1}{\pi\rho^2}\iint\limits_{D}f(x,y)\mathrm{d}x\mathrm{d}y=$

(　　).

(A) 0；　(B) $f(0,0)$；　(C) $-f(0,0)$；　(D) 1.

(12) 设 $\Omega$ 由曲线 $\begin{cases} y^2=2z \\ x=0 \end{cases}$ 绕 $z$ 轴旋转一周而成的曲面与平面 $z=4$ 所围的立体；则 $I=\iiint\limits_{\Omega}(x^2+y^2+z)\mathrm{d}v$ 的值为(　　).

(A) $\frac{256}{3}$；　(B) $85\pi$；　(C) $\frac{256}{3}\pi$；　(D) $\frac{296}{3}\pi$.

(13) 设 $\Omega$ 由 $x+y+z\leqslant k,0\leqslant x\leqslant 1,0\leqslant y\leqslant 1,z\geqslant 0$ 所确定，其中 $k$ 是大于 2 的常数及 $\iiint\limits_{\Omega}x\mathrm{d}x\mathrm{d}y\mathrm{d}z=\frac{7}{4}$，则 $k=$(　　).

(A) 5；　(B) 3；　(C) $\frac{14}{3}$；　(D) $\frac{8}{3}$.

(14) 设 $\Omega$ 由 $x=0,y=0,z=0,x+2y+z=1$ 围成，则 $V=\iiint\limits_{\Omega_1}z\mathrm{d}v=$(　　).

(A) $\frac{1}{48}$；　(B) $\frac{5}{24}$；　(C) $\frac{5}{12}$；　(D) $\frac{5}{6}$.

(15) 将在直角坐标系下的三次积分

$$I=\int_0^a\mathrm{d}x\int_{-\sqrt{a^2-x^2}}^{\sqrt{a^2-x^2}}\mathrm{d}y\int_{a-\sqrt{a^2-x^2-y^2}}^{a+\sqrt{a^2-x^2-y^2}}f(x,y,z)\mathrm{d}z$$

化为球坐标系下的三次积分，则 $I=$(　　).

(A) $\int_0^{\pi}\mathrm{d}\theta\int_0^{\pi}\mathrm{d}\varphi\int_0^{2a\cos\varphi}r^2\sin\varphi f(r\cos\theta\sin\varphi,r\sin\theta\sin\varphi,r\cos\varphi)\mathrm{d}r$；

(B) $\int_{-\frac{\pi}{2}}^{\frac{\pi}{2}}\mathrm{d}\theta\int_0^{\frac{\pi}{2}}\mathrm{d}\varphi\int_0^{2a\cos\varphi}r^2\sin\varphi f(r\cos\theta\sin\varphi,r\sin\theta\sin\varphi,r\cos\varphi)\mathrm{d}r$；

(C) $\int_{-\frac{\pi}{2}}^{\frac{\pi}{2}}\mathrm{d}\theta\int_0^{\pi}\mathrm{d}\varphi\int_0^{2a\cos\varphi}r^2\sin\varphi f(r\cos\theta\sin\varphi,r\sin\theta\sin\varphi,r\cos\varphi)\mathrm{d}r$；

(D) $\int_0^{\pi}\mathrm{d}\theta\int_{-\frac{\pi}{2}}^{\frac{\pi}{2}}\mathrm{d}\varphi\int_0^{2a\cos\varphi}r^2\sin\varphi f(r\cos\theta\sin\varphi,r\sin\theta\sin\varphi,r\cos\varphi)\mathrm{d}r$.

(16) 设 $\Omega:x^2+y^2+z^2\leqslant R^2(R>0)$，则 $\iiint\limits_{\Omega}(x+y+z+1)^2\mathrm{d}v=$(　　).

(A) $\frac{4}{3}\pi R^3$；　(B) $\frac{4}{5}\pi R^5-\frac{4}{5}\pi R^3$；

(C) $\frac{4}{5}\pi R^5$；　(D) $\frac{4}{5}\pi R^5+\frac{4}{3}\pi R^3$.

(17) 设 $I=\iiint\limits_{\Omega}z^2\mathrm{d}x\mathrm{d}y\mathrm{d}z$，其中 $\Omega$ 由球面 $x^2+y^2+z^2\leqslant R^2,x^2+y^2+(z-R)^2\leqslant R^2$ 围成的区域，则 $I=$(　　).

(A) $\frac{59}{48}\pi R^5$；　(B) $\frac{59}{480}\pi R^4$；　(C) $\frac{59}{480}\pi R^5$；　(D) $\frac{49}{480}\pi R^5$.

2. 填空题.

(1) 已知 $D: a \leqslant x \leqslant b, 0 \leqslant y \leqslant 1$ 且 $\iint\limits_D y f(x) \mathrm{d}\sigma = 1$，则 $\int_a^b f(x) \mathrm{d}x =$ ________；

(2) 积分 $\int_0^1 \mathrm{d}x \int_x^1 \mathrm{e}^{-y^2} \mathrm{d}y =$ ________.

(3) 积分 $\int_0^1 \mathrm{d}x \int_0^x \mathrm{e}^y \mathrm{d}y + \int_1^3 \mathrm{d}x \int_0^{\frac{1}{2}(3-x)} \mathrm{e}^y \mathrm{d}y =$ ________；

(4) 交换积分次序

$\int_{-1}^0 \mathrm{d}x \int_0^{1+x} f(x,y) \mathrm{d}y + \int_0^1 \mathrm{d}x \int_0^{1-x} f(x,y) \mathrm{d}y =$ ________.

(5) 二重积分 $\iint\limits_{x^2+y^2 \leqslant a^2} (x^2 - 2x + 3y + 2) \mathrm{d}x$ 的值为 ________.

(6) 设 $\Omega$ 由 $0 \leqslant z \leqslant 1 - \sqrt{x^2+y^2}$ 所确定，则其形心坐标是 ________；

(7) 设 $\Omega$ 由 $0 \leqslant z \leqslant 1 - \sqrt{x^2+y^2}$ 确定，且积分

$$\iiint\limits_{\Omega} f(x^2+y^2) \mathrm{d}x \mathrm{d}y \mathrm{d}z$$

在柱坐标系下可化为定积分 $\int_0^1 \varphi(r) \mathrm{d}r$，则 $\varphi(r)$ ________.

(8) 设 $I = \iint\limits_D |y - x^2| \mathrm{d}x \mathrm{d}y$，其中 $D: 0 \leqslant y \leqslant 1, -1 \leqslant x \leqslant 1$，则 $I =$ ________.

(9) 设 $I = \iint\limits_D \frac{\sin(xy)}{x} \mathrm{d}x \mathrm{d}y$，其中 $D$ 由 $x = 1 + \sqrt{1-y^2}$，$x = y^2$ 围成的区域，则 $I =$ ________.

(10) 设 $D = \{(x,y) \mid x^2 + y^2 \leqslant a^2\}$，若 $\iint\limits_D \sqrt{a^2 - x^2 - y^2} \mathrm{d}\sigma = \pi$ 则 $a =$ ________.

(11) 积分 $\iiint\limits_{x^2+y^2+z^2 \leqslant 1} (ax + by)^2 \mathrm{d}v =$ ________.

(12) 积分 $\iint\limits_{x^2+y^2+2x-2y \leqslant 0} (ax + by) \mathrm{d}\sigma =$ ________.

(13) 密度为 1 的旋转体(记为 $\Omega$)：$x^2 + y^2 \leqslant z \leqslant 1$ 绕 $z$ 轴的转动惯量 $I =$ ________.

(14) 设 $I = \iint\limits_D \mathrm{e}^{-(x^2+y^2)} \mathrm{d}\sigma$，其中 $D = \{(x,y) \mid a^2 \leqslant x^2 + y^2 \leqslant b^2, 0 < a < b\}$，则 $I =$ ________.

(15) 设 $I = \iiint\limits_{\Omega} xz \mathrm{d}x \mathrm{d}y \mathrm{d}z$，其中 $\Omega$ 是由平面 $z = 0, z = y, y = 1$ 及抛物柱面 $y = x^2$ 所围成

的闭区域,则 $I=$________.

(16) 设 $I=\iiint\limits_{\Omega}(\frac{x^2}{a^2}+\frac{y^2}{b^2}+\frac{z^2}{c^2})\mathrm{d}v$,其中 $\Omega$ 由曲面 $\frac{x^2}{a^2}+\frac{y^2}{b^2}+\frac{z^2}{c^2}=1$ 围成的区域,则 $I=$________.

(17) 设 $I=\iiint\limits_{\Omega}z\mathrm{d}v$,其中 $\Omega$ 由上半球面 $z=\sqrt{4-x^2-y^2}$ 及抛物面 $x^2+y^2=3z$ 围成,则 $I=$________.

3. 计算下列二重积分.

(1) $I=\iint\limits_{x^2+y^2\leqslant 4}(1+\sqrt[3]{xy})\mathrm{d}\sigma$;

(2) $I=\iint\limits_{D}\sqrt{|y-x^2|}\mathrm{d}\sigma$,其中 $D$:$-1\leqslant x\leqslant 1,0\leqslant y\leqslant 2$;

(3) $I=\iint\limits_{x^2+y^2\leqslant R^2}|xy|\mathrm{d}\sigma$;

(4) $I=\iint\limits_{D}(x^2+xy\mathrm{e}^{x^2+y^2})\mathrm{d}\sigma$,其中

① $D$ 为圆域 $x^2+y^2\leqslant 1$;

② $D$ 由直线 $y=x,y=-1$ 及 $x=1$ 围成.

4. 设 $f(t)$ 为连续函数,$A>0$(常数),$D$:$|x|\leqslant\frac{A}{2},|y|\leqslant\frac{A}{2}$,证明

$$\iint\limits_{D}f(x-y)\mathrm{d}\sigma=\int_{-A}^{A}f(t)(A-|t|)\mathrm{d}t$$

5. 用两种方法计算 $I=\iiint\limits_{\Omega}z\mathrm{d}x\mathrm{d}y\mathrm{d}z$,其中 $\Omega$ 由 $x=0,y=0,z=0$ 及 $x+y+z=1$ 所围成的四面体.

6. 计算 $I=\iiint\limits_{\Omega}(x^2+y^2+z^2)\mathrm{d}v$,$\Omega$ 是由曲线 $\begin{cases}x^2=2z\\y=0\end{cases}$ 绕 $z$ 轴旋转一周而成的曲面与 $z=2$ 和 $z=8$ 所围成的立体.

7. 设 $f(u)$ 为连续函数,若

$$g(t)=\iiint\limits_{\Omega}[z^2+f(x^2+y^2)]\mathrm{d}x\mathrm{d}y\mathrm{d}z,$$

其中,$\Omega$ 是柱面 $x^2+y^2=t^2$ 与平面 $z=0,z=h$ 所围成的立体,求 $g'(t)$.

8. 在均匀半球下接一个与之半径相同的均匀圆柱体,要使其重心在球心处,求圆柱体半径与其高之比.

9. 一均匀物体(密度 $\rho=$常数)$\Omega$ 是由曲面 $z=x^2+y^2$ 和平面 $z=0,|x|=a,|y|=a$ 所围成,求:(1) 其体积;(2) 该物体的重心坐标;(3) 该物体关于 $z$ 轴的转动惯量.

10. 计算二重积分$\iint\limits_D e^{\max\{x^2,y^2\}}\mathrm{d}x\,\mathrm{d}y$，其中区域$D$：$0\leqslant x\leqslant 1, 0\leqslant y\leqslant 1$.

11. 计算二重积分$\iint\limits_D \min\{x,y\}\dfrac{e^{-\sqrt{x^2+y^2}}}{\sqrt{x^2+y^2}}\mathrm{d}x\,\mathrm{d}y$，其中区域$D$：$0<x<+\infty, 0\leqslant y<+\infty$.

12. 计算$I=\iint\limits_D\sqrt{x^2+y^2}\,\mathrm{d}x\,\mathrm{d}y$，其中区域$D$为$x^2+y^2\leqslant a^2$和$(x-\dfrac{a}{2})^2+y^2\geqslant\dfrac{a^2}{4}$公共部分的区域.

13. 求$f(t)$，假设$f(x)$在$[0,+\infty)$上连续且满足

$$f(t)=1+\iint\limits_{x^2+y^2\leqslant 4t^2} f\left(\frac{1}{2}\sqrt{x^2+y^2}\right)\mathrm{d}\sigma.$$

14. 计算$\iint\limits_D(x^2+y^2)\mathrm{d}\sigma$，其中$D$由下面曲线$x^2+y^2=2y, x^2+y^2=4y, x-\sqrt{3}y=0$及$y-\sqrt{3}x=0$所围成的平面闭区域.

15. 求位于两圆$r=2\sin\theta$和$r=4\sin\theta$之间的均匀薄片的重心.

16. 求曲面$z=xy$被柱面$x^2+y^2=R^2$所截出的面积$A$.

17. 求曲面$S_1$：$z=x^2+y^2+1$任一点处的切平面与曲面$S_2$：$z=x^2+y^2$所围立体的体积$V$.

18. 计算$I=\iiint\limits_\Omega z\sqrt{x^2+y^2}\,\mathrm{d}v$，其中区域$\Omega$由$z=\sqrt{x^2+y^2}$与$z=\sqrt{1-x^2-y^2}$围成.

19. 计算$I=\iiint\limits_\Omega\dfrac{1}{x^2+y^2+z^2}\mathrm{d}v$，其中区域$\Omega$为：$x^2+y^2\leqslant z\leqslant\sqrt{2-x^2-y^2}$.

20. 计算$I=\iiint\limits_\Omega z e^{(x+y)^2}\mathrm{d}v$，其中区域$\Omega$为$1\leqslant x+y\leqslant 2, x\geqslant 0, y\geqslant 0, 0\leqslant z\leqslant 3$.

**练习题解答**

# 第十章　曲线积分与曲面积分

## 一、内容提要

**1. 曲线积分**

(1) 曲线积分的概念

① 第一类曲线积分的概念

第一类曲线积分是一种特殊的和式极限,即

$$\int_L f(x,y)\mathrm{d}s=\lim_{\lambda\to 0}\sum_{i=1}^{n}f(\xi_i,\eta_i)\Delta s_i.$$

若曲线弧 $L$ 是封闭曲线时,则函数 $f(x,y)$ 在闭曲线 $L$ 上的第一类曲线积分记为

$$\oint_L f(x,y)\mathrm{d}s.$$

如果在曲线弧 $L$ 上函数 $f(x,y)\equiv 1$,则有

$$\int_L f(x,y)\mathrm{d}s=S(S\text{ 为曲线弧 }L\text{ 的弧长}).$$

设有一曲线形构件所占的位置是 $xOy$ 面内的一段曲线 $L$,它的线密度为 $\mu(x,y)$,则曲线形构件的质量

$$M=\int_L \mu(x,y)\mathrm{d}s.$$

若函数 $f(x,y)$ 在光滑曲线弧 $L$ 上连续,则积分 $\int_L f(x,y)\mathrm{d}s$ 存在.

② 第二类曲线积分的概念

第二类曲线积分是一种特殊的和式极限,即

$$\int_L P(x,y)\mathrm{d}x=\lim_{\lambda\to 0}\sum_{i=1}^{n}P(\xi_i,\eta_i)\Delta x_i$$

称为函数 $P(x,y)$ 在有向曲线弧 $L$ 上对坐标 $x$ 的曲线积分.

$$\int_L Q(x,y)\mathrm{d}y=\lim_{\lambda\to 0}\sum_{i=1}^{n}Q(\xi_i,\eta_i)\Delta y_i$$

称为函数 $Q(x,y)$ 在有向曲线弧 $L$ 上对坐标 $y$ 的曲线积分.

当函数 $P(x,y)$,$Q(x,y)$ 在光滑曲线弧 $L$ 上连续时,积分存在.

曲线积分 $\int_L P(x,y)\mathrm{d}x+\int_L Q(x,y)\mathrm{d}y$ 可写成组合形式

$$\int_L P(x,y)\mathrm{d}x+Q(x,y)\mathrm{d}y=\int_L \boldsymbol{F}\cdot\mathrm{d}\boldsymbol{s},$$

其中，$\boldsymbol{F}=P\boldsymbol{i}+Q\boldsymbol{j}$，$\mathrm{d}\boldsymbol{s}=\mathrm{d}x\boldsymbol{i}+\mathrm{d}y\boldsymbol{j}$.

若曲线 $L$ 是封闭曲线，则组合积分记为

$$\oint_L P(x,y)\mathrm{d}x+Q(x,y)\mathrm{d}y.$$

设有一质点在力 $\boldsymbol{F}(x,y)=P(x,y)\boldsymbol{i}+Q(x,y)\boldsymbol{j}$ 的作用下从点 $A$ 沿光滑曲线弧 $L$ 移动到点 $B$，则变力 $\boldsymbol{F}(x,y)$ 对质点所作的功

$$W=\int_L P(x,y)\mathrm{d}x+Q(x,y)\mathrm{d}y.$$

(2) 曲线积分的性质

① 第一类曲线积分的性质

**性质 1**　设 $\alpha,\beta$ 为常数，则

$$\int_L[\alpha f(x,y)\pm\beta g(x,y)]\mathrm{d}s=\alpha\int_L f(x,y)\mathrm{d}s\pm\beta\int_L g(x,y)\mathrm{d}s.$$

**性质 2**　设曲线弧 $L$ 由 $L_1$ 和 $L_2$ 两段光滑曲线弧组成，则

$$\int_{L_1+L_2} f(x,y)\mathrm{d}s=\int_{L_1} f(x,y)\mathrm{d}s+\int_{L_2} f(x,y)\mathrm{d}s.$$

**性质 3**　设在曲线弧 $L$ 上有 $f(x,y)\leqslant g(x,y)$，则

$$\int_L f(x,y)\mathrm{d}s\leqslant\int_L g(x,y)\mathrm{d}s.$$

**性质 4**(中值定理)　设函数 $f(x,y)$ 在光滑曲线弧 $L$ 上连续，则在 $L$ 上必存在一点 $(\xi,\eta)$ 使

$$\int_L f(x,y)\mathrm{d}s=f(\xi,\eta)\cdot s,$$

其中，$s$ 是曲线弧 $L$ 的长度.

② 第二类曲线积分的性质

**性质 1**　设有向曲线弧 $L$ 由 $L_1$ 和 $L_2$ 两段光滑曲线弧组成，则

$$\int_L P(x,y)\mathrm{d}x+Q(x,y)\mathrm{d}y=\int_{L_1} P(x,y)\mathrm{d}x+Q(x,y)\mathrm{d}y+\int_{L_2} P(x,y)\mathrm{d}x+Q(x,y)\mathrm{d}y.$$

**性质 2**　设 $L$ 是有向曲线弧，$L^-$ 是与 $L$ 方向相反的有向曲线弧，则

$$\int_{L^-} P(x,y)\mathrm{d}x+Q(x,y)\mathrm{d}y=-\int_L P(x,y)\mathrm{d}x+Q(x,y)\mathrm{d}y,$$

即第二类曲线积分与积分弧段的方向有关.

(3) 对弧长曲线积分的计算方法

① 当 $L$ 的方程为：$\begin{cases}x=x(t),\\y=y(t),\end{cases}$ $(a\leqslant t\leqslant b)$时

$$\int_L f(x,y)\mathrm{d}s=\int_a^b f[x(t),y(t)]\sqrt{x'^2+y'^2}\,\mathrm{d}t.$$

② 当 $L$ 的方程为:$y=y(x)(a\leqslant x\leqslant b)$时

$$\int_L f(x,y)\mathrm{d}s=\int_a^b f[x,y(x)]\sqrt{1+y'^2}\,\mathrm{d}x.$$

③ 当 $L$ 的方程为:$x=x(y)(c\leqslant y\leqslant d)$时

$$\int_L f(x,y)\mathrm{d}s=\int_c^d f[x(y),y]\sqrt{1+x'^2}\,\mathrm{d}y.$$

④ 若曲线 $L:r=r(\theta)(\alpha\leqslant\theta\leqslant\beta)$,则

$$\int_L f(x,y)\mathrm{d}s=\int_\alpha^\beta f[r(\theta)\cos\theta,r(\theta)\sin\theta]\sqrt{r^2(\theta)+r'^2(\theta)}\,\mathrm{d}\theta.$$

⑤ 如果空间曲线弧 $\Gamma$ 的参数方程为

$$x=\varphi(t),y=\psi(t),z=\omega(t)\quad(\alpha\leqslant t\leqslant\beta),$$

则有

$$\int_\Gamma f(x,y,z)\mathrm{d}s=\int_\alpha^\beta f[\varphi(t),\psi(t),\omega(t)]\sqrt{\varphi'^2(t)+\psi'^2(t)+\omega'^2(t)}\,\mathrm{d}t.$$

⑥ 如果空间曲线弧 $\Gamma$ 为:$\begin{cases}y=y(x),\\z=z(x),\end{cases}\quad(a\leqslant x\leqslant b)$时

$$\int_\Gamma f(x,y,z)\mathrm{d}s=\int_a^b f[x,y(x),z(x)]\sqrt{1+y'^2+z'^2}\,\mathrm{d}x.$$

(4) 对弧长曲线积分的应用

① 求平面曲线 $L$ 的弧长:$l=\int_L\mathrm{d}s$.

② 求平面曲线 $L$ 的质量(线密度 $\rho(x,y)$)

$$m=\int_L\rho(x,y)\mathrm{d}s.$$

③ 求平面曲线 $L$ 的质心

$$\overline{x}=\frac{1}{m}\int_L x\rho\mathrm{d}s,\quad\overline{y}=\frac{1}{m}\int_L y\rho\mathrm{d}s.$$

④ 求转动惯量

$$I_x=\int_L y^2\rho\mathrm{d}s,\quad I_y=\int_L x^2\rho\mathrm{d}s.$$

(5) 对坐标的曲线积分计算方法

① 如果曲线 $\Gamma$ 的参数方程为 $\begin{cases}x=\varphi(t),\\y=\psi(t),\end{cases}$ 当参数 $t$ 单调地从 $\alpha$ 变到 $\beta$ 时,点 $M(x,y)$ 从曲线 $L$ 的起点 $A$ 沿 $L$ 变到终点 $B$,则

$$\int_L P(x,y)\mathrm{d}x+Q(x,y)\mathrm{d}y=\int_\alpha^\beta\{P[\varphi(t),\psi(t)]\varphi'(t)+Q[\varphi(t),\psi(t)]\psi'(t)\}\mathrm{d}t.$$

② 如果有向曲线弧 $L$ 的方程为 $y=y(x)$，起点对应的 $x$ 值为 $a$，终点对应的 $x$ 值为 $b$，则

$$\int_L P(x,y)\mathrm{d}x+Q(x,y)\mathrm{d}y=\int_a^b\{P[x,y(x)]+Q[x,y(x)]y'(x)\}\mathrm{d}x.$$

③ 如果有向曲线弧 $L$ 的方程为 $x=x(y)$，起点对应的 $y$ 值为 $c$，终点对应的 $y$ 值为 $d$，则

$$\int_L P(x,y)\mathrm{d}x+Q(x,y)\mathrm{d}y=\int_c^d\{P[x(y),y]x'(y)+Q[x(y),y]\}\mathrm{d}y.$$

④ 如果空间有向曲线弧 $\Gamma$ 的参数方程为 $x=\varphi(t),y=\psi(t),z=\omega(t)$，其中 $\Gamma$ 的起点对应于 $t=\alpha$，终点对应于 $t=\beta$，则有

$$\begin{aligned}&\int_\Gamma P(x,y,z)\mathrm{d}x+Q(x,y,z)\mathrm{d}y+R(x,y,z)\mathrm{d}z\\&=\int_\alpha^\beta\{P[\varphi(t),\psi(t),\omega(t)]\varphi'(t)+Q[\varphi(t),\psi(t),\omega(t)]\psi'(t)+\\&\quad R[\varphi(t),\psi(t),\omega(t)]\omega'(t)\}\mathrm{d}t.\end{aligned}$$

(6) 两类曲线积分之间的联系

$$\int_L P(x,y)\mathrm{d}x+Q(x,y)\mathrm{d}y=\int_L[P(x,y)\cos\alpha+Q(x,y)\cos\beta]\mathrm{d}s,$$

其中，$\cos\alpha,\cos\beta$ 为平面上有向弧 $L$ 上点 $(x,y)$ 沿弧向的切线向量方向余弦.

$$\int_\Gamma P\mathrm{d}x+Q\mathrm{d}y+R\mathrm{d}z=\int_\Gamma(P\cos\alpha+Q\cos\beta+R\cos\gamma)\mathrm{d}s,$$

其中，$\cos\alpha,\cos\beta,\cos\gamma$ 为空间上有向弧 $\Gamma$ 上点 $(x,y,z)$ 沿弧向的切线向量的方向余弦.

(7) 格林公式

设闭区域 $D$ 由分段光滑的曲线 $L$ 围成，函数 $P(x,y)$ 及 $Q(x,y)$ 在 $D$ 上具有一阶连续偏导数，则有

$$\iint_D\left(\frac{\partial Q}{\partial x}-\frac{\partial P}{\partial y}\right)\mathrm{d}x\mathrm{d}y=\oint_L P\mathrm{d}x+Q\mathrm{d}y,$$

其中，$L$ 是 $D$ 的取正向的边界曲线.

(8) 平面曲线积分与路径无关四个等价结论

设开区域 $D$ 是一个单连通域，函数 $P(x,y)$ 及 $Q(x,y)$ 在 $D$ 内具有一阶连续偏导数，则下列命题等价：

① 沿 $D$ 中任意分段光滑闭曲线 $L$，有

$$\oint_L P\mathrm{d}x+Q\mathrm{d}y=0.$$

② 对 $D$ 中任一分段光滑曲线 $L$，曲线积分 $\int_L P\mathrm{d}x+Q\mathrm{d}y$ 与路径无关，只与起止点有关.

③ $P\mathrm{d}x+Q\mathrm{d}y$ 在 $D$ 内是某一函数 $u(x,y)$ 的全微分，即

$$\mathrm{d}u(x,y)=P\mathrm{d}x+Q\mathrm{d}y.$$

④ 在 $D$ 内每一点都有 $\dfrac{\partial P}{\partial y}=\dfrac{\partial Q}{\partial x}$.

(9) 变力作功

质点 $M$ 在平面上沿有向曲线 $L$ 在力 $\boldsymbol{F}=P(x,y)\boldsymbol{i}+Q(x,y)\boldsymbol{j}$ 作用下移动时(从起点到终点)$\boldsymbol{F}$ 作的功

$$W=\int_L P(x,y)\mathrm{d}x+Q(x,y)\mathrm{d}y.$$

**2. 曲面积分**

(1) 曲面积分的概念

① 第一类曲面积分的概念

第一类曲面积分是一种特殊的和式极限，即

$$\iint_\Sigma f(x,y,z)\mathrm{d}S=\lim_{\lambda\to 0}\sum_{i=1}^{n}f(\xi_i,\eta_i,\zeta_i)\Delta S_i.$$

若曲面 $\Sigma$ 为封闭的曲面，则曲面积分记为 $\oiint_\Sigma f(x,y,z)\mathrm{d}S$.

当函数 $f(x,y,z)$ 在曲面 $\Sigma$ 上连续时，$\iint_\Sigma f(x,y,z)\mathrm{d}S$ 存在.

设空间物质曲面形构件具有连续面密度 $\mu(x,y,z)$，则物质曲面形构件的质量为

$$M=\iint_\Sigma \mu(x,y,z)\mathrm{d}S.$$

当在曲面 $\Sigma$ 上 $f(x,y,z)\equiv 1$ 时，$S=\iint_\Sigma \mathrm{d}S$ 为曲面面积.

② 第二类曲面积分的概念

第二类曲面积分是一种特殊的和式极限，即

$$\iint_\Sigma P(x,y,z)\mathrm{d}y\mathrm{d}z=\lim_{\lambda\to 0}\sum_{i=1}^{n}P(\xi_i,\eta_i,\zeta_i)(\Delta S_i)_{yz},$$

$$\iint_\Sigma Q(x,y,z)\mathrm{d}z\mathrm{d}x=\lim_{\lambda\to 0}\sum_{i=1}^{n}Q(\xi_i,\eta_i,\zeta_i)(\Delta S_i)_{zx},$$

$$\iint_\Sigma R(x,y,z)\mathrm{d}x\mathrm{d}y=\lim_{\lambda\to 0}\sum_{i=1}^{n}R(\xi_i,\eta_i,\zeta_i)(\Delta S_i)_{xy}.$$

当函数 $P(x,y,z)$、$Q(x,y,z)$、$R(x,y,z)$ 在有向曲面 $\Sigma$ 上连续，则第二类曲面积分存在.

第二类曲面积分组合形式

$$\iint_\Sigma P(x,y,z)\mathrm{d}y\mathrm{d}z+\iint_\Sigma Q(x,y,z)\mathrm{d}z\mathrm{d}x+\iint_\Sigma R(x,y,z)\mathrm{d}x\mathrm{d}y$$

$$=\iint_{\Sigma} P(x,y,z)\mathrm{d}y\mathrm{d}z+Q(x,y,z)\mathrm{d}z\mathrm{d}x+R(x,y,z)\mathrm{d}x\mathrm{d}y.$$

若曲面 $\Sigma$ 是封闭曲面，则组合曲面积分记为

$$\oiint_{\Sigma} P(x,y,z)\mathrm{d}y\mathrm{d}z+Q(x,y,z)\mathrm{d}z\mathrm{d}x+R(x,y,z)\mathrm{d}x\mathrm{d}y.$$

设稳定流动的不可压缩的流体（设密度为 1）的速度场为

$$\boldsymbol{v}(x,y,z)=P(x,y,z)\boldsymbol{i}+Q(x,y,z)\boldsymbol{j}+R(x,y,z)\boldsymbol{k}.$$

$\Sigma$ 为一片有向曲面，则单位时间内流向 $\Sigma$ 指定侧的流体的流量

$$\Phi=\iint_{\Sigma} P(x,y,z)\mathrm{d}y\mathrm{d}z+Q(x,y,z)\mathrm{d}z\mathrm{d}x+R(x,y,z)\mathrm{d}x\mathrm{d}y.$$

(2) 曲面积分的性质

① 第一类曲面积分的性质

**性质 1**　若 $\Sigma$ 是分片光滑的，且分成两片光滑曲面 $\Sigma_1,\Sigma_2$，则有

$$\iint_{\Sigma} f(x,y,z)\mathrm{d}S=\iint_{\Sigma_1} f(x,y,z)\mathrm{d}S+\iint_{\Sigma_2} f(x,y,z)\mathrm{d}S.$$

**性质 2**　设 $k_1,k_2$ 为常数，则

$$\iint_{\Sigma}[k_1 f(x,y,z)\pm k_2 g(x,y,z)]\mathrm{d}S=k_1\iint_{\Sigma} f(x,y,z)\mathrm{d}S\pm k_2\iint_{\Sigma} g(x,y,z)\mathrm{d}S.$$

② 第二类曲面积分的性质

**性质 1**　若 $\Sigma=\Sigma_1+\Sigma_2$，则

$$\iint_{\Sigma} P\mathrm{d}y\mathrm{d}z+Q\mathrm{d}z\mathrm{d}x+R\mathrm{d}x\mathrm{d}y$$
$$=\iint_{\Sigma_1} P\mathrm{d}y\mathrm{d}z+Q\mathrm{d}z\mathrm{d}x+R\mathrm{d}x\mathrm{d}y+\iint_{\Sigma_2} P\mathrm{d}y\mathrm{d}z+Q\mathrm{d}z\mathrm{d}x+R\mathrm{d}x\mathrm{d}y.$$

**性质 2**　设 $\Sigma$ 为有向曲面，$\Sigma^-$ 表示与 $\Sigma$ 相反侧的曲面，则

$$\iint_{\Sigma^-} P\mathrm{d}y\mathrm{d}z+Q\mathrm{d}z\mathrm{d}x+R\mathrm{d}x\mathrm{d}y$$
$$=-\iint_{\Sigma} P\mathrm{d}y\mathrm{d}z+Q\mathrm{d}z\mathrm{d}x+R\mathrm{d}x\mathrm{d}y,$$

即第二类曲面积分与积分曲面的侧有关.

(3) 第一类曲面积分的计算法

① 设曲面 $\Sigma$ 的方程为 $z=z(x,y)$，曲面 $\Sigma$ 在 $xOy$ 面的投影域为 $D_{xy}$，若函数 $z=z(x,y)$ 在区域 $D_{xy}$ 上具有一阶连续偏导数，被积函数 $f(x,y,z)$ 在 $\Sigma$ 上连续，则

$$\iint_{\Sigma} f(x,y,z)\mathrm{d}S=\iint_{D_{xy}} f(x,y,z(x,y))\sqrt{1+z_x^2+z_y^2}\,\mathrm{d}x\mathrm{d}y.$$

② 若曲面 $\Sigma$ 的方程为 $y=y(x,z)$，曲面 $\Sigma$ 在 $xOz$ 面的投影域为 $D_{xz}$，若函数

$y=y(x,z)$ 在区域 $D_{xz}$ 上具有一阶连续偏导数，被积函数 $f(x,y,z)$ 在 $\Sigma$ 上连续，则

$$\iint_{\Sigma} f(x,y,z)\mathrm{d}S=\iint_{D_{xz}} f[x,y(x,z),z]\sqrt{1+y_x^2+y_z^2}\,\mathrm{d}x\mathrm{d}z.$$

③ 若曲面 $\Sigma$ 的方程为 $x=x(y,z)$，曲面 $\Sigma$ 在 $yOz$ 面的投影域为 $D_{yz}$，若函数 $x=x(y,z)$ 在区域 $D_{yz}$ 上具有一阶连续偏导数，被积函数 $f(x,y,z)$ 在 $\Sigma$ 上连续，则

$$\iint_{\Sigma} f(x,y,z)\mathrm{d}S=\iint_{D_{yz}} f[x(y,z),y,z]\sqrt{1+x_y^2+x_z^2}\,\mathrm{d}y\mathrm{d}z.$$

(4) 第一类曲面积分的应用

① 设物质曲面 $\Sigma$ 的面密度为 $\mu=\mu(x,y,z)$，则物质曲面 $\Sigma$ 的质心 $(\overline{x},\overline{y},\overline{z})$ 计算公式为

$$\overline{x}=\frac{\iint_{\Sigma}\mu(x,y,z)x\,\mathrm{d}S}{M},\overline{y}=\frac{\iint_{\Sigma}\mu(x,y,z)y\,\mathrm{d}S}{M},\overline{z}=\frac{\iint_{\Sigma}\mu(x,y,z)z\,\mathrm{d}S}{M},$$

其中，$M=\iint_{\Sigma}\mu(x,y,z)\mathrm{d}S$ 为物质曲面 $\Sigma$ 的质量.

② 物质曲面 $\Sigma$ 的转动惯量

$$I_x=\iint_{\Sigma}\mu(x,y,z)(y^2+z^2)\mathrm{d}S,I_y=\iint_{\Sigma}\mu(x,y,z)(x^2+z^2)\mathrm{d}S,$$

$$I_z=\iint_{\Sigma}\mu(x,y,z)(x^2+y^2)\mathrm{d}S.$$

(5) 第二类曲面积分计算

① 如果有向曲面 $\Sigma$ 的方程由 $z=z(x,y)$ 给出，则有

$$\iint_{\Sigma} R(x,y,z)\mathrm{d}x\mathrm{d}y=\pm\iint_{D_{xy}} R[x,y,z(x,y)]\mathrm{d}x\mathrm{d}y,$$

其中，$\Sigma$ 取上侧为“+”，下侧为“－”.

② 如果有向曲面 $\Sigma$ 的方程由 $x=x(y,z)$ 给出，则有

$$\iint_{\Sigma} P(x,y,z)\mathrm{d}y\mathrm{d}z=\pm\iint_{D_{yz}} P[x(y,z),y,z]\mathrm{d}y\mathrm{d}z,$$

其中，$\Sigma$ 取前侧为“+”，后侧为“－”.

③ 如果有向曲面 $\Sigma$ 的方程由 $y=y(z,x)$ 给出，则有

$$\iint_{\Sigma} Q(x,y,z)\mathrm{d}z\mathrm{d}x=\pm\iint_{D_{zx}} Q[x,y(z,x),z]\mathrm{d}z\mathrm{d}x,$$

其中，$\Sigma$ 取右侧为“+”，左侧为“－”.

(6) 两类曲面积分间的联系

$$\iint_{\Sigma} P\mathrm{d}y\mathrm{d}z+Q\mathrm{d}z\mathrm{d}x+R\mathrm{d}x\mathrm{d}y=\iint_{\Sigma}(P\cos\alpha+Q\cos\beta+R\cos\gamma)\mathrm{d}S,$$

其中,$\cos\alpha,\cos\beta,\cos\gamma$ 是有向曲面 $\Sigma$ 上点$(x,y,z)$处的法向量的方向余弦.

(7) 高斯公式(Gauss 公式)

设空间闭区域 $\Omega$ 是由分片光滑的闭曲面 $\Sigma$ 所围成的,函数 $P(x,y,z),Q(x,y,z),R(x,y,z)$在 $\Omega$ 上具有一阶连续偏导数,则

$$\iiint_{\Omega}\left(\frac{\partial P}{\partial x}+\frac{\partial Q}{\partial y}+\frac{\partial R}{\partial z}\right)\mathrm{d}v=\oiint_{\Sigma}P\,\mathrm{d}y\mathrm{d}z+Q\mathrm{d}z\mathrm{d}x+R\mathrm{d}x\mathrm{d}y$$

$$=\oiint_{\Sigma}(P\cos\alpha+Q\cos\beta+R\cos\gamma)\mathrm{d}S,$$

其中,$\Sigma$ 是 $\Omega$ 的整个边界曲面取外侧,$\cos\alpha,\cos\beta,\cos\gamma$ 是 $\Sigma$ 上点$(x,y,z)$处的外法向量的方向余弦.

(8) 斯托克斯公式(Stokes 公式)

设 $\Gamma$ 为分段光滑的空间有向闭曲线,$\Sigma$ 是以 $\Gamma$ 为边界的分片光滑的有向曲面,$\Gamma$ 的正向与 $\Sigma$ 的侧符合右手规则,函数 $P(x,y,z),Q(x,y,z),R(x,y,z)$在包含曲面 $\Sigma$ 在内的一个空间区域内具有一阶连续偏导数,则有

$$\iint_{\Sigma}\left(\frac{\partial R}{\partial y}-\frac{\partial Q}{\partial z}\right)\mathrm{d}y\mathrm{d}z+\left(\frac{\partial P}{\partial z}-\frac{\partial R}{\partial x}\right)\mathrm{d}z\mathrm{d}x+\left(\frac{\partial Q}{\partial x}-\frac{\partial P}{\partial y}\right)\mathrm{d}x\mathrm{d}y$$

$$=\iint_{\Sigma}\begin{vmatrix}\mathrm{d}y\mathrm{d}z & \mathrm{d}z\mathrm{d}x & \mathrm{d}x\mathrm{d}y\\ \dfrac{\partial}{\partial x} & \dfrac{\partial}{\partial y} & \dfrac{\partial}{\partial z}\\ P & Q & R\end{vmatrix}=\oint_{\Gamma}P\mathrm{d}x+Q\mathrm{d}y+R\mathrm{d}z.$$

(9) 通量、环流量、散度和旋度

设有向量场

$$\boldsymbol{A}(x,y,z)=P(x,y,z)\boldsymbol{i}+Q(x,y,z)\boldsymbol{j}+R(x,y,z)\boldsymbol{k},$$

其中,$\Sigma$ 为向量场中一片有向曲面,$C$ 为向量场中某一封闭的有向曲线.

① 向量场 $\boldsymbol{A}$ 通过曲面 $\Sigma$ 流向指定侧的通量为

$$\Phi=\iint_{\Sigma}P(x,y,z)\mathrm{d}y\mathrm{d}z+Q(x,y,z)\mathrm{d}z\mathrm{d}x+R(x,y,z)\mathrm{d}x\mathrm{d}y=\iint_{\Sigma}\boldsymbol{A}\cdot\mathrm{d}\boldsymbol{S}.$$

② 向量场 $\boldsymbol{A}$ 沿曲线 $C$ 按所取方向的环流量

$$\Gamma=\oint_{C}P\mathrm{d}x+Q\mathrm{d}y+R\mathrm{d}z.$$

③ 向量场 $\boldsymbol{A}$ 在点 $M(x,y,z)$处的散度为

$$\operatorname{div}\boldsymbol{A}=\frac{\partial P}{\partial x}+\frac{\partial Q}{\partial y}+\frac{\partial R}{\partial z}.$$

④ 向量场 $\boldsymbol{A}$ 在点 $M(x,y,z)$处的旋度为

$$\mathbf{rot}\ \boldsymbol{A}=\left(\frac{\partial R}{\partial y}-\frac{\partial Q}{\partial z}\right)\boldsymbol{i}+\left(\frac{\partial P}{\partial z}-\frac{\partial R}{\partial x}\right)\boldsymbol{j}+\left(\frac{\partial Q}{\partial x}-\frac{\partial P}{\partial y}\right)\boldsymbol{k}=\begin{vmatrix}\boldsymbol{i} & \boldsymbol{j} & \boldsymbol{k}\\ \frac{\partial}{\partial x} & \frac{\partial}{\partial y} & \frac{\partial}{\partial z}\\ P & Q & R\end{vmatrix}.$$

## 二、基本问题解答

**【问题 10.1】** 曲线积分、曲面积分及重积分在计算方面的区别和联系.

曲线积分分为对弧长的曲线积分(第一类曲线积分)和对坐标的曲线积分(第二类曲线积分);两类曲线积分最大区别是第一类曲线积分的积分曲线无方向性,而第二类曲线积分的积分曲线有方向性;第一类曲线积分计算的基本思想是统一变量,化为定积分,积分限由小到大,而第二类曲线积分计算的基本思想是统一变量,化为定积分,积分限由起点坐标到终点坐标.两类曲线积分通过两类曲线积分之间的关系可以互相转化,当积分路径为闭曲线时通过格林公式,可将闭曲线上的曲线积分化为闭曲线所围区域上的二重积分.

类似地,第一类曲面积分的积分曲面无方向性,而第二类曲面积分的积分曲面有方向性,两类曲面积分计算的基本思想是化为二重积分(但第二类曲面积分一定要注意方向性);通过两类曲面积分之间关系,两类曲面积分可以互相转化,当积分曲面为闭曲面时,通过高斯公式,可将闭曲面上的曲面积分化为由闭曲面所围区域上的三重积分.

**【问题 10.2】** 计算$\lim\limits_{n\to\infty}\int_L \frac{2nx}{1+n^2y^2}\mathrm{d}x$,其中$L$为沿$y=x^2$从原点$O(0,0)$到$A(1,1)$的一段弧.下面的解法,问题出在哪里?

$$\begin{aligned}\lim_{n\to\infty}\int_L \frac{2nx}{1+n^2y^2}\mathrm{d}x&=\lim_{n\to\infty}\int_0^1 \frac{2nx}{1+n^2x^4}\mathrm{d}x\\&=\lim_{n\to\infty}\frac{2n\xi}{1+n^2\xi^4}=0,\quad 其中\ 0\leqslant\xi\leqslant 1.\end{aligned}$$

**答** 问题出在最后一步.因为用积分中值定理结果中的$\xi$依赖于被积函数,因此$\xi$虽在$[0,1]$取值,但与$n$有关.如果当$n\to\infty$时,$\xi\to 0$,那么最后的极限式未必等于零,所以这样做是没有根据的.

正确的做法是将积分算出来再取极限:

$$\int_0^1 \frac{2nx\,\mathrm{d}x}{1+n^2x^4}=\arctan n,$$

所以

$$\lim_{n\to\infty}\int_L \frac{2nx}{1+n^2y^2}\mathrm{d}x=\lim_{n\to\infty}\arctan n=\frac{\pi}{2}.$$

【问题 10.3】 $\int_L \frac{-y\mathrm{d}x + x\mathrm{d}y}{x^2+y^2}$，其中 $L$ 为 $y^2=x+1$ 上从点 $A(1,-\sqrt{2})$ 到点 $B(1,\sqrt{2})$ 的一段有向弧，问此积分是否可用积分 $\int_{\overline{AB}} \frac{-y\mathrm{d}x + x\mathrm{d}y}{x^2+y^2}$ 代替？

答　不能代替.因为虽然 $\frac{\partial P}{\partial y}=\frac{\partial Q}{\partial x}$，但 $\widehat{AB}$ 与 $\overline{AB}$ 所围闭区域包含点 $(0,0)$，而 $P$、$Q$ 在 $(0,0)$ 点无定义，积分不满足与路径无关条件，所以不能用路径 $\overline{AB}$ 代替.

【问题 10.4】 计算积分 $\oiint_\Sigma x^3\mathrm{d}y\mathrm{d}z+y^3\mathrm{d}x\mathrm{d}z+z^3\mathrm{d}x\mathrm{d}y$，$\Sigma$ 为球面：$x^2+y^2+z^2=R^2$ 的外侧，下面做法是否正确：

$$\oiint_\Sigma x^3\mathrm{d}y\mathrm{d}z+y^3\mathrm{d}z\mathrm{d}x+z^3\mathrm{d}x\mathrm{d}y=3\iiint_\Omega (x^2+y^2+z^2)\mathrm{d}v=3R^2\iiint_\Omega \mathrm{d}v=4\pi R^5.$$

答　这个做法不正确，错在三重积分的计算.像这样的错误，一不注意就会发生.因为如果给出的是 $\Sigma$ 上的曲面积分，在 $\Sigma$ 上 $x,y,z$ 应满足方程 $x^2+y^2+z^2=R^2$，这是对的.但在用了高斯公式后，曲面积分已转换成了三重积分，积分域 $\Omega$ 为：$x^2+y^2+z^2\leqslant R^2$，即 $x,y,z$ 在闭域 $\Omega$ 上变动，这时若将 $x^2+y^2+z^2$ 都用 $R^2$ 代入，就会增大积分结果，这样限制了被积函数的取值范围，当然就错了.正确的结果应是

$$3\iiint_\Omega (x^2+y^2+z^2)\mathrm{d}v=3\int_0^{2\pi}\mathrm{d}\theta\int_0^{\pi}\mathrm{d}\varphi\int_0^R r^4\sin\varphi\,\mathrm{d}r=\frac{12}{5}\pi R^5.$$

【问题 10.5】 在可以化为曲线（曲面）积分的实际问题中，怎样的问题属于第一类曲线（曲面）积分？怎样的问题属于第二类曲线（曲面）积分？

答　可化为第一类曲线（曲面）积分的问题，较典型的是求非均匀曲线（曲面）的质量问题、重心问题、转动惯量问题等.这些问题的共同特点是一个标量函数 $f(P)$ 沿曲线（曲面）的一种叠加.在曲线积分的情形，所求量 $I$ 的微元 $\mathrm{d}I$ 是 $f(P)$ 与曲线的微元 $\mathrm{d}s$ 的乘积，即 $\mathrm{d}I=f(P)\mathrm{d}s$；在曲面积分的情形，所求量 $I$ 的微元 $\mathrm{d}I$ 是 $f(P)$ 与曲面微元 $\mathrm{d}S$ 的乘积，即 $\mathrm{d}I=f(P)\mathrm{d}S$.所以，第一类曲线（曲面）积分又称对弧长（对面积）的曲线（曲面）积分.

可化为第二类曲线（曲面）积分的问题，较典型的是求变力沿曲线做功和流体穿过曲面的流量等问题.这些问题的共同特点是一个向量函数 $\boldsymbol{A}=\{P,Q,R\}$ 沿曲线（曲面）的一种叠加.如果改变曲线（曲面）的方向，那么得出的结果就会相差一个符号.因此，要求积分域是有向的.在线积分的情形，所求量 $I$ 的微元 $\mathrm{d}I$ 是向量函数 $\boldsymbol{A}=\{P,Q,R\}$ 与有向曲线微元的切向量 $\mathrm{d}\boldsymbol{r}=\boldsymbol{t}\mathrm{d}\boldsymbol{s}=\{\mathrm{d}x,\mathrm{d}y,\mathrm{d}z\}$ 的数量积，即 $\mathrm{d}I=P\mathrm{d}x+Q\mathrm{d}y+R\mathrm{d}z$.在面积分的情形，所求量 $I$ 的微元 $\mathrm{d}I$ 是向量函数 $\boldsymbol{A}=\{P,Q,R\}$ 与有向曲面微元的法向量的数量积

$$\mathrm{d}\boldsymbol{S}=\boldsymbol{n}\mathrm{d}S=\{\mathrm{d}y\mathrm{d}z,\mathrm{d}z\mathrm{d}x,\mathrm{d}x\mathrm{d}y\},$$

即 $\mathrm{d}I=P\mathrm{d}y\mathrm{d}z+Q\mathrm{d}z\mathrm{d}x+R\mathrm{d}x\mathrm{d}y$，因此，第二类曲线（曲面）积分又称对坐标的曲线（曲面）

积分.把 $\mathrm{d}I$ 在各相应的积分域上积分,即得各种所求的量.

## 三、典型例题解析

### 1. 第一类曲线积分的计算

基本计算方法是统一变量,化为定积分,积分限由小到大

**【例 10.1】** 计算 $\int_L xy\,\mathrm{d}s$ 其中曲线弧 $L$ 是椭圆弧 $\begin{cases} x=\cos t \\ y=4\sin t \end{cases}$ 的第一象限部分.

**解** 由于椭圆弧第一象限部分参数方程的参数 $t$ 的范围为 $0\leqslant t\leqslant\frac{\pi}{2}$,因此

$$\int_L xy\,\mathrm{d}s=\int_0^{\frac{\pi}{2}}\cos t\cdot 4\sin t\sqrt{(-\sin t)^2+(4\cos t)^2}\,\mathrm{d}t$$

$$=2\cdot\int_0^{\frac{\pi}{2}}\sqrt{(-\sin t)^2+(4\cos t)^2}\,\mathrm{d}\sin^2 t$$

$$\xlongequal{\sin^2 t=u}2\cdot\int_0^1\sqrt{16-15u}\,\mathrm{d}u=-\frac{2}{15}\cdot\int_0^1\sqrt{16-15u}\,\mathrm{d}[16-15u]$$

$$\xlongequal{\sqrt{16-15u}=z}\frac{4}{15}\cdot\int_1^4 z^2\,\mathrm{d}z=\frac{252}{45}.$$

**【例 10.2】** 计算 $\int_L(x+y)\mathrm{d}s$,其中 $L$ 是 $O(0,0)$,$A(1,0)$,$B(1,1)$ 为顶点的三角形边界曲线如图 10-1 所示.

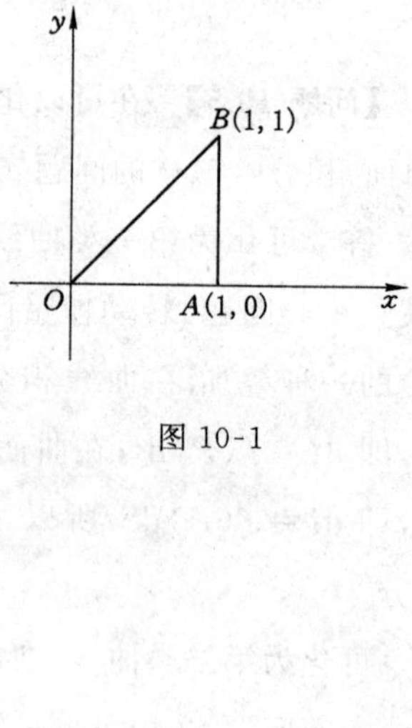

图 10-1

**解**

$$L=\overline{OA}+\overline{AB}+\overline{BO},$$

$$\overline{OA}: y=0, 0\leqslant x\leqslant 1, \mathrm{d}s=\mathrm{d}x,$$

$$\overline{AB}: x=1, 0\leqslant y\leqslant 1, \mathrm{d}s=\mathrm{d}y,$$

$$\overline{BO}: y=x, 0\leqslant x\leqslant 1, \mathrm{d}s=\sqrt{2}\,\mathrm{d}x,$$

$$\int_L(x+y)\mathrm{d}s=\int_{OA}+\int_{AB}+\int_{BO}$$

$$=\int_0^1 x\,\mathrm{d}x+\int_0^1(1+y)\mathrm{d}y+\int_0^1(x+x)\sqrt{2}\,\mathrm{d}x$$

$$=\sqrt{2}+2.$$

**【例 10.3】** 计算 $\int_L\sqrt{x^2+y^2}\,\mathrm{d}s$,其中 $L: x^2+y^2=-2y$ 第四象限部分(图 10-2).

**解法一** 因为 $L$ 方程

$$x=\sqrt{-2y-y^2}, -2\leqslant y\leqslant 0,$$

所以

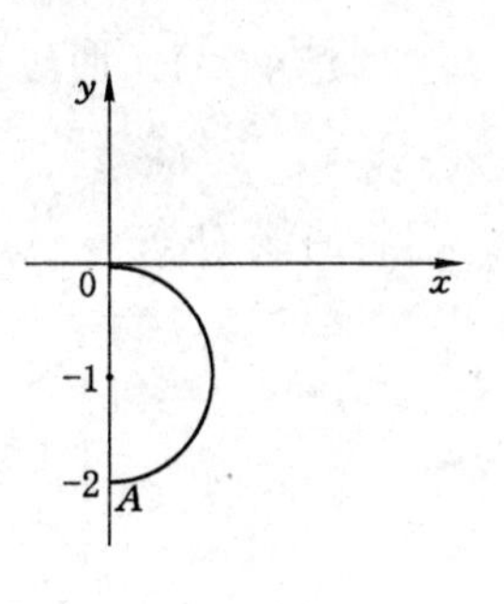

图 10-2

$$\frac{dx}{dy}=\frac{-2-2y}{2\sqrt{-2y-y^2}}=-\frac{1+y}{\sqrt{-2y-y^2}},$$

$$\sqrt{1+\left(\frac{dx}{dy}\right)^2}=\sqrt{1+\frac{(1+y)^2}{-2y-y^2}}=\frac{1}{\sqrt{-2y-y^2}},$$

$$\int_L \sqrt{x^2+y^2}\,ds=\int_{-2}^{0}\sqrt{-2y-y^2+y^2}\cdot\frac{1}{\sqrt{-2y-y^2}}dy$$

$$=\int_{-2}^{0}\frac{\sqrt{2}}{\sqrt{2+y}}dy=4.$$

**解法二**　因为 $L$ 参数方程为

$$\begin{cases}x=\cos t\\ y=-1+\sin t\end{cases},-\frac{\pi}{2}\leqslant t\leqslant\frac{\pi}{2},$$

$$\sqrt{[x'(t)]^2+[y'(t)]^2}=\sqrt{\sin^2 t+\cos^2 t}=1,$$

所以

$$\int_L \sqrt{x^2+y^2}\,ds=\int_{-\frac{\pi}{2}}^{\frac{\pi}{2}}\sqrt{\cos^2 t+(-1+\sin t)^2}\,dt=\sqrt{2}\int_{-\frac{\pi}{2}}^{\frac{\pi}{2}}\sqrt{1-\sin t}\,dt$$

$$=\sqrt{2}\int_{-\frac{\pi}{2}}^{\frac{\pi}{2}}\left|\sin\frac{t}{2}-\cos\frac{t}{2}\right|dt=4.$$

**【例 10.4】**　计算 $I=\int_\Gamma (x^2+y^2+z^2)ds$，其中 $\Gamma$ 是

(1) 从点$(1,-1,2)$到点$(2,1,3)$的直线段；

(2) 球面 $x^2+y^2+z^2=\frac{9}{2}$与平面 $x+z=1$ 的交线.

**解**　(1) 直线的方程为

$$\frac{x-1}{1}=\frac{y+1}{2}=\frac{z-2}{1},$$

所以参数方程为

$$\begin{cases}x=1+t,\\ y=-1+2t,\quad(0\leqslant t\leqslant 1)\\ z=2+t,\end{cases}$$

而
$$ds=\sqrt{x'^2(t)+y'^2(t)+z'^2(t)}\,dt=\sqrt{6}\,dt,$$

故

$$I=\int_0^1[(1+t)^2+(-1+2t)^2+(2+t)^2]\sqrt{6}\,dt$$

$$=\sqrt{6}\int_0^1(6+2t+6t^2)dt=9\sqrt{6}.$$

（2）解法 1　曲线是由曲面的交线方程给出的，首先将其化为参数方程.

将曲线 $\Gamma\begin{cases}x^2+y^2+z^2=\dfrac{9}{2}\\x+z=1\end{cases}$ 投影到 $xOy$ 面得投影曲线方程

$$\begin{cases}x^2+y^2+(1-x)^2=\dfrac{9}{2},\\z=0\end{cases}\text{即}\quad\begin{cases}\dfrac{\left(x-\dfrac{1}{2}\right)^2}{2}+\dfrac{y^2}{4}=1,\\z=0\end{cases}$$

令 $x=\dfrac{1}{2}+\sqrt{2}\cos t$，$y=2\sin t$，代入 $x+z=1$，所以 $z=\dfrac{1}{2}-\sqrt{2}\cos t$，

即 $\Gamma$ 的参数方程为

$$\begin{cases}x=\dfrac{1}{2}+\sqrt{2}\cos t,\\y=2\sin t,\qquad\qquad(0\leqslant t\leqslant 2\pi)\\z=\dfrac{1}{2}-\sqrt{2}\cos t,\end{cases}$$

因为 $x'=-\sqrt{2}\sin t$，$y'=2\cos t$，$z'=\sqrt{2}\sin t$，$\mathrm{d}s=\sqrt{x'^2+y'^2+z'^2}\,\mathrm{d}t=2\mathrm{d}t$，

所以

$$\int_\Gamma(x^2+y^2+z^2)\mathrm{d}s=\int_0^{2\pi}\left[\left(\frac{1}{2}+\sqrt{2}\cos t\right)^2+(2\sin t)^2+\left(\frac{1}{2}-\sqrt{2}\cos t\right)^2\right]2\mathrm{d}t$$

$$=\frac{9}{2}\int_0^{2\pi}2\mathrm{d}t=18\pi.$$

解法 2　因为平面 $x+z=1$ 与球面 $x^2+y^2+z^2=\dfrac{9}{2}$ 的交线为圆 $\Gamma$，而原点到平面距离为 $\dfrac{1}{\sqrt{2}}$，所以圆 $\Gamma$ 的半径为

$$r=\sqrt{\left(\sqrt{\frac{9}{2}}\right)^2-\left(\frac{1}{\sqrt{2}}\right)^2}=2.$$

因此圆 $\Gamma$ 的周长为 $4\pi$.

所以

$$\int_\Gamma(x^2+y^2+z^2)\mathrm{d}s=\int_\Gamma\frac{9}{2}\mathrm{d}s=\frac{9}{2}\cdot4\pi=18\pi.$$

**2. 第二类曲线积分的计算**

基本方法是统一变量，化为定积分，积分限由起点到终点.

**【例 10.5】**　计算 $\int_L(x^2+2xy)\mathrm{d}y$，其中 $L$ 是上半椭圆 $x^2+\dfrac{y^2}{4}=1$ 的顺时针方向.

**解**　$L$ 的参数方程为$\begin{cases}x=\cos t,\\ y=2\sin t,\end{cases}$ 起点对应 $t=\pi$，终点对应 $t=0$，所以

$$\int_L(x^2+2xy)\mathrm{d}y=\int_\pi^0(\cos^2 t+4\cos t\sin t)\cdot 2\cos t\mathrm{d}t$$

$$=2\int_\pi^0\cos^3 t\mathrm{d}t+8\int_\pi^0\cos^2 t\cdot\sin t\mathrm{d}t=-\frac{16}{3}.$$

**【例 10.6】**　计算$\int_L y\mathrm{d}x-x^2\mathrm{d}y$，其中 $L$ 如图 10-3 所示.

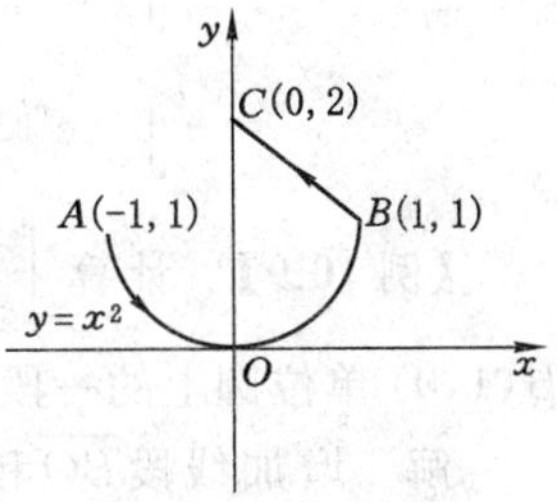

**解**　因为 $L=\widehat{AB}+\overline{BC}$，所以

$$\int_L=\int_{\widehat{AB}}+\int_{\overline{BC}}$$

图 10-3

$\overline{BC}$方程为 $y=2-x$，故

$$\int_{BC}y\mathrm{d}x-x^2\mathrm{d}y=\int_1^0[(2-x)-x^2(-1)]\mathrm{d}x$$

$$=\int_1^0(2-x+x^2)\mathrm{d}x=-\frac{11}{6},$$

$$\int_{\widehat{AB}}y\mathrm{d}x-x^2\mathrm{d}y=\int_{-1}^1(x^2-x^2\cdot 2x)\mathrm{d}x=2\int_{-1}^1x^2\mathrm{d}x=\frac{2}{3},$$

所以
$$\int_L y\mathrm{d}x-x^2\mathrm{d}y=\frac{2}{3}+\left(-\frac{11}{6}\right)=-\frac{7}{6}.$$

**3. 利用格林公式计算第二类曲线积分**

**【例 10.7】**　计算$\oint_L(y^2+x\mathrm{e}^{2y})\mathrm{d}x+(x^2\mathrm{e}^{2y}-x^2)\mathrm{d}y$，其中 $L$ 为圆周$(x-2)^2+y^2=4$，方向取正向.

**解**　因为 $P(x,y)=y^2+x\mathrm{e}^{2y}$，$Q(x,y)=x^2\mathrm{e}^{2y}-x^2$，所以由格林公式

$$\oint_L(y^2+x\mathrm{e}^{2y})\mathrm{d}x+(x^2\mathrm{e}^{2y}-x^2)\mathrm{d}y=\iint_D(-2x-2y)\mathrm{d}x\mathrm{d}y$$

$$=-2\int_{-\frac{\pi}{2}}^{\frac{\pi}{2}}\mathrm{d}\theta\int_0^{4\cos\theta}\rho^2(\cos\theta+\sin\theta)\mathrm{d}\rho$$

$$=-\frac{128}{3}\int_{-\frac{\pi}{2}}^{\frac{\pi}{2}}(\cos^4\theta+\cos^3\theta\sin\theta)\mathrm{d}\theta$$

$$=-16\pi.$$

**【例 10.8】**　计算$\int_L(\mathrm{e}^{x^2}-y)\mathrm{d}x+(x-\mathrm{e}^{y^2})\mathrm{d}y$，其中 $L$：$y^3=x^2$ 从点$(0,0)$到点$A(1,1)$的一段.

**解**　因为$\frac{\partial P}{\partial y}=-1$，$\frac{\partial Q}{\partial x}=1$，而$\frac{\partial Q}{\partial x}-\frac{\partial P}{\partial y}=2$，所以采用补线法补线$\overline{OA}$：$y=x$，$x$ 从 0 到 1，取曲线 $C=-L+\overline{OA}$，从而

$$\oint_C(\mathrm{e}^{x^2}-y)\mathrm{d}x+(x-\mathrm{e}^{y^2})\mathrm{d}y\xlongequal{\text{(格林公式)}}\iint_D\left(\frac{\partial Q}{\partial x}-\frac{\partial P}{\partial y}\right)\mathrm{d}\sigma$$

$$=\iint_D 2\mathrm{d}\sigma=\int_0^1\mathrm{d}x\int_x^{x^{\frac{2}{3}}}2\mathrm{d}y=\frac{1}{5}.$$

因为 $\int_{OA}(\mathrm{e}^{x^2}-y)\mathrm{d}x+(x-\mathrm{e}^{y^2})\mathrm{d}y=\int_0^1(\mathrm{e}^{x^2}-x+x-\mathrm{e}^{x^2})\mathrm{d}x=0,$

所以 $\int_L(\mathrm{e}^{x^2}-y)\mathrm{d}x+(x-\mathrm{e}^{y^2})\mathrm{d}y$

$$=-\oint_C(\mathrm{e}^{x^2}-y)\mathrm{d}x+(x-\mathrm{e}^{y^2})\mathrm{d}y+\int_{\overline{OA}}(\mathrm{e}^{x^2}-y)\mathrm{d}x+(x-\mathrm{e}^{y^2})\mathrm{d}y$$

$$=-\oint_C(\mathrm{e}^{x^2}-y)\mathrm{d}x+(x-\mathrm{e}^{y^2})\mathrm{d}y=-\frac{1}{5}.$$

**【例 10.9】** 计算 $\int_{\widehat{AB}}(\mathrm{e}^x\sin y-y)\mathrm{d}x+(\mathrm{e}^x\cos y-y)\mathrm{d}y$，其中 $\widehat{AB}$ 为由 $A(0,1)$ 到 $B(1,0)$ 单位圆上的一段弧.

**解** 增加线段 $\overline{BO}$ 和 $\overline{OA}$ 使围成四分之一单位圆域 $D$，如图 10-4 所示.

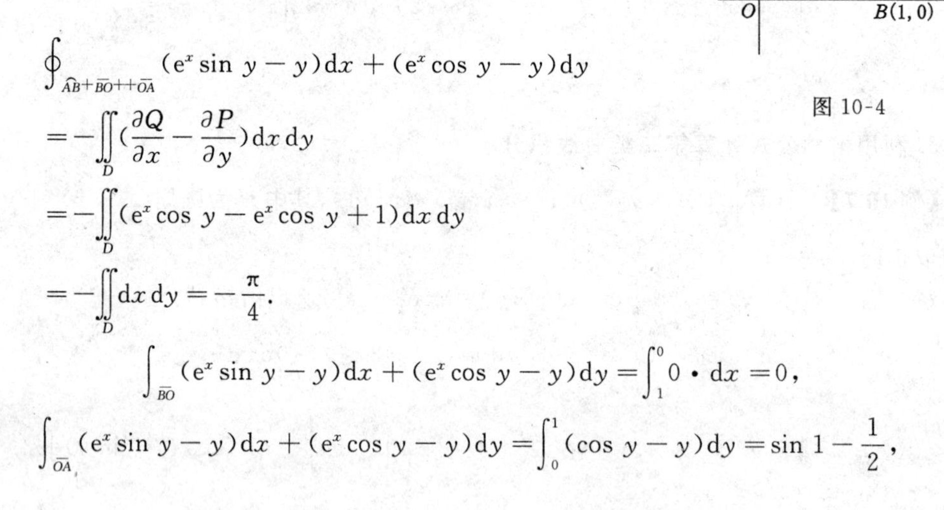


图 10-4

所以

$$\int_{\widehat{AB}}=\oint_{\widehat{AB}+\overline{BO}++\overline{OA}}-\int_{\overline{BO}}-\int_{\overline{OA}},$$

而

$$\oint_{\widehat{AB}+\overline{BO}++\overline{OA}}(\mathrm{e}^x\sin y-y)\mathrm{d}x+(\mathrm{e}^x\cos y-y)\mathrm{d}y$$

$$=-\iint_D\left(\frac{\partial Q}{\partial x}-\frac{\partial P}{\partial y}\right)\mathrm{d}x\,\mathrm{d}y$$

$$=-\iint_D(\mathrm{e}^x\cos y-\mathrm{e}^x\cos y+1)\mathrm{d}x\,\mathrm{d}y$$

$$=-\iint_D\mathrm{d}x\,\mathrm{d}y=-\frac{\pi}{4}.$$

$$\int_{\overline{BO}}(\mathrm{e}^x\sin y-y)\mathrm{d}x+(\mathrm{e}^x\cos y-y)\mathrm{d}y=\int_1^0 0\cdot\mathrm{d}x=0,$$

$$\int_{\overline{OA}}(\mathrm{e}^x\sin y-y)\mathrm{d}x+(\mathrm{e}^x\cos y-y)\mathrm{d}y=\int_0^1(\cos y-y)\mathrm{d}y=\sin 1-\frac{1}{2},$$

所以

$$原式=-\frac{\pi}{4}-\left(\sin 1-\frac{1}{2}\right)=\frac{1}{2}-\sin 1-\frac{\pi}{4}.$$

**【例 10.10】** 试确定 $\lambda$ 的值，使曲线积分 $\int_L\frac{x}{y}(x^2+y^2)^\lambda\mathrm{d}x-\frac{x^2}{y^2}(x^2+y^2)^\lambda\mathrm{d}y$ 在单连通区域 $G=\{(x,y)\mid y>0\}$ 内与路径无关，并计算 $\int_{(1,1)}^{(0,2)}\frac{x}{y}(x^2+y^2)^\lambda\mathrm{d}x-\frac{x^2}{y^2}(x^2+y^2)^\lambda\mathrm{d}y$.

**解**

$$P_y=\frac{x}{y^2}(x^2+y^2)^{\lambda-1}[2\lambda y^2-(x^2+y^2)],$$

$$Q_x=\frac{x}{y^2}(x^2+y^2)^{\lambda-1}[-2\lambda x^2-2(x^2+y^2)],$$

因为 $P_y \equiv Q_x$，解得 $\lambda = -\dfrac{1}{2}$.

$$\int_{(1,1)}^{(0,2)} \frac{x}{y}(x^2+y^2)^{\lambda}\mathrm{d}x - \frac{x^2}{y^2}(x^2+y^2)^{\lambda}\mathrm{d}y$$

$$= \int_{(1,1)}^{(0,2)} \frac{x}{y}(x^2+y^2)^{-\frac{1}{2}}\mathrm{d}x - \frac{x^2}{y^2}(x^2+y^2)^{-\frac{1}{2}}\mathrm{d}y$$

$$= \int_{(1,1)}^{(0,1)} \frac{x}{y}(x^2+y^2)^{-\frac{1}{2}}\mathrm{d}x + \int_{(0,1)}^{(0,2)} -\frac{x^2}{y^2}(x^2+y^2)^{-\frac{1}{2}}\mathrm{d}y$$

$$= \int_1^0 \frac{x}{\sqrt{x^2+1}}\mathrm{d}x + 0 = 1-\sqrt{2}.$$

**4. 利用积分与路径无关计算第二类曲线积分**

**【例 10.11】** 计算 $I = \int_L \dfrac{(x-y)\mathrm{d}x + (x+y)\mathrm{d}y}{x^2+y^2}$，其中 $L$ 是在曲线 $y = 2-2x^2$ 上从点 $A(-1,0)$ 到点 $B(1,0)$ 一段弧.

**解**　因为

$$P(x,y) = \frac{x-y}{x^2+y^2}, Q(x,y) = \frac{x+y}{x^2+y^2},$$

所以 $\dfrac{\partial Q}{\partial x} = \dfrac{-x^2+y^2-2xy}{(x^2+y^2)^2} = \dfrac{\partial P}{\partial y}$（当 $x,y$ 不全为零时），即不含原点的单连通域，积分与路径无关（图 10-5）.

取新路径 $L^*$ 为从 $A(-1,0)$ 到 $B(1,0)$ 的上半单位圆周 $x^2+y^2=1$，其参数方程为 $x=\cos t, y=\sin t, t$ 从 $\pi$ 变到 0.

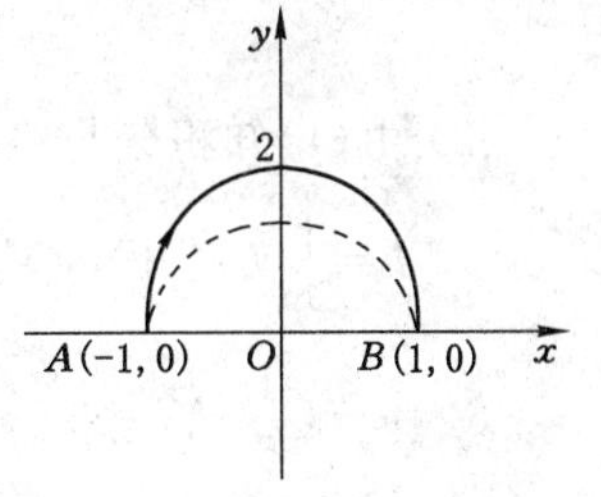


图 10-5

$$I = \int_{L^*} \frac{(x-y)\mathrm{d}x + (x+y)\mathrm{d}y}{x^2+y^2}$$

$$= \int_{\pi}^{0} [(\cos t - \sin t)(-\sin t) + (\cos t + \sin t)\cos t]\mathrm{d}t$$

$$= \int_{\pi}^{0} \mathrm{d}t = -\pi.$$

**【例 10.12】** 设函数 $Q(x,y)$ 在 $xOy$ 平面上具有一阶连续偏导数，曲线积分 $\int_L 2xy\mathrm{d}x + Q(x,y)\mathrm{d}y$ 与路径无关，并且对任意 $t$ 恒有 $\int_{(0,0)}^{(t,1)} 2xy\mathrm{d}x + Q(x,y)\mathrm{d}y = \int_{(0,0)}^{(1,t)} 2xy\mathrm{d}x + Q(x,y)\mathrm{d}y$，求 $Q(x,y)$.

**解**　由积分与路径无关的条件知

$$\frac{\partial Q}{\partial x} = \frac{\partial}{\partial y}(2xy) = 2x,$$

于是

$$Q(x,y) = x^2 + C(y), C(y)\text{待定},$$

因为

$$\int_{(0,0)}^{(t,1)} 2xy\mathrm{d}x + Q(x,y)\mathrm{d}y = \int_0^1 [t^2 + C(y)]\mathrm{d}y = t^2 + \int_0^1 C(y)\mathrm{d}y,$$

$$\int_{(0,0)}^{(1,t)} 2xy\mathrm{d}x + Q(x,y)\mathrm{d}y = \int_0^t [1 + C(y)]\mathrm{d}y = t + \int_0^t C(y)\mathrm{d}y,$$

由题设知

$$t^2+\int_0^1 C(y)\mathrm{d}y=t+\int_0^t C(y)\mathrm{d}y,$$

两边对 $t$ 求导得 $2t=1+C(t)$,所以 $C(t)=2t-1$,从而 $C(y)=2y-1$,所以

$$Q(x,y)=x^2+2y-1.$$

**5. 求微分表达式 $P(x,y)\mathrm{d}x+Q(x,y)\mathrm{d}y$ 的原函数**

**【例 10.13】** 设 $\mathrm{d}u(x,y)=(x^4+4xy^3)\mathrm{d}x+(6x^2y^2-5y^4)\mathrm{d}y$,

(1) 求 $u(x,y)$;

(2) 计算 $I=\int_L (x^4+4xy^3)\mathrm{d}x+(6x^2y^2-5y^4)\mathrm{d}y$,其中 $L$ 是从 $A(1,1)$ 到 $B(0,0)$ 的任意光滑曲线.

**解** (1) 记 $P=x^4+4xy^3$,$Q=6x^2y^2-5y^4$,则

$$\frac{\partial P}{\partial y}=12xy^2=\frac{\partial Q}{\partial x},$$

故曲线积分与路径无关.现取从点$(0,0)$到点$(x,y)$的折线路径求原函数,得

$$\begin{aligned}u(x,y)&=\int_0^x (x^4+4x\cdot 0)\mathrm{d}x+\int_0^y (6x^2y^2-5y^4)\mathrm{d}y+C\\&=\frac{1}{5}x^5+2x^2y^3-y^5+C.\end{aligned}$$

(2) 由(1)知积分与路径无关,所以

$$\begin{aligned}I&=\int_L (x^4+4xy^3)\mathrm{d}x+(6x^2y^2-5y^4)\mathrm{d}y=\int_{(1,1)}^{(0,0)}\mathrm{d}\left(\frac{1}{5}x^5+2x^2y^3-y^5\right)\\&=\left(\frac{1}{5}x^5+2x^2y^3-y^5\right)\Bigg|_{(1,1)}^{(0,0)}=-\frac{6}{5}.\end{aligned}$$

**【例 10.14】** 验证$\dfrac{x\mathrm{d}y-y\mathrm{d}x}{x^2+y^2}$在右半平面$(x>0)$内存在原函数,并求出它.

**证** 令 $P=\dfrac{-y}{x^2+y^2}$, $Q=\dfrac{x}{x^2+y^2}$,则

$$\frac{\partial P}{\partial y}=\frac{y^2-x^2}{(x^2+y^2)^2}=\frac{\partial Q}{\partial x}\quad (x>0),$$

由定理 2 可知存在原函数

$$\begin{aligned}u(x,y)&=\int_{(1,0)}^{(x,y)}\frac{x\mathrm{d}y-y\mathrm{d}x}{x^2+y^2}\\&=-\int_1^0 0\cdot\mathrm{d}x+x\int_0^y\frac{\mathrm{d}y}{x^2+y^2}=\arctan\frac{y}{x}\quad (x>0).\end{aligned}$$

**说明** 若在某区域内有$\dfrac{\partial P}{\partial y}=\dfrac{\partial Q}{\partial x}$,则

(1) 计算曲线积分时,可选择方便的积分路径;

(2) 求曲线积分时,可利用格林公式简化计算,若积分路径不是闭曲线,可添加辅助线;

(3) 求全微分 $P\mathrm{d}x+Q\mathrm{d}y$ 在域 $D$ 内的原函数:取定点$(x_0,y_0)\in D$ 及动点$(x,y)\in D$,则原函数为

$$u(x,y)=\int_{(x_0,y_0)}^{(x,y)}P(x,y)\mathrm{d}x+Q(x,y)\mathrm{d}y$$
$$=\int_{x_0}^{x}P(x,y_0)\mathrm{d}x+\int_{y_0}^{y}Q(x,y)\mathrm{d}y,$$

或

$$u(x,y)=\int_{y_0}^{y}Q(x_0,y)\mathrm{d}y+\int_{x_0}^{x}P(x,y)\mathrm{d}x.$$

**6. 曲线积分的应用**

曲线积分的应用有求曲顶柱体的侧面积、平面图形的面积、物质曲线的质量、质心、转动惯量及变力沿曲线的做功.

**【例 10.15】** 求摆线 $x=a(t-\sin t),y=a(1-\cos t)(0\leqslant t\leqslant\pi)$ 的弧的质心(密度 $\rho$ 为常数).

**解** 因为

$$\begin{cases}x=a(t-\sin t)\\y=a(1-\cos t)\end{cases},\mathrm{d}s=\sqrt{(\mathrm{d}x)^2+(\mathrm{d}y)^2}=2a\sin\frac{t}{2}\mathrm{d}t,$$

$$\int_L\rho\mathrm{d}s=\rho\int_0^{\pi}2a\sin\frac{t}{2}\mathrm{d}t=4\rho a,$$

$$\int_L\rho x\,\mathrm{d}s=\rho\int_0^{\pi}a(t-\sin t)2a\sin\frac{t}{2}\mathrm{d}t=\frac{16}{3}\rho a^2,$$

$$\int_L\rho y\,\mathrm{d}s=\rho\int_0^{\pi}a(t-\cos t)2a\sin\frac{t}{2}\mathrm{d}t=\frac{16}{3}\rho a^2,$$

所以

$$\bar{x}=\frac{\int_L\rho x\,\mathrm{d}s}{\int_L\rho\mathrm{d}s}=\frac{\frac{16}{3}\rho a^2}{4\rho a}=\frac{4}{3}a,\qquad \bar{y}=\frac{\int_L\rho y\,\mathrm{d}s}{\int_L\rho\mathrm{d}s}=\frac{\frac{16}{3}\rho a^2}{4\rho a}=\frac{4}{3}a.$$

**【例 10.16】** 设位于点(0,1)的质点 $A$ 对质点 $M$ 的引力大小为 $\frac{k}{r^2}(k>0)$,$r$ 为质点 $A$ 与 $M$ 之间的距离,质点 $M$ 沿曲线 $L$:$y=\sqrt{2x-x^2}$ 自 $B(2,0)$ 运动到 $O(0,0)$,求在此运动过程中质点 $A$ 对质点 $M$ 的引力所做的功.

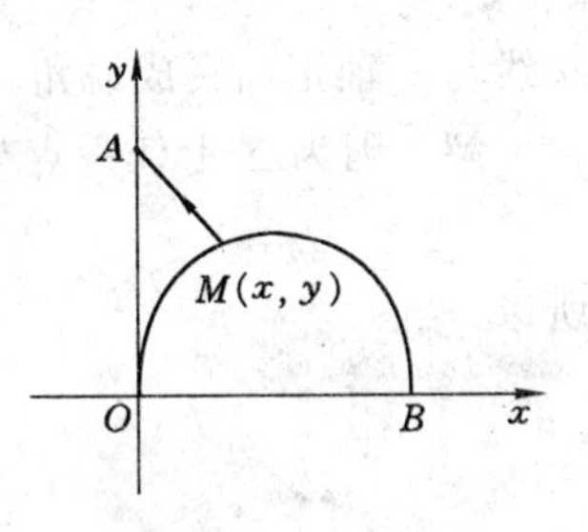

图 10-6

**解** 如图 10-6 所示.

$$\overrightarrow{MA}=\{0-x,1-y\}=\{-x,1-y\},$$
$$r=|\overrightarrow{MA}|=\sqrt{x^2+(1-y)^2},$$

引力的方向与 $\overrightarrow{MA}$ 一致,故

$$\boldsymbol{F}=\frac{k}{r^2}\cdot\frac{\overrightarrow{MA}}{|\overrightarrow{MA}|}=\frac{k}{r^3}\{-x,1-y\}$$
$$=-\frac{kx}{r^3}\boldsymbol{i}+\frac{k(1-y)}{r^3}\boldsymbol{j},$$

引力所做的功

$$W=\int_L \boldsymbol{F}\cdot \mathrm{d}s=\int_{\overset{\frown}{BO}}-\frac{kx}{r^3}\mathrm{d}x+\frac{k(1-y)}{r^3}\mathrm{d}y$$

$$=\int_{\overset{\frown}{BO}}-\frac{kx}{[x^2+(1-y)^2]^{\frac{3}{2}}}\mathrm{d}x+\frac{k(1-y)}{[(x^2+(1-y)^2]^{\frac{3}{2}}}\mathrm{d}y\xlongequal{\text{与路径无关}}(1-\frac{1}{\sqrt{5}})k.$$

**7. 第一类曲面积分的计算**

基本方法是化为二重积分计算.

**【例 10.17】** 计算$\iint\limits_{\Sigma}\frac{1}{x^2+y^2+z^2}\mathrm{d}S$,其中$\Sigma$是界于平面$z=0$及$z=H$之间的圆柱面$x^2+y^2=R^2$.

**解** 将$\Sigma$分成$\Sigma_{前}$、$\Sigma_{后}$,因为$\Sigma_{前}:x=\sqrt{R^2-y^2}$,$\Sigma_{后}:x=-\sqrt{R^2-y^2}$.

$$\mathrm{d}S=\sqrt{1+x_y^2+x_z^2}\,\mathrm{d}y\mathrm{d}z=\frac{R}{\sqrt{R^2-y^2}}\mathrm{d}y\mathrm{d}z,$$

所以

$$\iint\limits_{\Sigma}\frac{1}{x^2+y^2+z^2}\mathrm{d}S=\iint\limits_{\Sigma_{前}}+\iint\limits_{\Sigma_{后}}\xlongequal{\text{对称}}2\iint\limits_{D_{yz}}\frac{1}{R^2+z^2}\cdot\frac{R}{\sqrt{R^2-y^2}}\mathrm{d}y\mathrm{d}z$$

$$=2\int_{-R}^{R}\mathrm{d}y\int_0^H\frac{1}{R^2+z^2}\cdot\frac{R}{\sqrt{R^2-y^2}}\mathrm{d}z$$

$$=2R\cdot(\int_{-R}^{R}\frac{1}{\sqrt{R^2-y^2}}\mathrm{d}y)(\int_0^H\frac{1}{R^2+z^2}\mathrm{d}z)$$

$$=2R\cdot 2\arcsin\frac{y}{R}\Big|_0^R\cdot\frac{1}{R}\arctan\frac{z}{R}\Big|_0^H=2\pi\arctan\frac{H}{R}.$$

**【例 10.18】** 计算$\iint\limits_{\Sigma}z^2\cos\gamma\,\mathrm{d}S$,其中$\Sigma$是上半球面$x^2+y^2+z^2=1$,$z>0$,$\gamma$是球面$\Sigma$的法线与$z$轴正向夹成锐角.

**解** 因为$\Sigma$上任一点与$z$轴正向夹成锐角的法向量为

$$\boldsymbol{n}=\{2x,2y,2z\},$$

所以

$$\cos\gamma=\frac{z}{\sqrt{x^2+y^2+z^2}},$$

$$\iint\limits_{\Sigma}z^2\cos\gamma\,\mathrm{d}S=\iint\limits_{\Sigma}\frac{z^3}{\sqrt{x^2+y^2+z^2}}\mathrm{d}S$$

$$=\iint\limits_{D_{xy}}(1-x^2-y^2)^{\frac{3}{2}}\cdot\sqrt{1+z_x^2+z_y^2}\,\mathrm{d}x\mathrm{d}y$$

$$=\iint\limits_{D_{xy}}(1-x^2-y^2)^{\frac{3}{2}}\frac{1}{\sqrt{1-x^2-y^2}}\mathrm{d}x\mathrm{d}y$$

$$=\iint\limits_{D_{xy}}(1-x^2-y^2)\mathrm{d}x\mathrm{d}y=\int_0^{2\pi}\mathrm{d}\theta\int_0^1(1-\rho^2)\rho\mathrm{d}\rho=\frac{\pi}{2}.$$

**8. 第二类曲面积分的计算**

基本方法是化为二重积分，但要注意公式中的正、负号.

**【例 10.19】** 计算$\iint\limits_{\Sigma}(x+z^2)\mathrm{d}y\mathrm{d}z-z\mathrm{d}x\mathrm{d}y$，其中$\Sigma$是旋转抛物面$z=\frac{1}{4}(x^2+y^2)(0\leqslant z\leqslant 2)$取下侧.

**解**　先求$\iint\limits_{\Sigma}z\mathrm{d}x\mathrm{d}y$.

$\Sigma: z=\frac{1}{4}(x^2+y^2)$在$xOy$面投影域为$D_{xy}: x^2+y^2\leqslant 8$，

取$\Sigma$的方向为下侧，则

$$\iint\limits_{\Sigma}z\mathrm{d}x\mathrm{d}y=-\iint\limits_{D_{xy}}\frac{1}{4}(x^2+y^2)\mathrm{d}x\mathrm{d}y=-\frac{1}{4}\int_0^{2\pi}\mathrm{d}\theta\int_0^{2\sqrt{2}}\rho^3\mathrm{d}\rho=-8\pi.$$

再求$\iint\limits_{\Sigma}(x+z^2)\mathrm{d}y\mathrm{d}z$，其中$\Sigma: x=\pm\sqrt{4z-y^2}$，把$\Sigma$分成两部分：

$\Sigma_1: x=\sqrt{4z-y^2}$，取前侧；$\Sigma_2: x=-\sqrt{4z-y^2}$，取后侧.

$\Sigma_1$和$\Sigma_2$向$yOz$面投影，为$\begin{cases}|y|\leqslant 2\sqrt{2}\\ \frac{y^2}{4}\leqslant z\leqslant 2\end{cases}$，则

$$\begin{aligned}\iint\limits_{\Sigma}(x+z^2)\mathrm{d}y\mathrm{d}z&=\iint\limits_{\Sigma_1}(x+z^2)\mathrm{d}y\mathrm{d}z+\iint\limits_{\Sigma_2}(x+z^2)\mathrm{d}y\mathrm{d}z\\&=\iint\limits_{D_{yz}}(\sqrt{4z-y^2}+z^2)\mathrm{d}y\mathrm{d}z-\iint\limits_{D_{yz}}(-\sqrt{4z-y^2}+z^2)\mathrm{d}y\mathrm{d}z\\&=2\iint\limits_{D_{yz}}\sqrt{4z-y^2}\,\mathrm{d}y\mathrm{d}z=2\int_{-2\sqrt{2}}^{2\sqrt{2}}\mathrm{d}y\int_{\frac{1}{4}y^2}^{2}\sqrt{4z-y^2}\,\mathrm{d}z\\&=\frac{1}{3}\int_{-2\sqrt{2}}^{2\sqrt{2}}(8-y^2)^{\frac{3}{2}}\mathrm{d}y=\frac{2}{3}\int_0^{2\sqrt{2}}(8-y^2)^{\frac{3}{2}}\mathrm{d}y\\&\xlongequal{y=2\sqrt{2}\sin\theta}\frac{2}{3}\int_0^{\frac{\pi}{2}}(8\cos^2\theta)^{\frac{3}{2}}\cdot 2\sqrt{2}\cos\theta\mathrm{d}\theta\\&=\frac{128}{3}\int_0^{\frac{\pi}{2}}\cos^4\theta\mathrm{d}\theta=8\pi,\end{aligned}$$

所以原式$=8\pi-(-8\pi)=16\pi$.

**注**　此题用高斯公式较简单.

**9. 利用高斯公式计算曲面积分**

**【例 10.20】** 计算$\oiint\limits_{\Sigma}yz\mathrm{d}z\mathrm{d}x+z(x^2+y^2)\mathrm{d}x\mathrm{d}y$，其中$\Sigma$是在第一卦限内由抛物面$z=x^2+y^2$与平面$x=0,y=0$及$z=1$所围成的封闭曲面，法向量指向外侧.

**解**　设$\Sigma$所围立体为$\Omega$，在$xoy$面投影域为$D=\{(x,y): x^2+y^2\leqslant 1, x, y\geqslant 0\}$，由高斯公式

$$I=\oiint_{\Sigma} yz\mathrm{d}z\mathrm{d}x+(x^2+y^2)z\mathrm{d}x\mathrm{d}y=\iiint_{\Omega}(z+x^2+y^2)\mathrm{d}x\mathrm{d}y\mathrm{d}z$$

$$\xlongequal{\text{直}}\iint_D \mathrm{d}x\mathrm{d}y\int_{x^2+y^2}^{1}(z+x^2+y^2)\mathrm{d}z=\iint_D\left(\frac{1}{2}+x^2+y^2-\frac{3}{2}(x^2+y^2)^2\right)\mathrm{d}x\mathrm{d}y$$

$$\xlongequal{\text{极}}\frac{\pi}{4}\int_0^1(1+2\rho^2-3\rho^4)\rho\mathrm{d}\rho=\frac{\pi}{8}.$$

**【例 10.21】** 计算曲面积分$\iint_{\Sigma} x\mathrm{d}y\mathrm{d}z+(z+1)^2\mathrm{d}x\mathrm{d}y$，其中有向曲面 $\Sigma$ 为下半球面 $z=-\sqrt{1-x^2-y^2}$ 取下侧。

**解** 取 $\Sigma_{xOy}$ 为 $xOy$ 面上的圆盘 $x^2+y^2\leqslant 1$，方向取上侧，则

$$\iint_{\Sigma} x\mathrm{d}y\mathrm{d}z+(z+1)^2\mathrm{d}x\mathrm{d}y$$

$$=\oiint_{\Sigma+\Sigma_{xOy}} x\mathrm{d}y\mathrm{d}z+(z+1)^2\mathrm{d}x\mathrm{d}y-\iint_{\Sigma_{xOy}} x\mathrm{d}y\mathrm{d}z+(z+1)^2\mathrm{d}x\mathrm{d}y$$

$$=\iiint_{\Omega}(2z+3)\mathrm{d}v-\iint_{D_{xy}}\mathrm{d}x\mathrm{d}y$$

$$=2\int_0^{2\pi}\mathrm{d}\theta\int_{\frac{\pi}{2}}^{\pi}\mathrm{d}\varphi\int_0^1 r\cos\varphi r^2\sin\varphi\mathrm{d}r+3\ \frac{2}{3}\pi-\pi$$

$$=4\pi\int_{\frac{\pi}{2}}^{\pi}\cos\varphi\sin\varphi\mathrm{d}\varphi\int_0^1 r^3\mathrm{d}r+\pi=-\frac{\pi}{2}+\pi=\frac{\pi}{2}$$

**【例 10.22】** 计算$\iint_{\Sigma}\frac{ax\mathrm{d}y\mathrm{d}z+(z+a)^2\mathrm{d}x\mathrm{d}y}{\sqrt{x^2+y^2+z^2}}$，其中 $\Sigma$ 为下半球面 $z=-\sqrt{a^2-x^2-y^2}$ 的下侧，$a$ 为大于零的常数.

**解** 取 $\Sigma_{xOy}$ 为 $xOy$ 面上的圆盘 $x^2+y^2\leqslant a^2$，方向取上侧，则

$$\iint_{\Sigma}\frac{ax\mathrm{d}y\mathrm{d}z+(z+a)^2\mathrm{d}x\mathrm{d}y}{\sqrt{x^2+y^2+z^2}}=\frac{1}{a}\iint_{\Sigma} ax\mathrm{d}y\mathrm{d}z+(z+a)^2\mathrm{d}x\mathrm{d}y$$

$$=\frac{1}{a}\left[\oiint_{\Sigma+\Sigma_{xOy}} ax\mathrm{d}y\mathrm{d}z+(z+a)^2\mathrm{d}x\mathrm{d}y-\iint_{\Sigma_{xOy}} ax\mathrm{d}y\mathrm{d}z+(z+a)^2\mathrm{d}x\mathrm{d}y\right]$$

$$=\frac{1}{a}\left[\iiint_{\Omega}(2z+3a)\mathrm{d}v-a^2\iint_{D_{xy}}\mathrm{d}x\mathrm{d}y\right]$$

$$=\frac{1}{a}\left[2\int_0^{2\pi}\mathrm{d}\theta\int_{\frac{\pi}{2}}^{\pi}\mathrm{d}\varphi\int_0^a r\cos\varphi r^2\sin\varphi\mathrm{d}\varphi+3a\ \frac{2}{3}\pi a^3-a^2\pi a^2\right]$$

$$=\frac{1}{a}\left[4\pi\int_{\frac{\pi}{2}}^{\pi}\cos\varphi\sin\varphi\mathrm{d}\varphi\int_0^a r^3\mathrm{d}r+\pi a^4\right]$$

$$=\frac{1}{a}\left[-\frac{\pi a^4}{2}+\pi a^4\right]=\frac{1}{2}\pi a^3.$$

**10. 利用两类曲面积分之间关系计算曲面积分**

**【例 10.23】** 计算 $I=\iint_{\Sigma}[2f(x,y,z)-x]\mathrm{d}y\mathrm{d}z+[3f(x,y,z)-y]\mathrm{d}z\mathrm{d}x+[f(x,y,z)-z]\mathrm{d}x\mathrm{d}y$,其中 $f(x,y,z)$ 为连续函数,$\Sigma$ 是平面 $x-y+z=1$ 在第四卦限部分的上侧.

**解** 对于 $\Sigma:x-y+z=1$ 的上侧,其上任一点法向量 $\boldsymbol{n}=\{1,-1,1\}$,方向余弦为

$$\cos\alpha=\frac{1}{\sqrt{3}},\quad \cos\beta=-\frac{1}{\sqrt{3}},\quad \cos\gamma=\frac{1}{\sqrt{3}},$$

由两类曲面积分之间的关系

$$I=\iint_{\Sigma}[(2f(x,y,z)-x)\cos\alpha+(3f(x,y,z)-y)\cos\beta+(f(x,y,z)-z)\cos\gamma]\,\mathrm{d}S$$

$$=\iint_{\Sigma}(-x+y-z)\frac{1}{\sqrt{3}}\mathrm{d}S=-\iint_{D_{xy}}\mathrm{d}x\mathrm{d}y=-\frac{1}{2}.$$

**11. 利用斯托克斯公式计算曲线积分**

**【例 10.24】** 计算 $I=\int_{L^+}y\mathrm{d}x+z\mathrm{d}y+x\mathrm{d}z$,其中 $L^+$ 为曲线 $\begin{cases}x^2+y^2+z^2=1,\\x+y+z=1,\end{cases}$ 其方向是从 $y$ 轴正向看去为逆时针方向.

**解** $L^+$ 为一条空间曲线,本题若采用将其方程参数化进行求解是比较麻烦的,以下用斯托克斯公式来计算.

设 $x+y+z=1$ 上圆的内部区域为 $S$,法向量取向上,由

$$I=\int_{L^+}y\mathrm{d}x+z\mathrm{d}y+x\mathrm{d}z=\iint_S\begin{vmatrix}\mathrm{d}y\mathrm{d}z & \mathrm{d}z\mathrm{d}x & \mathrm{d}x\mathrm{d}y\\ \dfrac{\partial}{\partial x} & \dfrac{\partial}{\partial y} & \dfrac{\partial}{\partial z}\\ y & z & x\end{vmatrix}$$

$$=-\iint_S\mathrm{d}y\mathrm{d}z+\mathrm{d}z\mathrm{d}x+\mathrm{d}x\mathrm{d}y.$$

易知 $S$ 指定侧的单位法向量为 $\boldsymbol{n}=\left\{\frac{1}{\sqrt{3}},\frac{1}{\sqrt{3}}\frac{1}{\sqrt{3}}\right\}$,所以 $\cos\alpha=\cos\beta=\cos\gamma=\frac{1}{\sqrt{3}}$,其中 $\alpha$,$\beta$,$\gamma$ 为 $\boldsymbol{n}$ 的方向角.

由第一、二类曲面积分的联系,得

$$\int_{L^+}y\mathrm{d}x+z\mathrm{d}y+x\mathrm{d}z=-\iint_S\sqrt{3}\,\mathrm{d}S=\sqrt{3}\mid S\mid,$$

其中,$|S|$ 为圆 $S$ 的面积.

易知 $S$ 的半径 $R=\dfrac{\sqrt{2}}{2\cos\frac{\pi}{6}}=\dfrac{\sqrt{6}}{3}$,从而 $|S|=\pi\left(\dfrac{\sqrt{6}}{3}\right)^2=\dfrac{2\pi}{3}$,因此

$$\int_{L^+}y\mathrm{d}x+z\mathrm{d}y+x\mathrm{d}z=\frac{-2\sqrt{3}}{3}\pi.$$

在计算空间曲线积分时,将其方程参数化后进行求解是一种基本方法,但一般来说,计

算比较麻烦.而用斯托克斯公式来计算往往较简捷,但应注意斯托克斯公式关于符号的规定.

**12. 曲面积分的应用**

利用曲面积分可以计算物质曲面的质量、质心、转动惯量及流量、引力等问题.

**【例 10.25】** 已知曲面壳 $z=3-(x^2+y^2)(z\geqslant 1)$ 的面密度 $\rho(x,y,z)=x^2+y^2+z$,求此曲面壳的质量.

**解** 曲面 $\Sigma:z=3-(x^2+y^2)$ 位于平面 $z=1$ 以上部分在 $xOy$ 面上的投影为 $D_{xy}:x^2+y^2\leqslant 2$,而 $\mathrm{d}S=\sqrt{1+z_x^2+z_y^2}\,\mathrm{d}x\mathrm{d}y=\sqrt{1+4x^2+4y^2}\,\mathrm{d}x\mathrm{d}y$,于是,该曲面壳的质量为

$$
\begin{aligned}
M&=\iint_{\Sigma}\rho(x,y,z)\mathrm{d}S=\iint_{\Sigma}(x^2+y^2+z)\mathrm{d}S\\
&=\iint_{D_{xy}}[x^2+y^2+3-(x^2+y^2)]\sqrt{1+4(x^2+y^2)}\,\mathrm{d}x\mathrm{d}y\\
&=3\int_0^{2\pi}\mathrm{d}\theta\int_0^{\sqrt{2}}\sqrt{1+4\rho^2}\,\rho\mathrm{d}\rho=\frac{6\pi}{8}\int_0^{\sqrt{2}}\sqrt{1+4\rho^2}\,\mathrm{d}(1+4\rho^2)\\
&=\frac{3}{4}\pi\cdot\frac{2}{3}(1+4\rho^2)^{\frac{3}{2}}\Big|_0^{\sqrt{2}}=13\pi.
\end{aligned}
$$

**【例 10.26】** 求密度均匀的曲面 $z=\sqrt{x^2+y^2}$ 被曲面 $x^2+y^2=ax$ 所割下部分的质心坐标.

**解** 设 $\Sigma$ 为物质曲面,且密度 $\mu$ 为常数,要求曲面 $\Sigma$ 的质心.

曲面 $\Sigma$ 是锥面 $z=\sqrt{x^2+y^2}$ 上被柱面 $x^2+y^2=ax$ 所割出部分,其方程为 $z=\sqrt{x^2+y^2}$,它在 $xOy$ 平面的投影为圆域:$\left(x-\frac{a}{2}\right)^2+y^2\leqslant\frac{a^2}{4}$.

故

$$
M=\iint_{\Sigma}\mu\mathrm{d}S=\iint_{D_{xy}}\mu\sqrt{1+z_x^2+z_y^2}\,\mathrm{d}x\mathrm{d}y=\sqrt{2}\mu\iint_{D_{xy}}\mathrm{d}x\mathrm{d}y=\frac{\sqrt{2}}{4}\mu\pi a^2,
$$

$$
\begin{aligned}
\iint_{\Sigma}x\mu\mathrm{d}S&=\mu\iint_{D_{xy}}x\sqrt{2}\,\mathrm{d}x\mathrm{d}y=\sqrt{2}\mu\int_{-\frac{\pi}{2}}^{\frac{\pi}{2}}\mathrm{d}\theta\int_0^{a\cos\theta}\rho\cos\theta\cdot\rho\mathrm{d}\rho\\
&=\frac{2\sqrt{2}\mu a^3}{3}\int_0^{\frac{\pi}{2}}\cos^4\theta\mathrm{d}\theta=\frac{2\sqrt{2}\mu a^3}{3}\cdot\frac{3}{4}\cdot\frac{1}{2}\cdot\frac{\pi}{2}=\frac{\sqrt{2}\mu a^3}{8}\pi,
\end{aligned}
$$

类似

$$
\iint_{\Sigma}y\mu\mathrm{d}S=0,\quad\iint_{\Sigma}z\mu\mathrm{d}S=\frac{4\sqrt{2}\mu a^3}{9},
$$

所以曲面的质心坐标为

$$
\overline{x}=\frac{1}{M}\iint_{\Sigma}x\mu\mathrm{d}S=\frac{a}{2},\quad\overline{y}=\frac{1}{M}\iint_{\Sigma}y\mu\mathrm{d}S=0,\quad\overline{z}=\frac{1}{M}\iint_{\Sigma}z\mu\mathrm{d}S=\frac{16}{9\pi}a.
$$

**【例 10.27】** 设流速场的速度 $\boldsymbol{v}=\{1,z,\mathrm{e}^z\}$,求在单位时间内穿过由 $z=\sqrt{x^2+y^2}$,$z=1$,$z=2$ 所围成圆台的流向外侧(不包含上、下底)的流量 $\Phi$.

**解**　设圆台的外侧面为 $\Sigma$，上底面的上侧为 $\Sigma_1$，下底面下侧为 $\Sigma_2$，所以流量

$$\begin{aligned}\Phi&=\iint_{\Sigma}\mathrm{d}y\mathrm{d}z+z\mathrm{d}z\mathrm{d}x+\mathrm{e}^{z}\mathrm{d}x\mathrm{d}y\\&=\oiint_{\Sigma+\Sigma_1+\Sigma_2}\mathrm{d}y\mathrm{d}z+z\mathrm{d}z\mathrm{d}x+\mathrm{e}^{z}\mathrm{d}x\mathrm{d}y-\iint_{\Sigma_1}\mathrm{d}y\mathrm{d}z+z\mathrm{d}z\mathrm{d}x+\mathrm{e}^{z}\mathrm{d}x\mathrm{d}y-\\&\quad\iint_{\Sigma_2}\mathrm{d}y\mathrm{d}z+z\mathrm{d}z\mathrm{d}x+\mathrm{e}^{z}\mathrm{d}x\mathrm{d}y,\end{aligned}$$

而

$$\begin{aligned}\oiint_{\Sigma+\Sigma_1+\Sigma_2}\mathrm{d}y\mathrm{d}z+z\mathrm{d}z\mathrm{d}x+\mathrm{e}^{z}\mathrm{d}x\mathrm{d}y&=\iiint_{\Omega}\mathrm{e}^{z}\mathrm{d}x\mathrm{d}y\mathrm{d}z=\int_1^2\mathrm{e}^{z}\mathrm{d}z\iint_{D_z}\mathrm{d}x\mathrm{d}y\\&=\int_1^2\pi z^2\mathrm{e}^{z}\mathrm{d}z=2\pi\mathrm{e}^2-\pi\mathrm{e},\end{aligned}$$

$$\iint_{\Sigma_1}\mathrm{d}x\mathrm{d}y+z\mathrm{d}z\mathrm{d}x+\mathrm{e}^{z}\mathrm{d}x\mathrm{d}y=0+\iint_{D_1}\mathrm{e}^2\mathrm{d}x\mathrm{d}y=4\pi\mathrm{e}^2\quad(D_1:x^2+y^2\leqslant 4),$$

$$\iint_{\Sigma_2}\mathrm{d}x\mathrm{d}y+z\mathrm{d}z\mathrm{d}x+\mathrm{e}^{z}\mathrm{d}x\mathrm{d}y=0-\iint_{D_2}\mathrm{e}\mathrm{d}x\mathrm{d}y=-\pi\mathrm{e}\quad(D_2:x^2+y^2\leqslant 1),$$

所以

$$\Phi=2\pi\mathrm{e}^2-\pi\mathrm{e}-4\pi\mathrm{e}^2-(-\pi\mathrm{e})=-2\pi\mathrm{e}^2.$$

**12. 综合例题**

**【例 10.28】**　在变力 $\boldsymbol{F}=yz\boldsymbol{i}+zx\boldsymbol{j}+xy\boldsymbol{k}$ 作用下，质点由原点沿直线运动到 $\dfrac{x^2}{a^2}+\dfrac{y^2}{b^2}+\dfrac{z^2}{c^2}=1$ 上第一卦限点 $M(\xi,\eta,\zeta)$，问 $\xi,\eta,\zeta$ 为何值时变力 $\boldsymbol{F}$ 做的功 $W$ 最大？并求出 $W$ 最大值.

**分析**　这是一道多元函数的条件极值问题，关键是建立在力 $\boldsymbol{F}$ 作用下，质点从原点出发沿直线运动到椭球面上点 $M(\xi,\eta,\zeta)$ 时此力所做功 $W=W(\xi,\eta,\zeta)$ 的表达式.求解条件极值的一般方法是拉格朗日乘数法.

**解**　直线段　$OM:x=\xi t,y=\eta t,z=\zeta t$，$t$ 从 0 到 1.

$$\begin{aligned}W&=\int_{OM}yz\mathrm{d}x+xz\mathrm{d}y+xy\mathrm{d}z\\&=\int_0^1 3\xi\eta\zeta t^2\mathrm{d}t=\xi\eta\zeta.\end{aligned}$$

下面求 $W=\xi\eta\zeta$ 在条件$\dfrac{\xi^2}{a^2}+\dfrac{\eta^2}{b^2}+\dfrac{\zeta^2}{c^2}=1(\xi\geqslant 0,\eta\geqslant 0,\zeta\geqslant 0)$下的最大值.

令 $F(\xi,\eta,\zeta)=\xi\eta\zeta+\lambda\left(1-\dfrac{\xi^2}{a^2}-\dfrac{\eta^2}{b^2}-\dfrac{\zeta^2}{c^2}\right)$.

由$\begin{cases}\dfrac{\partial F}{\partial\xi}=0,\\\dfrac{\partial F}{\partial\eta}=0,\\\dfrac{\partial F}{\partial\zeta}=0,\end{cases}$得$\begin{cases}\eta\zeta=\dfrac{2\lambda}{a^2}\xi,\\\xi\zeta=\dfrac{2\lambda}{b^2}\eta,\\\xi\eta=\dfrac{2\lambda}{c^2}\zeta,\end{cases}$从而$\dfrac{\xi^2}{a^2}=\dfrac{\eta^2}{b^2}=\dfrac{\zeta^2}{c^2}$，即得$\dfrac{\xi^2}{a^2}=\dfrac{\eta^2}{b^2}=\dfrac{\zeta^2}{c^2}=\dfrac{1}{3}$，于是得

$$\xi=\frac{a}{\sqrt{3}},\eta=\frac{b}{\sqrt{3}},\zeta=\frac{c}{\sqrt{3}}.$$

由问题的实际意义知

$$W_{\max}=\frac{\sqrt{3}}{9}abc.$$

**注** 本题涉及变力沿曲线(直线)所做的功如何用曲线积分表示,曲线积分的计算以及求解条件极值的拉格朗日乘数法,是一道综合应用题,主要考查学生运用所学知识分析问题和解决问题的能力.

**【例 10.29】** 设函数 $\varphi(y)$具有连续导数,在围绕原点的任意分段光滑简单闭曲线 $L$ 上,曲线积分$\oint_L \frac{\varphi(y)\mathrm{d}x+2xy\mathrm{d}y}{2x^2+y^4}$的值恒为同一常数.

(1) 证明:对右半平面 $x>0$ 内任意分段光滑简单闭曲线 $C$,有

$$\oint_C \frac{\varphi(y)\mathrm{d}x+2xy\mathrm{d}y}{2x^2+y^4}=0.$$

(2) 求函数 $\varphi(y)$的表达式.

**分析** 本题是格林公式的推广,通过作辅助线的方法,利用在围绕原点的任意分段光滑简单闭曲线 $L$ 上曲线积分的值恒为同一常数这个条件,从而证明对右半平面 $x>0$ 内任意分段光滑简单闭曲线的积分为零.然后再应用积分与路径无关的条件及确定参数或未知函数的方法求出函数 $\varphi(y)$的表达式.

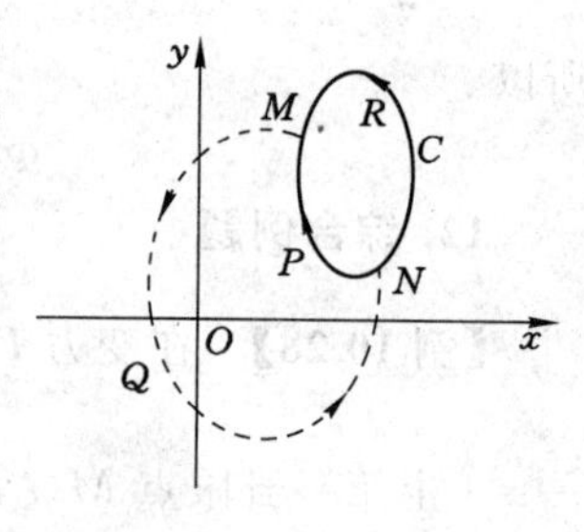

图 10-7

**证明** (1) 设 $C$ 是半平面 $x>0$ 内任意分段光滑简单闭曲线,在 $C$ 上任意取定两点 $M,N$,作围绕原点的闭曲线 $MQNRM$,得到围绕原点的另一条闭曲线 $MQNPM$,如图 10-7 所示.

由题设知

$$\oint_{MQNRM}\frac{\varphi(y)\mathrm{d}x+2xy\mathrm{d}y}{2x^2+y^4}-\oint_{MQNPM}\frac{\varphi(y)\mathrm{d}x+2xy\mathrm{d}y}{2x^2+y^4}=0,$$

所以由积分性质

$$\begin{aligned}\oint_C \frac{\varphi(y)\mathrm{d}x+2xy\mathrm{d}y}{2x^2+y^4}&=\int_{NRM}\frac{\varphi(y)\mathrm{d}x+2xy\mathrm{d}y}{2x^2+y^4}+\int_{MPN}\frac{\varphi(y)\mathrm{d}x+2xy\mathrm{d}y}{2x^2+y^4}\\&=\int_{NRM}\frac{\varphi(y)\mathrm{d}x+2xy\mathrm{d}y}{2x^2+y^4}-\int_{NPM}\frac{\varphi(y)\mathrm{d}x+2xy\mathrm{d}y}{2x^2+y^4}\\&=\oint_{MQNRM}\frac{\varphi(y)\mathrm{d}x+2xy\mathrm{d}y}{2x^2+y^4}-\oint_{MQNPM}\frac{\varphi(y)\mathrm{d}x+2xy\mathrm{d}y}{2x^2+y^4}\\&=0.\end{aligned}$$

(2) 设 $P=\frac{\varphi(y)}{2x^2+y^4},Q=\frac{2xy}{2x^2+y^4}$,$P,Q$ 在 $x>0$ 内有一阶连续偏导,由(1)知,曲线积分$\oint_C \frac{\varphi(y)\mathrm{d}x+2xy\mathrm{d}y}{2x^2+y^4}$在该区域与路径无关,所以当 $x>0$ 时有

$$\frac{\partial Q}{\partial x}=\frac{\partial P}{\partial y},$$

因为

$$\frac{\partial Q}{\partial x}=\frac{-4x^2y+2y^5}{(2x^2+y^4)^2},\quad \frac{\partial P}{\partial y}=\frac{2x^2\varphi'(y)+\varphi'(y)y^4-4\varphi(y)y^3}{(2x^2+y^4)^2},$$

比较得

$$\begin{cases}\varphi'(y)=-2y,\\ \varphi'(y)y^4-4\varphi(y)y^3=2y^5,\end{cases}$$

由第一式得 $$\varphi(y)=-y^2+c,$$

代入第二式得 $$2y^5-4cy^3=2y^5,$$

所以 $$c=0,$$

由此求得 $$\varphi(y)=-y^2.$$

**注**　本题是考查学生准确全面理解单连通域上积分与路径无关的条件.研究单连通域上积分与路径无关结论对复连通域的推广,考查学生灵活应用数学知识以及方法的能力.

**【例 10.30】**　设质点在力 $\boldsymbol{F}=\left\{\frac{2x-y}{2x^2+y^2},\frac{x+y}{2x^2+y^2}\right\}$ 作用下,自点 $A(\sqrt{2},2)$ 沿直线 $y=\frac{1}{\sqrt{2}}x+1$ 移动到点 $B(-\sqrt{2},0)$,再沿圆弧 $y=-\sqrt{2-x^2}$ 移动到点 $D(\sqrt{2},0)$,求力 $\boldsymbol{F}$ 所做的功.

**解**

$$W=\int_{\widehat{ABD}}\frac{2x-y}{2x^2+y^2}\mathrm{d}x+\frac{x+y}{2x^2+y^2}\mathrm{d}y.$$

$$P=\frac{2x-y}{2x^2+y^2},\quad Q=\frac{x+y}{2x^2+y^2},$$

$$\frac{\partial P}{\partial y}=\frac{y^2-2x^2-4xy}{(2x^2+y^2)^2}=\frac{\partial Q}{\partial x}\quad (2x^2+y^2\neq 0).$$

补上 $\overline{DA}$,在闭曲线 $\widehat{ABDA}$ 围成的区域内作椭圆 $C_\delta: 2x^2+y^2=\delta^2$ $(\delta>0)$,取逆时针方向(图 10-8).

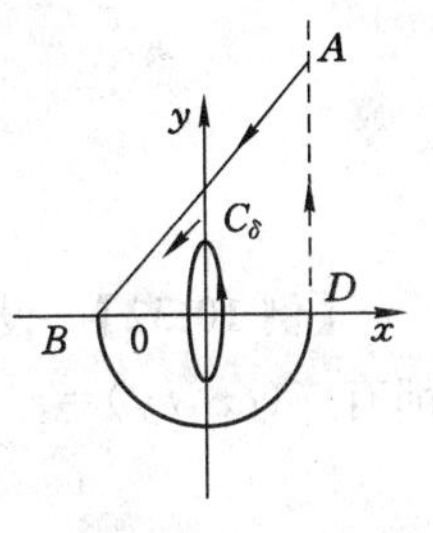

图 10-8

$$W=\oint_{ABDA}\frac{2x-y}{2x^2+y^2}\mathrm{d}x+\frac{x+y}{2x^2+y^2}\mathrm{d}y-\int_{DA}\frac{2x-y}{2x^2+y^2}\mathrm{d}x+\frac{x+y}{2x^2+y^2}\mathrm{d}y.$$

而

$$\oint_{ABDA}\frac{2x-y}{2x^2+y^2}\mathrm{d}x+\frac{x+y}{2x^2+y^2}\mathrm{d}y=\oint_{C_\delta}\frac{2x-y}{2x^2+y^2}\mathrm{d}x+\frac{x+y}{2x^2+y^2}\mathrm{d}y$$

$$=\frac{1}{\delta^2}\oint_{C_\delta}(2x-y)\mathrm{d}x+(x+y)\mathrm{d}y$$

$$=\frac{1}{\delta^2}\iint_D 2\mathrm{d}\sigma=\frac{1}{\delta^2}\cdot 2\pi\cdot\frac{1}{\sqrt{2}}\delta^2$$

$$=\frac{2}{\sqrt{2}}\pi=\sqrt{2}\pi,$$

$$\int_{DA}\frac{2x-y}{2x^2+y^2}\mathrm{d}x+\frac{x+y}{2x^2+y^2}\mathrm{d}y=\int_0^2\frac{\sqrt{2}+y}{4+y^2}\mathrm{d}y$$

$$=\frac{\sqrt{2}}{2}\arctan\frac{y}{2}+\frac{1}{2}\ln(4+y^2)\Big|_0^2$$

$$=\frac{\sqrt{2}}{8}\pi+\frac{1}{2}\ln 2.$$

所以

$$W=\sqrt{2}\pi-\frac{\sqrt{2}}{8}\pi-\frac{1}{2}\ln 2=\frac{7}{8}\sqrt{2}\pi-\frac{1}{2}\ln 2.$$

**【例 10.31】** 设 $D=\{(x,y)\mid x^2+y^2\leqslant 1\}$，$u(x,y)$ 与 $v(x,y)$ 在 $D$ 上具有一阶连续偏导数，$\boldsymbol{F}=v(x,y)\boldsymbol{i}+u(x,y)\boldsymbol{j}$，$\boldsymbol{G}=\left(\frac{\partial u}{\partial x}-\frac{\partial u}{\partial y}\right)\boldsymbol{i}+\left(\frac{\partial v}{\partial x}-\frac{\partial v}{\partial y}\right)\boldsymbol{j}$，且在 $D$ 的边界曲线 $L$（正向）上有 $u(x,y)\equiv 1$，$v(x,y)\equiv y$，证明

$$\iint_D \boldsymbol{F}\cdot\boldsymbol{G}\mathrm{d}\sigma=-\pi.$$

**证明**

$$\iint_D \boldsymbol{F}\cdot\boldsymbol{G}\mathrm{d}\sigma=\iint_D[(u_x-u_y)v+(v_x-v_y)u]\mathrm{d}\sigma$$

$$=\iint_D[(vu_x+uv_x)-(vu_y+uv_y)]\mathrm{d}\sigma$$

$$=\iint_D[\frac{\partial}{\partial x}(uv)-\frac{\partial}{\partial y}(uv)]\mathrm{d}\sigma$$

$$=\oint_L uv\mathrm{d}x+uv\mathrm{d}y=\oint_L y\mathrm{d}x+y\mathrm{d}y=\iint_D-\mathrm{d}\sigma=-\pi.$$

**【例 10.32】** 设函数 $f(x,y)$ 在单连通开区域 $D$ 内具有一阶连续偏导数，且对任意 $t>0$ 都有 $f(tx,ty)=t^{-2}f(x,y)$，证明：对 $D$ 内任意分段光滑的有向简单闭曲线 $L$，都有

$$\oint_L yf(x,y)\mathrm{d}x-xf(x,y)\mathrm{d}y=0.$$

**证明** 所给曲线积分等于 0 的充分必要条件为 $\frac{\partial Q}{\partial x}=\frac{\partial P}{\partial y}$.

因为 $\quad P=yf(x,y),Q=-xf(x,y),$

而 $\quad \frac{\partial Q}{\partial x}=-f(x,y)-xf_x(x,y),$

$$\frac{\partial P}{\partial y}=f(x,y)+yf_y(x,y),$$

要证 $\frac{\partial Q}{\partial x}=\frac{\partial P}{\partial y}$，即要证 $xf_x(x,y)+yf_y(x,y)=-2f(x,y)$.

将 $f(tx,ty)=t^{-2}f(x,y)$ 两边对 $t$ 求导得

$$xf'_1(tx,ty)+yf'_2(tx,ty)=-2t^{-3}f(x,y),$$

令 $t=1$，则 $xf'_1(x,y)+yf'_2(x,y)=-2f(x,y)$，即有 $xf_x(x,y)+yf_y(x,y)=$

$-2f(x,y)$，于是结论成立.

**【例 10.33】** 计算$\iint\limits_{\Sigma}\frac{x\mathrm{d}y\mathrm{d}z+y\mathrm{d}z\mathrm{d}x+z\mathrm{d}x\mathrm{d}y}{\sqrt{(x^2+y^2+z^2)^3}}$，其中 $\Sigma$ 为曲面 $1-\frac{z}{5}=\frac{(x-2)^2}{16}+\frac{(y-1)^2}{9}$ $(z\geqslant 0)$ 的上侧.

**解** 直接计算此积分较困难，但也不能直接应用高斯公式.

以 $\Sigma_1$ 表示以原点为中心的上半单位球面($z\geqslant 0$)下侧，可以验证 $\Sigma_1$ 在 $\Sigma$ 的下方.

以 $\Sigma_2$ 为平面 $z=0$ 上满足 $\begin{cases}x^2+y^2\geqslant 1\\ \frac{(x-2)^2}{16}+\frac{(y-1)^2}{9}\leqslant 1\end{cases}$ 部分的下侧.

所以
$$I=\iint\limits_{\Sigma}=\oiint\limits_{\Sigma+\Sigma_1+\Sigma_2}-\iint\limits_{\Sigma_1}-\iint\limits_{\Sigma_2},$$

而

$$\oiint\limits_{\Sigma+\Sigma_1+\Sigma_2}\frac{x\mathrm{d}y\mathrm{d}z+y\mathrm{d}z\mathrm{d}x+z\mathrm{d}x\mathrm{d}y}{\sqrt{(x^2+y^2+z^2)^3}}$$

$$\xlongequal{\text{高斯公式}}\iiint\limits_{\Omega}\frac{3(x^2+y^2+z^2)^{\frac{3}{2}}-3(x^2+y^2+z^2)^{\frac{3}{2}}}{(x^2+y^2+z^2)^3}\mathrm{d}v=0,$$

$$\iint\limits_{\Sigma_2}\frac{x\mathrm{d}y\mathrm{d}z+y\mathrm{d}z\mathrm{d}x+z\mathrm{d}x\mathrm{d}y}{(x^2+y^2+z^2)^{\frac{3}{2}}}=0,$$

$$\iint\limits_{\Sigma_1}\frac{x\mathrm{d}y\mathrm{d}z+y\mathrm{d}z\mathrm{d}x+z\mathrm{d}x\mathrm{d}y}{(x^2+y^2+z^2)^{\frac{3}{2}}}=\iint\limits_{\Sigma_1}x\mathrm{d}y\mathrm{d}z+y\mathrm{d}z\mathrm{d}x+z\mathrm{d}x\mathrm{d}y.$$

记 $\sigma$ 为平面 $z=0$ 满足 $x^2+y^2\leqslant 1$ 部分上侧

$$\begin{aligned}\iint\limits_{\Sigma_1}x\mathrm{d}y\mathrm{d}z+y\mathrm{d}z\mathrm{d}x+z\mathrm{d}x\mathrm{d}y&=\oiint\limits_{\Sigma_1+\sigma}x\mathrm{d}y\mathrm{d}z+y\mathrm{d}z\mathrm{d}x+z\mathrm{d}x\mathrm{d}y-\\&\quad\iint\limits_{\sigma}x\mathrm{d}y\mathrm{d}z+y\mathrm{d}z\mathrm{d}x+z\mathrm{d}x\mathrm{d}y\\&=-\iiint\limits_{\Omega}3\mathrm{d}v-\iint\limits_{\sigma}x\mathrm{d}y\mathrm{d}z+y\mathrm{d}z\mathrm{d}x+z\mathrm{d}x\mathrm{d}y\\&=-2\pi-0=-2\pi.\end{aligned}$$

所以
$$I=0-0-(-2\pi)=2\pi.$$

**【例 10.34】** 设 $S$ 为椭球面$\frac{x^2}{2}+\frac{y^2}{2}+z^2=1$ 的上半部分，点 $P(x,y,z)\in S$，$\pi$ 为 $S$ 在 $P$ 点处的切平面，$\rho(x,y,z)$为点 $O(0,0,0)$到平面的距离，求 $\iint_S\frac{z}{\rho(x,y,z)}\mathrm{d}S$.

**解** 本题为综合题，应首先求出切平面方程，再求相应的第一类曲面积分，这一点由题意不难看出.选择简便的方法求出切平面方程和曲面积分是应引起充分注意的.以下采用公式法，直接求出切平面方程，根据积分区域和被积函数的特性，利用极坐标较简捷地求得结果.

先写出切平面方程，设$(X,Y,Z)$为$\pi$上任意一点，则平面$\pi$的方程为

$$\frac{xX}{2}+\frac{yY}{2}+zZ=1.$$

再由点到平面的距离公式，得

$$\rho(x,y,z)=\left(\frac{x^2}{4}+\frac{y^2}{4}+z^2\right)^{-\frac{1}{2}},$$

由

$$z=\sqrt{1-\left(\frac{x^2}{2}+\frac{y^2}{2}\right)},$$

有

$$\frac{\partial z}{\partial x}=\frac{-x}{2\sqrt{1-\left(\frac{x^2}{2}+\frac{y^2}{2}\right)}},\frac{\partial z}{\partial y}=\frac{-y}{2\sqrt{1-\left(\frac{x^2}{2}+\frac{y^2}{2}\right)}}.$$

于是

$$\mathrm{d}S=\sqrt{1+\left(\frac{\partial z}{\partial x}\right)^2+\left(\frac{\partial z}{\partial y}\right)^2}\,\mathrm{d}\sigma=\frac{\sqrt{4-x^2-y^2}}{2\sqrt{1-\left(\frac{x^2}{2}+\frac{y^2}{2}\right)}}\mathrm{d}\sigma.$$

积分区域是$S$在$xoy$平面的投影

$$D:\{(x,y)\mid x^2+y^2\leqslant 2\},$$

用极坐标，得

$$\iint_S\frac{z}{\rho(x,y,z)}\mathrm{d}S=\frac{1}{4}\iint_D(4-x^2-y^2)\mathrm{d}\sigma=\frac{1}{4}\int_0^{\pi}\mathrm{d}\theta\int_0^{\sqrt{2}}(4-\rho^2)\rho\mathrm{d}\rho=\frac{3}{2}\pi.$$

**【例 10.35】** 设$\Sigma$是一光滑的闭曲面，$V$是$\Sigma$所围的立体体积，$\boldsymbol{r}$是点$(x,y,z)$的向径，$r=|\boldsymbol{r}|$，$\theta$是$\Sigma$的外法线向量与$\boldsymbol{\gamma}$的夹角，试证明

$$V=\frac{1}{3}\iint_{\Sigma}r\cos\theta\mathrm{d}S.$$

**证明** 设$\Sigma$的外法线方向的单位向量

$$\boldsymbol{n}^{\circ}=\cos\alpha\boldsymbol{i}+\cos\beta\boldsymbol{j}+\cos\gamma\boldsymbol{k},$$

而

$$\boldsymbol{r}=x\boldsymbol{i}+y\boldsymbol{j}+z\boldsymbol{k},$$

所以$\boldsymbol{r}$的单位向量

$$\boldsymbol{r}^{\circ}=\frac{x}{r}\boldsymbol{i}+\frac{y}{r}\boldsymbol{j}+\frac{z}{r}\boldsymbol{k},$$

$$\cos\theta=\boldsymbol{n}^{\circ}\cdot\boldsymbol{r}^{\circ}=\frac{x}{r}\cos\alpha+\frac{y}{r}\cos\beta+\frac{z}{r}\cos\gamma,$$

即

$$r\cos\theta=x\cos\alpha+y\cos\beta+z\cos\gamma,$$

故

$$\frac{1}{3}\iint_{\Sigma}r\cos\theta\mathrm{d}S=\frac{1}{3}\iint_{\Sigma}(x\cos\alpha+y\cos\beta+z\cos\gamma)\mathrm{d}S$$

$$=\frac{1}{3}\iint_{\Sigma}x\mathrm{d}y\mathrm{d}z+y\mathrm{d}z\mathrm{d}x+z\mathrm{d}x\mathrm{d}y=\frac{1}{3}\iiint_{\Omega}(1+1+1)\mathrm{d}v=V,$$

所以

$$V=\frac{1}{3}\iint\limits_{\Sigma} r\cos\theta \mathrm{d}S.$$

**【例 10.36】** 设 $\Sigma$ 为一光滑闭曲面，$\boldsymbol{n}$ 为 $\Sigma$ 上的点 $(x,y,z)$ 处的外法向量，又 $\boldsymbol{r}=(x-x_0)\boldsymbol{i}+(y-y_0)\boldsymbol{j}+(z-z_0)\boldsymbol{k}$，证明：

$$\oiint\limits_{\Sigma}\frac{\cos(\widehat{\boldsymbol{r},\boldsymbol{n}})}{r^2}\mathrm{d}S=\begin{cases}0, & \Sigma\text{ 不包含}(x_0,y_0,z_0),\\ 4\pi, & \Sigma\text{ 包含}(x_0,y_0,z_0).\end{cases}$$

其中，$(x_0,y_0,z_0)$ 不在 $\Sigma$ 上，$r=|\boldsymbol{r}|=\sqrt{(x-x_0)^2+(y-y_0)^2+(z-z_0)^2}$.

**证明**　设 $\boldsymbol{n}$ 的单位向量 $\boldsymbol{n}^\circ=\cos\alpha\,\boldsymbol{i}+\cos\beta\,\boldsymbol{j}+\cos\gamma\,\boldsymbol{k}$，

所以

$$\cos(\widehat{\boldsymbol{r},\boldsymbol{n}})=\cos(\widehat{\boldsymbol{r},\boldsymbol{n}^\circ})=\frac{\boldsymbol{r}\cdot\boldsymbol{n}^\circ}{|\boldsymbol{r}|\cdot|\boldsymbol{n}^\circ|}$$

$$=\frac{1}{|\boldsymbol{r}|}[\cos\alpha\cdot(x-x_0)+\cos\beta\cdot(y-y_0)+\cos\gamma\cdot(z-z_0)],$$

$$\oiint\limits_{\Sigma}\frac{\cos(\widehat{\boldsymbol{r}\cdot\boldsymbol{n}})}{r^2}\mathrm{d}S=\oiint\limits_{\Sigma}\frac{1}{r^3}[(x-x_0)\cos\alpha+(y-y_0)\cos\beta+(z-z_0)\cos\gamma]\mathrm{d}S$$

$$=\oiint\limits_{\Sigma}\frac{x-x_0}{r^3}\mathrm{d}y\mathrm{d}z+\frac{y-y_0}{r^3}\mathrm{d}z\mathrm{d}x+\frac{z-z_0}{r^3}\mathrm{d}x\mathrm{d}y,$$

因为

$$P=\frac{x-x_0}{r^3},\quad Q=\frac{y-y_0}{r^3},\quad R=\frac{z-z_0}{r^3},$$

$$\frac{\partial P}{\partial x}=\frac{r^2-3(x-x_0)^2}{r^5},$$

$$\frac{\partial Q}{\partial y}=\frac{r^2-3(y-y_0)^2}{r^5},$$

$$\frac{\partial R}{\partial z}=\frac{r^2-3(z-z_0)^2}{r^5},$$

所以

$$\frac{\partial P}{\partial x}+\frac{\partial Q}{\partial y}+\frac{\partial R}{\partial z}=0.$$

(1) 当 $\Sigma$ 不包含 $(x_0,y_0,z_0)$，直接用高斯公式

$$\oiint\limits_{\Sigma}\frac{\cos(\widehat{\boldsymbol{r},\boldsymbol{n}})}{r^2}\mathrm{d}S=\oiint\limits_{\Sigma}\frac{(x-x_0)}{r^3}\mathrm{d}y\mathrm{d}z+\frac{(y-y_0)}{r^3}\mathrm{d}z\mathrm{d}x+\frac{(z-z_0)}{r^3}\mathrm{d}x\mathrm{d}y$$

$$=\iiint\limits_{\Omega}\left(\frac{\partial P}{\partial x}+\frac{\partial Q}{\partial y}+\frac{\partial R}{\partial z}\right)\mathrm{d}v=0.$$

(2) 当 $\Sigma$ 包含 $(x_0,y_0,z_0)$ 时，取 $\varepsilon$ 充分小，作球面 $\Sigma_\varepsilon:(x-x_0)^2+(y-y_0)^2+(z-z_0)^2=\varepsilon^2$ 含在 $\Sigma$ 内，$\Sigma_\varepsilon$ 取小球面内侧

$$\oiint\limits_{\Sigma}\frac{\cos(\widehat{\boldsymbol{r},\boldsymbol{n}})}{r^2}\mathrm{d}S=\oiint\limits_{\Sigma}\frac{x-x_0}{r^3}\mathrm{d}y\mathrm{d}z+\frac{y-y_0}{r^3}\mathrm{d}z\mathrm{d}x+\frac{z-z_0}{r^3}\mathrm{d}x\mathrm{d}y$$

$$=\oiint\limits_{\Sigma+\Sigma_\varepsilon}-\oiint\limits_{\Sigma_\varepsilon}=\iiint\limits_{\Omega}\left(\frac{\partial P}{\partial x}+\frac{\partial Q}{\partial y}+\frac{\partial R}{\partial z}\right)\mathrm{d}v-\oiint\limits_{\Sigma_\varepsilon}\frac{\cos(\widehat{\boldsymbol{r},\boldsymbol{n}})}{r^2}\mathrm{d}S$$

$$= 0 + \oiint_{\Sigma_{\varepsilon外}} \frac{\cos(\widehat{\boldsymbol{r},\boldsymbol{n}})}{r^2} dS \qquad (\boldsymbol{r} 与 \boldsymbol{n} 同向, r^2 = \varepsilon^2)$$

$$= \oiint_{\Sigma_{\varepsilon外}} \frac{1}{\varepsilon^2} dS = 4\pi\varepsilon^2 \cdot \frac{1}{\varepsilon^2} = 4\pi.$$

## 四、练习题与解答

1. 选择题

(1) 设曲线 $L$ 是从点 $A(1,0)$ 到 $B(-1,2)$ 的线段，则曲线积分 $\int_L (x+y)ds$ 为(　　).

(A) $\sqrt{2}$；　(B) 2；　(C) 0；　(D) $2\sqrt{2}$.

(2) 若曲线 $L$ 是上半椭圆 $\begin{cases} x = a\cos t \\ y = b\sin t \end{cases}$ 取顺时针方向，则曲线积分 $\int_L y dx - x dy$ 的值为(　　).

(A) 0；　(B) $\frac{\pi}{2}ab$；　(C) $\pi ab$；　(D) $ab$.

(3) 用格林公式求曲线 $L$ 所围成区域 $D$ 的面积 $A=$(　　).

(A) $\oint_L x dy - y dx$；　(B) $\frac{1}{2}\oint_L y dx - x dy$；

(C) $\oint_L y dx - x dy$；　(D) $\frac{1}{2}\oint_L x dy - y dx$.

(4) 设曲线 $L$ 是由 $y=x^2$ 及 $y=1$ 所围成的区域 $D$ 的正向边界，则 $\oint_L (xy + x^3y^3)dx + (x^2 + x^4y^2)dy$ 等于(　　).

(A) 4；　(B) $-2$；　(C) $-1$；　(D) 0.

(5) 已知曲线积分 $\int_l x\varphi(y)dx + x^2 y dy$ 与路径无关，其中 $\varphi(0)=0$，$\varphi(y)$ 有一阶连续导数，则 $\int_{(0,1)}^{(1,2)} x\varphi(y)dx + x^2 y dy =$(　　).

(A) 4；　(B) 3；　(C) 2；　(D) 1.

(6) 如果 $(2ax^3y^3 - 3y^2 + 5)dx + (3x^4y^2 - 2bxy - 4)dy$ 是某一函数 $u(x,y)$ 的全微分，则(　　).

(A) $a=3, b=2$；　(B) $a=2, b=3$；

(C) $a=1, b=2$；　(D) $a=2, b=1$.

(7) 设函数 $P(x,y)$，$Q(x,y)$ 在单连通区域 $D$ 内有一阶连续偏导数，则在 $D$ 内 $\int_L P dx + Q dy$ 与路径无关的条件 $\frac{\partial Q}{\partial x} = \frac{\partial P}{\partial y}$，$(x,y) \in D$ 是(　　).

(A) 充分条件；　(B) 必要条件；

(C) 充要条件；　(D) 都不是.

(8) 设 $\Sigma$ 为 $z=2-(x^2+y^2)$ 在 $xOy$ 平面上方部分的曲面，则 $\iint\limits_{\Sigma} \mathrm{d}S=(\quad)$.

(A) $\int_0^{2\pi}\mathrm{d}\theta\int_0^{\rho}\sqrt{1+4\rho^2}\,\rho\,\mathrm{d}\rho$；　(B) $\int_0^{2\pi}\mathrm{d}\theta\int_0^{2}\sqrt{1+4\rho^2}\,\rho\,\mathrm{d}\rho$；

(C) $\int_0^{2\pi}\mathrm{d}\theta\int_0^{2}(2-\rho^2)\sqrt{1+4\rho^2}\,\rho\,\mathrm{d}\rho$；　(D) $\int_0^{2\pi}\mathrm{d}\theta\int_0^{\sqrt{2}}\sqrt{1+4\rho^2}\,\rho\,\mathrm{d}\rho$.

(9) 设 $L$ 是一光滑的曲线，为了使曲线积分 $\int_L yF(x,y)\,\mathrm{d}x+xF(x,y)\,\mathrm{d}y$ 与路径无关，则可微函数 $F(x,y)$ 应满足条件(　　).

(A) $xF'_x(x,y)=yF'_y(x,y)$；　(B) $yF'_x(x,y)=xF'_y(x,y)$；

(C) $x^2F'_x(x,y)=y^2F'_y(x,y)$；　(D) $y^2F'_x(x,y)=x^2F'_y(x,y)$.

(10) 设有向曲面 $\Sigma=\{(x,y,z)\,|\,x^2+y^2+z^2=a^2,z\geqslant 0\}$，方向取上侧，则下述曲面积分不为零的是(　　).

(A) $\iint\limits_{\Sigma} x^2\,\mathrm{d}y\,\mathrm{d}z$；　(B) $\iint\limits_{\Sigma} z\,\mathrm{d}z\,\mathrm{d}x$；

(C) $\iint\limits_{\Sigma} y^3\,\mathrm{d}x\,\mathrm{d}y$；　(D) $\iint\limits_{\Sigma} x\,\mathrm{d}y\,\mathrm{d}z$。

(11) 设 $\Sigma$ 为球面 $x^2+y^2+z^2=1$，$\Sigma$ 取外侧，$\Sigma_1$ 为其上半球取土侧，则(　　)式正确.

(A) $\oiint_{\Sigma} z\,\mathrm{d}S=2\iint_{\Sigma_1} z\,\mathrm{d}S$；　(B) $\oiint_{\Sigma} z^3\,\mathrm{d}S=2\iint_{\Sigma_1} z^3\,\mathrm{d}S$；

(C) $\oiint_{\Sigma} z^2\,\mathrm{d}x\,\mathrm{d}y=2\iint_{\Sigma_1} z^2\,\mathrm{d}x\,\mathrm{d}y$；　(D) $\oiint_{\Sigma} z\,\mathrm{d}x\,\mathrm{d}y=2\iint_{\Sigma_1} z\,\mathrm{d}x\,\mathrm{d}y$.

(12) 设曲面 $\Sigma$ 为三坐标面与平面 $x+y+z=1$ 所围成四面体的表面外侧，则积分 $\oiint\limits_{\Sigma}(x+y^2)\,\mathrm{d}y\,\mathrm{d}z+(2y+z^2)\,\mathrm{d}z\,\mathrm{d}x+(3z+x^2)\,\mathrm{d}x\,\mathrm{d}y=(\quad)$.

(A) 1；　(B) 2；　(C) 3；　(D) 4.

(13) 若 $\Sigma$ 为球面 $x^2+y^2+z^2=R^2$ 的外侧，则 $\oiint_{\Sigma} x^2y^2z\,\mathrm{d}x\,\mathrm{d}y$ 等于(　　).

(A) $\iint_{D_{xy}} x^2y^2\sqrt{R^2-x^2-y^2}\,\mathrm{d}x\,\mathrm{d}y$；

(B) $2\iint_{D_{xy}} x^2y^2\sqrt{R^2-x^2-y^2}\,\mathrm{d}x\,\mathrm{d}y$；

(C) $4\iint_{D_{xy}} x^2y^2\sqrt{R^2-x^2-y^2}\,\mathrm{d}x\,\mathrm{d}y$；

(D) 0.

(14) 曲面积分 $\iint_{\Sigma} z^2\,\mathrm{d}x\,\mathrm{d}y$ 在数值上等于(　　).

(A) 向量 $z^2\boldsymbol{i}$ 穿过曲面 $\Sigma$ 的流量；

(B) 面密度为 $z^2$ 的曲面 $\Sigma$ 的质量；

(C) 向量 $z^2\boldsymbol{j}$ 穿过曲面 $\Sigma$ 的流量；

(D) 向量 $z^2\boldsymbol{k}$ 穿过曲面 $\Sigma$ 的流量.

(15) 设 $\Sigma$ 是球面 $x^2+y^2+z^2=R^2$ 的外侧，$D_{xy}$ 是 $xOy$ 面上的圆域 $x^2+y^2\leqslant R^2$，下述

正确的是(　　).

(A) $\oiint_{\Sigma} x^2y^2z\mathrm{d}S=\iint_{D_{xy}} x^2y^2\sqrt{R^2-x^2-y^2}\,\mathrm{d}x\,\mathrm{d}y$;

(B) $\oiint_{\Sigma}(x^2+y^2)\mathrm{d}x\,\mathrm{d}y=2\iint_{D_{xy}} x^2\mathrm{d}x\,\mathrm{d}y$;

(C) $\oiint_{\Sigma} z\,\mathrm{d}x\,\mathrm{d}y=2\iint_{D_{xy}}\sqrt{R^2-x^2-y^2}\,\mathrm{d}x\,\mathrm{d}y$;

(D) $\oiint_{\Sigma} z^2\mathrm{d}x\,\mathrm{d}y=2\iint_{D_{xy}}(R^2-x^2-y^2)\mathrm{d}x\,\mathrm{d}y$.

(16) 设曲面$\Sigma$为球面$x^2+y^2+z^2=R^2$的外侧,$\Omega$为$\Sigma$所围立体,$r=\sqrt{x^2+y^2+z^2}$,则下列演算错误的是(　　).

(A) $\oiint_{\Sigma}\frac{x^3}{r^3}\mathrm{d}y\,\mathrm{d}z+\frac{y^3}{r^3}\mathrm{d}z\,\mathrm{d}x+\frac{z^3}{r^3}\mathrm{d}x\,\mathrm{d}y=\frac{1}{R^3}\oiint_{\Sigma} x^3\mathrm{d}y\,\mathrm{d}z+y^3\mathrm{d}z\,\mathrm{d}x+z^3\mathrm{d}x\,\mathrm{d}y$;

(B) $\frac{1}{R^3}\oiint_{\Sigma} x^3\mathrm{d}y\,\mathrm{d}z+y^3\mathrm{d}z\,\mathrm{d}x+z^3\mathrm{d}x\,\mathrm{d}y=\frac{1}{R^3}\iiint_{\Omega}3(x^2+y^2+z^2)\mathrm{d}v$;

(C) $\frac{1}{R^3}\iiint_{\Omega}3(x^2+y^2+z^2)\mathrm{d}v=\frac{3}{R}\iiint_{\Omega}\mathrm{d}v$;

(D) $\frac{3}{R}\iiint_{\Omega}\mathrm{d}v=4\pi R$.

2. 填空题

(1) 设曲线 $L$ 为抛物线 $y=x^2$ 上点 $O(0,0)$ 与 $B(1,1)$ 之间的一段弧,则$\int_L\sqrt{y}\,\mathrm{d}s=$________.

(2) 若曲线 $L$ 是圆弧$x^2+y^2=-2y$ 的第四象限部分,则$\int_L\sqrt{x^2+y^2}\,\mathrm{d}s=$________.

(3) 若曲线 $L$ 为抛物线 $y^2=x$ 上从 $A(1,-1)$ 到 $B(1,1)$ 的一段弧,则$\int_L xy\,\mathrm{d}x=$________.

(4) 已知 $\mathrm{d}u(x,y)=xy^2\mathrm{d}x+x^2y\mathrm{d}y$,则 $u(x,y)=$________.

(5) 设$L$是取正向的圆周$(x-1)^2+(y-2)^2=9$,则$\oint_L y\mathrm{d}x+(2x+\mathrm{e}^y)\mathrm{d}y=$________.

(6) 设 $L$ 为闭曲线$(x-2)^2+y^2=4$ 的正向,则$\oint_L(y^2+x\mathrm{e}^{2y})\mathrm{d}x+(x^2\mathrm{e}^{2y}-x^2)\mathrm{d}y=$________.

(7) 设$\frac{(ax+by)\mathrm{d}x+(bx+ay)\mathrm{d}y}{(x^2+y^2)^m}(x>0,ab\neq 0)$是某个二元函数的全微分,则 $m=$________.

(8) 设$f(x)$有连续导数,$L$是单连通域上任意简单闭曲线,且$\oint_L \mathrm{e}^{2y}[x\mathrm{d}x+f(x)\mathrm{d}y]=0$.则 $f(x)=$________.

(9) 设曲面$\Sigma$为平面$z=1-x-y$ 在第一卦限部分,则$\iint_{\Sigma}(x+y+z)\mathrm{d}S=$________.

(10) 设曲面$\Sigma$是球面$x^2+y^2+z^2=2z$,$\cos\alpha$、$\cos\beta$、$\cos\gamma$是$\Sigma$上的点的外法向量的方

向余弦,则$\oiint\limits_{\Sigma}(x\cos\alpha+y\cos\beta+z\cos\gamma)\mathrm{d}S=$________.

(11) 若曲面$\Sigma$是$z=0,(x,y)\in D_{xy}$上的平面部分,则曲面积分$\iint\limits_{\Sigma}(x^2+y^2)\mathrm{e}^z\mathrm{d}S$化为$D_{xy}$上的二重积分是________.

(12) 设曲面$\Sigma$是球面$x^2+y^2+z^2=4$的外侧,则$\oiint\limits_{\Sigma}x\mathrm{d}y\mathrm{d}z+y\mathrm{d}z\mathrm{d}x+z\mathrm{d}x\mathrm{d}y=$________.

(13) 设向量场$\boldsymbol{A}=(x+y)\boldsymbol{i}+xy\boldsymbol{j}+xz^2\boldsymbol{k}$,则$\operatorname{div}\boldsymbol{A}=$________.

(14) 设$r=\sqrt{x^2+y^2+z^2}$则$\operatorname{div}(\mathbf{grad}\,r)\big|_{(1,-2,2)}=$________.

(15) 设摆线$x=a(t-\sin t),y=a(1-\cos t)(0\leqslant t\leqslant\pi)$的弧线密度$\rho$为常数,则质心坐标为________.

(16) 面密度为常数$\mu$的锥面$z=\sqrt{x^2+y^2}(0\leqslant z\leqslant 1)$)对$z$轴的转动惯量为________.

3. 计算曲线积分$\oint_L(2xy+3x^2+4y^2)\mathrm{d}s$,其中$L$为椭圆$\dfrac{x^2}{3}+\dfrac{y^2}{4}=1$,其周长记为$a$.

4. 计算曲线积分$\int_L(x^2+3y)\mathrm{d}x+(y^2-x)\mathrm{d}y$,其中$L$为上半圆周$y=\sqrt{4x-x^2}$从$O(0,0)$到$A(4,0)$的一段弧.

5. 计算曲面积分$\iint\limits_{\Sigma}z^2\mathrm{d}S$,其中$\Sigma$为$x^2+y^2=4$介于$z=0,z=6$之间的部分。

6. 计算曲面积分$\iint\limits_{\Sigma}(x^2+y^2)\mathrm{d}S$,$\Sigma$为立体$\sqrt{x^2+y^2}\leqslant z\leqslant 1$的边界.

7. 计算曲面积分$\oiint\limits_{\Sigma}\dfrac{x\mathrm{d}y\mathrm{d}z+y\mathrm{d}z\mathrm{d}x+z\mathrm{d}x\mathrm{d}y}{\sqrt{x^2+y^2+z^2}}$,其中$\Sigma$是球面$x^2+y^2+z^2=a^2$的外侧.

8. 计算曲面积分$I=\oiint\limits_{\Sigma}(x-y)\mathrm{d}x\mathrm{d}y+(y-z)x\mathrm{d}y\mathrm{d}z$,其中$\Sigma$为柱面$x^2+y^2=1$及平面$z=0,z=1$所围成立体表面的外侧.

9. 计算曲面积分$I=\iint\limits_{\Sigma}xz\mathrm{d}y\mathrm{d}z+2zy\mathrm{d}z\mathrm{d}x+3xy\mathrm{d}x\mathrm{d}y$,其中$\Sigma$为有向曲面$z=1-x^2-\dfrac{y^2}{4}(0\leqslant z\leqslant 1)$方向取上侧.

10. 设曲面$S$为曲线$\begin{cases}z=\mathrm{e}^y\\x=0\end{cases}$ $(1\leqslant y\leqslant 2)$绕$z$轴旋转一周所成曲面的下侧,计算曲面积分

$$I=\iint\limits_{S}4zx\mathrm{d}y\mathrm{d}z-2z\mathrm{d}z\mathrm{d}x+(1-z^2)\mathrm{d}x\mathrm{d}y.$$

11. 一质点沿螺线$\begin{cases}x=a\cos t,\\y=a\sin t,\\z=kt.\end{cases}$(常数$a>0,b>0$),从点$A(a,0,0)$移到$B(a,0,2\pi b)$的过程中,有一变力$\boldsymbol{F}$的作用,$\boldsymbol{F}$的方向始终指向原点,而大小是该点与原点间的距离成正

比,比例系数为 $k>0$,求 $\boldsymbol{F}$ 对质点所做的功。

12. 设一质点受力 $\boldsymbol{F}$ 作用,$\boldsymbol{F}$ 的方向指向原点,大小与质点到 $xOy$ 坐标面的距离成反比.若质点沿直线 $x=at,y=bt,z=ct(c\neq 0)$从点 $M(a,b,c)$到点 $N(2a,2b,2c)$,求力 $\boldsymbol{F}$ 所做的功.

13. 求密度为 1 的锥面 $z=\dfrac{h}{a}\sqrt{x^2+y^2}\quad(0\leqslant z\leqslant h,a>0)$对 $Oz$ 轴的转动惯量.

14. 已知曲面壳 $z=3-(x^2+y^2)$的面密度 $\rho(x,y,z)=x^2+y^2+z$,求此曲面壳在平面 $z=1$ 以上部分的质量.

15. 设 $f(u)$为连续函数,$L$ 为平面上任意的光滑闭曲线,试证明:

$$\oint_L f(x^2+y^2)(x\,\mathrm{d}x+y\,\mathrm{d}y)=0.$$

16. 设流速场的速度 $\boldsymbol{v}=(x^2+y+z)\boldsymbol{i}+(z+y-x)\boldsymbol{j}+z\boldsymbol{k}$,求在单位时间内穿过曲面 $z=1-x^2-y^2$ 在 $z\geqslant 0$ 的部分上侧的流量 $\Phi$.

17. 设 $\Sigma$ 为简单闭曲面,$\boldsymbol{a}$ 为任意固定向量,$\boldsymbol{n}$ 为 $\Sigma$ 的单位外法向向量,试证

$$\oiint_\Sigma \cos(\widehat{\boldsymbol{n},\boldsymbol{a}})\,\mathrm{d}S=0.$$

**练习题解答**

# 第十一章　无穷级数

## 一、内容提要

**1. 常数项级数的定义与性质**

(1) 收敛与发散(敛散性)

常数项级数 $\sum_{n=1}^{\infty} u_n$ 的部分和 $s_n = \sum_{i=1}^{n} u_i$ 所形成的数列 $\{s_n\}$ 当 $n \to \infty$ 时有极限 $s$,则称 $\sum_{n=1}^{\infty} u_n$ 收敛,$s$ 称为它的和,记为 $\sum_{n=1}^{\infty} u_n = s$;若 $\{s_n\}$ 不存在极限,则称为发散.

若 $\sum_{n=1}^{\infty} u_n = s$,则 $r_n = s - s_n$ 称为余项,$|r_n|$ 称为用 $s_n$ 代替 $s$ 生成的误差.

(2) 性质

① 线性性质:若 $\sum_{n=1}^{\infty} u_n = s$, $\sum_{n=1}^{\infty} v_n = \sigma$,则

$$\sum_{n=1}^{\infty}(au_n + bv_n) = a\sum_{n=1}^{\infty} u_n + b\sum_{n=1}^{\infty} v_n = as + b\sigma.$$

设 $a \neq 0$,则 $\sum_{n=1}^{\infty} u_n$ 与 $\sum_{n=1}^{\infty} au_n$ 具有相同的敛散性.

② 删除级数的前有限项或级数前面增加有限项,不影响该级数的敛散性.

③ 收敛级数加括号仍然收敛,其和不变.若级数加上括号后发散,则原级数必发散.

(3) 收敛的必要条件

若级数 $\sum_{n=1}^{\infty} u_n$ 收敛,则 $\lim_{n\to\infty} u_n = 0$,因此,若 $u_n$ 不收敛于 0,则 $\sum_{n=1}^{\infty} u_n$ 必发散.

(4) 两个最基本的级数

① 等比(几何)级数 $\sum_{n=0}^{\infty} aq^n \begin{cases} 收敛, |q| < 1, \\ 发散, |q| \geqslant 1. \end{cases}$

② $p-$级数 $\sum_{n=1}^{\infty} \dfrac{1}{n^p} \begin{cases} 收敛,当\ p > 1\ 时, \\ 发散,当\ p \leqslant 1\ 时. \end{cases}$

**2. 正项级数的审敛法**

(1) 充要条件

级数 $\sum_{n=1}^{\infty} u_n (u_n \geqslant 0)$ 收敛 $\Longleftrightarrow$ 部分和数列 $\{s_n\}$ 有上界.

(2) 比较审敛法

有以下几种形式:

① 存在$N$,当$n>N$时,$u_n\leqslant kv_n$($k>0$为常数),则$\sum\limits_{n=1}^{\infty}v_n$收敛$\Rightarrow\sum\limits_{n=1}^{\infty}u_n$收敛;$\sum\limits_{n=1}^{\infty}u_n$发散$\Rightarrow\sum\limits_{n=1}^{\infty}v_n$发散.

② 若$\lim\limits_{n\to\infty}\dfrac{u_n}{v_n}=l$有确定意义,则

当$0<l<+\infty$时,$\sum\limits_{n=1}^{\infty}u_n$与$\sum\limits_{n=1}^{\infty}v_n$具有相同的敛散性;

当$l=0$且$\sum\limits_{n=1}^{\infty}v_n$收敛时,$\sum\limits_{n=1}^{\infty}u_n$收敛;

当$l=+\infty$且$\sum\limits_{n=1}^{\infty}v_n$发散时,$\sum\limits_{n=1}^{\infty}u_n$发散.

若$\lim\limits_{n\to\infty}nu_n=l(0<l\leqslant+\infty)$,则$\sum\limits_{n=1}^{\infty}u_n$发散.设$p>1$,若$\lim\limits_{n\to\infty}n^pu_n=l(0\leqslant l<+\infty)$,则$\sum\limits_{n=1}^{\infty}u_n$收敛.

③ 设$u_n\to 0,v_n\to 0(n\to\infty)$,若$u_n$与$v_n$是同阶无穷小,则$\sum\limits_{n=1}^{\infty}u_n$与$\sum\limits_{n=1}^{\infty}v_n$具有相同的敛散性.

特别地,若$u_n\sim v_n$(等价无穷小),则$\sum\limits_{n=1}^{\infty}u_n$与$\sum\limits_{n=1}^{\infty}v_n$具有相同的敛散性.

(3) 比值审敛法和根值审敛法

① 比值审敛法(达朗贝尔法):

$$\text{若}\lim_{n\to\infty}\frac{u_{n+1}}{u_n}=\rho,\text{则}\sum_{n=1}^{\infty}u_n\begin{cases}\text{收敛,当}\rho<1,\\\text{发散,当}\rho>1,\\\text{不确定,当}\rho=1.\end{cases}$$

② 根值审敛法(柯西法)

$$\text{若}\lim_{n\to\infty}\sqrt[n]{u_n}=\rho,\text{则}\sum_{n=1}^{\infty}u_n\begin{cases}\text{收敛,当}\rho<1,\\\text{发散,当}\rho>1,\\\text{不确定,当}\rho=1.\end{cases}$$

当$\rho=1$时,比值审敛法与根值审敛法都失效,这时再考虑使用其他方法.

(4) 柯西积分审敛法(补充,仅供参考)

设$u_n=f(n)$,若$f(x)$在$[1,+\infty)$上非负,连续,单调减少,则$\sum\limits_{n=1}^{\infty}u_n$与$\int_1^{+\infty}f(x)\mathrm{d}x$具有相同的敛散性.

**3. 交错级数**

(1) 定义

设$u_n>0$,则$\sum\limits_{n=1}^{\infty}(-1)^{n-1}u_n=u_1-u_2+u_3-\cdots$ 称为交错级数.

(2) 莱布尼茨定理

若交错级数满足：(1) $u_n \geqslant u_{n+1}$；(2) $\lim\limits_{n\to\infty} u_n = 0$，则交错级数必收敛且其和 $s \leqslant u_1$。此外用 $s_n$ 代 $s$ 的误差 $|r_n| \leqslant u_{n+1}$.

**4. 任意项级数的绝对收敛与条件收敛**

(1) 定义

若 $\sum\limits_{n=1}^{\infty} |u_n|$ 收敛，则称 $\sum\limits_{n=1}^{\infty} u_n$ 绝对收敛；若 $\sum\limits_{n=1}^{\infty} |u_n|$ 发散，而 $\sum\limits_{n=1}^{\infty} u_n$ 收敛，则称 $\sum\limits_{n=1}^{\infty} u_n$ 为条件收敛.

(2) 性质

① 若 $\sum\limits_{n=1}^{\infty} |u_n|$ 收敛，则 $\sum\limits_{n=1}^{\infty} u_n$ 收敛.

② 若使用比值法或根值法已判别 $\sum\limits_{n=1}^{\infty} |u_n|$ 发散，则 $\sum\limits_{n=1}^{\infty} u_n$ 发散.

**5. 幂级数及其收敛性**

(1) 函数项级数的概念

将 $\sum\limits_{n=1}^{\infty} u_n(x)$ 称为函数项级数.若 $\sum\limits_{n=1}^{\infty} u_n(x_0)$ 收敛，则称 $x_0$ 为 $\sum\limits_{n=1}^{\infty} u_n(x)$ 的收敛点；否则称为 $\sum\limits_{n=1}^{\infty} u_n(x)$ 的发散点.收敛点的集合称为收敛域.

在收敛域上，函数项级数之和是 $x$ 的函数 $s(x)$，称为和函数，记为 $\sum\limits_{n=1}^{\infty} u_n(x) = s(x)$，$x$ 属于收敛域.

(2) 阿贝尔定理

若 $\sum\limits_{n=0}^{\infty} a_n x^n$ 在 $x = x_0 (x_0 \neq 0)$ 时收敛，则适合不等式 $|x| < |x_0|$ 的一切 $x$ 使级数绝对收敛；反之，若 $\sum\limits_{n=0}^{\infty} a_n x^n$ 当 $x = x_0$ 时发散，则适合不等式 $|x| > |x_0|$ 的一切 $x$ 使级数发散.

(3) 收敛半径、收敛区间和收敛域

① 若存在一个正整数 $R$，使得幂级数 $\sum\limits_{n=0}^{\infty} a_n x^n$ 当 $|x| < R$ 时绝对收敛，当 $|x| > R$ 时发散，则称 $R$ 为幂级数的收敛半径.

② 若幂级数的收敛半径为 $R \neq 0$ 和 $R \neq +\infty$，则称开区间 $(-R, R)$ 为幂级数的收敛区间.此时收敛点的集合称为幂级数的收敛域，它有四种情况：

$$(-R, R),\ [-R, R),\ (-R, R],\ [-R, R].$$

(4) 收敛半径计算公式

设幂级数 $\sum\limits_{n=0}^{\infty} a_n x^n (a_n \neq 0)$，当 $\lim\limits_{n\to\infty} \left|\dfrac{a_{n+1}}{a_n}\right|$ 存在时，收敛半径

$$R = \lim_{n\to\infty} \left|\frac{a_n}{a_{n+1}}\right| \quad \text{或} \quad R = \lim_{n\to\infty} \frac{1}{\sqrt[n]{|a_n|}}.$$

**6. 将函数展开成幂级数**

(1) 泰勒级数

设 $f(x)$ 在 $x_0$ 的某邻域内有各阶导数，则称 $\sum_{n=0}^{\infty} \frac{f^{(n)}(x_0)}{n!}(x-x_0)^n$ 为 $f(x)$ 在点 $x_0$ 处的泰勒级数.

如果 $f(x)$ 的泰勒级数收敛且和函数为 $f(x)$，则称 $f(x)$ 可展开成泰勒级数.

函数 $f(x)$ 在点 $x_0$ 处可展开成泰勒级数$\Longleftrightarrow$泰勒公式中的余项 $R_n(x)\to 0(n\to\infty)$.

(2) 常用函数的泰勒级数：

① $e^x=\sum_{n=0}^{\infty}\frac{x^n}{n!}=1+x+\frac{x^2}{2!}+\cdots+\frac{x^n}{n!}+\cdots \quad (-\infty<x<+\infty)$；

② $\sin x=\sum_{n=0}^{\infty}\frac{(-1)^n}{(2n+1)!}x^{2n+1}=x-\frac{x^3}{3!}+\frac{x^5}{5!}-\cdots+(-1)^n\frac{x^{2n+1}}{(2n+1)!}+\cdots$

$(-\infty<x<+\infty)$；

③ $\cos x=\sum_{n=0}^{\infty}\frac{(-1)^n}{(2n)!}x^{2n}=1-\frac{x^2}{2!}+\frac{x^4}{4!}-\cdots+(-1)^n\frac{x^{2n}}{(2n)!}+\cdots$

$(-\infty<x<+\infty)$；

④ $\frac{1}{1+x}=\sum_{n=0}^{\infty}(-1)^n x^n=1-x+x^2-\cdots+(-1)^n x^n+\cdots \quad (-1<x<1)$；

⑤ $\ln(1+x)=\sum_{n=1}^{\infty}\frac{(-1)^{n-1}}{n}x^n$

$=x-\frac{x^2}{2}+\frac{x^3}{3}-\cdots+\frac{(-1)^{n-1}}{n}x^n+\cdots \quad (-1<x\leqslant 1)$；

⑥ $(1+x)^m=1+mx+\frac{m(m-1)}{2!}x^2+\cdots+\frac{m(m-1)\cdots(m-n+1)}{n!}x^n+\cdots$ $(-1<x<1)$.

特别地

$$\sqrt{1+x}=1+\frac{1}{2}x-\frac{1}{2\cdot 4}x^2+\frac{1\cdot 3}{2\cdot 4\cdot 6}x^3-\frac{1\cdot 3\cdot 5}{2\cdot 4\cdot 6\cdot 8}x^4+\cdots$$

$$=1+\frac{1}{2}x+\sum_{n=2}^{\infty}(-1)^{n-1}\frac{(2n-3)!!}{(2n)!!}x^n \quad (-1\leqslant x\leqslant 1)；$$

$$\frac{1}{\sqrt{1+x}}=1-\frac{1}{2}x+\frac{1\cdot 3}{2\cdot 4}x^2-\frac{1\cdot 3\cdot 5}{2\cdot 4\cdot 6}x^3+\frac{1\cdot 3\cdot 5\cdot 7}{2\cdot 4\cdot 6\cdot 8}x^4-\cdots$$

$$=1+\sum_{n=1}^{\infty}(-1)^n\frac{(2n-1)!!}{(2n)!!}x^n \quad (-1<x\leqslant 1).$$

(3) 函数展开成幂级数的方法

可分为直接法和间接法.直接法是先求函数的泰勒公式，再证明余项极限为0，此法主要用于基本初等函数的展开.通常做题是使用间接法，即利用已知的函数泰勒展开式，经过四则运算、微分运算或积分运算来求出某函数的展开式.

**7. 和函数的性质**

**性质1** 幂级数 $\sum_{n=0}^{\infty}a_n x^n$ 的和函数 $s(x)$ 在收敛区间 $(-R,R)$ 内连续，若 $x=-R$ 是收敛点，则 $s(x)$ 在 $x=-R$ 处右连续；若 $x=R$ 是收敛点，则 $s(x)$ 在 $x=R$ 处左连续.

**性质 2** 幂级数$\sum_{n=0}^{\infty}a_nx^n$的和函数$s(x)$在其收敛域$I$上可积，并有逐项积分公式

$$\int_0^x s(x)\mathrm{d}x=\int_0^x\left[\sum_{n=0}^{\infty}a_nx^n\right]\mathrm{d}x=\sum_{n=0}^{\infty}\int_0^x a_nx^n\mathrm{d}x$$

$$=\sum_{n=0}^{\infty}\frac{a_n}{n+1}x^{n+1}\quad(x\in I).$$

逐项积分后所得到的级数和原级数有相同的收敛半径.

**性质 3** 幂级数$\sum_{n=0}^{\infty}a_nx^n$的和函数$s(x)$在其收敛区间$(-R,R)$内可导，且有逐项求导公式

$$s'(x)=\left(\sum_{n=0}^{\infty}a_nx^n\right)'=\sum_{n=1}^{\infty}(a_nx^n)'=\sum_{n=1}^{\infty}na_nx^{n-1}\quad(|x|<R).$$

逐项求导后所得到的幂级数和原级数有相同的收敛半径.

**8. 傅立叶级数**

(1) 狄利可雷定理

设$f(x)$是周期为$2\pi$的周期函数，如果它满足：

① 在一个周期内连续或只有有限个第一类间断点；

② 在一个周期内至多只有有限个极值点.

那么$f(x)$的傅立叶级数处处收敛，并且当$x$是$f(x)$的连续点时，级数收敛于$f(x)$；当$x$是$f(x)$的间断点时，级数收敛于$\frac{1}{2}[f(x^-)+f(x^+)]$.

(2) 傅立叶级数展开式

设$f(x)$满足狄利可雷定理条件，则

① $f(x)$的周期为$2\pi$，则

$$f(x)\sim\frac{a_0}{2}+\sum_{n=1}^{\infty}(a_n\cos nx+b_n\sin nx),$$

其中

$$a_n=\frac{1}{\pi}\int_{-\pi}^{\pi}f(x)\cos nx\mathrm{d}x,\quad(n=0,1,2,\cdots),$$

$$b_n=\frac{1}{\pi}\int_{-\pi}^{\pi}f(x)\sin nx\mathrm{d}x,\quad(n=1,2,3,\cdots).$$

② $f(x)$的周期为$2l$，则

$$f(x)\sim\frac{a_0}{2}+\sum_{n=1}^{\infty}(a_n\cos\frac{n\pi}{l}x+b_n\sin\frac{n\pi}{l}x),$$

其中

$$a_n=\frac{1}{l}\int_{-l}^{l}f(x)\cos\frac{n\pi}{l}x\mathrm{d}x,\quad(n=0,1,2,\cdots),$$

$$b_n=\frac{1}{l}\int_{-l}^{l}f(x)\sin\frac{n\pi}{l}x\mathrm{d}x,\quad(n=1,2,3,\cdots).$$

③ $f(x)$仅在$[a,b]$上有定义，设$l=\frac{b-a}{2}$，则$f(x)$在$[a,b]$上周期为$2l$的傅立叶级

数为

$$f(x) \sim \frac{a_0}{2} + \sum_{n=1}^{\infty}(a_n \cos \frac{n\pi}{l}x + b_n \sin \frac{n\pi}{l}x),$$

其中

$$a_n = \frac{1}{l}\int_a^b f(x)\cos \frac{n\pi}{l}x\,dx, \quad (n=0,1,2,\cdots),$$

$$b_n = \frac{1}{l}\int_a^b f(x)\sin \frac{n\pi}{l}x\,dx, \quad (n=1,2,3,\cdots).$$

④ $f(x)$仅在$[0,\pi]$上有定义,则$f(x)$在$[0,\pi]$上周期为$2\pi$的正弦级数和余弦级数分别为

$$f(x) \sim \sum_{n=1}^{\infty} b_n \sin nx,$$

其中,$b_n = \frac{2}{\pi}\int_0^{\pi} f(x)\sin nx\,dx \quad (n=1,2,\cdots)$.

$$f(x) \sim \frac{a_0}{2} + \sum_{n=1}^{\infty} a_n \cos nx,$$

其中,$a_n = \frac{2}{\pi}\int_0^{\pi} f(x)\cos nx\,dx \quad (n=0,1,2,\cdots)$.

⑤ $f(x)$仅在$[0,l]$上有定义,则$f(x)$在$[0,l]$上周期为$2l$的正弦级数和余弦级数分别为

$$f(x) \sim \sum_{n=1}^{\infty} b_n \sin \frac{n\pi x}{l},$$

其中,$b_n = \frac{2}{l}\int_0^{l} f(x)\sin \frac{n\pi x}{l}\,dx \quad (n=1,2,\cdots)$.

$$f(x) \sim \frac{a_0}{2} + \sum_{n=1}^{\infty} a_n \cos \frac{n\pi x}{l},$$

其中,$a_n = \frac{2}{l}\int_0^{l} f(x)\cos \frac{n\pi x}{l}\,dx \quad (n=0,1,2,\cdots)$.

## 二、基本问题解答

**【问题 11.1】** 根据级数定义和性质说明下列推导错在何处?

(1) $s=2+4+8+16+\cdots=2+2(2+4+8+\cdots)=2+2s$,故$s=-2$;

(2) 因$1-1+1-1+\cdots=(1-1)+(1-1)+\cdots=0+0+\cdots=0$,故此级数收敛;

(3) 对于级数$\sum_{n=1}^{\infty}\frac{n^n}{(1+n)^{n+1}}$,

因

$$\lim_{n\to\infty} u_n = \lim_{n\to\infty}\frac{n^n}{(1+n)^{n+1}} = \lim_{n\to\infty}\frac{1}{\left(1+\frac{1}{n}\right)^n(1+n)} = 0,$$

所以该级数收敛.

答 (1) 级数$2+4+8+16+\cdots$是一个发散的级数,假设$s=2+4+8+16+\cdots$就是错

误的.

(2) 由级数收敛、发散的定义知级数 $1-1+1-1+\cdots$ 发散，再由级数的性质，发散的级数加括号后会可能改变敛散性.

(3) $\lim\limits_{n\to\infty} u_n=0$ 只是级数收敛的必要条件，而非充分性，故不能用一般项趋于零来判断级数的收敛.事实上取 $v_n=\dfrac{1}{n}$.由 $\lim\limits_{n\to\infty}\dfrac{u_n}{v_n}=\lim\limits_{n\to\infty}\dfrac{1}{\left(1+\dfrac{1}{n}\right)^n}\cdot\dfrac{n}{1+n}=\dfrac{1}{\mathrm{e}}$，而 $\sum\limits_{n=1}^{\infty}\dfrac{1}{n}$ 发散，故原级数也发散.

**【问题 11.2】**　若级数 $\sum\limits_{n=1}^{\infty} u_n$ 及 $\sum\limits_{n=1}^{\infty} v_n$ 都发散，问下列级数是否一定也发散，为什么？

(1) $\sum\limits_{n=1}^{\infty}(u_n+v_n)$；　　(2) $\sum\limits_{n=1}^{\infty} u_n v_n$；

(3) $\sum\limits_{n=1}^{\infty}(|u_n|+|v_n|)$；　　(4) $\sum\limits_{n=1}^{\infty}(u_n^2+v_n^2)$.

**答**　级数(1)、(2)、(4)不一定发散，反例如下：

(1) $u_n=(-1)^n$，　$v_n=(-1)^{n-1}$.

(2) $u_n=\dfrac{1+(-1)^n}{2}$，$v_n=\dfrac{1-(-1)^n}{2}$.

(4) $u_n=v_n=\dfrac{1}{n}$.

级数(3)一定发散，证明如下：

假设 $\sum\limits_{n=1}^{\infty}(|u_n|+|v_n|)$ 收敛，由比较判别法知 $\sum\limits_{n=1}^{\infty}|u_n|$，$\sum\limits_{n=1}^{\infty}|v_n|$ 收敛，再由绝对收敛性质得 $\sum\limits_{n=1}^{\infty}u_n$，$\sum\limits_{n=1}^{\infty}v_n$ 收敛，从而与已知矛盾.

**【问题 11.3】**　正项级数的比值审敛法与根值审敛法有何联系？有何区别？

**答**　由这两种审敛法的证明过程知，它们都是基于把所考察的正项级数与等比级数比较而得到的，但它们又有所差别.

可以证明，如果极限 $\lim\limits_{n\to\infty}\dfrac{u_{n+1}}{u_n}=l$，则有 $\lim\limits_{n\to\infty}\sqrt[n]{u_n}=l$，按此结论有：

(1) 能用比值审敛法判定级数收敛的正项级数，一定也可以用根值审敛法判定；

(2) 当 $l=1$，比值审敛法失效时，根值审敛法也失效；

(3) 当 $\lim\limits_{n\to\infty}\dfrac{u_{n+1}}{u_n}$ 不存在，无法用比值审敛法时，$\lim\limits_{n\to\infty}\sqrt[n]{u_n}$ 却可能存在，也就是可能用根值审敛法判定收敛性. 例如级数 $\sum\limits_{n=1}^{\infty}3^{-n+(-1)^n}$，因为

$$\frac{u_{n+1}}{u_n}=3^{-1+2(-1)^{n+1}}=\begin{cases}\dfrac{1}{27}, & n\text{ 为偶数时},\\ 3, & n\text{ 为奇数时}.\end{cases}$$

故 $\lim\limits_{n\to\infty}\dfrac{u_{n+1}}{u_n}$ 不存在，比值审敛法无法判定，但 $\lim\limits_{n\to\infty}\sqrt[n]{u_n}=\dfrac{1}{3}$，由根值审敛法知该级数收敛.

**【问题 11.4】** 已知级数$\sum\limits_{n=1}^{\infty}a_n$绝对收敛,要证级数$\sum\limits_{n=1}^{\infty}a_n^2$收敛,有人作出证明如下:

因为$\sum\limits_{n=1}^{\infty}a_n$绝对收敛,所以$\lim\limits_{n\to\infty}\left|\dfrac{a_{n+1}}{a_n}\right|=\rho<1$,从而$\lim\limits_{n\to\infty}\dfrac{a_{n+1}^2}{a_n^2}=\rho^2<1$,由比值审敛法知$\sum\limits_{n=1}^{\infty}a_n^2$收敛.上述证明对吗,为什么?

**答** 不对.因为比值审敛法只是正项级数收敛的充分条件,也就是正项级数$\sum\limits_{n=1}^{\infty}|a_n|$收敛,不能得出$\lim\limits_{n\to\infty}\left|\dfrac{a_{n+1}}{a_n}\right|$存在且小于1.例如正项级数

$$\frac{1}{2^2}+\frac{1}{2^3}+\frac{1}{3^2}+\frac{1}{3^3}+\cdots+\frac{1}{n^2}+\frac{1}{n^3}+\cdots$$

此正项级数收敛,但一般项并不单调减少,后一项比前一项的极限也不存在.

这问题的正确证法如下:由$\sum\limits_{n=1}^{\infty}a_n$绝对收敛的必要条件知,取$0<\varepsilon_0<1$,存在$N$,当$n>N$时,$|a_n|<\varepsilon_0<1$,从而$|a_n|>a_n^2$,故级数$\sum\limits_{n=N+1}^{\infty}a_n^2$收敛,由级数的性质得到级数$\sum\limits_{n=1}^{\infty}a_n^2$也收敛.

**【问题 11.5】** 交错级数$\sum\limits_{n=1}^{\infty}(-1)^n u_n$,如果它不满足莱布尼茨定理中的条件$u_{n+1}\leqslant u_n$,那么它是否一定发散?

**答** 不一定.例如$\sum\limits_{n=1}^{\infty}\dfrac{(-1)^n}{\sqrt{n+(-1)^n}}$,它显然不满足$u_{n+1}\leqslant u_n$,但它却是收敛的级数.事实上

$$s_{2n}=\left(\frac{1}{\sqrt{3}}-\frac{1}{\sqrt{2}}\right)+\left(\frac{1}{\sqrt{5}}-\frac{1}{\sqrt{4}}\right)+\cdots+\left(\frac{1}{\sqrt{2n+1}}-\frac{1}{\sqrt{2n}}\right)$$

是单调减少的数列,且

$$s_{2n}=-\frac{1}{\sqrt{2}}+\left(\frac{1}{\sqrt{3}}-\frac{1}{\sqrt{4}}\right)+\cdots+\left(\frac{1}{\sqrt{2n-1}}-\frac{1}{\sqrt{2n}}\right)+\frac{1}{\sqrt{2n+1}}>-\frac{1}{\sqrt{2}}.$$

故$s_{2n}$有下界,即$\lim\limits_{n\to\infty}s_{2n}$存在,设为$s$.又$\lim\limits_{n\to\infty}u_{2n+1}=0$,从而

$$\lim_{n\to\infty}s_{2n+1}=\lim_{n\to\infty}(s_{2n}+u_{2n+1})=s,$$

故$\lim\limits_{n\to\infty}s_n=s$,即该级数收敛.

以上说明,收敛的交错级数不一定满足莱布尼茨定理中的条件,事实上,莱布尼茨定理中的两个条件只是交错级数收敛的充分条件.

**【问题 11.6】** 若级数$\sum\limits_{n=1}^{\infty}u_n$收敛,且$u_n\geqslant v_n(n=1,2,\cdots)$,则级数$\sum\limits_{n=1}^{\infty}v_n$也收敛,此结论对吗?

**答** 不对,级数$\sum\limits_{n=1}^{\infty}v_n$未必收敛.这里不能用比较审敛法,因为比较审敛法是针对正项级

数，本题条件中并没有要求 $u_n$ 和 $v_n$ 大于等于零.例如取 $u_n=\frac{1}{n^2}$，$v_n=-1$，显然 $u_n\geqslant v_n$（$n=1,2,\cdots$），而 $\sum\limits_{n=1}^{\infty}u_n$ 收敛，但 $\sum\limits_{n=1}^{\infty}v_n$ 发散.

我们要注意的是，比较审敛法、比值审敛法和根值审敛法都是针对正项级数来讲的，不能简单地用在任意项级数的审敛问题上.

**【问题 11.7】** 已知幂级数 $\sum\limits_{n=0}^{\infty}a_nx^n$ 在 $x=-1$ 处条件收敛，能否推出该级数的收敛半径？

**答** 可以，它的收敛半径 $R=1$，从两方面说明.

一方面，按阿贝尔定理，已知幂级数 $\sum\limits_{n=0}^{\infty}a_nx^n$ 在 $x=-1$ 处收敛，那么，对于满足 $|x|<|-1|$，即 $|x|<1$ 的一切点，幂级数 $\sum\limits_{n=0}^{\infty}a_nx^n$ 是绝对收敛的.

另一方面，注意到幂级数 $\sum\limits_{n=0}^{\infty}a_nx^n$ 在 $x=-1$ 处是条件收敛，因此，任何 $|x|>1$ 的点都不可能使该幂级数收敛.否则，据阿贝尔定理，该幂级数在 $x=-1$ 处就不是条件收敛，而是绝对收敛了，这与假设矛盾.

**【问题 11.8】** 对幂级数 $\sum\limits_{n=0}^{\infty}\frac{2+(-1)^n}{2^n}x^n$ 有

$$\left|\frac{a_{n+1}}{a_n}\right|=\frac{1}{2}\cdot\frac{2+(-1)^{n+1}}{2+(-1)^n}=\begin{cases}\frac{3}{2}, & \text{当 } n \text{ 为奇数时},\\ \frac{1}{6}, & \text{当 } n \text{ 为偶数时}.\end{cases}$$

那么此幂级数的收敛半径究竟是 $\frac{2}{3}$ 还是 6？

**答** 此幂级数的收敛半径既不是 $\frac{2}{3}$，也不是 6，由于 $\lim\limits_{n\to\infty}\left|\frac{a_{n+1}}{a_n}\right|$ 不存在，因此它的收敛半径不能用比值法确定，正确的求法如下：

由根值审敛法，$\lim\limits_{n\to\infty}\sqrt[n]{|u_n(x)|}=\lim\limits_{n\to\infty}\sqrt[n]{2+(-1)^n}\,\frac{|x|}{2}=\frac{1}{2}|x|$ 可知，当 $|x|<2$ 时幂级数收敛，当 $|x|>2$ 时幂级数发散，所以收敛半径 $R=2$.

**【问题 11.9】** 由求和公式 $x+x^2+\cdots x^n+\cdots=\frac{x}{1-x}$ 及 $1+x^{-1}+x^{-2}+\cdots+x^{-n}+\cdots=\frac{x}{x-1}$，两式相加，从而推得

$$x^{-n}+\cdots+x^{-2}+x^{-1}+1+x+x^2+\cdots+x^n+\cdots=0,$$

这样推导对吗？这个等式能成立吗？

**答** 不对，等式不成立.因为 $x+x^2+\cdots x^n+\cdots=\frac{x}{1-x}$ 只有在 $|x|<1$ 时才成立，而 $1+x^{-1}+x^{-2}+\cdots+x^{-n}+\cdots=\frac{x}{x-1}$ 只有在 $|x|>1$ 时才成立，由于这两个级数的收敛域没有

公共点,因此不能相加,等式也就不能成立.

**【问题 11.10】** 如果函数 $f(x)$在点 $x_0$ 的某邻域内具有任意阶导数,那么在点 $x_0$ 处 $f(x)$是否总能展开为泰勒级数?

**答** 首先要明确下列两种说法:

(1) 如果 $f(x)$在点 $x_0$ 的邻域内具有任意阶导数,那么级数

$$\sum_{n=0}^{\infty}\frac{f^{(n)}(x_0)}{n!}(x-x_0)^n \quad ①$$

就称为 $f(x)$在点 $x_0$ 处的泰勒级数.

(2) 如果 $f(x)$在点 $x_0$ 处的泰勒级数①在 $x_0$ 的邻域$U(x_0)$内收敛,且收敛到 $f(x)$,即

$$f(x)=\sum_{n=0}^{\infty}\frac{f^{(n)}(x_0)}{n!}(x-x_0)^n$$

在$U(x_0)$内成立,那么泰勒级数①就称为 $f(x)$在点 $x_0$ 处的泰勒展开式.也就是说 $f(x)$在点 $x_0$ 处能展开成泰勒级数.

所以 $f(x)$在点 $x_0$ 处"有泰勒级数"与"能展开成泰勒级数"是不同的.根据收敛定理知道,泰勒级数①在$U(x_0)$内收敛到 $f(x)$的充分必要条件是:在$U(x_0)$内 $f(x)$的泰勒公式中的余项 $R_n(x)\to 0(n\to\infty)$.在本问题中没有说明余项 $R_n(x)$的情况,因此 $f(x)$在点 $x_0$ 处不一定能展开为泰勒级数.

## 三、典型例题解析

### 1. 利用级数收敛的定义与性质讨论其收敛性

**【例 11.1】** 利用级数收敛的定义及收敛的必要条件,讨论下列级数的敛散性

(1) $\sum\limits_{n=1}^{\infty}\frac{n}{(n+1)!}$;  (2) $\sum\limits_{n=1}^{\infty}\left[\frac{2+(-1)^{n+1}}{3^n}-\frac{4}{4n^2-1}\right]$;

(3) $\sum\limits_{n=1}^{\infty}\frac{n^{n+\frac{1}{n}}}{\left(n+\frac{1}{n}\right)^n}$;  (4) $\sum\limits_{n=2}^{\infty}\frac{1}{\sqrt[n]{\ln n}}$.

**解** (1) 因 $\frac{n}{(n+1)!}=\frac{1}{n!}-\frac{1}{(n+1)!}$,

故 $$s_n=\left(1-\frac{1}{2!}\right)+\left(\frac{1}{2!}-\frac{1}{3!}\right)+\cdots+\left(\frac{1}{n!}-\frac{1}{(n+1)!}\right)=1-\frac{1}{(n+1)!}.$$

于是$\lim\limits_{n\to\infty}s_n=1$,故原级数收敛.

(2) $\sum\limits_{n=1}^{\infty}\frac{2}{3^n}=2\cdot\frac{\frac{1}{3}}{1-\frac{1}{3}}=1$,$\sum\limits_{n=1}^{\infty}\frac{(-1)^{n+1}}{3^n}=\frac{\frac{1}{3}}{1+\frac{1}{3}}=\frac{1}{4}$,对于级数$\sum\limits_{n=1}^{\infty}\frac{4}{4n^2-1}$,其一般项

$u_n=\frac{2}{2n-1}-\frac{2}{2n+1}$,故其部分和

$$s_n=2\left[\left(1-\frac{1}{3}\right)+\left(\frac{1}{3}-\frac{1}{5}\right)+\cdots+\left(\frac{1}{2n-1}-\frac{1}{2n+1}\right)\right]=2-\frac{2}{2n+1},$$

于是
$$\lim_{n\to\infty} s_n=2,$$
故
$$\sum_{n=1}^{\infty}\left[\frac{2+(-1)^{n+1}}{3^n}-\frac{1}{4n^2-1}\right]=1+\frac{1}{4}-2=-\frac{3}{4},$$
所以原级数收敛.

(3) 由于
$$\lim_{n\to\infty}\frac{n^{n+\frac{1}{n}}}{\left(n+\frac{1}{n}\right)^n}=\lim_{n\to\infty}\frac{n^n\cdot\sqrt[n]{n}}{n^n\left(1+\frac{1}{n^2}\right)^n}=1.$$
即原级数的一般项不趋于零,故原级数发散.

(4) 当 $n\geqslant 3$ 时,$1<\sqrt[n]{\ln n}\leqslant\sqrt[n]{n}$,而$\lim\limits_{n\to\infty}\sqrt[n]{n}=1$,则$\lim\limits_{n\to\infty}\frac{1}{\sqrt[n]{\ln n}}=1\neq 0$,故原级数发散.

**【例 11.2】** 利用级数的性质判别下列级数的敛散性.

(1) $\sum\limits_{n=1}^{\infty}\frac{1}{99+n}$;

(2) $\sum\limits_{n=1}^{\infty}\left(\frac{1}{10^n}+\frac{1}{10n}\right)$;

(3) $\frac{1}{2^2}+\frac{1}{3^2}+\frac{1}{2^3}+\frac{1}{3^3}+\cdots+\frac{1}{n^2}+\frac{1}{n^3}+\cdots$;

(4) $\frac{1}{\sqrt{2}-1}-\frac{1}{\sqrt{2}+1}+\frac{1}{\sqrt{3}-1}+\frac{1}{\sqrt{3}+1}+\cdots+\frac{1}{\sqrt{n}-1}-\frac{1}{\sqrt{n}+1}+\cdots$.

**解** (1) 因原级数是级数$\sum\limits_{n=1}^{\infty}\frac{1}{n}$去掉前 99 项所得,由$\sum\limits_{n=1}^{\infty}\frac{1}{n}$发散,可知级数$\sum\limits_{n=1}^{\infty}\frac{1}{99+n}$也发散.

(2) 因级数$\sum\limits_{n=1}^{\infty}\frac{1}{10^n}$收敛,级数$\sum\limits_{n=1}^{\infty}\frac{1}{10n}$发散,由级数性质可知原级数发散.

(3) 考察两级数
$$\frac{1}{2^2}+\frac{1}{3^2}+\cdots+\frac{1}{n^2}+\cdots \text{与} \frac{1}{2^3}+\frac{1}{3^3}+\cdots+\frac{1}{n^3}+\cdots,$$
由 $p$—级数收敛性知,以上两个级数都收敛,再由级数性质可知原级数也收敛.

(4) 考察级数
$$\left(\frac{1}{\sqrt{2}-1}-\frac{1}{\sqrt{2}+1}\right)+\left(\frac{1}{\sqrt{3}-1}-\frac{1}{\sqrt{3}+1}\right)+\cdots+\left(\frac{1}{\sqrt{n}-1}-\frac{1}{\sqrt{n}+1}\right)+\cdots,$$
因$\frac{1}{\sqrt{n}-1}-\frac{1}{\sqrt{n}+1}=\frac{2}{n-1}$,所以此级数发散.由级数性质,去掉括号后级数仍发散,故原级数发散.

**注** (4)中,不能认为级数的一般项为$\frac{1}{\sqrt{n}-1}-\frac{1}{\sqrt{n}+1}$,实际上这是加括号后的新级数的一般项.

**2. 利用正项级数审敛法判定级数的敛散性**

**【例 11.3】** $\sum\limits_{n=1}^{\infty}\dfrac{3n+2}{(n+1)^2\sqrt{2n+1}}$.

**解法一** 因为

$$\frac{3n+2}{(n+1)^2\sqrt{2n+1}}\leqslant\frac{3n+2n}{n^2\cdot n^{\frac{1}{2}}}=\frac{5}{n^{\frac{3}{2}}}.$$

而级数 $\sum\limits_{n=1}^{\infty}\dfrac{5}{n^{\frac{3}{2}}}$ 收敛,则原级数收敛.

**解法二** 设 $u_n=\dfrac{3n+2}{(n+1)^2\sqrt{2n+1}}$, $v_n=\dfrac{1}{n\sqrt{n}}$, 则 $\lim\limits_{n\to\infty}\dfrac{u_n}{v_n}=\dfrac{3\sqrt{2}}{2}$, 因级数 $\sum\limits_{n=1}^{\infty}v_n$ 收敛,故原级数收敛.

**注** 此种一般项为 $n$ 的有理或无理函数,只需取分子、分母中 $n$ 的最高次幂,得到一个 $p$-级数,而原级数一定与此 $p$-级数同时收敛同时发散.

**【例 11.4】** $\sum\limits_{n=1}^{\infty}n^2(1-\cos\dfrac{\pi}{n^2})$.

**解** 由等价无穷小,当 $n\to\infty$ 时,

$$n^2(1-\cos\frac{\pi}{n^2})\sim n^2\cdot\frac{\pi^2}{2n^4}=\frac{\pi^2}{2n^2}.$$

级数 $\sum\limits_{n=1}^{\infty}\dfrac{\pi^2}{2n^2}$ 收敛,故原级数收敛.

**【例 11.5】** $\sum\limits_{n=1}^{\infty}\dfrac{1!+2!+\cdots+n!}{(2n)!}$.

**解** 因为

$$\frac{1!+2!+\cdots+n!}{(2n)!}\leqslant\frac{n(n!)}{(2n)!}=\frac{n\cdot n!}{n!(n+1)(n+2)\cdots(n+n)}$$
$$\leqslant\frac{1}{(n+1)(n+2)}\leqslant\frac{1}{n^2}.$$

而级数 $\sum\limits_{n=1}^{\infty}\dfrac{1}{n^2}$ 收敛,故原级数收敛.

**【例 11.6】** $\sum\limits_{n=2}^{\infty}\dfrac{1}{(\ln\ln n)^{\ln n}}$.

**解** 因为

$$\frac{1}{(\ln\ln n)^{\ln n}}=\frac{1}{e^{\ln n\cdot\ln\ln\ln n}}=\frac{1}{n^{\ln\ln\ln n}}.$$

当 $\ln\ln\ln n>2$, 即 $n>e^{e^{e^2}}$ 时,有 $\dfrac{1}{(\ln\ln n)^{\ln n}}<\dfrac{1}{n^2}$.

由级数 $\sum\limits_{n=1}^{\infty}\dfrac{1}{n^2}$ 收敛及级数的性质知,原级数收敛.

**【例 11.7】** $\sum\limits_{n=1}^{\infty}\dfrac{3^n}{4^n-2^n}$.

**解法一**　因$\frac{3^n}{4^n-2^n}=\frac{\left(\frac{3}{4}\right)^n}{1-\frac{1}{2^n}}\sim\left(\frac{3}{4}\right)^n \quad (n\to\infty)$，

而等比级数$\sum_{n=1}^{\infty}\left(\frac{3}{4}\right)^n$收敛，故原级数收敛.

**解法二**　因　$\lim_{n\to\infty}\frac{u_{n+1}}{u_n}=\lim_{n\to\infty}\frac{3^{n+1}(4^n-2^n)}{3^n(4^{n+1}-2^{n+1})}=\lim_{n\to\infty}3\cdot\frac{1-\left(\frac{1}{2}\right)^n}{4-\left(\frac{1}{2}\right)^{n-1}}=\frac{3}{4}<1.$

故原级数收敛.

**解法三**　因　$\lim_{n\to\infty}\sqrt[n]{u_n}=\lim_{n\to\infty}\sqrt[n]{\frac{3^n}{4^n-2^n}}=\frac{3}{4}\lim_{n\to\infty}\frac{1}{\sqrt[n]{1-\left(\frac{1}{2}\right)^n}}=\frac{3}{4}<1.$

故原级数收敛.

**注**　解法一中用等比级数作为比较级数.实际上，由以上几题可看出，一般都用$p$－级数和等比级数作为比较级数.

**【例 11.8】**　$\sum_{n=1}^{\infty}n!\left(\frac{a}{n}\right)^n \quad (a>0).$

**解**　因为

$$\lim_{n\to\infty}\frac{u_{n+1}}{u_n}=\lim_{n\to\infty}\frac{(n+1)!\ a^{n+1}n^n}{n!\ a^n\ (n+1)^{n+1}}=\lim_{n\to\infty}\frac{a}{\left(1+\frac{1}{n}\right)^n}=\frac{a}{\mathrm{e}},$$

所以当$0<a<\mathrm{e}$时，原级数收敛，当$a>\mathrm{e}$时，原级数发散.当$a=\mathrm{e}$时，由数列$\left(1+\frac{1}{n}\right)^n$单调增加有上界e知

$$\frac{u_{n+1}}{u_n}=\frac{\mathrm{e}}{\left(1+\frac{1}{n}\right)^n}>\frac{\mathrm{e}}{\mathrm{e}}=1.$$

因此一般项$u_n$不趋于零($n\to\infty$时)，原级数发散.

**【例 11.9】**　$\sum_{n=1}^{\infty}\frac{[(n+1)!]^n}{2!\ 4!\ \cdots(2n)!}.$

**解**　因为

$$\frac{u_{n+1}}{u_n}=\frac{[(n+2)!]^{n+1}\cdot 2!\ 4!\ \cdots(2n)!}{[(n+1)!]^n\cdot 2!\ 4!\ \cdots(2n+2)!}$$

$$=\frac{(n+2)^n}{(n+3)(n+4)\cdots(2n+2)}<\left(\frac{n+2}{n+3}\right)^n,$$

而

$$\lim_{n\to\infty}\left(\frac{n+2}{n+3}\right)^n=\lim_{n\to\infty}\left[\left(1-\frac{1}{n+3}\right)^{-(n+3)}\right]^{-\frac{n}{n+3}}=\frac{1}{\mathrm{e}}.$$

故$\frac{u_{n+1}}{u_n}\leqslant\frac{1}{\mathrm{e}}<1$，从而原级数收敛.

**注** 比值审敛法适用于 $u_n$ 是含有 $n$ 次幂、$n$ 的阶乘的形式.另外此题用的是比值法的非极限形式.即若$\frac{u_{n+1}}{u_n}\leqslant\rho<1$,则原级数收敛.

**【例 11.10】** $\sum_{n=1}^{\infty}\frac{n^2(1+\cos n)^n}{3^n}$.

**解** 因为

$$0<\frac{n^2(1+\cos n)^n}{3^n}<\frac{n^2\cdot 2^n}{3^n}.$$

设 $a_n=n^2(\frac{2}{3})^n$,考察级数$\sum_{n=1}^{\infty}n^2\left(\frac{2}{3}\right)^n$,由于

$$\lim_{n\to\infty}\frac{a_{n+1}}{a_n}=\lim_{n\to\infty}\frac{(n+1)^2\left(\frac{2}{3}\right)^{n+1}}{n^2\left(\frac{2}{3}\right)^n}=\frac{2}{3}<1,$$

由比值审敛法知级数$\sum_{n=1}^{\infty}n^2\left(\frac{2}{3}\right)^n$ 收敛,再由比较审敛法知原级数收敛.

**注** 此题由比较审敛法和比值审敛法结合来判别正项级数的敛散性.

**【例 11.11】** $\sum_{n=1}^{\infty}\frac{3^n}{n^{\ln n}}$.

**解** 因为 $\sqrt[n]{\frac{3^n}{n^{\ln n}}}=\frac{3}{n^{\frac{\ln n}{n}}}$,设 $y=x^{\frac{\ln x}{x}}$,则 $\ln y=\frac{\ln^2 x}{x}$,于是

$$\lim_{x\to+\infty}\ln y=\lim_{x\to+\infty}\frac{\ln^2 x}{x}=\lim_{x\to+\infty}\frac{2\ln x}{x}=\lim_{x\to+\infty}\frac{2}{x}=0,$$

从而$\lim\limits_{x\to+\infty}y=1$,故

$$\lim_{n\to\infty}\sqrt[n]{\frac{3^n}{n^{\ln n}}}=3>1,$$

由根值审敛法,原级数发散.

**【例 11.12】** $\sum_{n=1}^{\infty}\frac{3+(-1)^n}{3^n}$.

**解** $\lim\limits_{n\to\infty}\sqrt[n]{u_n}=\lim\limits_{n\to\infty}\frac{\sqrt[n]{3+(-1)^n}}{3}$,因为

$$\frac{1}{3}\leqslant\frac{\sqrt[n]{3+(-1)^n}}{3}\leqslant\frac{\sqrt[n]{4}}{3}.$$

而 $\lim\limits_{n\to\infty}\sqrt[n]{4}=1$,故$\lim\limits_{n\to\infty}\sqrt[n]{u_n}=\frac{1}{3}<1$,因此原级数收敛.

**【例 11.13】** 判断级数$\sum_{n=1}^{\infty}\frac{1+\frac{1}{2}+\cdots+\frac{1}{n}}{(n+1)(n+2)}$的敛散性,若收敛,求其和.

**解** (1) 记

$$a_n=1+\frac{1}{2}+\cdots+\frac{1}{n},u_n=\frac{a_n}{(n+1)(n+2)}\quad(n=1,2,\cdots).$$

因为 $n$ 充分大时

$$0 < a_n = 1 + \frac{1}{2} + \cdots + \frac{1}{n} < 1 + \int_1^n \frac{1}{x}\mathrm{d}x = 1 + \ln n < \sqrt{n},$$

所以 $u_n \leqslant \dfrac{\sqrt{n}}{(n+1)(n+2)} < \dfrac{1}{n^{\frac{3}{2}}}$，而 $\sum\limits_{n=1}^{\infty} \dfrac{1}{n^{\frac{3}{2}}}$ 收敛，所以 $\sum\limits_{n=1}^{\infty} u_n$ 收敛.

(2) $a_k = 1 + \dfrac{1}{2} + \cdots + \dfrac{1}{k} \quad (k=1,2,\cdots)$，则

$$s_n = \sum_{k=1}^{n} \frac{1 + \frac{1}{2} + \cdots + \frac{1}{k}}{(k+1)(k+2)} = \sum_{k=1}^{n} \frac{a_k}{(k+1)(k+2)}$$

$$= \sum_{k=1}^{n} \left(\frac{a_k}{k+1} - \frac{a_k}{k+2}\right) = \left(\frac{a_1}{2} - \frac{a_1}{3}\right) + \left(\frac{a_2}{3} - \frac{a_2}{4}\right) + \cdots +$$

$$\left(\frac{a_{n-1}}{n} - \frac{a_{n-1}}{n+1}\right) + \left(\frac{a_n}{n+1} - \frac{a_n}{n+2}\right)$$

$$= \frac{1}{2}a_1 + \frac{1}{3}(a_2 - a_1) + \frac{1}{4}(a_3 - a_2) + \cdots + \frac{1}{n+1}(a_n - a_{n-1}) - \frac{1}{n+2}a_n$$

$$= \frac{1}{1 \cdot 2} + \frac{1}{2 \cdot 3} + \cdots + \frac{1}{n \cdot (n-1)} - \frac{1}{n+2}a_n$$

$$= 1 - \frac{1}{n} - \frac{1}{n+2}a_n.$$

因为 $0 < a_n < 1 + \ln n$，所以 $0 < \dfrac{a_n}{n+2} < \dfrac{1+\ln n}{n+2}$，且 $\lim\limits_{n\to\infty} \dfrac{1+\ln n}{n+2} = 0$，所以 $\lim\limits_{n\to\infty} \dfrac{a_n}{n+2} = 0$，于是

$$s = \lim_{n\to\infty} s_n = 1 - 0 - 0 = 1.$$

**3. 绝对收敛与条件收敛的判别**

**【例 11.14】** 判别下列级数的敛散性，若收敛，是绝对收敛还是条件收敛？

(1) $\sum\limits_{n=1}^{\infty} (-1)^{\sin\frac{n\pi}{2}} \dfrac{n^{\alpha}}{2^n} \quad (\alpha > 0)$；

(2) $\sum\limits_{n=1}^{\infty} (-1)^{n-1} \dfrac{\ln n}{\sqrt{n}}$；

(3) $\sum\limits_{n=1}^{\infty} (-1)^n (\sqrt{n^p + 1} - \sqrt{n^p - 1}) \quad (p > 0)$.

**解** (1) 因为 $\quad \lim\limits_{n\to\infty} \left|\dfrac{u_{n+1}}{u_n}\right| = \lim\limits_{n\to\infty} \dfrac{(n+1)^{\alpha} \cdot 2^n}{2^{n+1} \cdot n^{\alpha}} = \dfrac{1}{2} < 1.$

故原级数绝对收敛.

(2) 设 $f(x) = \dfrac{\ln x}{\sqrt{x}}$，则 $f'(x) = \dfrac{2 - \ln x}{2x\sqrt{x}} < 0 \quad (x > \mathrm{e}^2)$.

则数列 $\left\{\dfrac{\ln n}{\sqrt{n}}\right\}$ 当 $n \geqslant 9$ 时递减，又 $\lim\limits_{n\to\infty} \dfrac{\ln n}{\sqrt{n}} = 0$，故原级数收敛.

又设 $u_n=\dfrac{\ln n}{\sqrt{n}}, v_n=\dfrac{1}{\sqrt{n}}$,因为

$$\lim_{n\to\infty}\frac{u_n}{v_n}=\lim_{n\to\infty}\ln n=+\infty,$$

而级数 $\sum\limits_{n=1}^{\infty}\dfrac{1}{\sqrt{n}}$ 发散,由比较审敛法的极限形式知级数 $\sum\limits_{n=1}^{\infty}\dfrac{\ln n}{\sqrt{n}}$ 也发散,因此原级数为条件收敛.

(3) 因为

$$\lim_{n\to\infty}u_n=\lim_{n\to\infty}(\sqrt{n^p+1}-\sqrt{n^p-1})=\lim_{n\to\infty}\frac{2}{\sqrt{n^p+1}+\sqrt{n^p-1}}=0,$$

$$\begin{aligned}u_{n+1}&=\sqrt{(n+1)^p+1}-\sqrt{(n+1)^p-1}\\&=\frac{2}{\sqrt{(n+1)^p+1}+\sqrt{(n+1)^p-1}}<u_n.\end{aligned}$$

故原级数收敛,再考虑其绝对收敛性.由于

$$u_n=\frac{2}{\sqrt{n^p+1}+\sqrt{n^p-1}}=\frac{2}{n^{\frac{p}{2}}(\sqrt{1+n^{-p}}+\sqrt{1-n^{-p}})},$$

所以

$$\frac{1}{n^{\frac{p}{2}}}<u_n<\frac{2}{n^{\frac{p}{2}}}.$$

当 $\dfrac{p}{2}>1$,即 $p>2$ 时,级数 $\sum\limits_{n=1}^{\infty}u_n$ 收敛,于是原级数绝对收敛.

当 $\dfrac{p}{2}\leqslant 1$,即 $0<p\leqslant 2$ 时,级数 $\sum\limits_{n=1}^{\infty}u_n$ 发散,于是原级数条件收敛.

**【例 11.15】** 设正数列 $\{a_n\}$ 单调减少,且 $\sum\limits_{n=1}^{\infty}(-1)^n a_n$ 发散,试问级数 $\sum\limits_{n=1}^{\infty}\left(\dfrac{1}{a_n+1}\right)^n$ 是否收敛?并说明理由.

**解** 由正数列 $\{a_n\}$ 单调减少可知极限 $\lim\limits_{n\to\infty}a_n$ 存在,令 $\lim\limits_{n\to\infty}a_n=a$,则 $a\geqslant 0$.

又由 $\sum\limits_{n=1}^{\infty}(-1)^n a_n$ 发散知 $a\neq 0$,否则若 $a=0$,由莱布尼茨判别法可知 $\sum\limits_{n=1}^{\infty}(-1)^n a_n$ 收敛.既然 $a\neq 0$,则 $a>0$.

$$\lim_{n\to\infty}\sqrt[n]{\left(\frac{1}{a_n+1}\right)^n}=\lim_{n\to\infty}\frac{1}{a_n+1}=\frac{1}{1+a}<1.$$

由根值法知,级数 $\sum\limits_{n=1}^{\infty}\left(\dfrac{1}{a_n+1}\right)^n$ 收敛.

**注** 本题是一道综合题,主要考察数列极限的单调有界准则、交错级数的莱布尼茨判别法及正项级数的根值法.

**4. 求幂级数收敛半径和收敛域**

**【例 11.16】** 求幂级数的收敛半径和收敛域.

(1) $\sum\limits_{n=1}^{\infty}\dfrac{1}{n-(-1)^n}x^n$;

(2) $\sum_{n=1}^{\infty}\frac{1}{n[3^n+(-2)^n]}x^n$.

**解** (1) 令 $a_n=\frac{1}{n-(-1)^n}$,则

$$\rho=\lim_{n\to\infty}\left|\frac{a_{n+1}}{a_n}\right|=\lim_{n\to\infty}\frac{n-(-1)^n}{n+1-(-1)^{n+1}}=1,$$

收敛半径 $R=\frac{1}{\rho}=1$.

当 $x=1$ 时,原幂级数为 $\sum_{n=1}^{\infty}\frac{1}{n-(-1)^n}$,因为$\frac{1}{n-(-1)^n}\sim\frac{1}{n}(n\to\infty)$,而$\sum_{n=1}^{\infty}\frac{1}{n}$发散,所以 $\sum_{n=1}^{\infty}\frac{1}{n-(-1)^n}$发散,即 $x=1$ 时原级数发散.

当 $x=-1$ 时,原级数为

$$\begin{aligned}\sum_{n=1}^{\infty}(-1)^n\frac{1}{n-(-1)^n}&=-\frac{1}{2}+\sum_{n=2}^{\infty}(-1)^n\frac{n+(-1)^n}{n^2-1}\\&=-\frac{1}{2}+\sum_{n=2}^{\infty}(-1)^n\frac{n}{n^2-1}+\sum_{n=2}^{\infty}\frac{1}{n^2-1},\end{aligned}$$

令 $f(n)=\frac{n}{n^2-1}$,则 $f'(x)=-\frac{1+x^2}{(x^2-1)^2}<0(x\geqslant 2)$,所以 $f(x)$ 严格减少,因此 $f(n)$ 也严格减少,又 $\lim_{n\to\infty}f(n)=0$,根据莱布尼茨判别法得 $\sum_{n=2}^{\infty}(-1)^n\frac{n}{n^2-1}$收敛,又因$\frac{1}{n^2-1}\sim\frac{1}{n^2}$ $(n\to\infty)$,而 $\sum_{n=2}^{\infty}\frac{1}{n^2}$ 收敛,所以 $\sum_{n=2}^{\infty}\frac{1}{n^2-1}$收敛,于是 $x=-1$ 时原级数收敛.

故所求收敛域为$[-1,1)$.

(2) 令 $a_n=\frac{1}{n[3^n+(-2)^n]}$,则

$$\begin{aligned}\rho&=\lim_{n\to\infty}\left|\frac{a_{n+1}}{a_n}\right|=\lim_{n\to\infty}\frac{n[3^n+(-2)^n]}{(n+1)[3^{n+1}+(-2)^{n+1}]}\\&=\lim_{n\to\infty}\frac{1+\left(-\frac{2}{3}\right)^n}{3+(-2)\left(-\frac{2}{3}\right)^n}=\frac{1}{3},\end{aligned}$$

所以幂级数的收敛半径 $R=\frac{1}{\rho}=3$.

当 $x=3$ 时,原幂级数化为 $\sum_{n=1}^{\infty}\frac{3^n}{n[3^n+(-2)^n]}$,因为$\frac{3^n}{n[3^n+(-2)^n]}>\frac{1}{2n}$,而 $\sum_{n=1}^{\infty}\frac{1}{2n}$发散,由比较判别法知 $x=3$ 时幂级数发散.

当 $x=-3$ 时,原级数化为

$$\sum_{n=1}^{\infty}(-1)^n\frac{3^n}{n[3^n+(-2)^n]}=\sum_{n=1}^{\infty}(-1)^n\frac{1}{n}-\sum_{n=1}^{\infty}\frac{2^n}{n[3^n+(-2)^n]},$$

因为 $\sum\limits_{n=1}^{\infty}(-1)^n\dfrac{1}{n}$ 为莱布尼茨型级数，收敛；令 $b_n=\dfrac{2^n}{n[3^n+(-2)^n]}$，由于 $b_n>0$，且

$$\lim_{n\to\infty}\frac{b_{n+1}}{b_n}=\lim_{n\to\infty}\frac{n\cdot 2^{n+1}[3^n+(-2)^n]}{(n+1)\cdot 2^n[3^{n+1}+(-2)^{n+1}]}$$
$$=\lim_{n\to\infty}2\cdot\frac{1+\left(-\dfrac{2}{3}\right)^n}{3+(-2)\left(-\dfrac{2}{3}\right)^n}=\frac{2}{3}<1.$$

由比值判别法知 $\sum\limits_{n=1}^{\infty}b_n$ 收敛，故 $x=-3$ 时原幂级数收敛.从而所求收敛域为 $[-3,3)$.

**【例 11.17】** 求下列幂级数的收敛域.

(1) $\sum\limits_{n=1}^{\infty}\dfrac{n^2}{2^n}x^{n^2}$；

(2) $\sum\limits_{n=1}^{\infty}\dfrac{2^n+(-1)^n}{n}(x-1)^{2n}$.

**解** (1) 因为

$$\lim_{n\to\infty}\left|\frac{u_{n+1}(x)}{u_n(x)}\right|=\lim_{n\to\infty}\left|\frac{(n+1)^2x^{(n+1)^2}\cdot 2^n}{2^{n+1}\cdot n^2x^{n^2}}\right|$$
$$=\lim_{n\to\infty}\left|\frac{x^{2n+1}}{2}\right|=\begin{cases}0, & \text{当 } |x|<1 \text{ 时},\\ \dfrac{1}{2}, & \text{当 } |x|=1 \text{ 时},\\ \infty, & \text{当 } |x|>1 \text{ 时}.\end{cases}$$

由比值审敛法及幂级数的性质知，当 $|x|\leqslant 1$ 时，级数收敛.即原级数的收敛域为 $[-1,1]$.

(2) 令 $y=(x-1)^2$，则 $\sum\limits_{n=1}^{\infty}\dfrac{2^n+(-1)^n}{n}(x-1)^{2n}=\sum\limits_{n=1}^{\infty}\dfrac{2^n+(-1)^n}{n}y^n$.

因为 $\lim\limits_{n\to\infty}\left|\dfrac{a_{n+1}}{a_n}\right|=\lim\limits_{n\to\infty}\dfrac{2^{n+1}+(-1)^{n+1}}{n+1}\cdot\dfrac{n}{2^n+(-1)^n}$

$$=\lim_{n\to\infty}\frac{2-\left(-\dfrac{1}{2}\right)^n}{1+\left(-\dfrac{1}{2}\right)^n}\cdot\frac{n}{n+1}=2,$$

或 $\lim\limits_{n\to\infty}\sqrt[n]{|a_n|}=\lim\limits_{n\to\infty}\sqrt[n]{\dfrac{2^n+(-1)^n}{n}}=\lim\limits_{n\to\infty}\dfrac{2\cdot\sqrt[n]{1+\left(-\dfrac{1}{2}\right)^n}}{\sqrt[n]{n}}=2$，

对 $y$ 的幂级数 $\sum\limits_{n=1}^{\infty}\dfrac{2^n+(-1)^n}{n}y^n$ 来讲，收敛半径 $R=\dfrac{1}{2}$，即当 $(x-1)^2<\dfrac{1}{2}$ 时，$-\dfrac{1}{\sqrt{2}}<x-1<\dfrac{1}{\sqrt{2}}$.

故 $1-\dfrac{\sqrt{2}}{2}<x<1+\dfrac{\sqrt{2}}{2}$ 时，原级数收敛.

当 $x=1\pm\frac{\sqrt{2}}{2}$ 时，原级数为 $\sum\limits_{n=1}^{\infty}\frac{2^n+(-1)^n}{n}\left(\frac{1}{2}\right)^n$，因为

$$\frac{2^n+(-1)^n}{n}\left(\frac{1}{2}\right)^n=\frac{1}{n}+\frac{(-1)^n}{n2^n},$$

而级数 $\sum\limits_{n=1}^{\infty}\frac{1}{n}$ 发散，级数 $\sum\limits_{n=1}^{\infty}\frac{(-1)^n}{n2^n}$ 收敛，故原级数在 $x=1\pm\frac{\sqrt{2}}{2}$ 时发散.

综合以上，故原级数的收敛域为 $\left(1-\frac{\sqrt{2}}{2},1+\frac{\sqrt{2}}{2}\right)$.

**5. 函数展开成幂级数**

**【例 11.18】** 将函数 $f(x)=\frac{x+1}{x^2-3x+2}$ 分别展开成 $x$ 及 $x-3$ 的幂级数.

**解** 先展开成 $x$ 的幂级数.因为

$$f(x)=\frac{x+1}{x^2-3x+2}=\frac{3}{x-2}+\frac{2}{1-x}=\frac{-3}{2-x}+\frac{2}{1-x},$$

而

$$\frac{1}{2-x}=\frac{1}{2}\cdot\frac{1}{1-\frac{x}{2}}=\frac{1}{2}\sum_{n=0}^{\infty}\left(\frac{x}{2}\right)^n,\ (-2<x<2),$$

$$\frac{1}{1-x}=\sum_{n=0}^{\infty}x^n,\ -1<x<1,$$

所以

$$f(x)=-\frac{3}{2}\sum_{n=0}^{\infty}(\frac{x}{2})^n+2\sum_{n=0}^{\infty}x^n$$

$$=\sum_{n=0}^{\infty}(2-\frac{3}{2^{n+1}})x^n,(-1<x<1).$$

再展开成 $x-3$ 的幂级数，因为

$$f(x)=\frac{-3}{2-x}+\frac{2}{1-x}=\frac{3}{1+(x-3)}+\frac{-2}{2+(x-3)},$$

而

$$\frac{3}{1+(x-3)}=3\sum_{n=0}^{\infty}(-1)^n(x-3)^n,(2<x<4),$$

$$\frac{-2}{2+(x-3)}=\frac{-1}{1+\frac{x-3}{2}}=-\sum_{n=0}^{\infty}(-1)^n\left(\frac{x-3}{2}\right)^n,(1<x<5),$$

所以

$$f(x)=3\sum_{n=0}^{\infty}(-1)^n(x-3)^n-\sum_{n=0}^{\infty}(-1)^n\left(\frac{x-3}{2}\right)^n$$

$$=\sum_{n=0}^{\infty}(-1)^n(3-\frac{1}{2^n})(x-3)^n,(2<x<4).$$

**【例 11.19】** 将函数 $f(x)=\arctan\frac{1+x}{1-x}$ 展开成 $x$ 的幂级数.

**解** 因为 $f'(x)=\dfrac{1}{1+x^2}$,而

$$\frac{1}{1+x^2}=\sum_{n=0}^{\infty}(-1)^n x^{2n},(-1<x<1).$$

故

$$f(x)-f(0)=\int_0^x f'(x)\mathrm{d}x=\int_0^x\sum_{n=0}^{\infty}(-1)^n x^{2n}\mathrm{d}x$$

$$=\sum_{n=0}^{\infty}\int_0^x(-1)^n x^{2n}\mathrm{d}x=\sum_{n=0}^{\infty}\frac{(-1)^n}{2n+1}x^{2n+1},$$

但

$$f(0)=\arctan 1=\frac{\pi}{4},$$

因此

$$f(x)=\arctan\frac{1+x}{1-x}=\frac{\pi}{4}+\sum_{n=0}^{\infty}\frac{(-1)^n}{2n+1}x^{2n+1},\quad(-1\leqslant x<1).$$

**注** 上述展开式对 $x=-1$ 也成立,这是因为上式右端的幂级数当 $x=-1$ 时收敛,而函数 $f(x)$ 在 $x=-1$ 处有定义且连续.

**【例 11.20】** 将 $f(x)=\sin x\cos 2x$ 展开成 $x$ 的幂级数.

**解** 因为 $\sin x\cos 2x=\dfrac{1}{2}\sin 3x-\dfrac{1}{2}\sin x$,而

$$\sin 3x=\sum_{n=0}^{\infty}(-1)^n\frac{3^{2n+1}}{(2n+1)!}x^{2n+1},$$

$$\sin x=\sum_{n=0}^{\infty}(-1)^n\frac{x^{2n+1}}{(2n+1)!},$$

故

$$f(x)=\sin x\cos 2x=\frac{1}{2}\sum_{n=0}^{\infty}(-1)^n\frac{3^{2n+1}-1}{(2n+1)!}x^{2n+1},(-\infty<x<+\infty).$$

**【例 11.21】** 将函数 $f(x)=\ln(1+x+x^2+x^3)$ 展开成 $x$ 的幂级数.

**解**

$$f(x)=\ln[(1+x)+x^2(1+x)]$$

$$=\ln[(1+x)(1+x^2)]=\ln(1+x)+\ln(1+x^2)$$

$$=\sum_{n=1}^{\infty}(-1)^{n-1}\frac{x^n}{n}+\sum_{n=1}^{\infty}(-1)^{n-1}\frac{x^{2n}}{n}$$

$$=\sum_{n=1}^{\infty}(-1)^{n-1}(1+x^n)\frac{x^n}{n},(-1<x\leqslant 1).$$

**6. 利用级数的性质讨论数列极限**

**【例 11.22】** 如果 $0<a<b$,证明

$$\lim_{n\to\infty}\frac{a(a+1)\cdots(a+n)}{b(b+1)\cdots(b+n)}=0.$$

**证明** 设 $u_n=\ln\dfrac{b+n}{a+n}$,考察级数 $\sum\limits_{n=0}^{\infty}u_n$,由于 $0<a<b$,则 $u_n>0$,此级数为正项级

数.

因为 $$\lim_{n\to\infty}\frac{u_n}{\frac{1}{n}}=\lim_{n\to\infty}\ln\left(\frac{b+n}{a+n}\right)^n=\lim_{n\to\infty}\ln\left(1+\frac{1}{\frac{a+n}{b-a}}\right)^n=b-a.$$

故级数 $\sum\limits_{n=0}^{\infty}u_n$ 与级数 $\sum\limits_{n=1}^{\infty}\frac{1}{n}$ 同样发散到正无穷. 因此

$$\lim_{n\to\infty}s_n=\lim_{n\to\infty}\sum_{i=0}^{n}u_i=\lim_{n\to\infty}\sum_{i=0}^{n}\ln\frac{b+i}{a+i}=\lim_{n\to\infty}\ln\frac{b(b+1)\cdots(b+n)}{a(a+1)\cdots(a+n)}=+\infty,$$

即 $$\lim_{n\to\infty}\ln\frac{a(a+1)\cdots(a+n)}{b(b+1)\cdots(b+n)}=-\infty.$$

也就是 $$\lim_{n\to\infty}\frac{a(a+1)\cdots(a+n)}{b(b+1)\cdots(b+n)}=0.$$

**【例 11.23】** 试求极限 $\lim\limits_{n\to\infty}\left(\frac{1}{a}+\frac{2}{a^2}+\cdots+\frac{n}{a^n}\right)$,其中 $a>1$.

**解** 考察幂级数 $\sum\limits_{n=1}^{\infty}nx^n$,显然其收敛域为$(-1,1)$.

设 $s(x)=\sum\limits_{n=1}^{\infty}nx^n$,则

$$s(x)=x\sum_{n=1}^{\infty}nx^{n-1}=x\left(\sum_{n=0}^{\infty}x^n\right)'=x\left(\frac{1}{1-x}\right)'=\frac{x}{(1-x)^2},(-1<x<1).$$

故

$$\lim_{n\to\infty}\left(\frac{1}{a}+\frac{2}{a^2}+\cdots+\frac{n}{a^n}\right)=s\left(\frac{1}{a}\right)=\frac{a}{(1-a)^2}.$$

**【例 11.24】** 试求极限 $\lim\limits_{n\to\infty}\frac{n^n}{(n!)^2}$.

**解** 考察正项级数 $\sum\limits_{n=1}^{\infty}\frac{n^n}{(n!)^2}$,因为

$$\lim_{n\to\infty}\frac{u_{n+1}}{u_n}=\lim_{n\to\infty}\frac{(n+1)^{n+1}\cdot(n!)^2}{[(n+1)!]^2\cdot n^n}=\lim_{n\to\infty}\frac{1}{n+1}\left(1+\frac{1}{n}\right)^n=0<1.$$

故正项级数 $\sum\limits_{n=1}^{\infty}\frac{n^n}{(n!)^2}$ 收敛,由级数收敛的必要条件知

$$\lim_{n\to\infty}\frac{n^n}{(n!)^2}=0.$$

**7. 级数求和**

**【例 11.25】** 求幂级数 $\sum\limits_{n=0}^{\infty}\frac{n+1}{2^n n!}x^{2n}$ 的收敛域与和函数.

**解** 因为 $\lim\limits_{n\to\infty}\left|\frac{u_{n+1}(x)}{u_n(x)}\right|=0$,所以收敛域为$(-\infty,+\infty)$,由于

$$\sum_{n=0}^{\infty}\frac{n+1}{2^n n!}x^{2n}=\sum_{n=0}^{\infty}\frac{n}{2^n n!}x^{2n}+\sum_{n=0}^{\infty}\frac{x^{2n}}{2^n n!}$$

$$=\sum_{n=1}^{\infty}\frac{1}{(n-1)!}\left(\frac{x^2}{2}\right)^n+\sum_{n=0}^{\infty}\frac{1}{n!}\left(\frac{x^2}{2}\right)^n,$$

而

$$\sum_{n=0}^{\infty}\frac{1}{(n-1)!}\left(\frac{x^2}{2}\right)^n=\frac{x^2}{2}\sum_{n=1}^{\infty}\frac{1}{(n-1)!}\left(\frac{x^2}{2}\right)^{n-1}=\frac{x^2}{2}e^{\frac{x2}{2}},$$

$$\sum_{n=0}^{\infty}\frac{1}{n!}\left(\frac{x^2}{2}\right)^n=e^{\frac{x2}{2}},$$

所以

$$\sum_{n=0}^{\infty}\frac{n+1}{2^n n!}x^{2n}=\left(1+\frac{x^2}{2}\right)e^{\frac{x2}{2}},(-\infty<x<+\infty).$$

**注** 这是将原幂级数转化成已知函数的幂级数展开式,从而直接写出它的和函数.另外要注意的是,在求和函数时,无论原题中要不要求幂级数的收敛域,一定要写出它的收敛域,因为只有在收敛域内,和函数才有它的意义.

**【例 11.26】** 求下列幂级数在收敛域$(-1,1)$内的和函数.

(1) $\sum_{n=0}^{\infty}\frac{n}{n+2}x^n$; (2) $\sum_{n=1}^{\infty}n(n+2)x^n$.

**解** (1) 因 $\sum_{n=0}^{\infty}\frac{n}{n+2}x^n=\sum_{n=0}^{\infty}\frac{n+2-2}{n+2}x^n=\sum_{n=0}^{\infty}x^n-2\sum_{n=0}^{\infty}\frac{x^n}{n+2}$,

设 $s_1(x)=\sum_{n=0}^{\infty}\frac{x^n}{n+2}$,则 $x^2s_1(x)=\sum_{n=0}^{\infty}\frac{x^{n+2}}{n+2}$,$[x^2s_1(x)]'=\sum_{n=0}^{\infty}x^{n+1}$,

故

$$[x^2s_1(x)]'=\frac{x}{1-x},x^2s_1(x)=-x-\ln(1-x).$$

当 $x\neq0$ 时,$s_1(x)=-\frac{1}{x}-\frac{1}{x^2}\ln(1-x)$,因此原幂级数的和函数为

$$s(x)=\begin{cases}\frac{1}{1-x}+\frac{2}{x}+\frac{2}{x^2}\ln(1-x), & 0<|x|<1,\\ 0, & x=0.\end{cases}$$

即

$$s(x)=\begin{cases}\frac{2-x}{x(1-x)}+\frac{2}{x^2}\ln(1-x), & 0<|x|<1,\\ 0, & x=0.\end{cases}$$

(2) 因为 $\sum_{n=1}^{\infty}n(n+2)x^n=\sum_{n=1}^{\infty}n(n+1)x^n+\sum_{n=1}^{\infty}nx^n$,

设 $$s_1(x)=\sum_{n=1}^{\infty}n(n+1)x^n,\quad s_2(x)=\sum_{n=1}^{\infty}nx^n,$$

于是

$$\int_0^x n(n+1)x^{n-1}dx=(n+1)x^n,\quad \int_0^x(n+1)x^n dx=x^{n+1}.$$

故

$$\frac{s_1(x)}{x}=(\sum_{n=1}^{\infty}x^{n+1})'',$$

即

$$s_1(x)=x(\frac{x^2}{1-x})''=\frac{2x}{(1-x)^3},\quad(-1<x<1).$$

同理

$$s_2(x)=x(\sum_{n=1}^{\infty}x^n)'=x(\frac{x}{1-x})'=\frac{x}{(1-x)^2},\quad(-1<x<1),$$

故

$$\sum_{n=0}^{\infty}n(n+2)x^n=\frac{2x}{(1-x)^3}+\frac{x}{(1-x)^2}=\frac{x(3-x)}{(1-x)^3},\quad(-1<x<1).$$

**注** (1) 题中,利用逐项求导,消去系数中的 $n$ 项,化为 $x$ 的等比级数;(2) 题中,利用逐项积分,消去系数中的 $n$ 项,化为 $x$ 的等比级数,最终求出和函数.

**【例 11.27】** 求幂级数$\sum_{n=0}^{\infty}\frac{x^{2n}}{(2n)!}$的和函数.

**解法一** 易知幂级数的收敛域为$(-\infty,+\infty)$,

设 $s(x)=\sum_{n=0}^{\infty}\frac{x^{2n}}{(2n)!}$,则 $s'(x)=\sum_{n=1}^{\infty}\frac{x^{2n-1}}{(2n-1)!}$.

故

$$s(x)+s'(x)=1+x+\frac{x^2}{2!}+\cdots=\sum_{n=0}^{\infty}\frac{x^n}{n!}=e^x,$$

$$s(x)-s'(x)=1-x+\frac{x^2}{2!}-\cdots=\sum_{n=0}^{\infty}\frac{(-x)^n}{n!}=e^{-x}.$$

以上两式相加得和函数

$$s(x)=\frac{1}{2}(e^x+e^{-x}),-\infty<x<+\infty.$$

**解法二** 由 $s(x)=\sum_{n=0}^{\infty}\frac{x^{2n}}{(2n)!}$ 得

$$s''(x)=\sum_{n=1}^{\infty}\frac{x^{2n-2}}{(2n-2)!}=\sum_{n=0}^{\infty}\frac{x^{2n}}{(2n)!}=s(x),$$

即有微分方程 $$s''(x)-s(x)=0,$$

由微分方程知识解得

$$s(x)=C_1e^x+C_2e^{-x},$$

因为 $s(0)=1,s'(0)=0$,从而解出 $C_1=C_2=\frac{1}{2}$.

故幂级数的和函数

$$s(x)=\frac{1}{2}(e^x+e^{-x}),(-\infty<x<+\infty).$$

**注** 解法一方法比较特殊,但仍是利用已知函数的幂级数展开式.解法二用到了微分方程的知识.

【例 11.28】 求级数 $\sum_{n=1}^{\infty}\frac{2n-1}{2^n}x^{2n-2}$ 的和函数，并求级数 $\sum_{n=1}^{\infty}\frac{2n-1}{2^{2n-1}}$ 的和.

**解** 令 $s(x)=\sum_{n=1}^{\infty}\frac{2n-1}{2^n}x^{2n-2}$，定义区间为 $(-\sqrt{2},\sqrt{2})$.

$\forall x\in(-\sqrt{2},\sqrt{2})$，则有

$$\int_0^x s(t)\mathrm{d}t=\sum_{n=1}^{\infty}\int_0^x\frac{2n-1}{2^n}t^{2n-2}\mathrm{d}t=\sum_{n=1}^{\infty}\frac{x^{2n-1}}{2^n}$$

$$=\frac{x}{2}\sum_{n=1}^{\infty}\left(\frac{x^2}{2}\right)^{n-1}=\frac{x}{2-x^2}.$$

所以有

$$s(x)=\left(\frac{x}{2-x^2}\right)'=\frac{2+x^2}{(2-x^2)^2},x\in(-\sqrt{2},\sqrt{2}).$$

$$\sum_{n=1}^{\infty}\frac{2n-1}{2^{2n-1}}=\sum_{n=1}^{\infty}\frac{2n-1}{2^n}\left(\frac{1}{\sqrt{2}}\right)^{2n-2}=S\left(\frac{1}{\sqrt{2}}\right)=\frac{10}{9}.$$

【例 11.29】 求数项级数 $\sum_{n=0}^{\infty}(-1)^n\frac{n^2-n+1}{3^n}$ 的和.

**解** 设幂级数 $\sum_{n=0}^{\infty}(n^2-n+1)x^n$，其收敛域为 $(-1,1)$，和函数为 $s(x)$，则

$$s(x)=\sum_{n=0}^{\infty}(n^2-n+1)x^n=\sum_{n=2}^{\infty}n(n-1)x^n+\sum_{n=0}^{\infty}x^n$$

$$=x^2\sum_{n=2}^{\infty}(x^n)''+\frac{1}{1-x}=x^2(\frac{x^2}{1-x})''+\frac{1}{1-x}$$

$$=\frac{2x^2}{(1-x)^3}+\frac{1}{1-x},(|x|<1).$$

故

$$\sum_{n=0}^{\infty}(-1)^n\frac{n^2-n+1}{3^n}=s(-\frac{1}{3})=\frac{27}{32}.$$

**注** 通过求幂级数的和函数，再代入特定值，从而解决数项级数的和.

**8. 傅立叶级数**

【例 11.30】 试写出函数 $f(x)=\begin{cases}x+\pi, & -\pi\leqslant x<0\\ 0, & x=0\\ 1, & 0<x\leqslant\pi\end{cases}$ 在 $[-\pi,\pi]$ 上以 $2\pi$ 为周期的傅立叶级数的和函数.

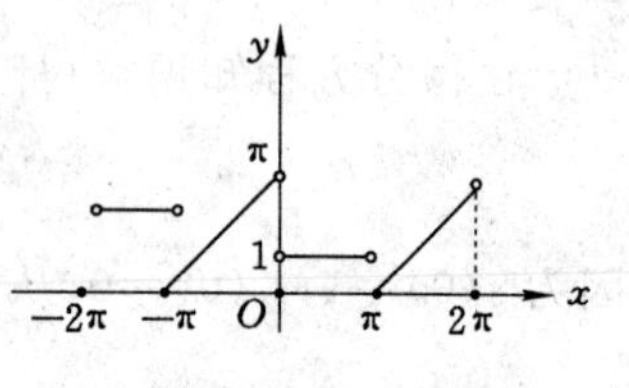

图 11-1

**解** 将 $f(x)$ 在全数轴上延拓后的图形如图 11-1 所示.和函数

$$S(x)=\begin{cases} f(x), & -\pi<x<0 \text{ 与 } 0<x<\pi, \\ \dfrac{\pi+1}{2}, & x=0, \\ \dfrac{1}{2}, & x=\pm\pi. \end{cases}$$

**【例 11.31】** 将函数 $f(x)=\begin{cases} x, & -\pi<x<0 \\ x+1, & 0\leqslant x\leqslant\pi \end{cases}$ 展开成傅立叶级数.

**解** 将函数 $f(x)$进行周期延拓,使其成为以 $2\pi$ 为周期的函数,在$(-\pi,\pi]$上满足收敛定理的条件,则

$$a_0=\frac{1}{\pi}\int_{-\pi}^{0}x\,dx+\frac{1}{\pi}\int_{0}^{\pi}(x+1)\,dx=1,$$

$$\begin{aligned} a_n&=\frac{1}{\pi}\int_{-\pi}^{0}x\cos nx\,dx+\frac{1}{\pi}\int_{0}^{\pi}(x+1)\cos nx\,dx \\ &=\frac{1}{\pi}\int_{-\pi}^{\pi}x\cos nx\,dx+\frac{1}{\pi}\int_{0}^{\pi}\cos nx\,dx=0 \quad (n=1,2,\cdots), \end{aligned}$$

$$\begin{aligned} b_n&=\frac{1}{\pi}\int_{-\pi}^{0}x\sin nx\,dx+\frac{1}{\pi}\int_{0}^{\pi}(x+1)\sin nx\,dx \\ &=\frac{2}{\pi}\int_{0}^{\pi}x\sin nx\,dx+\frac{1}{\pi}\int_{0}^{\pi}\sin nx\,dx \\ &=-\frac{2}{n\pi}\int_{0}^{\pi}x\,d\cos nx-\frac{1}{n\pi}\cos nx\Big|_{0}^{\pi}=-\frac{2}{n}\cos n\pi-\frac{1}{n\pi}(\cos n\pi-1) \quad (n=1,2,\cdots) \\ &=\begin{cases} -\dfrac{2}{n}, & n \text{ 为偶数时}, \\ \dfrac{2(\pi+1)}{n\pi}, & n \text{ 为奇数时}. \end{cases} \end{aligned}$$

故

$$\begin{aligned} f(x)=&\frac{1}{2}+\frac{2(\pi+1)}{\pi}\sin x-\frac{2}{2}\sin 2x+ \\ &\frac{2(\pi+1)}{3\pi}\sin 3x-\frac{2}{4}\sin 4x+\cdots,(0<|x|<\pi), \end{aligned}$$

由收敛定理,当 $x=0$ 时,傅立叶级数收敛于$\frac{1}{2}$,当 $x=\pi$ 时,傅立叶级数收敛于$\pi+\frac{1}{2}$.

**【例 11.32】** 设函数 $f(x)=x-x^2 \quad (0\leqslant x\leqslant 1)$,求

(1) 函数 $f(x)$的余弦级数; (2) 函数 $f(x)$的正弦级数.

**解** (1) 对函数 $f(x)$进行偶延拓,则

$$\begin{aligned} a_n&=\frac{2}{l}\int_{0}^{l}f(x)\cos\frac{n\pi x}{l}dx=2\int_{0}^{1}(x-x^2)\cos n\pi x\,dx \\ &=\frac{-2[1+(-1)^n]}{n^2\pi^2}, \quad (n=1,2,\cdots). \end{aligned}$$

$$a_0=2\int_{0}^{1}(x-x^2)\,dx=\frac{1}{3}.$$

故

$$x-x^2=\frac{1}{6}-\frac{1}{\pi^2}\sum_{n=1}^{\infty}\frac{1}{n^2}\cos 2n\pi x,\quad (0\leqslant x\leqslant 1).$$

(2) 对函数 $f(x)$ 进行奇延拓，则

$$b_n=\frac{2}{l}\int_0^l f(x)\sin\frac{n\pi x}{l}\mathrm{d}x=2\int_0^1(x-x^2)\sin n\pi x\,\mathrm{d}x$$

$$=\frac{4[1-(-1)^n]}{n^3\pi^3},\quad (n=1,2,\cdots),$$

故

$$x-x^2=\sum_{n=1}^{\infty}\frac{8}{(2n-1)^3\pi^3}\sin(2n-1)\pi x,\quad (0\leqslant x\leqslant 1).$$

**【例 11.33】** 将 $f(x)=x$ 在 $[1,3]$ 上展开成以 2 为周期的傅立叶级数.

**解** $l=\frac{3-1}{2}=1.$

$$a_0=\frac{1}{1}\int_1^3 f(x)\mathrm{d}x=\int_1^3 x\,\mathrm{d}x=\frac{1}{2}x^2\Big|_1^3=4.$$

$$a_n=\frac{1}{1}\int_1^3 f(x)\cos\frac{n\pi x}{1}\mathrm{d}x=\int_1^3 x\cos n\pi x\,\mathrm{d}x.$$

$$=\frac{1}{n\pi}[x\sin n\pi x]_1^3-\frac{1}{n\pi}\int_1^3\sin n\pi x\,\mathrm{d}x=0\quad (n=1,2,\cdots).$$

$$b_n=\frac{1}{1}\int_1^3 f(x)\sin\frac{n\pi}{1}x\,\mathrm{d}x=\int_1^3 x\sin n\pi x\,\mathrm{d}x.$$

$$=-\frac{1}{n\pi}[x\cos n\pi x]_1^3+\frac{1}{n\pi}\int_1^3\cos n\pi x\,\mathrm{d}x=\frac{2(-1)^{n+1}}{n\pi}\quad (n=1,2,\cdots).$$

故

$$f(x)\sim 2+\frac{2}{\pi}\sum_{n=1}^{\infty}\frac{(-1)^{n-1}}{n}\sin n\pi x=\begin{cases}f(x), & 1<x<3,\\ 2, & x=1,3.\end{cases}$$

**9. 证明题**

无穷级数中的证明题，技巧性强，难度大，我们这里就这个问题作一些讨论.

**【例 11.34】** 设级数 $\sum\limits_{n=1}^{\infty}a_n$ 和 $\sum\limits_{n=1}^{\infty}b_n$ 都是正项级数，试证：

(1) 若 $\sum\limits_{n=1}^{\infty}a_n$ 收敛，则 $\sum\limits_{n=1}^{\infty}a_n^2$ 收敛；

(2) 若 $\sum\limits_{n=1}^{\infty}a_n$ 收敛，则 $\sum\limits_{n=1}^{\infty}\sqrt{a_na_{n+1}}$ 收敛；

(3) 若 $\sum\limits_{n=1}^{\infty}\sqrt{a_na_{n+1}}$ 收敛；且 $a_n$ 单调减少，则 $\sum\limits_{n=1}^{\infty}a_n$ 收敛；

(4) 若 $\sum\limits_{n=1}^{\infty}a_n$ 和 $\sum\limits_{n=1}^{\infty}b_n$ 都收敛，则 $\sum\limits_{n=1}^{\infty}a_nb_n$ 收敛；

(5) 若 $\sum\limits_{n=1}^{\infty}a_n$ 收敛，则 $\sum\limits_{n=1}^{\infty}\frac{a_n}{n}$ 收敛.

**证明** (1) $\sum_{n=1}^{\infty} a_n$ 收敛 $\Rightarrow \lim_{n\to\infty} a_n = 0 \Rightarrow$ 当 $n$ 充分大时,$a_n < 1 \Rightarrow a_n^2 < a_n \Rightarrow \sum_{n=1}^{\infty} a_n^2$ 收敛.

(2) $\sum_{n=1}^{\infty} a_n$ 收敛,且有 $\sqrt{a_n a_{n+1}} \leqslant \frac{1}{2}(a_n + a_{n+1}) \Rightarrow \sum_{n=1}^{\infty} \sqrt{a_n a_{n+1}}$ 收敛.

(3) $a_n$ 单调减少 $\Rightarrow a_{n+1} \leq a_n \Rightarrow a_{n+1}^2 \leqslant a_n a_{n+1} \Rightarrow a_{n+1} \leqslant \sqrt{a_n a_{n+1}} \Rightarrow \sum_{n=1}^{\infty} a_n$ 收敛.

(4) $\sum_{n=1}^{\infty} a_n$ 和 $\sum_{n=1}^{\infty} b_n$ 收敛 $\Rightarrow \sum_{n=1}^{\infty} a_n^2$ 和 $\sum_{n=1}^{\infty} b_n^2$ 都收敛,且 $a_n b_n \leqslant \frac{1}{2}(a_n^2 + b_n^2) \Rightarrow \sum_{n=1}^{\infty} a_n b_n$ 收敛.

(5) $\sum_{n=1}^{\infty} a_n$ 收敛 $\Rightarrow \sum_{n=1}^{\infty} a_n^2$ 收敛,且 $\frac{a_n}{n} = a_n \cdot \frac{1}{n} \leqslant \frac{1}{2}(a_n^2 + \frac{1}{n^2}) \Rightarrow \sum_{n=1}^{\infty} \frac{a_n}{n}$ 收敛.

**注** 本例题中的五个论断应作为命题记住,并会证明.

**【例 11.35】** 设 $\sum_{n=1}^{\infty} u_n$,$\sum_{n=1}^{\infty} v_n$ 和 $\sum_{n=1}^{\infty} w_n$ 是任意项级数,试证:

(1) 设 $a,b,c$ 为非零常数,且 $au_n + bv_n + cw_n = 0$,则在 $\sum_{n=1}^{\infty} u_n$,$\sum_{n=1}^{\infty} v_n$ 和 $\sum_{n=1}^{\infty} w_n$ 中只要有两个级数是收敛的,第三个必收敛;

(2) 若 $\sum_{n=1}^{\infty} |u_n|$ 收敛,则 $\sum_{n=1}^{\infty} u_n$ 收敛;

(3) 若 $\sum_{n=1}^{\infty} u_n$ 发散,则 $\sum_{n=1}^{\infty} |u_n|$ 发散;

(4) 若 $\sum_{n=1}^{\infty} u_n^2$ 收敛,则 $\sum_{n=1}^{\infty} \frac{u_n}{n}$ 绝对收敛;

(5) 若 $\sum_{n=1}^{\infty} u_n$ 收敛,$\sum_{n=1}^{\infty} v_n$ 发散,则 $\sum_{n=1}^{\infty} (u_n \pm v_n)$ 发散;

(6) 若 $\sum_{n=1}^{\infty} u_n$ 绝对收敛,$\sum_{n=1}^{\infty} v_n$ 条件收敛,则 $\sum_{n=1}^{\infty} (u_n \pm v_n)$ 条件收敛;

(7) 若 $\sum_{n=1}^{\infty} u_n$ 和 $\sum_{n=1}^{\infty} v_n$ 收敛,且 $u_n \leqslant w_n \leqslant v_n$,则 $\sum_{n=1}^{\infty} w_n$ 收敛.

**证明** (1) 设 $\sum_{n=1}^{\infty} u_n$ 和 $\sum_{n=1}^{\infty} v_n$ 收敛,且 $w_n = -\frac{a}{c} u_n - \frac{b}{c} v_n \Rightarrow \sum_{n=1}^{\infty} w_n$ 收敛.

(2) 设 $v_n = \frac{1}{2}(u_n + |u_n|) \Rightarrow v_n = |v_n| \leqslant |u_n| \Rightarrow \sum_{n=1}^{\infty} v_n$ 收敛.又由题设:$\sum_{n=1}^{\infty} |u_n|$ 收敛(在 $v_n = \frac{1}{2} u_n + \frac{1}{2} |u_n|$ 中已有两个对应级数收敛)$\Rightarrow \sum_{n=1}^{\infty} u_n$ 收敛.

(3) 是(2)的逆否命题.

(4) 由 $\left|\frac{u_n}{n}\right| \leqslant \frac{1}{2}(u_n^2 + \frac{1}{n^2})$ 即证.

(5) 使用反证法即证.

(6) 假设 $\sum_{n=1}^{\infty} (u_n \pm v_n)$ 绝对收敛,则由于 $|v_n| \leqslant |u_n| + |u_n \pm v_n| \Rightarrow \sum_{n=1}^{\infty} v_n$ 绝对收敛,矛盾.

(7) $u_n \leqslant w_n \leqslant v_n \Rightarrow 0 \leqslant w_n - u_n \leqslant v_n - u_n \Rightarrow \sum\limits_{n=1}^{\infty}(w_n - u_n)$ 收敛 $\Rightarrow \sum\limits_{n=1}^{\infty} w_n$ 收敛.

**注** 本例题中的七个论断应作为命题记住,并会证明.

**【例 11.36】** (1) 设数列$\{na_n\}$有界,证明$\sum\limits_{n=1}^{\infty} a_n^2$ 收敛;

(2) 设$\lim\limits_{n\to\infty} na_n = a \neq 0$,证明$\sum\limits_{n=1}^{\infty} a_n$ 发散.

**证明** (1) 由$\{na_n\}$有界,则存在常数 $M>0$,使得$|na_n|\leqslant M$.

从而$|a_n|\leqslant \dfrac{M}{n}$,$a_n^2\leqslant \dfrac{M^2}{n^2}$,级数 $\sum\limits_{n=1}^{\infty}\dfrac{M^2}{n^2}$ 收敛,故级数$\sum\limits_{n=1}^{\infty}a_n^2$ 收敛.

(2) 如果 $a>0$,由已知至少从某项开始 $a_n>0$,而且

$$\lim_{n\to\infty}\frac{a_n}{\frac{1}{n}} = \lim_{n\to\infty} na_n = a,$$

由正项级数的比较审敛法,级数$\sum\limits_{n=1}^{\infty}\dfrac{1}{n}$ 发散,级数$\sum\limits_{n=1}^{\infty}a_n$ 也发散.

如果 $a<0$,则$\lim\limits_{n\to\infty} n(-a_n) = -a > 0$,由以上所证结论可知级数$\sum\limits_{n=1}^{\infty}(-a_n)$发散,故级数$\sum\limits_{n=1}^{\infty}a_n$ 也发散.

**【例 11.37】** 已知数列$\{na_n\}$收敛,级数$\sum\limits_{n=1}^{\infty} n(a_n - a_{n-1})$收敛,试证$\sum\limits_{n=1}^{\infty}a_n$ 收敛,并证明$\lim\limits_{n\to\infty} na_n = 0$.

**证明** 部分和

$$\begin{aligned} s_n &= (a_1 - a_0) + 2(a_2 - a_1) + \cdots + n(a_n - a_{n-1}) \\ &= -(a_0 + a_1 + a_2 + \cdots + a_{n-1}) + na_n = -\sigma_n + na_n, \end{aligned}$$

其中 $\sigma_n = a_0 + a_1 + \cdots + a_{n-1}$.如设$\lim\limits_{n\to\infty} s_n = s$,$\lim\limits_{n\to\infty} na_n = a$,则表明$\lim\limits_{n\to\infty}\sigma_n = -\lim\limits_{n\to\infty} s_n + \lim\limits_{n\to\infty} na_n = -s + a$ 存在,即$\sum\limits_{n=1}^{\infty}a_n$ 收敛.

以下证明$\lim\limits_{n\to\infty} na_n = 0$.使用反证法,假设$\lim\limits_{n\to\infty} na_n = a \neq 0$,不妨设 $a>0$.当 $n$ 充分大时,有 $na_n > \dfrac{a}{2} > 0$,表明$\sum\limits_{n=1}^{\infty} a_n$ 是正项级数,因此由$\lim\limits_{n\to\infty} na_n = a > 0$ 知$\sum\limits_{n=1}^{\infty} a_n$ 与$\sum\limits_{n=1}^{\infty}\dfrac{1}{n}$ 具有相同的敛散性.而这与$\sum\limits_{n=1}^{\infty} a_n$ 收敛相矛盾,故$\lim\limits_{n\to\infty} na_n = 0$.

**【例 11.38】** 设 $P>0$,$x_1 = \dfrac{1}{4}$,$x_{n+1}^p = x_n^p + x_n^{2p}$ $(n=1,2,\cdots)$,证明$\sum\limits_{n=1}^{\infty}\dfrac{1}{1+x_n^p}$收敛并求其和.

**证明** 记 $y_n = x_n^p$,则由题设有 $y_{n+1} = y_n + y_n^2$,$y_{n+1} - y_n = y_n^2 \geqslant 0$,所以 $y_{n+1} \geqslant y_n$.

数列$\{y_n\}$单调增加.设$\{y_n\}$收敛,则$\{y_n\}$有上界,记 $A = \lim\limits_{n\to\infty} y_n \geqslant \left(\dfrac{1}{4}\right)^p > 0$,从而

$A=A+A^2$，所以 $A=0$，矛盾.故 $y_n\to+\infty(n\to\infty)$.

由 $y_{n+1}=y_n(1+y_n)$，即$\dfrac{1}{y_{n+1}}=\dfrac{1}{y_n}-\dfrac{1}{1+y_n}$，得$\dfrac{1}{1+y_n}=\dfrac{1}{y_n}-\dfrac{1}{y_{n+1}}$，于是

$$S_n=\sum_{k=1}^{n}\frac{1}{1+x_k^p}=\sum_{k=1}^{n}\frac{1}{1+y_k}=\sum_{k=1}^{n}\left(\frac{1}{y_k}-\frac{1}{y_{k+1}}\right)$$

$$=\frac{1}{y_1}-\frac{1}{y_{n+1}}.$$

$$\lim_{n\to\infty}s_n=\lim_{n\to\infty}\left(\frac{1}{y_1}-\frac{1}{y_{n+1}}\right)=\frac{1}{y_1}=4^p.$$

故级数 $\sum\limits_{n=1}^{\infty}\dfrac{1}{1+x_n^p}$收敛且和为 $4^p$.

**【例 11.39】** 设 $f(x)$在 $x=0$ 处存在二阶导数 $f''(0)$，且$\lim\limits_{x\to0}\dfrac{f(x)}{x}=0$.证明级数 $\sum\limits_{n=1}^{\infty}\left|f\left(\dfrac{1}{n}\right)\right|$ 收敛.

**证明** 由于 $f(x)$在 $x=0$ 处连续且$\lim\limits_{x\to0}\dfrac{f(x)}{x}=0$，则

$$f(0)=\lim_{x\to0}f(x)=\lim_{x\to0}\frac{f(x)}{x}\cdot x=0,$$

$$f'(0)=\lim_{x\to0}\frac{f(x)-f(0)}{x-0}=0.$$

应用洛必达法则，则有

$$\lim_{x\to0}\frac{f(x)}{x^2}=\lim_{x\to0}\frac{f'(x)}{2x}=\lim_{x\to0}\frac{f'(x)-f'(0)}{2(x-0)}=\frac{1}{2}f''(0),$$

所以

$$\lim_{x\to0}\frac{\left|f(\frac{1}{n})\right|}{\frac{1}{n^2}}=\frac{1}{2}\mid f''(0)\mid.$$

由于 $\sum\limits_{n=1}^{\infty}\dfrac{1}{n^2}$收敛，所以 $\sum\limits_{n=1}^{\infty}\left|f\left(\dfrac{1}{n}\right)\right|$收敛.

**【例 11.40】** 设 $a_n=\int_0^{\frac{\pi}{4}}\tan^n x\,dx$.

(1) 求$\sum\limits_{m=1}^{\infty}\dfrac{1}{n}(a_n+a_{n+2})$；

(2) 试证：对任意的常数 $\lambda>1$，级数$\sum\limits_{n=1}^{\infty}\dfrac{a_n}{n^\lambda}$ 收敛.

(1) **解**

$$\frac{1}{n}(a_n+a_{n+2})=\frac{1}{n}\int_0^{\frac{\pi}{4}}\tan^n x(1+\tan^2 x)dx$$

$$=\frac{1}{n(n+1)}[\tan^{n+1}x]_0^{\frac{\pi}{4}}=\frac{1}{n(n+1)},$$

$$s_n=\sum_{k=1}^{n}\frac{1}{k}(a_k+a_{k+2})=\sum_{k=1}^{n}\frac{1}{k(k+1)}=1-\frac{1}{n+1}.$$

所以

$$\sum_{n=1}^{\infty}\frac{1}{n}(a_n+a_{n+2})=\lim_{n\to\infty}s_n=\lim_{n\to\infty}(1-\frac{1}{n+1})=1.$$

(2) **证明** 由于

$$a_n=\int_0^{\frac{\pi}{4}}\tan^n x\mathrm{d}x\xrightarrow{\text{令}\tan x=t}\int_0^1\frac{t^n}{1+t^2}\mathrm{d}t<\int_0^1 t^n\mathrm{d}t=\frac{1}{n+1}.$$

则

$$\frac{a_n}{n^\lambda}<\frac{1}{n^\lambda(n+1)}<\frac{1}{n^{\lambda+1}}.$$

由 $\lambda+1>1$ 知 $\sum\limits_{n=1}^{\infty}\frac{1}{n^{\lambda+1}}$ 收敛,从而级数 $\sum\limits_{n=1}^{\infty}\frac{a_n}{n^\lambda}$ 收敛.

**【例 11.41】** 设 $f(x)$在$(-\infty,+\infty)$上可导,且 $f(x)=f(x+2)=f(x+\sqrt{3})$,用傅立叶级数理论证明 $f(x)$为常数.

**证明** 由 $f(x)=f(x+2)=f(x+\sqrt{3})$可知,$f$ 是以 2、$\sqrt{3}$为周期的函数,所以它的傅立叶系数为

$$a_n=\int_{-1}^{1}f(x)\cos n\pi x\mathrm{d}x,b_n=\int_{-1}^{1}f(x)\sin n\pi x\mathrm{d}x\quad(n=1,2,\cdots).$$

由于 $f(x)=f(x+\sqrt{3})$,所以

$$\begin{aligned}a_n&=\int_{-1}^{1}f(x)\cos n\pi x\mathrm{d}x=\int_{-1}^{1}f(x+\sqrt{3})\cos n\pi x\mathrm{d}x\\&=\int_{-1+\sqrt{3}}^{1+\sqrt{3}}f(t)\cos n\pi(t-\sqrt{3})\mathrm{d}t\\&=\int_{-1+\sqrt{3}}^{1+\sqrt{3}}f(t)[\cos n\pi t\cos\sqrt{3}n\pi+\sin n\pi t\sin\sqrt{3}n\pi]\mathrm{d}t\\&=\cos\sqrt{3}n\pi\int_{-1+\sqrt{3}}^{1+\sqrt{3}}f(t)\cos n\pi t\mathrm{d}t+\sin\sqrt{3}n\pi\int_{-1+\sqrt{3}}^{1+\sqrt{3}}f(t)\sin n\pi t\mathrm{d}t\\&=\cos\sqrt{3}n\pi\int_{-1}^{1}f(t)\cos n\pi t\mathrm{d}t+\sin\sqrt{3}n\pi\int_{-1}^{1}f(t)\sin n\pi t\mathrm{d}t.\end{aligned}$$

所以 $a_n=a_n\cos\sqrt{3}n\pi+b_n\sin\sqrt{3}n\pi$;同理可得 $b_n=b_n\cos\sqrt{3}n\pi-a_n\sin\sqrt{3}n\pi$.

联立,有

$$\begin{cases}a_n=a_n\cos\sqrt{3}n\pi+b_n\sin\sqrt{3}n\pi,\\b_n=b_n\cos\sqrt{3}n\pi-a_n\sin\sqrt{3}n\pi,\end{cases}$$

得 $a_n=b_n=0\quad(n=1,2,\cdots)$.

而 $f$ 可导,其傅立叶级数处处收敛于 $f(x)$,所以有

$$f(x)=\frac{a_0}{2}+\sum_{n=1}^{\infty}(a_n\cos n\pi x+b_n\sin n\pi x)=\frac{a_0}{2},$$

其中,$a_0=\int_{-1}^{1}f(x)\mathrm{d}x$ 为常数.

## 四、练习题与解答

1. 选择题

(1) 已知级数 $\sum\limits_{n=1}^{\infty}(-1)^{n-1}a_n=2$，$\sum\limits_{n=1}^{\infty}a_{2n-1}=5$，则级数 $\sum\limits_{n=1}^{\infty}a_n=$(　　).

(A) 3；　(B) 7；　(C) 8；　(D) 9.

(2) 设级数 $\sum\limits_{n=1}^{\infty}u_n$ 收敛，则必收敛的级数为(　　).

(A) $\sum\limits_{n=1}^{\infty}(-1)^n\dfrac{u_n}{n}$；　(B) $\sum\limits_{n=1}^{\infty}u_n^2$；

(C) $\sum\limits_{n=1}^{\infty}(u_{2n-1}-u_{2n})$；　(D) $\sum\limits_{n=1}^{\infty}(u_n+u_{n+1})$.

(3) 设常数 $k>0$，则级数 $\sum\limits_{n=1}^{\infty}(-1)^n\dfrac{k+n}{n^2}$(　　).

(A) 发散；　(B) 绝对收敛；

(C) 条件收敛；　(D) 收敛或者发散与 $k$ 的取值有关.

(4) 设常数 $\lambda>0$，且级数 $\sum\limits_{n=1}^{\infty}a_n^2$ 收敛，则级数 $\sum\limits_{n=1}^{\infty}(-1)^n\dfrac{|a_n|}{\sqrt{n^2+\lambda}}$(　　).

(A) 发散；　(B) 条件收敛；

(C) 绝对收敛；　(D) 收敛性与 $\lambda$ 有关.

(5) 设 $\alpha$ 是常数，且 $\alpha>0$，则级数 $\sum\limits_{n=1}^{\infty}(-1)^n(1-\cos\dfrac{\alpha}{n})$(　　).

(A) 发散；　(B) 条件收敛；

(C) 绝对收敛；　(D) 收敛性与 $\alpha$ 有关.

(6) 下列选项正确的是(　　).

(A) 若 $\sum\limits_{n=1}^{\infty}u_n^2$ 和 $\sum\limits_{n=1}^{\infty}v_n^2$ 都收敛，则 $\sum\limits_{n=1}^{\infty}(u_n+v_n)^2$ 收敛；

(B) 若 $\sum\limits_{n=1}^{\infty}|u_nv_n|$ 收敛，则 $\sum\limits_{n=1}^{\infty}u_n^2$ 与 $\sum\limits_{n=1}^{\infty}v_n^2$ 都收敛；

(C) 若正项级数 $\sum\limits_{n=1}^{\infty}u_n$ 发散，则 $u_n\geqslant\dfrac{1}{n}$；

(D) 若 $\sum\limits_{n=1}^{\infty}u_n$ 收敛，且 $u_n\geqslant v_n(n=1,2,\cdots)$，则 $\sum\limits_{n=1}^{\infty}v_n$ 也收敛.

(7) 设 $0\leqslant a_n<\dfrac{1}{n}(n=1,2,\cdots)$，则下列级数中肯定收敛的是(　　).

(A) $\sum\limits_{n=1}^{\infty}a_n$；　(B) $\sum\limits_{n=1}^{\infty}(-1)^na_n$；

(C) $\sum\limits_{n=1}^{\infty}\sqrt{a_n}$；　(D) $\sum\limits_{n=1}^{\infty}(-1)^na_n^2$.

(8) 设 $a_n>0,n=1,2,\cdots$，若 $\sum\limits_{n=1}^{\infty}a_n$ 发散，$\sum\limits_{n=1}^{\infty}(-1)^{n-1}a_n$ 收敛，则下列结论正确的是(　　).

(A) $\sum\limits_{n=1}^{\infty}a_{2n-1}$ 收敛，$\sum\limits_{n=1}^{\infty}a_{2n}$ 发散；　　(B) $\sum\limits_{n=1}^{\infty}a_{2n}$ 收敛，$\sum\limits_{n=1}^{\infty}a_{2n-1}$ 发散；

(C) $\sum\limits_{n=1}^{\infty}(a_{2n-1}+a_{2n})$ 收敛；　　(D) $\sum\limits_{n=1}^{\infty}(a_{2n-1}-a_{2n})$ 收敛.

(9) 若 $\sum\limits_{n=1}^{\infty}a_n(x-1)^n$ 在 $x=-1$ 处收敛，则此级数在 $x=2$ 处(　　).

(A) 条件收敛；　　(B) 绝对收敛；

(C) 发散；　　(D) 收敛性不能确定.

(10) 设 $u_n=(-1)^n\ln(1+\frac{1}{\sqrt{n}})$，则级数(　　).

(A) $\sum\limits_{n=1}^{\infty}u_n$ 与 $\sum\limits_{n=1}^{\infty}u_n^2$ 都收敛；　　(B) $\sum\limits_{n=1}^{\infty}u_n$ 收敛而 $\sum\limits_{n=1}^{\infty}u_n^2$ 发散；

(C) $\sum\limits_{n=1}^{\infty}u_n$ 与 $\sum\limits_{n=1}^{\infty}u_n^2$ 都发散；　　(D) $\sum\limits_{n=1}^{\infty}u_n$ 发散而 $\sum\limits_{n=1}^{\infty}u_n^2$ 收敛.

(11) 设 $\sum\limits_{n=1}^{\infty}\frac{(x-a)^n}{n}$ 在 $x=-2$ 处条件收敛，则 $\sum\limits_{n=1}^{\infty}n^2(x-a)^n$ 在 $x=\ln\frac{1}{2}$ 处(　　).

(A) 绝对收敛；　　(B) 条件收敛；

(C) 必发散；　　(D) 敛散性由 $a$ 确定.

(12) 设 $\sum\limits_{n=1}^{\infty}(-1)^n a_n 2^n$ 收敛，则级数 $\sum\limits_{n=1}^{\infty}a_n$ 是(　　).

(A) 绝对收敛；　　(B) 条件收敛；

(C) 发散；　　(D) 敛散性不定.

(13) 周期为 2 的函数 $f(x)$，它在一个周期内的表达式为 $f(x)=x\ (-1\leqslant x\leqslant 1)$，设它的傅立叶级数的和函数为 $s(x)$，则 $s\left(\frac{3}{2}\right)=$(　　).

(A) 3；　　(B) $-\frac{1}{2}$；　　(C) $\frac{3}{2}$；　　(D) $\frac{1}{2}$.

(14) 设函数 $f(x)=x^2,0\leqslant x<1,s(x)=\sum\limits_{n=1}^{\infty}b_n\sin n\pi x,-\infty<x<+\infty$，其中 $b_n=2\int_0^1 f(x)\sin n\pi x\,dx\,(n=1,2,\cdots)$ 则 $s(-\frac{1}{2})=$(　　).

(A) $-\frac{1}{2}$；　　(B) $-\frac{1}{4}$；　　(C) $\frac{1}{4}$；　　(D) $\frac{1}{2}$.

(15) 设 $f(x)=\begin{cases}x,0\leqslant x<\frac{1}{2},\\ 2-2x,\frac{1}{2}<x<1,\end{cases}$ $s(x)=\frac{a_0}{2}+\sum\limits_{n=1}^{\infty}a_n\cos n\pi x,-\infty<x<+\infty,a_n=2\int_0^1 f(x)\cos n\pi x\,dx\,(n=0,1,2,\cdots)$，则 $s(-\frac{5}{2})=$(　　).

(A) $\frac{1}{2}$； (B) $-\frac{1}{2}$； (C) $\frac{3}{4}$； (D) $-\frac{3}{4}$.

2. 填空题

(1) 幂级数 $\sum_{n=1}^{\infty}\frac{2^n-(-1)^n}{n}x^n$ 的收敛域为________.

(2) 设幂级数 $\sum_{n=1}^{\infty}a_nx^n$ 的收敛半径为 3，则幂级数 $\sum_{n=1}^{\infty}na_n(x-1)^{n+1}$ 的收敛区间为________.

(3) $\sum_{n=1}^{\infty}n(\frac{1}{2})^{n-1}=$________.

(4) 级数 $\sum_{n=1}^{\infty}\frac{(x-2)^{2n}}{n4^n}$ 的收敛域为________.

(5) 设幂级数 $\sum_{n=1}^{\infty}a_n(x+1)^n$ 在 $x=3$ 处条件收敛，则幂级数 $\sum_{n=1}^{\infty}a_nx^n$ 的收敛半径为________.

(6) 若 $\sum_{n=1}^{\infty}a^{n^2}x^n(a>0)$ 的收敛域为 $(-\infty,+\infty)$，则 $a$ 应满足________.

(7) 设数列 $\{a_n\}$ 单调减少，$\lim\limits_{n\to\infty}a_n=0$，$s_n=\sum_{k=1}^{n}a_k(n=1,2,\cdots)$ 无界，则幂级数 $\sum_{n=1}^{\infty}a_n(x-1)^n$ 的收敛域为________.

(8) 已知幂级数 $\sum_{n=1}^{\infty}a_n(x+2)^n$ 在 $x=0$ 处收敛，在 $x=-4$ 处发散，则幂级数 $\sum_{n=1}^{\infty}a_n(x-3)^n$ 的收敛域为________.

(9) 设函数 $f(x)=\pi x+x^2\quad(-\pi<x<\pi)$ 的傅立叶级数展开式为

$$\frac{a_0}{2}+\sum_{n=1}^{\infty}(a_n\cos nx+b_n\sin nx),$$

则其中系数 $b_3$ 的值为________.

(10) 设 $f(x)$ 是周期为 2 的周期函数，它在区间 $(-1,1]$ 上的定义为

$$f(x)=\begin{cases}2, & -1<x\leqslant 0,\\ x^3, & 0<x\leqslant 1.\end{cases}$$

则 $f(x)$ 的傅立叶级数在 $x=1$ 处收敛于________.

(11) 设 $x^2=\frac{2\pi^2}{3}+\sum_{n=1}^{\infty}a_n\cos nx(-\pi\leqslant x\leqslant\pi)$，则 $a_2=$________.

(12) 设 $f(x)=\begin{cases}-1,-\pi<x\leqslant 0\\ 1+x^2,0<x\leqslant\pi\end{cases}$，则以 $2\pi$ 为周期的傅立叶级数在 $x=\pi$ 处收敛于________.

(13) 已知 $a_n=\int_0^1 x^2(1-x)^n\mathrm{d}x$，则级数 $\sum_{n=1}^{\infty}a_n$ 的和为________.

(14) 幂级数 $\sum_{n=1}^{\infty}\frac{x^n}{\sqrt{n+1}}$的收敛域是________.

(15) 设 $\sum_{n=1}^{\infty}a_n(\frac{x+1}{2})^n$,若$\lim_{n\to\infty}\left|\frac{a_n}{a_{n+1}}\right|=\frac{1}{3}$,则该幂级数的收敛半径等于________.

3. 判定下列级数的敛散性

(1) $\sum_{n=1}^{\infty}\frac{(n+1)!}{n^{n+1}}$; (2) $\sum_{n=1}^{\infty}\left(\frac{an}{n+1}\right)^n(a>0)$;

(3) $\sum_{n=1}^{\infty}(\sqrt{n+1}-\sqrt{n})^p\ln(1+\frac{1}{n})$; (4) $\sum_{n=1}^{\infty}\frac{4^n}{5^n-3^n}$;

(5) $\sum_{n=1}^{\infty}\frac{x^n}{(1+x)(1+x^2)\cdots(1+x^n)}(x>0)$;

(6) $\sum_{n=1}^{\infty}\int_0^{\frac{1}{n}}\frac{\sqrt{x}}{1+x^2}\mathrm{d}x$; (7) $\sum_{n=1}^{\infty}(n^{\frac{1}{n^2+1}}-1)$; (8) $\sum_{n=1}^{\infty}\left[\frac{1}{n}-\ln(1+\frac{1}{n})\right]$.

4. 设级数 $\sum_{n=1}^{\infty}(a_n-a_{n-1})$收敛,$\sum_{n=1}^{\infty}b_n$ 绝对收敛,试证 $\sum_{n=1}^{\infty}a_nb_n$ 绝对收敛.

5. 求下列极限

(1) $\lim_{n\to\infty}\frac{n!}{n^n}$; (2) $\lim_{n\to\infty}\frac{n^n}{(n!)^2}$.

6. 判定下列级数的敛散性

(1) $\sum_{n=1}^{\infty}(-1)^n\frac{\ln n}{\sqrt{n}}$; (2) $\sum_{n=1}^{\infty}\sin(\pi\sqrt{n^2+a^2})$.

7. 讨论级数 $\sum_{n=1}^{\infty}\frac{1}{a^nn^p}$是绝对收敛、条件收敛还是发散($a\neq0$)?

8. 设 $u_n=\int_n^{n+1}\frac{\mathrm{e}^{-x}}{x}\mathrm{d}x$,证明级数$\sum_{n=1}^{\infty}u_n$ 收敛.

9. 设 $f(x)$在 $x=0$ 某邻域内有连续一阶导数,且$\lim_{x\to0}\frac{f(x)}{x}=2$,试证级数 $\sum_{n=1}^{\infty}(-1)^nf(\frac{1}{n})$条件收敛.

10. 求级数 $\sum_{n=1}^{\infty}\frac{2n-1}{2^n}$的和.

11. 设 $a_n=\int_0^{n\pi}x\mid\sin x\mid\mathrm{d}x(n=1,2,\cdots)$,求极限$\lim_{n\to\infty}(\frac{a_1}{2}+\frac{a_2}{2^2}+\cdots+\frac{a_n}{2^n})$.

12. 求下列幂级数的收敛半径及收敛域.

(1) $\sum_{n=1}^{\infty}\frac{x^{2n}}{n-3^{2n}}$; (2) $\sum_{n=1}^{\infty}\frac{\ln(n+1)}{n+1}x^n$.

13. 将函数 $f(x)=\frac{5x-12}{x^2+5x-6}$展开成 $x$ 的幂级数.

14. 求幂级数 $\sum_{n=1}^{\infty}\frac{x^{n-1}}{n2^n}$的收敛域与和函数,并求 $\sum_{n=1}^{\infty}\frac{1}{n2^n}$的和.

15. 将函数 $f(x)=\frac{\mathrm{d}\frac{\mathrm{e}^x-1}{x}}{\mathrm{d}x}$展开成 $x$ 的幂级数,并求 $\sum_{n=1}^{\infty}\frac{n}{(n-1)!}$.

16. 设 $I_n=\int_0^{\frac{\pi}{4}}\sin^n x\cdot\cos x\,dx$ ,$n=0,1,2,\cdots$,求$\sum_{n=1}^{\infty}I_n$.

17. 求幂级数 $\sum_{n=1}^{\infty}(-1)^{n-1}\left(1+\frac{1}{n(2n-1)}\right)x^{2n}$的收敛区间与和函数 $f(x)$.

18. 证明:$\sum_{n=1}^{\infty}\frac{\cos nx}{n^2}=\frac{1}{12}(3x^2-6\pi x+2\pi^2)$,$0\leqslant x\leqslant\pi$.

19. 将 $f(x)=x\quad(0\leqslant x\leqslant 2\pi)$展开成傅立叶级数.

20. 将函数 $f(x)=x^2$ 在$[-\pi,\pi]$上展开成傅立叶级数,并求级数$\sum_{n=1}^{\infty}\frac{1}{(2n-1)^2}$的和.

**练习题解答**

# 第十二章 微分方程

## 一、内容提要

**1. 微分方程的基本概念**

(1) 含有未知函数、未知函数的导数(或微分)及自变量之间关系的等式称为微分方程;

(2) 微分方程中所含未知函数的最高阶导数的阶数称为微分方程的阶;

(3) 如果某个函数代入微分方程,使该方程成为恒等式,则称此函数为该微分方程的解;

(4) 如果微分方程的解中所含独立的任意常数的个数与微分方程的阶数相同,则称之为微分方程的通解;

(5) 用来确定通解中任意常数的条件称为微分方程的定解条件;

(6) 不含任意常数的解,称为微分方程的特解;

(7) 微分方程的一般形式:

① 一阶微分方程的一般形式为

$$F(x,y,y')=0 \quad 或 \quad \frac{\mathrm{d}y}{\mathrm{d}x}=f(x,y).$$

② 二阶微分方程的一般形式为

$$F(x,y,y',y'')=0 \quad 或 \quad \frac{\mathrm{d}^2y}{\mathrm{d}x^2}=f\left(x,y,\frac{\mathrm{d}y}{\mathrm{d}x}\right).$$

③ $n$ 阶微分方程的一般形式为

$$F(x,y,y',y'',\cdots,y^{(n)})=0.$$

(8) 求微分方程满足给定初始条件的特解问题,也称为微分方程的初值问题,例如

$$\begin{cases}F(x,y,y')=0\\ y|_{x=x_0}=y_0\end{cases} 及 \quad \begin{cases}F(x,y,y',y'')=0,\\ y|_{x=x_0}=y_0,y'|_{x=x_0}=y'_0.\end{cases}$$

(9) 微分方程特解的图形是一条曲线,称为微分方程的积分曲线.

**2. 可分离变量型微分方程及解法**

形如

$$\frac{\mathrm{d}y}{\mathrm{d}x}=g(x)h(y)$$

的微分方程称为可分离变量型微分方程.其解法如下:

将方程分离变量得

$$\frac{\mathrm{d}y}{h(y)}=g(x)\mathrm{d}x \quad (h(y)\neq 0),$$

对上式两端积分

$$\int \frac{\mathrm{d}y}{h(y)} = \int g(x)\mathrm{d}x.$$

假定函数$\frac{1}{h(y)}$和 $g(x)$是连续的,并设它们的原函数分别为 $H(y)$、$G(x)$,于是有

$$H(y) = G(x) + C,$$

上式所确定的隐函数就是微分方程的通解.

**3. 齐次微分方程及其解法**

形如

$$\frac{\mathrm{d}y}{\mathrm{d}x} = \varphi(\frac{y}{x})$$

的方程称为齐次微分方程,其中 $\varphi(u)$是 $u$ 的连续函数.其解法如下:

作变换 $u = \frac{y}{x}$,则

$$y = xu, \frac{\mathrm{d}y}{\mathrm{d}x} = u + x\frac{\mathrm{d}u}{\mathrm{d}x},$$

代入方程,得

$$u + x\frac{\mathrm{d}u}{\mathrm{d}x} = \varphi(u),$$

此为可分离变量型微分方程,求得方程通解后,将 $u$ 换成$\frac{y}{x}$即得原方程通解.

**4. 一阶线性微分方程及其解法**

形如

$$\frac{\mathrm{d}y}{\mathrm{d}x} + P(x)y = Q(x)$$

的微分方程称为一阶线性微分方程,其中 $P(x)$、$Q(x)$是连续函数.其通解为

$$y = C\mathrm{e}^{-\int P(x)\mathrm{d}x} + \mathrm{e}^{-\int P(x)\mathrm{d}x}\int Q(x)\mathrm{e}^{\int P(x)\mathrm{d}x}\mathrm{d}x.$$

**5. 伯努利(Bernoulli)方程及其解法**

形如

$$\frac{\mathrm{d}y}{\mathrm{d}x} + P(x)y = Q(x)y^{\mu}(\mu \neq 0,1)$$

的方程称为伯努利方程,其解法如下:

作变量代换 $z = y^{1-\mu}$,方程可化为

$$\frac{\mathrm{d}z}{\mathrm{d}x} + (1-\mu)P(x)z = (1-\mu)Q(x),$$

这是一个关于 $z$ 的一阶线性微分方程,求出通解后,将 $z$ 还原为 $y^{1-\mu}$,即得伯努利方程的通解.

**6. 全微分方程及其解法**

考虑对称形式的一阶微分方程

$$P(x,y)\mathrm{d}x + Q(x,y)\mathrm{d}y = 0,$$

如果存在可微函数 $u(x,y)$,使得

$$du(x,y)=P(x,y)dx+Q(x,y)dy,$$

则称方程为全微分方程.

当函数 $P(x,y)$、$Q(x,y)$ 在单连通域 $G$ 内具有一阶连续偏导数时,方程

$$P(x,y)dx+Q(x,y)dy=0$$

是全微分方程的充分必要条件是

$$\frac{\partial P}{\partial y}=\frac{\partial Q}{\partial x}.$$

在区域 $G$ 内恒成立,且方程的通解为

$$u(x,y)=C,$$

其中

$$u(x,y)=\int_{x_0}^{x}P(x,y_0)dx+\int_{y_0}^{y}Q(x,y)dy.$$

**7. $y^{(n)}=f(x)$ 型的微分方程及其解法**

对微分方程 $y^{(n)}=f(x)$ 作变量代换 $z=y^{(n-1)}$,得到一阶微分方程

$$z'=f(x),$$

两边积分,得

$$z=y^{(n-1)}=\int f(x)dx+C_1,$$

同理可得

$$y^{(n-2)}=\int\left[\int f(x)dx+C_1\right]dx+C_2,$$

依次进行 $n$ 次积分,便可得原方程通解.

**8. $y''=f(x,y')$ 型的微分方程及其解法**

微分方程 $y''=f(x,y')$ 的特点是方程右端不显含未知函数 $y$.作变量代换 $y'=p$,则 $y''=\frac{dp}{dx}$,代入原方程得

$$\frac{dp}{dx}=f(x,p),$$

这是一个关于变量 $x$、$p$ 的一阶微分方程.设其通解为

$$p=\varphi(x,C_1),$$

代回变量 $y'$,得

$$y'=\varphi(x,C_1),$$

两端积分得原方程通解

$$y=\int\varphi(x,C_1)dx+C_2.$$

**9. $y''=f(y,y')$ 型的微分方程及其解法**

微分方程 $y''=f(y,y')$ 的特点是方程右端不显含自变量 $x$,作变量代换 $y'=p$,则 $y''=p\frac{dp}{dy}$,代入原方程得

$$p\frac{\mathrm{d}p}{\mathrm{d}y}=f(y,p).$$

设其通解为

$$p=\psi(y,C_1),$$

代回变量 $y'$,得

$$\frac{\mathrm{d}y}{\mathrm{d}x}=\psi(y,C_1),$$

分离变量再积分,得原方程通解

$$\int\frac{\mathrm{d}y}{\psi(y,C_1)}=x+C_2.$$

**10. 二阶线性微分方程解的结构**

(1) 二阶齐次线性微分方程的一般形式为

$$y''+P(x)y'+Q(x)y=0, \tag{1}$$

其中,$P(x)$,$Q(x)$称为方程(1)的系数.

**定理 1** (齐次线性微分方程通解结构定理)如果 $y_1(x)$,$y_2(x)$是方程(1)的两个线性无关的解,那么

$$y=C_1y_1(x)+C_2y_2(x)\quad(C_1、C_2\text{ 为任意常数})$$

就是方程(1)的通解.

(2) 二阶非齐次线性微分方程的一般形式为

$$y''+P(x)y'+Q(x)y=f(x), \tag{2}$$

方程(1)称为方程(2)所对应的齐次线性微分方程.

**定理 2** (非齐次线性微分方程通解结构定理)设 $y^*(x)$是方程(2)的一个特解,$Y(x)$是对应齐次方程(1)的通解,那么

$$y=Y(x)+y^*(x)$$

是二阶非齐次线性微分方程(2)的通解.

**11. 二阶常系数齐次线性微分方程及其解法**

形如

$$y''+py'+qy=0$$

的方程,如果 $p$,$q$ 是常数,则称此方程为二阶常系数齐次线性微分方程,通解可以按下列表格求出.

| 特征方程 $r^2+pr+q=0$ 的两个根 | 微分方程 $y''+py'+qy=0$ 的通解 |
| --- | --- |
| 两个不相等的实根 $r_1\neq r_2$ | $y=C_1\mathrm{e}^{r_1x}+C_2\mathrm{e}^{r_2x}$ |
| 两个相等的实根 $r_1=r_2$ | $y=(C_1+C_2x)\mathrm{e}^{r_1x}$ |
| 一对共轭复根 $r_{1,2}=\alpha\pm i\beta$ | $y=\mathrm{e}^{\alpha x}(C_1\cos\beta x+C_2\sin\beta x)$ |

**12. 二阶常系数非齐次线性微分方程及其解法**

二阶常系数非齐次线性微分方程的一般形式是

$$y''+py'+qy=f(x),$$

其中，$p$，$q$ 为常数.方程的通解为

$$y=Y(x)+y^*(x).$$

其中，$Y(x)$ 是对应齐次线性微分方程的通解，$y^*(x)$ 是非齐次线性微分方程的一个特解.

关于非齐次线性微分方程的特解 $y^*(x)$ 分两种情况用待定系数法求解：

(1) 如果 $f(x)=P_n(x)e^{\lambda x}$，则微分方程的特解具有下列形式

$$y^*=x^kQ_n(x)e^{\lambda x},$$

其中 $k$ 根据 $\lambda$ 不是特征根、是特征单根、是特征二重根三种情况分别取 0，1，2.

(2) 如果 $f(x)=e^{\lambda x}[P_l(x)\cos\omega x+P_m(x)\sin\omega x]$，则微分方程的特解具有下列形式

$$y^*=x^ke^{\lambda x}[Q_1(x)\cos\omega x+Q_2(x)\sin\omega x],$$

其中，$Q_1(x)$，$Q_2(x)$ 同为 $s$ 次多项式，$s=\max\{l,m\}$，而 $k$ 根据 $\lambda\pm\omega i$ 不是特征根、是特征根分别取 0，1.

## 二、基本问题解答

**【问题 12.1】** 如何理解微分方程的解、通解和特解？

**答** (1) 微分方程的解：若存在函数 $y=\varphi(x)$ 代入微分方程后使方程为恒等式，称函数 $y=\varphi(x)$ 为微分方程的解.寻求微分方程解的过程称为解微分方程.

(2) 微分方程的通解：$n$ 阶微分方程的解

$$y=\varphi(x,C_1,C_2,\cdots,C_n)$$

含有 $n$ 个相互独立的任意常数 $C_1,C_2,\cdots,C_n$ 则称该解为微分方程的通解.所谓相互独立的任意常数是指它们不能合并而使得任意常数的个数减少.

(3) 微分方程的特解：简单地说，不含任意常数的解称为微分方程的特解.在实际问题中，微分方程都伴随着初始条件或初值条件，由初始条件确定了通解中任意常数所得到的特解我们称之为满足该初始条件的特解.

**【问题 12.2】** 有人说微分方程的通解就是包含了方程所有解的解，对吗？

**答** 不对.例如，函数 $y=(x+C)^2$ 是方程 $y'^2-4y=0$ 的解，并且它所含任意常数个数与微分方程阶数相同，所以它是微分方程的通解.但它不包含方程的 $y=0$ 这个解，我们称之为方程的奇解.可以证明，未知函数的最高阶导数的系数为 1 的线性微分方程，它的通解能包含所有的解.

**【问题 12.3】** 求微分方程的通解时，怎样写好任意常数？

**答** 例如解一阶线性微分方程

$$y'-2xy=2x$$

时，由公式

$$y=e^{-\int P(x)dx}\left[\int Q(x)e^{\int P(x)dx}dx+C\right]$$

得方程的通解

$$y=Ce^{x^2}-1.$$

若将方程看成可分离变量型，则有

$$\frac{dy}{1+y}=2x\,dx,$$

两边积分，得

$$\ln|1+y|=x^2+C_1, y=\pm e^{C_1}e^{x^2}-1=Ce^{x^2}-1,$$

为了运算的方便，也可省略对数内的绝对值符号，即

$$\ln(1+y)=x^2+C_1, y=e^{C_1}e^{x^2}-1=Ce^{x^2}-1,$$

只要记住最后得到的任意常数 $C$ 可正可负就可以了.

有的学生鉴于求不定积分时，任意常数放到最后一步加，使解的过程成为

$$\ln(1+y)=x^2, y=e^{x^2}-1,$$

从而通解为 $y=e^{x^2}-1+C$，显然是错误的.

再如微分方程 $\frac{dy}{y}=\frac{dx}{x}$ 可以这样求解，两边积分 $\ln y=\ln x+\ln C$，即通解为 $y=Cx$，同样要理解此时的任意常数 $C$ 可正可负.

**【问题 12.4】** 对于可分离变量的微分方程

$$f(x)dx=g(y)dy,$$

我们的解法是两边积分 $\int f(x)dx=\int g(y)dy$，得 $F(x)=G(y)+C$，即为通解.但左边是对 $x$ 积分，右边是对 $y$ 积分，如何理解？

**答** 假定方程的解是存在的，设 $y=\varphi(x)$ 是它的一个解，代入方程

$$f(x)dx=g[\varphi(x)]\varphi'(x)dx,$$

两边对 $x$ 积分，得

$$\int f(x)dx=\int g[\varphi(x)]\varphi'(x)dx,$$

由不定积分换元法有

$$\int f(x)dx=\int g(y)dy.$$

我们称由两边积分所得到的关系式 $F(x)=G(y)+C$ 为方程的隐式解或隐式通解.

**【问题 12.5】** 如何寻找微分方程 $P(x,y)dx+Q(x,y)dy=0$ 的积分因子？

**答** 求一个微分方程的积分因子没有一般性的方法.在比较简单的情形下，可以凭观察得到，但对以下两种特殊情况可用公式求得.

(1) 如果 $\frac{1}{Q}(\frac{\partial P}{\partial y}-\frac{\partial Q}{\partial x})$ 仅依赖于 $x$，则方程 $Pdx+Qdy=0$ 有仅依赖于 $x$ 的积分因子：$u(x)=e^{\int\frac{1}{Q}(\frac{\partial P}{\partial y}-\frac{\partial Q}{\partial x})dx}$.

(2) 如果 $\frac{1}{P}(\frac{\partial Q}{\partial x}-\frac{\partial P}{\partial y})$ 仅依赖于 $y$，则方程 $Pdx+Qdy=0$ 有仅依赖于 $y$ 的积分因子：$u(y)=e^{\int\frac{1}{P}(\frac{\partial Q}{\partial x}-\frac{\partial P}{\partial y})dy}$.

**【问题 12.6】** 如何区分 $y''=f(x,y')$ 型及 $y''=f(y,y')$ 型微分方程的解法？

**答** $y''=f(x,y')$ 型微分方程的特点是方程中不显含变量 $y$.求解方法为：作变换 $p=y'$，则 $y''=p'$（注意 $p'$ 是 $p$ 关于 $x$ 的导数），原方程化为未知函数 $p$ 关于 $x$ 的一阶微分方程 $p'=f(x,p)$，设其通解为 $p=\varphi(x,C_1)$，则 $\frac{dy}{dx}=\varphi(x,C_1)$，所以原方程通解为

$$y=\int\varphi(x,C_1)dx+C_2.$$

$y''=f(y,y')$型微分方程的特点是方程中不显含变量 $x$.如果仍然用上述方法:令 $p=y'$,则 $y''=p'$,原方程化为

$$\frac{dp}{dx}=f(y,p).$$

此方程中含有三个变量 $x,y,p$ 将无法求解.正确的求解方法为:令 $p=y'$,则 $y''=\frac{dp}{dx}=\frac{dp}{dy}\cdot\frac{dy}{dx}=p\frac{dp}{dy}$(巧妙地应用了复合函数求导法),原方程化为未知函数 $p$ 关于 $y$ 的一阶微分方程 $p\frac{dp}{dy}=f(y,p)$,设其通解为 $p=\psi(y,C_1)$,则$\frac{dy}{dx}=\psi(y,C_1)$,原方程通解为

$$\int\frac{dy}{\psi(y,C_1)}=x+C_2.$$

**【问题 12.7】** $y_1=(x-1)^2$ 和 $y_2=(x+1)^2$ 都是微分方程

$$(x^2-1)y''-2xy'+2y=0 \text{ 和 } 2yy''-(y')^2=0$$

的解.但是这两个解的叠加 $y=C_1(x-1)^2+C_2(x+1)^2$ 为什么只能满足前一个方程而不能满足后一个方程?

**答** 这是有关微分方程解的叠加原理问题.上述两个微分方程在本质上有差异.前一个方程是线性齐次微分方程,后一个方程是非线性微分方程.我们知道,解的叠加原理只适用于线性齐次微分方程,换句话说,解的叠加性是线性齐次微分方程所独具的特性,非线性方程不具有此性质.

**【问题 12.8】** 已知二阶线性齐次微分方程 $y''+P(x)y'+Q(x)y=0$ 的一个非零解 $y_1$,问能否求出它的通解?

**答** 能求出它的通解.根据线性齐次微分方程的结构定理,只要再求出一个与 $y_1$ 线性无关的解 $y_2$,就可以得到方程的通解 $y=C_1y_1+C_2y_2$.

下面我们用常数变易法求 $y_2$.设 $y_2=C(x)y_1$,这与要求 $y_1$ 与 $y_2$ 线性无关,即$\frac{y_2}{y_1}\neq C$是一致的.

$$y'_2=C'(x)y_1+C(x)y'_1,\qquad y''_2=C''(x)y_1+2C'(x)y'_1+C(x)y''_1,$$

代入方程,注意到 $y_1$ 是方程特解,可得

$$C''(x)y_1+C'(x)[2y'_1+P(x)y_1]=0,$$

令 $C'(x)=z$,上式可化为

$$z'y_1+z[2y'_1+P(x)y_1]=0,$$

分离变量得

$$\frac{dz}{z}=-\frac{2y'_1+P(x)y_1}{y_1}dx,$$

两边积分得

$$\ln z=-2\ln y_1-\int P(x)dx+\ln C,$$

故 $z=C\frac{1}{y_1{}^2}e^{-\int P(x)dx}$,取 $C=1$ 得 $C(x)=\int\frac{1}{y_1{}^2}e^{-\int P(x)dx}dx$,

原方程通解为

$$y=C_1y_1+C_2y_1\int\frac{1}{{y_1}^2}\mathrm{e}^{-\int P(x)\mathrm{d}x}\mathrm{d}x.$$

**【问题 12.9】** 利用微分方程解应用题有哪些步骤？

**答** 利用微分方程解应用题的一般步骤如下：

(1) 对实际问题进行分析，以明确哪些是已知的量，哪些是未知的量，特别要注意未知函数的导数或微分在实际问题中的具体含义；

(2) 根据实际问题所遵循的定律或原理等基本规律，利用瞬态法或微元法建立微分方程；

(3) 根据题意确定初始条件；

(4) 先求微分方程的通解，再由初始条件求出特解，从而得到所需的函数关系，必要时对所得结果进行分析，从而得到实际问题的答案.

## 三、典型例题解析

### 1. 一阶微分方程

**【例 12.1】** 求微分方程的通解：

(1) $(x+xy^2)\mathrm{d}x-(x^2y+y)\mathrm{d}y=0$；

(2) $x\dfrac{\mathrm{d}y}{\mathrm{d}x}=y(\ln y-\ln x)$；

(3) $\dfrac{\mathrm{d}y}{\mathrm{d}x}=\dfrac{y}{x-y^2\cos y}$；

(4) $xy'-4y=x^2\sqrt{y}$；

(5) $(1+x)\mathrm{d}y+(y+x^2+x^3)\mathrm{d}x=0$.

**解** (1) 分离变量得

$$\frac{y}{1+y^2}\mathrm{d}y=\frac{x}{1+x^2}\mathrm{d}x,$$

两边积分

$$\int\frac{y}{1+y^2}\mathrm{d}y=\int\frac{x}{1+x^2}\mathrm{d}x,$$

即

$$\frac{1}{2}\ln(1+y^2)=\frac{1}{2}\ln(1+x^2)+\frac{1}{2}\ln C,$$

故通解为

$$y^2=C(1+x^2)-1.$$

(2) 原方程改写为$\dfrac{\mathrm{d}y}{\mathrm{d}x}=\dfrac{y}{x}\ln\dfrac{y}{x}$，属于齐次方程.令$\dfrac{y}{x}=u$， $\dfrac{\mathrm{d}y}{\mathrm{d}x}=u+x\dfrac{\mathrm{d}u}{\mathrm{d}x}$，

于是

$$u+x\frac{\mathrm{d}u}{\mathrm{d}x}=u\ln u,$$

分离变量

$$\frac{\mathrm{d}u}{u(\ln u-1)}=\frac{\mathrm{d}x}{x},$$

两边积分 $\ln(\ln u-1)=\ln x+\ln C$，即 $\ln u-1=Cx$，

从而通解为

$$y=x\mathrm{e}^{Cx+1}.$$

(3) 将原方程写成

$$\frac{\mathrm{d}x}{\mathrm{d}y}-\frac{1}{y}x=-y\cos y,$$

它是以 $x$ 为未知函数，$y$ 为自变量的一阶线性微分方程，由公式得

$$x=\mathrm{e}^{-\int-\frac{1}{y}\mathrm{d}y}\left[\int(-y\cos y)\mathrm{e}^{\int-\frac{1}{y}\mathrm{d}y}\mathrm{d}y+C\right]$$

$$=y\left[\int(-y\cos y)\frac{1}{y}\mathrm{d}y+C\right]=y(C-\sin y),$$

方程的通解为 $$x=y(C-\sin y).$$

(4) 原方程变形为 $\dfrac{\mathrm{d}y}{\mathrm{d}x}-\dfrac{4}{x}y=xy^{\frac{1}{2}}$，属于 $n=\dfrac{1}{2}$ 的伯努利方程.

令 $z=y^{1-n}=y^{1/2}$，则 $\dfrac{\mathrm{d}z}{\mathrm{d}x}=\dfrac{1}{2}y^{-1/2}\dfrac{\mathrm{d}y}{\mathrm{d}x}$，方程化为 $\dfrac{\mathrm{d}z}{\mathrm{d}x}-\dfrac{2}{x}z=\dfrac{x}{2}$，

所以

$$z=\mathrm{e}^{-\int-\frac{2}{x}\mathrm{d}x}\left[\int\frac{x}{2}\mathrm{e}^{\int-\frac{2}{x}\mathrm{d}x}\mathrm{d}x+C\right]=x^2\left[\int\frac{1}{2x}\mathrm{d}x+C\right]=x^2\left(\frac{1}{2}\ln x+C\right).$$

于是原方程通解为

$$y=x^4\left(\frac{1}{2}\ln x+C\right)^2.$$

(5) 注意到 $\dfrac{\partial P}{\partial y}=\dfrac{\partial Q}{\partial x}=1$，因此方程是一个全微分方程.下面用三种方法求其通解.

**方法一**(公式法)

$$u(x,y)=\int_0^x(x^2+x^3)\mathrm{d}x+\int_0^y(1+x)\mathrm{d}y=\frac{1}{3}x^3+\frac{1}{4}x^4+(1+x)y,$$

故原方程通解为

$$\frac{1}{3}x^3+\frac{1}{4}x^4+(1+x)y=C.$$

**方法二**(不定积分法)

由方程可知 $\dfrac{\partial u}{\partial x}=y+x^2+x^3$，且 $\dfrac{\partial u}{\partial y}=1+x$，所以

$$u(x,y)=\int(y+x^2+x^3)\mathrm{d}x+\varphi(y)=xy+\frac{1}{3}x^3+\frac{1}{4}x^4+\varphi(y),$$

两边对 $y$ 求偏导

$$\frac{\partial u}{\partial y}=x+\varphi'(y),$$

又因 $\dfrac{\partial u}{\partial y}=1+x$，则有 $x+\varphi'(y)=1+x$，解出 $\varphi(y)=y$，

所以原方程通解为

$$xy+\frac{1}{3}x^3+\frac{1}{4}x^4+y=C.$$

**方法三**(分项组合法)

原方程可写为

$$\mathrm{d}y+(x\mathrm{d}y+y\mathrm{d}x)+x^2\mathrm{d}x+x^3\mathrm{d}x=0,$$

即

$$\mathrm{d}y+\mathrm{d}(xy)+\mathrm{d}(\frac{1}{3}x^3)+\mathrm{d}(\frac{1}{4}x^4)=0,\mathrm{d}(y+xy+\frac{1}{3}x^3+\frac{1}{4}x^4)=0,$$

所以原方程通解为

$$y+xy+\frac{1}{3}x^3+\frac{1}{4}x^4=C.$$

**注**　一阶微分方程的类型很多,在求解时应首先确定其类型,然后根据不同的类型用不同的方法求解.思考的顺序通常为:① 是否为可分离变量的方程;② 是否为齐次方程;③ 是否是关于 $y$ 或 $x$ 的线性方程或伯努利方程;④ 是否是全微分方程或乘以积分因子后为全微分方程.另外,在题(1)中要注意任意常数 $C$ 的处理方法;由题(3)的解法可以看出,微分方程中两个变量 $x,y$ 的地位是完全等同的,有时将 $x$ 看成未知函数,$y$ 看成自变量可以使问题迎刃而解;要特别注意题(5)的解法,不论用何种方法求解,首先必须验证$\frac{\partial Q}{\partial x}=\frac{\partial P}{\partial y}$,确定方程是全微分方程后才可以用以上三种方法求解,否则将出现错误.

**【例 12.2】**　求下列方程的通解:

(1) $e^{-y}(y'+1)=xe^x$;　　(2) $xy'+y=y(\ln x+\ln y)$;

(3) $\frac{\mathrm{d}y}{\mathrm{d}x}=\frac{x+1-\sin y}{\cos y}$;　　(4) $y'=\frac{3x^2+y^2-6x+3}{2xy-2y}$.

**解**　(1) 原方程变型为

$$\frac{\mathrm{d}y}{\mathrm{d}x}=xe^{x+y}-1,$$

令 $u=x+y$,则$\frac{\mathrm{d}y}{\mathrm{d}x}=\frac{\mathrm{d}u}{\mathrm{d}x}-1$,代入上式$\frac{\mathrm{d}u}{\mathrm{d}x}=xe^u$,

分离变量

$$e^{-u}\mathrm{d}u=x\mathrm{d}x,$$

两边积分

$$-e^{-u}=\frac{1}{2}x^2+C,$$

故原方程通解为

$$e^{-(x+y)}+\frac{1}{2}x^2+C=0.$$

(2) 将原方程化为

$$(xy)'=y\ln xy,$$

令 $xy=u$,则有 $u'=\frac{u}{x}\ln u$,

分离变量

$$\frac{\mathrm{d}u}{u\ln u}=\frac{\mathrm{d}x}{x},$$

两边积分　$\ln(\ln u)=\ln x+\ln C$，即　$u=\mathrm{e}^{Cx}$，

故原方程通解　$$y=\frac{\mathrm{e}^{Cx}}{x}.$$

(3) 将方程改写为

$$\cos y\cdot\frac{\mathrm{d}y}{\mathrm{d}x}+\sin y=x+1,$$

由于$\frac{\mathrm{d}\sin y}{\mathrm{d}x}=\cos y\cdot\frac{\mathrm{d}y}{\mathrm{d}x}$，令 $u=\sin y$，代入方程得$\frac{\mathrm{d}u}{\mathrm{d}x}+u=x+1$，

由公式

$$u=\mathrm{e}^{-\int\mathrm{d}x}\left[\int(x+1)\mathrm{e}^{\int\mathrm{d}x}\mathrm{d}x+C\right]=\mathrm{e}^{-x}\left[\int(x+1)\mathrm{e}^{x}\mathrm{d}x+C\right]=\mathrm{e}^{-x}(x\mathrm{e}^{x}+C),$$

故原方程通解为

$$\sin y=x+C\mathrm{e}^{-x}.$$

(4) 由原方程得

$$\frac{\mathrm{d}y}{\mathrm{d}x}=\frac{3(x-1)^2+y^2}{2y(x-1)},$$

令 $t=x-1$，则$\frac{\mathrm{d}y}{\mathrm{d}x}=\frac{\mathrm{d}y}{\mathrm{d}t}\cdot\frac{\mathrm{d}t}{\mathrm{d}x}=\frac{\mathrm{d}y}{\mathrm{d}t}$，代入上式得$\frac{\mathrm{d}y}{\mathrm{d}t}=\frac{3t^2+y^2}{2yt}$，是一个关于 $y,t$ 的齐次方程，

再令 $u=\frac{y}{t}$，$\frac{\mathrm{d}y}{\mathrm{d}t}=u+t\frac{\mathrm{d}u}{\mathrm{d}t}$代入并整理得

$$\frac{2u}{3-u^2}\mathrm{d}u=\frac{1}{t}\mathrm{d}t,$$

两边积分，再代回原变量得所求通解

$$3(x-1)^2-y^2=C(x-1).$$

**注**　这组题都不属于一阶微分方程的标准类型，解题思路是寻找适当的变量代换将方程化为标准类型再求解.此类题的解题方法和技巧比较灵活，要善于观察和积累经验.其实对于齐次方程和伯努利方程也是采用了变量代换将方程分别化为可分离变量型和一阶线性微分方程来求解.

**【例 12.3】**　求微分方程 $y\mathrm{d}x+(y-x)\mathrm{d}y=0$ 的通解

**解法一**　原方程改写为$\frac{\mathrm{d}y}{\mathrm{d}x}=\frac{y/x}{1-y/x}$，它为齐次方程，

令 $u=\frac{y}{x}$，则$\frac{\mathrm{d}y}{\mathrm{d}x}=u+x\frac{\mathrm{d}u}{\mathrm{d}x}$，代入上式并分离变量得$\frac{1-u}{u^2}\mathrm{d}u=\frac{1}{x}\mathrm{d}x$，

两边积分

$$\int\left(\frac{1}{u^2}-\frac{1}{u}\right)\mathrm{d}u=\int\frac{1}{x}\mathrm{d}x,$$

即

$$-\frac{1}{u}-\ln u=\ln x+\ln C_1,C_1y=\mathrm{e}^{-x/y},$$

故通解为

$$y=Ce^{-x/y}.$$

**解法二**　原方程改写为

$$\frac{dx}{dy}=\frac{x}{y}-1,$$

令 $u=\frac{x}{y}$，则$\frac{dx}{dy}=u+y\frac{du}{dy}$，代入上式得 $u+y\frac{du}{dy}=u-1$，　即$du=-\frac{dy}{y}$，故 $u=-\ln y+\ln C$，得通解为

$$y=Ce^{-u}=Ce^{-x/y}.$$

**解法三**　$\frac{dx}{dy}-\frac{1}{y}x=-1$ 为关于 $x$ 的一阶线性微分方程，则

$$x=e^{\int\frac{1}{y}dy}\left[\int(-1)e^{-\int\frac{1}{y}dy}dy+C_1\right]=y(C_1-\ln y),$$

取 $C_1=\ln C$，化简即得　$y=Ce^{-x/y}.$

**解法四**　$P(x,y)=y,Q(x,y)=y-x$，由于$\frac{1}{P}(\frac{\partial Q}{\partial x}-\frac{\partial P}{dy})=\frac{-2}{y}$仅依赖于 $y$，因此，方程有积分因子 $u(y)=e^{\int\frac{-2}{y}dy}=\frac{1}{y^2}$，方程两边同乘以$\frac{1}{y^2}$得

$$\frac{1}{y}dx+(\frac{1}{y}-\frac{x}{y^2})dy=0,$$

显然为全微分方程，由公式

$$\begin{aligned}u(x,y)&=\int_{(1,0)}^{(x,y)}\frac{1}{y}dx+(\frac{1}{y}-\frac{x}{y^2})dy\\&=\int_0^x dx+\int_1^y(\frac{1}{y}-\frac{x}{y^2})dy=x+\ln y+\frac{x}{y}-x,\end{aligned}$$

因此通解为 $\ln y+\frac{x}{y}=C_1$，化简为 $y=Ce^{-x/y}$.

**解法五**　将原方程写成

$$ydx-xdy=-ydy,$$

两边同除以 $y^2$

$$\frac{ydx-xdy}{y^2}=-\frac{dy}{y},$$

则有

$$d(\frac{x}{y})=-d\ln y,d(\frac{x}{y}+\ln y)=0,$$

故通解为

$$\frac{x}{y}+\ln y=C_1,即\ y=Ce^{-x/y}.$$

**注**　微分方程可以同时属于不同类型，存在着一题多解.因此，解微分方程时要灵活应用各种解题方法，选择一种最简便的方法来求解.

**2. 可降阶高阶微分方程**

**【例 12.4】**　求解可降阶微分方程：

(1) 求满足微分方程 $x^2y''-(y')^2=0$ 的积分曲线,使其在点(1,0)处有切线 $y=x-1$;

(2) $\begin{cases}2yy''=(y')^2+y^2,\\ y(0)=1,y'(0)=-1.\end{cases}$

**解** (1) 由题意可得初始条件$\begin{cases}y|_{x=1}=0,\\ y'|_{x=1}=1.\end{cases}$

方程不显含 $y$,故可设 $y'=p,y''=p'$,原方程为 $x^2p'-p^2=0$,

分离变量$\dfrac{dp}{p^2}=\dfrac{dx}{x^2}$,解得$\dfrac{1}{p}=\dfrac{1}{x}+C_1$.

由初始条件 $y'|_{x=1}=p|_{x=1}=1$,可得 $C_1=0$,故$\dfrac{1}{p}=\dfrac{1}{x}$,即$\dfrac{dy}{dx}=x$,

积分得 $y=\dfrac{1}{2}x^2+C_2$,由 $y|_{x=1}=0$ 得 $C_2=-\dfrac{1}{2}$,

故所求积分曲线为

$$y=\frac{1}{2}x^2-\frac{1}{2}.$$

(2) 方程不显含 $x$,则令 $y'=p,y''=\dfrac{dp}{dx}=\dfrac{dp}{dy}\cdot\dfrac{dy}{dx}=p\cdot\dfrac{dp}{dy}$,

代入原方程

$$2yp\,\frac{dp}{dy}-p^2=y^2,$$

即$\dfrac{dp^2}{dy}-\dfrac{1}{y}p^2=y$,为关于 $p^2$ 的一阶线性微分方程,

由公式

$$p^2=e^{\int\frac{1}{y}dy}\left[\int ye^{-\int\frac{1}{y}dy}dy+C_1\right]=y(y+C_1),$$

由初始条件知 $p\Big|_{\substack{x=0\\y=1}}=-1$ 代入上式得 $C_1=0$,

所以 $p^2=y^2$,从而 $p=-y$($p=y$ 舍去),即$\dfrac{dy}{y}=-dx$,

两边积分并整理得 $y=C_2e^{-x}$,由 $y(0)=1$,得 $C_2=1$,故所求特解为 $y=e^{-x}$.

**注** 在求解高阶微分方程满足初始条件特解时,要及时利用初始条件确定任意常数,以便简化运算.在题(1)中要注意初始条件的确立;题(2)中出现了需要开方的情况,要根据初始条件确定正负号的取舍.

**3. 高阶线性微分方程**

**【例 12.5】** 已知方程 $y''+P(x)y'+Q(x)y=f(x)$有三个解 $y_1=x,y_2=e^x,y_3=e^{2x}$,求此方程满足初始条件 $y(0)=1,y'(0)=3$ 的特解.

**解** 由线性微分方程解的结构理论知,$y_2-y_1$ 及 $y_3-y_1$ 是对应齐次方程

$$y''+P(x)y'+Q(x)y=0$$

的解且它们线性无关,所以对应齐次方程的通解为

$$Y=C_1(e^x-x)+C_2(e^{2x}-x),$$

故原方程的通解为

$$y=C_1(e^x-x)+C_2(e^{2x}-x)+x, y'=C_1(e^x-1)+C_2(2e^{2x}-1)+1.$$

代入初始条件 $y(0)=1, y'(0)=3$ 得

$$\begin{cases}C_1+C_2=1,\\C_2+1=3,\end{cases}\quad 即 \quad \begin{cases}C_1=-1,\\C_2=2,\end{cases}$$

因此所求特解为

$$y=2e^{2x}-e^x.$$

**注** 要深刻理解和领会线性微分方程解的结构理论,这对掌握好二阶常系数线性微分方程的代数解法很有帮助,因为这一代数解法是建立在线性微分方程解的结构理论基础之上的.

**【例 12.6】** 求微分方程 $y''+4y'+4y=e^{ax}$ 的通解,其中 $a$ 为实数.

**解** (1) 先求对应齐次方程通解 $Y$.

特征方程为 $r^2+4r+4=0$,解得特征根为 $r_1=r_2=-2$,所以对应齐次方程的通解为

$$Y=(C_1+C_2x)e^{-2x}.$$

(2) 再求非齐次方程的特解 $y^*$.

当 $a\neq-2$ 时,设特解 $y^*=Ae^{ax}$,代入方程得 $A=\frac{1}{(a+2)^2}$,于是

$$y^*=\frac{1}{(a+2)^2}e^{ax};$$

当 $a=-2$ 时,因 $r_1=r_2=-2$ 为二重根,设特解 $y^*=Bx^2e^{-2x}$,代入方程得 $B=\frac{1}{2}$.

于是 $y^*=\frac{1}{2}x^2e^{-2x}$.综上,原方程通解为

$$y=\begin{cases}(C_1+C_2x)e^{-2x}+\frac{1}{(a+2)^2}e^{ax}, & 当 a\neq-2 时,\\(C_1+C_2x)e^{-2x}+\frac{1}{2}x^2e^{-2x}, & 当 a=-2 时.\end{cases}$$

**【例 12.7】** 求微分方程 $y''+2y'=\sin^2 x$ 的通解.

**解** (1) 先求对应齐次方程的通解 $Y$.

特征方程 $r^2+2r=0$,特征根 $r_1=0, r_2=-2$,所以 $Y=C_1+C_2e^{-2x}$.

(2) 再求非齐次方程的一个特解 $y^*$.

原方程改写为

$$y''+2y'=\frac{1}{2}-\frac{1}{2}\cos 2x.$$

对于 $y''+2y'=\frac{1}{2}$,由观察法可得一个特解 $y_1^*=\frac{1}{4}x$.

对于 $y''+2y'=-\frac{1}{2}\cos 2x$,设特解 $y_2^*=A\cos 2x+B\sin 2x$,代入方程,由待定系数法得

$$A=\frac{1}{16}, B=-\frac{1}{16},$$

从而原方程通解为

$$y=Y+y_1^*+y_2^*=C_1+C_2\mathrm{e}^{-2x}+\frac{1}{4}x+\frac{1}{16}(\cos 2x-\sin 2x).$$

**注** 求解二阶常系数非齐次线性方程时，关键在于要能正确地设出特解的形式.此题也可直接设原方程的特解为

$$y^*=Ax+B\cos 2x+C\sin 2x.$$

**4. 微分方程综合应用题**

**【例 12.8】** 设 $f(x)=\mathrm{e}^{-u}$，$u=\int_0^x f(t)\mathrm{d}t$，其中 $f(x)$ 为可微函数，求 $f(x)$.

**解** $\dfrac{\mathrm{d}f(x)}{\mathrm{d}x}=-\mathrm{e}^{-u}\cdot\dfrac{\mathrm{d}u}{\mathrm{d}x}=-f^2(x)$， 且 $f(0)=1$，

分离变量

$$-\frac{\mathrm{d}f(x)}{f^2(x)}=\mathrm{d}x,$$

两边积分

$$\frac{1}{f(x)}=x+C,f(x)=\frac{1}{x+C},$$

由 $f(0)=1$ 得 $C=1$，故所求函数为

$$f(x)=\frac{1}{x+1}.$$

**【例 12.9】** 设函数 $f(x)$可导，且对任意实数 $x$，$y$ 有

$$f(x+y)=\mathrm{e}^y f(x)+\mathrm{e}^x f(y),$$

且 $f'(0)=\mathrm{e}$，求函数 $f(x)$.

**解** 等式两边对 $y$ 求导

$$f'(x+y)=\mathrm{e}^y f(x)+\mathrm{e}^x f'(y),$$

令 $y=0$ 得

$$f'(x)=f(x)+\mathrm{e}^x f'(0)=f(x)+\mathrm{e}^{x+1},$$

即 $f'(x)-f(x)=\mathrm{e}^{x+1}$，为一阶线性微分方程，在原等式中令 $x=0$，$y=0$ 得$f(0)=f(0)+f(0)$，所以 $f(0)=0$ 为微分方程的初始条件，

解方程

$$f(x)=\mathrm{e}^{\int\mathrm{d}x}\left[\int\mathrm{e}^{x+1}\mathrm{e}^{-\int\mathrm{d}x}\mathrm{d}x+C\right]=\mathrm{e}^x(\mathrm{e}x+C),$$

由 $f(0)=0$ 得 $C=0$，于是所求函数 $f(x)=x\mathrm{e}^{x+1}$.

**【例 12.10】** 设 $f(x)=\mathrm{e}^x-\int_0^x(x-t)f(t)\mathrm{d}t$，其中 $f(x)$ 为连续函数，试求函数 $f(x)$.

**解** 将等式整理为

$$f(x)=\mathrm{e}^x-x\int_0^x f(t)\mathrm{d}t+\int_0^x tf(t)\mathrm{d}t,$$

两边对 $x$ 求导

$$f'(x)=\mathrm{e}^x-\int_0^x f(t)\mathrm{d}t-xf(x)+xf(x)=\mathrm{e}^x-\int_0^x f(t)\mathrm{d}t,$$

两边再对 $x$ 求导

$$f''(x)=e^x-f(x),$$

在原等式中令 $x=0$ 得 $f(0)=1$；在 $f'(x)=e^x-\int_0^x f(t)dt$ 中令 $x=0$ 得 $f'(0)=1$，从而得到微分方程的初值问题

$$\begin{cases}f''(x)+f(x)=e^x,\\ f(0)=1,f'(0)=1.\end{cases}$$

特征方程为

$$r^2+1=0, r_{1,2}=\pm i,$$

所以对应齐次方程通解

$$Y=C_1\cos x+C_2\sin x,$$

令 $y^*=Ae^x$，代入方程得 $A=\frac{1}{2}$，

于是微分方程通解为

$$y=C_1\cos x+C_2\sin x+\frac{1}{2}e^x,$$

由 $f(0)=1,f'(0)=1$ 得 $C_1=C_2=\frac{1}{2}$，故所求函数

$$f(x)=\frac{1}{2}(\cos x+\sin x+e^x).$$

**【例 12.11】**　设可微函数 $\varphi(x)$ 满足 $\int_0^x\varphi(t)dt=\frac{x^2}{2}+\int_0^x t\varphi(x-t)dt$，求 $\varphi(x)$.

**解**　对等式左边的积分作代换　　$x-t=u$，

则有

$$\begin{aligned}\int_0^x\varphi(t)dt&=\frac{x^2}{2}+\int_x^0(x-u)\varphi(u)(-du)\\&=\frac{x^2}{2}+x\int_0^x\varphi(u)du-\int_0^x u\varphi(u)du,\end{aligned}$$

两边对 $x$ 求导

$$\varphi(x)=x+\int_0^x\varphi(u)du+x\varphi(x)-x\varphi(x)=x+\int_0^x\varphi(u)du,$$

两边再对 $x$ 求导

$$\varphi'(x)=1+\varphi(x), \text{且}\quad \varphi(0)=0,$$

分离变量

$$\frac{d\varphi(x)}{1+\varphi(x)}=dx,$$

解得 $\varphi(x)=Ce^x-1$，由 $\varphi(0)=0$，得 $C=1$，

于是所求函数为

$$\varphi(x)=e^x-1.$$

**注**　例 12.8～例 12.11 这组题都是由已知的关系式来求未知函数，通常的解题方法是经导数运算将原问题化为微分方程的求解问题.值得注意的是题意中往往隐含着微分方程

的初始条件，解题时一定要利用这些条件.另外请大家比较例 12.10、例 12.11 两题中对变限积分求导的不同处理方法.

【例 12.12】 已知$\int_L \left[\varphi(x)-\frac{x^2}{2}\right]y\mathrm{d}y+\frac{3}{2}y^2\varphi(x)\mathrm{d}x$ 在全平面上与路径无关，其中 $\varphi(x)$ 具有连续的一阶导数，并且当 $L$ 是起点在(0,0)，终点为(1,1) 的有向曲线时，该曲线积分值等于$\frac{1}{4}$，试求函数 $\varphi(x)$.

**解** 由$\frac{\partial Q}{\partial x}=\frac{\partial P}{\partial y}$，得$[\varphi'(x)-x]y=3y\varphi(x)$，整理后得

$$\varphi'(x)-3\varphi(x)=x,$$

由公式有

$$\begin{aligned}\varphi(x)&=\mathrm{e}^{\int 3\mathrm{d}x}\left[\int x\mathrm{e}^{-\int 3\mathrm{d}x}\mathrm{d}x+C\right]\\&=\mathrm{e}^{3x}\left[\int x\mathrm{e}^{-3x}\mathrm{d}x+C\right]=C\mathrm{e}^{3x}-\frac{1}{3}\left(x+\frac{1}{3}\right),\end{aligned}$$

由已知

$$\begin{aligned}\int_{(0,0)}^{(1,1)}\left[\varphi(x)-\frac{x^2}{2}\right]y\mathrm{d}y+\frac{3}{2}y^2\varphi(x)\mathrm{d}x&=\int_0^1\left[\varphi(1)-\frac{1}{2}\right]y\mathrm{d}y\\&=\frac{1}{2}\left[\varphi(1)-\frac{1}{2}\right]=\frac{1}{4},\end{aligned}$$

所以 $\varphi(1)=1$，从而 $C=\frac{13}{9}\mathrm{e}^{-3}$，于是

$$\varphi(x)=\frac{13}{9}\mathrm{e}^{3x-3}-\frac{1}{3}\left(x+\frac{1}{3}\right).$$

【例 12.13】 求满足 $f(0)=-1, f'(0)=1$ 的具有二阶连续导数的函数$f(x)$，使

$$f(x)y\mathrm{d}x+\left[\frac{3}{2}\sin 2x-f'(x)\right]\mathrm{d}y=0$$

是全微分方程，并求此全微分方程的积分曲线中经过$(\pi,1)$的一条积分曲线.

**解** 由$\frac{\partial Q}{\partial x}=\frac{\partial P}{\partial y}$，得 $3\cos 2x-f''(x)=f(x)$，

即

$$f''(x)+f(x)=3\cos 2x,$$

解得

$$Y=C_1\cos x+C_2\sin x,$$

令

$$y^*=A\cos 2x+B\sin 2x,$$

代入方程得 $A=-1, B=0$，所以微分方程通解为

$$f(x)=C_1\cos x+C_2\sin x-\cos 2x.$$

由 $f(0)=-1, f'(0)=1$，得 $C_1=0, C_2=1$，所以 $f(x)=\sin x-\cos 2x$.

因此，全微分方程为

$$(\sin x-\cos 2x)y\mathrm{d}x+\left(\frac{3}{2}\sin 2x-\cos x-2\sin 2x\right)\mathrm{d}y=0,$$

即

$$(\sin x-\cos 2x)y\mathrm{d}x-(\cos x+\frac{1}{2}\sin 2x)\mathrm{d}y=0,$$

$$u(x,y)=\int_{(0,0)}^{(x,y)}=0+\int_0^y-(\cos x+\frac{1}{2}\sin 2x)\mathrm{d}y=-(\cos x+\frac{1}{2}\sin 2x)y,$$

所以,全微分方程通解为

$$(\cos x+\frac{1}{2}\sin 2x)y=C.$$

由 $y|_{x=\pi}=1,C=-1$,于是所求积分曲线为

$$y=-\frac{1}{\cos x+\frac{1}{2}\sin 2x}.$$

**【例 12.14】** 已知 $u=u(\sqrt{x^2+y^2})$具有连续的二阶偏导数,且满足方程

$$\frac{\partial^2 u}{\partial x^2}+\frac{\partial^2 u}{\partial y^2}=x^2+y^2,$$

求函数 $u$.

**解** 令 $z=\sqrt{x^2+y^2}$,则 $u=u(z)$,

所以

$$\frac{\partial u}{\partial x}=\frac{\mathrm{d}u}{\mathrm{d}z}\cdot\frac{\partial z}{\partial x}=\frac{\mathrm{d}u}{\mathrm{d}z}\cdot\frac{x}{\sqrt{x^2+y^2}},$$

$$\frac{\partial^2 u}{\partial x^2}=\frac{\mathrm{d}^2 u}{\mathrm{d}z^2}\cdot\frac{x^2}{x^2+y^2}+\frac{\mathrm{d}u}{\mathrm{d}z}\cdot\frac{y^2}{(x^2+y^2)^{3/2}},$$

由对称性

$$\frac{\partial^2 u}{\partial y^2}=\frac{\mathrm{d}^2 u}{\mathrm{d}z^2}\cdot\frac{y^2}{x^2+y^2}+\frac{\mathrm{d}u}{\mathrm{d}z}\cdot\frac{x^2}{(x^2+y^2)^{3/2}},$$

代入方程得

$$\frac{\mathrm{d}^2 u}{\mathrm{d}z^2}+\frac{1}{z}\frac{\mathrm{d}u}{\mathrm{d}z}=z^2,$$

令$\frac{\mathrm{d}u}{\mathrm{d}z}=p$,则$\frac{\mathrm{d}^2 u}{\mathrm{d}z^2}=\frac{\mathrm{d}p}{\mathrm{d}z}$,得$\frac{\mathrm{d}p}{\mathrm{d}z}+\frac{1}{z}p=z^2$ 为一阶线性微分方程

由公式

$$p=\mathrm{e}^{\int-\frac{1}{z}\mathrm{d}z}\left[\int z^2\mathrm{e}^{\int\frac{1}{z}\mathrm{d}z}\mathrm{d}z+C_1\right]=\frac{1}{z}(\frac{1}{4}z^4+C_1),$$

从而

$$u=\int\frac{1}{z}(\frac{1}{4}z^4+C_1)\mathrm{d}z=\frac{1}{16}z^4+C_1\ln z+C_2$$

$$=\frac{1}{16}(x^2+y^2)^2+\frac{1}{2}C_1\ln(x^2+y^2)+C_2.$$

**【例 12.15】** (1) 验证函数 $y(x)=1+\frac{x^3}{3!}+\frac{x^6}{6!}+\frac{x^9}{9!}+\cdots+\frac{x^{3n}}{(3n)!}+\cdots$ $(-\infty<x<+\infty)$满足微分方程 $y''+y'+y=\mathrm{e}^x$;

(2) 利用(1)的结果求幂级数$\sum_{n=0}^{\infty}\frac{x^{3n}}{(3n)!}$的和函数.

**解** (1) 因为

$$y(x)=1+\frac{x^3}{3!}+\frac{x^6}{6!}+\frac{x^9}{9!}+\cdots+\frac{x^{3n}}{(3n)!}+\cdots,$$

$$y'(x)=\frac{x^2}{2!}+\frac{x^5}{5!}+\frac{x^8}{8!}+\cdots+\frac{x^{3n-1}}{(3n-1)!}+\cdots,$$

$$y''(x)=x+\frac{x^4}{4!}+\frac{x^7}{7!}+\cdots+\frac{x^{3n-2}}{(3n-2)!}+\cdots,$$

所以

$$y''+y'+y=1+x+\frac{x^2}{2!}+\frac{x^3}{3!}+\cdots+\frac{x^n}{n!}+\cdots=\mathrm{e}^x.$$

(2) 解微分方程

$$y''+y'+y=\mathrm{e}^x,$$

特征方程$\lambda^2+\lambda+1=0$,特征根$\lambda_{1,2}=-\frac{1}{2}\pm\frac{\sqrt{3}}{2}i$,对应齐次方程的通解为

$$Y(x)=\mathrm{e}^{-\frac{x}{2}}[C_1\cos\frac{\sqrt{3}}{2}x+C_2\sin\frac{\sqrt{3}}{2}x],$$

设非齐次微分方程的特解为$y^*=A\mathrm{e}^x$,代入$y''+y'+y=\mathrm{e}^x$得$A=\frac{1}{3}$.

于是,微分方程的通解为

$$y=\mathrm{e}^{-\frac{x}{2}}[C_1\cos\frac{\sqrt{3}}{2}x+C_2\sin\frac{\sqrt{3}}{2}x]+\frac{1}{3}\mathrm{e}^x.$$

令$x=0$,有

$$\begin{cases}y(0)=1=C_1+\frac{1}{3},\\ y'(0)=0=-\frac{1}{2}C_1+\frac{\sqrt{3}}{2}C_2+\frac{1}{3}.\end{cases}\text{解得}\begin{cases}C_1=\frac{2}{3},\\ C_2=0.\end{cases}$$

于是,幂级数$\sum_{n=0}^{\infty}\frac{x^{3n}}{(3n)!}$的和函数为

$$y(x)=\frac{2}{3}\mathrm{e}^{-\frac{x}{2}}\cos\frac{\sqrt{3}}{2}x+\frac{1}{3}\mathrm{e}^x\quad(-\infty<x<+\infty).$$

**注** 例12.12~例12.15是关于微分方程的综合题.只有熟练掌握每个知识点,巧妙地将它们结合起来,才能做好这类题目.

**【例12.16】** 设曲线$L$位于$xOy$平面的第一象限内,$L$上任一点$M$处的切线与$y$轴总相交,交点记为$A$.已知$|\overline{MA}|=|\overline{OA}|$,且$L$过点$\left(\frac{3}{2},\frac{3}{2}\right)$,求$L$的方程.

**分析** 首先要求出$M(x,y)$点的切线方程(含未知函数的导数$y'$),然后利用$|\overline{MA}|=|\overline{OA}|$可建立微分方程,而$L$过点$\left(\frac{3}{2},\frac{3}{2}\right)$可以作为微分方程的初始条件.

**解** 点$M(x,y)$处的切线方程为

$$Y-y=y'(X-x).$$

令 $X=0$ 得 $Y=y-xy'$，故 $A$ 点的坐标为 $(0,y-xy')$，
由 $|\overline{MA}|=|\overline{OA}|$，有

$$\sqrt{(x-0)^2+(y-y+xy')^2}=|y-xy'|,$$

两边平方并整理得

$$2yy'-\frac{1}{x}y^2=-x,$$

即

$$(y^2)'-\frac{1}{x}y^2=-x,$$

所以

$$\begin{aligned}y^2&=e^{\int\frac{1}{x}dx}\left(\int -xe^{-\int\frac{1}{x}dx}dx+C\right)\\&=-x^2+Cx.\end{aligned}$$

由于 $L$ 在第一象限，故 $y=\sqrt{Cx-x^2}$.
由 $y|_{x=\frac{3}{2}}=\frac{3}{2}$ 得 $C=3$，于是曲线方程为

$$y=\sqrt{3x-x^2}.$$

**【例 12.17】** 设曲线 $L$ 的极坐标方程为 $r=r(\theta)$，$M(r,\theta)$ 为 $L$ 上任一点，$M_0(2,0)$ 为 $L$ 上一定点.若极径 $OM_0$，$OM$ 与曲线 $L$ 所围成的曲边扇形面积值等于 $L$ 上 $M_0$、$M$ 两点间弧长值的一半，求曲线 $L$ 的方程.

**分析** 本题关键是如何在极坐标系下用定积分表示面积及弧长.

**解** 由题设得

$$\frac{1}{2}\int_0^\theta r^2(\theta)d\theta=\frac{1}{2}\int_0^\theta\sqrt{r(\theta)+r'^2(\theta)}\,d\theta,$$

两边对 $\theta$ 求导，得 $r^2=\sqrt{r^2+r'^2}$，即

$$r'=\pm r\sqrt{r^2-1},$$

$$\frac{dr}{r\sqrt{r^2-1}}=\pm d\theta,$$

两边积分

$$-\arcsin\frac{1}{r}+C=\pm\theta,$$

由 $r|_{\theta=2}=2$ 得 $C=\frac{\pi}{6}$，故所求曲线 $L$ 的方程为 $r\sin(\frac{\pi}{6}\mp\theta)=1$，亦即直线 $x\mp\sqrt{3}y=2$.

**【例 12.18】** 从船上向海中沉放某种探测仪器，按探测要求，需确定仪器下沉深度 $y$（从海平面算起）与下沉速度 $v$ 之间的函数关系.设仪器在重力作用下，从海平面由静止开始铅直下沉，在下沉过程还受到阻力和浮力的作用.设仪器的质量为 $m$，体积为 $B$，海水相对密度为 $\rho$，仪器所受的阻力与下沉速度成正比，比例系数为 $k(k>0)$.试建立 $y$ 与 $v$ 所满足的微分方程，并求出函数关系 $y=y(v)$.

**分析** 取沉放点为原点 $O$,$Oy$ 轴正向铅直向下,则由牛顿第二定律得

$$m\frac{\mathrm{d}^2 y}{\mathrm{d}t^2}=mg-B\rho-kv,$$

接下来关键是如何消去上式中的时间变量 $t$,从而得到关于 $y$ 与 $v$ 的微分方程.由 $\frac{\mathrm{d}y}{\mathrm{d}t}=v$ 得

$$\frac{\mathrm{d}^2 y}{\mathrm{d}t^2}=\frac{\mathrm{d}v}{\mathrm{d}t}=\frac{\mathrm{d}v}{\mathrm{d}y}\cdot\frac{\mathrm{d}y}{\mathrm{d}t}=v\cdot\frac{\mathrm{d}v}{\mathrm{d}y}\text{ 代入上式即可.}$$

**解** 由以上分析得 $v$ 与 $y$ 之间的微分方程为

$$mv\frac{\mathrm{d}v}{\mathrm{d}y}=mg-B\rho-kv,$$

初始条件

$$v|_{y=0}=0.$$

分离变量

$$\mathrm{d}y=\frac{mv}{mg-B\rho-kv}\mathrm{d}v,$$

积分得

$$y=-\frac{m}{k}v-\frac{m(mg-B\rho)}{k^2}\ln(mg-B\rho-kv)+C,$$

由 $v|_{y=0}=0$ 得

$$C=\frac{m(mg-B\rho)}{k^2}\ln(mg-B\rho),$$

故所求函数关系为

$$y=-\frac{m}{k}v-\frac{m(mg-B\rho)}{k^2}\ln\frac{mg-B\rho-kv}{mg-B\rho}.$$

**【例 12.19】** 设有一高度为 $h(t)$($t$ 为时间)的雪堆在融化过程中,其侧面满足方程 $z=h(t)-\frac{2(x^2+y^2)}{h(t)}$(设长度单位为厘米,时间单位为小时),已知体积减少的速率与侧面积成正比(比例系数 0.9),问高度为 130 cm 的雪堆全部融化需多少小时?

**分析** 如果能求出未知函数 $h(t)$,即可求出雪堆融化所需时间.由题设条件,应先求出 $t$ 时刻雪堆的体积 $V$ 和侧面积 $S$,再建立 $h(t)$的微分方程.

**解**

$$V=\int_0^{h(t)}\mathrm{d}z\iint_{D_z}\mathrm{d}x\,\mathrm{d}y=\int_0^{h(t)}\frac{1}{2}\pi[h^2(t)-h(t)z]\mathrm{d}z=\frac{\pi}{4}h^3(t),$$

$$S=\iint_{x^2+y^2\leqslant\frac{h^2(t)}{2}}\sqrt{1+z_x^2+z_y^2}\,\mathrm{d}x\,\mathrm{d}y$$

$$=\iint_{x^2+y^2\leqslant\frac{h^2(t)}{2}}\sqrt{1+\frac{16(x^2+y^2)}{h^2(t)}}\,\mathrm{d}x\,\mathrm{d}y$$

$$=\frac{1}{h(t)}\int_0^{2\pi}\mathrm{d}\theta\int_0^{\frac{h(t)}{\sqrt{2}}}\sqrt{h^2(t)+16r^2}\,r\,\mathrm{d}r=\frac{13\pi}{12}h^2(t).$$

由题意知

$$\frac{\mathrm{d}v}{\mathrm{d}t}=-0.9S,\text{而}\frac{\mathrm{d}v}{\mathrm{d}t}=\frac{\pi}{4}\times 3h^2(t)\cdot\frac{\mathrm{d}h(t)}{\mathrm{d}t},$$

所以

$$\frac{\mathrm{d}h(t)}{\mathrm{d}t}=-\frac{13}{10},h(t)=-\frac{13}{10}t+C,$$

由 $h(0)=130$ 得 $h(t)=-\frac{13}{10}t+130$，令 $h(t)\to 0$ 得 $t=100$，故雪堆全部融化需 100 小时.

**【例 12.20】** 设函数 $f(x)$ 在 $(0,+\infty)$ 内连续，$f(1)=\frac{5}{2}$，且对所有的 $x,t\in(0,+\infty)$，满足条件

$$\int_1^{xt}f(u)\mathrm{d}u=t\int_1^x f(u)\mathrm{d}u+x\int_1^t f(u)\mathrm{d}u,$$

求 $f(x)$.

**分析** 由积分方程求未知函数，通常要利用导数运算化积分方程为微分方程，再求解. 本题要注意的是两个变量 $x,t$ 是独立的两个变量.

**解** 等式两边对 $x$ 求导，得

$$tf(xt)=tf(x)+\int_1^t f(u)\mathrm{d}u,$$

令 $x=1$，并注意到 $f(1)=\frac{5}{2}$，得

$$tf(t)=\frac{5}{2}t+\int_1^t f(u)\mathrm{d}u,$$

两边对 $t$ 求导，得

$$f(t)+tf'(t)=\frac{5}{2}+f(t).$$

即

$$f'(t)=\frac{5}{2t},\quad f(t)=\frac{5}{2}\ln t+C,$$

由 $f(1)=\frac{5}{2}$，得 $C=\frac{5}{2}$，于是

$$f(x)=\frac{5}{2}(\ln x+1).$$

**【例 12.21】** 一曲线通过点(2,3)，在该曲线上任一点 $P(x,y)$ 处的法线与 $x$ 轴交点为 $Q$，且线段 $PQ$ 恰被 $y$ 轴平分，求此曲线方程.

**解** 设所求曲线方程为 $y=f(x)$，则在 $P(x,y)$ 处的法线方程为

$$Y-y=-\frac{1}{y'}(X-x),$$

令 $Y=0$ 得 $x$ 轴上的截距

$$X=yy'+x,$$

由已知条件可得 $\frac{x+(yy'+x)}{2}=0$，从而得微分方程 $\begin{cases}yy'+2x=0,\\ y|_{x=2}=3,\end{cases}$

即 $y\mathrm{d}y=-2x\mathrm{d}x$，两边积分 $\frac{1}{2}y^2=-x^2+C$，由 $y|_{x=2}=3$ 得 $C=\frac{17}{2}$，

故所求曲线方程为

$$2x^2+y^2=17.$$

**【例 12.22】** 在连接 $A(0,1)$ 和 $B(1,0)$ 两点的一条凸曲线上任取一点 $P(x,y)$，已知曲线与弦 $AP$ 之间的面积为 $x^3$，求此曲线方程.

**解** 设所求曲线方程为 $y=y(x)$，则有

$$\int_0^x y\mathrm{d}x-\frac{(y+1)x}{2}=x^3,$$

两边对 $x$ 求导 $y-\frac{1}{2}(y+1+xy')=3x^2$，即 $y'-\frac{1}{x}y=-\frac{1}{x}-6x$.

所以

$$y=\mathrm{e}^{\int\frac{1}{x}\mathrm{d}x}\left[\int\left(-\frac{1}{x}-6x\right)\mathrm{e}^{\int-\frac{1}{x}\mathrm{d}x}\mathrm{d}x+C\right]=x\left(\frac{1}{x}-6x+C\right),$$

由 $y(1)=0$ 得 $C=5$，所以所求曲线方程为 $y=-6x^2+5x+1$.

**【例 12.23】** 位于点 $P_0(1,0)$ 的我舰向位于原点的目标发射制导鱼雷并始终对准目标.设目标以速度 $v$ 沿 $y$ 轴正向运动，鱼雷的速度为 $5v$，求鱼雷轨迹的曲线方程.

**解** 设在时刻 $t$，鱼雷位于 $P(x,y)$ 点，运动轨迹为 $y=f(x)$，方向即为曲线的切线方向，其斜率 $\frac{\mathrm{d}y}{\mathrm{d}x}=\frac{y-vt}{x-o}$，即 $xy'=y-vt$，且 $\frac{\mathrm{d}s}{\mathrm{d}t}=5v$（$s$ 为弧长），为了得到 $x,y$ 之间的关系，消去 $t$，上式两边对 $x$ 求导

$$y'+xy''=y'-v\frac{\mathrm{d}t}{\mathrm{d}x}，即\ xy''=-v\frac{\mathrm{d}t}{\mathrm{d}x}=-\frac{v}{\frac{\mathrm{d}x}{\mathrm{d}t}},$$

而 $\frac{\mathrm{d}x}{\mathrm{d}t}=\frac{\mathrm{d}x}{\mathrm{d}s}\cdot\frac{\mathrm{d}s}{\mathrm{d}t}=\frac{\frac{\mathrm{d}s}{\mathrm{d}t}}{\frac{\mathrm{d}s}{\mathrm{d}x}}=\frac{5v}{-\sqrt{1+y'^2}}$，代入上式得 $xy''=\frac{1}{5}\sqrt{1+y'^2}$，此方程为不显含 $y$ 的二阶微分，且有初始条件 $y|_{x=1}=0,y'|_{x=1}=0$.

令 $y'=p$，则 $y''=p'$ 代入方程得

$$\frac{\mathrm{d}p}{\sqrt{1+p^2}}=\frac{\mathrm{d}x}{5x},$$

两边积分

$$\ln\left(p+\sqrt{1+p^2}\right)=\frac{1}{5}\ln x+\ln C_1,$$

即 $p+\sqrt{1+p^2}=C_1x^{\frac{1}{5}}$，由 $y'|_{x=1}=0$，得 $C_1=1$，

所以 $p+\sqrt{1+p^2}=x^{1/5}$，取共轭因式得 $p-\sqrt{1+p^2}=-x^{-\frac{1}{5}}$，

两式相加解出

$$y'=p=\frac{1}{2}\left(x^{\frac{1}{5}}-x^{-\frac{1}{5}}\right),$$

所以 $y=\frac{1}{2}\int(x^{\frac{1}{5}}-x^{-\frac{1}{5}})\mathrm{d}x=\frac{1}{2}(\frac{5}{6}x^{\frac{6}{5}}-\frac{5}{4}x^{\frac{4}{5}})+C_2$，由 $y\,|_{x=1}=0$，得 $C_2=\frac{5}{24}$，于是所求曲线方程为

$$y=\frac{5}{12}x^{\frac{6}{5}}-\frac{5}{8}x^{\frac{4}{5}}+\frac{5}{24}.$$

**【例 12.24】** 一质量为 $m$ 的物体，以速度 $v_0$ 垂直上抛，假定空气阻力与速度平方成正比，试求物体上升的高度.

**解** 取物体初始点为原点，$x$ 轴沿直向上.设物体的速度函数为 $v=v(t)$，由牛顿第二定律

$$m\frac{\mathrm{d}v}{\mathrm{d}t}=-mg-kv^2 \quad 且 \quad v\,|_{t=0}=v_0,$$

为了方便，令 $a^2=g,b^2=\frac{k}{m}$，则上式变为

$$\frac{\mathrm{d}v}{a^2+b^2v^2}=-\mathrm{d}t,$$

两边积分

$$\frac{1}{ab}\arctan\frac{b}{a}v=-t+C,$$

由 $v\,|_{t=0}=v_0$，得 $C=\frac{1}{ab}\arctan\frac{b}{a}v_0$，所以有 $\arctan\frac{b}{a}v=\arctan\frac{b}{a}v_0-abt$.

物体上升到最高点时 $v=0$，代入上式得所需时间

$$t_1=\frac{1}{ab}\arctan\frac{b}{a}v_0,$$

于是速度函数

$$v(t)=\frac{a}{b}\tan(abt_1-abt) \quad (0\leqslant t\leqslant t_1),$$

这样，所求上升高度

$$H=\int_0^{t_1}v(t)\mathrm{d}t=\frac{1}{2b^2}\ln\left(1+\frac{b^2}{a^2}v_0^2\right)=\frac{m}{2k}\ln\left(1+\frac{k}{mg}v_0^2\right).$$

**【例 12.25】** 一桶内有 40 升盐溶液，含溶解盐 40 千克.现用浓度为每升 2 千克的盐溶液以每分钟 4 升的流速注入桶内，假定搅拌均匀后的混合物以同样速度流出，问在 $t$ 时刻桶内含盐量是多少?

**解** 设在 $t$ 时刻，桶中含盐量为 $x(t)$.用微元法建立微分方程，考察时间段 $[t,t+\mathrm{d}t]$，桶内含盐量从 $x$ 变到 $x+\mathrm{d}x$，则

$$\mathrm{d}x=流入的盐量-流出的盐量=2\times4\times\mathrm{d}t-\frac{x}{40}\times4\times\mathrm{d}t,$$

即

$$\frac{\mathrm{d}x}{\mathrm{d}t}+\frac{1}{10}x=8,$$

所以

$$x=e^{-\int\frac{1}{10}dt}\left[\int 8e^{\int\frac{1}{10}dt}dt+C\right]=e^{-\frac{t}{10}}\left(\int 8e^{\frac{t}{10}}dt+C\right)=80+Ce^{-\frac{t}{10}},$$

由初始条件 $x|_{t=0}=40$,得 $C=-40$,于是所求函数关系为 $x=40(2-e^{-\frac{t}{10}})$.

## 四、练习题与解答

1. 选择题

(1) 微分方程$(x+y)dy=(x-y)dx$ 是(　).

(A) 线性微分方程;　(B) 可分离变量方程;

(C) 齐次微分方程;　(D) 一阶线性非齐次方程.

(2) 若函数 $y=\cos 2x$ 是微分方程 $y'+p(x)y=0$ 的一个特解,则该方程满足初始条件 $y(0)=2$ 的特解为(　　).

(A) $y=\cos 2x+2$;　(B) $y=\cos 2x+1$;

(C) $y=2\cos x$;　(D) $y=2\cos 2x$.

(3) 若 $y=f(x)$是 $y'+p(x)y=0$ 的解,又 $y=g(x)$是 $y'+p(x)y=q(x)$的解,其中 $q(x)\neq 0$,$k$ 为任意常数,则(　　)是 $y'+p(x)y=q(x)$的解.

(A) $y=kf(x)+g(x)$;　(B) $y=f(x)+kg(x)$;

(C) $y=k[f(x)+g(x)]$;　(D) $y=k[f(x)-g(x)]$.

(4) 设曲线积分$\int_L [f(x)-e^x]\sin y dx-f(x)\cos y dy$ 与路径无关,其中$f(x)$具有一阶连续导数,且 $f(0)=0$,则 $f(x)$ 等于(　　).

(A) $\frac{1}{2}(e^{-x}-e^x)$;　(B) $\frac{1}{2}(e^x-e^{-x})$;

(C) $\frac{1}{2}(e^x+e^{-x})-1$;　(D) $1-\frac{1}{2}(e^x+e^{-x})$.

(5) 微分方程 $y''-y=e^x+1$ 的一个特解应具有形式(　　).

(A) $ae^x+b$;　(B) $axe^x+b$;

(C) $ae^x+bx$;　(D) $axe^x+bx$.

(6) 设二阶线性非齐次方程 $y''+p(x)y'+q(x)y=f(x)$有三个特解,$y_1=x$,$y_2=e^x$,$y_3=e^{2x}$,则其通解为(　).

(A) $x+C_1e^x+C_2e^{2x}$;　(B) $C_1x+C_2e^x+C_3e^{2x}$;

(C) $x+C_1(e^x-e^{2x})+C_2(x-e^x)$;　(D) $C_1(e^x-e^{2x})+C_2(e^{2x}-x)$.

(7) 微分方程 $y''-y'-2y=xe^{2x}$ 的特解形式为 $y^*=($　　$)$.

(A) $(ax+b)x^2e^{2x}$;　(B) $axe^{2x}$;

(C) $(ax+b)e^{2x}$;　(D) $(ax+b)xe^{2x}$.

(8) 方程 $y''+y=\cos x$ 的一个特解的形式为(　　).

(A) $y^*=A\cos x$;　(B) $y^*=A\cos x+B\sin x$;

(C) $y^*=Ax\cos x$;　(D) $y^*=x(A\cos x+B\sin x)$.

(9) 满足方程 $f(x)+2\int_0^x f(x)dx=x^2$ 的解 $f(x)=($　　$)$.

(A) $-\frac{1}{2}e^{-2x}+x+\frac{1}{2}$；　(B) $\frac{1}{2}e^{-2x}+x-\frac{1}{2}$；

(C) $Ce^{-2x}+x-\frac{1}{2}$；　(D) $Ce^{-2x}+x+\frac{1}{2}$.

(10) 设 $y=y(x)$是方程 $y''+4y'+4y=0$ 满足 $y(0)=\frac{1}{2}, y'(0)=2$ 的解，则 $\int_0^{+\infty} y(x)\mathrm{d}x$ $=$(　　).

(A) 2；　(B) $-2$；　(C) 1；　(D) $-1$.

(11) 设常系数线性微分方程 $y''+ay'+by=0$ 的通解为：$y=e^{-2x}(C_1\sin x+C_2\cos x)$，则 $a+b=$(　　).

(A) $-3$；　(B) 0；　(C) 9；　(D) 6.

(12) 设线性无关的函数 $y_1, y_2, y_3$ 都是二阶非齐次线性方程

$$y''+p(x)y'+q(x)y=f(x)$$

的解，$C_1, C_2$ 是任意常数，则该方程的通解是(　　).

(A) $C_1y_1+C_2y_2+y_3$；

(B) $C_1y_1+C_2y_2-(C_1+C_2)y_3$；

(C) $C_1y_1+C_2y_2-(1-C_1-C_2)y_3$；

(D) $C_1y_1+C_2y_2+(1-C_1-C_2)y_3$.

(13) 若连续函数 $f(x)$满足关系式

$$f(x)=\int_0^{2x} f\left(\frac{t}{2}\right)\mathrm{d}t+\ln 2,$$

则 $f(x)$等于(　　).

(A) $e^x\ln 2$；　(B) $e^{2x}\ln 2$；　(C) $e^x+\ln 2$；　(D) $e^{2x}+\ln 2$.

(14) 已知函数 $y=y(x)$在任意点 $x$ 处的增量 $\Delta y=\frac{y\Delta x}{1+x^2}+\alpha$，且当 $\Delta x\to 0$ 时，$\alpha$ 是 $\Delta x$ 的高阶无穷小，$y(0)=\pi$，则 $y(1)$等于(　　).

(A) $2\pi$；　(B) $\pi$；　(C) $e^{\frac{\pi}{4}}$；　(D) $\pi e^{\frac{\pi}{4}}$.

(15) 设 $y=y(x)$ 是二阶常系数微分方程 $y''+py'+qy=e^{3x}$ 满足初始条件 $y(0)=y'(0)=0$ 的特解，则当 $x\to 0$ 时，函数$\frac{\ln(1+x^2)}{y(x)}$的极限(　　).

(A) 不存在；　(B) 等于 1；　(C) 等于 2；　(D) 等于 3.

2. 填空题

(1) 微分方程 $y'=\frac{y}{x}+\tan\frac{y}{x}$的通解为________________.

(2) 微分方程$\frac{\mathrm{d}y}{\mathrm{d}x}-\frac{2}{x+1}y=(x+1)^3$ 满足 $y(0)=1$ 的特解为__________.

(3) 微分方程 $2yy'+2xy^2=xe^{-x^2}$ 的通解为 $y^2=e^{-x^2}$ __________.

(4) 微分方程 $y'-2xy=e^{x^2}$ 的通解为________.

(5) 已知二阶常系数齐次线性微分方程的通解为 $y=e^x[C_1\sin x+C_2\cos x]$，则常微分方程为________.

(6) 微分方程 $y''-10y'+25y=0$ 的通解是________.

(7) 微分方程 $y''-y'-2y=xe^{2x}$ 的特解形式为 $y^*=$________.

(8) 通解为 $y=Ce^x+x$ 的微分方程是________.

(9) 曲线 $y=f(x)$ 过 $\left(0,-\dfrac{1}{2}\right)$ 点，其上任一点 $(x,y)$ 处切线斜率为 $x\ln(1+x^2)$，则 $f(x)=$________.

(10) 微分方程 $y''+2y'+y=4e^x$ 的通解为________.

(11) 可导函数 $f(x)$ 满足方程 $f'(x)+xf'(-x)=x$，则 $f(x)=$________.

(12) 微分方程 $y'+y\tan x=\cos x$ 的通解为________.

(13) 微分方程 $y''-2y'+2y=e^x$ 的通解为________.

(14) 微分方程 $xy''+3y'=0$ 的通解为________.

(15) 微分方程 $yy''+y'^2=0$ 满足初始条件 $y|_{x=0}=1, y'|_{x=0}=\dfrac{1}{2}$ 的特解是________.

3. 求下列微分方程的通解：

(1) $\dfrac{dy}{dx}=e^{x-y}$；

(2) $x\sqrt{1-y^2}\,dx+y\sqrt{1-x^2}\,dy=0$；

(3) $\dfrac{dy}{dx}=\dfrac{y}{\sqrt{1-x^2}}$；

(4) $(x-2y)y'=2x-y$；

(5) $(y+\sqrt{x^2+y^2})dx-x\,dy=0$；

(6) $y'+y\tan x=\cos x$；

(7) $y'\cos x+y\sin x=1$；

(8) $\dfrac{dy}{dx}=\dfrac{1}{x+y^2}$；

(9) $xy'-y(2y\ln x-1)=0$；

(10) $xy'+y=x^3y^6$；

(11) $\dfrac{1}{\sqrt{y}}y'-\dfrac{4x}{x^2+1}\sqrt{y}=x$；

(12) $y''-y'=x$；

(13) $yy''-(y')^2=0$；

(14) $y''+\mu y=0$（$\mu$ 为实数）；

(15) $y''-6y'+9y=e^{3x}$；

(16) $y''-2y'+y=4xe^x$；

(17) $y''-2y'+2y=e^x+5$；

(18) $y''+y=x+\cos x$.

4. 求下列微分方程满足所给初始条件的特解.

(1) $\sin x\cos y\,dx-\cos x\sin y\,dy=0, y(0)=\dfrac{\pi}{4}$.

(2) $x^2y'+xy=y^2, y(1)=1$.

(3) $\dfrac{dy}{dx}-\dfrac{2}{x+1}y=(x+1)^3, y(0)=1$.

(4) $x^2y'+xy=y, y|_{x=\frac{1}{2}}=4$.

(5) $\begin{cases} y\,dx+(y-x)\,dy=0, \\ y(0)=1. \end{cases}$

(6) $xy\dfrac{dy}{dx}=x^2+y^2, y|_{x=e}=2e$.

(7) $(x^2-1)dy+(2xy-\cos x)dx=0, y(0)=1$.

(8) $y''=3\sqrt{y}, y|_{x=0}=1, y'|_{x=0}=2$.

(9) $(1-x^2)y''-xy'=0, y(0)=0, y'(0)=1$.

(10) $\begin{cases} xy''+x(y')^2-y'=0, \\ y(2)=2, y'(2)=1. \end{cases}$

(11) $yy'=y'', y|_{x=0}=1, y'|_{x=0}=1$.

(12) $y''-4y'+4y=0, y(0)=0, y'(0)=1$.

(13) $y''+2y'-6y=\mathrm{e}^{-3x}, y(0)=1, y'(0)=1$.

(14) $y''+2y=\sin x, y(0)=1, y'(0)=1$.

5. 设 $y=\mathrm{e}^x$ 是微分方程 $xy'+p(x)y=x$ 的一个解,求此微分方程满足条件 $y(\ln 2)=0$ 的特解.

6. 利用代换 $y=\dfrac{u}{\cos x}$ 将方程

$$y''\cos x-2y'\sin x+3y\cos x=\mathrm{e}^x$$

化简,并求出原方程的通解.

7. 已知 $f(0)=\dfrac{1}{2}$,试确定可微函数 $f(x)$,使

$$[\mathrm{e}^x+f(x)]y\mathrm{d}y+f(x)\mathrm{d}y=0$$

为全微分方程,并求此全微分方程的通解.

8. 设曲线 $y=f(x)$ 满足下列两个条件:

(1) 曲线上任一点的切线在 $y$ 轴上的截距等于该点横坐标的平方.

(2) 平面上的点到该曲线的顶点与到原点距离的平方和的最小值在点(1,2)处达到,试求此曲线方程.

9. 设 $y=y(x)$ 是一向上凸的连续曲线,其上任意一点 $(x,y)$ 处的曲率为 $\dfrac{1}{\sqrt{1+y'^2}}$,且此曲线上点(0,1)处的切线方程为 $y=x+1$,求该曲线的方程,并求函数 $y=y(x)$ 的极值.

10. 用变量代换 $x=\cos t(0<t<\pi)$ 化简微分方程 $(1-x^2)y''-xy'+y=0$,并求其满足 $y|_{x=0}=1, y'|_{x=0}=2$ 的特解.

11. 已知函数 $f(x)$ 在 $[0,+\infty)$ 上可导,$f(0)=1$,且满足等式 $f'(x)+f(x)-\dfrac{1}{x+1}\displaystyle\int_0^x f(t)\mathrm{d}t=0$,求 $f'(x)$,并证明 $\mathrm{e}^{-x}\leqslant f(x)\leqslant 1(x\geqslant 0)$.

12. 设级数 $\dfrac{x^4}{2\cdot 4}+\dfrac{x^6}{2\cdot 4\cdot 6}+\dfrac{x^8}{2\cdot 4\cdot 6\cdot 8}+\cdots\quad(-\infty<x<+\infty)$ 的和函数为 $S(x)$.求:

(1) $S(x)$ 所满足的一阶微分方程;

(2) $S(x)$ 的表达式.

13. 在 $xOy$ 坐标平面上,连续曲线 $L$ 过点 $M(1,0)$,其上任意点 $P(x,y)(x\neq 0)$ 处的切线斜率与直线 $OP$ 的斜率之差等于 $ax$(常数 $a>0$).

(1) 求 $L$ 的方程;

(2) 当 $L$ 与直线 $y=ax$ 所围成平面图形的面积为 $\dfrac{8}{3}$ 时,确定 $a$ 的值.

14. 设 $y=f(x)$ 是第一象限内连接点 $A(0,1)$,$B(1,0)$ 的一段连续曲线,$M(x,y)$ 为该

曲线上任一点，点 $C$ 为 $M$ 在 $x$ 轴上的投影，$O$ 为坐标原点。若梯形 $OCMA$ 的面积与曲边三角形 $CBM$ 的面积之和为$\frac{x^3}{6}+\frac{1}{3}$，求：

(1) $f(x)$满足的微分方程；(2) $f(x)$的表达式.

15. 某湖泊的水量为 $V$，每年排入湖泊内含污染物 $A$ 的污水量为$\frac{V}{6}$，流入湖泊内不含 $A$ 的水量为$\frac{V}{6}$，流出湖泊的水量为$\frac{V}{3}$，已知 2004 年底湖中 $A$ 的含量为 5 $m_0$，超过国家规定指标.为了治理污染，从 2005 年初起，限定排入湖泊中含 $A$ 污水的浓度不超过$\frac{m_0}{V}$.问至多需经过多少年，湖泊中污染物 $A$ 的含量降至 $m_0$ 以内？（注：设湖水中 $A$ 的浓度是均匀的.）

**练习题解答**

# 《高等数学 A(1)》模拟试题(一)

**一、填空题**(本题共 5 小题，每小题 4 分，满分 20 分)

1. $\lim\limits_{n\to\infty} n(\sqrt{n^2+2}-\sqrt{n^2-1})=$______.

2. $\lim\limits_{x\to\infty}\left(1-\dfrac{1}{2x}\right)^{3x}=$______.

3. 设 $f(x)=\begin{cases}\dfrac{\ln(1-x^2)}{1-\cos x}, & x\neq 0\\ a, & x=0\end{cases}$ 在 $x=0$ 处连续,则 $a=$______.

4. 曲线 $y=x\ln x$ 平行于直线 $x-y+1=0$ 的切线方程为______.

5. 设 $y=xe^x$ ,则 $y''=$______.

**二、选择题**(本题共 5 小题,每小题 4 分,满分 20 分.每小题给出的四个选项中,只有一项符合题目要求,把所选项前的字母填在题后的括号内)

1. 设 $a>0$,则当 $x\to 0$ 时,$\sqrt{a+x^4}-\sqrt{a}$ 是 $f'(0)=0,f'(0)=0$ 的(　　)无穷小.
(A) 2 阶;　　(B) 4 阶;　　(C) 等价;　　(D) 同阶非等价.

2. 设函数 $f(x)$ 和 $g(x)$ 在 $(-\infty,+\infty)$ 内有定义,$f(x)$ 为连续函数,且 $f(x)\neq 0$,$g(x)$ 有间断点,则(　　).
(A) $g[f(x)]$ 必有间断点;　　(B) $[g(x)]^2$ 必有间断点;
(C) $f[g(x)]$ 必有间断点;　　(D) $\dfrac{g(x)}{f(x)}$ 必有间断点.

3. 设 $f(x)=\begin{cases}3x^2-2x, & x\leqslant 0\\ \sin ax+b, & x>0\end{cases}$ 在 $x=0$ 处可导,则(　　).
(A) $a=-2,b=0$;　　(B) $a=2,b=0$;
(C) $a=-2,b=1$;　　(D) $a=2,b=-1$.

4. 若函数 $f(x)$ 在 $x=1$ 处可导,且 $f'(1)=-2$,则 $\lim\limits_{x\to 0}\dfrac{f(1-\sin x)-f(1)}{x}=$(　　).
(A) $-2$;　　(B) 2;　　(C) 1;　　(D) $-1$.

5. 下列微分式正确的是(　　).
(A) $x\mathrm{d}x=\mathrm{d}(x^2)$;　　(B) $\cos 2x\mathrm{d}x=\mathrm{d}(\sin 2x)$;
(C) $\mathrm{d}x=-\mathrm{d}(5-x)$;　　(D) $(\mathrm{d}x)^2=\mathrm{d}(x^2)$.

**三、计算题**(本题共 6 小题，满分 52 分)

1. (本题 9 分) 计算极限 $\lim\limits_{x\to 0}\dfrac{\sqrt{1+\tan x}-\sqrt{1+\sin x}}{x(e^{\arctan^2 x}-1)}$.

2. (本题 9 分) 设函数 $f(x)=\dfrac{1}{e^{\frac{x}{1-x}}-1}$ ,指出其间断点并判断类型.

3.（本题 9 分）求参数方程 $\begin{cases} x=\ln(1+t^2) \\ y=t-\arctan t \end{cases}$ 所确定函数的二阶导数 $\dfrac{d^2y}{dx^2}$.

4.（本题 9 分）求由方程 $x-y+\dfrac{1}{2}\sin y=0$ 所确定的隐函数的一阶导数 $\dfrac{dy}{dx}$ 和二阶导数 $\dfrac{d^2y}{dx^2}$.

5.（本题 8 分）设 $y=\sqrt[3]{\ln\sin\dfrac{x+3}{2}}$，求 $y'$.

6.（本题 8 分）设函数 $y=x^2\cos x$，求其 100 阶导数 $y^{(100)}$.

**四、证明题**（本题 8 分）

设 $f(x)$ 在 $[0,3]$ 连续，且 $f(0)=f(3)$，证明：存在 $\xi\in[0,3]$，使得 $f(\xi)=f(\xi+1)$.

**参考答案**

# 《高等数学 A(1)》模拟试题(二)

**一、填空题**(本题共 5 小题,每小题 4 分,满分 20 分)

1. 已知函数 $f(x)=\begin{cases}(1-x)^{\frac{1}{x}}, & x\neq 0\\ a, & x=0\end{cases}$ 在 $x=0$ 处连续,则 $a=$__________.

2. 函数 $f(x)=\dfrac{x^2-x}{|x|(x-1)(x+1)}$ 第一类间断点的个数为__________.

3. 设 $\lim\limits_{x\to 0}\left(x\sin\dfrac{1}{x}+\dfrac{\sin x}{x}\right)=$__________.

4. 设函数 $y=\dfrac{x\ln(1+\arctan^6 x)}{\sqrt{2+x^2}}$,则 $\mathrm{d}y\,|_{x=0}=$__________.

5. 设 $f(x)=x^{x^2}(x>0)$,则 $f'(x)=$__________.

**二、选择题**(本题共 5 小题,每小题 4 分,满分 20 分.每小题给出的四个选项中,只有一项符合题目要求,把所选项前的字母填在题后的括号内)

1. 下列极限存在的是(　　).

(A) $\lim\limits_{x\to\infty}\dfrac{1}{2^x}$;　(B) $\lim\limits_{x\to 0}\dfrac{1}{3^x-1}$;　(C) $\lim\limits_{x\to\infty}\mathrm{e}^{\frac{1}{x}}$;　(D) $\lim\limits_{x\to\infty}3^x$.

2. 已知 $\lim\limits_{x\to 0}\dfrac{f(x)}{x}=2$,则 $\lim\limits_{x\to 0}\dfrac{\sin 3x}{f(2x)}=$(　　).

(A) $\dfrac{2}{3}$;　(B) $\dfrac{3}{2}$;　(C) $\dfrac{3}{4}$;　(D) $\dfrac{4}{3}$.

3. 下列对于函数 $y=x\cos x$ 的叙述,正确的一个是(　　).

(A) 有界,且是当 $x$ 趋于无穷时的无穷大;

(B) 有界,但不是当 $x$ 趋于无穷时的无穷大;

(C) 无界,且是当 $x$ 趋于无穷时的无穷大;

(D) 无界,但不是当 $x$ 趋于无穷时的无穷大.

4. 下列叙述正确的一个是(　　).

(A) 函数在某点有极限,则函数必有界;

(B) 若数列有界,则数列必有极限;

(C) 若 $\lim\limits_{h\to 0}\dfrac{f(2h)-f(-2h)}{h}=2$,则函数 $f(x)$ 在 0 处必有导数;

(D) 函数在 $x_0$ 可导,则在 $x_0$ 必连续.

5. 设 $f(x)=(x-x_0)|\varphi(x)|$,而 $\varphi(x)$ 在 $x_0$ 连续但不可导,则 $f(x)$ 在 $x_0$ 处(　　).

(A) 不一定可导;　(B) 可导;

(C) 连续但不可导；　　(D) 二阶可导.

**三、计算题**(本题共 7 小题，满分 44 分)

1.(本题 6 分)求数列极限 $\lim\limits_{n\to\infty}\dfrac{1}{n}(1+\sqrt[n]{2}+\sqrt[n]{3}+\cdots+\sqrt[n]{n})$.

2.(本题 6 分)求函数极限 $\lim\limits_{x\to 0}\dfrac{\ln(1-3x^3)}{(e^{2x}-1)^2\sin x}$.

3.(本题 6 分)设函数 $y=y(x)$ 是由方程 $\dfrac{1}{2}\ln(x^2+y^2)=\arctan\dfrac{y}{x}$ 所确定的隐函数,求 $\left.\dfrac{dy}{dx}\right|_{(2,0)}$ 及 $y=y(x)$ 在点 $(1,0)$ 处的切线方程.

4.(本题 6 分) 设 $\begin{cases}x=\arctan t,\\ y=\ln(1+t^2),\end{cases}$ 求 $\dfrac{dy}{dx},\dfrac{d^2y}{dx^2}$.

5.(本题 6 分) 设 $y=x^2\cos 2x$，求 $y^{(100)}$.

6.(本题 7 分) 已知 $\lim\limits_{x\to\infty}\left[\dfrac{x^2+1}{x+1}-(ax+b)\right]=0$，求常数 $a,b$.

7.(本题 7 分) 求函数 $f(x)=\dfrac{x-2}{1-e^{\frac{(x-2)(x-3)}{x-1}}}+\cos\dfrac{1}{x}$ 的间断点,并判断其类型.

**四、证明题**(本题共 2 小题，每小题 8 分，满分 16 分)

1. 证明方程 $e^x+x^{2n+1}=0$ 有唯一的实根 $x_n(n=0,1,2,\cdots)$，且 $\lim\limits_{n\to\infty}x_n$ 存在,并求其值.

2. 设函数 $f(x)$ 在区间 $[a,b]$ 上连续，且 $f(a)=f(b)=1$，若 $f'(a+0)\cdot f'(b-0)>0$. 求证：在区间 $(a,b)$ 内至少存在一点 $\xi$，满足 $f(\xi)=1$.

**参考答案**

# 《高等数学 A(2)》模拟试题(一)

**一、填空题**(本题共 5 小题，每小题 4 分，满分 20 分)

1. 函数 $y=\dfrac{x}{x^2-1}+1$ 的水平和垂直渐近线共有__________条.

2. 曲线 $y=x^3-3x^2$ 的拐点坐标为__________.

3. 已知 $\dfrac{\cos x}{x}$ 是 $f(x)$ 的一个原函数,则 $\displaystyle\int f(x)\frac{\cos x}{x}\mathrm{d}x=$__________.

4. $\displaystyle\lim_{n\to\infty}\frac{\pi}{n}\left(\cos^2\frac{\pi}{n}+\cos^2\frac{2\pi}{n}+\cdots+\cos^2\frac{n-1}{n}\pi\right)=$__________.

5. 设 $f(x)=\displaystyle\int_0^x \mathrm{e}^{-t^2}\mathrm{d}t$ ,则 $\displaystyle\lim_{h\to0}\frac{f(x+h)-f(x-h)}{h}=$__________.

**二、选择题**(本题共 5 小题,每小题 4 分,满分 20 分.每小题给出的四个选项中,只有一项符合题目要求,把所选项前的字母填在题后的括号内)

1. 若 $F(x)=\displaystyle\int_0^x(2t-x)f(t)\mathrm{d}t$ ,其中 $f(x)$ 在区间 $(-1,1)$ 上二阶可导且 $f'(x)\neq0$,则(　　).

(A) 函数 $F(x)$ 必在 $x=0$ 处取得极大值;

(B) 函数 $F(x)$ 必在 $x=0$ 处取得极小值;

(C) 函数 $F(x)$ 在 $x=0$ 处没有极值,但点 $(0,F(0))$ 为曲线 $y=F(x)$ 的拐点;

(D) 函数 $F(x)$ 在 $x=0$ 处没有极值,点 $(0,F(0))$ 也不是曲线 $y=F(x)$ 的拐点.

2. 设 $f(x)$ 是连续函数,且 $f(x)=x+2\displaystyle\int_0^1 f(t)\mathrm{d}t$ ,则 $f(x)=$(　　).

(A) $x-1$;　　(B) $x+2$;　　(C) $\dfrac{x^2}{2}-1$;　　(D) $\dfrac{x^2}{2}+2$.

3. 设函数 $f(x)$ 具有连续的导数,则以下等式中错误的是(　　).

(A) $\dfrac{\mathrm{d}}{\mathrm{d}x}\displaystyle\int_a^b f(x)\mathrm{d}x=f(x)$;　　(B) $\mathrm{d}\displaystyle\int_a^x f'(x)\mathrm{d}x=\mathrm{d}f(x)$;

(C) $\mathrm{d}\displaystyle\int f'(x)\mathrm{d}x=\mathrm{d}f(x)$;　　(D) $\displaystyle\int f'(t)\mathrm{d}t=f(t)+C$.

4. 反常积分 $\displaystyle\int_0^{+\infty}x\mathrm{e}^{-x^2}\mathrm{d}x$ (　　).

(A) 收敛于 1;　(B) 收敛于 $\dfrac{1}{2}$;　(C) 收敛于 $-\dfrac{1}{2}$;　(D) 发散.

5. 下列定积分为零的是(　　).

(A) $\displaystyle\int_{-1}^1\frac{\mathrm{e}^x+\mathrm{e}^{-x}}{2}\mathrm{d}x$;　　(B) $\displaystyle\int_{-1}^1(x^2+x)\sin x\,\mathrm{d}x$;

(C) $\int_{-\frac{\pi}{4}}^{\frac{\pi}{4}} x\arcsin x\,\mathrm{d}x$；　　　　(D) $\int_{-\frac{\pi}{4}}^{\frac{\pi}{4}} \frac{\arctan x}{1+x^2}\mathrm{d}x$.

**三、计算题**(本题共 6 小题，满分 44 分)

1.(本题 7 分) 设 $F(x)=\int_0^x tf(x^2-t^2)\mathrm{d}t$，其中 $f(x)$ 在 $x=0$ 的某邻域内可导，且 $f(0)=0, f'(0)=1$，求 $\lim\limits_{x\to 0}\frac{F(x)}{x^4}$.

2.(本题 7 分) 求 $\int \frac{1-x^7}{x(1+x^7)}\mathrm{d}x$

3.(本题 7 分)设 $f(x)=\begin{cases} xe^{-x}, & x\leqslant 0 \\ \sqrt{2x-x^2}, & 0<x\leqslant 1 \end{cases}$，求 $\int_{-3}^{1} f(x)\mathrm{d}x$.

4.(本题 7 分)求反常积分 $\int_0^{+\infty}\frac{\mathrm{d}x}{x^2+3x+2}$.

5.(本题 8 分) 设抛物线 $y=ax^2+bx+c$ 通过点 $(0,0)$，且当 $x\in[0,1]$ 时，$y\geqslant 0$.试确定 $a,b,c$ 的值，使得该抛物线与直线 $x=1, y=0$ 所围图形的面积为 4/9，且使该图形绕 $x$ 轴旋转而成的旋转体的体积最小.

6.(本题 8 分) 作出函数 $y=\frac{x^3}{(x-1)^2}$ 的图形(写出必要的过程).

**四、证明题**(本题共 2 小题，每小题 8 分，满分 16 分)

1. 证明不等式：当 $x\geqslant 1$ 时，$(1+x)\ln(1+x)<1+x^2$.

2. 已知 $f(x), g(x)$ 在区间 $[a,b]$ 上连续，在 $(a,b)$ 上二阶可导，在 $[a,b]$ 上具有相同的最小值，且最小值在 $(a,b)$ 内取得，并满足 $f(a)=g(a), f(b)=g(b)$，证明：至少存在 $\xi\in(a,b)$，使得 $f''(\xi)=g''(\xi)$.

**参考答案**

# 《高等数学 A(2)》模拟试题(二)

**一、填空题**(本题共 5 小题，每小题 4 分，满分 20 分)

1. 函数 $f(x)=(x^2-x-2)|x^3-x|$ 不可导的点的个数是__________.

2. 曲线 $y=ax^4-x^2$ 拐点的横坐标为 $x=1$，则常数 $a=$__________.

3. 曲线 $y=1-e^{-x^2}$ 的渐进线是__________.

4. 不定积分 $\int x\ln x\,dx=$__________.

5. $\int_{-\frac{1}{2}}^{\frac{1}{2}}\frac{x^2\arcsin x+1}{\sqrt{1-x^2}}dx=$__________.

**二、选择题**(本题共 5 小题，每小题 4 分，满分 20 分.每小题给出的四个选项中，只有一项符合题目要求，把所选项前的字母填在题后的括号内)

1. 设 $I_1=\int_0^1 e^x\,dx$，$I_2=\int_0^1 e^{x^2}\,dx$，则(　　).

(A) $I_1<I_2$；　　(B) $I_1>I_2$；

(C) $I_1=I_2$；　　(D) $I_1^2=I_2$.

2. 点 $x=0$ 是函数 $y=x^4$ 的(　　).

(A) 驻点非极值点；　　(B) 拐点；

(C) 驻点且是拐点；　　(D) 驻点且是极值点.

3. 函数 $\int_0^{x^2}(t-1)e^t\,dt$ 有极大值点(　　).

(A) $x=1$；　　(B) $x=-1$；　　(C) $x=\pm 1$；　　(D) $x=0$.

4. 若 $\frac{\ln x}{x}$ 为 $f(x)$ 的一个原函数，则 $\int xf'(x)dx=$(　　).

(A) $\frac{\ln x}{x}+C$；　　(B) $\frac{1-2\ln x}{x}+C$；

(C) $\frac{1}{x}+C$；　　(D) $\frac{1+\ln x}{x^2}+C$.

5. 下列结论正确的是(　　).

(A) 若 $f(x)$ 是周期为 $T$ 的连续函数，则对任意常数 $a$ 都有 $\int_a^{a+T}f(x)dx=\int_0^T f(x)dx$；

(B) 若 $|f(x)|$ 在区间 $[a,b]$ 上可积，则 $f(x)$ 在区间 $[a,b]$ 上可积；

(C) 若 $[c,d]\subseteq[a,b]$，则必有 $\int_c^d f(x)dx\leqslant\int_a^b f(x)dx$；

(D) 若 $f(x)$ 在区间 $[a,b]$ 上可积，则 $f(x)$ 在 $[a,b]$ 内必有原函数.

**三、计算题**（本题共 6 小题，满分 44 分）

1.（本题 7 分）求极限 $\lim\limits_{x\to 0}\dfrac{\int_0^x (e^t-1-t)^2\,dt}{x\sin^4 x}$.

2.（本题 7 分）求不定积分 $\int \dfrac{\sin x}{1+\sin x}dx$.

3.（本题 7 分）求定积分 $\int_0^1 x\arctan x\,dx$.

4.（本题 7 分）求反常积分 $\int_0^{+\infty}\dfrac{dx}{x^2+3x+2}$.

5.（本题 8 分）讨论函数 $f(x)=k\arctan x-x$ 在 $(-\infty,+\infty)$ 的单调性，并求方程 $f(x)=0$ 不同实根个数，其中 $k$ 为参数.

6.（本题 8 分）过坐标原点作曲线 $y=\ln x$ 的切线，该切线与曲线 $y=\ln x$ 及 $x$ 轴围成平面图形 $D$.

(1) 求 $D$ 的面积 $A$；

(2) 求绕直线 $x=e$ 旋转一周所得旋转体的体积 $V$.

**四、证明题**（本题共 2 小题，每小题 8 分，满分 16 分）

1. 证明恒等式：$2\arctan x+\arcsin\dfrac{2x}{1+x^2}=\pi\ (x>1)$.

2. 设 $f(x)$ 在区间 $[0,1]$ 上连续，$f(0)=0$，$f(1)=1$. 证明：存在不同的 $\alpha,\beta,\gamma\in(0,1)$，使得 $\dfrac{1}{f'(\alpha)}+\dfrac{1}{f'(\beta)}+\dfrac{1}{f'(\gamma)}=3$.

**参考答案**

# 《高等数学 A(3)》模拟试题(一)

**一、填空题**(本题共 5 小题,每小题 4 分,满分 20 分)

1. 向量 $\boldsymbol{d}$ 垂直于向量 $\boldsymbol{a}=(2,3,-1)$ 和 $\boldsymbol{b}=(1,-2,3)$,且与 $\boldsymbol{c}=(2,-1,1)$ 的数量积为 $-6$,则向量 $\boldsymbol{d}=$__________.

2. 直线 $\begin{cases} x=1 \\ y=0 \end{cases}$ 绕 $z$ 轴旋转一周所形成的旋转曲面的方程是__________.

3. 曲面 $z=4-x^2-y^2$ 在点 $(1,1,2)$ 的切平面方程为__________.

4. 函数 $u=\ln(x+\sqrt{y^2+z^2})$ 在点 $(1,0,1)$ 处最大的方向导数等于__________.

5. 设 $D$ 是两圆 $x^2+y^2\leqslant 1$ 及 $(x-2)^2+y^2\leqslant 4$ 的公共部分,则积分 $\iint\limits_D xy\,dx\,dy=$__________.

**二、选择题**(本题共 5 小题,每小题 4 分,满分 20 分.每小题给出的四个选项中,只有一项符合题目要求,把所选项前的字母填在题后的括号内)

1. 直线 $\begin{cases} x+2y=1 \\ 2y+z=1 \end{cases}$ 与直线 $\dfrac{x}{1}=\dfrac{y-1}{0}=\dfrac{z-1}{-1}$ 关系是(　　).

(A) 垂直;　　(B) 平行;
(C) 重合;　　(D) 既不平行也不垂直.

2. 函数 $f(x,y)=\sqrt{x^2+y^4}$ 在点 $(0,0)$ 处(　　).

(A) $f_x$ 和 $f_y$ 都存在;　　(B) $f_x$ 和 $f_y$ 都不存在;
(C) $f_x$ 存在,$f_y$ 不存在;　　(D) $f_x$ 不存在,$f_y$ 存在.

3. $(0,0)$ 是函数 $z=xy$ 的(　　).

(A) 最小值点;　(B) 极小值点;　(C) 极大值点;　(D) 驻点.

4. 设 $D=\{(x,y)\,|\,x^2+y^2\leqslant a^2, y\geqslant 0\}$,$D_1=\{(x,y)\,|\,x^2+y^2\leqslant a^2, y\geqslant 0, x\geqslant 0\}$,则下列命题不对的是(　　).

(A) $\iint\limits_D x^2y\,d\sigma=2\iint\limits_{D_1} x^2y\,d\sigma$;　　(B) $\iint\limits_D x^2y^2\,d\sigma=2\iint\limits_{D_1} x^2y^2\,d\sigma$;

(C) $\iint\limits_D xy^2\,d\sigma=2\iint\limits_{D_1} xy^2\,d\sigma$;　　(D) $\iint\limits_D xy^2\,d\sigma=0$.

5. 设 $\Omega$:$x^2+y^2+z^2\leqslant 1, z\geqslant 0$,则三重积分 $I=\iiint\limits_{\Omega} z\,dV$ 等于(　　).

(A) $\int_0^{\frac{\pi}{2}}d\theta\int_0^{\frac{\pi}{2}}d\varphi\int_0^1 r^3\sin\varphi\cos\varphi\,dr$;　　(B) $\int_0^{\frac{\pi}{2}}d\theta\int_0^{\pi}d\varphi\int_0^1 r^2\sin\varphi\,dr$;

(C) $\int_0^{2\pi}d\theta\int_0^{\frac{\pi}{2}}d\varphi\int_0^1 r^3\sin\varphi\cos\varphi\,dr$;　　(D) $\int_0^{2\pi}d\theta\int_0^{\pi}d\varphi\int_0^1 r^3\sin\varphi\cos\varphi\,dr$.

**三、解下列各题**(本题共 6 小题，满分 52 分 )

1.(本题 8 分)判断两直线 $L_1:\dfrac{x+2}{1}=\dfrac{y}{1}=\dfrac{z-1}{2}$ 和 $L_2:\dfrac{x}{1}=\dfrac{y+1}{3}=\dfrac{z-2}{4}$ 是否共面，若在同一平面求交点,若异面求距离?

2.(本题 8 分)设 $z=f(u,x,y)$，$u=xe^y$，其中 $f$ 具有二阶连续导数,求 $\dfrac{\partial^2 z}{\partial x\partial y}$.

3.(本题 9 分)求函数 $z=3(x+y)-x^3-y^3$ 的极值.

4.(本题 9 分)求曲面 $x^2+2y^2+3z^2=21$ 平行于平面 $x+4y+6z=0$ 的切平面方程.

5.(本题 9 分)求 $\iint\limits_D(\sqrt{x^2+y^2}+y)\mathrm{d}x\mathrm{d}y$，其中 $D$ 是由圆 $x^2+y^2=4$ 和 $(x+1)^2+y^2=1$ 所围成的平面区域.

6.(本题 9 分)计算 $\iiint\limits_\Omega(x^2+y^2)\mathrm{d}x\mathrm{d}y\mathrm{d}z$，其中 $\Omega$ 是由 $z=16(x^2+y^2)$，$z=4(x^2+y^2)$ 和 $z=64$ 所围成.

**四、计算题**(本题 8 分)

设函数 $f(x,y)=|xy|^{\frac{2}{3}}$，(1) 求 $f_x(0,0)$，$f_y(0,0)$；(2) 讨论 $f(x,y)$ 在 $(0,0)$ 处的可微性.

**参考答案**

# 《高等数学 A(3)》模拟试题(二)

**一、填空题**(本题共 5 小题,每小题 4 分,满分 20 分)

1. 设 $|\boldsymbol{a}|=5,|\boldsymbol{b}|=2,(\widehat{\boldsymbol{a},\boldsymbol{b}})=\frac{\pi}{3}$ ,则 $|2\boldsymbol{a}-3\boldsymbol{b}|=$ __________.

2. 过直线 $\frac{x-1}{2}=y+2=\frac{z-3}{-2}$ 且平行于直线 $\frac{x+1}{0}=\frac{y-1}{2}=\frac{z+3}{3}$ 的平面方程是____________________.

3. 设函数 $F(x,y)=\int_0^{xy}\frac{\sin t}{1+t^2}\mathrm{d}t$ ,则 $\left.\frac{\partial^2 F}{\partial x^2}\right|_{(0,2)}=$ __________

4. 函数 $f(x,y)=xy+\sin(x+2y)$ 在点 $(0,0)$ 处沿 $\boldsymbol{l}=(1,2)$ 的方向导数 $\left.\frac{\partial f}{\partial l}\right|_{(0,0)}=$ __________.

5. 设 $D$ 为 $x^2+y^2\leqslant 1$ 所围成区域,则积分 $\iint\limits_D(1-\sqrt{x^2+y^2})\mathrm{d}x\mathrm{d}y=$ __________.

**二、选择题**(本题共 5 小题,每小题 4 分,满分 20 分.每小题给出的四个选项中,只有一项符合题目要求,把所选项前的字母填在题后的括号内)

1. 设直线 $L:\begin{cases}x+3y+2z+1=0\\2x-y-10z+3=0\end{cases}$ 及平面 $\Pi:4x-2y+z-2=0$,则直线 $L$ (　　).

(A) 平行于 $\Pi$;　(B) 在 $\Pi$;上　(C) 垂直于 $\Pi$;　(D) 与 $\Pi$ 斜交.

2. 设 $f'_x(a,b)$ 存在,则 $\lim\limits_{x\to 0}\frac{f(x+a,b)-f(a-x,b)}{x}=$ (　　).

(A) $f'_x(a,b)$;　(B) 0;　(C) $2f'_x(a,b)$;　(D) $\frac{1}{2}f'_x(a,b)$.

3. 设函数 $z=f(x,y)$ 的全微分为 $\mathrm{d}z=x\mathrm{d}x+y\mathrm{d}y$ ,则点 $(0,0)$ (　　).

(A) 不是 $f(x,y)$ 的连续点;　(B) 不是 $f(x,y)$ 的极值点;

(C) 是 $f(x,y)$ 的极大值点;　(D) 是 $f(x,y)$ 的极小值点.

4. 球面 $x^2+y^2+z^2=4a^2$ 与柱面 $x^2+y^2=2ax$ 所围成的立体体积 $V=$ (　　).

(A) $4\int_0^{\frac{\pi}{2}}\mathrm{d}\theta\int_0^{2a\cos\theta}\sqrt{4a^2-r^2}\,\mathrm{d}r$;　(B) $4\int_0^{\frac{\pi}{2}}\mathrm{d}\theta\int_0^{2a\cos\theta}r\sqrt{4a^2-r^2}\,\mathrm{d}r$;

(C) $8\int_0^{\frac{\pi}{2}}\mathrm{d}\theta\int_0^{2a\cos\theta}r\sqrt{4a^2-r^2}\,\mathrm{d}r$;　(D) $\int_{-\frac{\pi}{2}}^{\frac{\pi}{2}}\mathrm{d}\theta\int_0^{2a\cos\theta}r\sqrt{4a^2-r^2}\,\mathrm{d}r$.

5. 设 $\Omega$ 为曲面 $x^2+y^2+z^2=2x$ 所围成的立体,则其形心坐标是(　　).

(A) $(1,0,0)$;　(B) $(0,1,0)$;　(C) $(0,0,1)$;　(D) $(2,0,0)$.

**三、计算题**(本题共 8 小题,满分 60 分)

1. (本题 7 分)求经过直线 $L:\begin{cases}x+5y+z=0\\x-z+4=0\end{cases}$ 并且与平面 $x-4y-8z+12=0$ 交成二

面角为 $\frac{\pi}{4}$ 的平面方程.

2.(本题 7 分)设 $z=f\left(xy,\frac{x}{y}\right)+g\left(\frac{y}{x}\right)$，其中 $f$ 具有二阶连续偏导数，$g$ 具有二阶连续导数，求 $\frac{\partial^2 z}{\partial x^2},\frac{\partial^2 z}{\partial x\partial y}$.

3.(本题 7 分)设 $u=f(x,z)$，而 $z=g(x,y)$ 由方程 $z=x+y\varphi(z)$ 所确定，其中 $\varphi$ 具有一阶连续导数，求 $\mathrm{d}u$.

4.(本题 7 分)求曲线 $x^2+y^2+z^2=6$，$x+y+z=0$ 在点 $P_0(1,-2,1)$ 处的切线及法平面方程.

5.(本题 8 分)设 $z$ 是由 $x^2-6xy+10y^2-2yz-z^2+18=0$ 确定的函数，求 $z=z(x,y)$ 的极值.

6.(本题 8 分)求积分 $\iint\limits_D x\mathrm{e}^{-y^3}\mathrm{d}x\mathrm{d}y$，其中 $D$ 是以 $(0,0)$，$(0,1)$，$(1,1)$ 为顶点的三角形区域.

7.(本题 8 分)求三重积分 $I=\iiint\limits_\Omega z\mathrm{d}x\mathrm{d}y\mathrm{d}z$，其中 $\Omega$ 是由球面 $x^2+y^2+z^2=4$ 的上半球面与抛物面 $x^2+y^2=3z$ 围成的区域.

8.(本题 8 分)设半径为 $R$ 的球面 $\Sigma$ 的球心在定球面 $x^2+y^2+z^2=a^2\quad(a>0)$ 上，问当 $R$ 取何值时，$\Sigma$ 在定球面内部的那部分 $\Sigma_1$ 的面积最大？

参考答案

# 《高等数学 A(4)》模拟试题(一)

**一、填空题**(本题共 5 小题,每小题 4 分,满分 20 分)

1. 设椭圆 $L$ :$\dfrac{x^2}{4}+\dfrac{y^2}{3}=1$ 的周长为 $l$ ,则$\oint_L(\sqrt{3}x+2y)^2\mathrm{d}s=$__________.

2. 设 $L$ 为取正向的圆周 $x^2+y^2=4$, 则曲线积分$\oint_L y(y\mathrm{e}^x+1)\mathrm{d}x+(2y\mathrm{e}^x-x)\mathrm{d}y=$__________.

3. 级数 $\sum\limits_{n=1}^{\infty}\dfrac{1}{n(n+1)}$ 的和为__________ .

4. 设函数 $f(x)=x^2,0\leqslant x\leqslant 1$, 而 $S(x)=\sum\limits_{n=1}^{+\infty}b_n\sin n\pi x,-\infty<x<+\infty$, 其中 $b_n=2\int_0^1 f(x)\sin n\pi x\mathrm{d}x\,(n=1,2,3,\cdots)$ , 则 $S(-1)=$__________ .

5. 微分方程 $\dfrac{\mathrm{d}y}{\mathrm{d}x}=\dfrac{y}{x}+\tan\dfrac{y}{x}$ 的通解为__________.

**二、选择题**(本题共 5 小题,每小题 4 分,满分 20 分.每小题给出的四个选项中,只有一项符合题目要求,把所选项前的字母填在题后的括号内)

1. 半径为 $a$ 的均匀球壳 $(\rho=1)$ 对于球心的转动惯量为(　　).

(A) 0;　　(B) $2\pi a^4$;　　(C) $4\pi a^4$;　　(D) $6\pi a^4$.

2. 设常数 $\lambda>0$,且级数 $\sum\limits_{n=1}^{+\infty}a_n^2$ 收敛,则级数 $\sum\limits_{n=1}^{+\infty}(-1)^n\dfrac{|a_n|}{\sqrt{n^2+\lambda}}$ (　　).

(A) 发散;　　(B) 条件收敛;

(C) 绝对收敛;　　(D) 收敛性与 $\lambda$ 有关.

3. 幂级数 $\sum\limits_{n=1}^{\infty}\dfrac{1}{3^n+(-2)^n}\dfrac{x^n}{n}$ 的收敛域是(　　).

(A) $(-2,2)$;　　(B) $(-3,3)$ ;　　(C) $(-2,2]$;　　(D) $[-3,3)$.

4. 方程 $xy'+y=3$ 的通解是(　　).

(A) $y=\dfrac{C}{x}+3$;　(B) $y=\dfrac{3}{x}+C$;　(C) $y=-\dfrac{C}{x}-3$;　(D) $y=\dfrac{C}{x}-3$.

5. 设 $y'+P(x)y=Q(x)$ 有两个解 $y_1(x)$ ,$y_2(x)$ ,$C$ 为任意常数,则该方程通解是(　　).

(A) $C[y_1(x)-y_2(x)]$;　　(B) $y_1(x)+C[y_1(x)-y_2(x)]$;

(C) $C[y_1(x)+y_2(x)]$;　　(D) $y_1(x)+C[y_1(x)+y_2(x)]$.

**三、解下列各题**(本题共 6 小题,满分 52 分 )

1. (本题 9 分)计算 $I=\oint_{L+}\dfrac{x\mathrm{d}y-y\mathrm{d}x}{3x^2+4y^2}$ ,其中 $L$ 是 $xOy$ 面上的圆周 $x^2+y^2=1$, 逆时

针方向.

2.(本题 9 分)计算 $I=\int_{L}(1-2xy-y^2)\mathrm{d}x-(x+y)^2\mathrm{d}y$ ,其中 $L$ 是从原点沿直线 $y=x$ 到点 $(1,1)$ 的一段弧. 若 $(1-2xy-y^2)\mathrm{d}x-(x+y)^2\mathrm{d}y$ 是某个函数的全微分，求出一个这样的函数.

3.(本题 9 分)计算 $I=\iint_{\Sigma}x^2\mathrm{d}y\mathrm{d}z+y^2\mathrm{d}z\mathrm{d}x+z^2\mathrm{d}x\mathrm{d}y$ ,其中 $\Sigma$ 是 $x^2+y^2=z^2(0\leqslant z\leqslant a)$ 的外侧.

4.(本题 8 分)将 $f(x)=x\arctan x-\ln\sqrt{1+x^2}$ 展开为 $x$ 的幂级数,并求 $\sum_{n=1}^{\infty}\frac{(-1)^{n-1}}{n(2n-1)}$ 的和.

5.(本题 8 分)求方程 $y'=\frac{1}{xy+x^2y^3}$ 的通解.

6.(本题 9 分)求微分方程 $y''-5y'+6y=x\mathrm{e}^{2x}$ 的通解.

**四、证明题**(本题 8 分)

设 $a_n>0,b_n>0,\frac{a_{n+1}}{a_n}\leqslant\frac{b_{n+1}}{b_n}(n=1,2,\cdots)$ ,且正项级数 $\sum_{n=1}^{\infty}b_n$ 收敛,证明:级数 $\sum_{n=1}^{\infty}a_n$ 收敛.

**参考答案**

# 《高等数学 A(4)》模拟试题(二)

**一、填空题**(本题共 5 小题,每小题 4 分,满分 20 分)

1. 设曲线 $L: x^2+y^2=4$,则积分 $\oint_L(\sqrt{x^2+y^2+5}+3xy^2)\mathrm{d}s=$__________.

2. 设 $\Sigma$ 是球面 $x^2+y^2+z^2=a^2$ 外侧,则积分 $\oiint\limits_{\Sigma} z\mathrm{d}x\mathrm{d}y=$__________.

3. 若级数 $\sum\limits_{n=1}^{\infty}\dfrac{(-1)^{n-1}}{n^p}$ 发散,则 $p$ 的取值范围是__________.

4. 设函数 $f(x)$ 是周期 $T=2$ 的函数,它在 $(-1,1)$ 上的定义为 $f(x)=\begin{cases}2, -1<x\leqslant 0\\ x^3, 0<x\leqslant 1\end{cases}$,则 $f(x)$ 的傅立叶级数在 $x=-5$ 处收敛于__________.

5. 微分方程 $y''-6y'+9y=x^2-6x+9$ 的特解可设为 $y^*=$__________.

**二、选择题**(本题共 5 小题,每小题 4 分,满分 20 分.每小题给出的四个选项中,只有一项符合题目要求,把所选项前的字母填在题后的括号内)

1. 已知 $\dfrac{(x+ay)\mathrm{d}x+y\mathrm{d}y}{(x+y)^2}$ 为某个函数的全微分,则 $a=$(　　).

(A) $-1$;　　(B) 0;　　(C) 1;　　(D) 2.

2. 设 $\Sigma$ 为球面 $x^2+y^2+z^2=2x+2z$,则曲面积分 $\oiint\limits_{\Sigma}[(x+y)^2+z^2+2yz]\mathrm{d}S=$(　　).

(A) $32\pi$;　　(B) $16\pi$;　　(C) 0;　　(D) $64\pi$.

3. 下列级数收敛的是(　　).

(A) $\sum\limits_{n=1}^{\infty}\dfrac{1}{\sqrt[3]{n^2}}$;　　(B) $\sum\limits_{n=1}^{\infty}(-1)^n\dfrac{5^n}{4^n}$;

(C) $\sum\limits_{n=1}^{\infty}\dfrac{n}{2^n}$;　　(D) $\sum\limits_{n=1}^{\infty}(-1)^n\dfrac{1+n}{n^2}$.

4. 设幂级数 $\sum\limits_{n=1}^{\infty}a_nx^n$ 在 $x=-2$ 条件收敛,则 $\sum\limits_{n=1}^{\infty}na_n(x-2)^n$ 的收敛半径为(　　).

(A) 0;　　(B) 2;　　(C) $-2$;　　(D) 不能确定.

5. 方程 $\dfrac{\mathrm{d}x}{y}+\dfrac{\mathrm{d}y}{x}=0$ 满足初始条件 $y|_{x=3}=4$ 的特解是(　　).

(A) $x^2+y^2=25$;　　(B) $3x+4y=C$;

(C) $x^2+y^2=C$;　　(D) $x+y=7$.

**三、解下列各题**(本题共 8 小题,满分 60 分)

1. (本题 7 分) 计算曲线积分 $\int_L(\mathrm{e}^x\sin y-8)\mathrm{d}x+(\mathrm{e}^x\cos y-8x)\mathrm{d}y$,$L$ 为由点

$A(1,0)$ 至原点 $O(0,0)$ 的上半圆周 $x^2+y^2=x$ .

2.(本题 7 分)求面密度为 1 的锥面 $z=\sqrt{x^2+y^2}$ $(0\leqslant z\leqslant 1)$ )对 $z$ 轴的转动惯量.

3.(本题 7 分)计算曲面积分 $I=\iint\limits_{\Sigma}2x^3\mathrm{d}y\mathrm{d}z+2y^3\mathrm{d}z\mathrm{d}x+3(z^2-1)\mathrm{d}x\mathrm{d}y$ ,其中 $\Sigma$ 为曲面.

4.(本题 7 分)设幂级数为 $\sum\limits_{n=1}^{\infty}\dfrac{2n+1}{n!}x^{2n}$ ,求:(1) 其收敛域;(2) 其和函数.

5.(本题 7 分)将函数 $f(x)=\dfrac{1}{(2-x)^2}$ 展开成 $x$ 的幂级数.

6.(本题 7 分)解下列微分方程 $y(x-2y)\mathrm{d}x-x^2\mathrm{d}y=0$.

7.(本题 9 分)求方程 $y''+y'+y=\sin^2 x$ 的通解.

8.(本题 9 分)设对于半空间 $x>0$ 内任意的光滑有向封闭曲面 $\Sigma$ ,都有

$$\oiint\limits_{\Sigma}xf(x)\mathrm{d}y\mathrm{d}z-xyf(x)\mathrm{d}z\mathrm{d}x-\mathrm{e}^{2x}z\mathrm{d}x\mathrm{d}y=0,$$

其中,函数 $f(x)$ 在$(-\infty,+\infty)$ 内具有连续的一阶导数,且 $\lim\limits_{x\to 0^+}f(x)=1$,求 $f(x)$ .

**参考答案**